企業資訊化案例教程

標準財務核算 （第二版）

主編　○　徐鴻雁　陳婷　陳小寧　呂峻閩
副主編　○　李化　羅丹　何臻祥

崧燁文化

第二版前言

　　當前，信息化已經在企業經營管理的各個層面得到大規模的應用，不難看出，隨著企業管理信息化應用領域的不斷拓寬，信息處理與核心業務的關聯度也在不斷提高。企業如何運用信息技術增強企業的管理和技術創新能力，如何制定企業信息化發展戰略以提升企業的核心競爭力，如何把信息化系統融入日常的管理工作為企業帶來效益，是當前企業面臨的重要課題。為使學生瞭解企業信息化過程，培養更多的適合當前企業信息化管理與信息處理的人才，特撰寫此教程。

　　本書通過一個實際案例，基於金蝶 K/3 和用友 U8 兩個主要 ERP 平臺，對生產製造類企業常見業務進行信息化處理的模擬實現，側重業務在實踐中的處理方法，突出流程在信息化處理中的應用。通過本書的學習，讀者可以把財務專業理論知識和當前企業的實際運用聯繫起來，可以從案例出發瞭解企業的業務流程，對拓寬知識結構、養成信息化處理習慣和提升應用能力等方面都有很大的幫助。

　　本書以「一個案例，兩個平臺」為主要內容和實施載體展開，既能體現業務流程核心內容，又能突出信息技術高級應用，是適合培養「信息+管理」復合型應用人才不可多得的實用教材。其內容包括 ERP 系統安裝、企業案例介紹、帳套處理、基礎信息設置、各模塊初始化設置、日常業務處理、期末處理、報表分析等，過程涉及總帳管理系統、固定資產管理系統、採購/應付款管理系統、銷售/應收款管理系統、報表系統等核心操作模塊。書中巧妙的障礙設置引導著讀者更進一步的學習，從而實現能力最大化地提升；書中詳細的操作指導是讀者體驗成功的保障，使讀者能夠保證學習進度，穩步前行。

　　由於水平有限，書中難免存在缺點和不足，懇請讀者批評指正，以便我們不斷修正。

編　者

目　錄

第一章　企業信息化概論 ···（1）

　　第一節　ERP 概述 ··（1）
　　第二節　金蝶 K/3 介紹 ···（5）
　　第三節　用友 U8 介紹 ···（7）
　　第四節　其他 ERP 產品介紹 ··（9）

第二章　案例背景 ···（11）

　　第一節　模擬企業背景介紹 ··（11）
　　第二節　模擬企業基礎數據 ··（11）
　　第三節　模擬企業業務數據 ··（23）

第三章　信息平臺搭建 ··（38）

　　實驗一　SQL Server 2008 安裝 ····································（38）
　　實驗二　金蝶 K/3-12 安裝 ···（55）
　　實驗三　用友 U8 安裝 ···（66）
　　實驗四　虛擬打印機的安裝 ··（79）

金蝶篇

第四章　系統管理 ···（93）

　　實驗一　新建帳套 ··（93）
　　實驗二　帳套修改 ··（97）
　　實驗三　帳套備份與帳套恢復 ····································（98）
　　實驗四　用戶管理 ···（103）

第五章　基礎信息設置 ···（108）

　　實驗一　部門職員設置 ···（108）
　　實驗二　客商信息設置 ···（118）
　　實驗三　財務信息設置 ···（128）

實驗四　收付結算設置 ……………………………………………（148）

　　實驗五　物料信息設置 ……………………………………………（154）

　　實驗六　業務信息設置 ……………………………………………（165）

　　實驗七　常用摘要設置 ……………………………………………（168）

第六章　各模塊初始化設置 …………………………………………………（173）

　　實驗一　應收款管理系統初始化設置和期初餘額 ………………（173）

　　實驗二　應付款管理系統初始化設置和期初餘額 ………………（194）

　　實驗三　固定資產管理系統初始化設置和期初餘額 ……………（207）

　　實驗四　存貨核算系統初始化設置和期初餘額 …………………（234）

　　實驗五　總帳系統初始化設置和期初餘額 ………………………（244）

第七章　模擬數據操作 ………………………………………………………（254）

　　實驗一　1月10日數據 ……………………………………………（254）

　　實驗二　1月20日數據 ……………………………………………（297）

　　實驗三　1月30日數據 ……………………………………………（314）

第八章　期末處理 ……………………………………………………………（321）

　　實驗一　存貨核算系統期末處理 …………………………………（321）

　　實驗二　固定資產管理系統期末處理 ……………………………（371）

　　實驗三　應收款管理系統期末處理 ………………………………（383）

　　實驗四　應付款管理系統期末處理 ………………………………（388）

　　實驗五　總帳系統期末處理 ………………………………………（393）

第九章　報表系統 ……………………………………………………………（405）

　　實驗一　報表模板 …………………………………………………（405）

　　實驗二　自定義報表 ………………………………………………（413）

用友篇

第十章　系統管理 ……………………………………………………………（421）

　　實驗一　新建帳套 …………………………………………………（422）

　　實驗二　帳套修改 …………………………………………………（435）

　　實驗三　帳套備份與帳套恢復 ……………………………………（444）

　　實驗四　用戶管理 …………………………………………………（452）

第十一章　基礎信息設置 ……………………………………………（461）

實驗一　部門職員設置 …………………………………………（461）
實驗二　客商信息設置 …………………………………………（466）
實驗三　財務信息設置 …………………………………………（474）
實驗四　收付結算設置 …………………………………………（482）
實驗五　物料信息設置 …………………………………………（487）
實驗六　業務信息設置 …………………………………………（497）
實驗七　常用摘要設置 …………………………………………（504）

第十二章　各模塊初始化設置 ……………………………………（506）

實驗一　總帳系統初始化設置和期初餘額 ……………………（506）
實驗二　應收款管理系統初始化設置和期初餘額 ……………（510）
實驗三　應付款管理系統統初始化設置和期初餘額 …………（517）
實驗四　固定資產管理系統初始化設置和期初餘額 …………（522）
實驗五　存貨核算系統初始化設置和期初餘額 ………………（531）

第十三章　模擬數據操作 …………………………………………（534）

實驗一　1月10日數據 …………………………………………（534）
實驗二　1月20日數據 …………………………………………（575）
實驗三　1月30日數據 …………………………………………（598）

第十四章　期末處理 ………………………………………………（613）

實驗一　固定資產管理系統期末處理 …………………………（613）
實驗二　存貨核算系統期末處理 ………………………………（617）
實驗三　總帳系統期末處理 ……………………………………（625）
實驗四　期末結帳 ………………………………………………（632）

第十五章　報表系統 ………………………………………………（641）

實驗一　報表模板 ………………………………………………（641）
實驗二　自定義報表 ……………………………………………（648）

第一章　企業信息化概論

第一節　ERP 概述

一、ERP 含義

ERP 是英文 Enterprise Resource Planning 的縮寫，中文譯為企業資源計劃系統，是由美國 Gartner Group 公司於 1990 年提出的，是指建立在信息技術基礎上，以系統化的管理思想，集信息技術與先進的管理思想於一身，將財會、分銷、製造和其他業務功能合理集成的應用軟件系統，是企業信息化管理的整體解決方案。

ERP 系統的管理對象是企業的各種資源及生產要素，其核心管理思想則是實現對整個供應鏈的有效管理。ERP 的目標是將企業所有資源進行整合和集成管理，以求最大限度地利用企業現有資源，實現企業經濟效益的最大化，是將企業的物流、資金流、信息流進行一體化管理的信息系統。

二、ERP 的發展

ERP 理論的形成是隨著產品複雜性的增加、市場競爭的加劇以及信息全球化而產生的。ERP 理論的形成與發展大致經歷了以下五個階段：

1. 第 1 階段——訂貨點法（Order Point Method）

訂貨點法是一種使庫存量不得低於安全庫存的補充方法。如圖 1-1 所示。

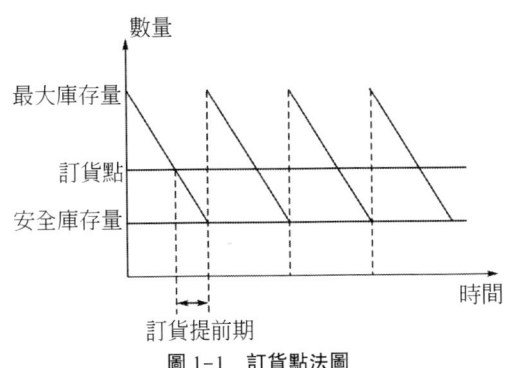

圖 1-1　訂貨點法圖

所謂訂貨點，是指物料逐漸消耗，庫存逐漸減少，當庫存量降到某個數值時，剩餘庫存量可供消耗的時間剛好等於訂貨所需要的時間（訂貨提前期），這時就要

下達訂單來補充庫存，這個時刻的庫存量稱為訂貨點。

訂貨點法具有如下特點：
（1）各種物料需求相互獨立。
（2）物料需求有連續性。
（3）提前期已知且已經固定。
（4）庫存消耗後應重新被填滿。

2. 第2階段——基本物料需求計劃（Material Requirement Planning，MRP）

「何時訂貨」被認為是庫存管理的一個大問題，然而真正重要的問題卻是「何時需要物料」。訂貨點法受到眾多條件的限制，不能反應物料的實際需求，企業往往為了滿足生產需求而不斷提高訂貨點的數量，從而造成庫存積壓，佔有資金量增加，產品成本也就隨之提高，使企業缺乏競爭力。

為了彌補訂貨點法的不足，有學者隨後提出了 MRP 理論思想，其基本思路是：根據主生產計劃（MPS，Master Production Schedule）需要的物料種類、需求多少以及有多少庫存來決定訂貨和生產。為此，又提出了 BOM 的概念，BOM 是 Bill of Materials（物料清單）的縮寫，它反應了產品的層次結構，即所有零部件的結構關係和數量組成。

根據 BOM 可以確定該產品所有零部件的需要數量、需要時間以及相互關係。從狹義上講 BOM 就是產品的結構，即一件產品是由哪幾部分組成的。從廣義上講，BOM 等於產品結構加上工藝流程。

MRP 是一種模擬技術，根據主生產計劃、物料清單和庫存餘額，對每種物料進行計算，指出何時將會發生物料短缺，並給出建議，以最小庫存量來滿足需求且避免物料短缺。它將已有的最終產品的生產計劃作為主要的信息來源，而不是根據過去的統計平均值來制定生產和庫存計劃，MRP 結構原理圖如圖1-2 所示。

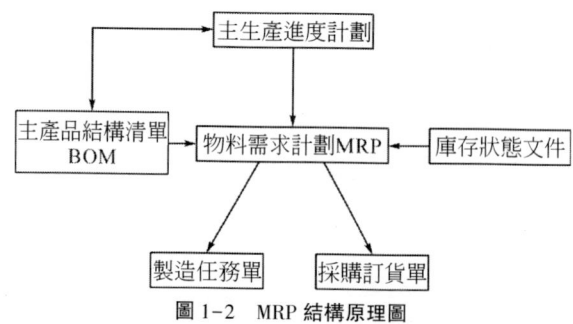

圖1-2 MRP 結構原理圖

3. 第3階段——閉環物料需求計劃（閉環 MRP）

基本 MRP 基於以下兩個前提：①主生產計劃是可行的，在已經考慮了生產能力可能實現的情況下，有足夠的生產設備和人力來保證生產計劃的完成；②物料採購計劃是可行的，認為有足夠的供貨能力和運輸能力來保證物料的採購計劃完成。但在實際中，這兩個前提基本是不可能完全具備的。因此，用 MRP 方法所計算出來的物料需求的日期有可能因設備和工時不足而沒有能力生產，或者因原料

的不足而無法生產。

於是，在 MRP 的基礎上，又提出了閉環 MRP 系統。所謂閉環有兩層含義：其一，它不單純考慮物料需求計劃，還把生產能力計劃、車間作業計劃和採購作業計劃納入 MRP，形成一個封閉系統；其二，從控制理論的觀點，計劃制定與實施之後，需要取得反饋信息。因此，在計劃執行過程中，必須不斷根據反饋信息進行計劃調整平衡，從而使生產計劃方面的各個子系統得到協調統一，閉環 MRP 邏輯結構如圖 1-3 所示。

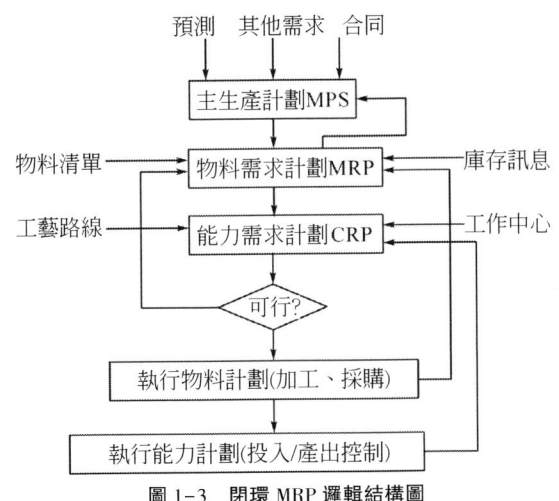

圖 1-3　閉環 MRP 邏輯結構圖

4. 第 4 階段——製造資源計劃（Manufacturing Resources Planning，MRP-Ⅱ）

閉環 MRP 在制定計劃只考慮到人力、物力條件的約束，沒有考慮到財力這一重要約束條件。為了滿足物料與資金信息集成的要求，提出了製造資源計劃（Manufacturing Resources Planning），它的簡稱也是 MRP。為了和傳統的 MRP 相區別，我們通常稱它為 MRP-Ⅱ，MRP-Ⅱ 邏輯原理如圖 1-4 所示。

5. 第 5 階段——企業資源規劃（Enterprise Resource Planning，ERP）

MRP-Ⅱ 局限於對企業製造資源的管理，無法對企業的整體資源進行集成管理，無法滿足企業集團化、多工廠協同管理的要求，無法實現企業之間的信息共享和交流，為了實現企業的物流、資金流、信息流的統一，提出了 ERP 的概念。

ERP（Enterprise Resource Planning）即企業資源計劃系統，是指建立在信息技術基礎上，以系統化的管理思想，為企業決策層及員工提供決策運行手段的管理平臺，ERP 系統的構成如圖 1-5 所示。

全球知名企業如 IBM、波音公司、可口可樂、戴爾、聯想等公司均實施了 ERP 系統。目前，國內著名的 ERP 軟件公司有用友、金蝶、浪潮、神州數碼等，國外著名的 ERP 軟件公司有 SPA、Oracle 等。

第一章 企業信息化概論

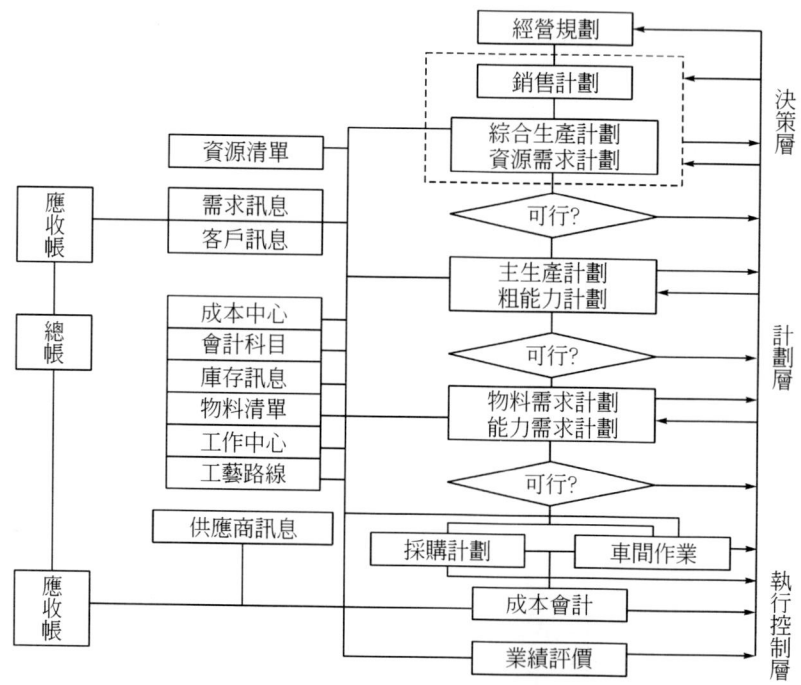

圖 1-4 MRP-Ⅱ邏輯原理圖

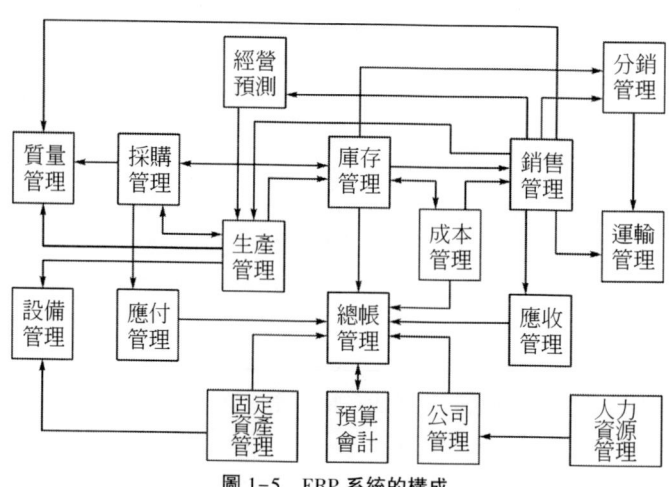

圖 1-5 ERP 系統的構成

第二節　金蝶 K/3 介紹

　　金蝶國際軟件集團是亞太地區領先的企業管理軟件及電子商務應用解決方案供應商，是中國軟件產業領導廠商之一。金蝶開發及銷售的軟件產品包括針對快速成長的新興市場中企業管理需求的、通過互聯網提供服務的企業管理及電子商務應用軟件和為企業構築電子商務平臺的中間軟件。

　　金蝶 K/3 以企業基礎管理為核心思想，針對戰略企業管理的特點，強調對企業基礎數據、基本業務流程、內部控制、知識管理等進行管理，通過豐富的工具和方法有機整合併提供貫穿戰略企業管理全過程所需的決策信息，實時監控戰略執行過程中的問題，幫助企業創造持續增長的核心競爭力。

　　金蝶 ERP 分為幾個系列，供不同規模的企業使用：

　　（1）金蝶 EAS——金蝶 EAS 是集團企業的一體化全面管控解決方案，適用於資本管控型、戰略管控型及營運管控型的集團企業。金蝶 EAS 為資本管控型的多元化企業集團提供財務、預算、資金和高級人才的管控體系，為戰略管控型的集團企業提供集團財務、企業績效管理、戰略人力資源、內控與風險的全面戰略管控，為營運管控型的集團提供戰略採購、集中庫存、集中銷售與分銷、協同計劃及其複雜的內部交易和協同供應鏈的集成管理。

　　（2）金蝶 K/3——金蝶 K/3 是為中小型企業量身定制的企業管理軟件。金蝶 K/3 集財務管理、供應鏈管理、生產製造管理、人力資源管理、客戶關係管理、企業績效、移動商務、集成引擎及行業插件等業務管理組件為一體，以成本管理為目標，計劃與流程控制為主線，通過對目標責任的明確落實、有效的執行過程管理和激勵，幫助企業建立人、財、物、產、供、銷科學完整的管理體系。

　　（3）金蝶 KIS——金蝶 KIS 是面向小微企業的日常經營管理信息化研發的一系列軟件的總稱。其軟件種類齊全，能夠全面滿足小微企業的不同階段、不同功能需求。它能幫助企業建立規範的業務流程，提升管理能力，降低管理、經營成本，增強企業競爭力、生存力。2012 年，金蝶 KIS 產品採用最新的雲計算、社交網絡、移動技術，增加雲管理服務功能應用，在原有軟件的基礎上開發了手機、ipad 等移動應用。新一代金蝶 KIS 軟件實現了所有客戶端的全覆蓋，可以隨時、隨地處理業務並及時瞭解自己的企業經營、庫存等數據；同時，很多管理流程也可以在手機上直接完成。

　　金蝶 K/3 主要有以下八大模塊子系統：財務管理、供應鏈管理、生產製造管理、銷售與分銷管理、人力資源管理、辦公自動化、客戶關係管理、商業智能。

　　金蝶 K/3 財務管理系統面向企業財務核算及管理人員，對企業的財務進行全面管理，在完全滿足財務基礎核算的基礎上，實現集團層面的財務集中、全面預算、資金管理、財務報告的全面統一，幫助企業財務管理從會計核算型向經營決策型轉變，最終實現企業價值最大化。財務管理系統各模塊可獨立使用，同時可

與業務系統無縫集成，構建財務與業務集成化的企業應用解決方案。

金蝶 K/3 供應鏈管理系統面向企業採購、銷售、庫存和質量管理人員，提供採購管理、銷售管理、倉庫管理、質量管理、存貨核算、進口管理、出口管理等業務管理功能，幫助企業全面管理供應鏈業務。該系統既可獨立運行，又可與生產、財務系統結合使用，構建更完整、全面的一體化企業應用解決方案。

金蝶 K/3 生產製造管理系統面向企業計劃、生產管理人員，對企業的物料清單、生產計劃、能力計劃和車間業務等業務進行全面的管理，幫助企業實現物料清單的建立與變更、多方案的生產計劃、精細的車間工序管理等生產製造相關業務管理。該系統與物流、財務系統結合使用，構成更完整、全面的一體化企業應用解決方案。

金蝶 K/3 銷售與分銷管理系統面向企業分銷渠道，以銷售計劃為源頭，以信息數據的聚合為基礎，以資源的集中控制為手段，通過分銷管理、門店管理、前臺管理的高效運作，幫助企業建立基於銷售網絡的信息化系統，打造分銷核心競爭力。該系統不可獨立運行，可與金蝶 K/3 供應鏈管理、財務管理集成，構建更完整、全面的企業應用解決方案。

金蝶 K/3 人力資源管理系統是基於戰略人力資源管理思想進行設計和開發的，適用於國內大中型集團企業，同時兼容中小型企業的應用需求，幫助企業實現基礎人事管理、專業人力資源管理和員工自助三個層面的應用。該系統採用 WEB 應用，既可獨立運行，又可與金蝶 K/3 其他系統無縫集成，為企業提供更完整、全面的企業應用解決方案。

金蝶 K/3 辦公自動化系統是實現企業基礎管理協作平臺的辦公系統，主要面向企事業單位部門、群組和個人，進行事務、流程和信息及時高效、有序可控地協同業務處理，創建企業電子化的工作環境，通過可視化的工作流系統和知識挖掘機制建立企業知識門戶。該系統既可獨立運行，也可與金蝶 K/3 其他產品無縫集成，為企業提供更完整、全面的企業應用解決方案。

金蝶 K/3 客戶關係管理系統是一套以營運型為主、分析型為輔的客戶關係管理系統，主要面向企業市場、銷售、服務及管理人員，能夠幫助企業對客戶資源進行全生命周期的管理，同時支持關係營銷與項目過程管理等多種業務模式。該系統既可獨立運行，又可與金蝶 K/3 主系統集成，為企業提供更完整、全面的企業應用解決方案。

金蝶 K/3 商業智能系統面向中高級企業管理者，結合企業管理的關鍵績效指標體系，提供靈活的指標監控、報表查詢和集團綜合分析等功能，同時通過多維圖形展示和多種預警方式等信息工具，幫助企業管理者及時、直觀地瞭解企業各環節的運行狀況，實時發現企業經營中的異常，快速做出決策，把握企業未來增長和盈利的機會。該系統基於金蝶 K/3 財務管理、供應鏈管理、生產製造管理等系統之上，為企業提供更完整、全面的企業應用解決方案。

金蝶 K/3 ERP 系統的界面如圖 1-6 所示。

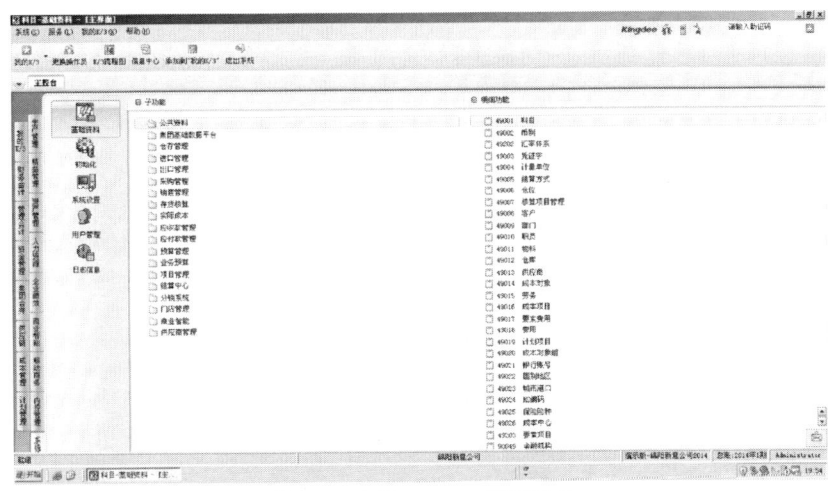

圖 1-6　金蝶 K/3 ERP 系統界面

第三節　用友 U8 介紹

　　用友 ERP-U8 企業應用軟件是用友軟件股份公司根據市場的需求，結合多年行業應用經驗開發的最成熟的 ERP 軟件之一。它是在全面分析、總結、提煉中國中小企業業務運作與管理特性的基礎上，針對不同中小企業、不同管理層次、不同信息化成熟度、不同應用特性行業的信息化需求而設計的。

　　用友 ERP 產品充分為用戶著想，結合中國國情，吸收國外成熟 ERP 產品成功經驗，採用成熟技術研發，對系統運行環境及使用人員要求較低，用戶無須升級現有計算機軟硬件環境，即可實現快速使用，並且使用人員可快速上手，可極大節省用戶投資。用友 ERP 在幫助企業梳理資金流的同時，實現對物流和信息流的全面管理，從而提高效率，降低成本，提高企業盈利水平，幫助中國中小企業快速成長。

　　用友 ERP-U8 是一套企業級的信息化解決方案，可滿足在不同的製造、商務、營運模式下的企業經營管理。用友 ERP-U8 全面集成了財務、生產製造及供應鏈的成熟應用，延伸客戶管理至客戶關係管理（CRM），並對於零售、分銷領域實現了全面整合。同時通過實現人力資源管理（HR）及辦公自動化（OA），保證行政辦公事務、人力管理和業務管理的有效結合。用友 ERP-U8 是以集成的信息管理為基礎，以規範企業營運、改善經營成果為目標，最終實現從企業日常營運、人力資源管理到辦公事務處理等全方位的產品解決方案。

　　用友財務軟件分為幾個系列，適應於不同規模的企業，每個系列下又有多個版本，在功能上有所調整。用友軟件分 T 系列、U 系列和 NC 產品，T 系列有 T1、T3、T6 等，主要針對小型企業進銷存管理、小型企業財務業務管理和中小型生產

企業的財務、供應鏈和生產計劃管理等；U 系列有 U8、U9 等，主要針對大中型企業的全面管理；NC 系列主要針對集團型企業的財務管理。

用友 ERP-U8 管理軟件提供財務管理、供應鏈管理、生產製造管理、客戶關係管理、人力資源管理、辦公自動化和商業智能等集成化功能，並整合各種合作夥伴的方案。在總結中國企業各行業最佳實踐的基礎上，提供的行業解決方案涵蓋機械、電子、汽配、服裝、化工、食品、製藥、服務業、零售業等。

用友 ERP-U8 系列在發展過程中，先後推出過多個版本，如 U8.21、U8.51、U8.52、U8.60、U8.61、U8.70、U8.71、U8.72、U8.90 等。經過不斷地發展和完善，其功能越來越強大、穩定。

用友 ERP-U8 提供的主要功能模塊包括以下幾項：

財務會計：財務會計部分主要包括總帳、UFO 報表、固定資產管理、應收款管理、應付款管理、專家財務評估（基礎版）、現金流量表、出納管理、報帳中心、網上銀行、網上報銷等子模塊，幫助企、事業單位解決財務核算問題，規範並提高財務核算水平和效率。

管理會計：管理會計部分主要包括成本管理、項目成本、資金管理、預算管理等子模塊，幫助企業實現對成本的全面掌控和核算，及時分析各種報表，全面掌握單位財務狀況，為企業管理決策提供依據。

人力資源管理：人力資源管理部分主要包括薪資管理、保險福利管理、績效管理、人事管理、人事合同管理、招聘管理等子模塊，幫助企業解決人力資源管理問題，以規範人事管理、提高工作效率。

供應鏈管理：供應鏈管理部分主要包括採購管理、銷售管理、庫存管理、存貨核算、進出口管理、合同管理、質量管理等子模塊，幫助企業合理管理庫存，實現銷售、生產、採購、財務多部門的高效協同，建立競爭優勢。

生產製造管理：生產製造管理部分主要包括生產訂單、設備管理、需求規劃、物料清單、主生產計劃、產能管理、車間管理等子模塊，幫助企業實現根據訂單進行生產、提高產品生產效率和生產管理能力。

其他功能：除了上述主要功能外，用友 ERP-U8 還提供有決策支持系統、集團管理、網絡分銷、內部控制及企業應用集成等功能模塊，以適應不同企業的不同需求。

用友 ERP-U8.72 支持 Windows98/NT/2000/XP/ 2003/2008 等操作系統，支持 2007 新會計制度科目。用友 ERP-U8 系統如圖 1-7 所示。

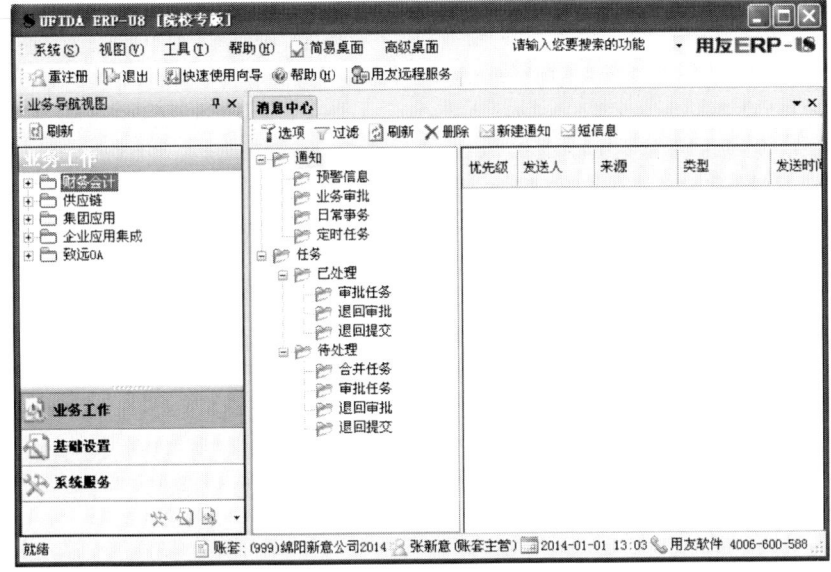

圖 1-7　用友 ERP-U8 登錄界面

第四節　其他 ERP 產品介紹

一、Oracle EBS 簡介

Oracle EBS 是美國 Oracle 公司旗下的產品，全稱是 Oracle 電子商務套件（E-Business Suit），在實際的工作中也被稱為 Oracle ERP 或 Oracle Applications 等。目前 Oracle EBS 已經發布 R12（Release 12）版本，Oracle 電子商務套件涵蓋了服務、營銷、訂單、合同、採購、供應鏈、製造、財務、人力資源、項目管理與專業服務自動化等在內的每一個環節的業務，幾乎所有行業都有使用 Oracle 電子商務套件的企業。

Oracle EBS R12 根據業務功能的不同，一般包含如下八個產品系列：Oracle Financials、項目管理產品套件、供應鏈計劃和管理套件、Oracle 製造套件、人力資源管理套件、客戶關係管理套件、主數據管理套件、Applications Technology 套件。每個產品系列通常又由單獨的應用組成，例如 Oracle Financials 是由總帳、應付帳款、應收帳款、現金管理、iReceivables 和 iExpenses 等組成。

二、SAP 簡介

SAP 為「Systems Applications and Products in Data Processing」的簡稱，是德國 SAP 公司的產品——企業管理解決方案的軟件名稱，SAP 是 ERP 解決方案的先驅，也是全世界排名第一的 ERP 軟件，可以為各種行業、不同規模的企業提供全面的

解決方案。作為全球領先的企業管理軟件解決方案，SAP可以幫助各行業不同規模的企業實現卓越營運，從企業後臺到公司決策、從工廠倉庫到商鋪店面、從電腦桌面到移動終端——SAP均可助力用戶和企業高效協作，不斷提升應變能力，實現可持續的增長，並從競爭中脫穎而出。目前包括財富500強80%的企業及85%最有價值的品牌使用的均是SAP軟件，但由於其昂貴的實施費用及後期管理費用，中國大部分中小企業沒有實施SAP系統。

SAP軟件主要包含商務智能模塊、客戶關係管理模塊、企業信息管理模塊、企業績效管理模塊、企業資源規劃模塊、人力資本管理模塊、產品生命周期管理模塊、服務與資產管理模塊、供應鏈管理模塊、製造模塊、財務管理模塊、移動管理模塊等。每個管理模塊又可細分為若干個小的管理系統，如財務模塊又可分為總帳、應收、應付、報表等系統。

第二章　案例背景

第一節　模擬企業背景介紹

本書以「綿陽新意公司」ERP 系統的應用過程為例，詳細闡述財務會計管理系統的應用過程。

一、「綿陽新意公司」概況

公司名稱：綿陽新意公司。

公司簡介：該公司是一家專業生產、銷售手機的公司。企業性質為工業企業。

基本情況：該公司下設辦公室、採購部、生產部、銷售部等多個部門，隨著公司業務的發展，利用手工核算進行的財務工作已經很難滿足日常工作需要。於是，該公司在 2013 年與多家 ERP 廠商進行調研、洽談，並計劃於 2014 年 1 月開始使用相關 ERP 產品中的多個模塊對公司業務進行全面管理。

二、企業會計政策和會計核算方法

綿陽新意公司的會計政策和會計核算方法介紹如下：

（1）產品銷售價格均為不含增值稅價格，增值稅稅率為 17%。

（2）按應收帳款餘額的 3%計提壞帳準備。

（3）短期借款（2013 年 10 月 10 日借入），約定 2014 年 1 月還本 12,000 元及前三個月利息，年利率為 3.6%。

（4）利潤核算採用「帳結法」，結帳要求損益類科目餘額為零。

（5）倉庫採用全月平均法進行核算。

（6）原材料採用實際成本法進行核算。

（7）城建稅稅率為 7%（市區），教育費附加為 3%，所得稅稅率為 25%，盈餘公積按照 10%計提，假定該公司無股利分配。

第二節　模擬企業基礎數據

一、帳套檔案信息及操作員檔案、權限

公司基本信息如表 2-1 所示。

第二章　案例背景

表 2-1　　　　　　　　　　綿陽新意公司的基本信息

帳套名稱	綿陽新意公司 2014
地址	綿陽市科創園區九洲大道中段
電話	0816-12345
企業類型（U8）	工業
帳套類型（K3）	標準供應鏈解決方案
帳套啓用日期	2014 年 1 月 1 日
帳套存儲路徑	系統默認路徑
帳套主管	張新意
本位幣	人民幣
行業性質	2007 年新會計制度科目
啓用模塊	用友：總帳、應付、應收、固定資產、存貨核算 金蝶：總帳、應付、應收、固定資產、存貨核算、採購、銷售 啓用日期均為 2014 年 1 月 1 日

公司用戶檔案如表 2-2 所示。

表 2-2　　　　　　　　　　綿陽新意公司用戶檔案

姓名	所屬部門	角色	權限
張新意	辦公室	總經理	帳套主管權限
李平	財務部	財務主管	基礎資料、總帳、應收款管理、應付款管理、固定資產管理、存貨核算、報表模塊的操作權限
何順	財務部	操作員	帳套的所有權限，主要負責帳套的管理和單據的審核
範薇	財務部	會計	會計權限

公司電子帳套自動備份信息如表 2-3 所示。

表 2-3　　　　　　　綿陽新意公司電子帳套自動備份信息

方案名稱	2014 年備份方案
開始時間	20：00
時間間隔	24 小時
備份路徑	E：\ 綿陽新意公司 2014 帳套備份 \

二、部門、職員檔案

公司組織架構如表 2-4 所示。

表 2-4　　　　　　　　　綿陽新意公司組織架構

一級部門	二級部門
01 辦公室	
02 財務部	
03 銷售部	銷售一部
	銷售二部
04 採購部	
05 生產部	
06 倉管部	

公司職員檔案如表 2-5 所示。

表 2-5　　　　　　　　　綿陽新意公司職員檔案

人員編碼	姓名	所屬部門	性別
01	張新意	辦公室	男
02	李平	財務部	男
03	範薇	財務部	女
04	何順	財務部	男
05	徐蒙	採購部	女
06	王一	採購部	女
07	陳宇	銷售一部	男
08	徐添	銷售一部	男
09	李新	銷售二部	男
10	劉鈺	銷售二部	女
11	黃強	生產部	男
12	許多	生產部	女
13	周倉管	倉管部	男

三、客戶、供應商檔案

客戶檔案如表 2-6 所示。

表 2-6　　　　　　　　　客戶檔案

客戶分類代碼	客戶分類名稱	客戶名稱
01	華中區	湖北途優高科公司
02	華北區	華北貿易公司

表2-6(續)

客戶分類代碼	客戶分類名稱	客戶名稱
03	西南區	成都高遠公司
04	西北區	西安市天航公司

供應商檔案如表 2-7 所示。

表 2-7　　　　　供應商檔案

供應商分類代碼	供應商分類名稱	供應商名稱
01	華東區	上海宏運公司
02	華南區	深圳合信包裝材料廠
03	西南區	川宇製造公司
03	西南區	重慶新科公司
03	西南區	綿陽快速貨運公司
03	西南區	長江製造廠
04	西北區	蘭州電子集團

四、財務信息檔案

財務記帳憑證類型如表 2-8 所示。

表 2-8　　　　　財務記帳憑證類型

類別字	類別名稱	限制類型
記	記帳類型	無限制

涉及的外幣如表 2-9 所示。

表 2-9　　　　　涉及的外幣

幣別代碼	幣別名稱	記帳匯率	折算方式	匯率類型
USD	美元	6.2	原幣×匯率=本位幣	固定
HKD	港幣	0.8	原幣×匯率=本位幣	固定

會計科目設置如表 2-10 所示。

表 2-10　　　　　會計科目設置

級次	科目代碼	科目名稱	外幣核算	數量/受控	核算項目
1	1001	庫存現金	所有幣別		
2		人民幣			

表2-10(續)

級次	科目代碼	科目名稱	外幣核算	數量/受控	核算項目
2		美元	美元		
2		港幣	港幣		
1	1002	銀行存款			
2		招行帳戶			
2		農行帳戶			
2		中行帳戶	美元		
1	1121	應收票據		應收	客戶
1	1122	應收帳款		應收	客戶
1	1123	預付帳款		應付	供應商
1	1221	其他應收款			職員
1	1401	材料採購			
2	金蝶	手機殼		個	
2		手機屏幕		個	
2		手機電池		塊	
2		手機包裝盒		個	
1	1405	庫存商品			
2	金蝶	手機型號Ⅰ		部	
2		手機型號Ⅱ		部	
2	用友	自制半成品			
2		產成品			
1	2201	應付票據		應付	供應商
1	2202	應付帳款		應付	供應商
1	2203	預收帳款		應收	客戶
1	2221	應交稅費			
2		應交增值稅			
3		銷項稅額			
3		進項稅額			
3		轉出未交增值稅			
3		轉出多交增值稅			
2		未交增值稅			
2		應交城建稅			
2		應交教育費附加			

表2-10(續)

級次	科目代碼	科目名稱	外幣核算	數量/受控	核算項目
2		應交所得稅			
1	2231	應付利息			
2		短期借款利息			
1	2241	其他應付款			
2		其他個人應付款			職員
1	4104	利潤分配			
2		未分配利潤			
2		提取盈餘公積			
1	5001	生產成本			
2		基本生產成本			
3		材料			
3		人工			
3		費用			
1	5101	製造費用			
2		折舊費			
2		修理費			
2		工資及福利			
2		辦公費			
1	6601	銷售費用			
2		廣告費			
2		折舊費			
2		工資及福利			
1	6602	管理費用			
2		差旅費			職員
2		辦公費			部門
2		水電費			部門
2		交通費			部門
2		招待費			部門
2		通信費			職員
2		折舊費			
2		工資及福利			

(註:由於金蝶和用友二級編碼方式不同,故表中科目代碼空白處請根據實際的編碼規則自行編碼)

五、收付結算檔案

公司結算方式如表 2-11 所示。

表 2-11　　　　　　　　綿陽新意公司結算方式

結算名稱
現金
招行轉帳支票
農行轉帳支票
中行轉帳支票

公司銀行帳號如表 2-12 所示。

表 2-12　　　　　　　　綿陽新意公司銀行帳號

開戶銀行編碼	開戶銀行名稱	銀行帳號
001	招行綿陽支行	123456789056
002	農行涪城支行	987654321012
003	中行高新區支行	543210987612

六、物料信息檔案

計量單位如表 2-13 所示。

表 2-13　　　　　　　　計量單位

計量單位名稱
個
塊
部
棟
輛
臺

存貨分類如表 2-14 所示。

表 2-14　　　　　　　　存貨分類

存貨分類編碼	存貨分類名稱
01	原材料
02	產成品

公司物料設置如表 2-15 所示。

表 2-15　　　　　　　　綿陽新意公司物料設置

編碼	名稱	物料屬性（金蝶）	物料屬性（用友）	計量單位	計價方法
01	原材料				
	手機殼	外購	外購、內銷、生產耗用	個	先進先出
	手機電池	外購	外購、內銷、生產耗用	塊	先進先出
	手機屏幕	外購	外購、內銷、生產耗用	個	先進先出
	手機包裝盒	外購	外購、內銷、生產耗用	個	先進先出
02	產成品				
	手機型號 I	自制	自制、內銷、外銷	部	先進先出
	手機型號 II	自制	自制、內銷、外銷	部	先進先出

七、業務信息檔案

公司倉庫檔案如表 2-16 所示。

表 2-16　　　　　　　　綿陽新意公司倉庫檔案

編碼	名稱	屬性
01	原材料庫	普通倉
02	產成品庫	普通倉

八、常用摘要檔案

公司倉庫檔案如表 2-17 所示。

表 2-17　　　　　　　　綿陽新意公司常用摘要檔案

01：接受投資	02：預支差旅費
03：報銷業務招待費	04：提取現金

九、會計科目期初餘額

2014 年 1 月 1 日的會計科目期初餘額如表 2-18 所示。

表 2-18　　　　　2014 年 1 月 1 日的會計科目期初餘額

科目名稱	借方金額	科目名稱	貸方金額
庫存現金（1001） ——人民幣（100101） ——美元（100102）	16,000 12,900 500	累計折舊（1602）	500,000

表2-18(續)

科目名稱	借方金額	科目名稱	貸方金額
銀行存款（1002） ——招行帳戶（100201） ——農行帳戶（100202）	280,800 280,000 800	短期借款（2001）	150,000
應收帳款（1122）	56,000	應付帳款（2202）	44,800
其他應收款（1221） ——王一（2013.12.5）	1,600 1,600	應付利息（2231） ——短期借款利息	1200 1200
原材料（1403）	150,400	實收資本（4001）	1,549,300
庫存商品（1405） 金蝶{手機型號Ⅰ 　　　手機型號Ⅱ 用友——產成品	317,500 157,500 160,000 317,500		
固定資產（1601）	1,423,000		
合計	2,245,300	合計	2,245,300

應收帳款會計科目期初餘額明細如表2-19所示。

表2-19　　　　　　　應收帳款會計科目期初餘額明細

日期	客戶名稱	摘要	方向	本幣期初餘額
2013.12.01	成都高遠公司	銷售貨物	借	24,000
2013.12.10	湖北途優高科公司	銷售貨物	借	32,000

應付帳款會計科目期初餘額明細如表2-20所示。

表2-20　　　　　　　應付帳款會計科目期初餘額明細

日期	客戶名稱	摘要	方向	本幣期初餘額
2013.12.15	川宇製造公司	採購原材料	貸	36,000
2013.12.20	重慶新科公司	採購原材料	貸	8,800

十、應收系統基礎設置和期初餘額

公司壞帳準備設置如表2-21所示。

表2-21　　　　　　　綿陽新意公司壞帳準備設置

提取比率	3%
壞帳準備	1231（壞帳準備）
壞帳損失科目	壞帳損失

應收帳款會計科目期初餘額明細如表 2-22 所示。

表 2-22　　　　　　應收帳款會計科目期初餘額明細

單據日期	客戶名稱	產品名稱	產品數量	發生額	相關部門及職員	應收日期
2013.12.01	成都高遠公司	手機 II	10	24,000	銷售二部、劉鈺	2014.01.20
2013.12.10	湖北途優高科公司	手機 I	10	32,000	銷售一部、陳宇	2014.01.10

十一、應付系統期初餘額

應付帳款會計科目期初餘額明細如表 2-23 所示。

表 2-23　　　　　　應付帳款會計科目期初餘額明細

單據日期	供應商名稱	產品名稱	產品數量	單價	相關部門及職員	應付日期
2013.12.15	川宇製造公司	手機屏幕	60	600	採購部、王一	2014.01.30
2013.12.20	重慶新科公司	手機殼	20	345	採購部、王一	2014.01.20
		手機電池	38	50		

十二、固定資產系統基礎設置

變動方式類別如表 2-24 所示。

表 2-24　　　　　　變動方式類別

名稱	憑證字	摘要	對方科目
報廢	記	報廢固定資產	1606，固定資產清理

固定資產卡片類別設置如表 2-25 所示。

表 2-25　　　　　　固定資產卡片類別設置

代碼	名稱	年限	淨殘值率	單位	預設折舊方法	資產科目	折舊科目	減值準備	是否計提折舊
001	建築物	50	5%	棟	平均年限法	1601	1602	1603	不管使用狀態如何一定提折舊
002	交通工具	10	3%	輛	工作量法	1601	1602	1603	由使用狀態決定是否提折舊
003	生產設備	10	3%	臺	平均年限法	1601	1602	1603	由使用狀態決定是否提折舊
004	辦公設備	5	5%	臺	平均年限法	1601	1602	1603	由使用狀態決定是否提折舊

固定資產基礎信息如表 2-26 所示。

表 2-26　　　　　　　　　　固定資產基礎信息

資產名稱	辦公樓	小汽車	生產線
資產類別	建築物	交通工具	生產設備
計量單位	棟	輛	臺
數量	1	1	1
入帳日期	2013 年 12 月 31 日	2013 年 12 月 31 日	2013 年 12 月 31 日
存放地點		車庫	車間
使用狀態	正常使用	正常使用	正常使用
變動方式	自建	購入	購入
使用部門	辦公室	採購部 50%，銷售一部 50%	生產部
折舊費用科目	管理費用——折舊費	管理費用——折舊費、銷售費用——折舊費	製造費用——折舊費
幣別	人民幣	人民幣	人民幣
原幣金額	1,000,000	200,000	223,000
開始使用日期	1993 年 12 月 1 日	2007 年 10 月 1 日	2013 年 2 月 28 日
已使用期間	240	工作量法：300,000km 已使用：180,000km	10
累計折舊金額	380,000	100,000	20,000
折舊方法	平均年限法	工作量法（計量單位：km）	平均年限法

十三、存貨核算系統期初餘額

2014 年 1 月 1 日存貨期初結存數據如表 2-27 所示。

表 2-27　　　　　　　2014 年 1 月 1 日存貨期初結存數據

倉庫	存貨名稱	計量單位	數量	單位成本	金額
產成品庫	手機型號 I	部	105	1500	157,500
產成品庫	手機型號 II	部	100	1600	160,000
原材料庫	手機殼	個	149	345	51,405
原材料庫	手機電池	塊	154	50	7,700
原材料庫	手機屏幕	個	152	600	91,200
原材料庫	手機包裝盒	個	19	5	95

十四、其他（以下表格，用戶可以在用友帳套中進行相應設置及實驗）

出入庫方式如表 2-28 所示。

表 2-28　　　　　　　　　出入庫方式

入庫	採購入庫	出庫	材料領用出庫
	成品入庫		銷售出庫
	調撥入庫		調撥出庫
	其他入庫		其他出庫

採購類型如表 2-29 所示。

表 2-29　　　　　　　　　採購類型

編碼	名稱	入庫類別
1	採購入庫	採購入庫

銷售類型如表 2-30 所示。

表 2-30　　　　　　　　　銷售類型

編碼	名稱	入庫類別
1	普通銷售	銷售出庫

應收款業務處理時，對應總帳中基本會計科目的業務如表 2-31 所示。

表 2-31　　　應收款業務處理時，對應總帳中基本會計科目的業務

應收科目（本幣）	應收帳款	銷售退回科目	主營業務收入
預收科目（本幣）	預收帳款	銀行承兌科目	應收票據
銷售收入科目	主營業務收入	商業承兌科目	應收票據
稅金科目	銷項稅額	現金折扣科目	財務費用

應收款業務處理時，對應總帳中基本會計科目的業務如表 2-32 所示。

表 2-32　　　應收款業務處理時，對應總帳中基本會計科目的業務

結算方式	幣種	科目
現金	人民幣	人民幣
招行轉帳支票	人民幣	招行帳戶
農行轉帳支票	人民幣	農行帳戶

應收管理的帳齡區間和逾期帳齡區間如表 2-33 所示。

表 2-33　　　應收管理的帳齡區間和逾期帳齡區間　　　　單位：天

序號	起止天數	總天數
01	1~30	30
02	31~60	60
03	61 以上	

應收管理系統中報警級別如表 2-34 所示。

表 2-34　**應收管理系統中報警級別**

序號	起止比率	總比率（%）	級別名稱
01	0~10%	10	A
02	10%~20%	20	B
03	20%~30%	30	C
04	30%以上		D

第三節　模擬企業業務數據

一、綿陽新意公司 1 月 10 日業務數據

【實例 1】從招商銀行提取現金 4,800 元備用，結算號 20140110031，原始單據如圖 2-1 所示。

中国招商银行现金支票存根
支票号码　VI II 02777738
科　　目　银行存款
对方科目　现金
出票日期 2014年1月10日

收款人：	绵阳新意公司
金　额：	RMB 4 800元
用　途：	备用金
备　注：	

单位主管 李平 会计 范薇

圖 2-1　**中國招商銀行現金支票存根**

【實例 2】以現金 1,200 元預付徐蒙差旅費，借支單如圖 2-2 所示。

借 支 单

2014年01月10日

姓　　名	徐蒙	工作部门	行政科	职务	科长
借款原因	去北京开会		领导审批	同意 张新意	
借支金额	人民币（大写）壹仟贰佰元整　现金付讫　¥1200.00				
备　　注					

圖 2-2　**借支單**

【實例 3】收到某外商投資款 16,000 美元，匯率 6.2，存入中國銀行，原始單據如圖 2-3、圖 2-4 所示。

中国银行转账支票（川）　VIII536546354

本支票付款期十天

出票日期（大写）贰零壹肆年零壹月壹拾日　付款行名称：中行桐梓林支行

收款人：綿阳新意公司

出票人账号：999252352353425

美元（大写）	壹万陆仟美元整	千	百	十	万	千	百	十	元	角	分
				$	1	6	0	0	0	0	0

用途：投资款

上列款项请从我账户内支付

出票人签章　四川省成都市阳光有限公司财务专用章

科目（借）

对方科目（贷）

付讫日期　年　月　日

出纳 刘丽　复核 张霞　记账 王薇

圖 2-3　轉帳支票

银 行　进账单

(回单或收账通知)

2014 年 1 月 10 日

收款人	全　称	綿阳新意公司
	账　号	123456789056
	开户银行	招行綿阳支行

美元	千	百	十	万	千	百	十	元	角	分
			$	1	6	0	0	0	0	0

付款人	全　称	四川省成都市阳光有限公司
	账　号	999252352353425
	开户银行	中行桐梓林支行
款项来源	投资款	

招行綿阳支行 14.01.10 转讫

圖 2-4　進帳單

【實例 4】銷售一部（陳宇）報銷業務招待費 600 元，填寫的報銷單如圖2-5所示。

招待費用报销单

编号：01　　填表日期：2014 年 1 月 10 日

姓名	陈宇	职务				招待事由	接待上级检查								附件张
部　门	销售一部														
招待对象	质量检查领导	招待人数		客人 2 人 陪同 2 人		备注									
日　期	招待地点	餐饮费	住宿费	礼品礼金	其他费用	金额合计									
						十	万	千	百	十	元	角	分		
2014-1-10	聚友宾馆	600							6	0	0	0	0		
金额（大写）	陆佰元整				合计				6	0	0	0	0		
财务审批	部门主管审批	财务复核	部门经理审核	经办人签名	报销人签名										
					陈宇										

圖 2-5　招待費用報銷單

【實例 5】用招商銀行存款歸還到期 120,000 元短期借款及利息 1,080 元，原始單據如圖 2-6 所示。

中国招商银行转账支票存根

支票号码 VI II 01697691

科　目 银行存款

对方科目 短期借款

出票日期 2014年1月10日

收款人：	招商银行涪城支行
金　额：	￥121 080.00
用　途：	还借款及利息
备　注：	

单位主管 李平 会计 范薇

复　核　　记账

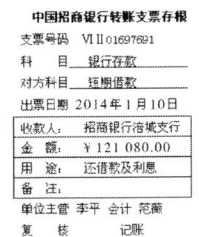

圖 2-6　中國招商銀行轉帳支票存根

【實例 6】收到湖北途優高科公司償還前欠貨款 32,000 元存入農業銀行，由銷售一部陳宇負責，原始單據如圖 2-7 所示。

银行　进账单

(回单或收账通知)

2014 年 01 月 10 日

收款人	全　称	綿阳市新意公司
	账　号	987 654 321 012
	开户银行	农行涪城支行
人民币		￥32000
付款人	全　称	湖北途优高科公司
	账　号	9012011320
	开户银行	工商银行汉城营业部
款项来源	销货款	

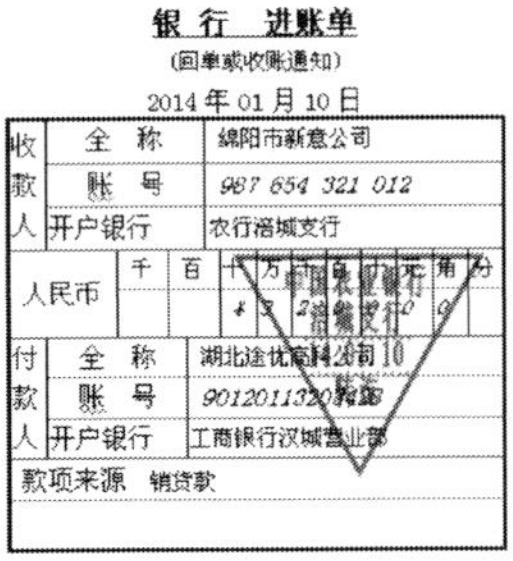

圖 2-7　進帳單

【實例 7】向上海宏運公司購入手機殼 120 個，價款 40,800 元，增值稅6,936 元，款項暫欠，增值稅發票如圖 2-8　增值稅發票所示。

上海增值税专用发票

42000324356　　№00056634

发票联

开票日期：2014 年 01 月 10 日

购货单位	名　称：綿阳新意公司 纳税人识别号：543219876221 地址、电话：綿阳市科创园区九洲大道中段 0816-12345 开户行及账号：招行綿阳支行 123456789056	密码区

货物或应税劳务名称	规格型号	单位	数量	单价	金额	税率	税额
手机壳		个	120		40800 元	17%	6936 元
合　计							
价税合计（大写）	⊗ 肆万柒仟叁佰叁拾陆元整				（小写）￥47336		

销货单位	名　称：上海市宏运公司 纳税人识别号：445667235431234 地址、电话：上海市利民路 6 号 021-35556345 开户行及账号：招行浦东支行 999252352353425

收款人：　复核：　开票人：李雁　销货单位：（章）

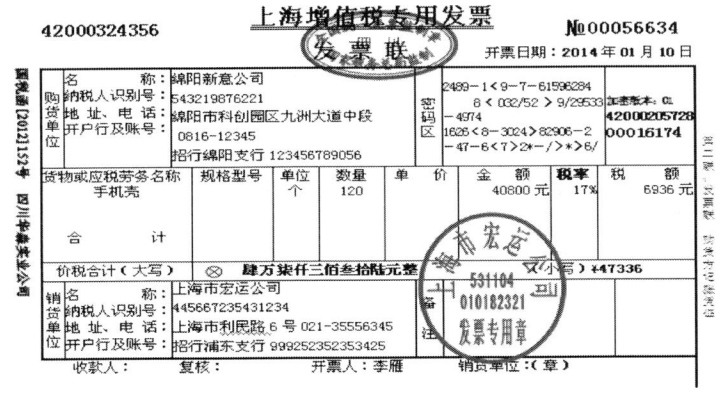

圖 2-8

【實例 8】採購深圳合信包裝材料加工廠手機包裝盒 100 個，不含稅單價 4.5 元，增值稅發票如圖 2-9 所示。

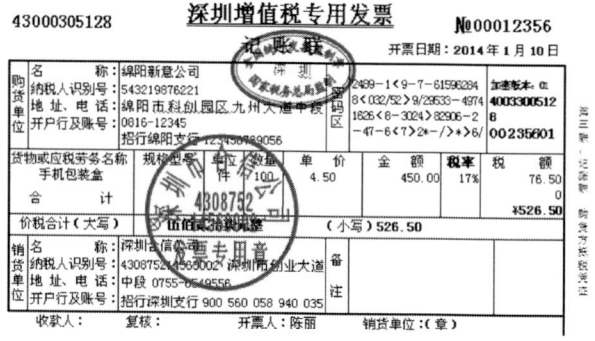

43000305128 **深圳增值税专用发票** №00012356

记账联

开票日期：2014年1月10日

购货单位	名称：绵阳新意公司 纳税人识别号：543219876221 地址、电话：绵阳市科创园区九州大道中段 0816-12345 开户行及账号：招行绵阳支行 123456789056	密码区	2489-1<9-7-61596284 8<032/52>9/29533-4974 1626<8-3024>82906-2 -47-6<7>2*-/>*>6/ 加密版本：01 4003300512 8 00235601

货物或应税劳务名称	规格型号	单位	数量	单价	金额	税率	税额
手机包装盒		件	100	4.50	450.00	17%	76.50
合计							¥526.50
价税合计（大写）	伍佰[illegible]			（小写）526.50			

销货单位	名称：深圳合信公司 纳税人识别号：430875214563002 地址、电话：深圳市创业大道中段 0755-6549556 开户行及账号：招行深圳支行 900 560 058 940 035	备注	

收款人： 复核： 开票人：陈丽 销货单位：（章）

第三联：记账联 购货方记账凭证

圖 2-9 增值税發票

【實例 9】付深圳合信包裝材料加工廠包裝盒款，從農行轉帳支付，單據如圖 2-10 所示。

中国农业银行转账支票存根

支票号码 VIII01697698

科 目 银行存款

对方科目 现金

出票日期 2014年1月10日

收款人：	深圳合信公司
金 额：	¥526.50
用 途：	包装盒费
备 注：	

单位主管 李平 会计 范薇

复 核 记账

圖 2-10 中國農業銀行轉帳支票存根

【實例 10】採購上海宏運公司手機殼 120 個，入庫單價 340 元，收料單如圖 2-11所示。

收 料 单

供应单位：上海市宏运公司 编号：1072

发票号码：42000324356 2014年1月10日 仓库：原材料库

规格	材料名称	编号	数量 应收	数量 实收	实际价格（元） 单位	单价	发票金额	运杂费	合计 千	百	十	万	千	百	十	元	角	分
	手机壳		120	120	个	340	40800					4	0	8	0	0	0	0
备注			验收人盖章		张全		合计¥40800.00											

采购人： 检验员： 记帐员： 保管员：周

第二联：会计部门

圖 2-11 收料單

【實例 11】採購深圳合信包裝材料加工廠手機包裝盒 100 個，入庫單價 4.5 元，收料單如圖 2-12 所示。

收　料　单

供应单位：深圳合信包装材料加工厂　　　　编号：1073

发票号码：43000305128　　2014年1月10日　　仓库：原材料库

规格	材料名称	编号	数量		实际价格（元）														
			应收	实收	单位	单价	发票金额	运杂费	合计										
									千	百	十	万	千	百	十	元	角	分
	手机包装盒		100	100	个	4.5	450.00							4	5	0	0	0
备注			验收人盖章		张全			合计¥450.00										

第二联：会计部门

采购人：　　检验员：　　记帐员：　　保管员：周

圖 2-12　收料單

【實例 12】增加材料出庫單一張，其中手機殼 50 個、手機電池 51 塊、手機屏幕 52 個、手機包裝盒 52 個，部門為生產部，倉庫為材料庫，出庫類別為材料領用出庫，材料出庫單如圖 2-13 所示。

材料出库单

出库单号	0000000001	出库日期	2014-1-10	仓库	材料库
订单号		产品编码		产量	
生产批号		业务类型	领料	业务号	
出库类别	原材料领用出库	部门	生产部	审核日期	
备注					

材料编码	材料名称	规格型号	数量（个）	单价	金额
001	手机壳		50		
002	手机电池		51		
003	手机屏幕		52		
004	手机包装盒		52		
合计			205		

管理员　　　　审核

圖 2-13　材料出庫單

【實例 13】銷售部購買聯想電腦一臺，由銷售一部和銷售二部共同使用，分攤比例各占 50%，農行轉帳支付 3,428 元，結算號 20140110040，原始單據如圖 2-14、圖 2-15 所示。

圖 2-14 銷售發票

圖 2-15 中國農業銀行現金支票存根

二、綿陽新意公司 1 月 20 日業務數據

【實例 14】從招商銀行提取現金 106,400 元備發工資，原始單據如圖 2-16 所示。

圖 2-16 中國招商銀行現金支票存根

【實例 15】王一報銷差旅費 1,200 元，交回餘額 400 元現金，報銷單據如圖 2-17 所示，收據如圖 2-18 所示。

圖 2-17 差旅費報銷單

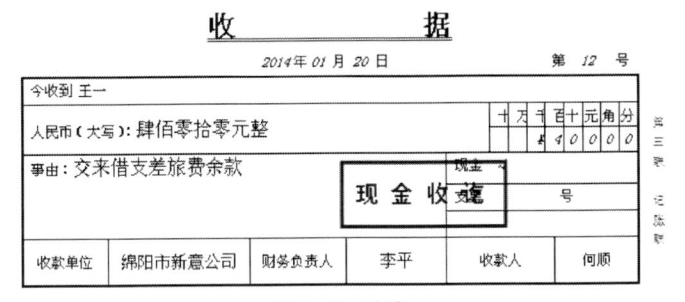

圖 2-18 收據

【實例 16】以現金 640 元購入辦公用品。其中：生產車間領用 160 元，採購部領用 480 元，購買發票如圖 2-19 所示。

圖 2-19 銷售發票

【實例 17】以現金 106,400 元發放職工工資，其中生產工人工資 55,000 元，管理人員工資 31,400 元，銷售人員工資 20,000 元。原始單據如圖 2-20 所示。

圖 2-20　中國招商銀行現金支票存根

【實例 18】收到成都高遠公司償還前欠購貨款 24,000 元，由銷售二部李新負責，款項已存入招商銀行，原始單據如圖 2-21 所示。

圖 2-21　進帳單

【實例 19】銷售一部徐添銷售湖北途優高科公司手機型號 I 78 部，不含稅單價 1,600 元，款項暫欠，增值稅發票如圖 2-22 所示。

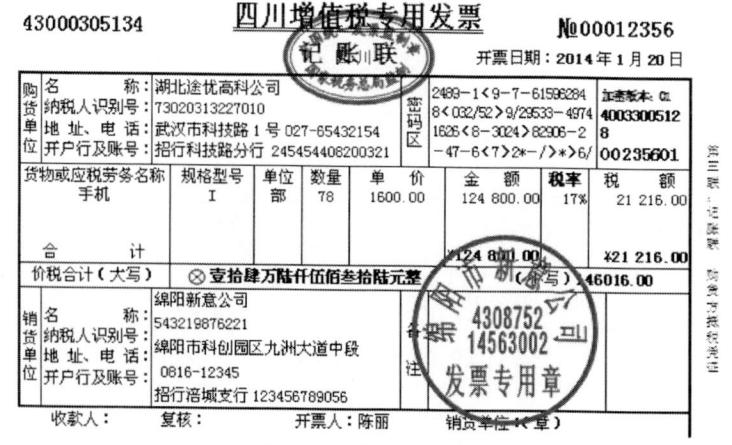

圖 2-22　增值稅發票

【實例20】銷售二部李新銷售成都高遠公司手機型號Ⅱ50部，不含稅單價1,700元，增值稅發票如圖2-23所示。

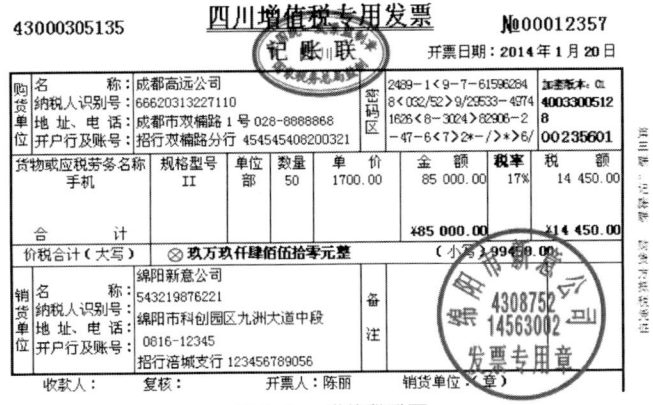

圖2-23 增值稅發票

【實例21】收到成都高遠公司貨款99,450元，已存中國農業銀行，結算號20140120002，原始單據如圖2-24所示。

圖2-24 進帳單

【實例22】將銷售湖北途優高科公司的手機運往湖北，運輸費共計750元，由新意公司代墊，現金支付，貨票如圖2-25所示。

圖2-25 貨票

第二章 案例背景

【實例23】付重慶新科公司材料款8,800元，從農行涪城支行支付，原始單據如圖2-26所示。

圖2-26 中國農業銀行轉帳支票存根

【實例24】採購長江製造廠手機電池100塊，不含稅單價48元；手機屏幕100個，不含稅單價580元，增值稅發票如圖2-27所示。上述款項均以農業銀行存款付訖，原始單據如圖2-28所示。

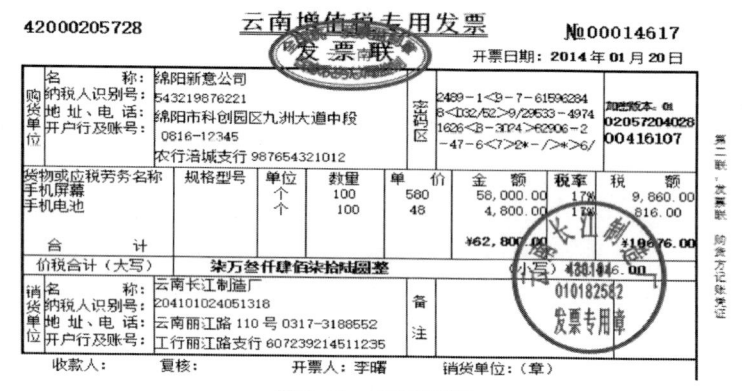

圖2-27 增值稅發票

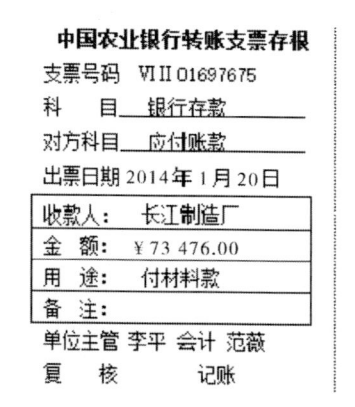

圖2-28 中國招商銀行轉帳支票存根

【實例25】採購長江製造廠手機電池100塊，入庫單價48元；手機屏幕100個，入庫單價580元，收料單如圖2-29所示。

收 料 單

供應單位：长江制造厂　　　　　　　　　　　　編號：1080
發票號碼：43000306379　　2014年 1月 20日　　倉庫：原材料库

規格	材料名称	編號	數量 应收	數量 实收	單位	單價	實際價格（元） 發票金額	實際價格（元） 運雜費	合計 千	合計 百	合計 十	合計 万	合計 千	合計 百	合計 十	合計 元	合計 角	合計 分
	手机电池		100	100	块	48	4800						4	8	0	0	0	0
	手机屏幕		100	100	个	580	58000					5	8	0	0	0	0	0
												6	2	8	0	0	0	0

備註：　　验收人盖章：张全　　　　合計：¥62800.00

采购人：　　检验员：　　记帐员：　　保管员：周

圖 2-29　收料單

【實例26】新增一張產成品入庫單，部門為生產部，倉庫為產成品庫，入庫類別為產成品入庫，產品名稱：手機型號I 25 部，手機型號II 25 部，入庫單如圖 2-30 所示。

产成品入库单

交货单位：生产部　　2014年 01月 20日　　收 字第 102 号

产品名称	单位	数量	单位成本	金額
手机型号 I	部	25		
手机型号 II	部	25		

金額（大写）：柒万柒仟伍佰元整

送检人：　　检验员：　　记帐员：　　保管员：周

圖 2-30　產成品入庫單

【實例27】增加一張銷售出庫單，客戶名稱：成都高遠公司；倉庫：產成品庫；部門：銷售二部；業務員：李新；出庫類別：產成品銷售出庫；存貨名稱：手機型號II，數量：50，出庫單如圖 2-31 所示。

产成品出库单

2014年 01月 20日　　　　　　　　　　　　单位：元

货号	名称用规格	单位	数量	单位成本	总成本	
	手机型号 II	部	50			
	合　计					

单位主管：李平　　会计：范薇　　复核：　　记账：　　制单：

圖 2-31　產成品出庫單

三、綿陽新意公司 1 月 30 日業務數據

【實例28】徐蒙報銷差旅費 1,560 元，並補領現金 360 元，報銷單及收據如圖

2-32、圖 2-33 所示。

图 2-32 差旅费报销单

图 2-33 收据

【實例 29】現金支付張新意電話費 2,400 元，原始單據如圖 2-34 所示。

图 2-34 電信業務專用發票原始單據

【實例 30】以農業銀行存款 2,000 元支付廣告費，原始單據如圖 2-35、圖 2-36 所示。

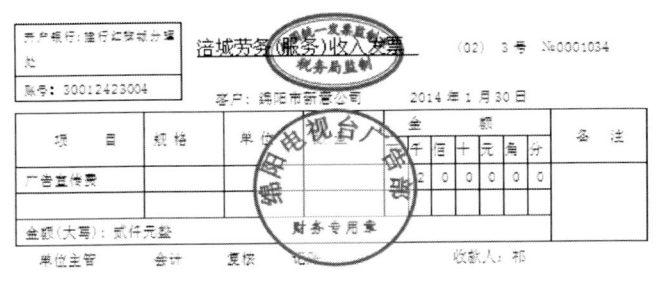

圖 2-35　收入發票

圖 2-36　中國農業銀行轉帳支票存根

【實例 31】銷售二部劉鈺銷售手機型號Ⅱ70部給西安市天航公司，單價1,600元，增值稅 19,040 元，增值稅發票如圖 2-37 所示，款項已收到存入農業銀行，原始單據如圖 2-38 所示。

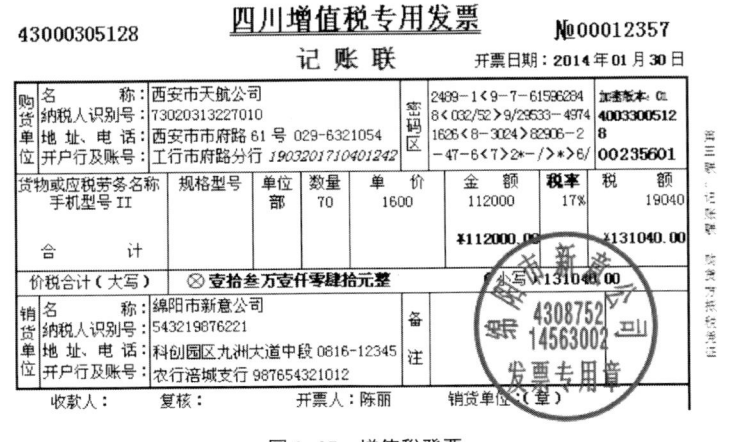

圖 2-37　增值稅發票

【實例 32】湖北途優高科公司轉帳支付貨款 146,766 元，已入招商銀行，結算號 201401200058，原始單據如圖 2-39 所示。

圖 2-38　進帳單　　　　　　　　　　　圖 2-39　進帳單

【實例 33】支付上海宏運公司材料款 47,736 元，原始單據如圖 2-40 所示。

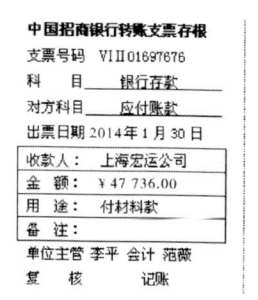

圖 2-40　中國招商銀行轉帳支票存根

【實例 34】以銀行存款 36,000 元，償還前欠川宇製造公司貨款，原始單據如圖 2-41 所示。

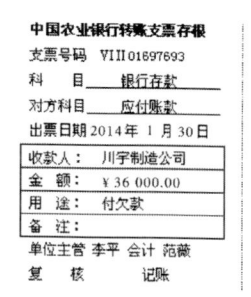

圖 2-41　中國農業銀行轉帳支票存根

【實例 35】增加一張銷售出庫單，客戶名稱：湖北途優高科公司；倉庫：產成品庫；部門：銷售一部；業務員：徐添；出庫類別：產成品銷售出庫；存貨名稱：手機型號 I，數量：50，出庫單如圖 2-42 所示。

产成品出库单

2014年01月30日　　　　　　　　　　　　单位：元

货号	名称用规格	单位	数量	单位成本	总成本	
	手机型号I	部	50			
	合　计					

单位主管　李平　　　会计　范薇　　　复核：　　　记账：　　　制单：

图 2-42　產成品出庫單

四、綿陽新意公司期末處理中使用到的數據

（1）產成品分配：分配後，手機型號I：1,400 元/部；手機型號II：1,500 元/部；

（2）小汽車本期工作量 1,000 km。

第三章　信息平臺搭建

在使用用友或金蝶軟件之前，必須進行信息平臺的搭建。在安裝金蝶或用友軟件之前，必須首先安裝數據庫。金蝶和用友的後臺均是基於 Microsoft 公司開發的 SQL Serve 數據庫。

實驗一　SQL Server 2008 安裝

SQL Server 2008 是由 Microsoft 公司發布的最新數據庫管理系統，為用戶提供了完整的數據管理和分析解決方案。

SQL Server 2008 可隨時隨地管理任何數據，可以將結構化、半結構化和非結構化文檔的數據（例如圖表和各種數據）直接存儲到數據庫中，提供一系列豐富的集成服務，可以對數據進行查詢、搜索、同步、分析和報告等之類的操作。SQL Server 2008 允許在使用 Microsoft.NET 和 Visual Studio 開發的自定義應用程序中使用數據，而金蝶和用友就是基於 SQL Server 開發出來的應用系統。

下面介紹 SQL Server 2008 的安裝方法。

【實驗準備】

已安裝好操作系統的服務器，SQL Server 2008 光盤或軟件。

說明：

服務器硬件配置：CPU 主頻 700MHZ 以上，內存 1GB 以上，硬盤空間大於 20GB。

服務器操作系統：Windows 2003 Server 或 Windows 2000 Server 或 Windows XP 等。

【實驗指導】

在安裝金蝶或用友軟件之前，必須安裝數據庫，本實驗介紹在 Windows 2003 Server 下數據庫的安裝。

【操作步驟】

1. 首先將光盤放入光驅，然後打開光盤中的「數據庫安裝」文件夾，如圖 3-1 所示。

2. 雙擊「setup.exe」文件，系統打開 SQL Server 2008 安裝向導程序，系統提示安裝 SQL Server 2008 需要安裝「Microsoft.net Framework 和更新的 Windows Installer」，如圖 3-2 所示。

3. 單擊「確定」按鈕，系統彈出 Microsoft.net Framework 安裝界面，選擇「我已經閱讀並接受許可協議中的條款」，如圖 3-3 所示。

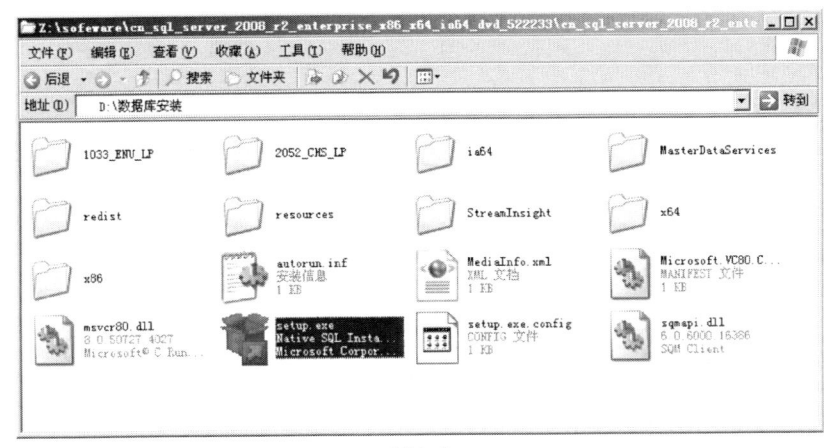

圖 3-1

圖 3-2

圖 3-3

4. 點擊「安裝」按鈕，此時需保證服務器是連接網絡的，系統開始自動從網絡上下載 Microsoft. net Framework 安裝所需文件，如圖 3-4 所示。

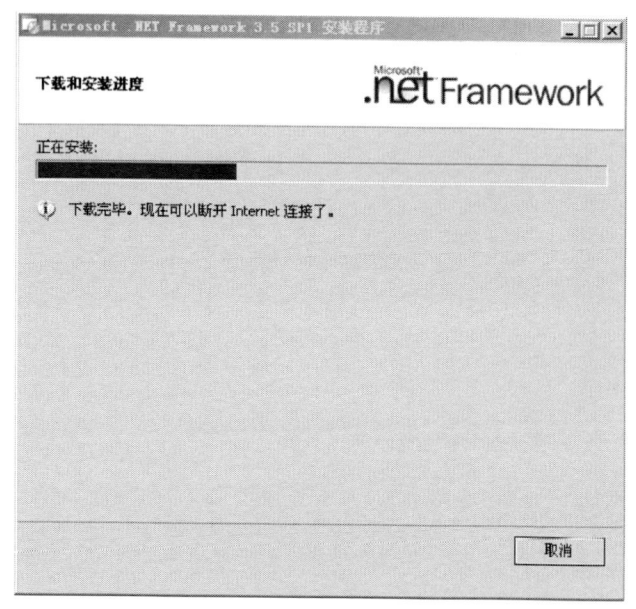

圖 3-4

5. 下載完成後系統自動安裝 Microsoft. net Framework，完成後的安裝界面如圖 3-5 所示，單擊「退出」按鈕，退出 Microsoft. net Framework 的安裝。

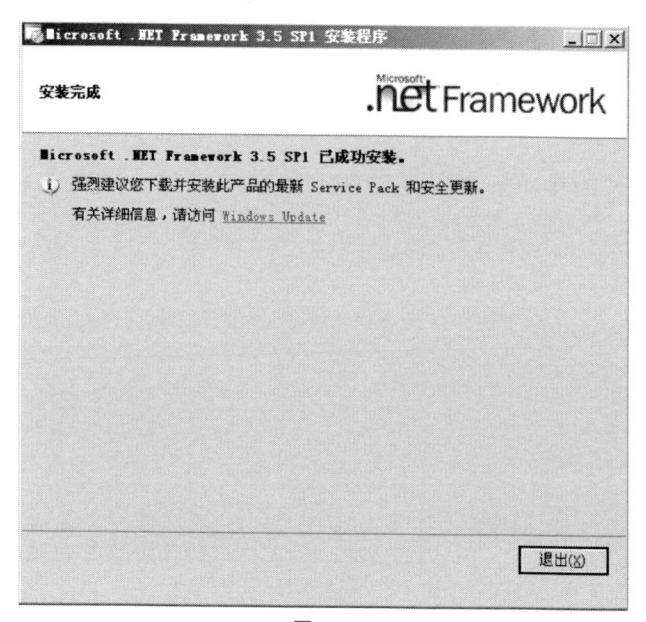

圖 3-5

6. 隨後系統彈出「軟件更新安裝向導」窗口，如圖 3-6 所示。

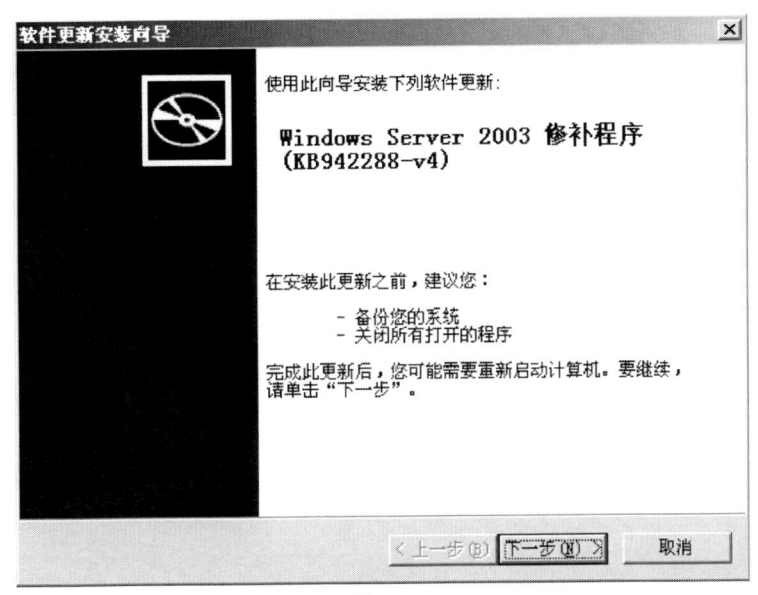

圖 3-6

7. 單擊「下一步」按鈕，系統進入「軟件更新安裝向導」的「許可協議」窗口，選擇「我同意」，如圖 3-7 所示。

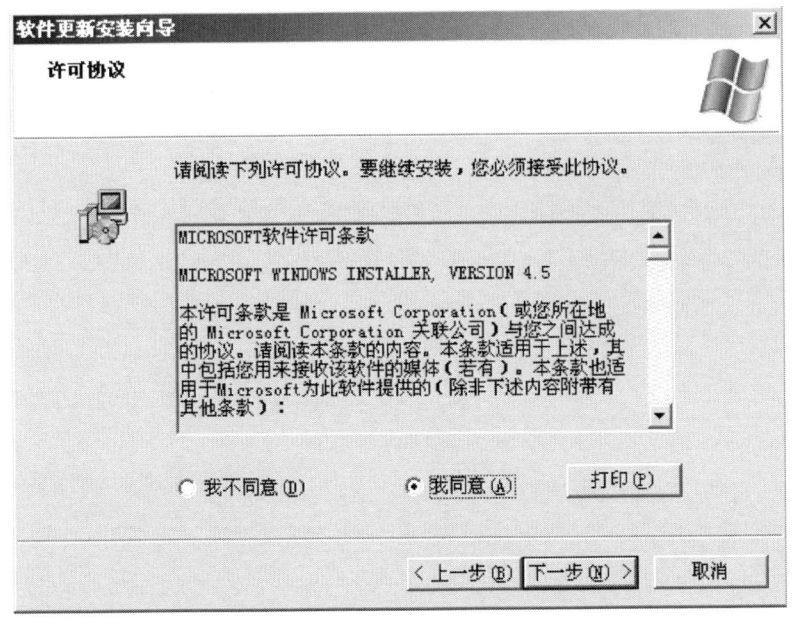

圖 3-7

8. 單擊「下一步」按鈕，系統彈出「KB942288-V4 安裝程序」窗口，如圖 3-8所示。

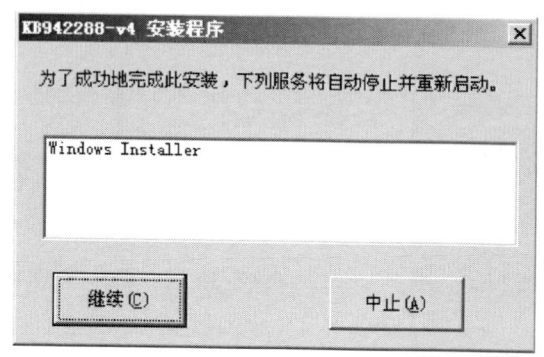

圖 3-8

9. 單擊「繼續」按鈕，系統開始進行更新程序的安裝，安裝完成後的界面如圖 3-9 所示。

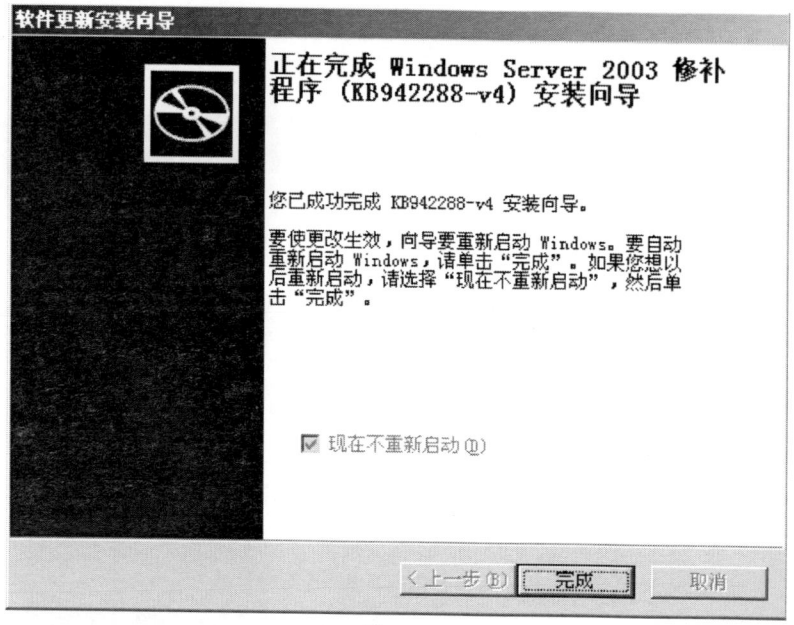

圖 3-9

10. 單擊「完成」按鈕，系統彈出需要重新啓動計算機才能繼續後繼的安裝的提示，如圖 3-10 所示。

圖 3-10

11. 點擊「確定」按鈕，重新啓動計算機。然後重新打開光盤中的「數據庫安裝」文件夾，雙擊「setup.exe」文件繼續 SQL Server 2008 的安裝。系統彈出「SQL Server 安裝中心」窗口，點擊左邊的「安裝」選項，然後選擇右邊「全新安裝或向現有安裝添加功能」選項，如圖 3-11 所示。

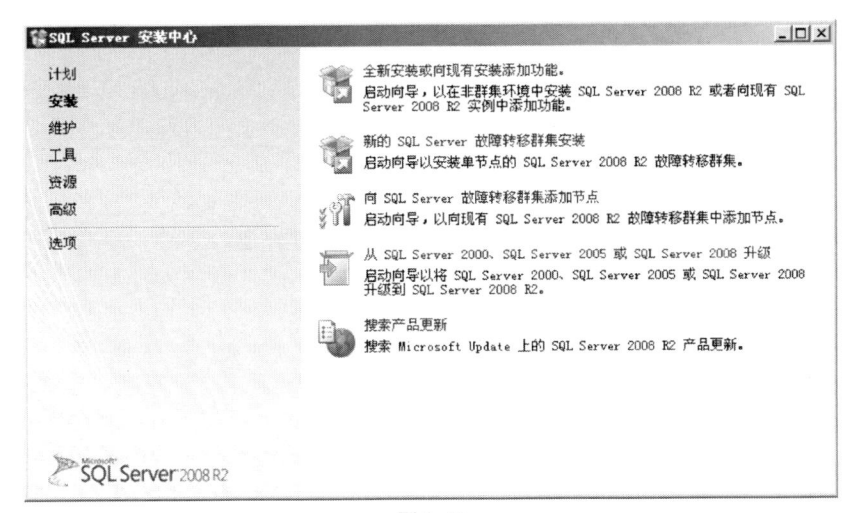

圖 3-11

12. 系統彈出「安裝程序支持規則」對話框，如圖 3-12 所示。

13. 單擊「確定」按鈕，系統要求輸入產品密鑰，在此我們選擇「指定可用版本 Evaluation」（指定可用版本，實例激活後有 180 天的有效期），如圖 3-13 所示。

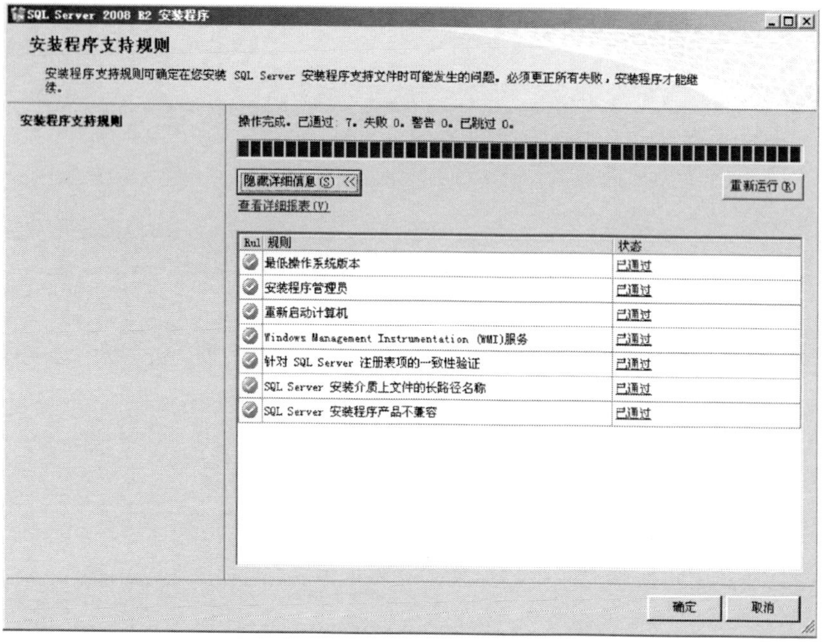

圖 3-12

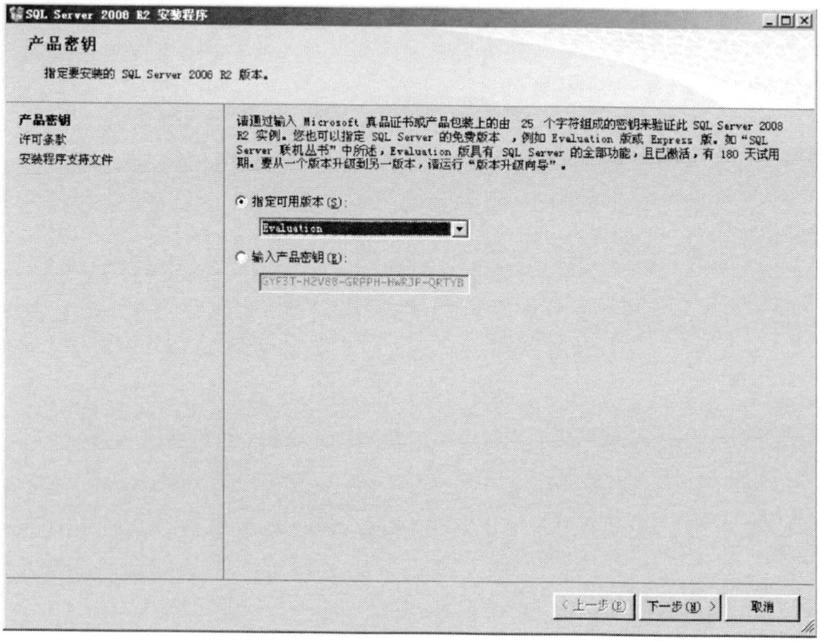

圖 3-13

14. 單擊「下一步」按鈕，系統彈出「許可條款」窗口，勾選「我接收許可

條款」，如圖 3-14 所示。

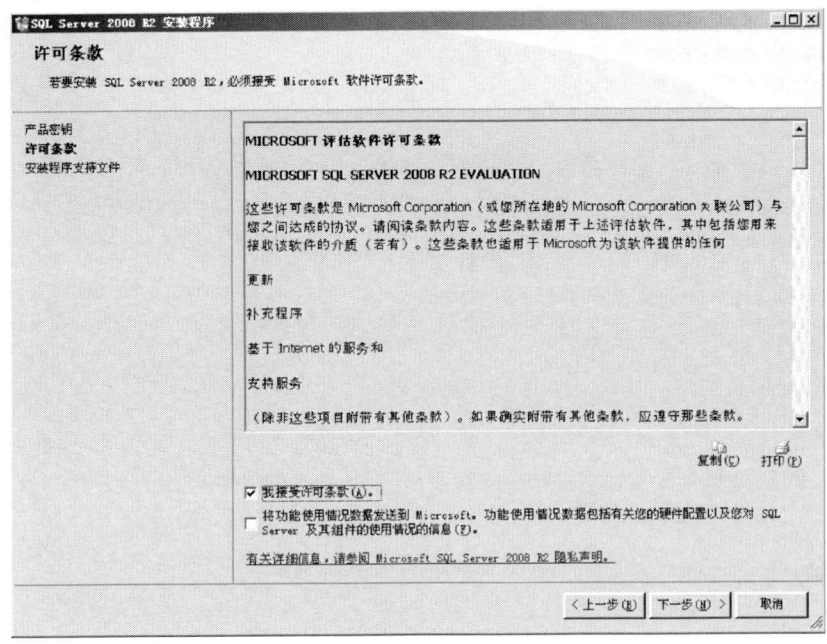

圖 3-14

15. 單擊「下一步」按鈕，系統彈出「安裝支持文件」窗口，如圖 3-15 所示。

圖 3-15

16. 單擊「安裝」按鈕，系統彈出「安裝程序支持文件」窗口，如圖 3-16 所示。

圖 3-16

17. 單擊「下一步」按鈕，系統彈出「設置角色」窗口，選擇「SQL 功能安裝」，如圖 3-17 所示。

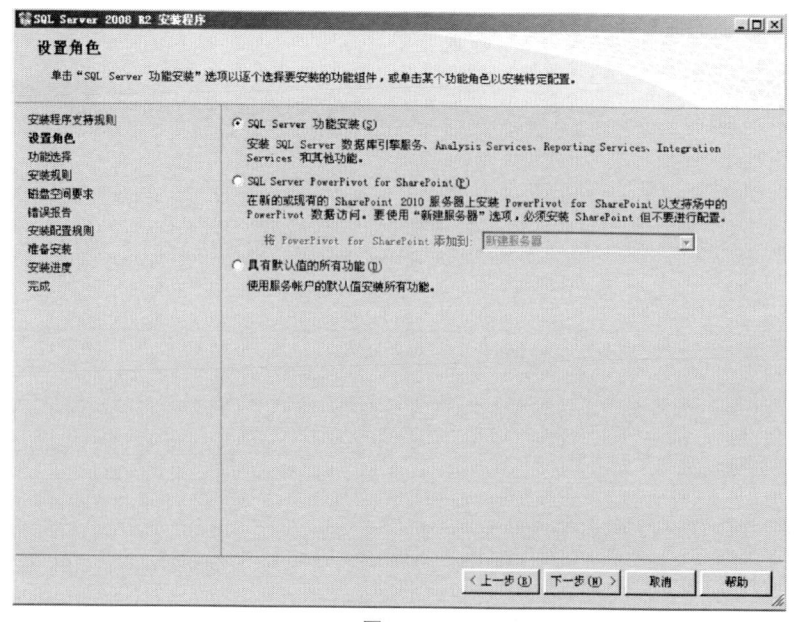

圖 3-17

18. 單擊「下一步」按鈕，系統彈出「功能選擇」窗口，單擊「全選」按鈕，安裝所有的實例及共享功能，如圖 3-18 所示。

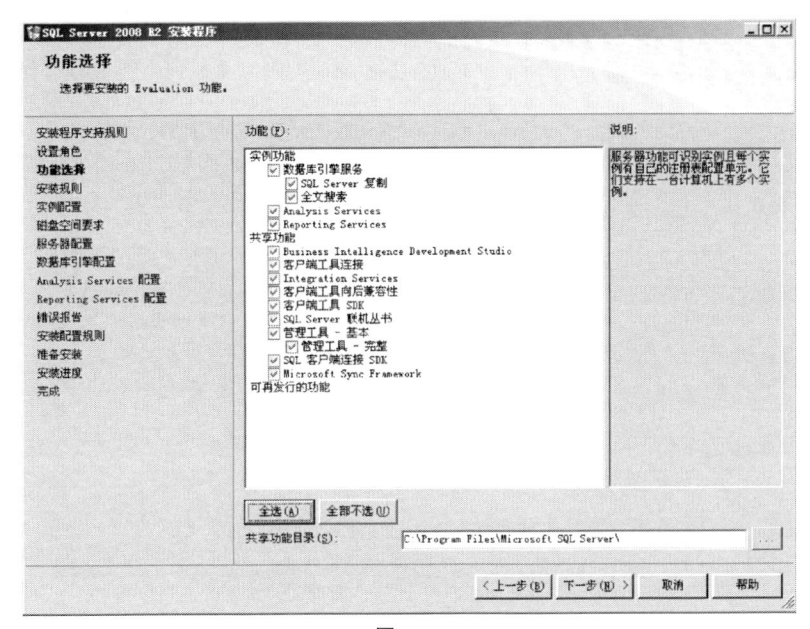

圖 3-18

19. 單擊「下一步」按鈕，系統彈出「安裝規則」窗口，如圖 3-19 所示。

圖 3-19

20. 單擊「下一步」按鈕，系統彈出「實例配置」窗口，選擇「默認實例」選項，在此可根據需要設置實例 ID 及實例根目錄，如圖 3-20 所示。

圖 3-20

21. 單擊「下一步」按鈕，系統彈出「磁盤空間需求」窗口，確認磁盤空間是否足夠，如圖 3-21 所示。

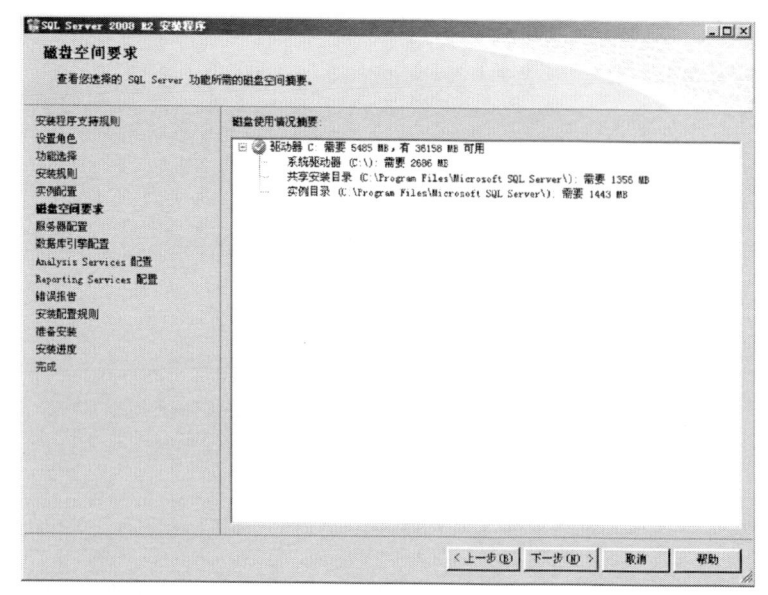

圖 3-21

22. 單擊「下一步」按鈕，系統彈出「服務器配置」窗口，單擊「對所有 SQL Server 服務使用相同的帳戶」按鈕，系統提示選擇帳戶名，在此我們選擇一個帳戶，如圖 3-22 所示，然後單擊「確定」按鈕，返回服務器配置對話框。

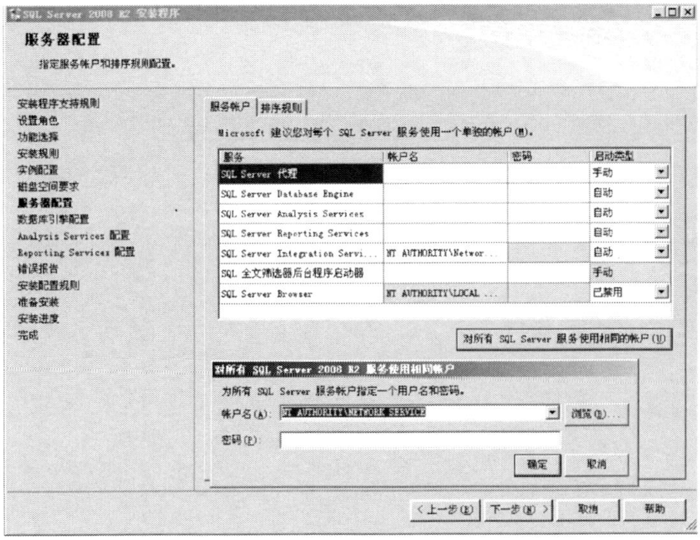

圖 3-22

23. 單擊「下一步」按鈕，系統彈出「數據庫引擎配置」窗口，在此選擇「混合模式」，輸入 SQL Server 系統管理員密碼並牢記（後繼安裝用友或金蝶的時候要用到），然後點擊「添加當前用戶」按鈕，系統將當前 Windows 用戶添加為 SQL Server 管理員，如圖 3-23 所示。

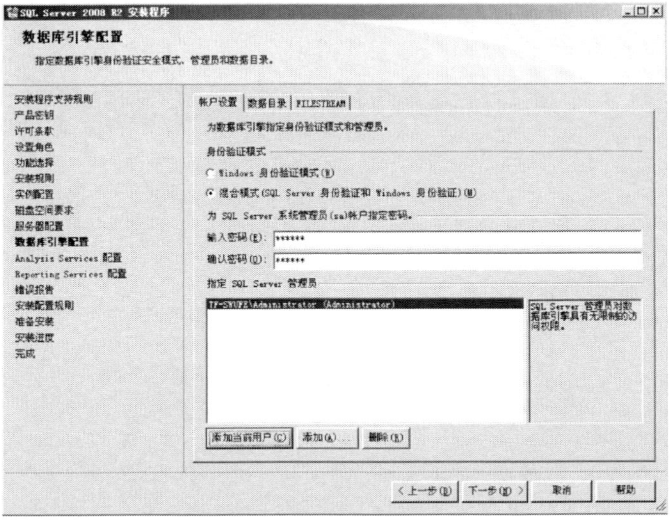

圖 3-23

24. 單擊「下一步」按鈕，系統彈出「Analysis Services 配置」窗口，點擊「添加當前用戶」按鈕，添加當前用戶為 Analysis Services 管理員，如圖 3-24 所示。

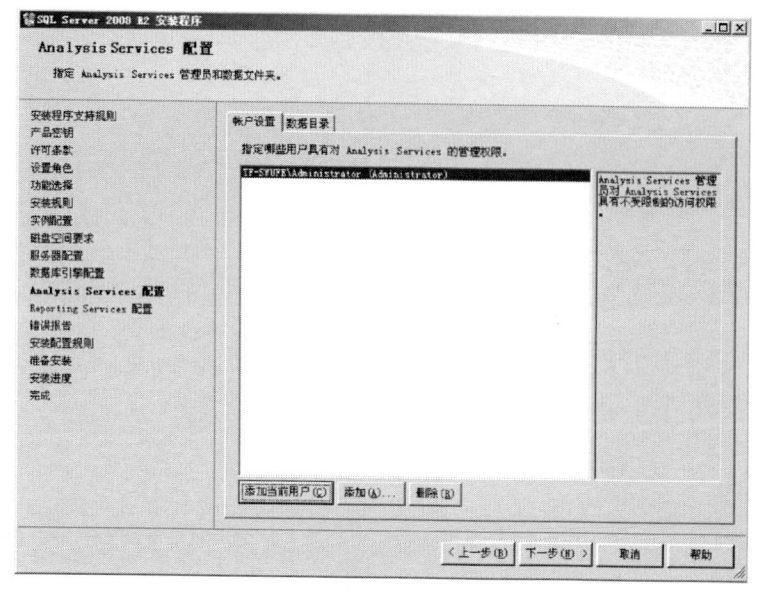

圖 3-24

25. 單擊「下一步」按鈕，系統彈出「Reporting Services 配置」窗口，選擇「安裝本機模式默認配置模式」，如圖 3-25 所示。

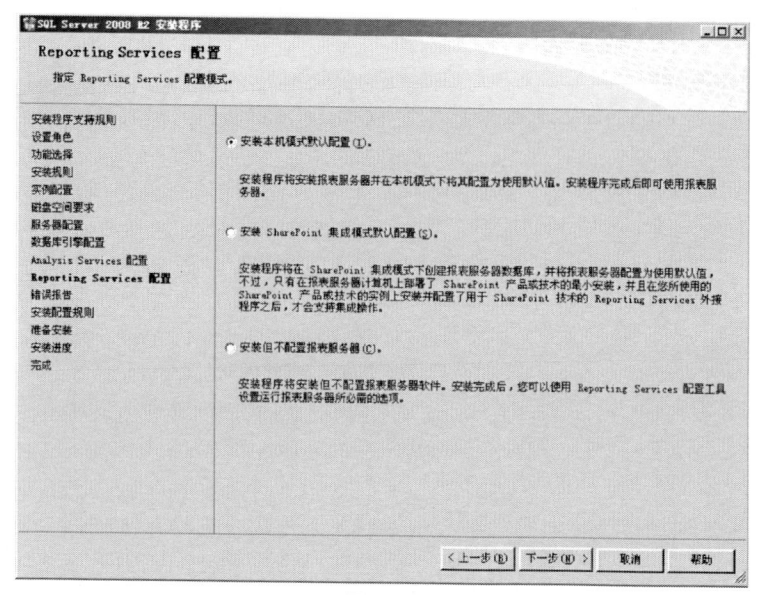

圖 3-25

26. 單擊「下一步」按鈕，系統彈出「錯誤報告」窗口，如圖 3-26 所示。

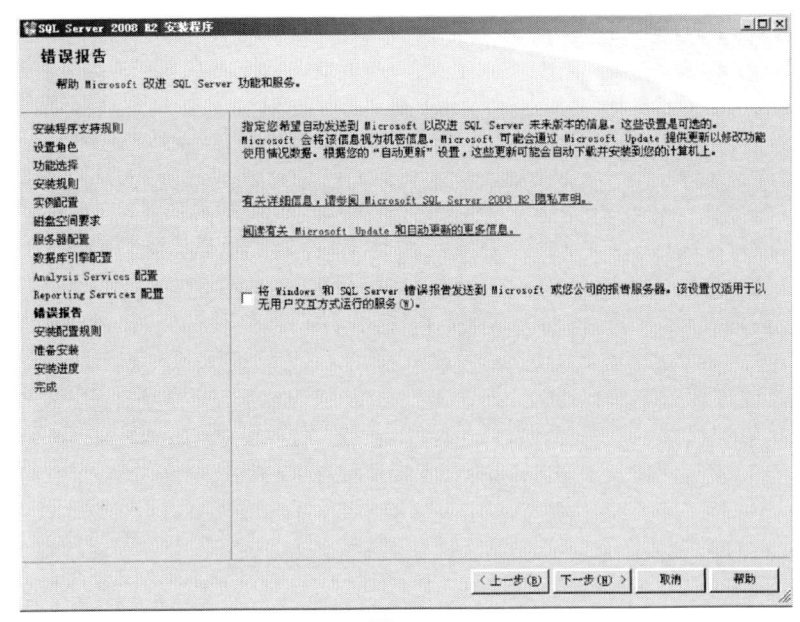

圖 3-26

27. 單擊「下一步」按鈕，系統彈出「安裝配置規則」窗口，如圖 3-27 所示。

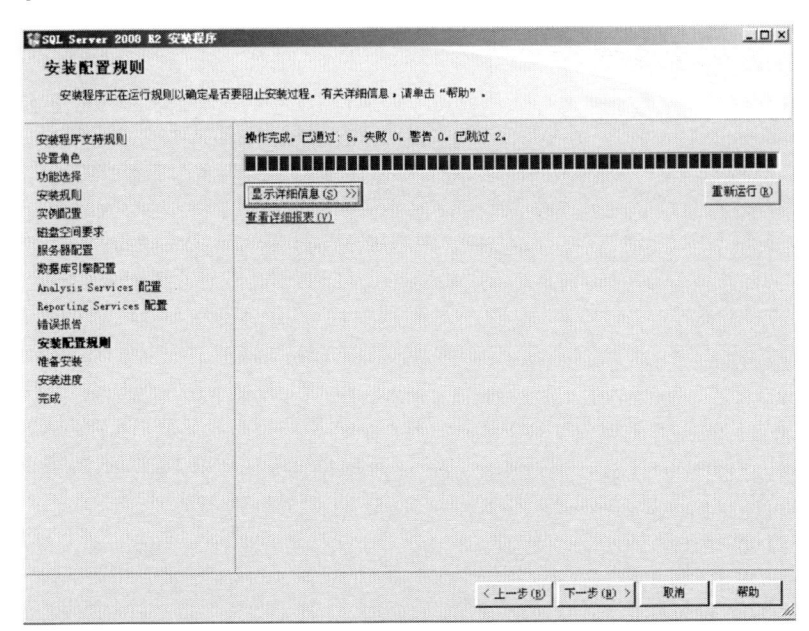

圖 3-27

28. 單擊「下一步」按鈕，系統彈出「準備安裝」窗口，如圖 3-28 所示。

圖 3-28

29. 此時如果前面的配置有修改，可單擊「上一步」按鈕返回安裝設置進行修改，如確認沒有問題，單擊「安裝」按鈕，進行 SQL Server 2008 的安裝，安裝過程中系統會提示安裝進度（安裝過程較長，請耐心等待），如圖 3-29 所示。

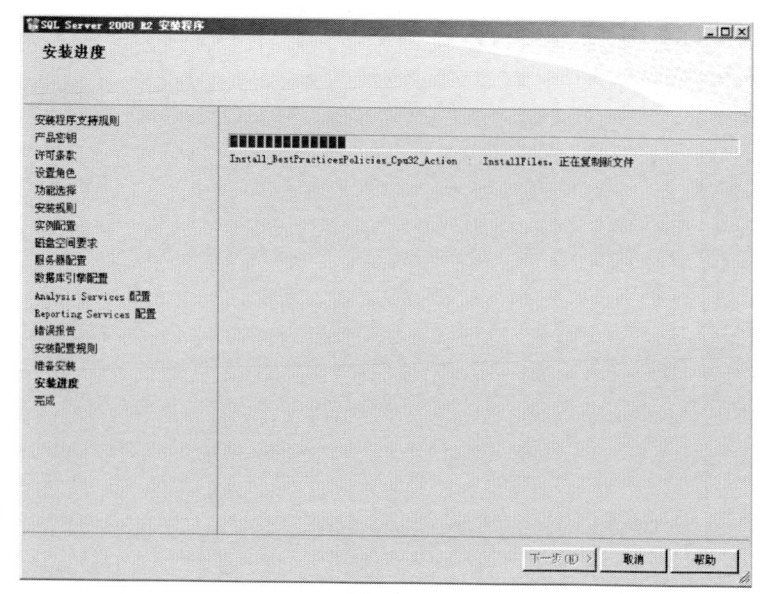

圖 3-29

30. 安裝完成後系統彈出「完成」窗口，如圖 3-30 所示，提示安裝完成。

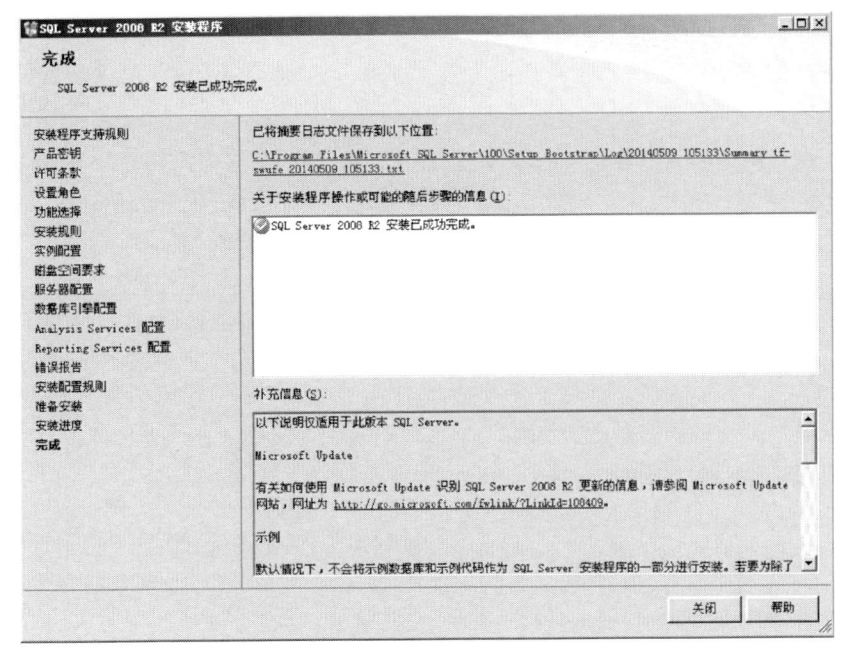

圖 3-30

31. 單擊「關閉」按鈕，系統彈出「必須重新啟動計算機才能完成 SQL 的安裝」提示，如圖 3-31 所示。

圖 3-31

32. 單擊「確定」按鈕，重新啟動計算機。啟動完成後選擇【開始】→【所有程序】→【Microsoft SQL Server 2008 R2】→【SQL Server Management Studio】，系統彈出「連接到服務器」窗口，身份驗證選擇「SQL Server 身份驗證」，登錄名「sa」，密碼輸入安裝時的密碼，勾選「記住密碼」選項，如圖 3-32 所示。

33. 點擊「連接」按鈕，系統無錯誤提示，則表示 SQL Server 2008 安裝成功了。如圖 3-33 所示。

图 3-32

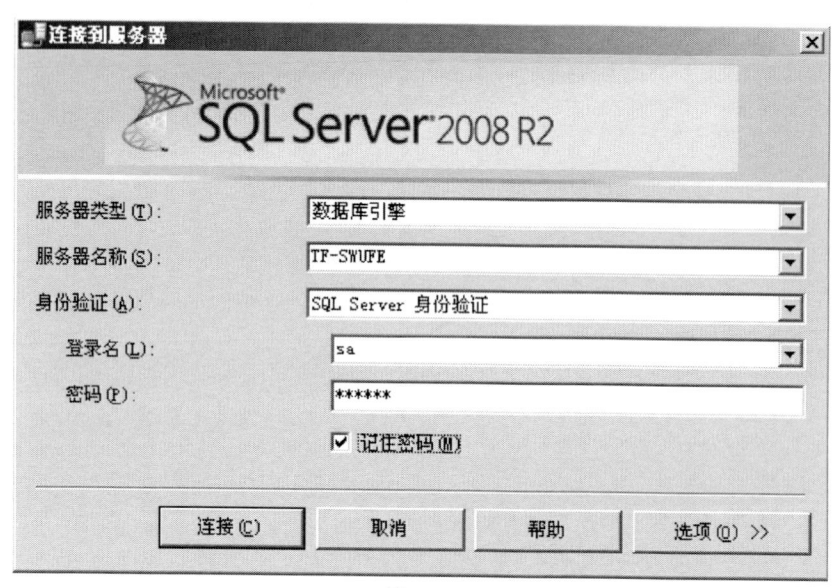

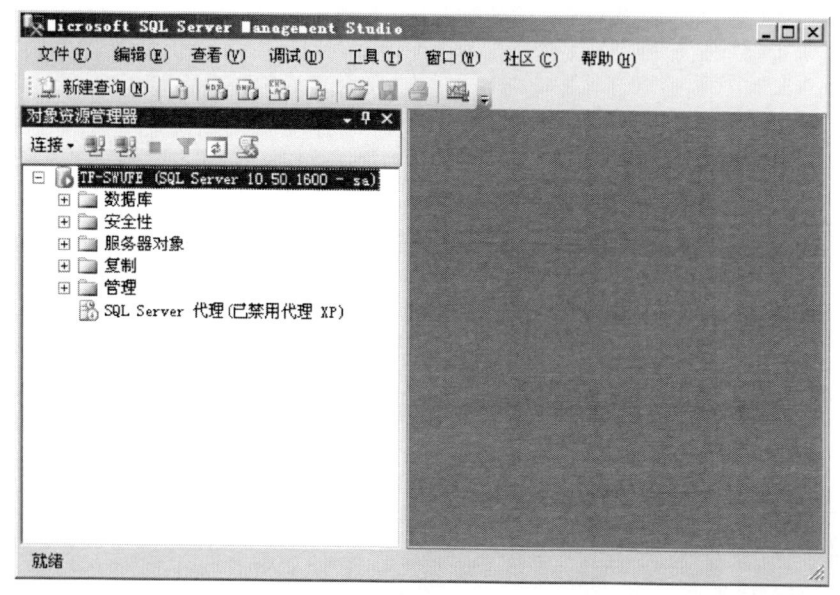

图 3-33

實驗二　金蝶 K/3-12 安裝

金蝶 K/3-12 產品是在金蝶 K/3 原有產品的基礎上，對產品功能作的進一步改進和完善。同時，增加了許多特色功能，比如計劃體系的優化、質量管理的完善、CRM 的完善等，所有功能都可以通過主控臺進入，方便用戶操作，體現集團化管理，使用戶一目了然。

【實驗準備】

已安裝好相應的操作系統及數據庫的服務器，並已下載金蝶 K/3-12 安裝文件。

【實驗指導】

一、環境準備

安裝金蝶 K/3-12 前，需要先安裝 Windows 組件 IIS（Internet Information Services）。

【操作步驟】

1. 打開 Windows 組件向導，勾選「應用程序服務器」，點擊「詳細信息」，如圖 3-34 所示。

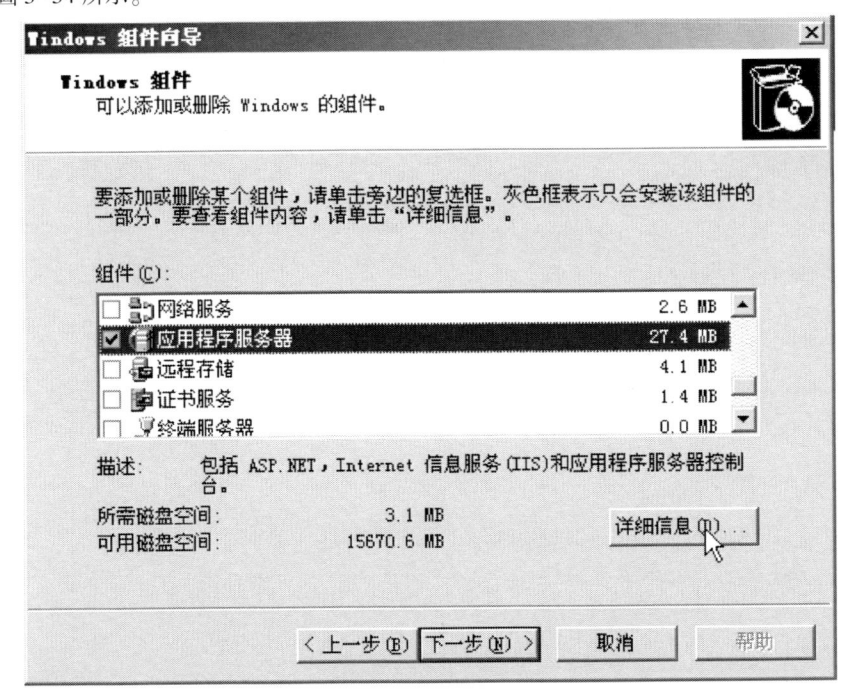

圖 3-34

2. 打開「應用程序服務器」界面，勾選「Internet 信息服務（IIS）」，如圖 3-35所示，並單擊「確定」。

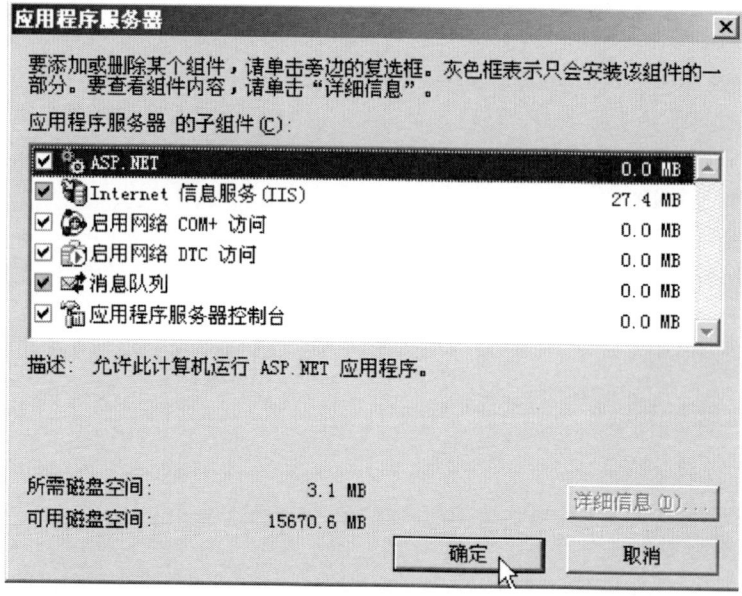

圖 3-35

3. 正在配置組件，如圖 3-36 所示。

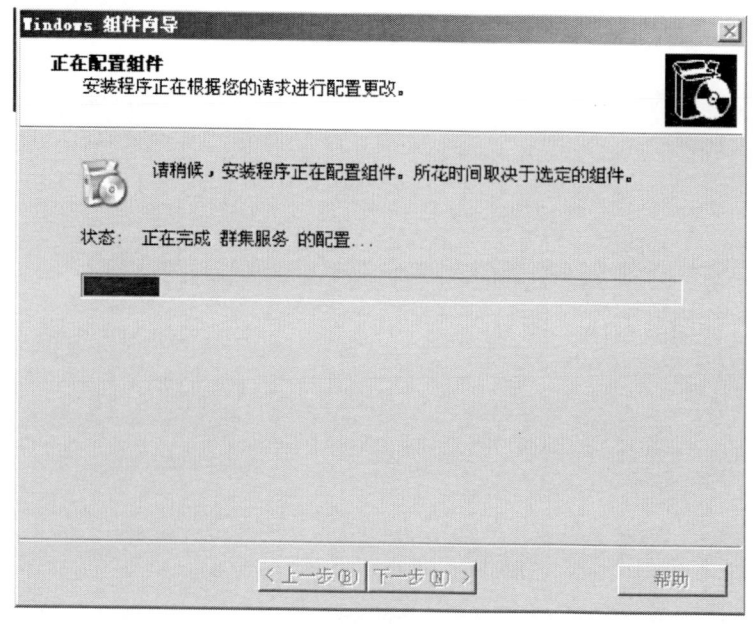

圖 3-36

4. 完成「Windows 組件向導」安裝，如圖 3-37 所示，單擊「完成」。

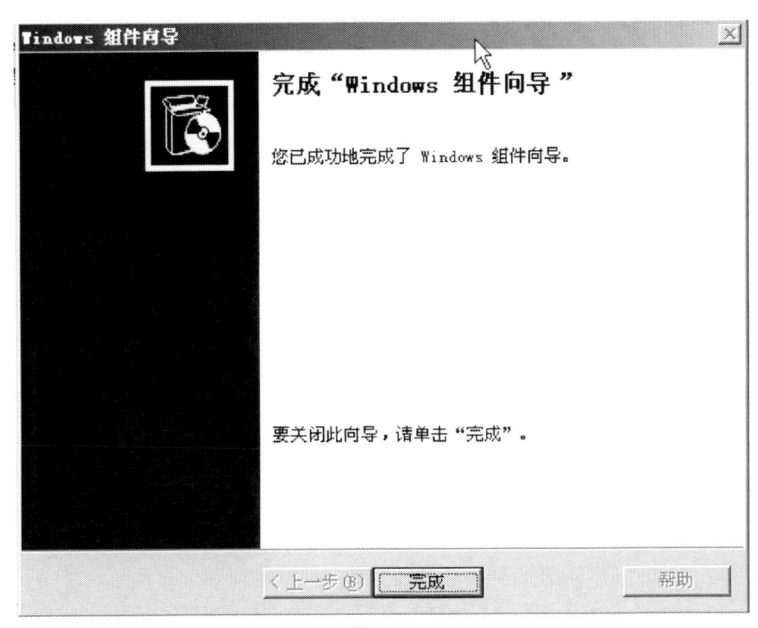

圖 3-37

二、安裝前的環境檢測

【操作步驟】

1. 打開金蝶 K/3-12 安裝程序，單擊「環境檢測」，如圖 3-38 所示。

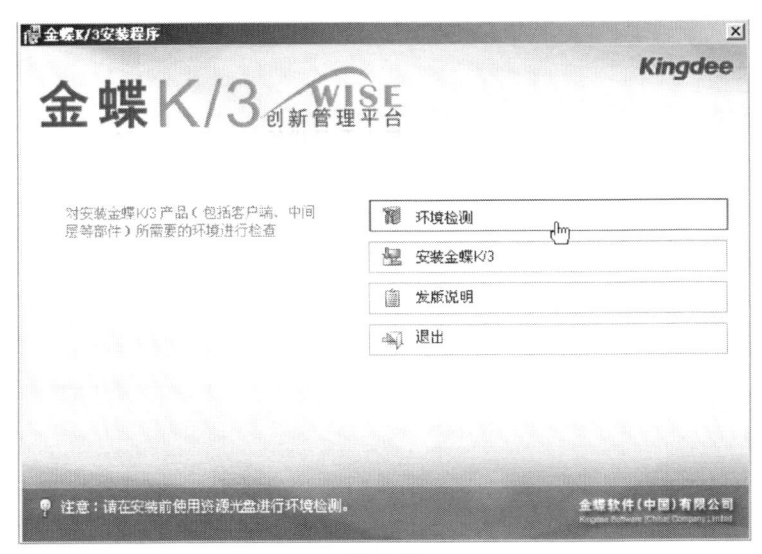

圖 3-38

第三章 信息平臺搭建

2. 勾選「客戶端部件」、「中間層服務部件」、「數據庫服務部件」、「WEB 服務部件」以及「OFFICE 集成部件」，如圖 3-39 所示。

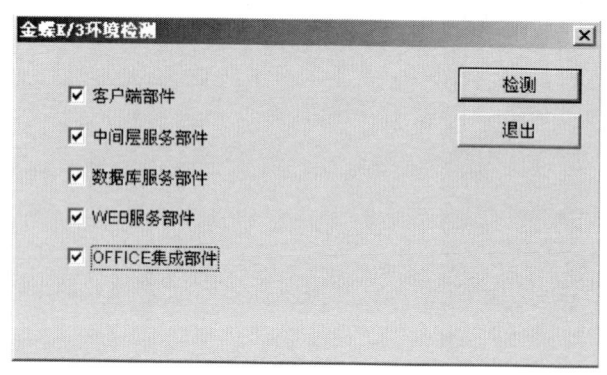

圖 3-39

3. 檢測過程中，如發現系統缺少必需的組件，將會進行提示，單擊「確定」逐個進行安裝，如圖 3-40、圖 3-41 所示。

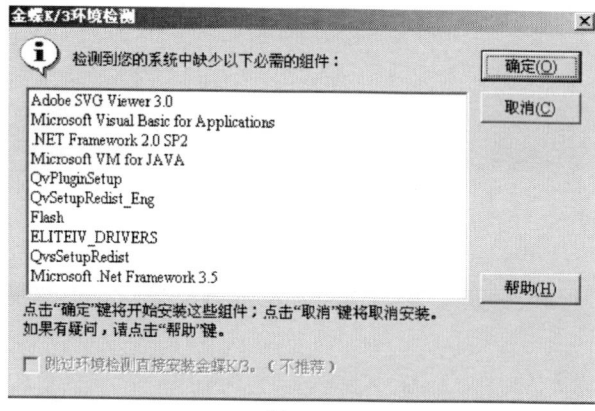

圖 3-40

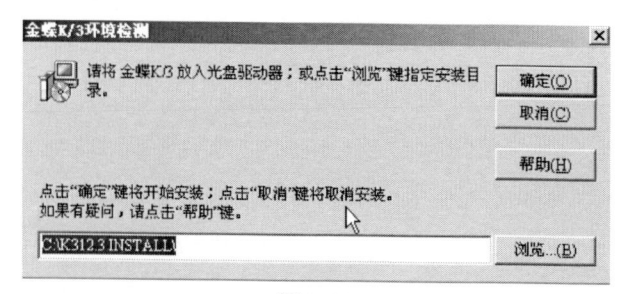

圖 3-41

4. 當缺少的組件全部安裝完畢後，系統將會給出符合安裝環境的提示。此時，用戶可以進行金蝶 K/3-12 產品的安裝，如圖 3-42 所示。

圖 3-42

三、金蝶 K/3 的安裝過程

【操作步驟】

1. 環境更新完畢後，單擊「安裝金蝶 K/3」，如圖 3-43 所示。

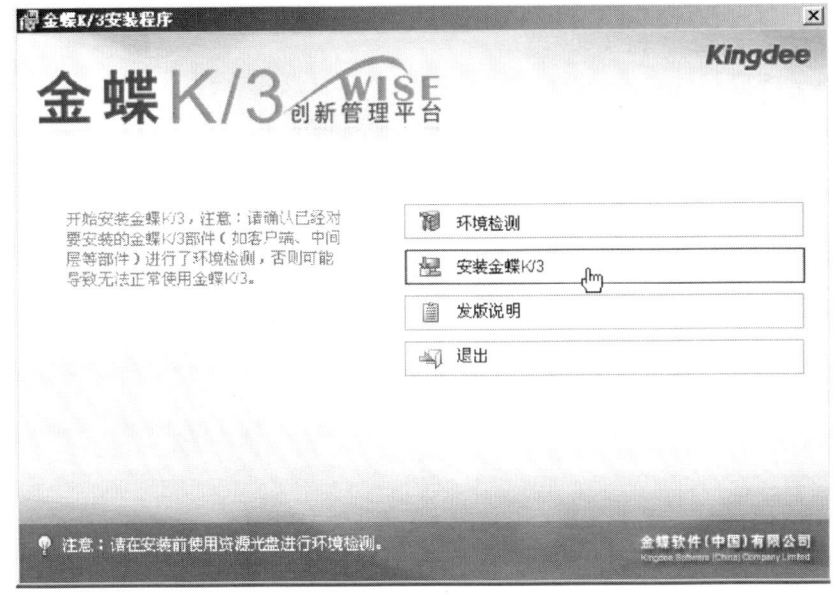

圖 3-43

2. 金蝶 K/3 安裝程序正在準備 InstallShield Wizard，它將引導您完成剩餘的安裝過程，如圖 3-44 所示。

3. 單擊「下一步」按鈕，如圖 3-45 所示。

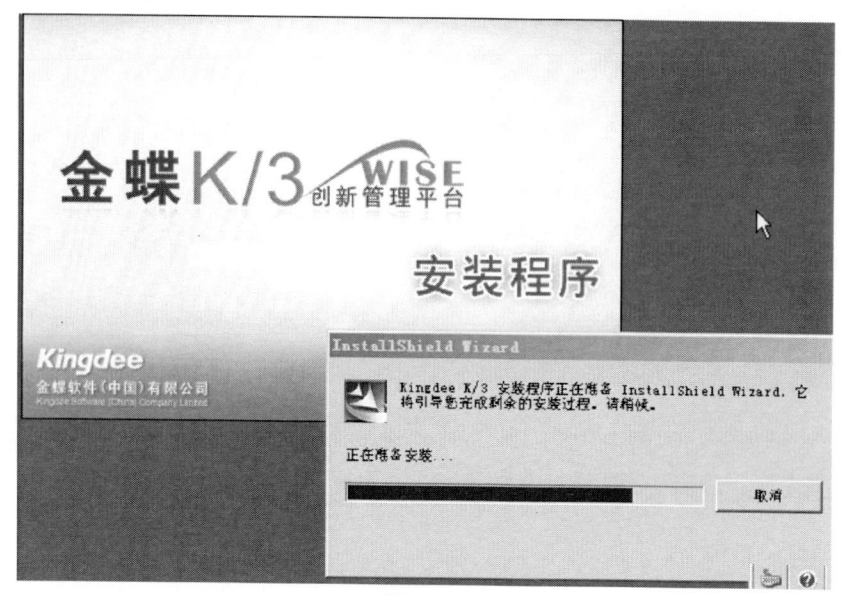

圖 3-44

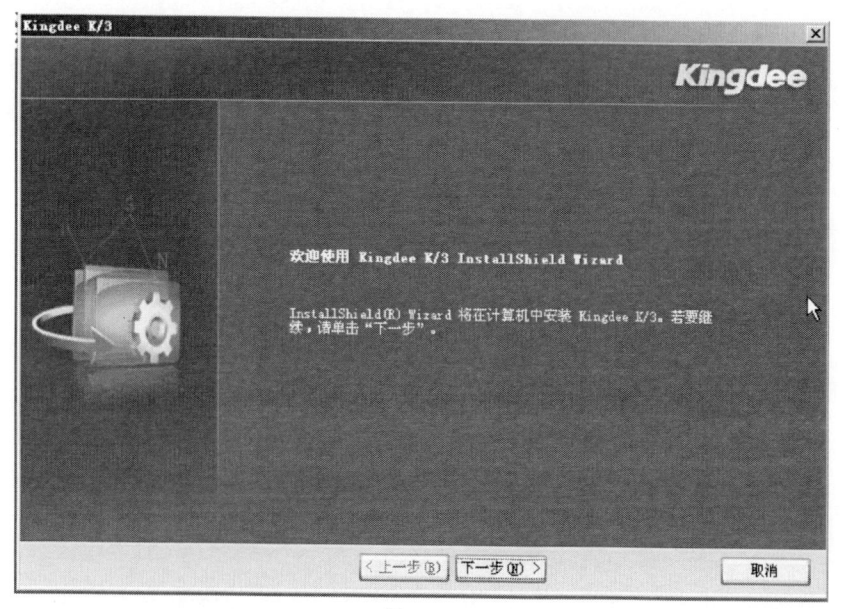

圖 3-45

    4. 系統進入「許可證協議」窗口，單擊「是」按鈕，如圖 3-46 所示。
    5. 系統進入「自述文件」窗口，閱讀完畢後，單擊「下一步」按鈕，如圖 3-47所示。

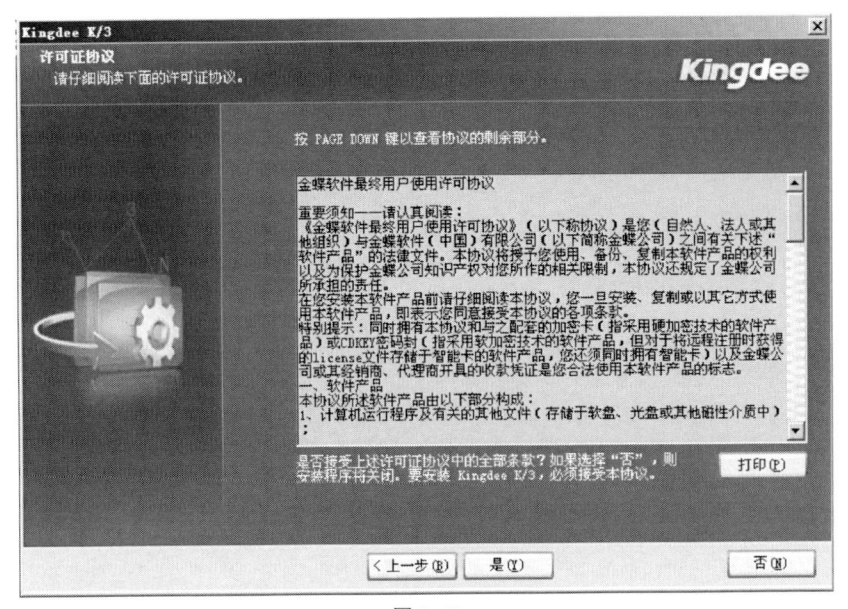

圖 3-46

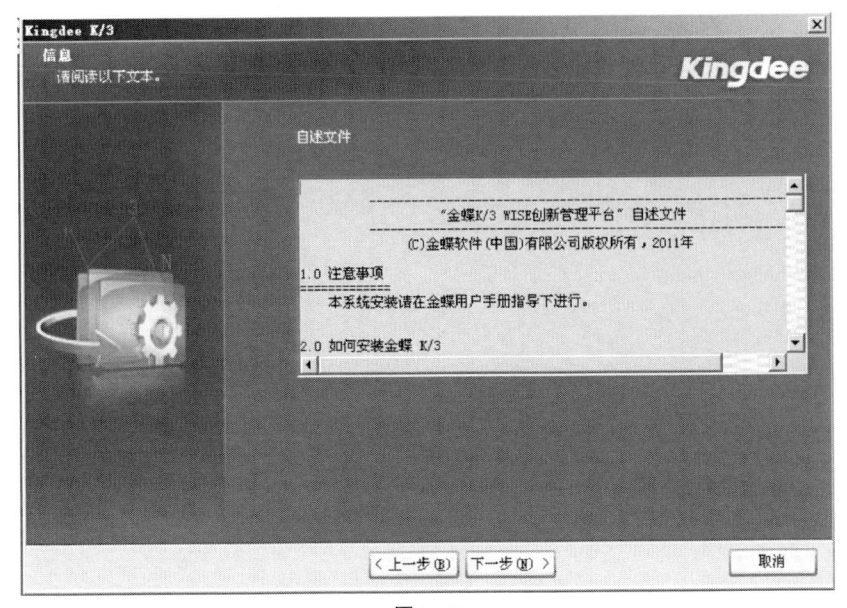

圖 3-47

6. 系統進入「客戶信息」填寫界面，輸入「用戶名」和「公司名稱」相關信息，單擊「下一步」按鈕，如圖 3-48 所示。

第三章 信息平臺搭建

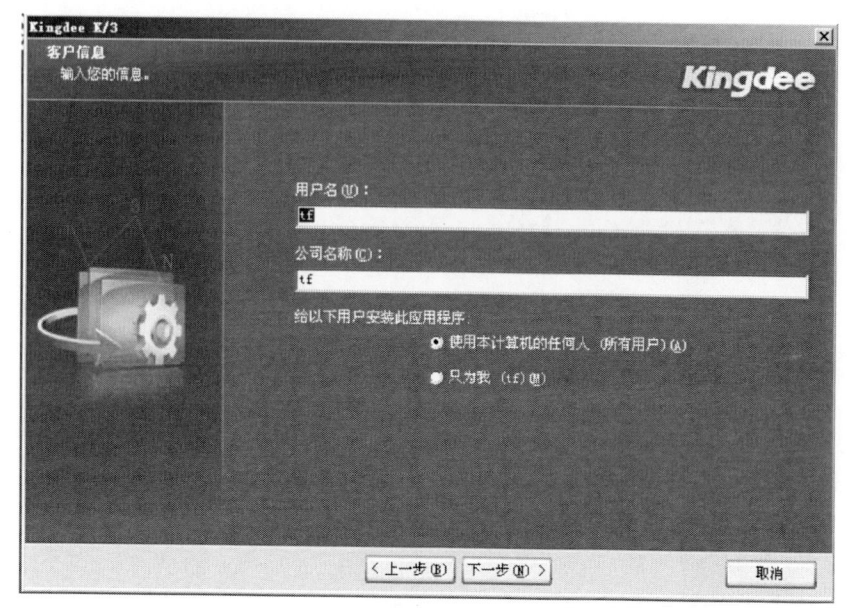

圖 3-48

7. 單擊「瀏覽」，選擇安裝金蝶 K/3 的目的地文件夾，然後單擊「下一步」按鈕，如圖 3-49 所示。

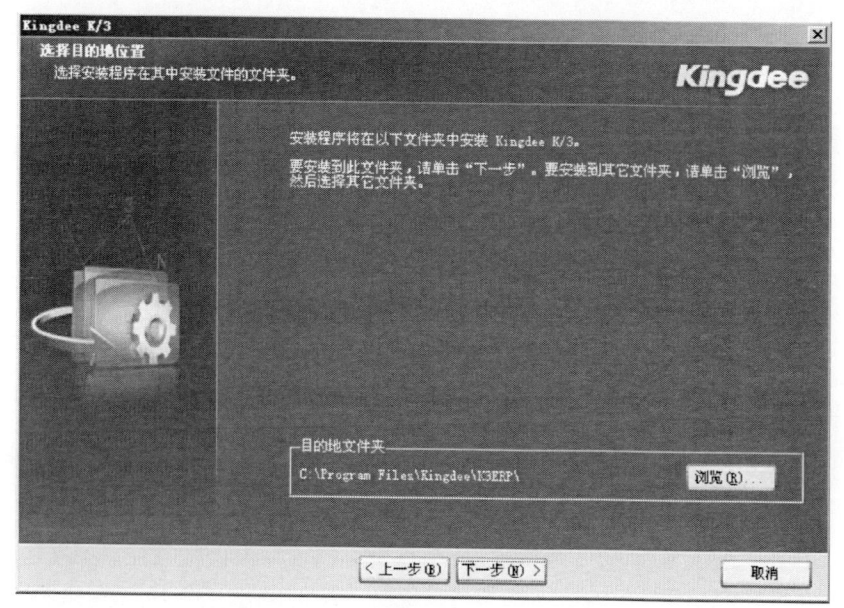

圖 3-49

8. 系統進入「安裝類型」選擇界面，選擇「全部安裝」，單擊「下一步」按

鈕，將會安裝金蝶 K/3 全部子系統，如圖 3-50 所示。

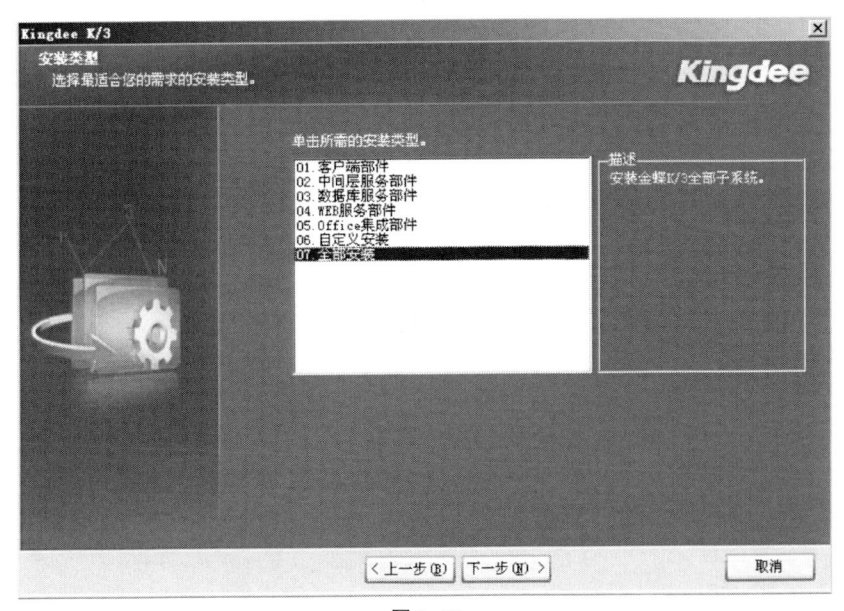

圖 3-50

9. 系統顯示「正在驗證安裝」的界面，如圖 3-51 所示。

圖 3-51

10. 系統提示「是否立即安裝 JRE 和 Tomcat」，單擊「是」按鈕，如圖 3-52

所示。

圖 3-52

11. 系統進入「中間層組件安裝」安裝包選擇界面，選擇完成後，單擊「安裝」按鈕，如圖 3-53 所示。

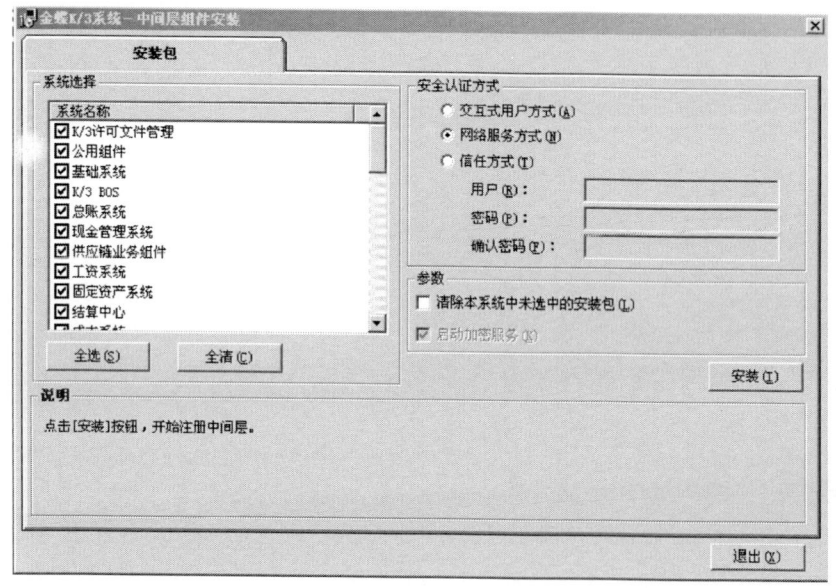

圖 3-53

12. 系統進入「Web 系統配置工具」界面，單擊「應用」按鈕，完成金蝶K/3的全部安裝，如圖3-54所示。

13. 金蝶 K/3 安裝完成後，開始菜單里能夠找到相應的程序應用路徑，如圖3-55所示。

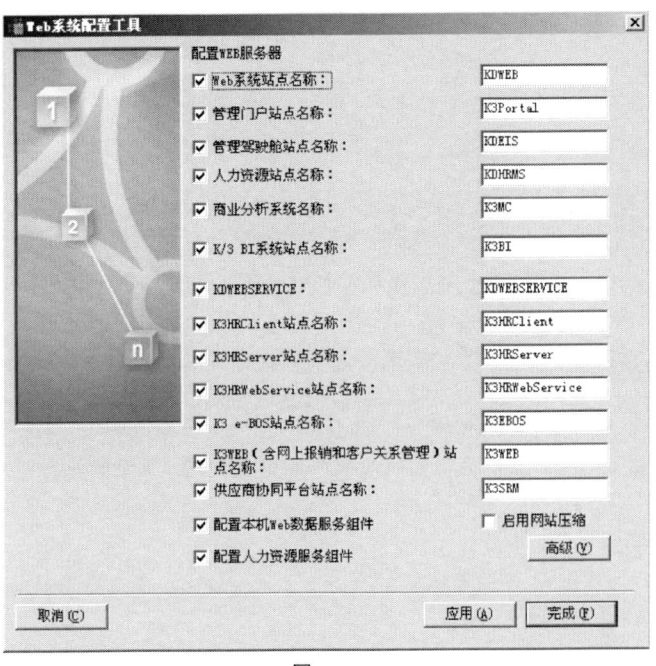

圖 3-54

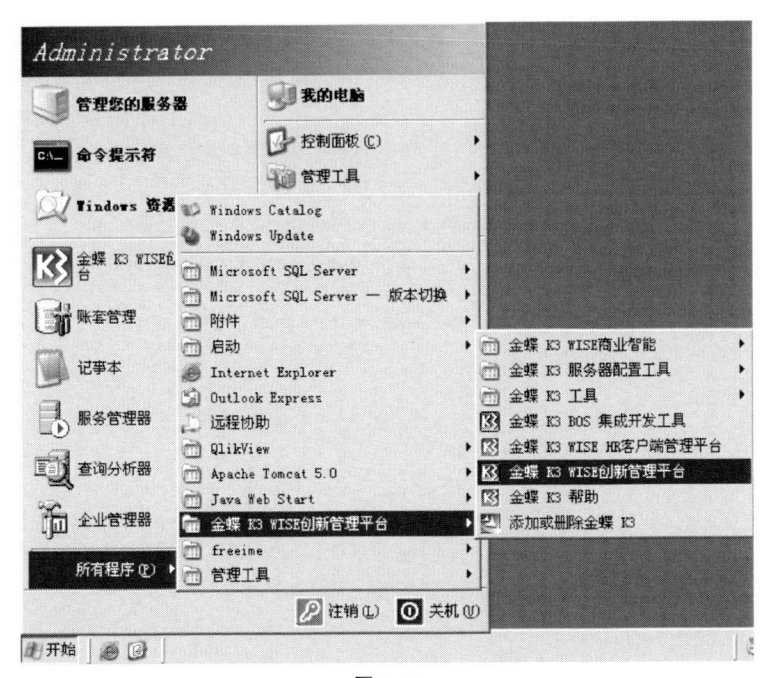

圖 3-55

實驗三　用友 U8 安裝

　　用友 ERP-U8 是一套企業級的信息化解決方案，可滿足在不同的製造、商務、營運模式下的企業經營管理。它充分適應中國企業高速成長且逐漸規範發展的狀態，為廣大中小企業連接世界級管理，是蘊涵中國企業先進管理模式，體現各行業業務最佳實踐，有效支持中國企業國際化戰略的信息化經營平臺。U8 全面集成了財務、生產製造及供應鏈的成熟應用，延伸客戶管理至客戶關係管理（CRM），並對於零售、分銷領域實現了全面整合。同時通過實現人力資源管理（HR）、辦公自動化（OA）等保證行政辦公事務、人力管理和業務管理的有效結合。

　　用友 ERP-U8 是以集成的信息管理為基礎，以規範企業營運，改善經營成果為目標，最終實現從企業日常營運、人力資源管理到辦公事務處理等全方位的產品解決方案。

【實驗準備】

已安裝好操作系統及數據庫的服務器，Windows 2003 Server 系統光盤，用友 U8 安裝光盤或軟件。

【實驗指導】

一、環境準備

安裝用友 U8 前，需要先安裝 Windows 組件 IIS（Internet Information Services）。

【操作步驟】

1. 執行【開始】→【設置】→【控制面板】命令，系統彈出控制面板窗口，如圖 3-56 所示。

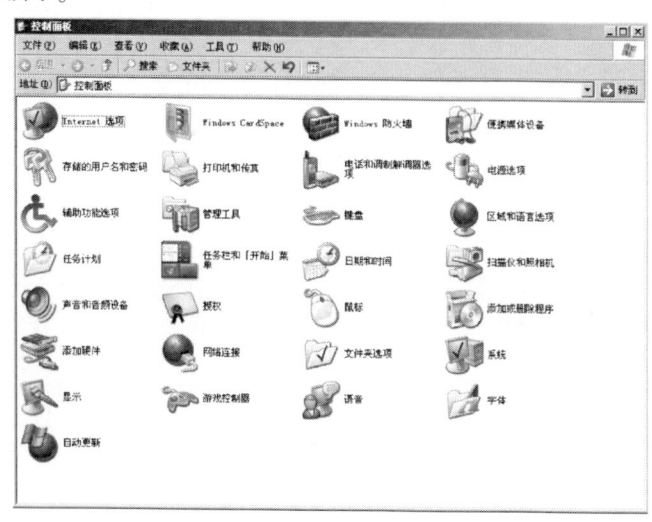

圖 3-56

2. 雙擊「添加或刪除程序」，系統彈出「添加或刪除程序」面板，選擇「添加刪除 Windows 組件」，系統彈出「Windows 組件」安裝向導，如圖 3-57 所示。

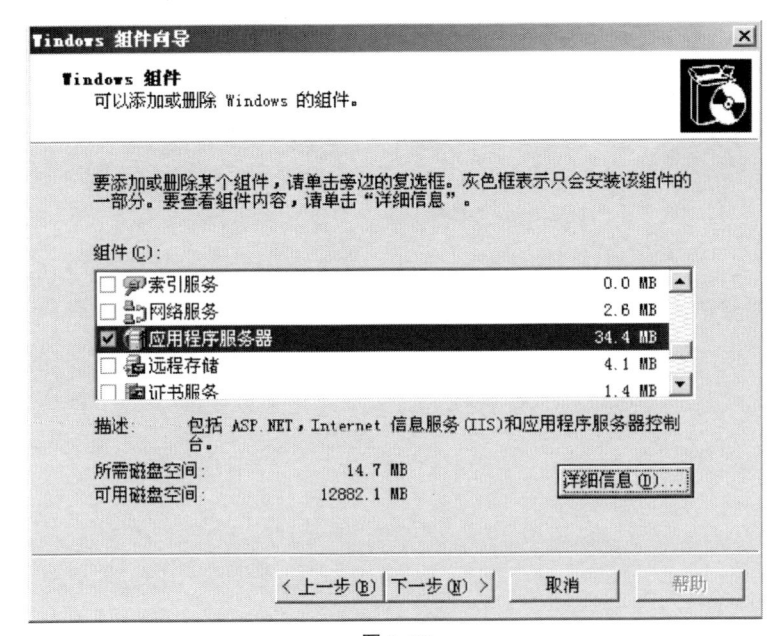

圖 3-57

3. 選擇「應用程序服務器」，點擊「詳細信息」，確保「Internet 信息服務（IIS）」被選中。如圖 3-58 所示。

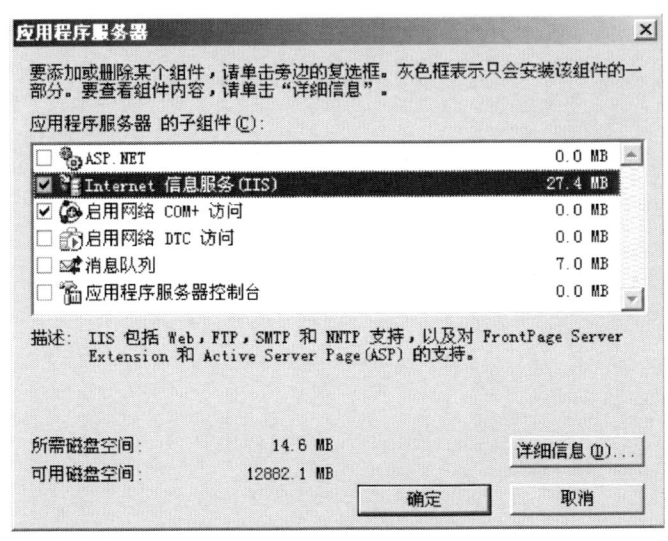

圖 3-58

4. 點擊「確定」按鈕後系統自動進行安裝，如圖 3-59 所示。

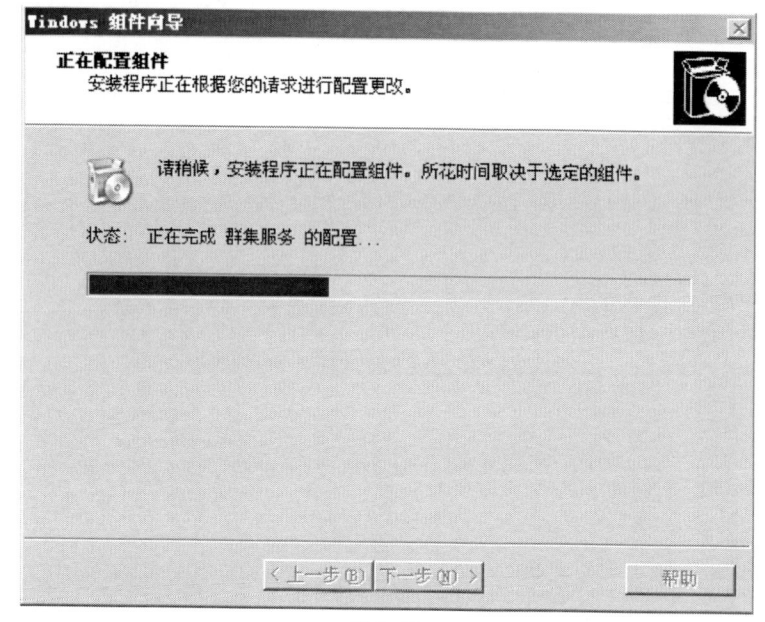

圖 3-59

5. 安裝完成後如圖 3-60 所示。

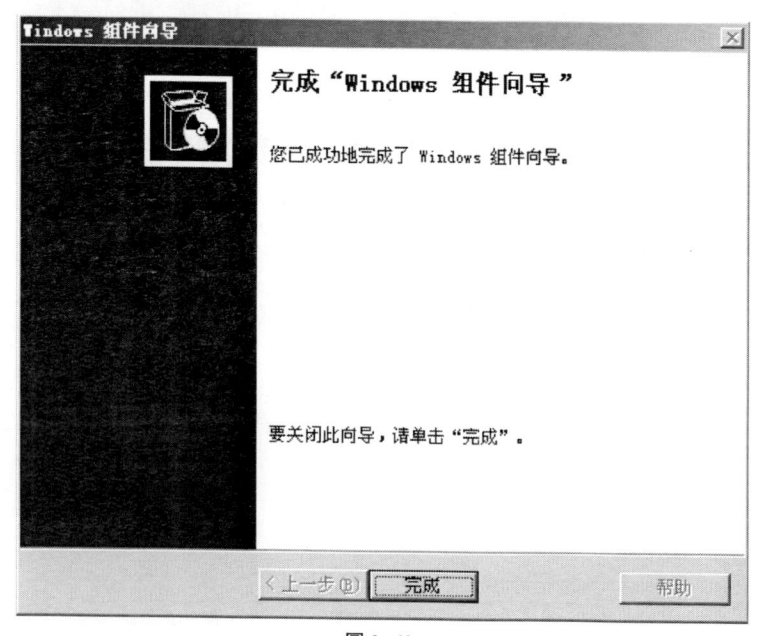

圖 3-60

【提示】

（1）在安裝 IIS 時，需要操作系統安裝光盤。

（2）在安裝用友 U8 時，盡量安裝操作系統的補丁。

二、用友 U8 的安裝

1. 將光盤放入光驅，打開用友安裝文件，如圖 3-61 所示。

圖 3-61

2. 雙擊「setup.exe」文件，進入用友 ERP-U8.72 安裝向導界面，如圖 3-62 所示。

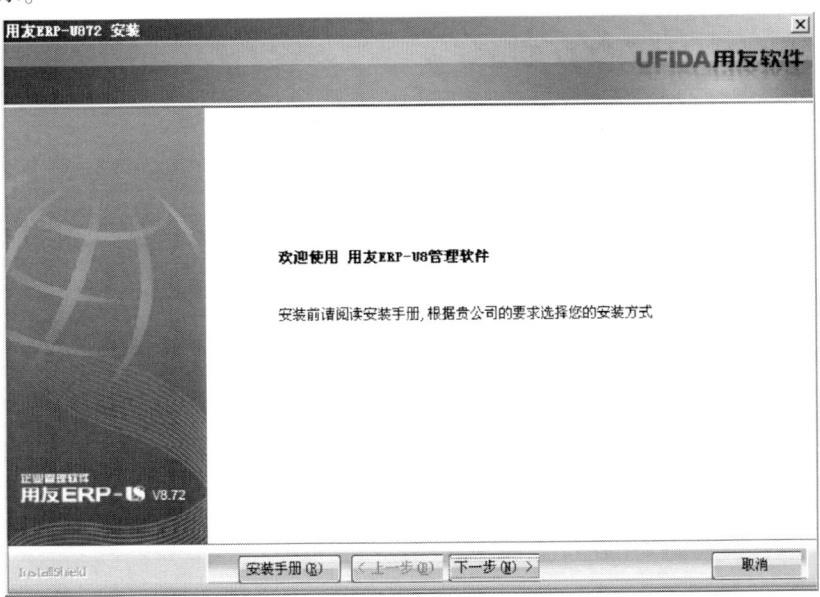

圖 3-62

3. 單擊「下一步」按鈕，系統彈出軟件許可協議信息，如圖 3-63 所示。

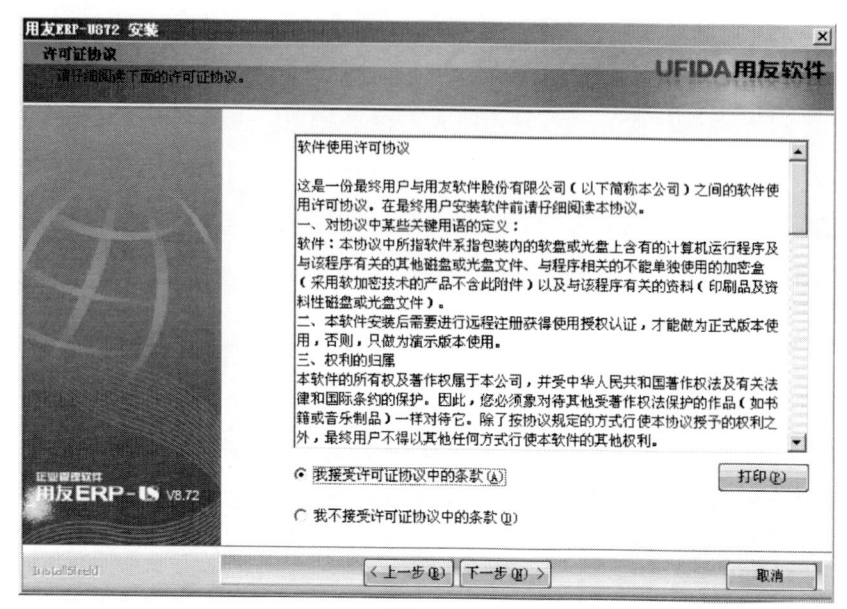

圖 3-63

4. 選擇「我接受許可協議中的條款」，單擊「下一步」按鈕，系統彈出用戶信息設置，在此輸入用戶信息，如圖 3-64 所示。

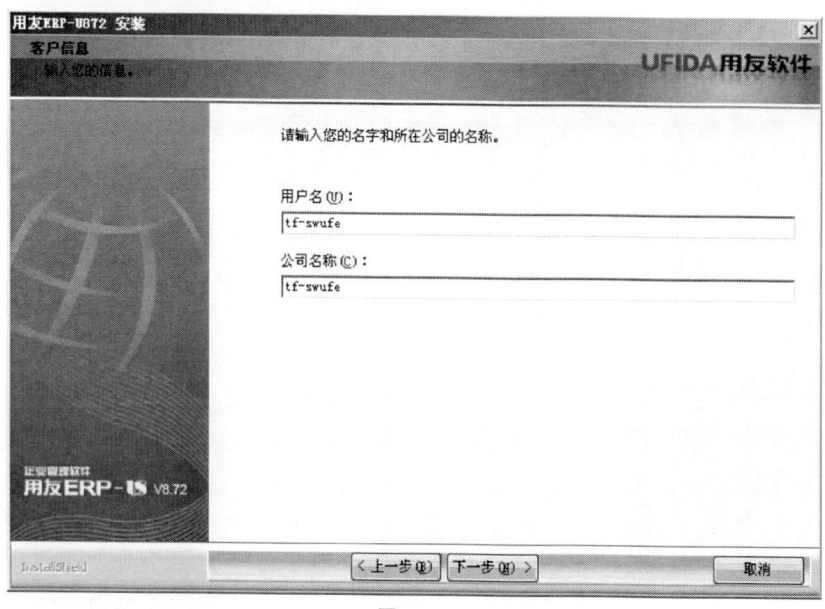

圖 3-64

5. 點擊下一步，系統提示選擇安裝目錄文件夾，單擊「更改」按鈕，可選擇適當的安裝路徑進行安裝，如圖 3-65 所示。

圖 3-65

6. 單擊「下一步」按鈕，系統彈出「安裝類型」窗口，在此可以選擇安裝語言及安裝類型，如圖 3-66 所示。

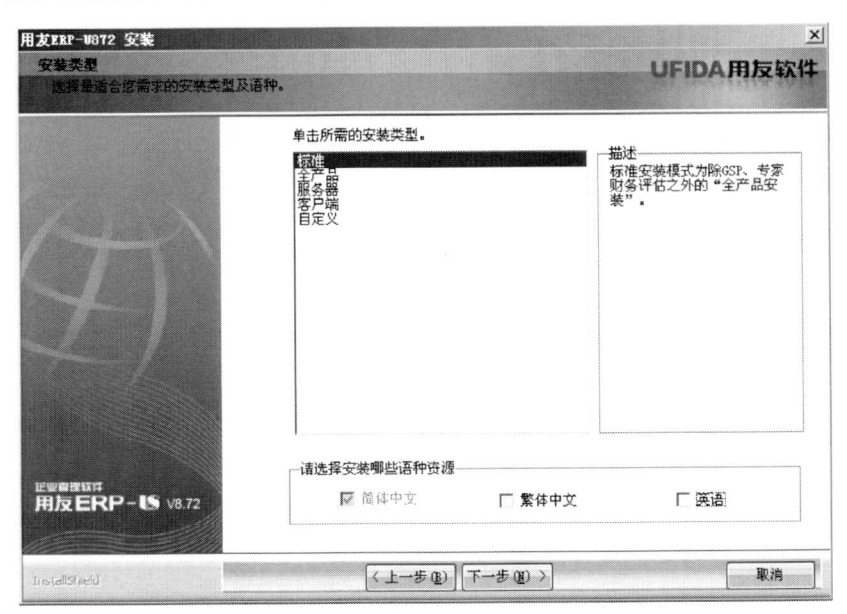

圖 3-66

【提示】
(1) 如果只是為了學習，建立安裝類型選擇「標準」。
(2) 標準：除去專家財務評估和 GSP 之外的全產品。
(3) 全產品：安裝全部產品。
(4) 服務器：只安裝服務器端程序。
(5) 客戶端：只安裝用友的客戶端程序。
(6) 自定義：根據需要自己選擇安裝。
(7) 用友除支持簡體中文外還支持繁體中文和英語。

7. 單擊「下一步」按鈕，系統進入到環境監測提示窗口，由於安裝用友 U8.72 時，需要適合的系統環境，如果環境監測不過關，則無法安裝用友軟件，如圖 3-67 所示。

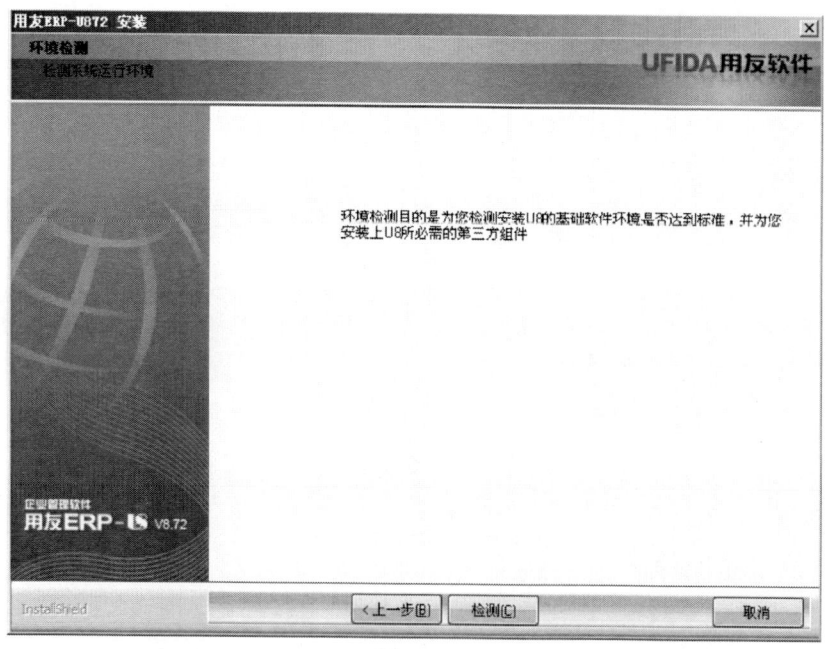

圖 3-67

8. 單擊「監測」按鈕，系統給出環境監測結果，如圖 3-68 所示。
9. 單擊「安裝缺省組件」，可進行沒有安裝的缺省組件的安裝，如安裝不成功，則需要手動安裝。自動安裝缺省組件安裝失敗提示如圖 3-69 所示。

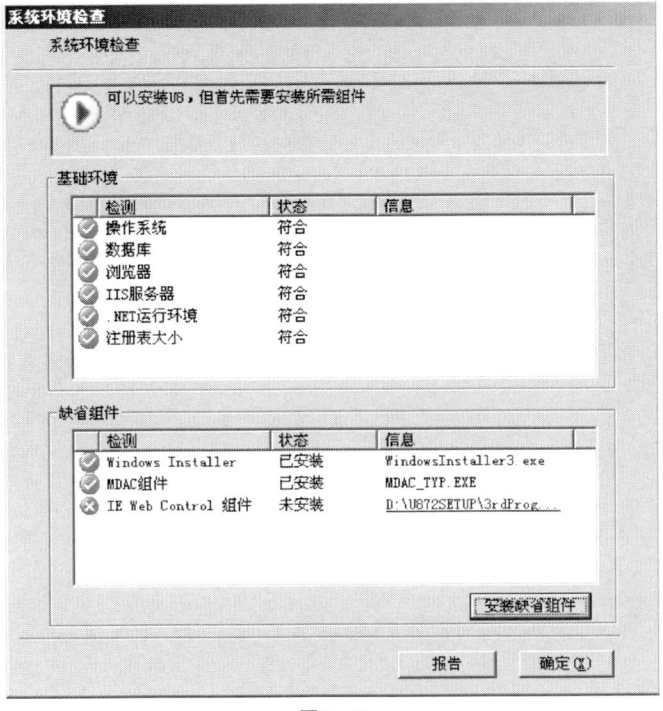

圖 3-68

圖 3-69

10. 單擊確定，退出安裝向導，進入用友 U8.72 軟件安裝文件夾下的 3rdProgram 文件夾，如圖 3-70 所示。

【提示】在用友 U8.72 安裝程序文件夾下的「3rdProgram」目錄下有用友安裝所需的大部分安裝組件。

11. 雙擊「iewebcontrols. msi」文件，進如 IE WEB Control 組件的安裝。根據環境監測提示，分別選擇「3rdProgram」文件夾下的相關程序進行安裝，安裝完成後再重新運行用友安裝向導，直到系統環境監測通過，如圖 3-71 所示。

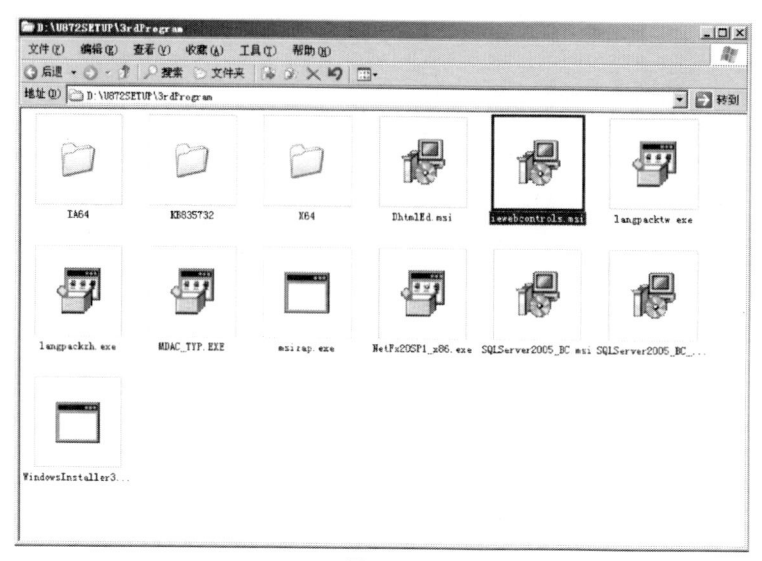

圖 3-70

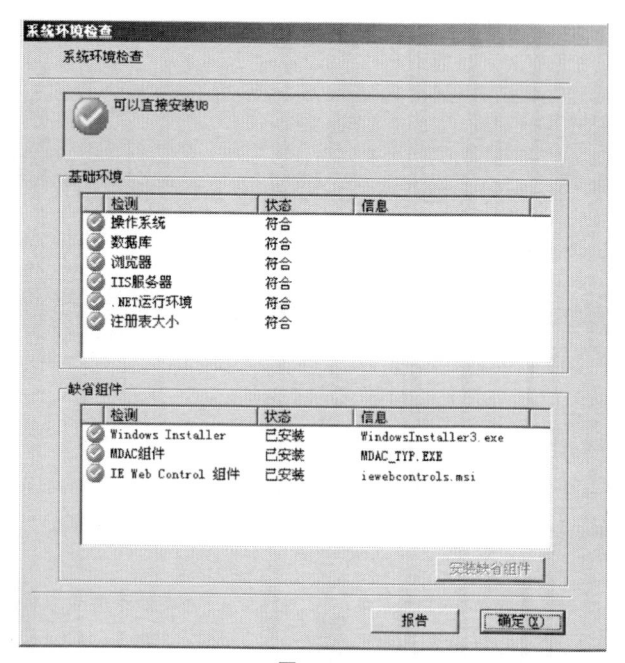

圖 3-71

12. 單擊「確定」按鈕，系統彈出「可以安裝程序了」窗口，如圖 3-72 所示。

13. 單擊「安裝」按鈕，系統進入到「安裝狀態」，如圖 3-73 所示。

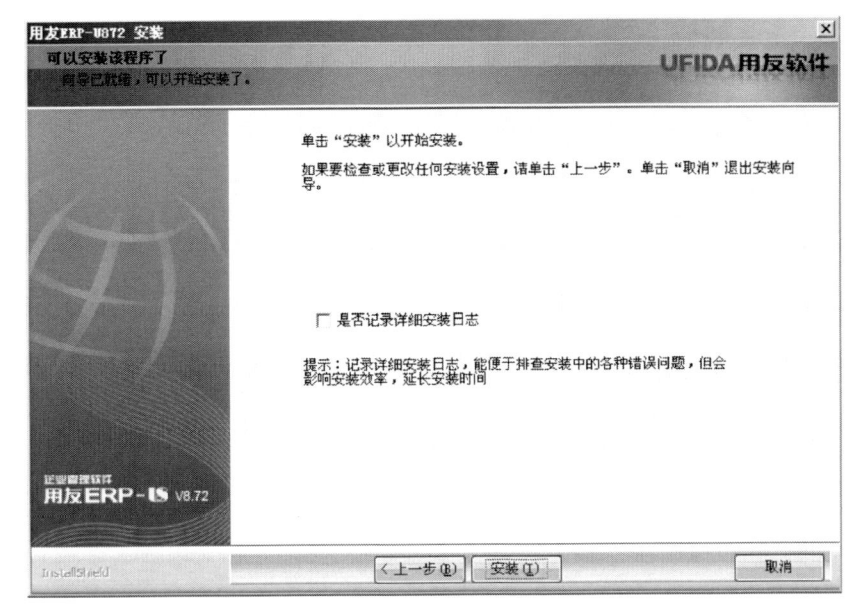

圖 3-72

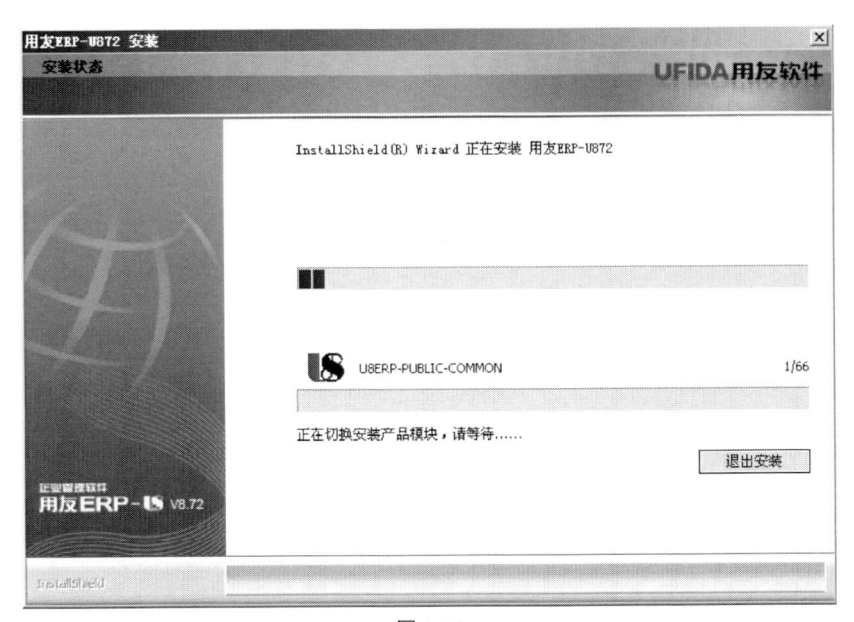

圖 3-73

14. 整個系統安裝需要較長時間，最終安裝完成後的界面如圖 3-74 所示。

15. 安裝完成後需要重新啟動計算機，點擊「是，立即重新啟動計算機」，點擊「完成」按鈕，系統重新啟動。

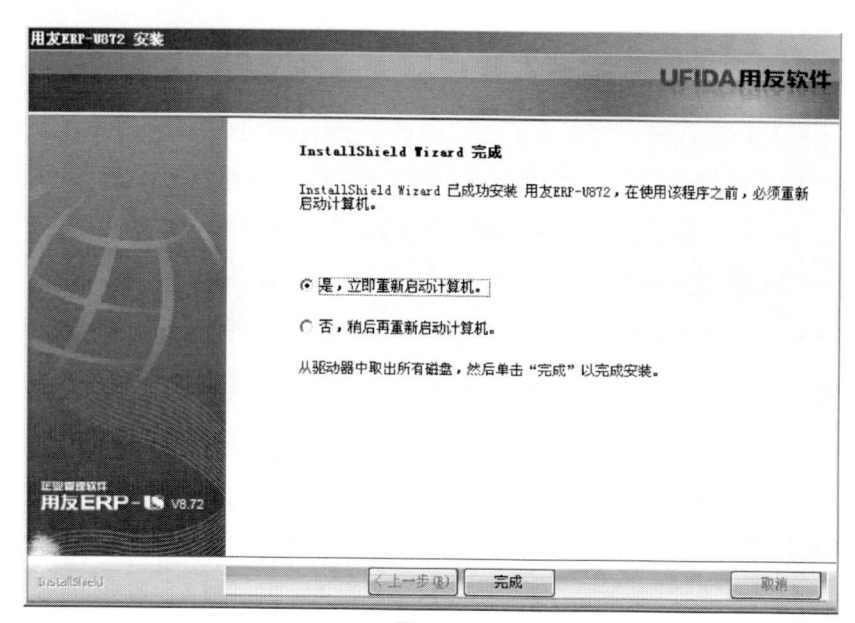

圖 3-74

16. 計算機重新啓動後，系統自動彈出「正在完成最後的配置」對話框，在此進行數據源配置，如圖 3-75 所示。

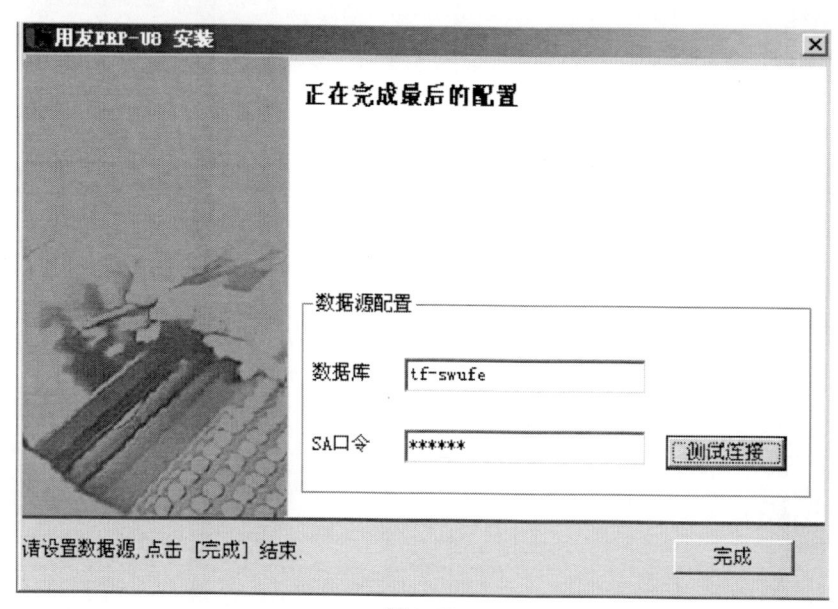

圖 3-75

【提示】

（1）在數據庫處錄入安裝 SQL Server 2008 時的數據庫名稱，如果安裝 SQL Server2008 時數據庫名稱使用的是默認的系統名稱，則此處錄入計算機電腦名稱，錄入 SA 口令（就是安裝 SQL Server 2008 時輸入的口令）。

（2）此處如果不記得數據庫名稱或計算機名稱，可點擊完成後，運行【開始】→【所有程序】→【用友 ERP-U8.72】→【應用服務器配置】→【數據庫服務器】處增加數據源，之後在【開始】→【所有程序】→【用友 ERP-U8.72】→【系統服務】→【系統管理】→【系統】→【初始化數據庫】實現數據源的初始化。

17. 點擊「測試連接」按鈕，測試數據庫連接是否成功，測試成功後的提示如圖 3-76 所示。

圖 3-76

18. 點擊「確定」按鈕，系統彈出使用加密狗進行遠程註冊的提示，如圖 3-77 所示，點擊「取消」按鈕，關閉提示。

圖 3-77

19. 之後系統彈出「需要初始化數據庫嗎？」提示，如圖 3-78 所示。

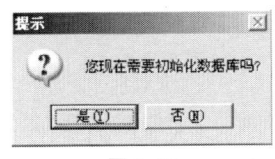

圖 3-78

20. 點擊「是」按鈕，系統開始初始化數據庫，初始化完成後系統會彈出登錄窗口，在此操作員輸入 admin，密碼為空，點擊帳套，系統自動彈出「default」帳套信息，如圖 3-79 所示。

第三章　信息平臺搭建

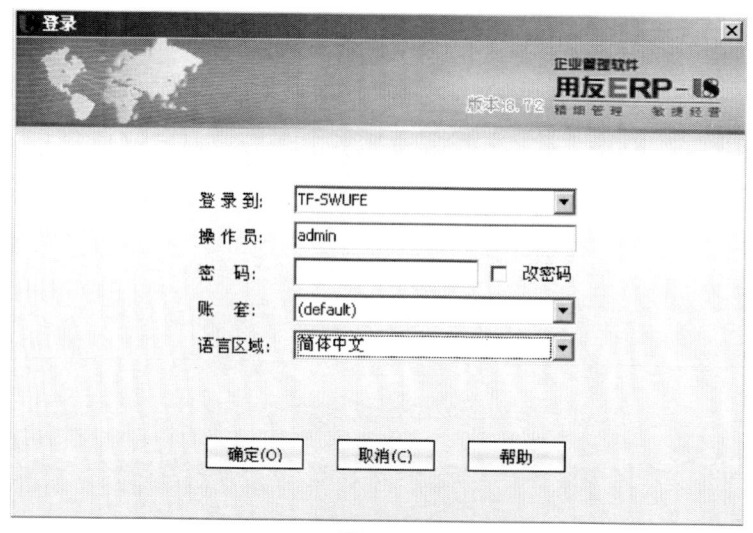

圖 3-79

【提示】

（1）如點擊帳套，帳套信息沒有彈出，說明數據源設置有誤，請重新設置數據源。

（2）帳套是指一組相互關聯的數據，每一個企業或每一個單獨核算部門的數據在系統內都體現為一個帳套。

21. 點擊「確定」按鈕，系統彈出「創建帳套」窗口，如圖 3-80 所示，點擊「取消」按鈕後退出，安裝完成。

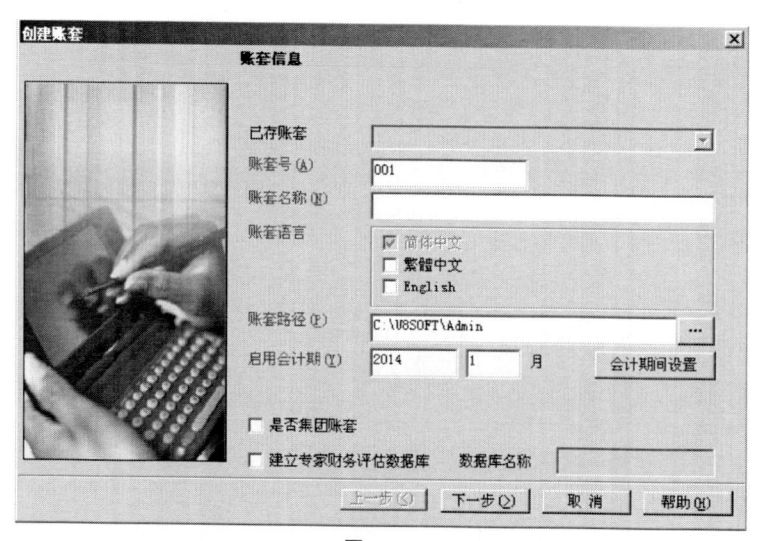

圖 3-80

【提示】

（1）在系統沒有帳套的情況下，每一次打開用友軟件，用友系統都會提示是否需要建帳（建帳操作請參閱本書第 10 章實驗一），如果暫不建帳，可以單擊取消按鈕暫不建帳。

（2）安裝完成後通過【開始】→【所有程序】→【用友 ERP-U8.72】菜單能夠找到相應程序應用路徑。

實驗四　虛擬打印機的安裝

打印機是比較重要的輸出設備，但有些時候，我們並不需要把東西真實地打印出來，而只是想通過打印預覽功能來看輸出的效果。但如果計算機中沒有安裝打印機，那麼打印預覽也不能實現，就不能夠觀看到打印的效果，這給沒有打印機的朋友們帶來了很多不便。

虛擬打印機就是在你的機器中添加一個虛擬的打印機讓你可以使用它來打印。你可以用它來打印文件或報表，使用的方法和使用正常的打印機一樣。當然，你不可能用虛擬打印機把文件直接打印到紙上，用虛擬打印機打印的結果是硬盤上的一個文件，你可以用專門的閱讀器打開那個文件以查看打印的效果。虛擬打印機實際上並不存在的，只是為了工作需要而安裝的打印機。

【實驗準備】

已安裝好 Windows 2003 Server 操作系統的服務器，下載 Bullzip PDF Printer 虛擬打印機文件。

【實驗指導】

從網上下載 Bullzip PDF Printer 虛擬打印軟件並安裝，將用友或金蝶的憑證打印成 PDF 文件輸出。

一、虛擬打印機的安裝

【操作步驟】

1. 從網上下載 Bullzip PDF Printer 虛擬打印機軟件，下載完成後如圖 3-81 所示。

2. 請仔細查看「打印機安裝說明」文件。雙擊第一個文件「gs905w32」，系統彈出「GPL Ghostscript Setup」安裝向導，如圖 3-82 所示。

圖 3-81

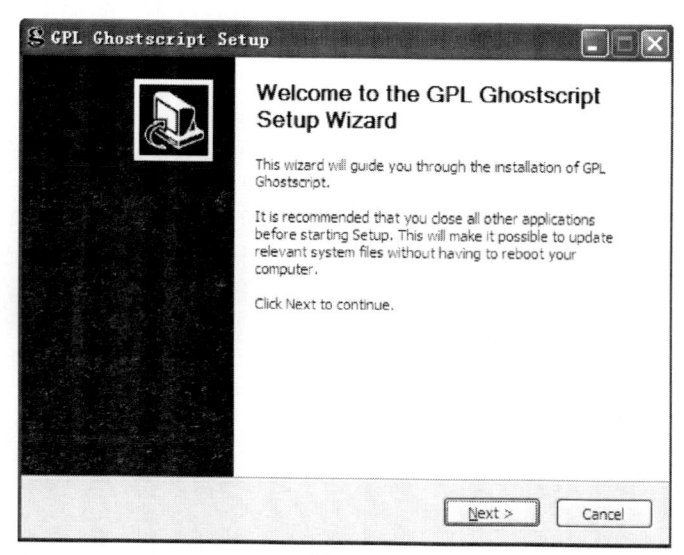

圖 3-82

3. 點擊「next」按鈕，系統彈出許可協議窗口，如圖 3-83 所示。

4. 點擊「I agree」按鈕，系統彈出安裝位置選擇窗口，在此可設置安裝路徑，如圖 3-84 所示。

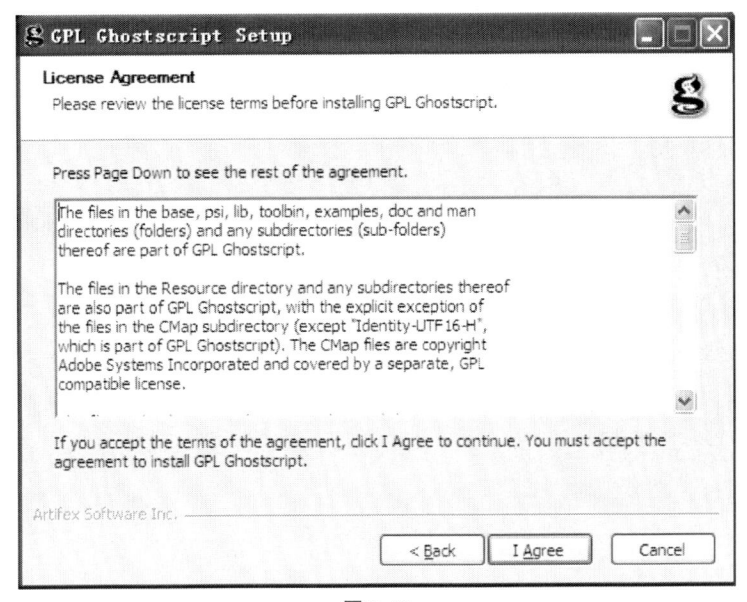

圖 3-83

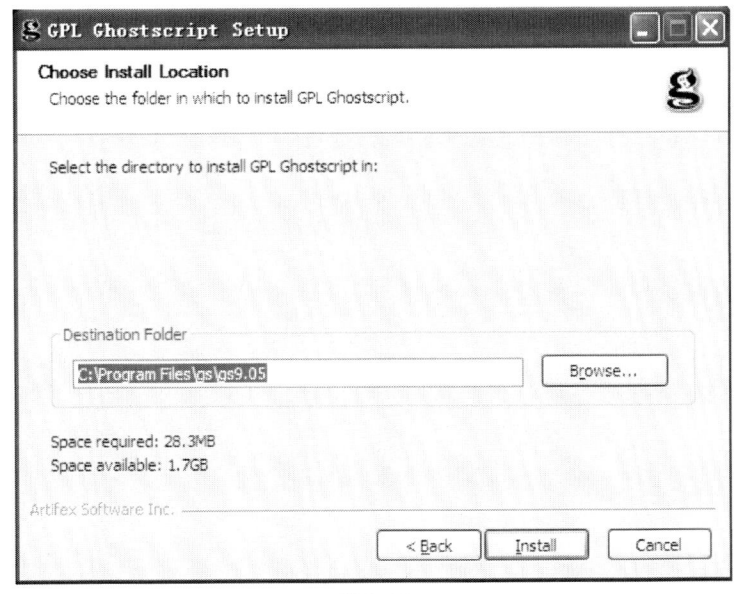

圖 3-84

  5. 點擊「Install」按鈕，系統開始「GPL Ghostscript」的安裝，安裝完成後系統彈出完成安裝界面，去除勾選「Generate cidfmap for Windows CJK TrueType fonts」及「Show Readme」選項，如圖 3-85 所示。

  6. 點擊「Finish」按鈕結束 GPL Ghostscript 的安裝。

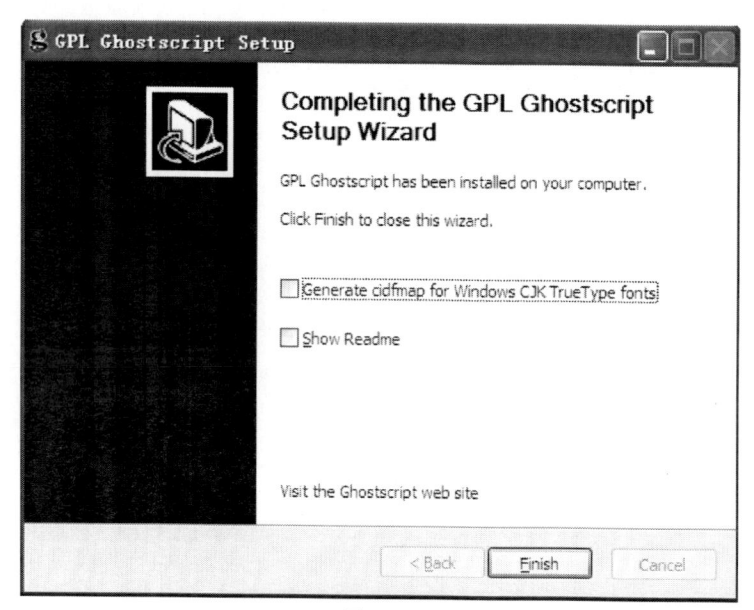

圖 3-85

7. 雙擊「Bullzip PDF Printer」圖標，系統彈出「選擇安裝語言」選擇窗口，如圖 3-86 所示。

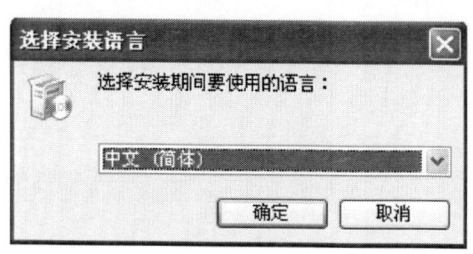

圖 3-86

8. 點擊「確定」按鈕，系統彈出「安裝向導」界面，如圖 3-87 所示。

9. 點擊「下一步」按鈕，系統彈出「許可協議」窗口，勾選「我接受協議」選項，如圖 3-88 所示。

圖 3-87

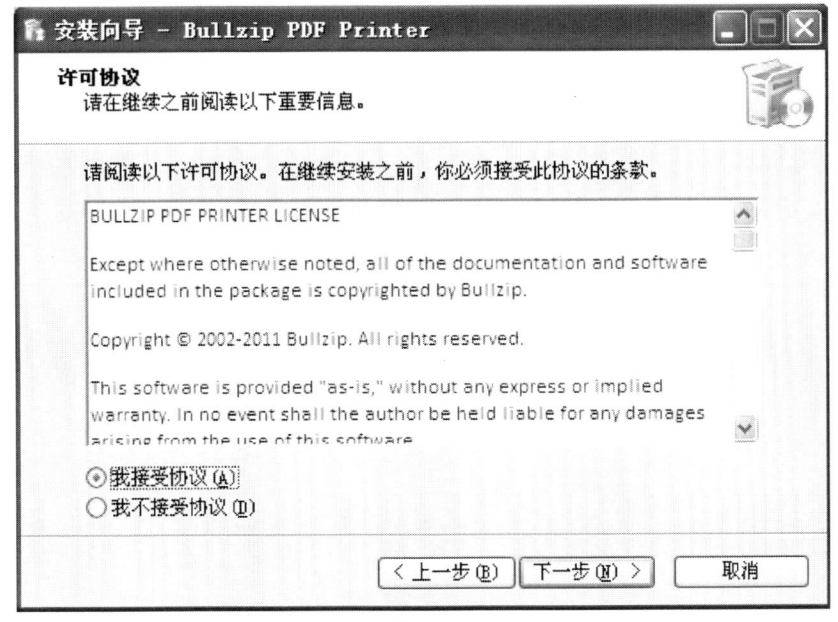

圖 3-88

  10. 系統彈出「選擇附加任務」窗口，去除勾選「創建桌面圖標」及「創建快速啟動欄圖標」選項，如圖 3-89 所示。

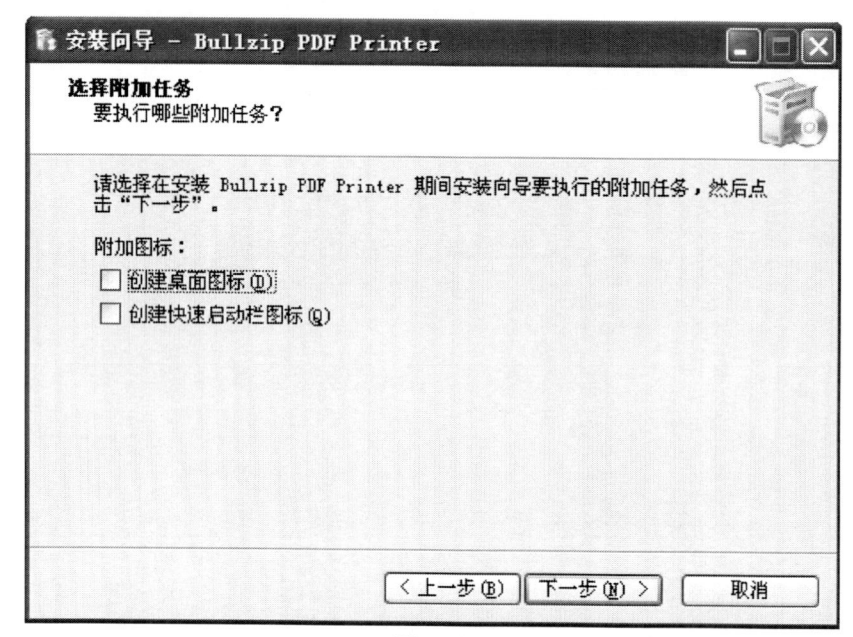

圖 3-89

11. 點擊「下一步」按鈕，系統彈出「準備安裝」窗口，如圖3-90所示。

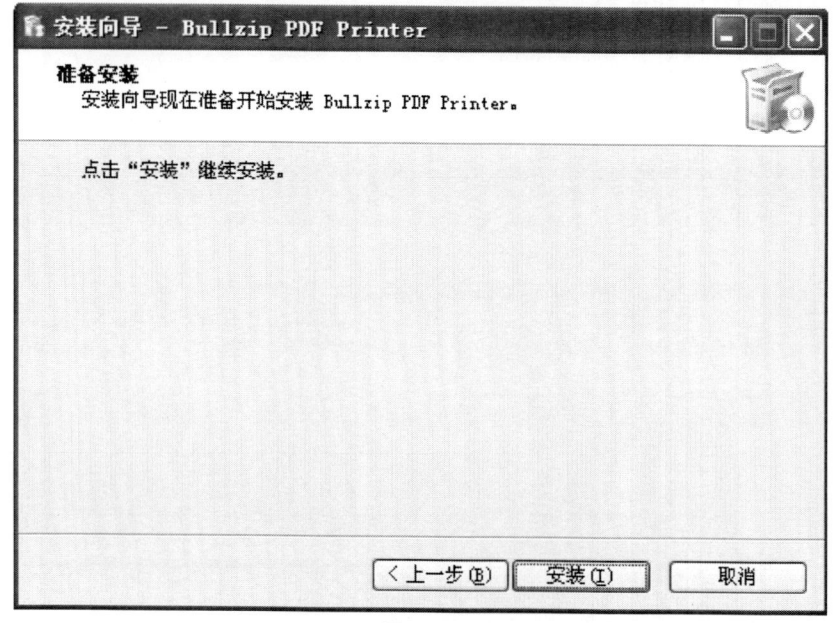

圖 3-90

12. 點擊「安裝」按鈕，系統開始自動安裝。安裝完成後系統彈出「完成

Bullzip PDF Printer 安裝」窗口，去除勾選「Bullzip PDF Printer 網站」選項，如圖 3-91 所示。

圖 3-91

13. 點擊「完成」按鈕，系統彈出「打印機和傳真」窗口，在此可看到已經安裝完成的虛擬打印機「Bullzip PDF Printer」，如圖 3-92 所示。

圖 3-92

二、虛擬打印機的使用

下面說明虛擬打印機 Bullzip PDF Printer 的使用。

【操作步驟】

1. 打開一個 word 文檔，執行【office 按鈕】→【打印】→【打印】命令，如圖 3-93 所示。

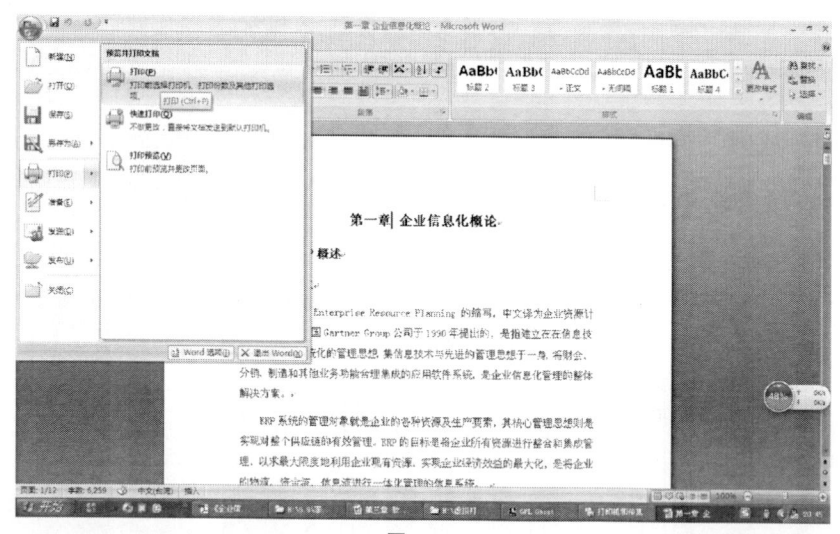

圖 3-93

2. 系統彈出「打印」設置窗口，在打印機名稱欄選擇「Bullzip PDF Printer」，其他採取系統默認，如圖 3-94 所示。

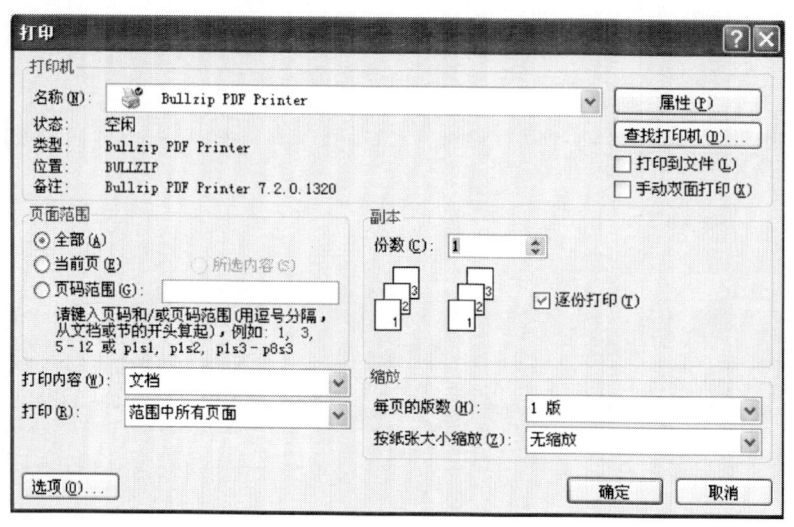

圖 3-94

3. 點擊「確定」按鈕，系統彈出「Bullzip PDF Printer-生成文件」窗口，在此可設置文件名稱、保存路徑、格式等，如圖 3-95 所示。

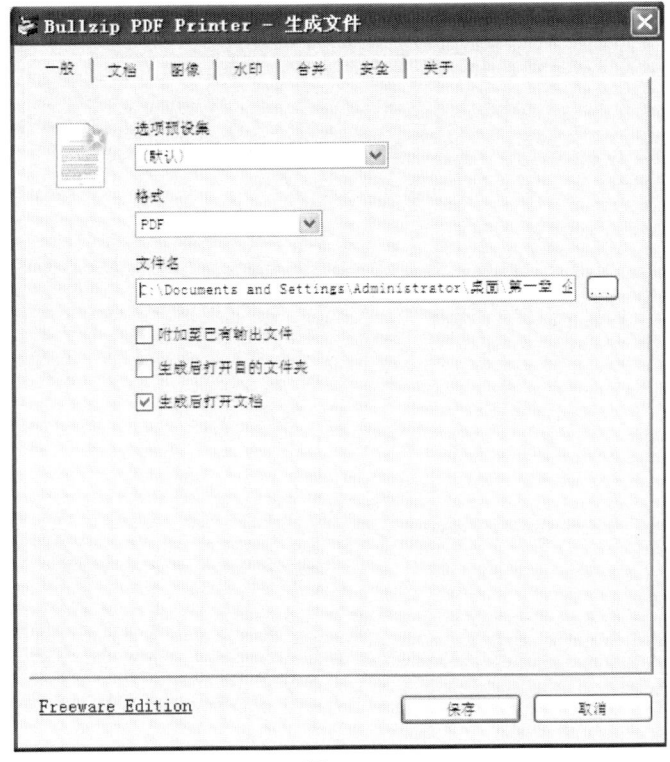

圖 3-95

4. 點擊「保存」按鈕，系統打印「第一章　企業信息化概論.pdf」文件到桌面，如圖 3-96 所示。

圖 3-96

5. 如在圖 3-95 中勾選了「生成後打開文檔」選項，則系統自動打開剛剛生

第三章　信息平臺搭建

成的「第一章　企業信息化概論.pdf」文檔；如沒有勾選，可雙擊鼠標產生的「第一章　企業信息化概論.pdf」打開文件，打開後的文件如圖 3-97 所示。

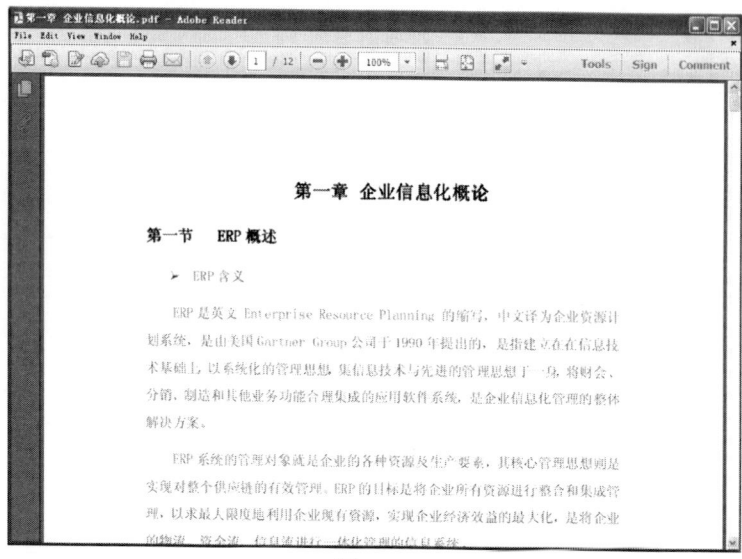

圖 3-97

【提示】確定自己的電腦中已經安裝了 PDF 閱讀器，如沒有安裝將無法打開文件。

6. 下面說明用友憑證打印。以帳套主管身份登錄用友 U8 企業應用系統，雙擊「業務工作」→「財務會計」→「總帳」→「憑證」→「憑證打印」選項，如圖 3-98 所示。

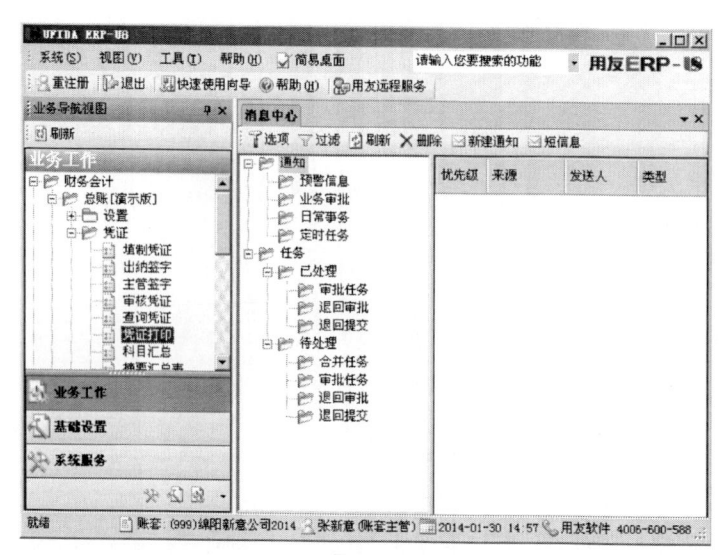

圖 3-98

【提示】用友憑證的打印，必須是系統里已有帳套並已有憑證之後才能進行打印操作，否則系統無法登錄或提示無可打印憑證。

7. 系統彈出「憑證打印」窗口，在此可選擇打印憑證類別、憑證期間、已記帳或未記帳憑證等，如圖 3-99 所示。

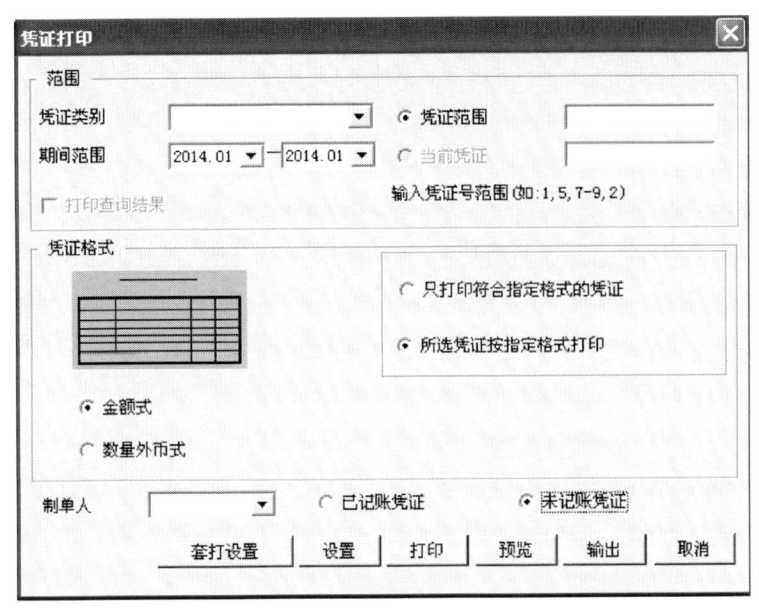

圖 3-99

8. 設置完成後點擊「打印」按鈕，系統彈出「打印」設置窗口，在名稱中選擇「Bullzip PDF Printer」，選擇打印的範圍及份數等，如圖 3-100 所示。

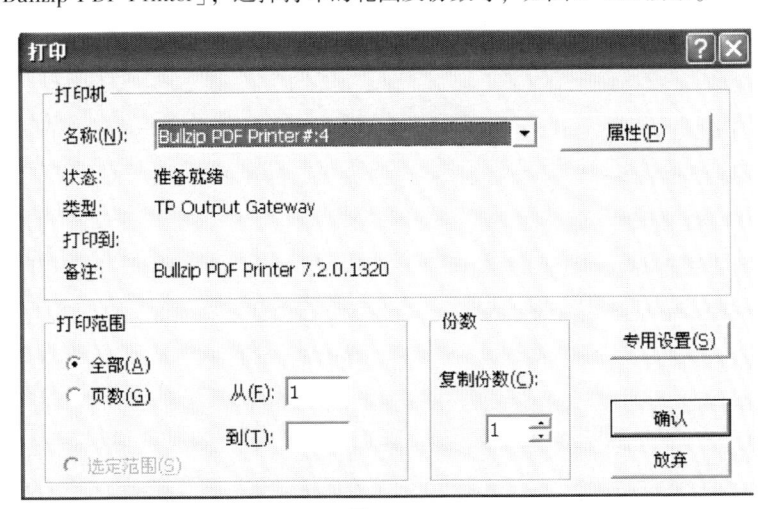

圖 3-100

9. 點擊「確定」按鈕，系統彈出「Bullzip PDF Printer-生成文件」窗口，在此可設置文件名稱、保存路徑、格式等，如圖3-101所示。

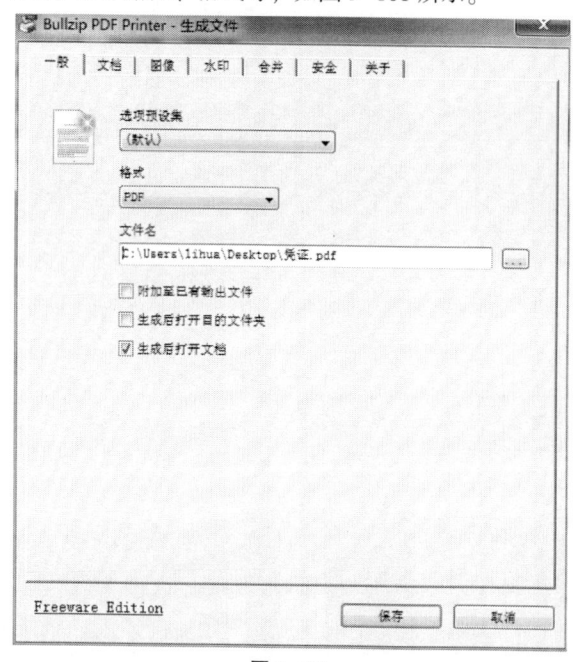

圖 3-101

10. 點擊「保存」按鈕，系統將「憑證.pdf」打印到相應的路徑。如果在圖3-101中勾選了「生成後打開文檔」選項，則系統自動打開我們剛剛生成的「憑證.pdf」文檔，如沒有勾選，可鼠標雙擊產生的「憑證.pdf」文件，打開後的文件如圖3-102所示。

圖 3-102

金蝶篇

第四章　系統管理

實驗一　新建帳套

【實驗準備】
已安裝金蝶 K/3-12 管理軟件，將系統日期修改為「2014 年 1 月 1 日」。
【實驗指導】
帳套是一個數據庫文件，是存放各種數據的載體，企業所有的財務數據、業務數據都依據一定的規則存放在帳套中。一個帳套對應一個企業的一套完整的財務業務體系。

一、帳套管理登錄

【操作步驟】

1. 點擊【開始】→【所有程序】→【金蝶 K/3 WISE 創新管理平臺】→【金蝶 K/3 服務器配置工具】→【帳套管理】。如圖 4-1 所示。

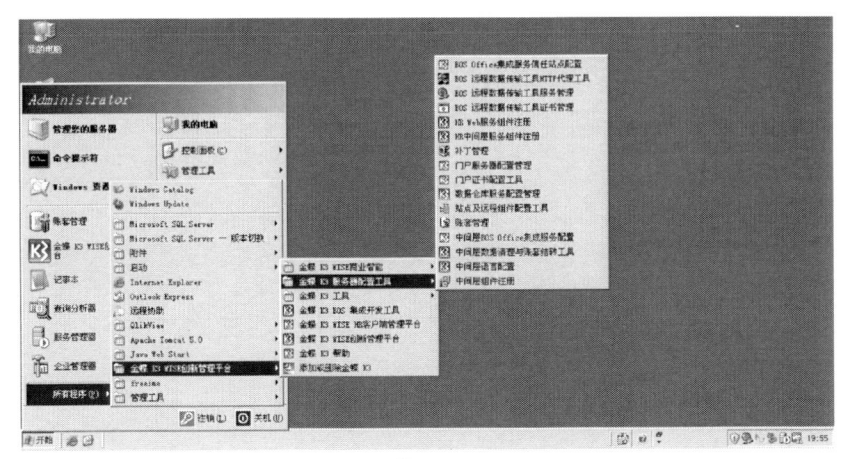

圖 4-1

2. 在登錄頁面，初次使用時，用戶名為：Admin，無密碼，如圖 4-2 所示。

第四章 系統管理

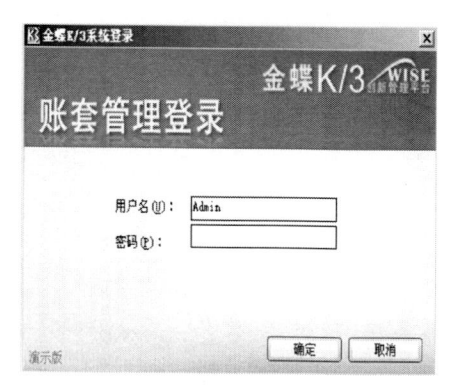

圖 4-2

3. 直接點擊「確定」，進入「金蝶 K/3 帳套管理」界面，如圖 4-3 所示。

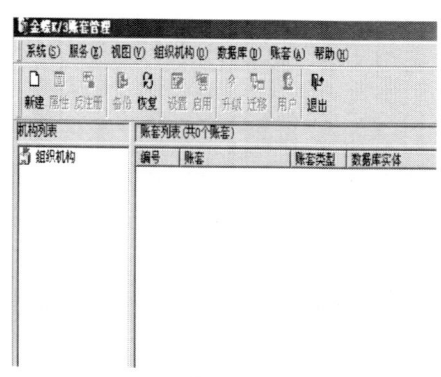

圖 4-3

二、建立組織機構

在金蝶 K/3 系統中允許存在很多個帳套，為了對多個帳套進行管理，用戶可以通過組織機構對這些帳套進行分類管理。

【操作步驟】

1. 在菜單中選擇【組織機構】，點擊【添加機構】功能，添加機構代碼和名稱，如圖 4-4 所示。

圖 4-4

94

三、新建帳套

【操作步驟】

1. 在工具欄中點擊【新建】，在新建帳套頁面錄入相關數據，如圖 4-5 所示。

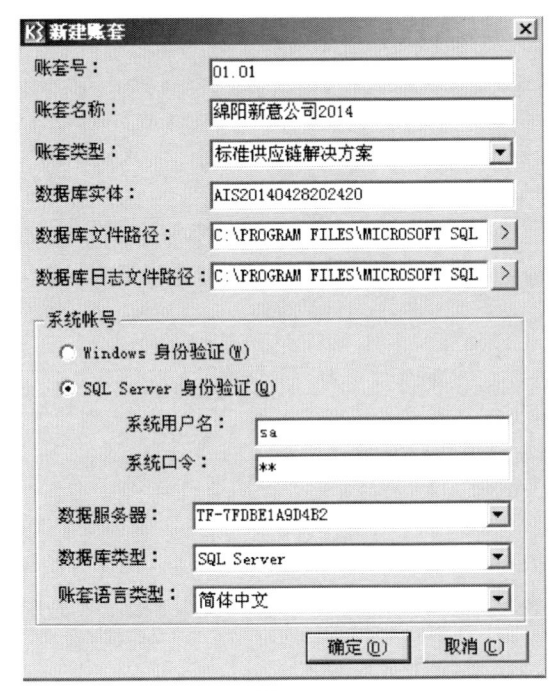

圖 4-5

【提示】

（1）帳套號：帳套在系統中的編號，帳套號是不可以重複的。

（2）帳套名：帳套名稱可以不同於用戶的單位名稱，用來區分單位內部不同的帳套。

（3）帳套類型：金蝶系統給出了「標準供應鏈解決方案」、「標準財務解決方案」、「人力資源解決方案」等多種帳套類型，用戶根據自己企業的類型來進行選擇。

（4）數據實體：帳套在數據庫服務器重的唯一標示。

（5）數據庫文件路徑：用戶自定義用來保存帳套數據庫文件的路徑。

（6）數據庫日志路徑：用戶自定義用來保存帳套日志文件的路徑。

2. 點擊【確定】，系統就會開始自動進行帳套的創建過程，系統完成帳套的建立後在帳套列表中會出現我們新建的帳套的記錄。如圖 4-6 所示。

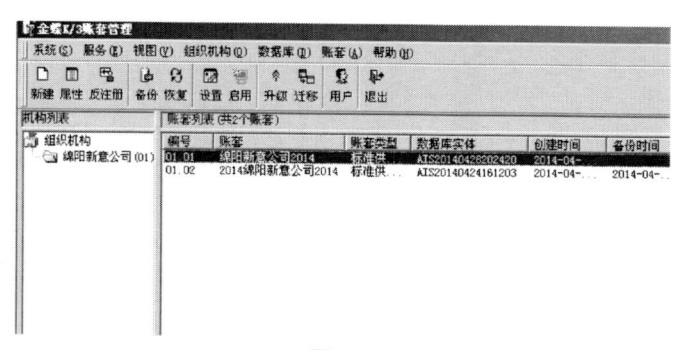

圖 4-6

四、帳套屬性的設置

【操作步驟】

1. 選擇帳套列表中的新建帳套記錄，點擊設置按鈕，如圖 4-7 所示。

圖 4-7

2. 按照相關內容對系統、總帳進行帳套參數設置。如圖 4-8、圖 4-9 所示。

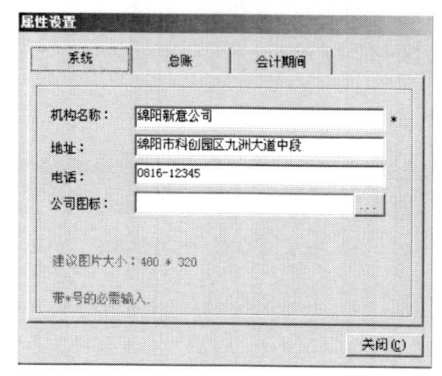

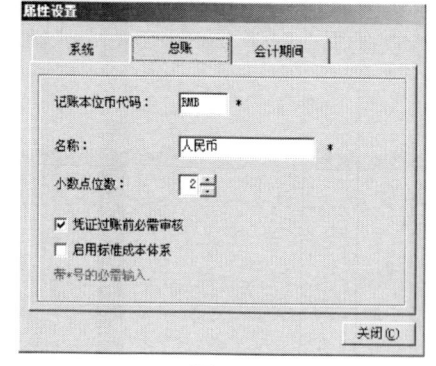

圖 4-8　　　　　　　　　　圖 4-9

3. 在會計期間頁面，點擊「更改」來設置帳套啟用的會計期間，點擊【確認】完成帳套的設置，然後啟用帳套，如圖 4-10、圖 4-11、圖 4-12、圖 4-13 所示。

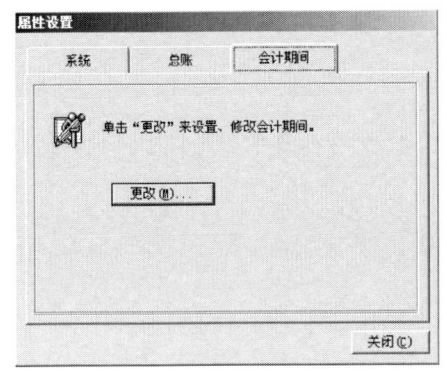

圖 4-10 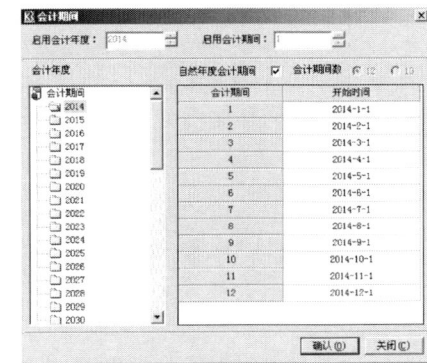　　　　　　　　　　　　　　圖 4-11

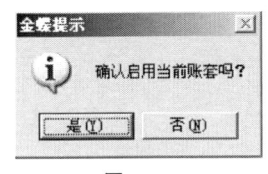

圖 4-12 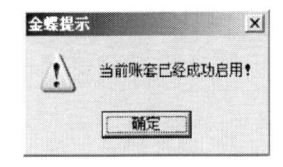　　　　　　　　　　　　　　圖 4-13

【提示】屬性設置中「會計期間」的設置要慎重，因為會計期間一旦確認將無法更改。

實驗二　帳套修改

【實驗準備】
已安裝金蝶 K/3-12 管理軟件，將系統日期修改為「2014 年 1 月 1 日」。
【實驗指導】
【操作步驟】
1. 若新建帳套的相關屬性需要修改，可以點擊工具欄上的【屬性】或者【設置】來進行修改，如圖 4-14 所示。

圖 4-14

2. 點擊【屬性】後的頁面如圖 4-15 所示，點擊【設置】後的頁面如圖 4-16 所示。數據修改後點擊【確定】即可。

97

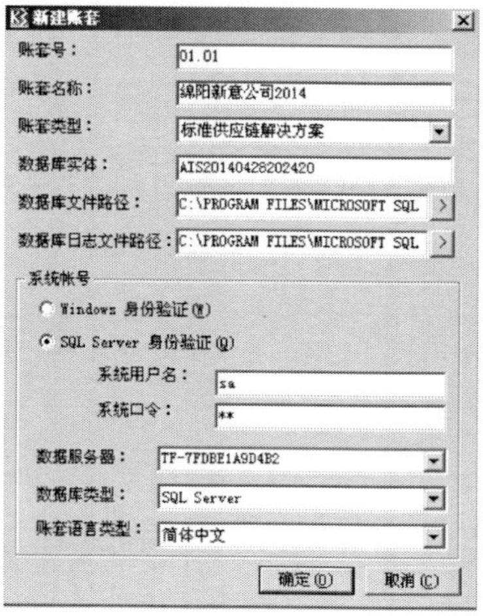

第四章　系統管理

圖 4-15

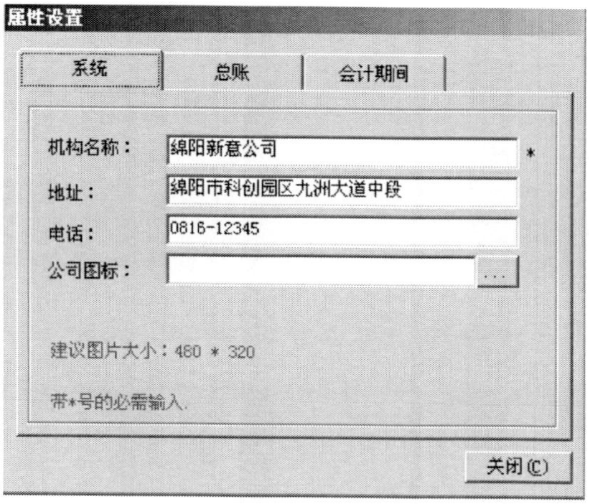

圖 4-16

實驗三　帳套備份與帳套恢復

【實驗準備】
已安裝金蝶 K/3-12 管理軟件，將系統日期修改為「2014 年 1 月 1 日」。
【實驗指導】

一、帳套備份

為了保證使用軟件過程中財務數據的安全性，要對帳套數據定期做備份，當原帳套數據遭到損壞無法再使用時，可以將原帳套的備份數據還原並繼續使用。

帳套的備份分為完全備份、增量備份和日志備份三種方式。

（1）完全備份：執行完整數據庫備份，也就是為帳套中的所有數據建立一個副本。備份後，生成完全備份文件。

（2）增量備份：記錄自上次完整數據庫備份後對數據庫數據所做的更改，也就是為上次完整數據庫備份後發生變動的數據建立一個副本。備份後，生成增量備份文件。增量備份比完全備份小而且備份速度快，因此可以更經常地備份，經常備份將減少丟失數據的危險。

（3）日志備份：事務日志是自上次備份事務日志後對數據庫執行的所有事務的一系列記錄。使用事務日志備份和恢復可以將帳套恢復到特定的即時點（如輸入多餘數據前的那一點）或恢復到故障點。一般情況下，事務日志備份比數據庫備份使用的資源少，因此可以比數據庫備份更經常地創建事務日志備份。經常備份將減少丟失數據的危險。

【操作步驟】

1. 在【帳套管理】中，選擇待備份的帳套，點擊【備份】，選擇備份方式以及備份路徑，點擊【確定】後，系統則生成 *.bak 和 *.dbb 文件。如圖4-17、圖4-18、圖4-19、圖4-20、圖4-21所示。

圖 4-17

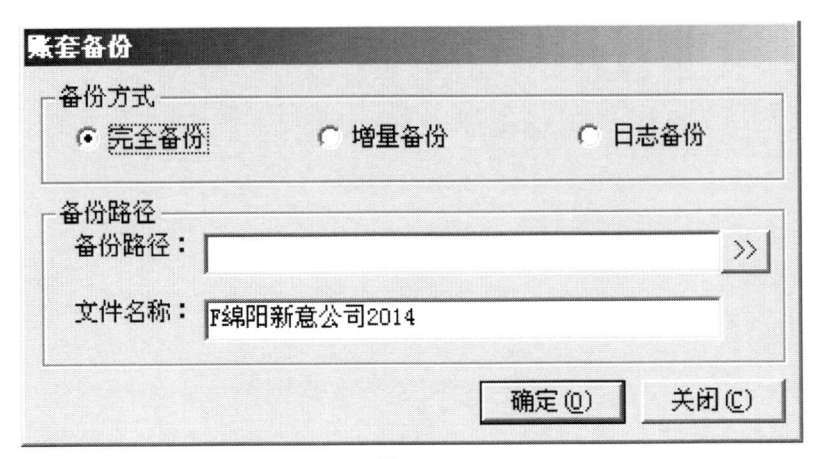

圖 4-18

第四章　系統管理

圖 4-19

圖 4-20

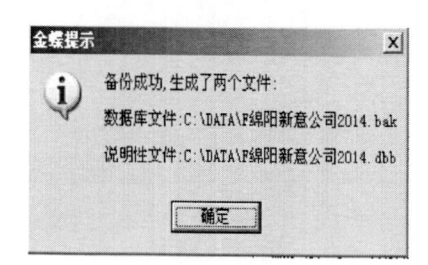

圖 4-21

二、自動備份

系統有帳套自動批量備份的功能，設置好備份時間、備份路徑、完全備份時

間的間隔（小時），並保存設置方案。系統即按照設置好的方案自動執行備份。

【操作步驟】

1. 在【帳套管理】中點擊【數據庫】菜單下的【帳套自動批量備份】，如圖4-22所示。

圖 4-22

2. 設置好帳套自動備份的相關數據，並輸入方案名稱，點擊【確定】即可。如圖4-23、圖4-24所示。

圖 4-23

第四章　系統管理

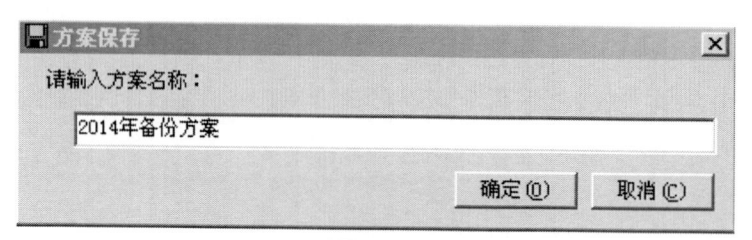

```
┌─ 方案保存 ──────────────────── ☒ ─┐
│  请输入方案名称：                      │
│  ┌──────────────────────────┐        │
│  │ 2014年备份方案            │        │
│  └──────────────────────────┘        │
│           ┌─ 确定(O) ─┐ ┌─ 取消(C) ─┐ │
└─────────────────────────────────────┘
```

圖 4-24

三、帳套恢復

【操作步驟】

在【帳套管理】中點擊【恢復】，在「選擇數據庫服務器」界面的設置應與當時新建帳套時的系統帳號密碼一致，點擊【確定】後，選擇備份文件的路徑，並選中 *.dbb 文件，修改帳套號和帳套名，點擊【確定】即可恢復原帳套，如圖 4-25、圖 4-26、圖 4-27 所示。

[新建] [属性] [反注册] [备份] [恢复] [设置] [启用] [升级] [迁移] [用户] [退出]

圖 4-25

```
┌─ 选择数据库服务器 ─────────────────┐
│                                      │
│  ○ Windows 身份验证(W)              │
│  ● SQL Server 身份验证(Q)           │
│     用户名：  [sa            ]       │
│     口令：    [**            ]       │
│                                      │
│  数据服务器： [TF-7FDBE1A9D4B2 ▼]   │
│  数据库类型： [SQL Server      ▼]   │
│                                      │
│         ┌─ 确定(O) ─┐ ┌─ 取消(C) ─┐ │
└─────────────────────────────────────┘
```

圖 4-26

102

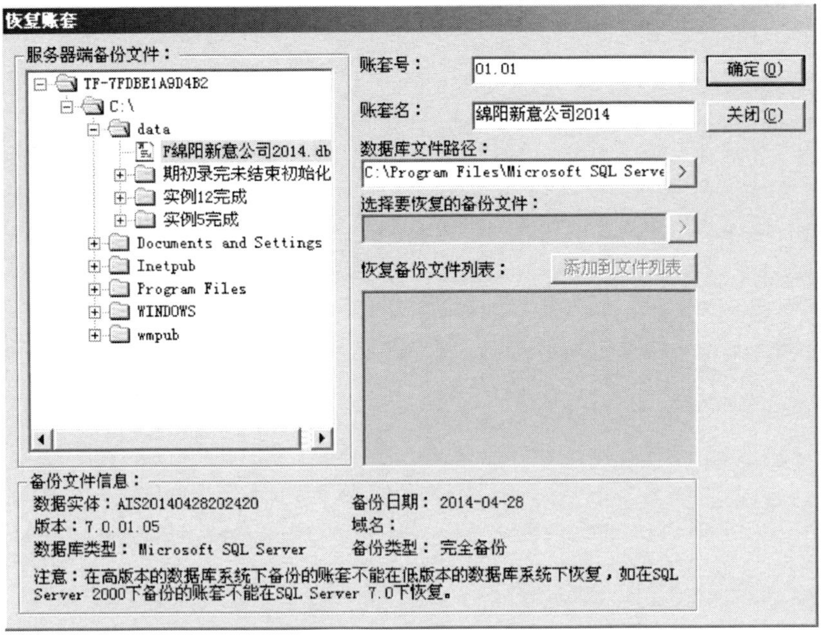

圖 4-27

實驗四　用戶管理

【實驗準備】

已安裝金蝶 K/3-12 管理軟件，將系統日期修改為「2014 年 1 月 1 日」。

【實驗指導】

用戶是指有權限登錄金蝶系統，並對系統進行操作的人員。每次註冊登錄金蝶系統時，金蝶系統要對用戶身份的合法性進行檢查，只有合法的用戶才能登錄金蝶系統。

系統中已經預設了 3 個用戶：「Guest」為一般用戶，對 K/3 系統只有查詢權限；「Administrator」和「Morningstar」是系統管理員，無需授權。

除了系統預設的用戶外，還可以根據情況新建自己的用戶。用戶信息主要包含以下內容：

（1）用戶名稱：指登錄帳套時的所用的名稱，它控制有哪些用戶可以使用這個帳套。用戶名稱在同一個帳套中應該是唯一的。也就是說，不允許存在相同名稱的用戶。

（2）用戶類別：指定用戶所屬的用戶類別。

（3）對應門戶用戶：指定用戶所關聯門戶用戶的用戶名，實現用戶與門戶用戶的關聯操作。當關聯門戶用戶後，可以在主控臺登錄界面採用單點登錄方式登

錄該帳套。

（4）用戶有效期和密碼有效期。

①用戶有效期：當到達用戶有效日期時，用戶無法登錄 K/3 主控臺。

②密碼有效期：採用傳統密碼認證，當前登錄日期與前次修改密碼日期之間超過密碼有效期（天）時，系統提示登錄用戶必須修改用戶密碼。

（5）認證方式：認證方式主要記錄與用戶密碼有關的信息。金蝶 K/3 系統採用了兩種用戶認證方式，即 NT 安全認證和密碼認證。

①NT 安全認證：當選擇 NT 安全認證時，需要填寫完整的域用戶帳號，具體方法為：域名+用戶名。

②密碼認證：靠用戶密碼識別用戶的合法性。

一、增加用戶

【操作步驟】

1. 在【帳套管理】頁面點擊工具欄中的【用戶】，進入用戶管理頁面。如圖 4-28所示。

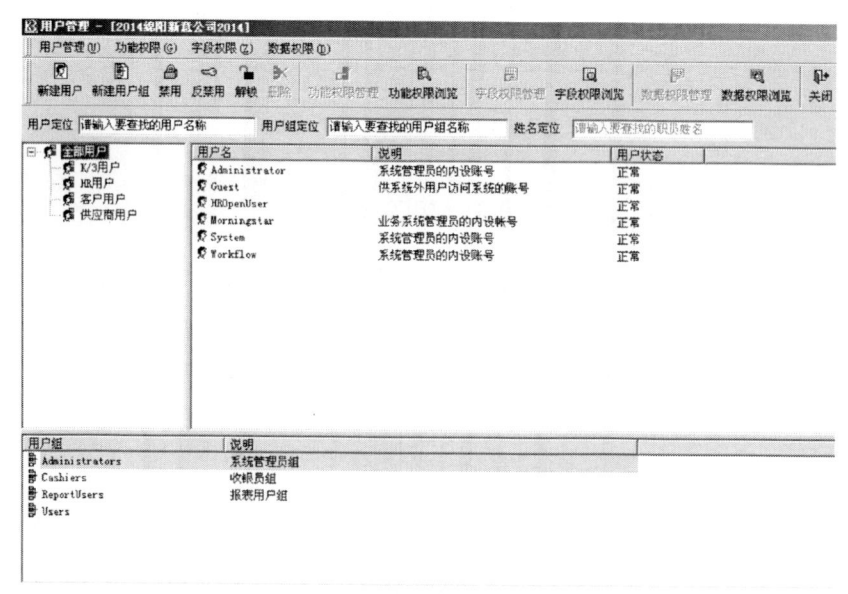

圖 4-28

2. 選擇工具欄中的【新建用戶】功能，增加案例背景中的用戶。如圖 4-29、圖 4-30、圖 4-31 所示。在圖 4-30 所示的認證方式頁面，對每個用戶可以進行密碼設置，為了數據的安全性，建議使用密碼認證方式登錄。

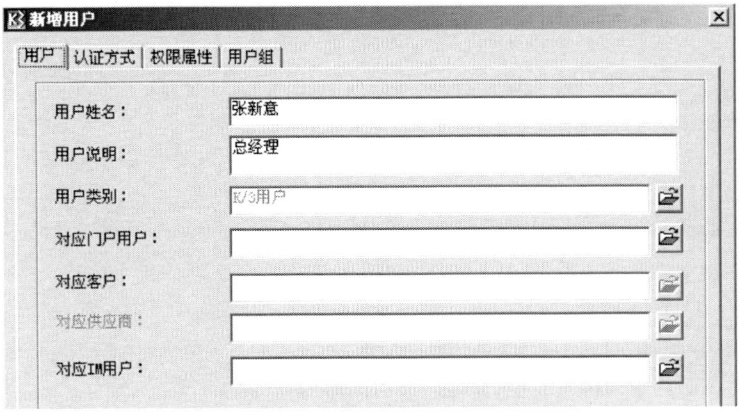

圖 4-29

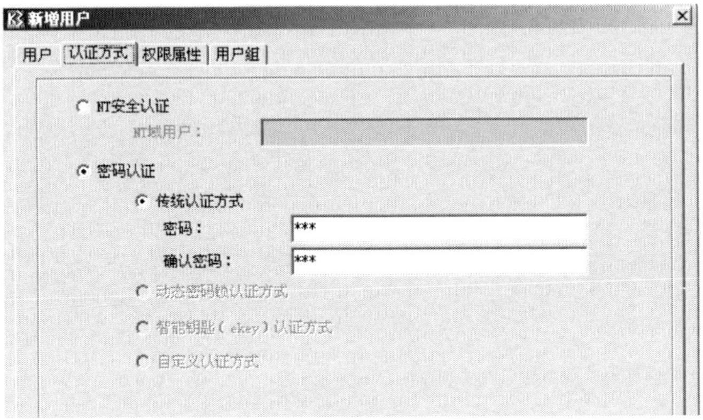

圖 4-30

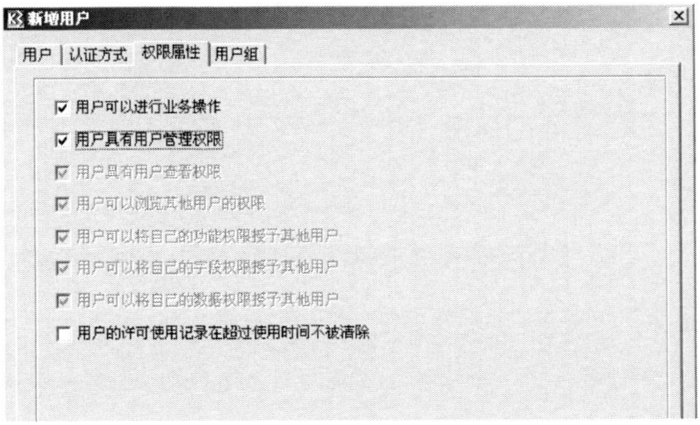

圖 4-31

第四章　系統管理

【提示】

（1）用戶可以進行業務操作：不選中該屬性項時，該用戶只能進行用戶管理操作（用戶需擁有用戶管理權限）；選中該屬性項時，該用戶可以進行具有權限的業務功能操作。

（2）用戶具有用戶管理權限：不選中該屬性項時，該用戶無法進行用戶管理操作；選中該屬性項後，該用戶具有用戶管理操作權限。

（3）用戶可以瀏覽其他用戶權限：不選中該屬性項時，用戶無法進行權限瀏覽操作；選中該屬性項時，該用戶可以在用戶管理中瀏覽其他用戶的權限。

（4）用戶可以將自己的功能權限授予其他用戶：不選中該屬性項時，用戶無功能權限管理操作；選中該屬性項時，該用戶可以在用戶管理中進行功能權限管理操作，權限管理的範圍為該用戶自身具有的功能權限。

（5）用戶可以將自己的數據權限授予其他用戶：不選中該屬性項時，用戶無法進行數據權限管理操作；選中該屬性項時，該用戶可以在用戶管理中進行數據權限管理操作，權限管理的範圍為該用戶自身具有的數據權限。

（6）用戶可以將自己的字段權限授予其他用戶：不選中該屬性項時，用戶無法進行字段權限管理操作；選中該屬性項時，該用戶可以在用戶管理中進行字段權限管理操作，權限管理的範圍為該用戶自身具有的字段權限。

二、用戶授權

新建用戶之後，需要對這些用戶進行授權，系統將所有模塊的權限分別列出，可以根據實際需要給用戶授權。

【操作步驟】

1. 選擇需要授權的用戶，點擊菜單【功能權限】，選擇【功能權限管理】，進入權限管理頁面，如圖 4-32 所示。

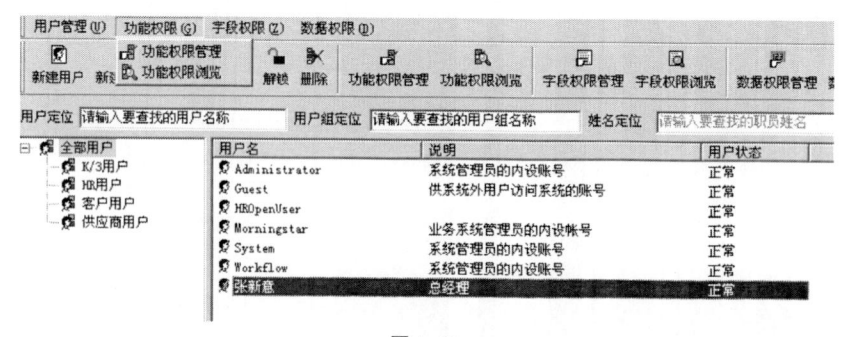

圖 4-32

2. 根據實驗數據對用戶進行相關的權限設置，選擇好後點擊【授權】按鈕，如圖 4-33 所示。

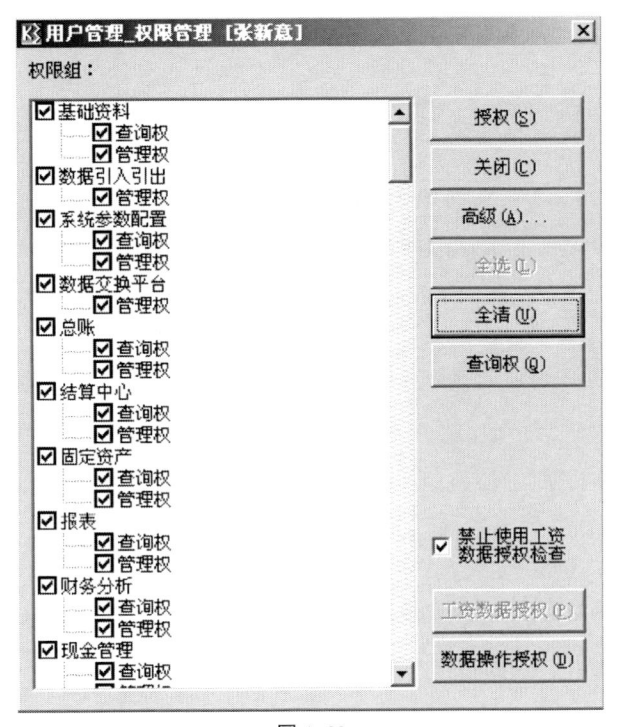

圖4-33

【提示】

在「高級」選項中，每項「系統對象」修改一項，必須點擊「授權」按鈕一次，不能在全部修改後授權，否則前面的設置無效。

第五章　基礎信息設置

實驗一　部門職員設置

【實驗準備】

已安裝金蝶 K/3-12 管理軟件，將系統日期修改為「2014 年 1 月 1 日」。

【實驗指導】

一、登錄主控臺

【操作步驟】

以「Administrator」（系統管理員）身份登錄「綿陽新意公司 2014」帳套，並對帳套進行基礎信息設置，共有兩種方式。

1. 雙擊桌面「金蝶 K/3 WISE 創新管理平臺」圖標，如圖 5-1 所示。或者執行【開始】→【所有程序】→【金蝶 K/3 WISE 創新管理平臺】→【金蝶 K/3 WISE 創新管理平臺】命令，如圖 5-2 所示。

圖 5-1

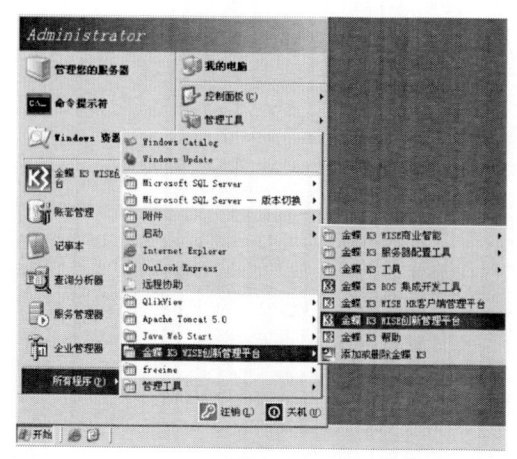

圖 5-2

2. 系統彈出「金蝶 k/3 系統登錄」窗口,「組織機構」選擇「01｜綿陽新意公司」,「當前帳套」選擇「01.01 綿陽新意公司 2014」,選擇「命名用戶身份登錄」,「用戶名」處填寫「administrator」,「密碼」處留空,如圖 5-3 所示。

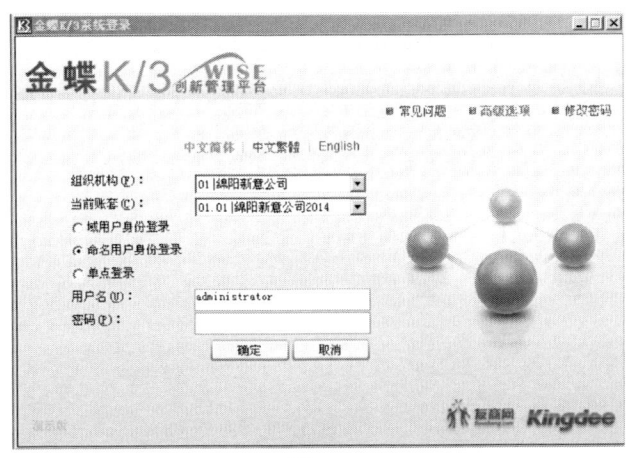

圖 5-3

3. 單擊「確定」按鈕,用戶身份經過系統檢測,彈出「金蝶提示」,如圖 5-4 所示。

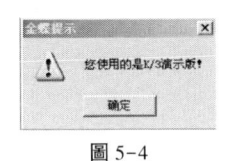

圖 5-4

4. 單擊「確定」按鈕,進入 K/3 主控臺界面,如圖 5-5 所示。

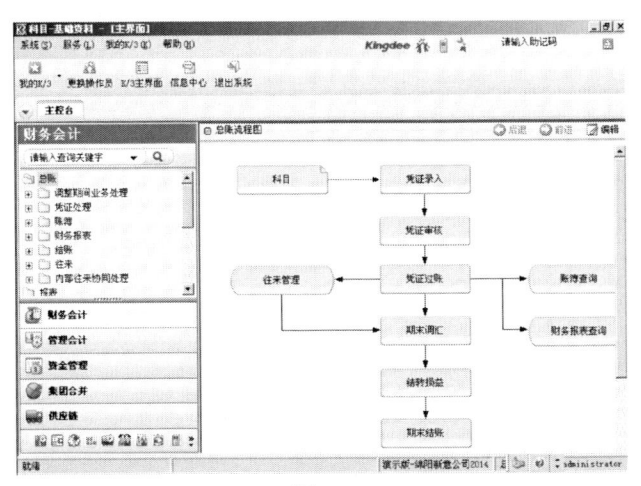

圖 5-5

第五章　基礎信息設置

5. 單擊「K/3 主界面」按鈕，可以切換顯示的界面，如圖 5-6、圖 5-7 所示。

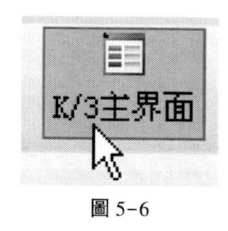

圖 5-6

圖 5-7

二、設置部門檔案

部門是指用來設置企業各個職能部門的信息，一般不進行財務核算的部門則不需要在系統中設置該部門信息。

【操作步驟】

1. 執行【系統設置】→【基礎資料】→【公共資料】→【部門】命令，如圖 5-8 所示。

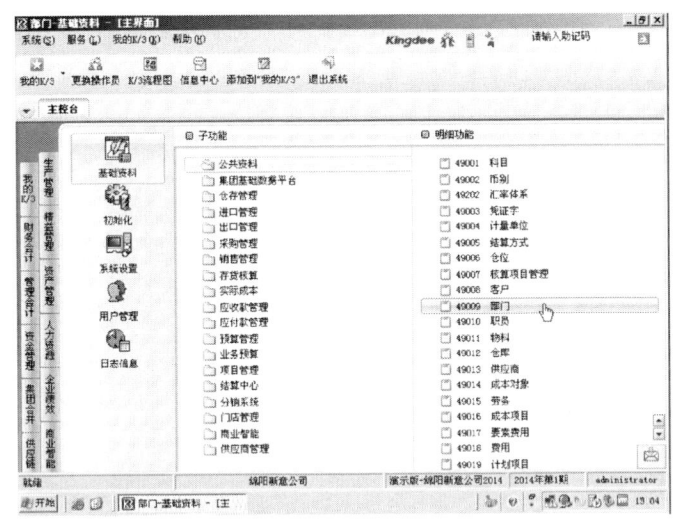

圖 5-8

2. 進入「基礎平臺 -【部門】」設置窗口，如圖 5-9 所示。

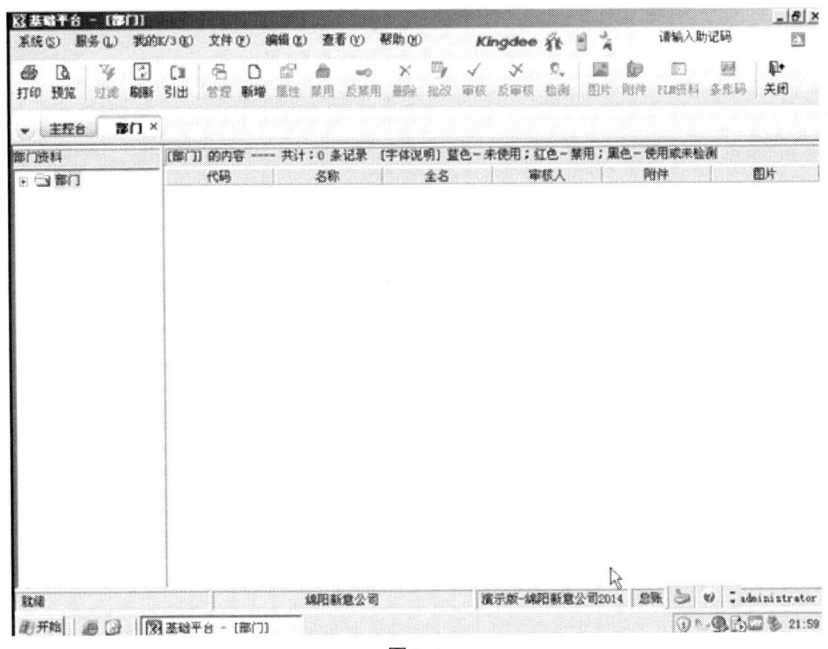

圖 5-9

3. 在右邊任意位置單擊鼠標，再單擊上方的「新增」按鈕，進入「部門 - 新增」界面，如圖 5-10 所示。

图 5-10

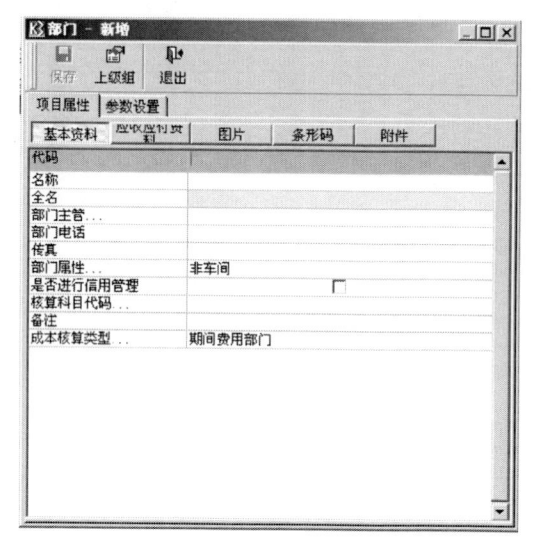

【提示】

(1)「部門屬性」表示該部門的生產屬性，分為車間和非車間兩類。

(2)「成本核算類型」表示該部門的成本管理系統需要控制的屬性，分為輔助生產部門、基本生產部門、期間費用部門三類。

4. 代碼處錄入「01」，名稱處錄入「辦公室」，部門屬性處選擇「非車間」，成本核算類型處選擇「期間費用部門」，如圖 5-11 所示，單擊「保存」按鈕，保存設置。

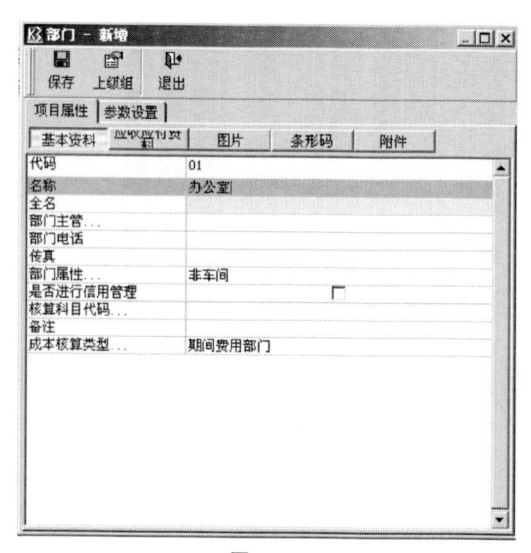

圖 5-11

5. 代碼處錄入「02」，名稱處錄入「財務部」，部門屬性處選擇「非車間」，成本核算類型處選擇「期間費用部門」，如圖 5-12 所示，單擊「保存」按鈕，保存設置。

圖 5-12

6. 單擊「上級組」按鈕，切換到上級組錄入窗口，代碼處錄入「03」，名稱處錄入「銷售部」，如圖 5-13 所示，單擊「保存」按鈕，保存設置。

圖 5-13

【提示】如果有二級部門，必須先在上級組里設置一級部門。

第五章 基礎信息設置

7. 單擊「上級組」按鈕，代碼處錄入「03.01」，名稱處錄入「銷售一部」，部門屬性處選擇「非車間」，成本核算類型處選擇「期間費用部門」，如圖5-14所示，單擊「保存」按鈕，保存設置。再以同樣的方式設置「銷售二部」。

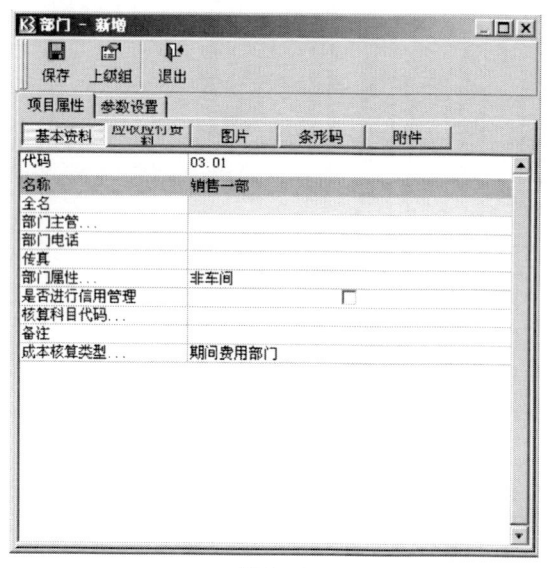

圖 5-14

8. 代碼處錄入「04」，名稱處錄入「採購部」，部門屬性處選擇「非車間」，成本核算類型處選擇「期間費用部門」，如圖5-15所示，單擊「保存」按鈕，保存設置。

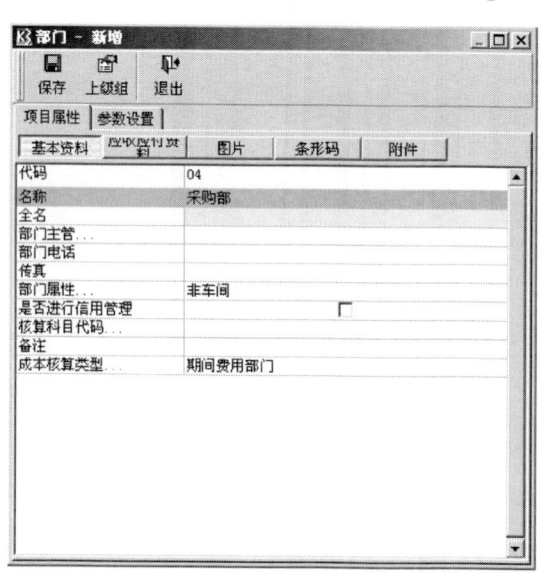

圖 5-15

9. 代碼處錄入「05」，名稱處錄入「生產部」，部門屬性處選擇「車間」，成本核算類型處選擇「基本生產部門」，如圖 5-16 所示，單擊「保存」按鈕，保存設置。

圖 5-16

10. 依據表 2-4 設置部門檔案，部門檔案全部設置完成後，如圖 5-17 所示。

圖 5-17

三、設置職員檔案

職員是指用來設置企業各職能部門中，需要對其進行業務管理和核算的職員信息，不需要將公司所有職員的信息都設置到系統里，比如一般的生產人員在此無需提取信息。

第五章　基礎信息設置

【操作步驟】

1. 執行【系統設置】→【基礎資料】→【公共資料】→【職員】命令，如圖 5-18 所示。

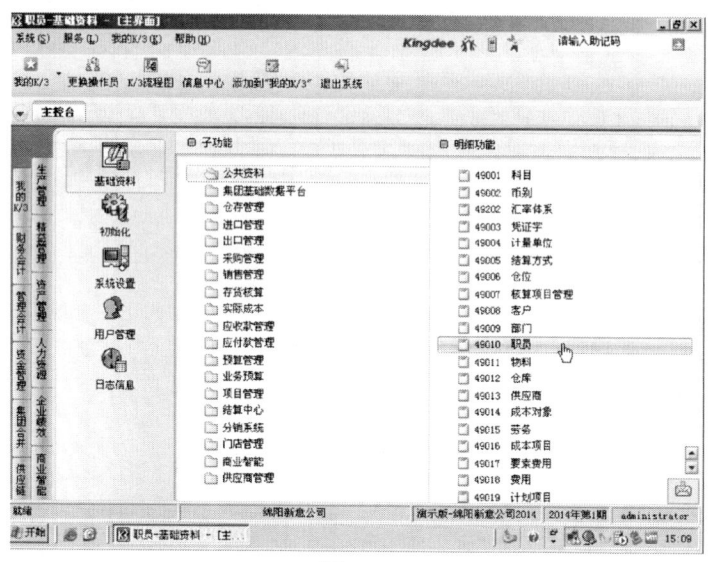

圖 5-18

2. 進入「基礎平臺－【職員】」設置窗口，如圖 5-19 所示。

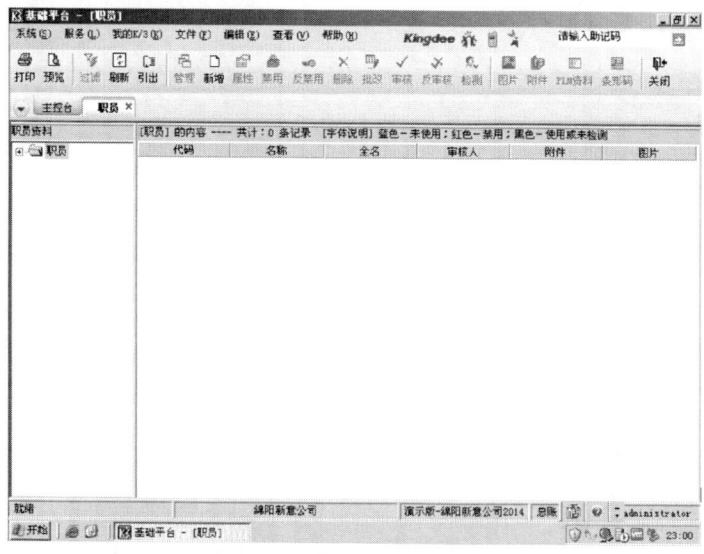

圖 5-19

3. 在右邊任意位置單擊鼠標，再單擊上方的「新增」按鈕，進入「職員－新增」界面，如圖 5-20 所示。

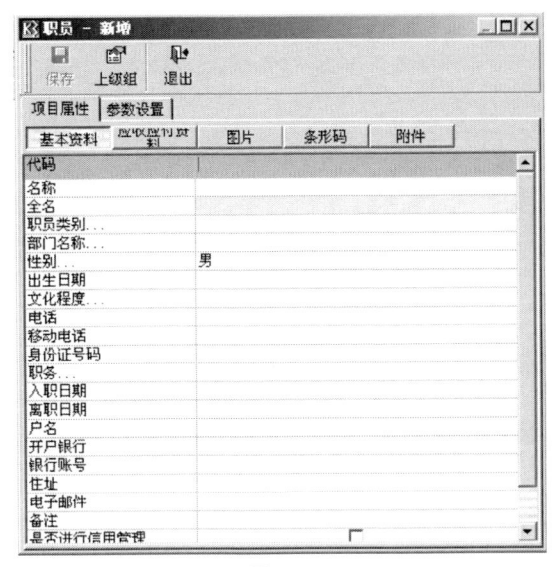

圖 5-20

【提示】

(1) 代碼和名稱是必錄項，其他均為非必錄項，可以根據企業實際情況設置。

(2) 如果同時啟用工資系統，則職員類別、職員部門、開戶銀行、銀行帳號必須輸入。

4. 代碼處錄入「01」，名稱處錄入「張新意」，部門名稱處選擇「辦公室」，性別處選擇「男」，如圖 5-21 所示，單擊「保存」按鈕，保存設置。

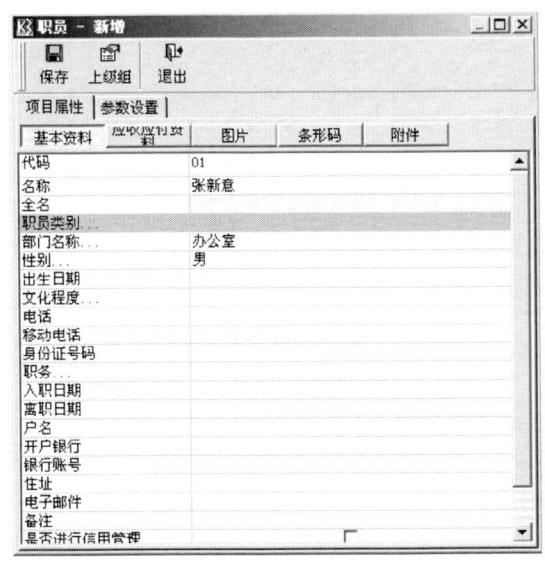

圖 5-21

5. 根據操作步驟 4 所述，將表 2-5 的職員檔案新增入帳套，如圖 5-22 所示。

圖 5-22

實驗二　客商信息設置

【實驗準備】
已安裝金蝶 K/3-12 管理軟件，將系統日期修改為「2014 年 1 月 1 日」。
【實驗指導】

一、設置客戶檔案

客戶是指企業生產經營的對象，客戶信息的準確設置有利於公司的帳務管理工作。以下三種情況中，客戶檔案需要設置：

（1）單獨啟用「總帳」模塊時，會計科目中有設置客戶往來核算的，需要設置客戶檔案。

（2）啟用「應收款管理」模塊時，錄入發票、應收單據時，需要調用客戶檔案。

（3）啟用「銷售管理」模塊時，錄入銷售訂單、銷售合同、銷售發貨等單據時，需要調用客戶檔案。

【操作步驟】

1. 執行【系統設置】→【基礎資料】→【公共資料】→【客戶】命令，如圖 5-23 所示。

圖 5-23

2. 進入「基礎平臺-【客戶】」設置窗口，如圖 5-24 所示。

圖 5-24

3. 在右邊任意位置單擊鼠標，再單擊上方的「新增」按鈕，進入「客戶－新增」界面，如圖 5-25 所示。

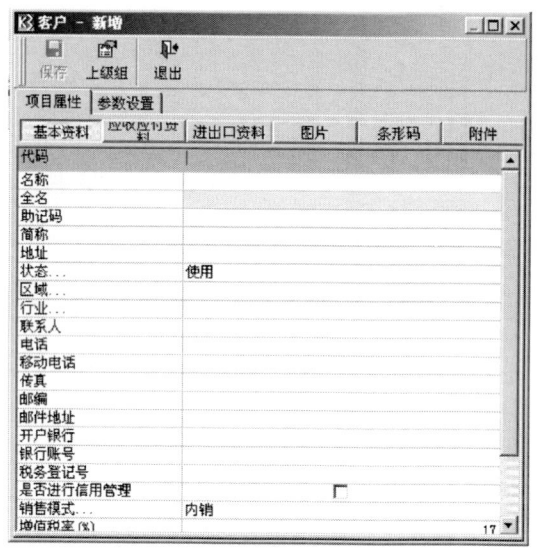

圖 5-25

【提示】

(1) 代碼：客戶編號，金蝶 K/3 中客戶編號具有唯一性。

(2) 名稱：客戶名稱。

(3) 狀態：表示客戶的狀態選擇，分為使用、未使用和凍結三種狀態。

(4) 銷售模式：分為內銷和外銷兩類，如果要在出口管理中錄入相關單據，則必須選擇外銷模式。

(5) 應收應付資料：同時啓用「應收款管理」系統時，必須錄入應收應付資料，設置該客戶在「應收款管理」系統需要使用的一些信息，系統可以根據該信息生成相應的憑證傳遞到「總帳」系統。

4. 單擊「上級組」按鈕，在代碼處錄入「01」，名稱處錄入「華中區」，如圖 5-26 所示，單擊「保存」按鈕，保存設置。

【提示】為了方便管理，往往對客戶進行分級管理，可以按照地區或者優先級等原則對客戶進行分級，作為上級組，只需要錄入代碼和名稱。

5. 根據操作步驟 4 所述，將表 2-6 的客戶檔案中客戶分類名稱新增入帳套，如圖 5-27 所示。

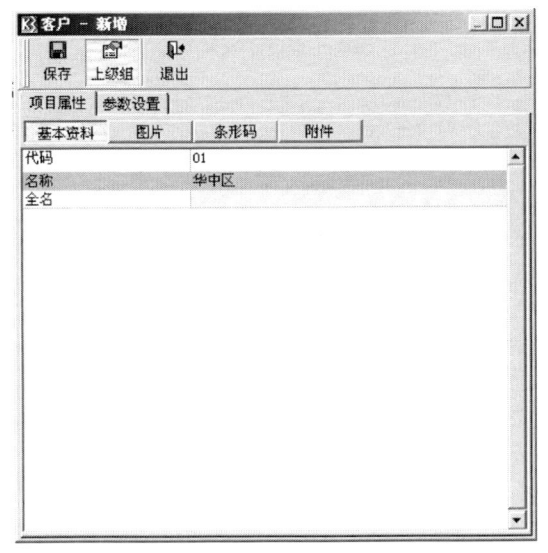

圖 5-26

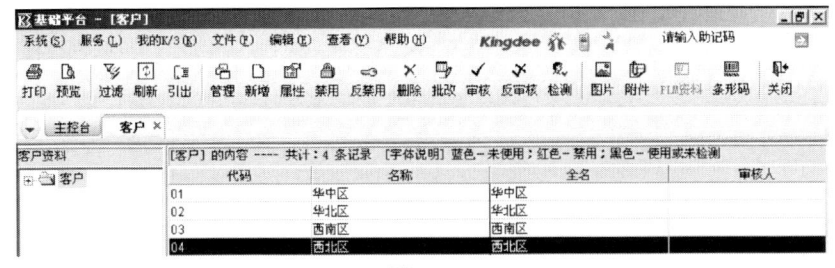

圖 5-27

6. 在窗口左側選中「01（華中區）」，單擊工具欄上的「新增」按鈕，如圖 5-28所示。

【提示】金蝶 K/3 中，各級次間以圓點「.」作為分割符，各級次的長度系統不限制。

7. 代碼處錄入「01.01」，名稱處錄入「湖北途優高科公司」，如圖 5-29 所示。

8. 切換到「應收應付資料」選項卡，「應收帳款科目代碼」選擇「1122」，「預收帳款科目代碼」選擇「2203」，「應交稅金科目代碼」選擇「2221.01」，如圖 5-30 所示，單擊「保存」按鈕，保存設置。

9. 根據操作步驟 7、步驟 8 所述，將表 2-6 中的客戶檔案新增入帳套，如圖 5-31 所示。

第五章　基礎信息設置

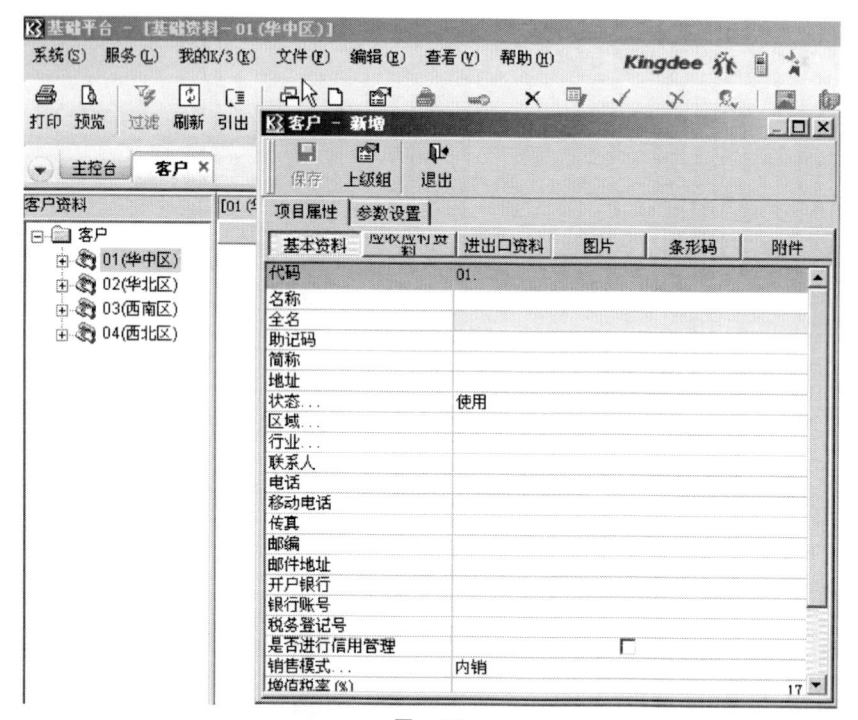

圖 5-28

圖 5-29

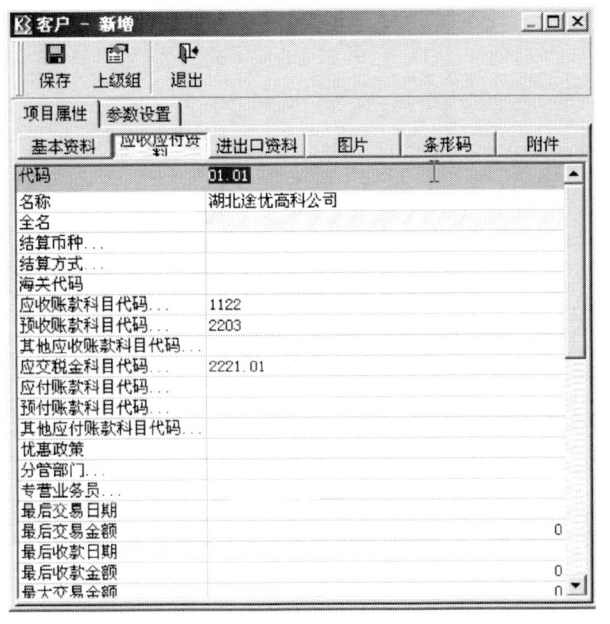

圖 5-30

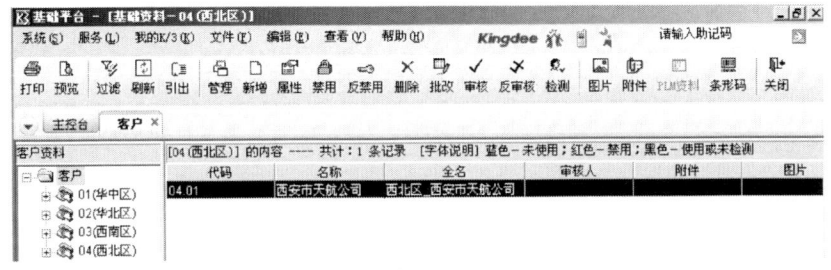

圖 5-31

二、設置供應商檔案

供應商主要是用來管理為企業提供各種物料的供應商信息，供應商信息的準確設置有利於公司的帳務管理工作。以下三種情況中，供應商檔案需要設置：

（1）單獨啓用「總帳」模塊時，會計科目中有設置供應商往來核算的，需要設置供應商檔案。

（2）啓用「應付款管理」模塊時，錄入發票、應收單據時，需要調用供應商檔案。

（3）啓用「採購管理」模塊時，錄入採購訂單、採購合同等單據時，需要調用供應商檔案。

第五章　基礎信息設置

【操作步驟】

1. 執行【系統設置】→【基礎資料】→【公共資料】→【供應商】命令，如圖 5-32 所示。

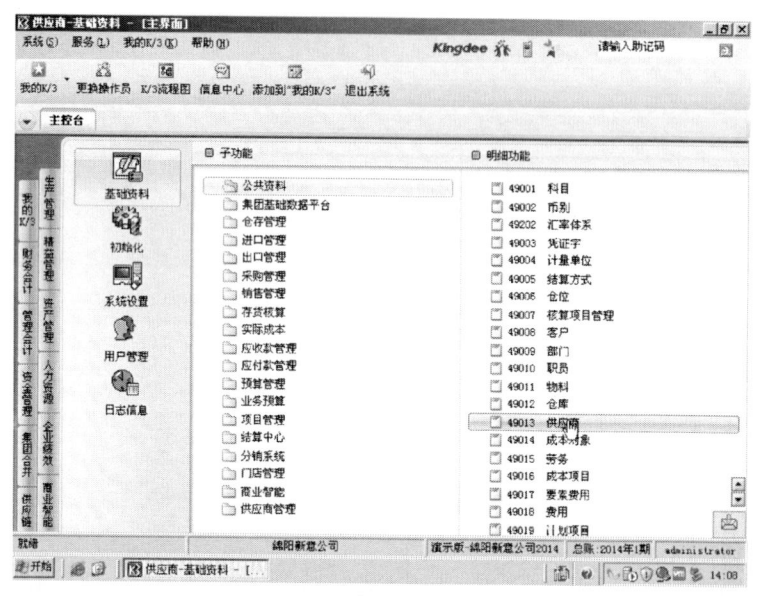

圖 5-32

2. 進入「基礎平臺-【供應商】」設置窗口，如圖 5-33 所示。

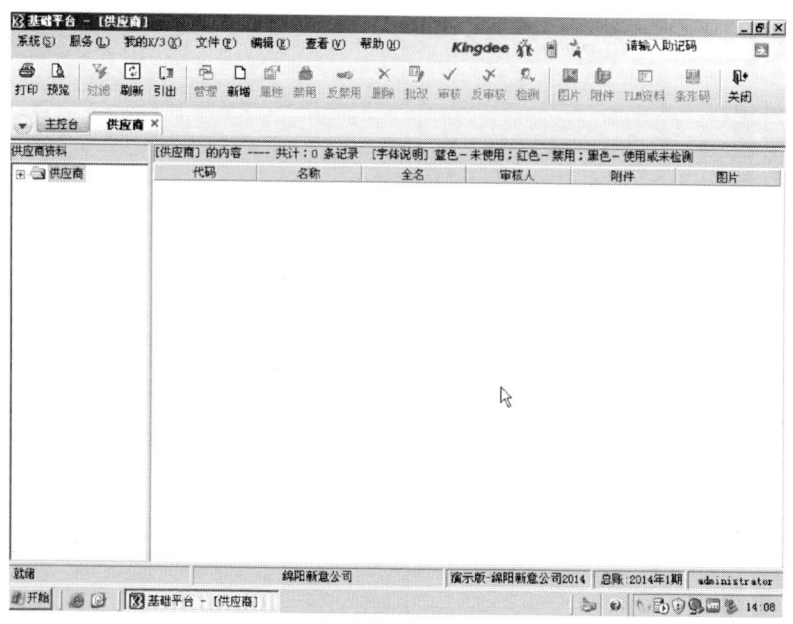

圖 5-33

3. 在右邊任意位置單擊鼠標，再單擊上方的「新增」按鈕，進入「供應商－新增」界面，如圖 5-34 所示。

圖 5-34

【提示】

（1）代碼：供應商編號，金蝶 K/3 中供應商編號具有唯一性。

（2）名稱：供應商名稱。

（3）狀態：表示供應商的狀態選擇，分為使用、未使用和凍結三種狀態。

（4）應收應付資料：同時啓用「應付款管理」系統時，必須錄入應收應付資料，設置該供應商在「應付款管理」系統需要使用的一些信息，系統可以根據該信息生成相應的憑證傳遞到「總帳」系統。

4. 單擊「上級組」按鈕，在代碼處錄入「01」，名稱處錄入「華東區」，如圖 5-35 所示，單擊「保存」按鈕，保存設置。

【提示】為了方便管理，往往對供應商進行分級管理，可以按照地區或者優先級等原則對供應商進行分級，作為上級組，只需要錄入代碼和名稱。

5. 根據操作步驟 4 所述，將表 2-7 的供應商檔案中供應商分類名稱新增入帳套，如圖 5-36 所示。

第五章　基礎信息設置

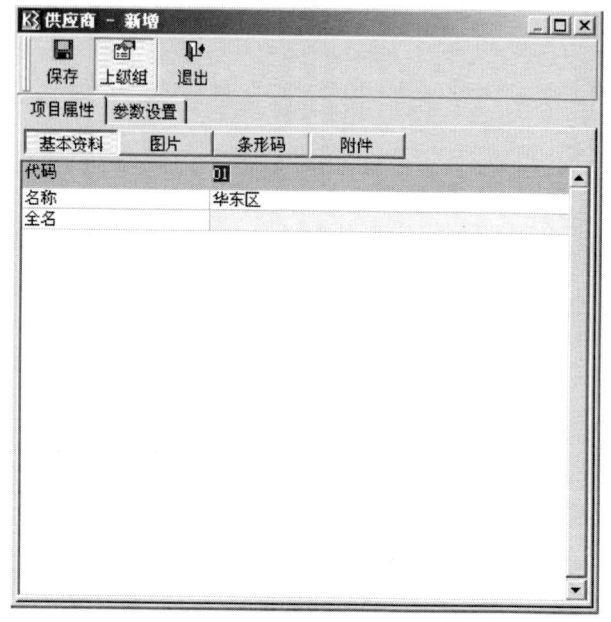

圖 5-35

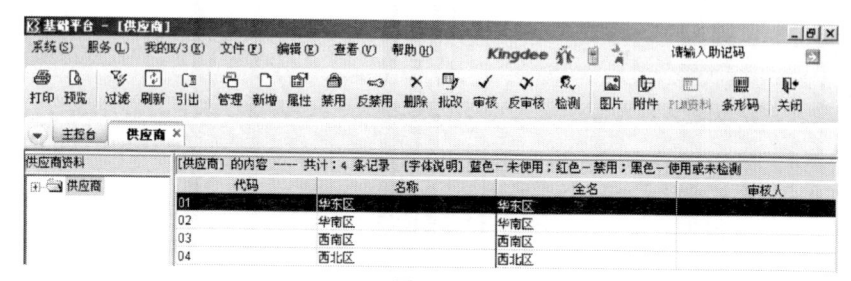

圖 5-36

6. 在窗口左側選中「01（華東區）」，單擊工具欄上的「新增」按鈕，如圖 5-37 所示。

7. 代碼處錄入「01.01」，名稱處錄入「上海宏運公司」，如圖 5-38 所示。

8. 切換到「應收應付資料」選項卡，應付帳款科目代碼處選擇「2202」，預付帳款科目代碼處選擇「1123」，應交稅金科目代碼處選擇「2221.02」，如圖5-39 所示，單擊「保存」按鈕，保存設置。

9. 根據操作步驟7、步驟8所述，將表2-7中的供應商檔案新增入帳套，如圖 5-40 所示。

图 5-37

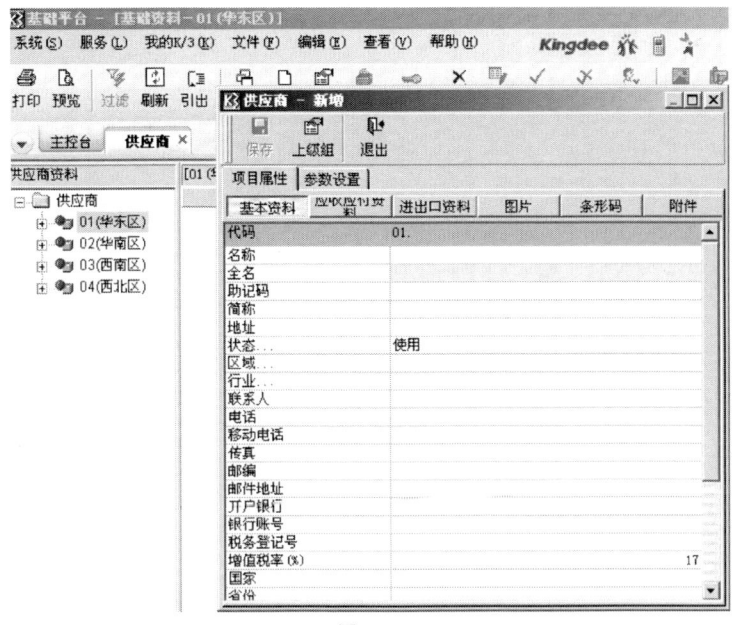

图 5-38

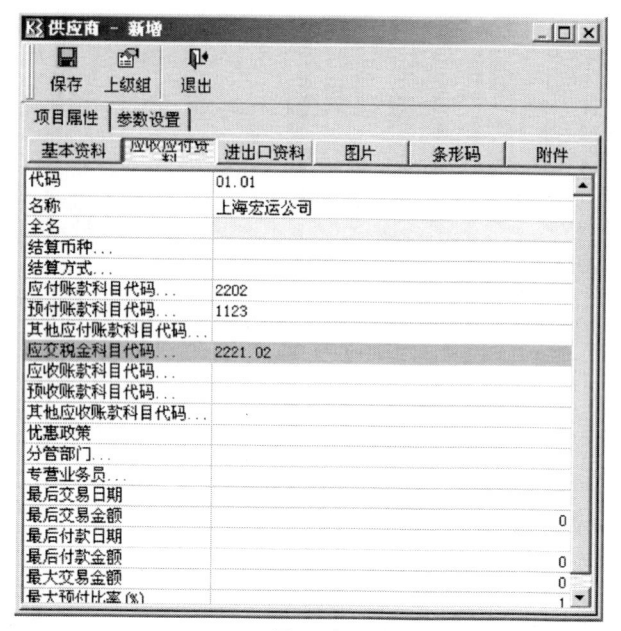

圖 5-39

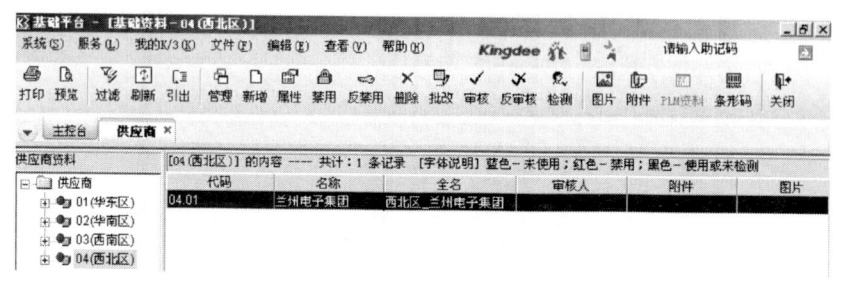

圖 5-40

實驗三　財務信息設置

【實驗準備】

已安裝金蝶 K/3-12 管理軟件，將系統日期修改為「2014 年 1 月 1 日」。

【實驗指導】

一、設置記帳憑證類型

憑證字是用來管理憑證處理時所使用的憑證字類別，如「收」、「付」、「記」、「轉」等。不同的憑證字設置方案，在科目範圍方面會有相應的限制。

【操作步驟】

1. 執行【系統設置】→【基礎資料】→【公共資料】→【憑證字】命令，如圖 5-41 所示。

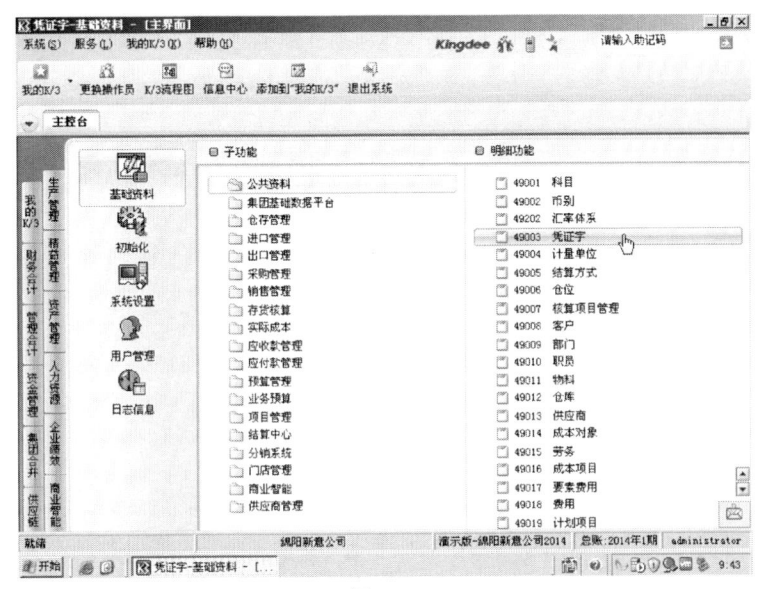

圖 5-41

2. 進入「基礎平臺 -【憑證字】」設置窗口，如圖 5-42 所示。

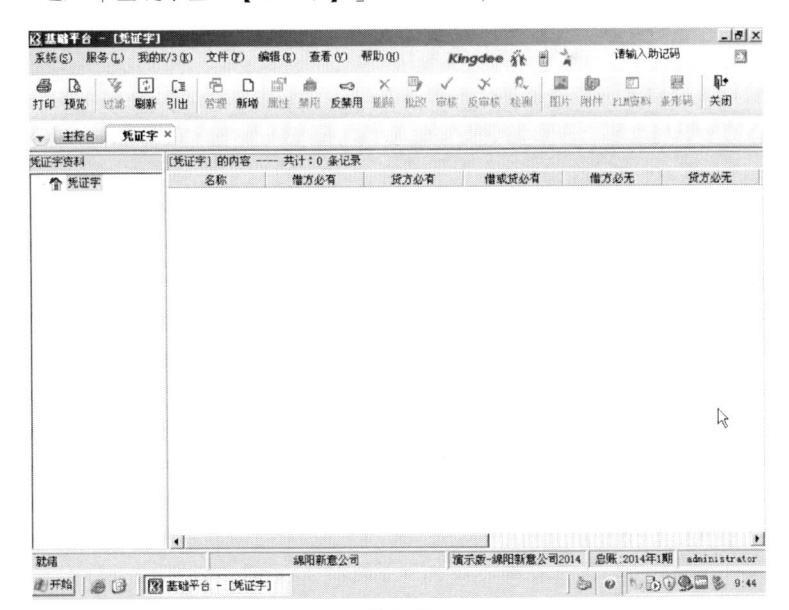

圖 5-42

3. 單擊工具欄上的「新增」按鈕，進入「憑證字－新增」界面，如圖 5-43 所示。

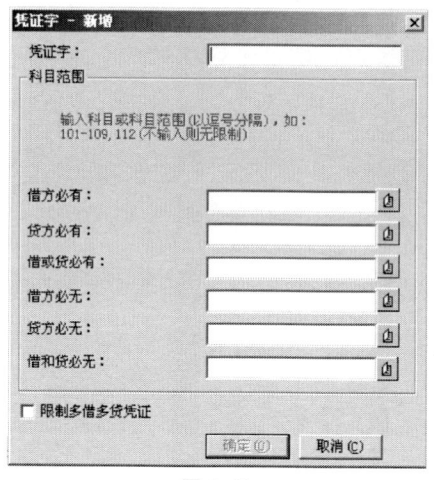

圖 5-43

【提示】

（1）科目範圍：可以設置該憑證字使用的會計科目範圍，如「現收」，則借方必有「1001」。

（2）限制多借多貸憑證：設置當前憑證字是否限制多借多貸，如果使用該憑證字的憑證是多借多貸憑證，則系統不允許保存。

4. 憑證字處錄入「記」，其他選項保持默認值，如圖 5-44 所示，單擊「保存」按鈕，保存設置。

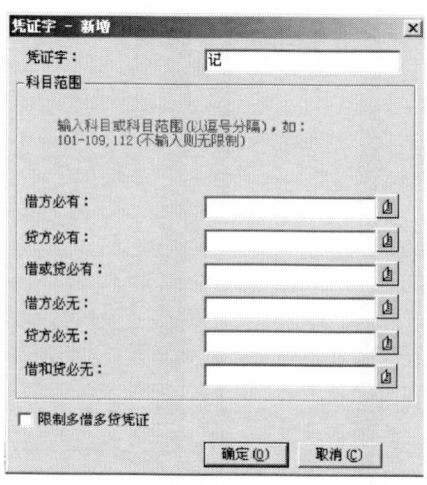

圖 5-44

5. 新增完成後，憑證字窗口可以看到已經新增的憑證字「記」，如圖 5-45 所示。

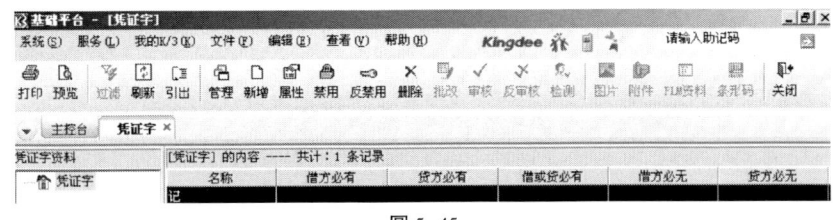

圖 5-45

二、設置外幣

幣別是針對企業生產經營活動中的外幣進行管理，系統提供了新增、修改、刪除、幣別管理、禁用等功能。

【操作步驟】

1. 執行【系統設置】→【基礎資料】→【公共資料】→【幣別】命令，如圖 5-46 所示。

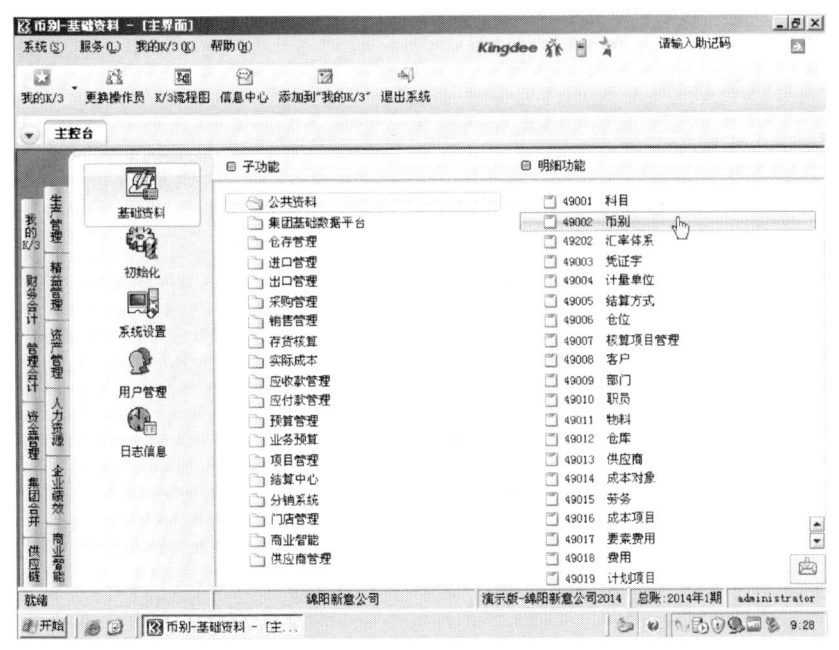

圖 5-46

2. 進入「基礎平臺－【幣別】」設置窗口，如圖 5-47 所示。

3. 單擊工具欄上的「新增」按鈕，進入「幣別－新增」界面，如圖 5-48 所示。

第五章　基礎信息設置

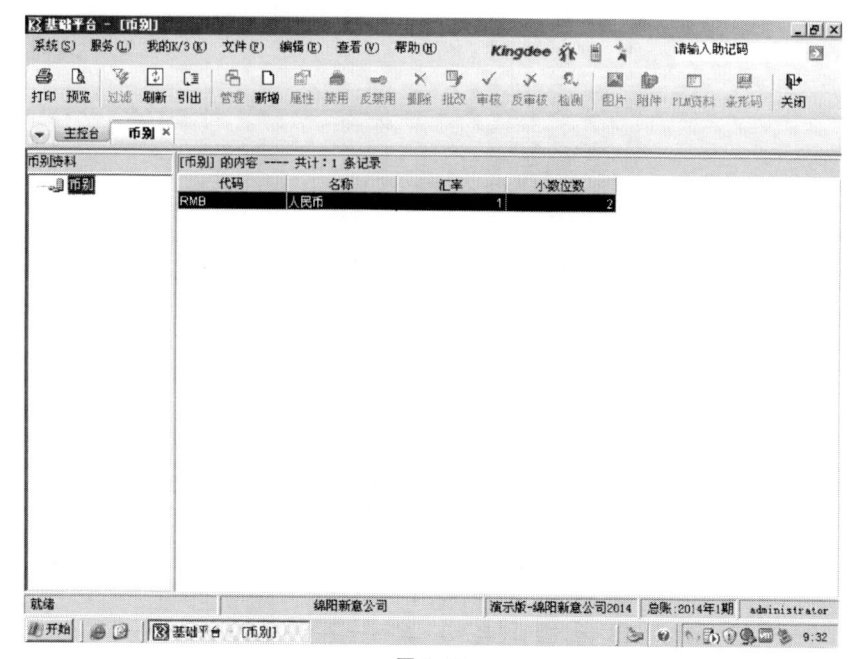

圖 5-47

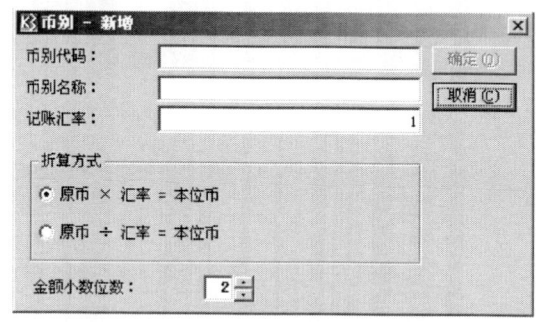

圖 5-48

【提示】

(1) 幣別代碼：貨幣幣別的代碼，系統使用 3 個字符表示。建議使用慣例編碼，如 HKD、USD、RMB 等。

(2) 幣別名稱：貨幣幣別的名稱，如人民幣、美元、港幣等。

(3) 記帳匯率：該幣別與記帳本位幣之間的換算系數。

(4) 折算方式：表明該幣別與記帳本位幣之間折算的公式，配合記帳匯率使用。

(5) 金額小數位數：指定幣別精確的小數位數，範圍為 0~4 位。

4. 幣別代碼處錄入「USD」，幣別名稱處錄入「美元」，記帳匯率處錄入

「6.2」，折算方式處選擇「原幣×匯率＝本位幣」，如圖 5-49 所示，單擊「確定」按鈕，保存設置。

圖 5-49

5. 根據操作步驟 4 所述，將表 2-9 中的港幣檔案新增入帳套，如圖 5-50 所示。

圖 5-50

6. 新增完成後，幣別窗口可以看到已經新增的「美元」和「港幣」，如圖 5-51所示。

圖 5-51

三、設置會計科目

會計科目是對會計對象的基本分類，是填製會計憑證、登記會計帳簿、編製會計報表的基礎。

（一）引入會計科目

金蝶 K/3 系統預設了相關行業的科目體系模板，包括企業會計制度科目、證券行業科目、國有建設單位科目等，需要用戶先引入帳套，再根據企業需要新增更加明細的二級或者多級會計科目。

【操作步驟】

1. 執行【系統設置】→【基礎資料】→【公共資料】→【科目】命令，如圖 5-52 所示。

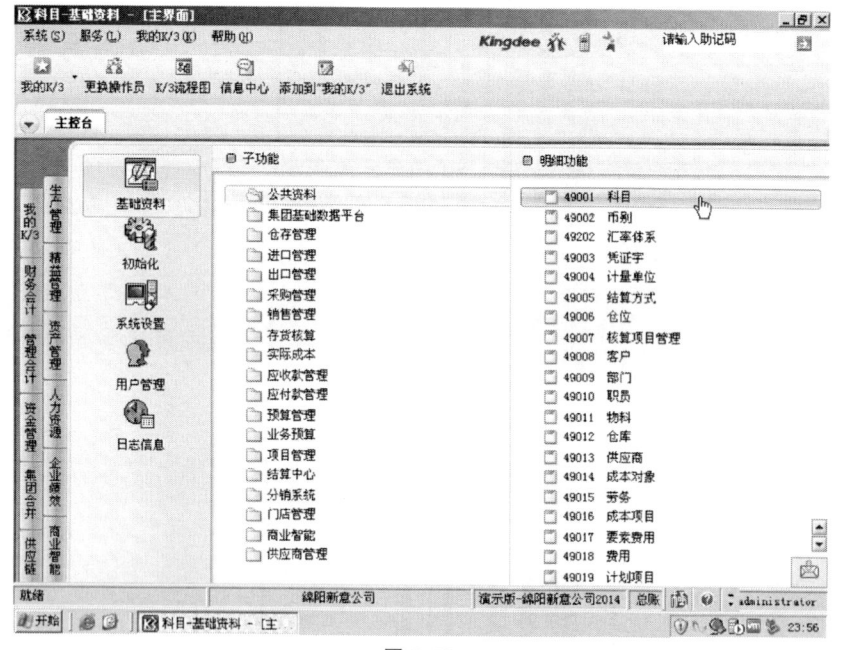

圖 5-52

2. 進入「基礎平臺 -【科目】」設置窗口，如圖 5-53 所示。
3. 執行【文件】→【從模板中引入科目】命令，如圖 5-54 所示。

圖 5-53

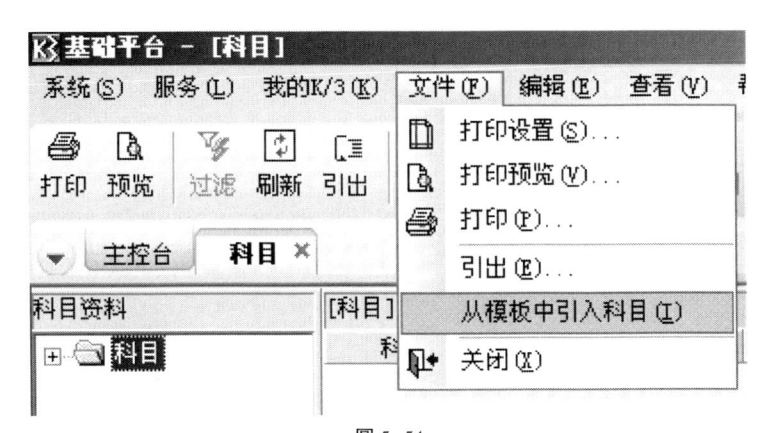

圖 5-54

4. 在「科目模板」窗口中，單擊「行業」項目的下拉框按鈕，可以任意選擇所需要的行業科目，選擇「新會計準則科目」，單擊「引入」按鈕，如圖 5-55 所示。

5. 系統彈出「引入科目」窗口，單擊「全選」按鈕，如圖 5-56 所示。

【提示】如果不需要引入所有的會計科目，則可以單獨勾選所需要科目前的方框，再單擊「確定」按鈕。

6. 系統開始引入「新會計準則科目」的所有會計科目，如圖 5-57 所示。

圖 5-55

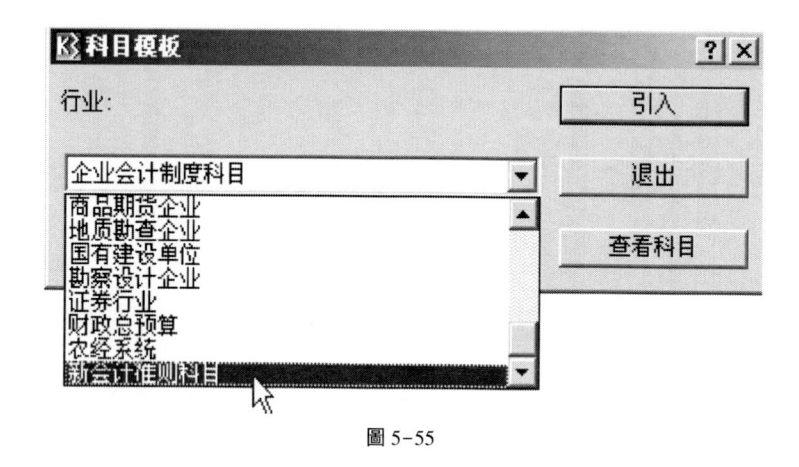

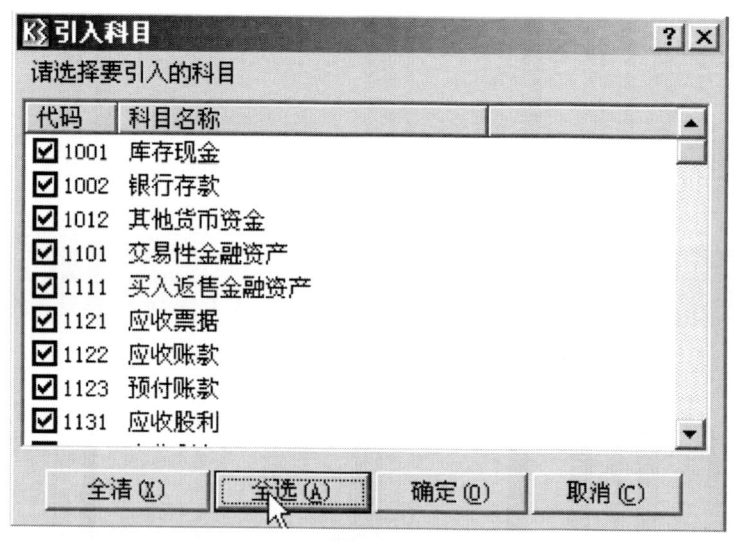

圖 5-56

圖 5-57

7. 引入成功後，系統彈出「引入成功」的提示，如圖 5-58 所示。

圖 5-58

8. 單擊「確定」按鈕返回「會計科目」窗口，引入成功後的「會計科目」窗口如圖 5-59 所示。

圖 5-59

【提示】系統已將會計科目分為資產、負債、共同、權益、成本、損益和表外六大類，單擊相應類別前的「+」號，可以層層展開後查看。

(二) 新增會計科目

從模板中引入的會計科目僅包涵一級會計科目和部分二級明細科目，用戶可以根據自身需要新增二級科目或者其他更明細的核算科目，也可以對所有的會計科目屬性進行維護。

▶現金銀行類科目

現金銀行類科目設置的重點是選擇核算的幣別。

【操作步驟】

1. 單擊工具欄上的「新增」按鈕，進入「會計科目－新增」界面，如圖5-60

第五章　基礎信息設置

所示。

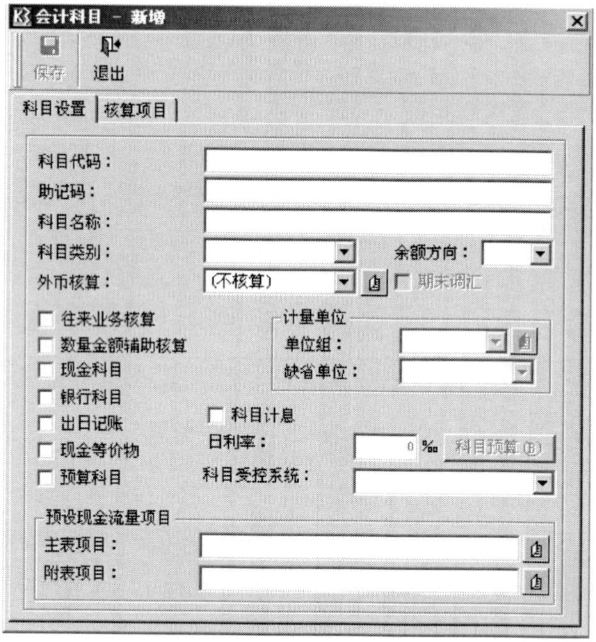

圖 5-60

【提示】

(1) 科目代碼：按照一定的規則編製，必須先增加一級科目，再增加該科目的明細級科目，子科目與父科目之間是以小數點作為分隔符。

(2) 助記碼：幫助記憶的編碼，可以提高科目的錄入速度。例如，「現金」科目的助記碼設置為「xj」，則憑證錄入時使用到現金科目的憑證只需輸入「xj」，系統會自動關聯「現金」科目。

(3) 科目名稱：該科目的文字標示，一般為漢字和字符。命名時只需錄入本級科目名稱，無需帶上上級科目名稱。

(4) 科目類別：必錄項目，用於對該科目的屬性進行定義。

(5) 餘額方向：必錄項目，指該科目的餘額默認的餘額方向，對於帳簿或者報表輸出的數據有直接影響，系統根據會計科目的餘額方向來反應輸出的數值。

(6) 外幣核算：指定該科目外幣核算的類型，系統提供三種核算方式：①不核算外幣，指只核算本位幣；②核算所有外幣，指對本帳套中設定的所有貨幣進行核算；③核算單一外幣，指只核算本帳套中某一種外幣。

(7) 期末調匯：指在期末是否進行匯率調整，配合外幣核算選項使用。如果選擇該選項，則系統在期末時執行相應功能，並生成一張調匯憑證。

(8) 往來業務核算：勾選該選項，則憑證錄入時需要錄入往來業務編號。

(9) 數量金額輔助核算：設置該科目是否進行數量金額輔助核算，如果選擇

該選項，則還需設置計量單位。

（10）計量單位：設置該科目的計量單位組及缺少計量單位。只有科目勾選了數量金額輔助核算，才能進行該項目的使用。

（11）現金科目：勾選該選項，則科目指定為現金類科目，現金日記帳和現金流量表中使用。

（12）銀行科目：勾選該選項，則科目指定為銀行類科目，銀行日記帳和現金流量表中使用。

（13）出日記帳：勾選該選項，則自動出日記帳。一般用於「現金」和「銀行存款」科目。

（14）科目計息：勾選該選項的科目參與利息的計算。

（15）現金等價物：該選項供現金流量表取數使用。

（16）日利率：用於輸入科目的日利率。只有選擇了科目計息，日利率才可以使用。

（17）預算科目：勾選該選項的科目會進行預算管理。

（18）科目受控系統：設置明細科目對應的受控系統，當用戶錄入應收應付模塊中的收付款等單據時，系統將只允許使用那些被指定為受控於應收應付系統的科目。

2. 在科目代碼處錄入「1001.01」，科目名稱處錄入「人民幣」，外幣核算處選擇「（不核算）」，如圖 5-61 所示，單擊「保存」按鈕，保存設置。

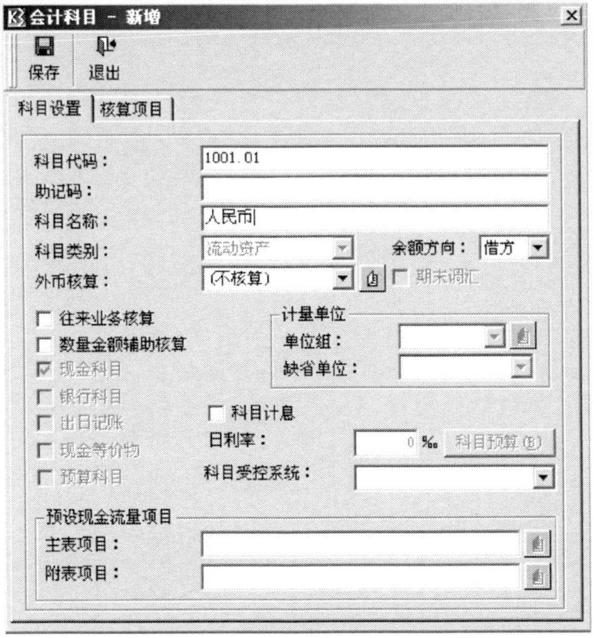

圖 5-61

3. 在科目代碼處錄入「1001.02」,科目名稱處錄入「美元」,外幣核算處選擇「美元」,如圖 5-62 所示,單擊「保存」按鈕,保存設置。

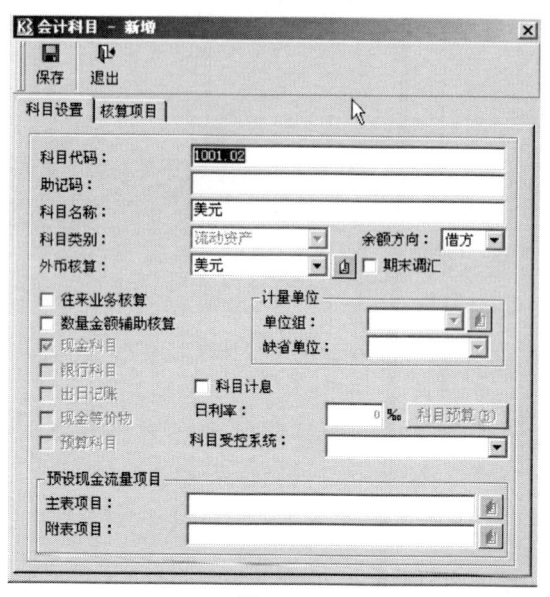

圖 5-62

4. 根據操作步驟 3 所述,將表 2-10 中的「港幣」科目新增入帳套,如圖 5-63 所示。

圖 5-63

5. 根據操作步驟 3 所述，將表 2-10 中的「招行帳戶」、「農行帳戶」科目新增入帳套，如圖 5-64、圖 5-65 所示。

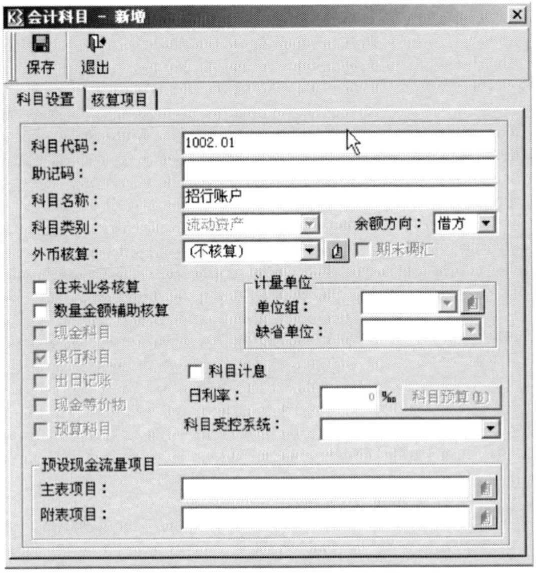

圖 5-64

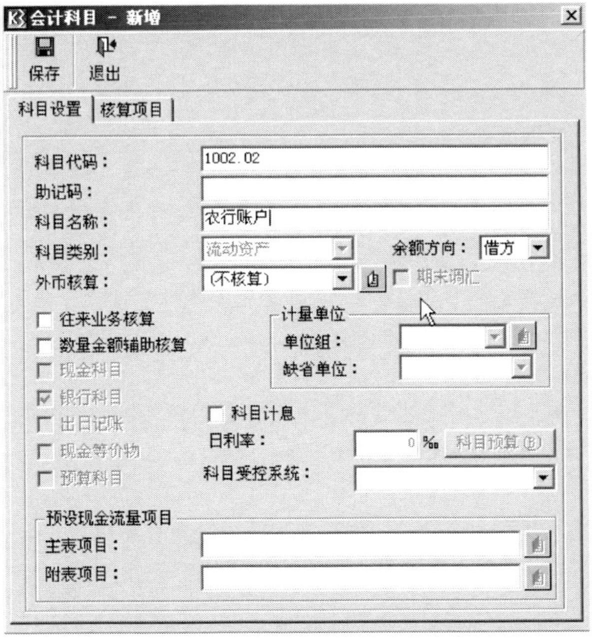

圖 5-65

第五章　基礎信息設置

▶存貨科目

存貨類科目設置的重點是將科目屬性設置為「數量金額輔助核算」，並選擇核算時使用的計量單位。

【操作步驟】

1. 再次單擊上方的「新增」按鈕，在「科目代碼」處錄入「1401.01」，「科目名稱」處錄入「手機殼」，勾選「數量金額輔助核算」，計量單位「單位組」選擇「數量組 1」，「缺省單位」選擇「個」，如圖 5-66 所示，單擊「保存」按鈕，保存設置。

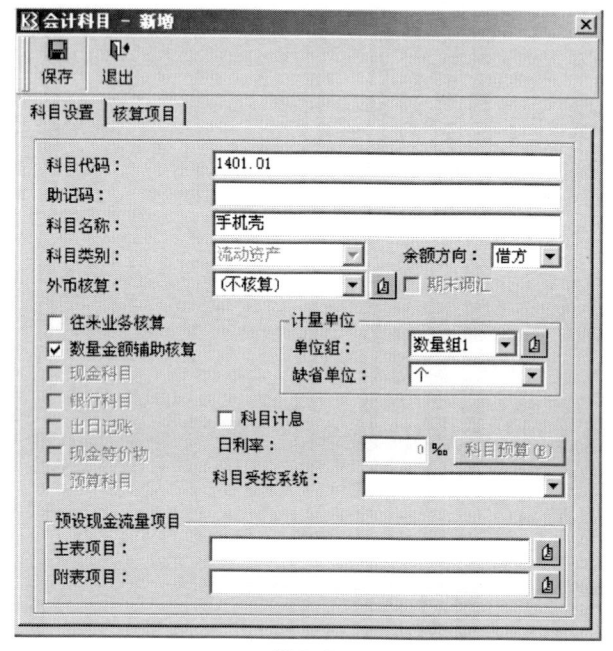

圖 5-66

2. 根據操作步驟 5 所述，將表 2-10 中的「手機屏幕」、「手機電池」、「手機包裝盒」科目新增入帳套，如圖 5-67、圖 5-68、圖 5-69 所示。

▶帶核算項目的科目

在金蝶 K/3 中，核算項目是指一些具有相同操作、相似作用的一類基礎數據的統稱。帶核算項目的科目設置的重點是在核算項目選項卡選擇相應的核算項目。

【操作步骤】

1. 再次單擊上方的「新增」按鈕，在「科目代碼」處錄入「2241.01」，「科目名稱」處錄入「其他個人應付款」，如圖 5-70 所示。

2. 切換到「核算項目」選項卡，單擊「增加核算項目類別」按鈕，選擇「職員」，單擊「確定」按鈕，如圖 5-71、圖 5-72 所示。單擊「保存」按鈕，保存設置。

142

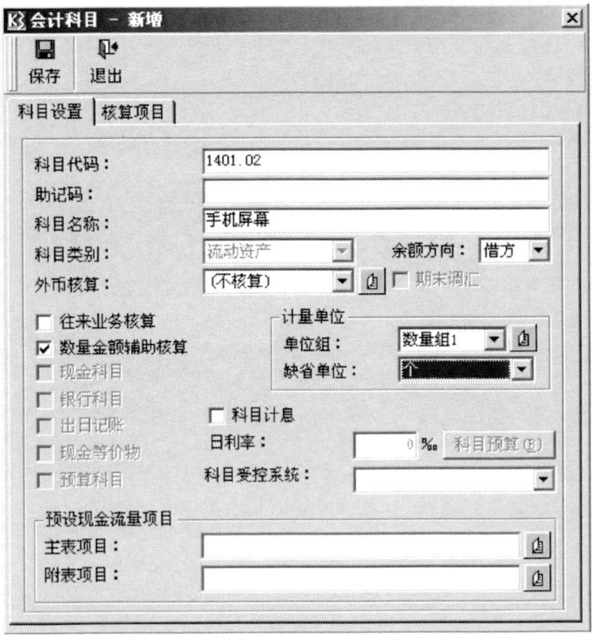

圖 5-67

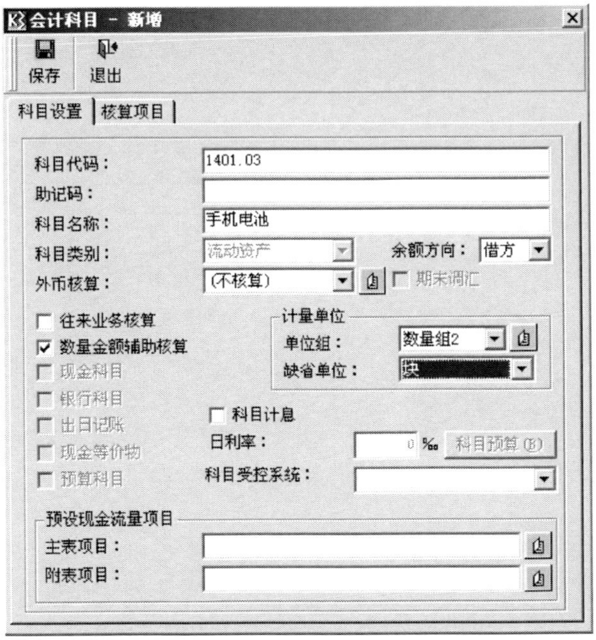

圖 5-68

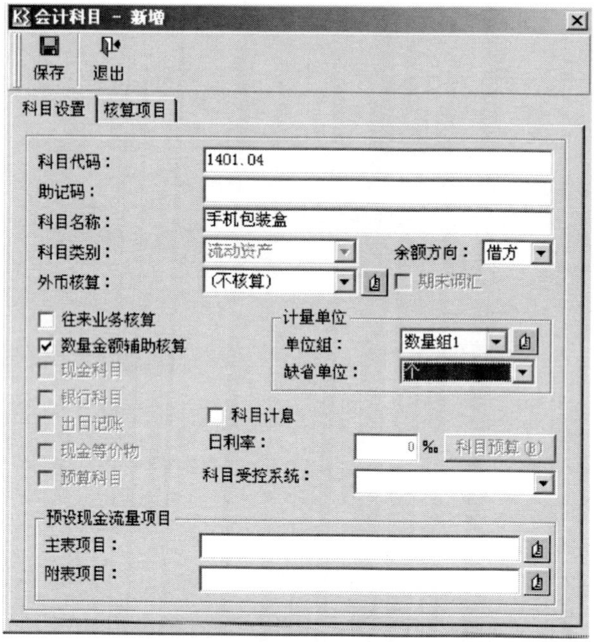

第五章　基礎信息設置

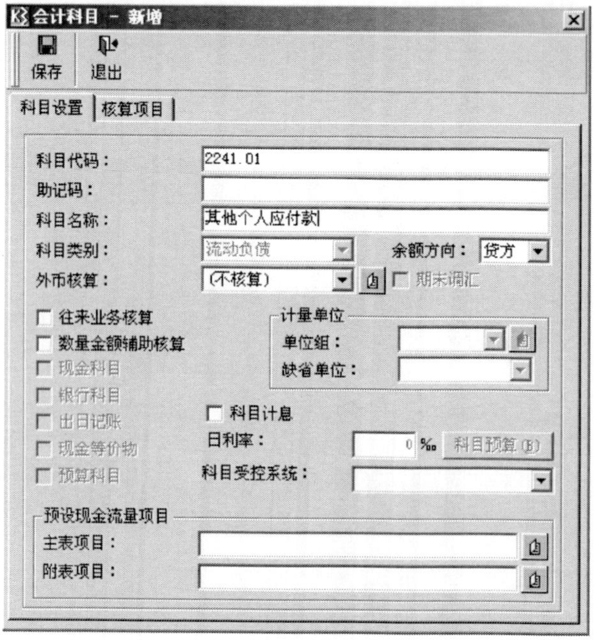

圖 5-69

圖 5-70

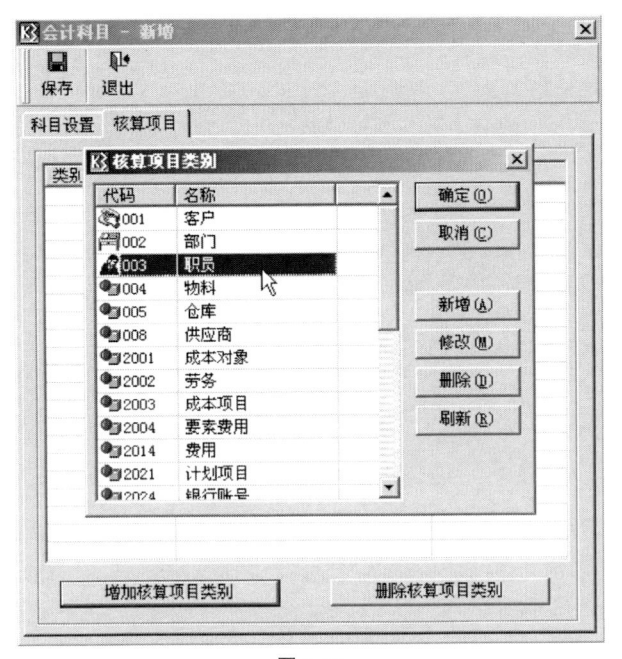

圖 5-71

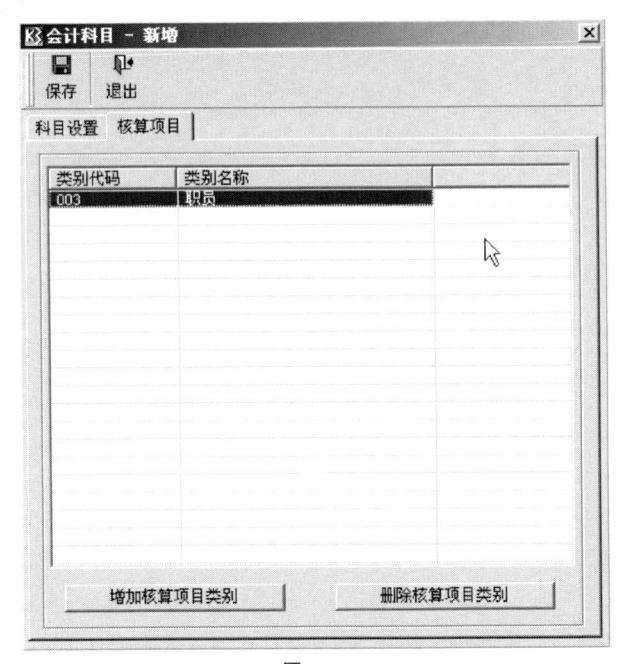

圖 5-72

▶其他科目

【操作步驟】

1. 以增加「銷售費用——折舊費」為例，單擊工具欄上的「新增」按鈕，「科目代碼」處錄入「6601.02」，「科目名稱」處錄入「折舊費」，如圖5-73所示，單擊「保存」按鈕，彈出如圖5-74所示的提示窗口，根據實際情況選擇「是」按鈕，保存設置。

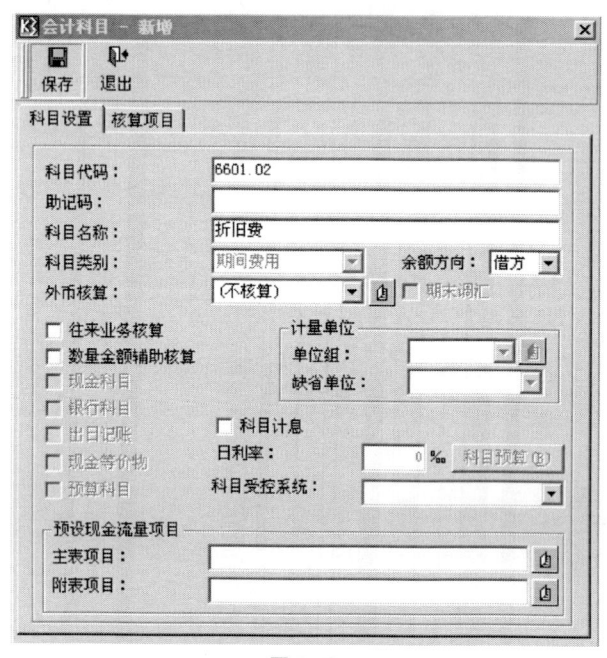

圖 5-73

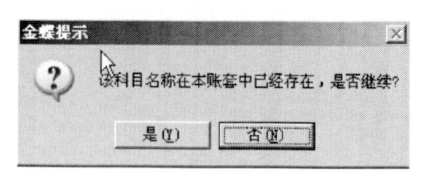

圖 5-74

（三）修改會計科目

在日常帳務處理過程中，需要對會計科目屬性進行修改，或者由於會計科目屬性設置錯誤需要修改，可以利用系統提供的「修改」功能對會計科目的屬性進行修改。

【操作步驟】

1. 在「基礎平臺-【科目】」界面雙擊「1122——應收帳款」會計科目，進入「會計科目—修改」界面，在「科目受控系統」處選擇「應收應付」，如圖

5-75所示。

圖 5-75

2. 切換到「核算項目」選項卡，在「增加核算項目類別處」選擇「客戶」，如圖 5-76 所示，單擊「保存」按鈕，保存設置。

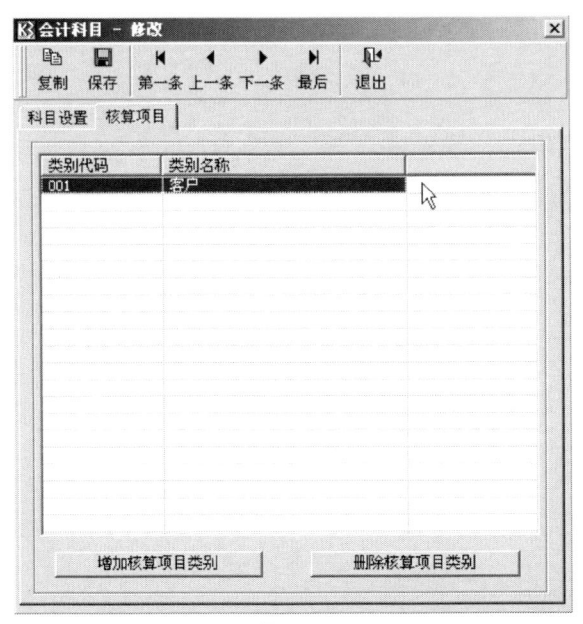

圖 5-76

（四）刪除會計科目

會計科目如果是末級科目，並且沒有被帳套其他地方使用的，可以直接刪除。

【操作步驟】

1. 在右側窗口選中需要刪除的會計科目，單擊鼠標右鍵，彈出的窗口中選擇「刪除科目」命令，如圖 5-77 所示。

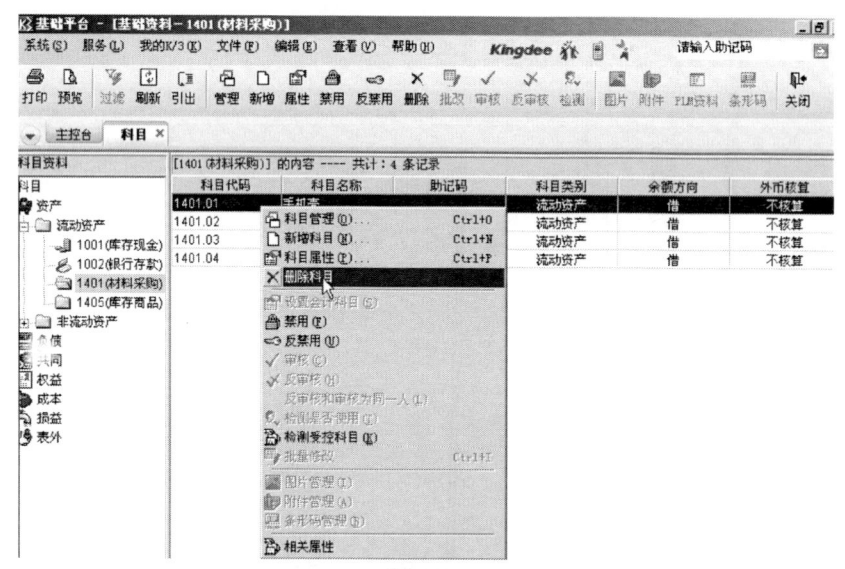

圖 5-77

2. 彈出的「金蝶提示」窗口中選擇「是」按鈕，即可成功刪除，如圖 5-78 所示。

圖 5-78

實驗四　收付結算設置

【實驗準備】

已安裝金蝶 K/3-12 管理軟件，將系統日期修改為「2014 年 1 月 1 日」。

【實驗指導】

一、設置結算方式

結算方式是指管理企業往來業務中的結款方式，如現金、電匯、信匯、商業匯票、銀行匯票、支票等。

【操作步驟】

1. 執行【系統設置】→【基礎資料】→【公共資料】→【結算方式】命令，如圖5-79所示。

圖5-79

2. 進入「基礎平臺-【結算方式】」設置窗口，如圖5-80所示。

3. 單擊工具欄上的「新增」按鈕，進入「結算方式-新增」界面，如圖5-81所示。

【提示】科目代碼：設置某個銀行科目才可以使用該結算方式，如果留空，則任意銀行科目都可以使用該結算方式。

4. 代碼處錄入「JF06」，名稱處錄入「招行轉帳支票」，如圖5-82所示，單擊「確定」按鈕，保存設置。

第五章　基礎信息設置

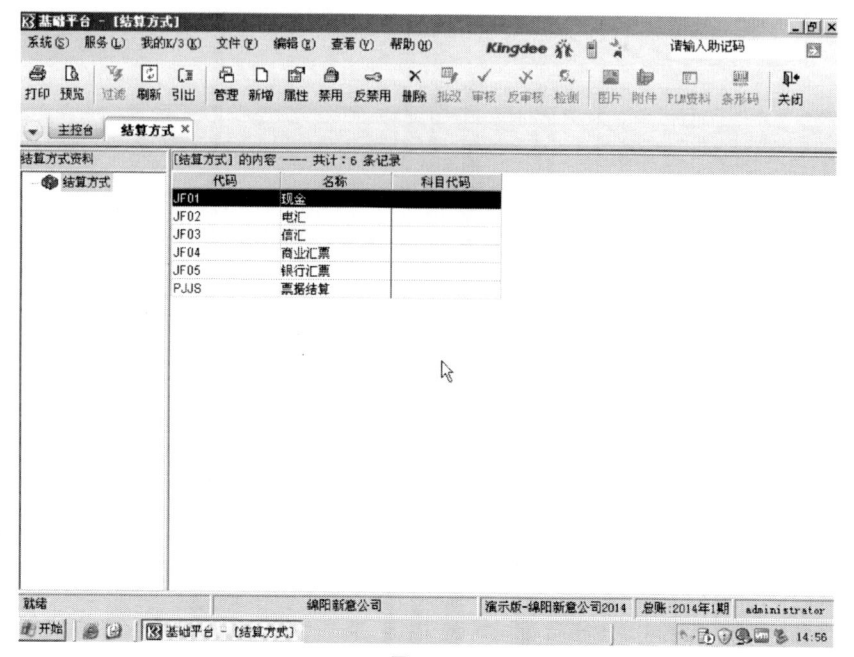

圖 5-80

圖 5-81

圖 5-82

5. 據操作步驟 4 所述，將表 2-11 中的結算方式檔案新增入帳套，如圖 5-83 所示。

150

圖 5-83

二、設置銀行帳號

銀行帳號是指企業在商業銀行開設的帳號，如工商銀行、農業銀行、建設銀行等。

【操作步驟】

1. 執行【系統設置】→【基礎資料】→【公共資料】→【銀行帳號】命令，如圖 5-84 所示。

圖 5-84

2. 進入「基礎平臺 -【銀行帳號】」設置窗口，如圖 5-85 所示。

第五章　基礎信息設置

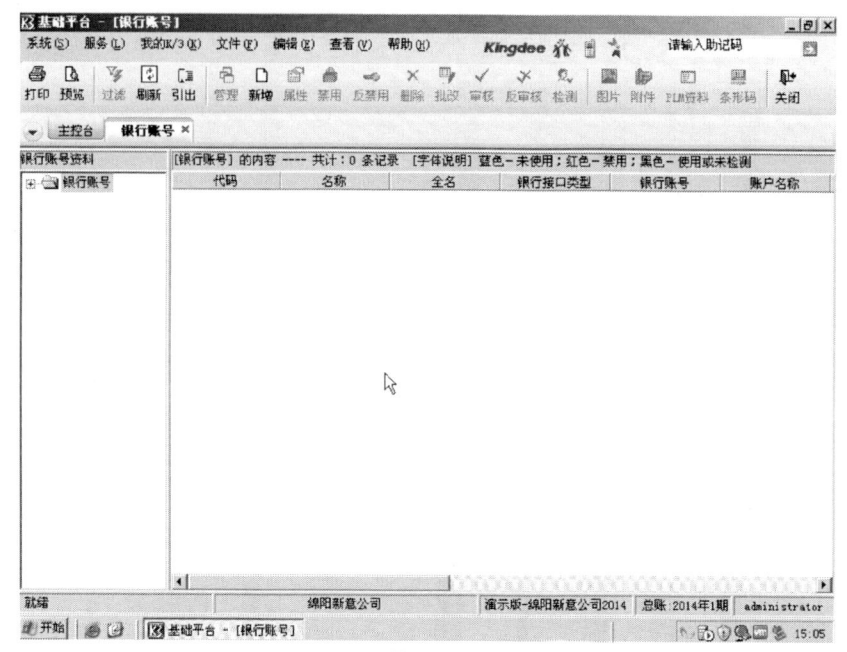

圖 5-85

3. 單擊工具欄上的「新增」按鈕，進入「銀行帳號 - 新增」界面，如圖5-86所示。

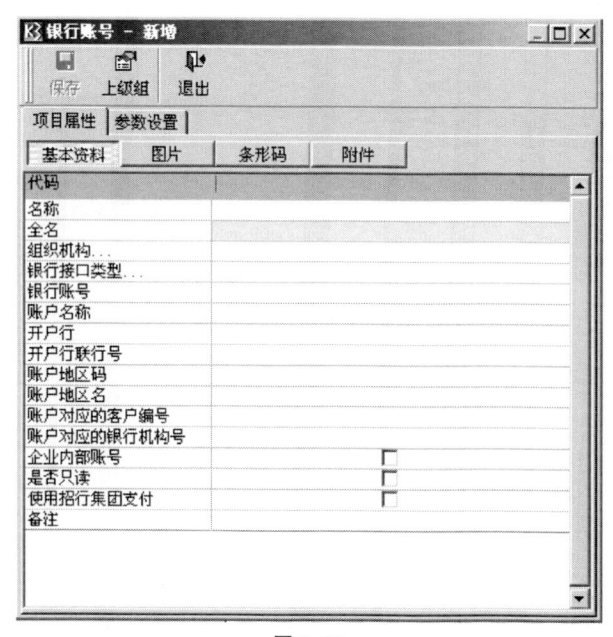

圖 5-86

【提示】
（1）代碼：表示銀行帳號的代碼。
（2）名稱：表示銀行帳號的名稱。
（3）銀行接口類型：支持選擇中國工商銀行、上海浦東發展銀行、光大銀行、中國民生銀行、中國華夏銀行等銀行接口類型。
（4）銀行帳號：表示開戶銀行的帳號。
（5）帳戶名稱：表示開戶銀行的帳戶名稱。
（6）開戶行：表示開戶銀行名稱。

4. 代碼處錄入「001」，名稱處錄入「招行綿陽支行」，銀行接口類型處選擇「中國招商銀行」，銀行帳號處錄入「123456789056」，帳戶名稱處錄入「綿陽新意公司」，開戶行處錄入「中國招商銀行綿陽支行」，如圖5-87所示，單擊「保存」按鈕，保存設置。

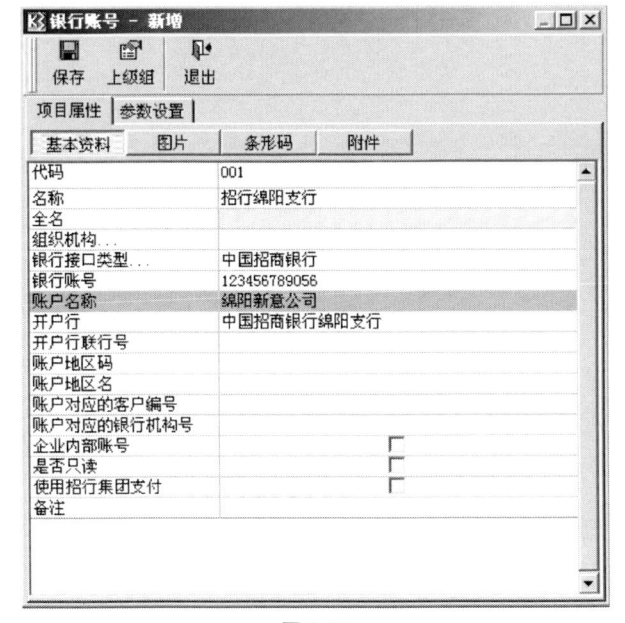

圖 5-87

5. 根據操作步驟4所述，將表2-12中的銀行帳號檔案新增入帳套，如圖5-88所示。

第五章　基礎信息設置

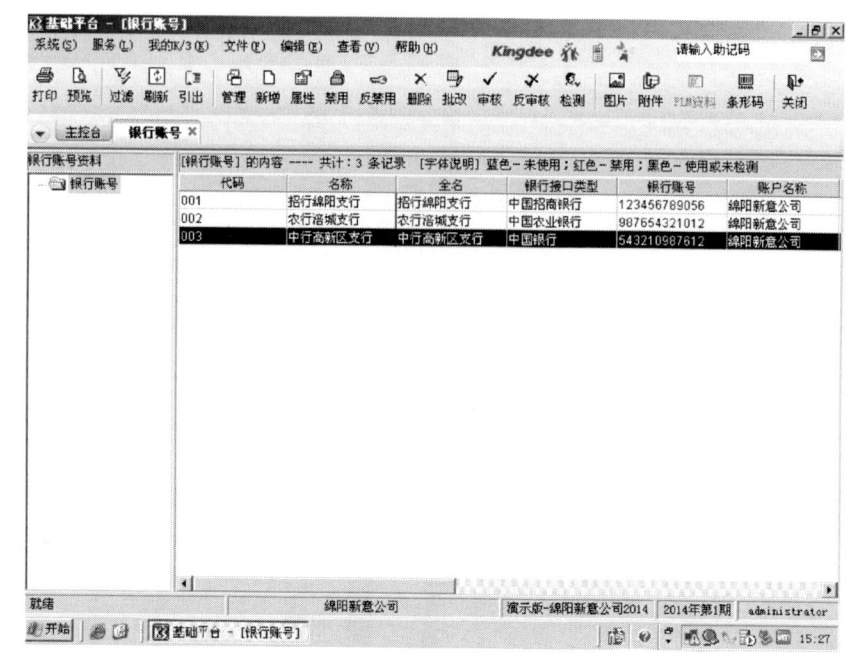

圖 5-88

實驗五　物料信息設置

【實驗準備】

已安裝金蝶 K/3-12 管理軟件，將系統日期修改為「2014 年 1 月 1 日」。

【實驗指導】

一、設置計量單位

計量單位是指系統中進行存貨核算、固定資產以及進銷存模塊相關資料錄入時，為各不同的存貨、固定資產設置的計量標準，如千克、噸、瓶等。

【操作步驟】

1. 執行【系統設置】→【基礎資料】→【公共資料】→【計量單位】命令，如圖 5-89 所示。

2. 進入「基礎平臺 -【計量單位】」設置窗口，如圖 5-90 所示。

图 5-89

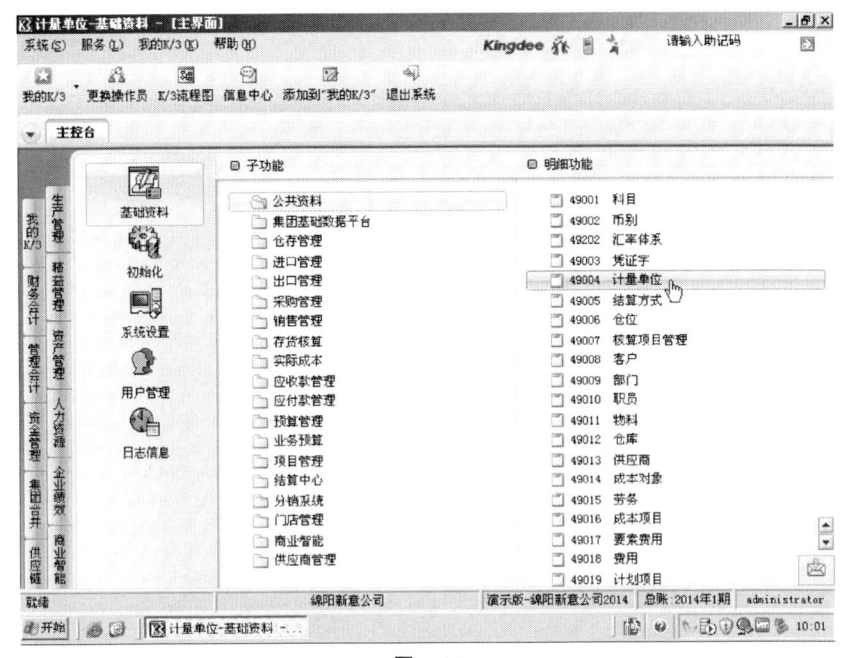

图 5-90

3. 單擊工具欄上的「新增」按鈕，進入「新增計量單位組」界面，如圖 5-91 所示。

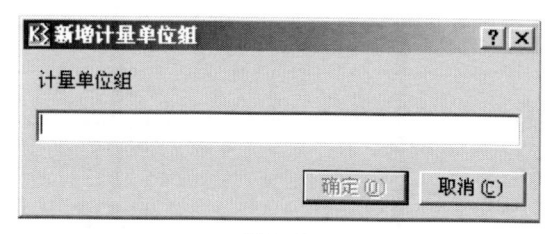

圖 5-91

【提示】金蝶 K/3 系統中首先需要設置計量單位組，再在該計量單位組中設置相應的計量單位。

4. 空白處錄入「數量組 1」，如圖 5-92 所示，單擊「確定」按鈕，保存設置。

圖 5-92

5. 再次單擊工具欄上的「新增」按鈕，進入「計量單位－新增」界面，如圖 5-93 所示。

圖 5-93

6. 代碼處錄入「01」，名稱處錄入「個」，換算率處錄入「1」，換算方式處選擇「固定換算」，如圖 5-94 所示，單擊「確定」按鈕，保存設置。

图 5-94

【提示】
（1）選擇計量單位組中換算率為 1 的計量單位，右鍵彈出的菜單中選擇「設為默認單位」，可以將該計量單位設為默認計量單位。

（2）換算方式：系統提供了兩種換算方式：①固定換算，計量單位與默認計量單位間保持固定的換算比率；②浮動換算，可以實現在物料、單據使用時根據需要指定其換算率，更加靈活。

（3）英文名稱、英文復數：計量單位的英文，適用於進出口單據的打印。

7. 根據操作步驟 4、步驟 5、步驟 6 所述，將表 2-13 中的計量單位「塊」、「部」檔案新增入帳套，如圖 5-95 所示。

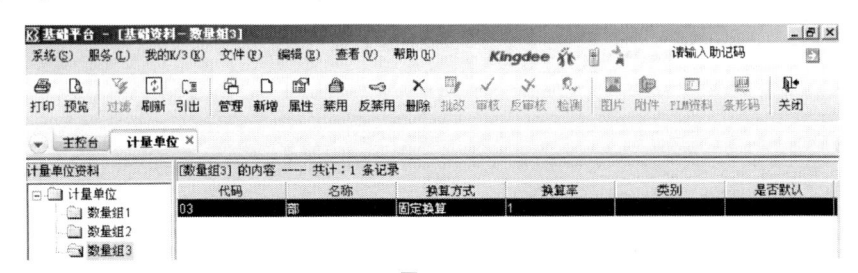

圖 5-95

8. 根據操作步驟 4 所述，新增計量單位組「固定資產組 1」，如圖 5-96 所示。

9. 根據操作步驟 6 所述，將表 2-13 中的計量單位「棟」新增入帳套，如圖 5-97 所示。

10. 根據操作步驟 6 所述，將表 2-13 中的計量單位「輛」、「臺」檔案新增入帳套，如圖 5-98 所示。

第五章　基礎信息設置

圖 5-96

圖 5-97

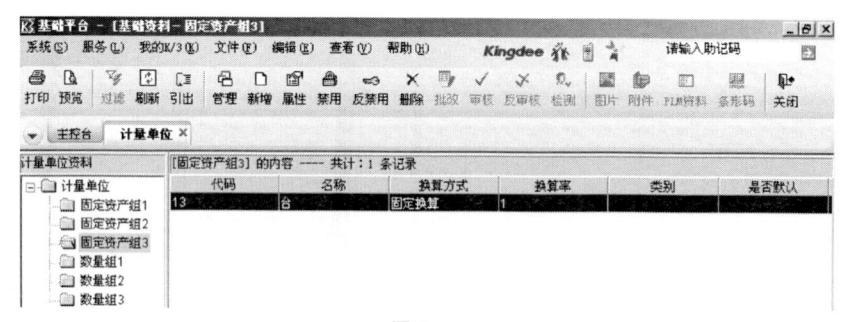

圖 5-98

二、設置存貨分類

【操作步驟】

1. 執行【系統設置】→【基礎資料】→【公共資料】→【物料】命令，如圖 5-99 所示。

2. 進入「基礎平臺-【物料】」設置窗口，如圖 5-100 所示。

圖 5-99

圖 5-100

3. 單擊工具欄上的「新增」按鈕，進入「物料-新增」界面，如圖 5-101

所示。

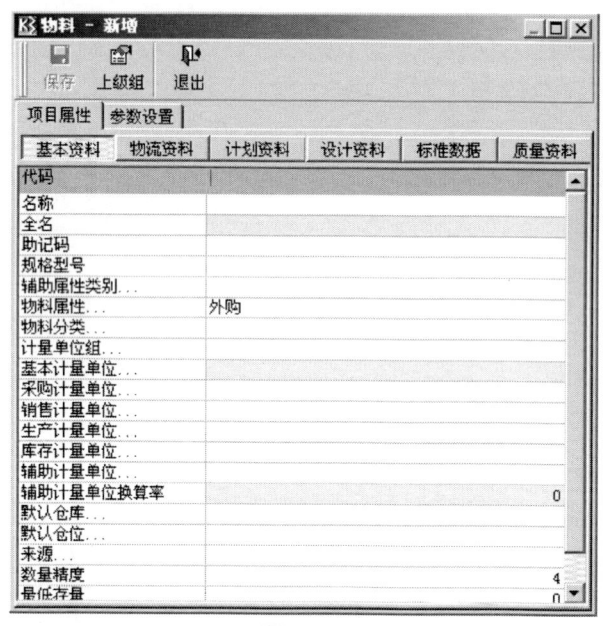

圖 5-101

4. 單擊「上級組」按鈕，代碼處錄入「01」，名稱處錄入「原材料」，如圖 5-102 所示，單擊「保存」按鈕，保存設置。

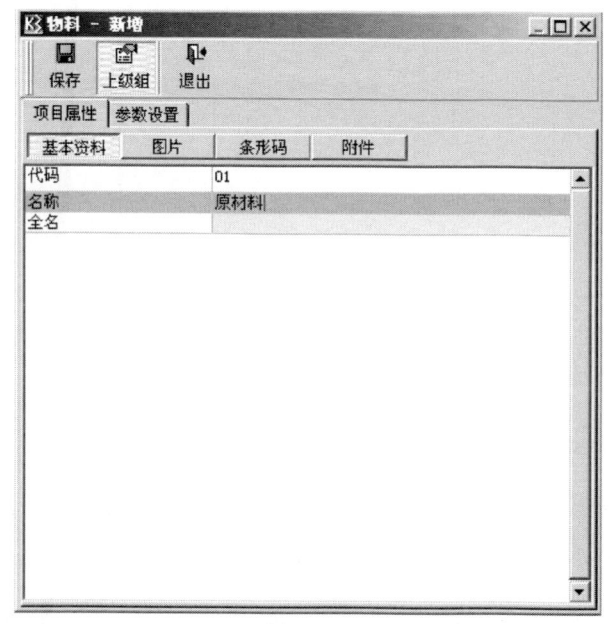

圖 5-102

5. 根據操作步驟 4 所述，將表 2-14 中的存貨分類檔案新增入帳套，如圖 5-103 所示。

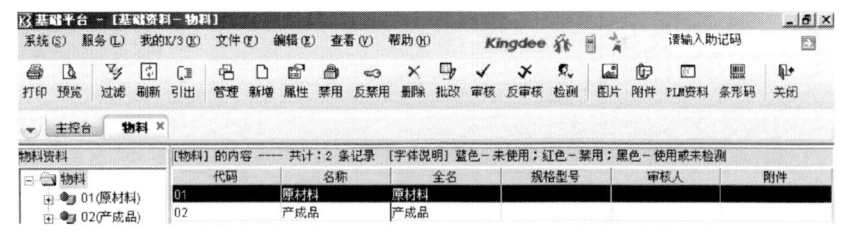

圖 5-103

三、設置物料

物料是原材料、半成品、產成品等企業生產經營資料的總稱，是企業營運運作、生存獲利的物質保障。

【操作步驟】

1. 在窗口左側選中「01（原材料）」，單擊工具欄上的「新增」按鈕，如圖 5-104 所示。

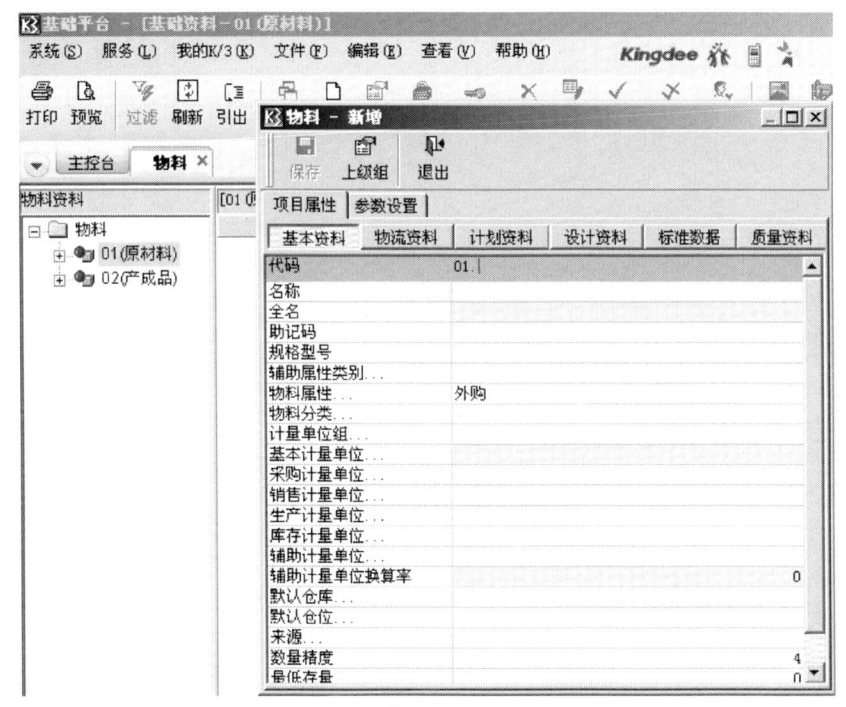

圖 5-104

【提示】
（1）代碼：指物料的編號，多級代碼間以圓點「.」表示分隔。
（2）名稱：必錄項目，指物料的名稱。
（3）物料屬性：必錄項目，指物料的基本性質和來源渠道，系統提供了九種屬性可供選擇，分別為規劃類、配置類、特徵類、外購、委外加工、虛擬件、組裝件、自制、自制（特性配置）。
（4）計量單位組：設置物料的計量單位組。
（5）基本計量單位：即計量單位組中作為標準的計量單位，當計量單位組選定後，基本計量單位由系統自動關聯。
（6）使用狀態：設置物料的當前狀態，系統提供了逐步淘汰、將使用、歷史資料和使用四種狀態供選擇。

2. 代碼處錄入「01.01」，名稱處錄入「手機殼」，物料屬性處選擇「外購」，計量單位組處選擇「數量組1」，默認倉庫處選擇「原材料庫」，如圖5-105所示。

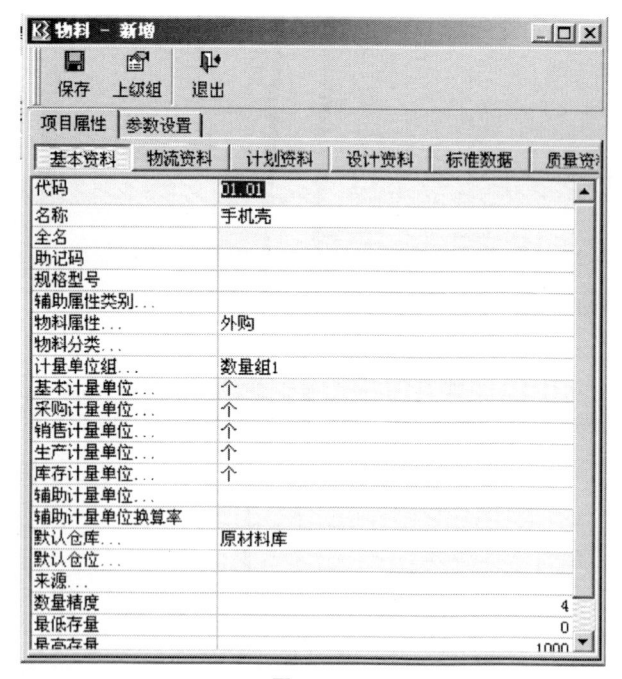

圖5-105

3. 切換到「物流資料」選項卡，計價方法處選擇「先進先出法」，存貨科目代碼處選擇「1403」，銷售收入科目代碼處選擇「6051」，銷售成本科目代碼處選擇「6402」，如圖5-106所示，單擊「保存」按鈕，保存設置。

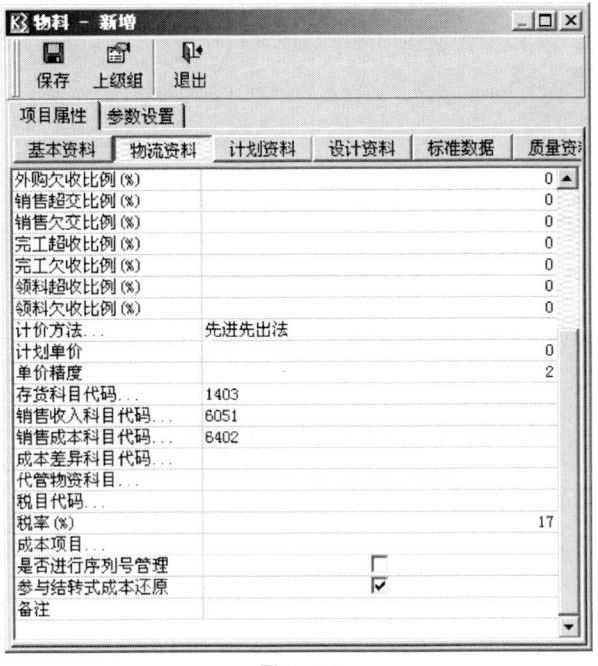

圖 5-106

【提示】

（1）計價方法：指該物料出庫結轉存貨成本時所採用的計價方法，應用於存貨核算系統。

（2）存貨科目代碼、銷售收入科目代碼、銷售成本科目代碼：必錄項目，是該物料重要的核算屬性。

4. 根據操作步驟2、3所述，將表2-15中的原材料檔案新增入帳套，如圖5-107所示。

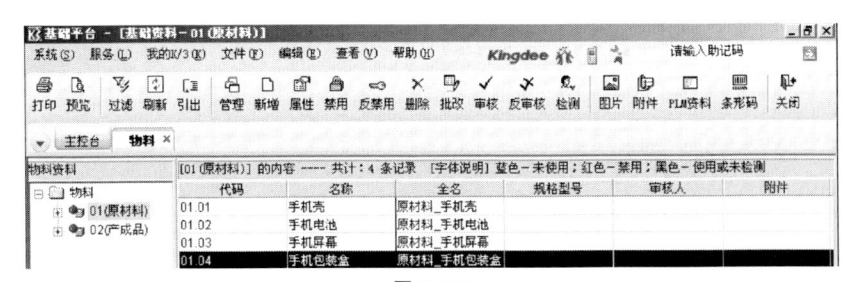

圖 5-107

5. 在窗口左側選中「02（產成品）」，單擊工具欄上的「新增」按鈕，代碼處錄入「02.01」，名稱處錄入「手機型號Ⅰ」，物料屬性處選擇「自制，計量單位組處選擇「數量組3」，默認倉庫處選擇「原材料庫」，如圖5-108所示。

163

第五章　基礎信息設置

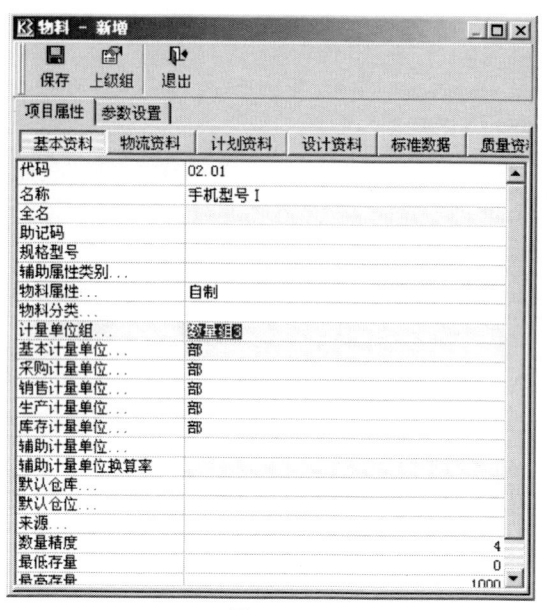

圖 5-108

6. 切換到「物流資料」選項卡，計價方法處選擇「先進先出法」，存貨科目代碼處選擇「1405.01」，銷售收入科目代碼處選擇「6001」，銷售成本科目代碼處選擇「6401」，如圖 5-109 所示，單擊「保存」按鈕，保存設置。

圖 5-109

7. 根據操作步驟5、步驟6所述，將表2-15中的產成品檔案新增入帳套，如圖5-110所示。

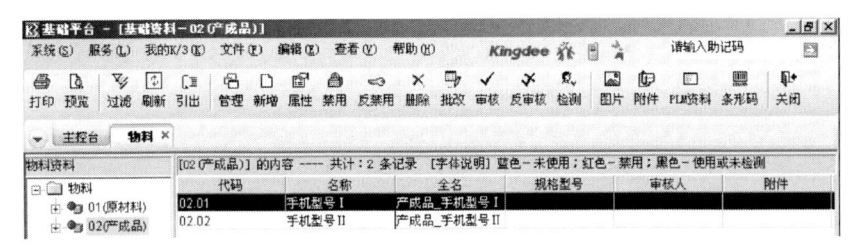

圖 5-110

實驗六　業務信息設置

【實驗準備】
已安裝金蝶K/3-12管理軟件，將系統日期修改為「2014年1月1日」。

【實驗指導】
設置倉庫檔案
倉庫檔案是管理企業用來存放物料的地方。

【操作步驟】
1. 執行【系統設置】→【基礎資料】→【公共資料】→【倉庫】命令，如圖5-111所示。

圖 5-111

第五章　基礎信息設置

2. 進入「基礎平臺－【倉庫】」設置窗口，如圖 5-112 所示。

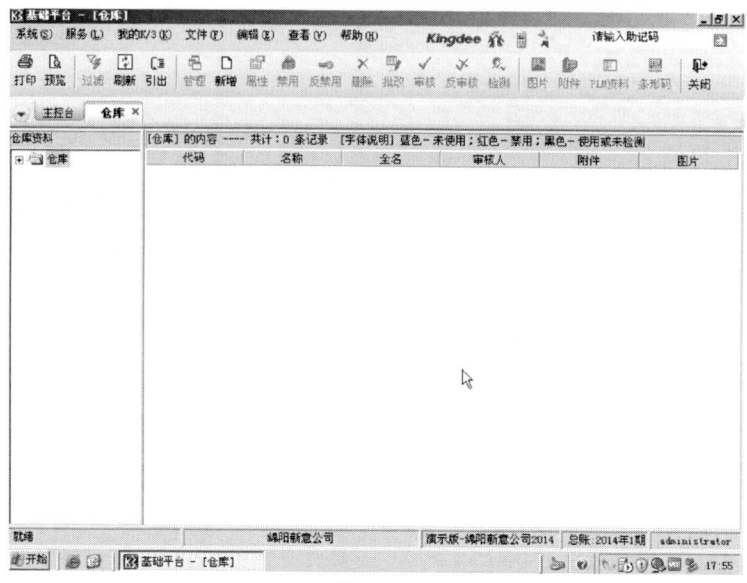

圖 5-112

3. 在右邊任意位置單擊鼠標，再單擊上方的「新增」按鈕，進入「倉庫－新增」界面，如圖 5-113 所示。

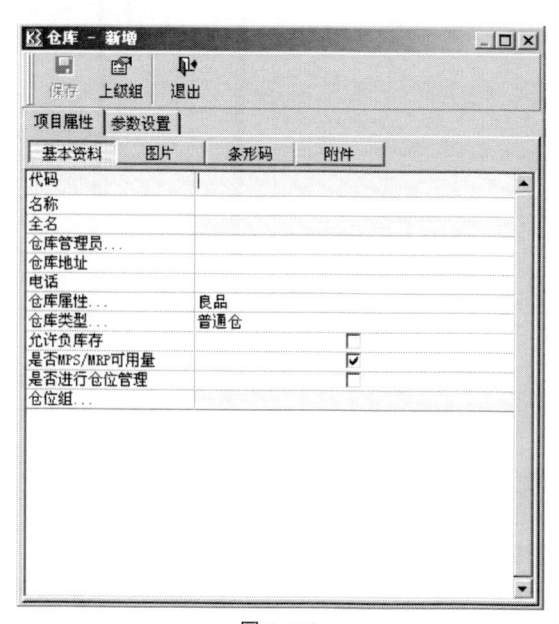

圖 5-113

【提示】

（1）代碼：必錄項目，用於設置倉庫代碼。

（2）名稱：必錄項目，用於設置倉庫名稱。

（3）倉庫管理員、倉庫地址、電話：非必錄項目，根據實際情況決定錄入與否。

（4）倉庫屬性：系統提供了三種倉庫屬性，分別為不良品、良品和在檢品。

（5）倉庫類型：系統提供了七種倉庫類型，分別為普通倉、待檢倉、贈品倉、代管倉、委託代銷、其他和 VMI 倉。

（6）是否 MPS/MRP 可用量：系統進行 MRP 計算時，是否考慮該倉庫的物料情況。

4. 代碼處錄入「01」，名稱處錄入「原材料庫」，倉庫類型處選擇「普通倉」，如圖 5-114 所示，單擊「保存」按鈕，保存設置。

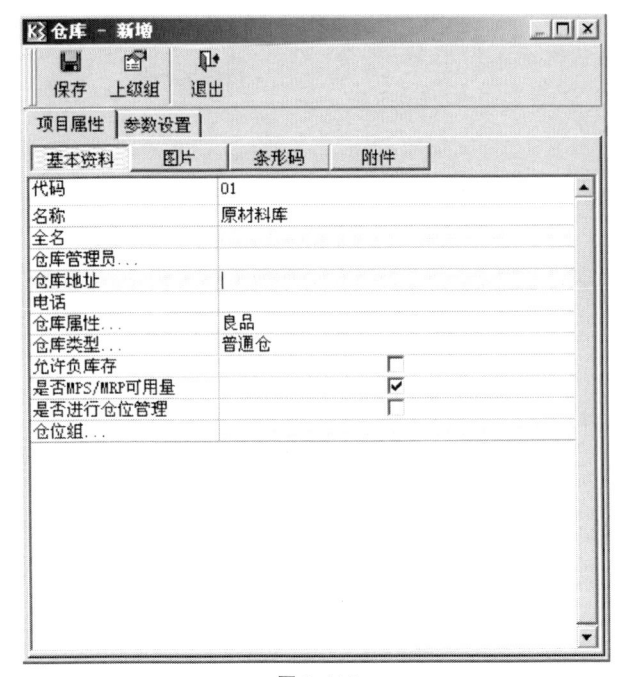

圖 5-114

5. 根據操作步驟 4 所述，將表 2-16 中的產成品庫檔案新增入帳套，如圖 5-115所示。

第五章　基礎信息設置

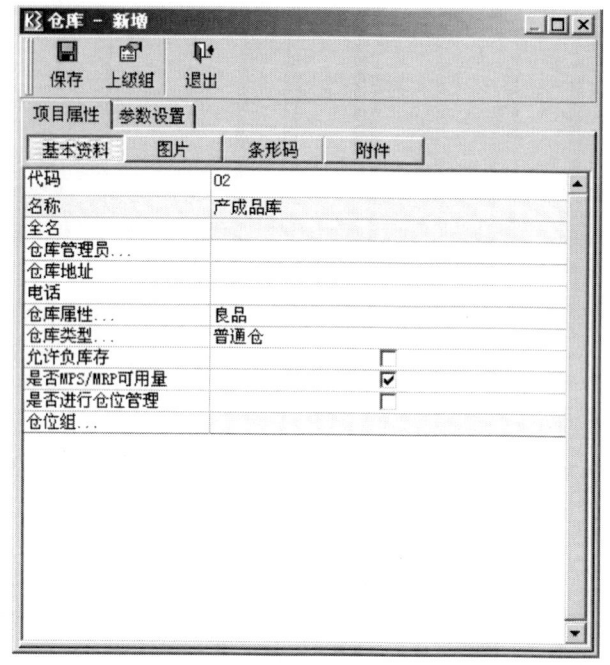

圖 5-115

實驗七　常用摘要設置

【實驗準備】

已安裝金蝶 K/3-12 管理軟件，將系統日期修改為「2014年1月1日」。

【實驗指導】

設置常用摘要

常用摘要的合理設置，可以提高憑證錄入時的效率。

【操作步驟】

1. 執行【財務會計】→【總帳】→【憑證處理】→【憑證錄入】命令，如圖 5-116 所示。

2. 單擊 F7 鍵，進入「憑證摘要庫」設置窗口，如圖 5-117 所示。

圖 5-116

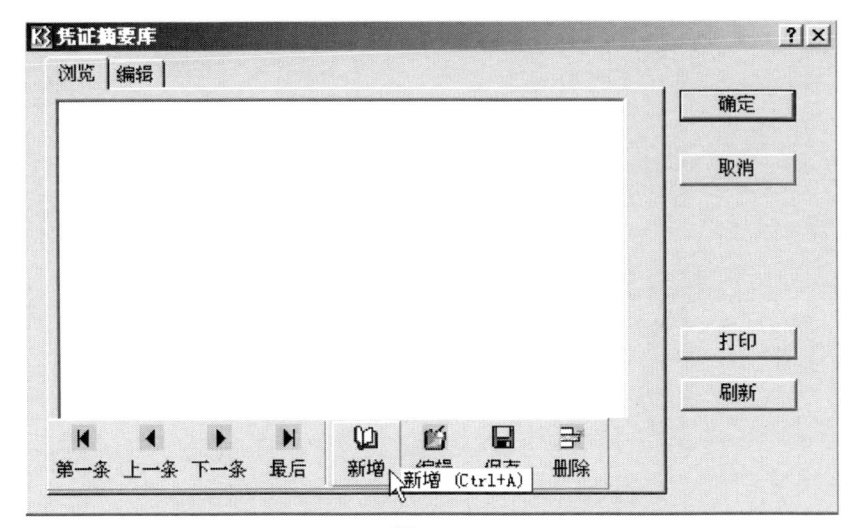

圖 5-117

3. 切換到「編輯」選項卡，再單擊下方的「新增」按鈕，如圖 5-118 所示。
4. 單擊類別下拉框右邊的圖標，如圖 5-119 所示。
5. 進入「摘要類別」窗口，單擊下方的「新增」按鈕，如圖 5-120 所示。

169

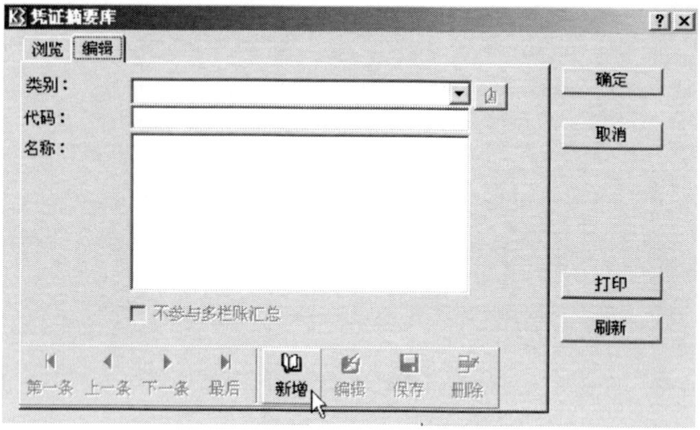

第五章　基礎信息設置

圖 5-118

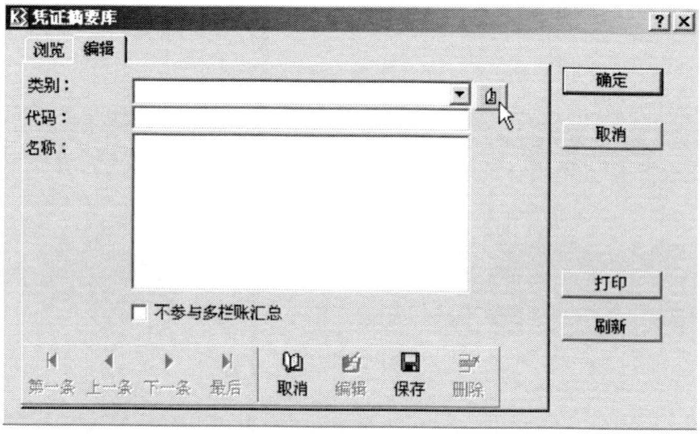

圖 5-119

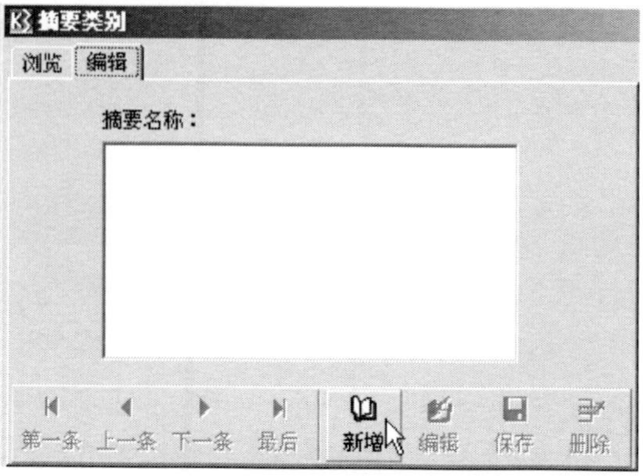

圖 5-120

6. 摘要名稱處錄入「接收」，如圖 5-121 所示，單擊「保存」按鈕，保存

170

設置。

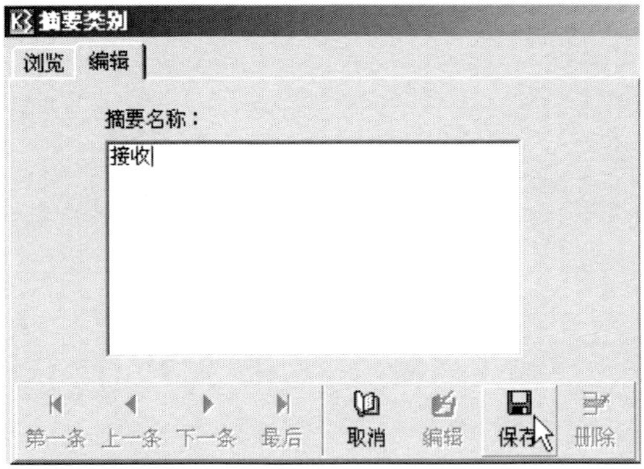

圖 5-121

7. 根據操作步驟 5、步驟 6 所述，將表 2-17 中的摘要類別檔案新增入帳套，如圖 5-122 所示。

圖 5-122

8. 切換到「編輯」標籤，類別處選擇「接收」，代碼處錄入「01」，名稱處錄入「接收投資」，如圖 5-123 所示，單擊「保存」按鈕，保存設置。

9. 根據操作步驟 8 所述，將表 2-17 中的常用摘要檔案新增入帳套，如圖 5-124 所示。

第五章 基礎信息設置

圖 5-123

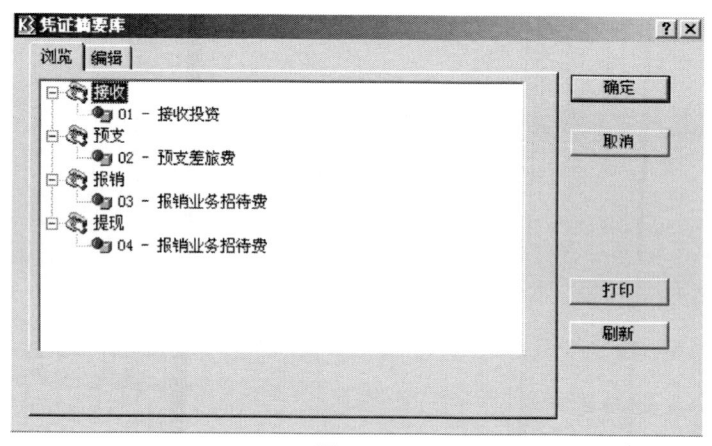

圖 5-124

第六章　各模塊初始化設置

實驗一　應收款管理系統初始化設置和期初餘額

【實驗準備】

已安裝金蝶 K/3-12 管理軟件，將系統日期修改為「2014 年 1 月 1 日」。

【實驗指導】

一、系統概述

應收款管理系統實現對企業的應收款項進行全面的核算、管理和分析。該系統通過應收單、其他應收單等單據，對企業的往來帳款進行綜合管理，準確、及時提供客戶往來帳款資料，並提供各種分析報表，幫助企業提高資金利用率。

應收款管理系統總體操作流程圖如圖 6-1 所示。

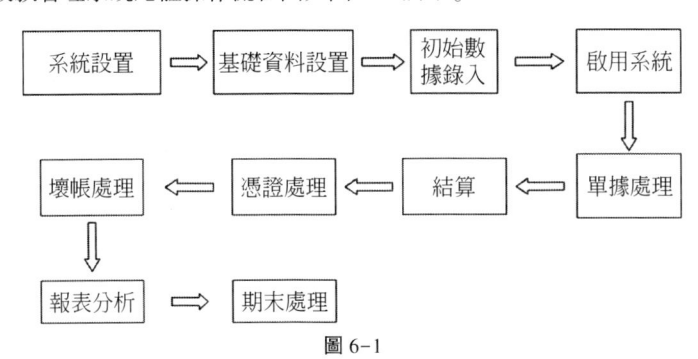

系統設置 ⇒ 基礎資料設置 ⇒ 初始數據錄入 ⇒ 啟用系統

壞帳處理 ⇐ 憑證處理 ⇐ 結算 ⇐ 單據處理

報表分析 ⇒ 期末處理

圖 6-1

應收款管理系統既可以單獨使用，也可以與銷售管理、存貨核算、總帳系統等集成使用，提供完整全面的業務和財務流程處理。

二、系統參數設置

系統參數設置是應收款管理最基礎的參數，主要是設置應收系統的啟用期間、用戶的名稱、單據類型科目等。

【操作步驟】

1. 執行【系統設置】→【系統設置】→【應收款管理】→【系統參數】命令，如圖 6-2 所示。

第六章　各模塊初始化設置

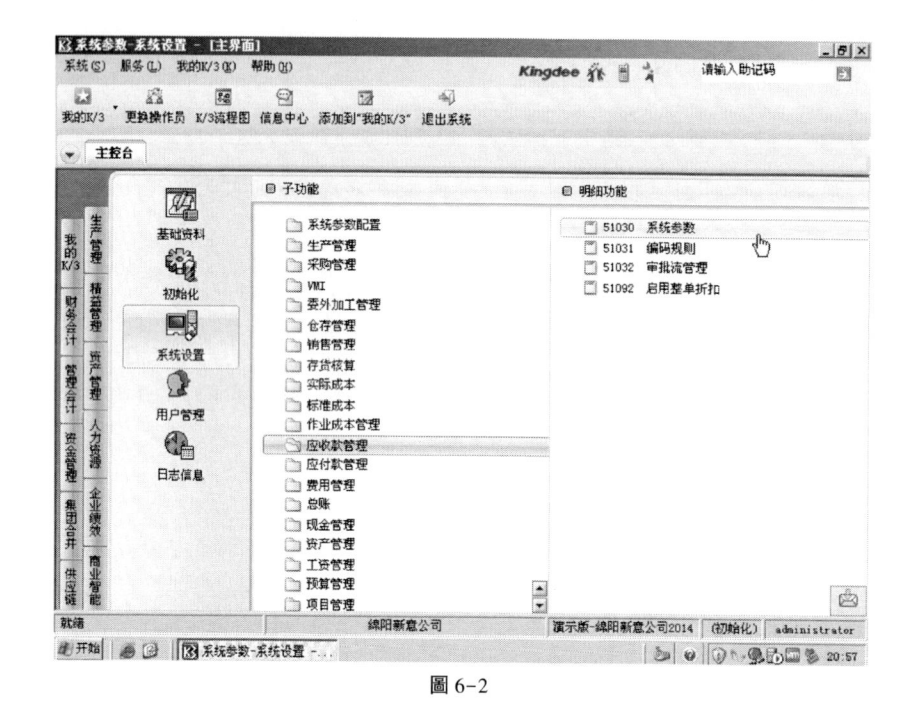

圖 6-2

2. 進入「系統參數」界面,「基本信息」選項卡內容如圖 6-3 所示。

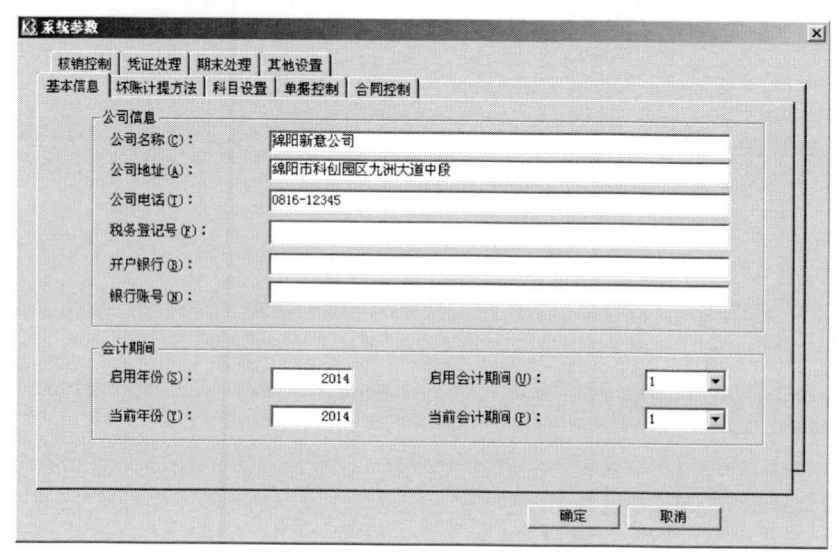

圖 6-3

【提示】
(1) 公司信息:錄入公司的基本信息,可以完整錄入,也可以採用默認值。
(2) 會計期間:本模塊的啓用年份和啓用會計期間,其中當前年份、當前會

174

計期間會隨著結帳時間自動更新。

3. 切換到「壞帳計提方法」選項卡，根據表 2-21 內容，計提方法選擇「備抵法」，備抵法選項選擇「應收帳款百分比法」，壞帳損失科目代碼選擇「6602.08」，壞帳準備科目代碼選擇「1231」，計提壞帳科目選擇「應收帳款」，計提比率處錄入「3.0」，如圖 6-4 所示。

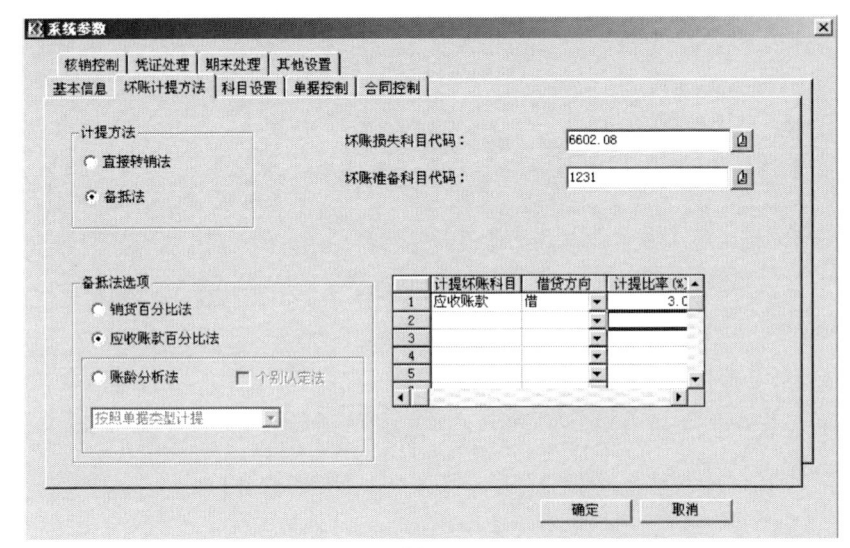

圖 6-4

【提示】

（1）直接轉銷法：設置壞帳損失科目代碼即可，其他選項不用設置。

（2）備抵法：系統提供了三種備抵法選項：銷貨百分百法、帳齡分析法、應收帳款百分比法。

①銷貨百分比法：勾選該項，系統提示錄入銷售收入科目代碼、壞帳損失百分比。計提壞帳時，系統按計提時的已過帳銷售收入科目餘額和以壞帳損失百分比計算壞帳準備。

②帳齡分析法：勾選該項，系統提示輸入相應的帳齡分組，不用輸入計提比例，在計提壞帳準備時再錄入相應的計提比例計算壞帳準備。

③應收帳款百分比法：勾選該項，系統提示錄入計提壞帳科目、科目的借貸方向和計提比率。科目方向可選擇「借」或者「貸」。

4. 切換到「科目設置」選項卡，主要用於設置生成憑證所需的會計科目和核算項目，如圖 6-5 所示。

【提示】系統預設了四種進行往來核算的項目類別，分別是客戶、供應商、部門和職員，單擊「增加」按鈕，可以對其他核算項目類別進行往來業務核算。

第六章 各模塊初始化設置

圖 6-5

5. 切換到「單據控制」選項卡，如圖 6-6 所示。

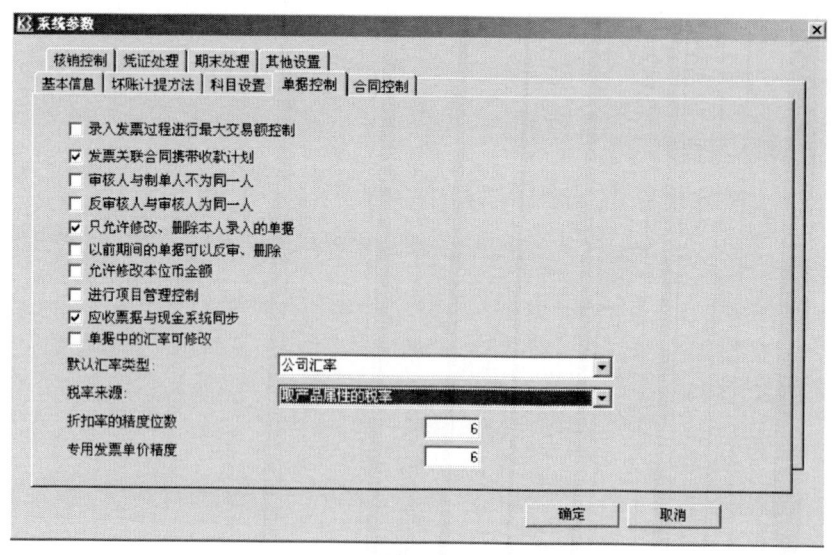

圖 6-6

【提示】

(1) 錄入發票過程進行最大交易額控制：勾選該項，當客戶檔案中設有最大交易額時，如果錄入發票額超過「最大交易額」，則系統不允許保存。

(2) 發票關聯合同攜帶收款計劃：勾選該項，新增發票和其他應收單關聯合同時，不管是否整體關聯，都將合同上的收款計劃明細表全部携帶到發票和其他

應收單相應的內容上，並且允許用戶手工修改收款計劃的內容。

（3）審核人與製單人不為同一人：製單人不能審核自己錄入的單據。

（4）反審核人與審核人為同一人：只有單據的審核人才可以反審核自己的單據。

（5）只允許修改、刪除本人錄入的單據：勾選該項，則只能修改、刪除本操作員所錄入的單據，不能修改和刪除其他操作員所錄入的單據。

（6）允許修改本位幣金額：勾選該項，涉及外幣核算的單據上的本位幣金額可以修改。

（7）應收票據與現金系統同步：勾選該項，則初始化結束後，應收款管理系統的應收票據與現金系統的應收票據可以進行數據的相互傳遞、同步更新。

6. 切換到「合同控制」選項卡，如圖6-7所示。

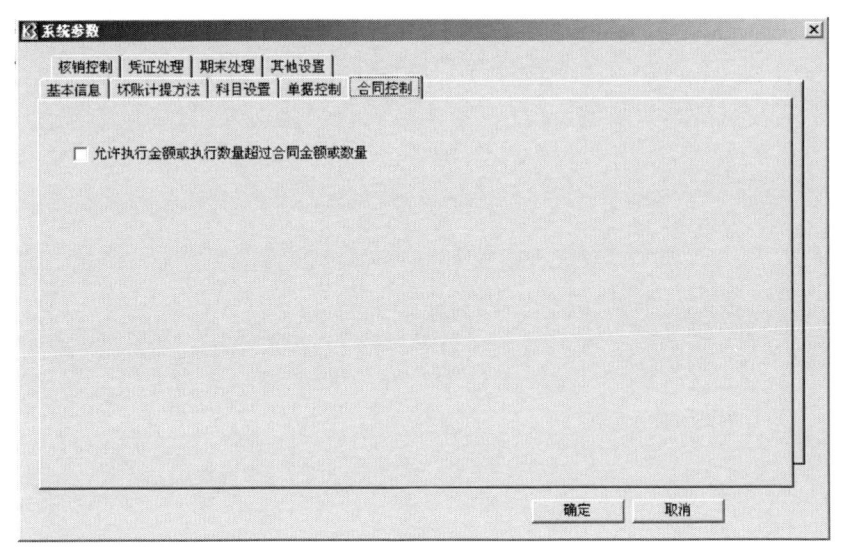

圖6-7

【提示】允許執行金額或執行數量超過合同金額或數量：勾選該項，則系統錄入單據關聯合同時，所錄入的金額和數量都可以超過合同資料本身的金額或數量。

7. 切換到「核銷控制」選項卡，如圖6-8所示。

【提示】

（1）單據核銷前必須審核：勾選該項，則核銷時，只顯示審核過的單據，一般建議勾選。

（2）相同訂單號才能核銷：勾選該項，則具有相同訂單號的單據才能進行核銷操作。

（3）相同合同號才能核銷：勾選該項，則具有相同合同號的單據才能進行核銷操作。

（4）審核後自動核銷：勾選該項，則單據一經審核後就會自動核銷。

第六章　各模塊初始化設置

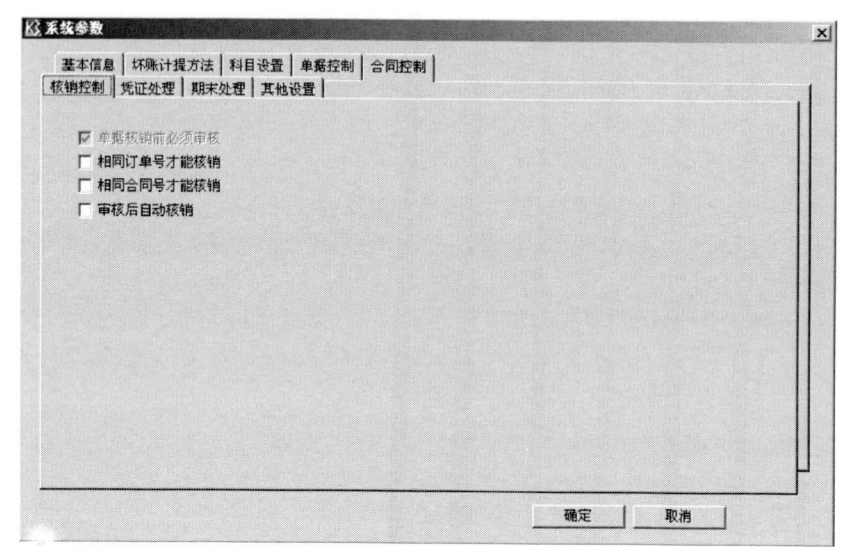

圖 6-8

8. 切換到「憑證處理」選項卡，如圖 6-9 所示。

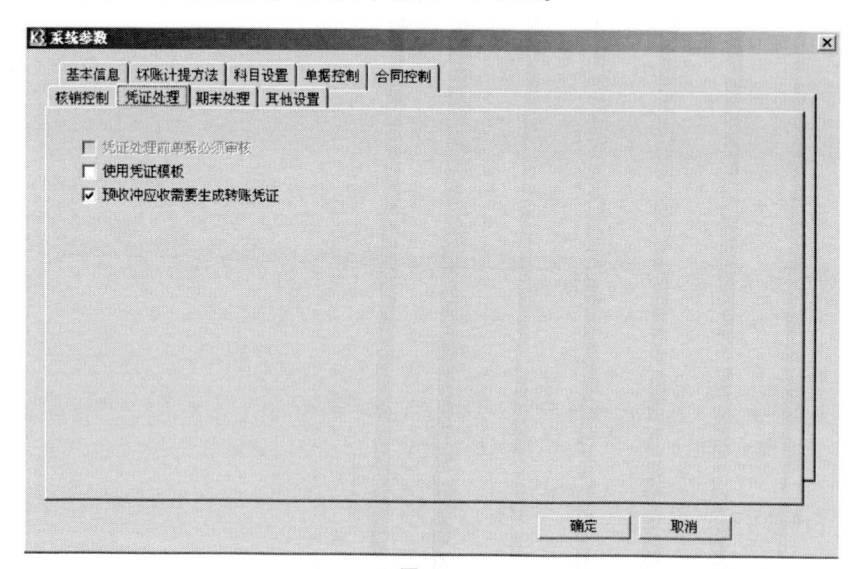

圖 6-9

【提示】
（1）憑證處理前單據必須審核：勾選該項，則單據生成憑證前必須審核。
（2）使用憑證模板：勾選該項，則使用憑證模板的方式生成憑證。
（3）預收沖應收需要生成轉帳憑證：勾選該項，則預收款沖銷應收款的單據也需要生成相應的憑證。

178

9. 切換到「期末處理」選項卡，如圖 6-10 所示。

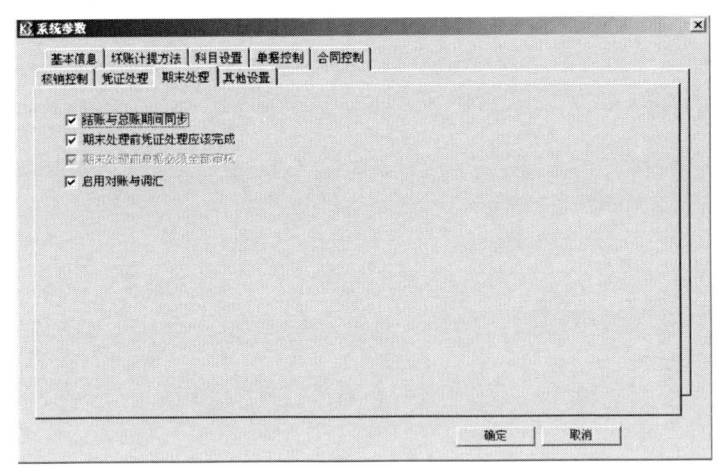

圖 6-10

【提示】

(1) 結帳與總帳期間同步：與總帳系統聯用時，勾選該項，總帳系統的結帳必須在應收款管理系統結帳後才能進行，保證了應收款管理系統的數據及時準確地傳入總帳系統。

(2) 期末處理前憑證處理應該完成：期末處理前，當前會計期間的所有單據必須已經生成記帳憑證，否則不予結帳。一般建議勾選該項。

(3) 期末處理前單據必須全部審核：期末處理前，當前會計期間的所有單據必須已經審核，否則不予結帳。

(4) 啓用對帳與調匯：勾選該項，則可以使用對帳和調匯功能。

10. 切換到「其他設置」選項卡，如圖 6-11 所示。

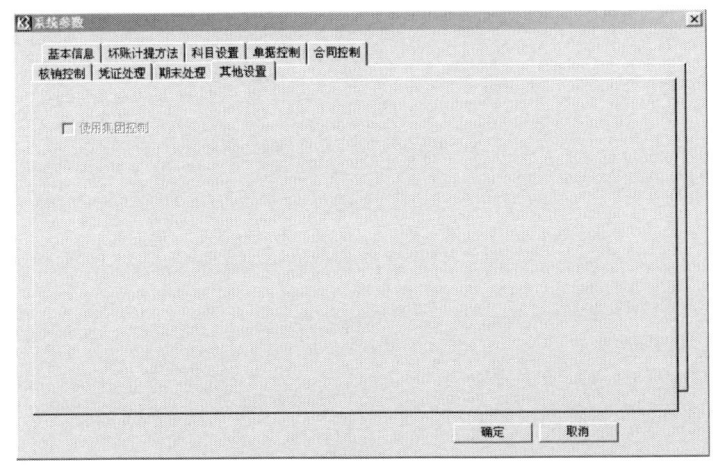

圖 6-11

【提示】使用集團控制：該選項在當前帳套是集團總部帳套時才有效，在分支機構的帳套中只是顯示是否使用集團控制的狀態。

11. 設置完成後，單擊「確定」按鈕，保存相應的系統參數設置。

三、基礎資料

應收款管理系統的基礎資料主要包括類型維護、收款條件、憑證模板、信用管理、價格資料和折扣資料等。

（一）收款條件

收款條件是銷售業務人員與客戶進行銷售業務時對收款事項的約定，一般客戶不同，收款條件也有差異。

【操作步驟】

1. 執行【系統設置】→【基礎資料】→【應收款管理】→【收款條件】命令，如圖6-12所示。

圖6-12

2. 進入「收款條件」界面，主要可以實現收款條件的新增、修改和刪除等操作，如圖6-13所示。

（二）類型維護

類型維護主要可以對票據類型、合同類型、償債等級、現金折扣、擔保類型、應收單類型和收款類型進行維護。

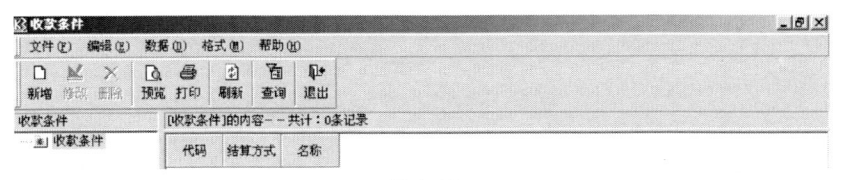

圖 6-13

【操作步驟】

1. 執行【系統設置】→【基礎資料】→【應收款管理】→【類型維護】命令，如圖 6-14 所示。

圖 6-14

2. 進入「類型維護」界面，如圖 6-15 所示。

(三) 憑證模板

應收款管理系統處理完單據業務後，必須通過憑證處理功能生成單據對應憑證並傳入總帳。當憑證生成過程中，如何才能生成正確的憑證，包括摘要的設置、憑證數據的取數等，都需要提前對相應的憑證模板進行正確的設置。

【操作步驟】

1. 執行【系統設置】→【基礎資料】→【應收款管理】→【憑證模板】命令，如圖 6-16 所示。

第六章 各模塊初始化設置

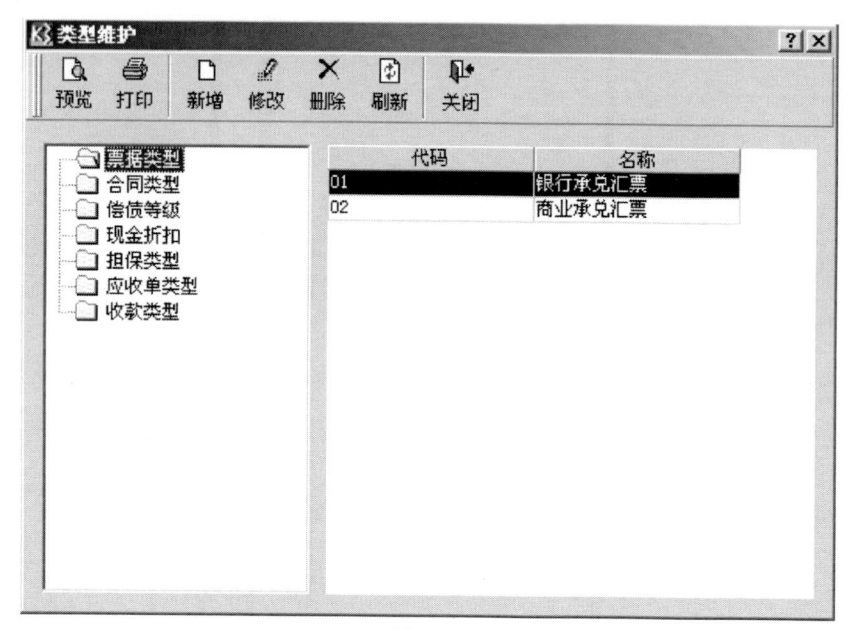

圖 6-15

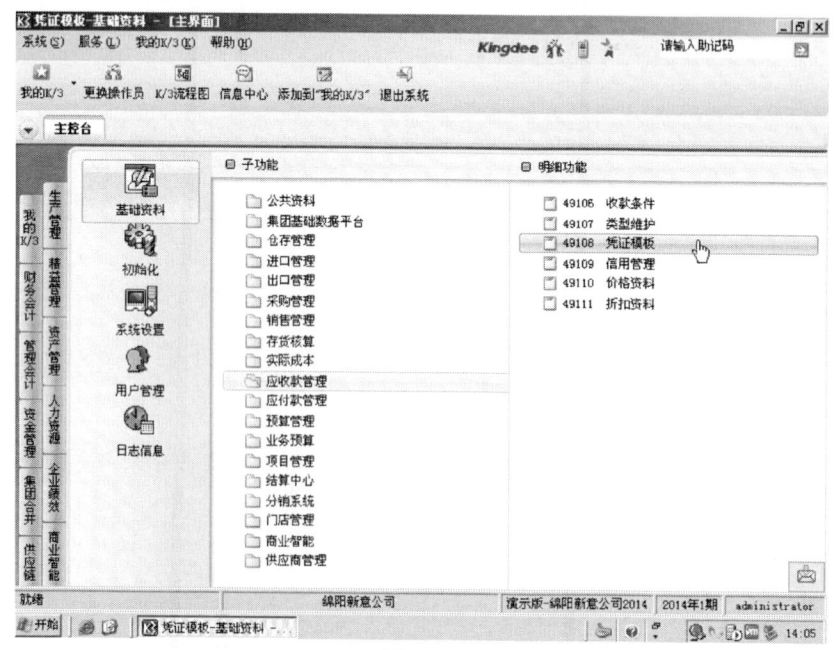

圖 6-16

2. 進入「憑證模板設置」界面，如圖 6-17 所示。

圖 6-17

3. 下面以新增「收款」模板為例，介紹憑證模板的維護方法。選中「收款」類型，單擊工具欄上的「新增」按鈕，系統彈出「憑證模板」窗口，如圖 6-18 所示。

圖 6-18

第六章　各模塊初始化設置

4. 模板編號處錄入「333」，模板名稱處錄入「收款2」，憑證字處選擇「記」，第一條分錄的科目來源選擇「單據上的現金類科目」，借貸方向選擇「借」，金額來源處選擇「收款單收款金額」，摘要處錄入「收款單」；第二條分錄的科目來源選擇「單據上的往來科目」，借貸方向選擇「貸」，金額來源處選擇「收款單收款金額」，摘要處錄入「收款單」，如圖 6-19 所示。

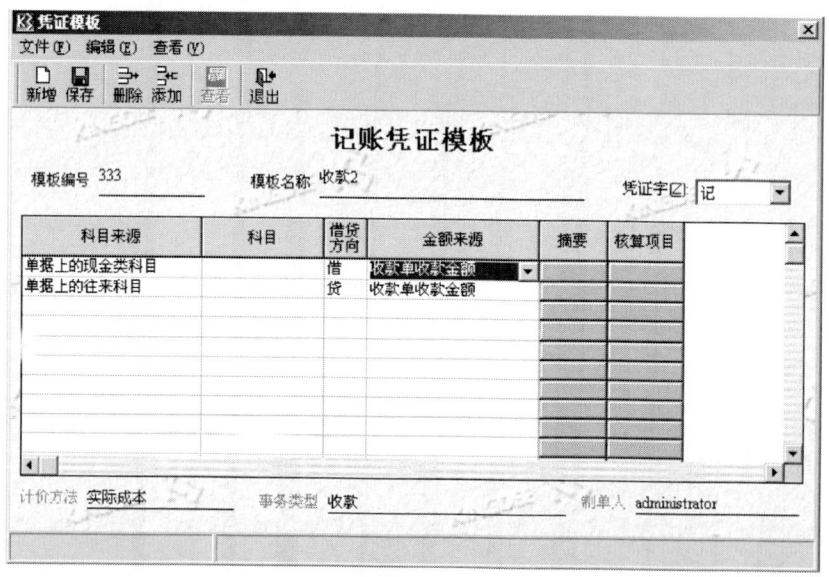

圖 6-19

5. 單擊工具欄的「保存」按鈕，彈出「金蝶提示」窗口，如圖 6-20 所示。

圖 6-20

6. 選中新增的憑證模板，單擊「編輯」菜單下的「設為默認模板」命令，如圖 6-21 所示，設置完成。

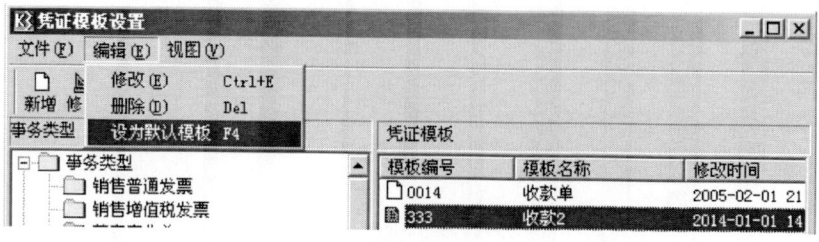

圖 6-21

（四）信用管理

信用管理主要是針對伴隨著賒銷產生的商業信用風險進行有效管理。

【操作步驟】

1. 執行【系統設置】→【基礎資料】→【應收款管理】→【信用管理】命令，如圖 6-22 所示。

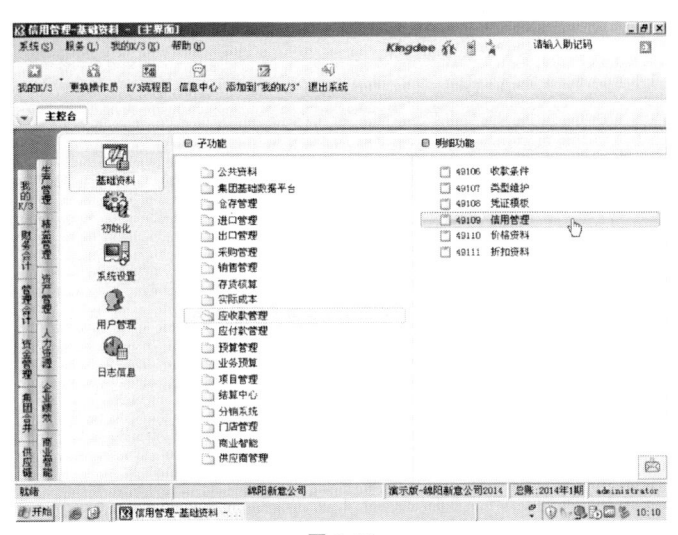

圖 6-22

2. 進入「系統基本資料（信用管理）」界面，主要可以對客戶、職員的信用進行管理，如圖 6-23 所示。

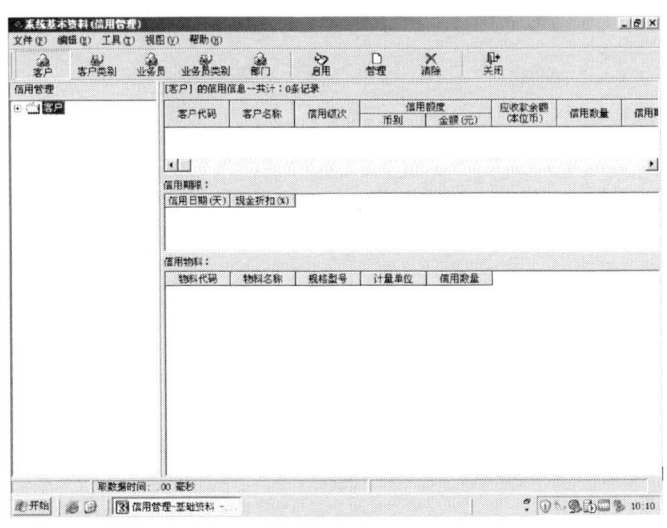

圖 6-23

第六章　各模塊初始化設置

【提示】進行信用管理前，必須在客戶、職員的屬性設置中選擇進行信用管理。

（五）價格資料

應收款管理系統對銷售發票和合同（應收）根據帳套啓用各自的價格管理，並通過系統參數中的「啓用價格管理」進行控制是否使用。

【操作步驟】

1. 執行【系統設置】→【基礎資料】→【應收款管理】→【價格資料】命令，如圖6-24所示。

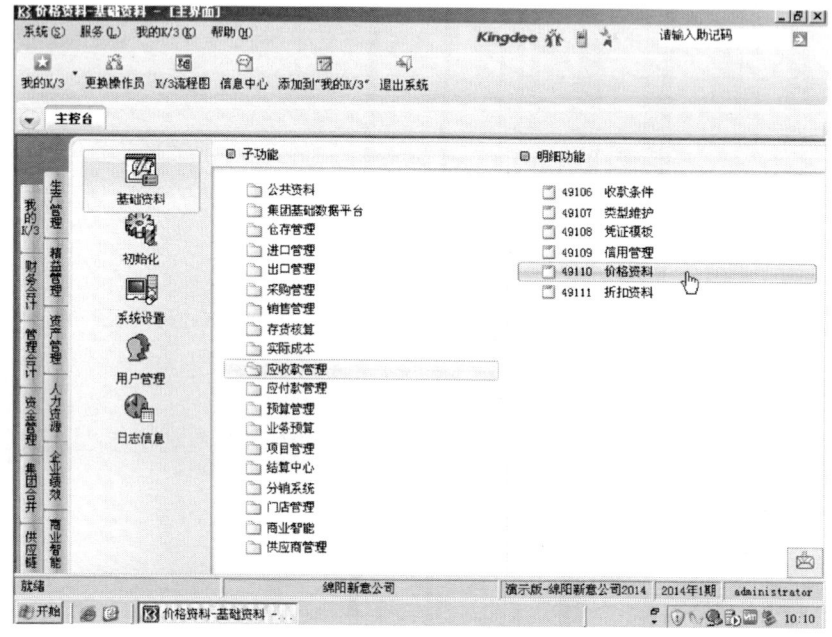

圖6-24

2. 進入「價格方案序時簿」界面，主要可以對銷售發票和合同（應收）根據帳套啓用各自的價格管理，如圖6-25所示。

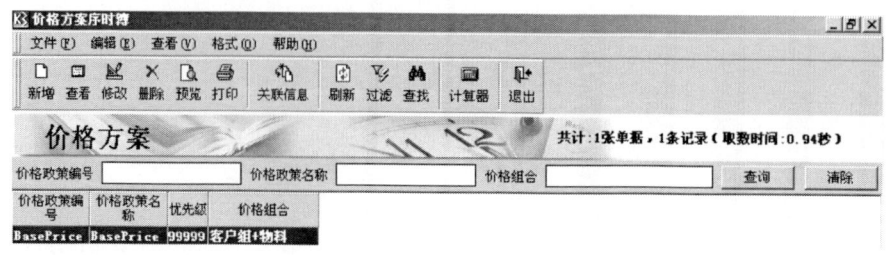

圖6-25

（六）折扣資料

價格政策是對銷售價格進行綜合維護的一種方案。

【操作步驟】

1. 執行【系統設置】→【基礎資料】→【應收款管理】→【折扣資料】命令，如圖 6-26 所示。

圖 6-26

2. 進入「折扣方案序時簿」界面，主要可以對銷售發票和合同（應收）根據帳套啓用各自的折扣方案，如圖 6-27 所示。

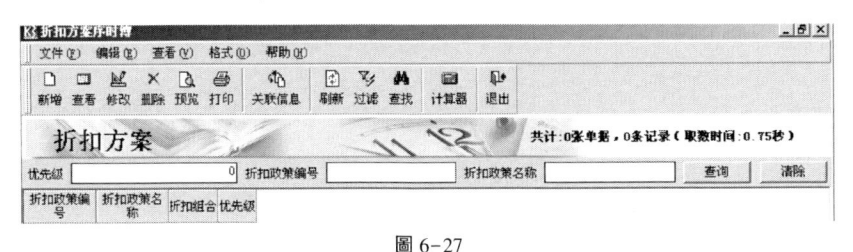

圖 6-27

四、期初餘額錄入

完成各項設置工作後，應該錄入有關應收款的各項期初餘額、未核銷金額、壞帳數據，初始化工作才可以完成。

【操作步驟】

1. 執行【系統設置】→【初始化】→【應收款管理】→【初始銷售增值稅發票-新增】命令，如圖6-28所示。

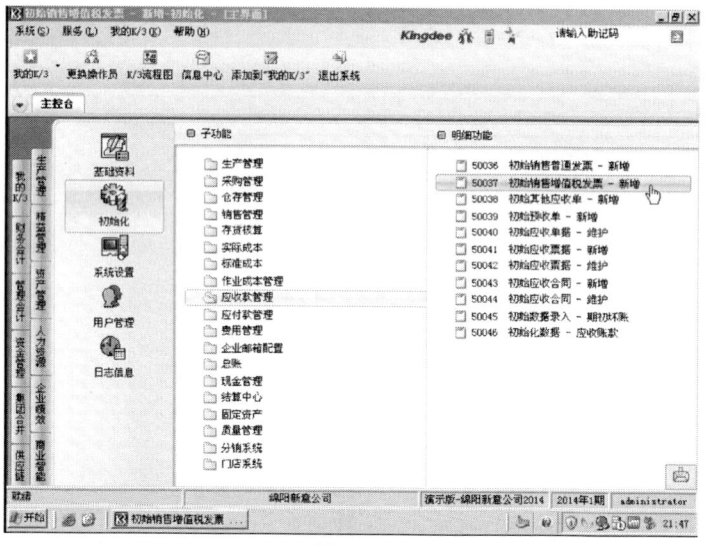

圖6-28

2. 進入「初始化_銷售增值稅發票-新增」界面，如圖6-29所示。

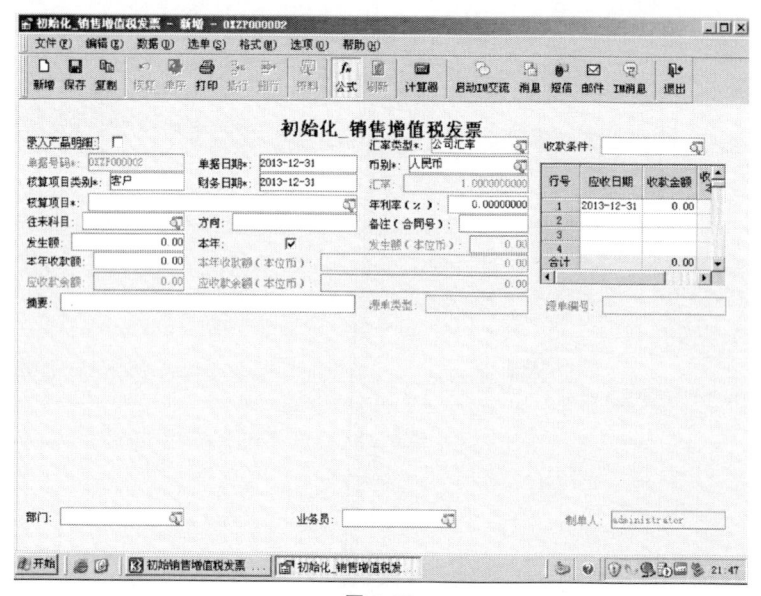

圖6-29

3. 勾選「錄入產品明細」，根據表2-22中的成都高遠公司應收帳款會計科目

期初餘額明細，核算項目處選擇「成都高遠公司」，往來科目處選擇「應收帳款」，單據日期處選擇「2013-12-01」，產品代碼處選擇「02.02」，數量處錄入「10」，含稅單價處錄入「24,00」，應收日期處選擇「2014-01-20」，收款金額處錄入「24,000」，如圖6-30所示。

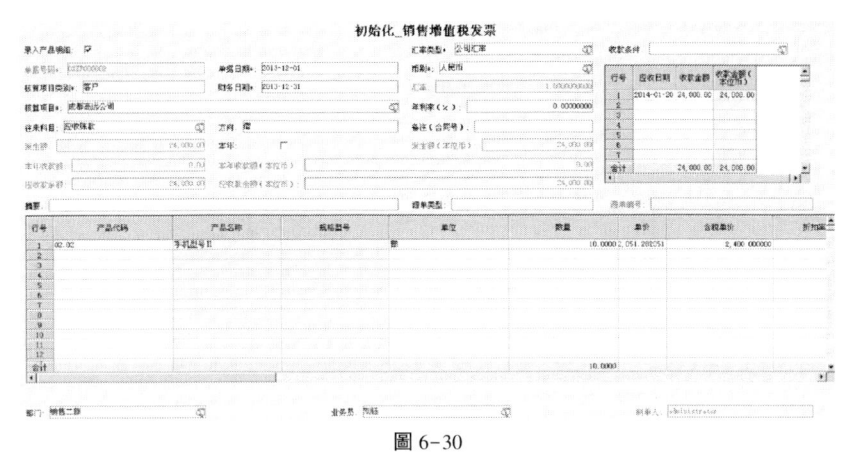

圖6-30

4. 根據操作步驟3所述，將表2-22中的湖北途優高科公司應收帳款會計科目期初餘額明細新增入帳套，如圖6-31所示。

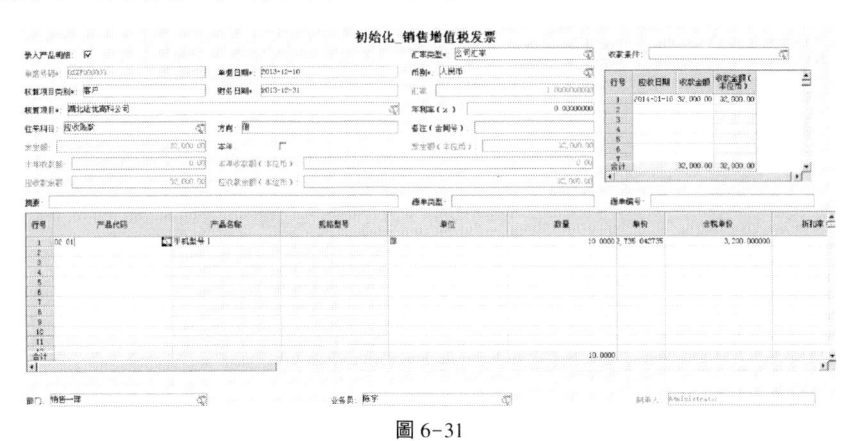

圖6-31

5. 執行【系統設置】→【初始化】→【應收款管理】→【初始化數據—應收帳款】命令，如圖6-32所示。

6. 進入「應收款管理系統-【初始化數據_應收帳款】」界面，可以查看操作步驟3、步驟4中錄入的數據，如圖6-33所示。

189

第六章　各模塊初始化設置

圖 6-32

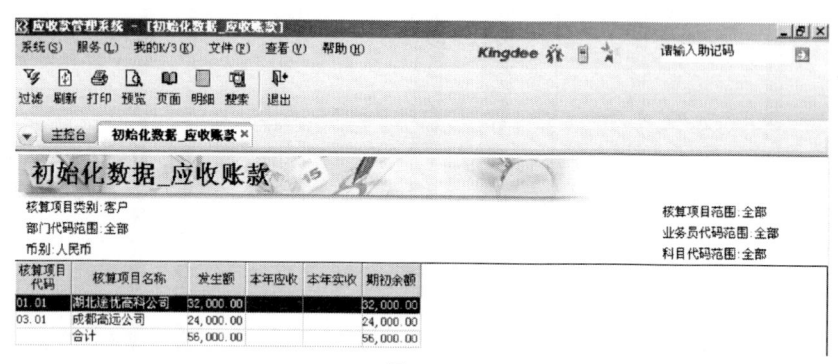

圖 6-33

五、結束初始化

【操作步驟】

1. 執行【財務會計】→【應收款管理】→【初始化】→【初始化檢查】命令，如圖 6-34 所示。

2. 系統彈出提示窗口，提示「初始化檢查已通過」，如圖 6-35 所示。

圖 6-34

圖 6-35

3. 執行【財務會計】→【應收款管理】→【初始化】→【初始化對帳】命令，如圖 6-36 所示。

4. 系統彈出「初始化對帳-過濾條件」窗口，核算類別項目處選擇「客戶」，幣別處選擇「人民幣」，科目代碼處選擇「1122」，如圖 6-37 所示。

5. 進入「應收款管理-【初始化對帳】」界面，顯示應收系統餘額和總帳餘額，兩者餘額相等時，表示對帳成功，如圖 6-38 所示。

图 6-36

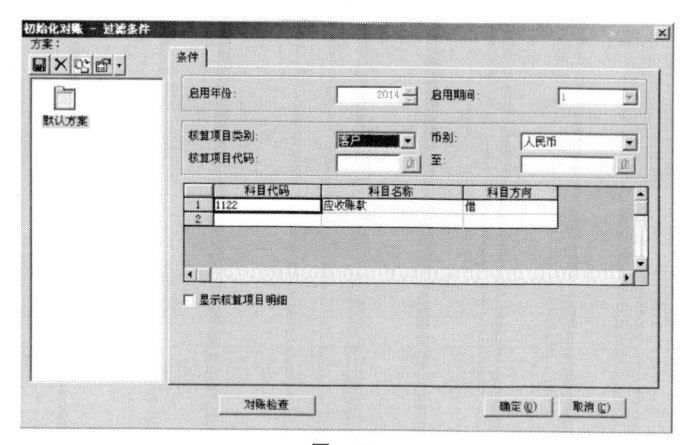

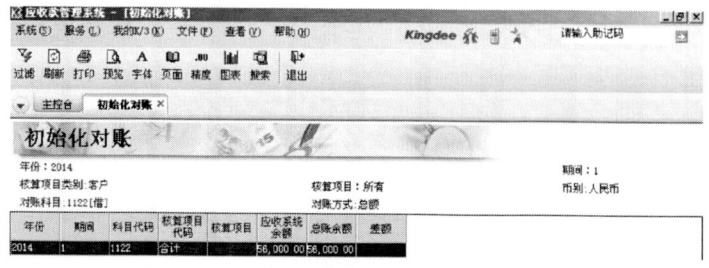

图 6-37

图 6-38

6. 執行【財務會計】→【應收款管理】→【初始化】→【結束初始化】命令，如圖 6-39 所示。

圖 6-39

7. 系統彈出「金蝶提示」窗口，如圖 6-40 所示，如果已經進行初始化檢查，此處可以單擊「否」按鈕。

圖 6-40

8. 系統彈出「金蝶提示」窗口，如圖 6-41 所示，如果已經進行初始化對帳，此處可以單擊「否」按鈕。

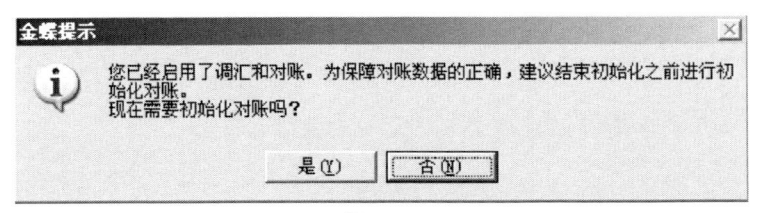

圖 6-41

9. 系統彈出「金蝶提示」窗口，提示「系統成功啓用」，如圖 6-42 所示，單

第六章 各模塊初始化設置

擊「確定」按鈕。

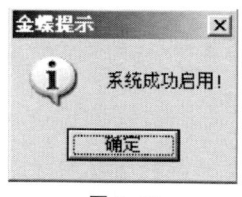

圖 6-42

實驗二 應付款管理系統初始化設置和期初餘額

【實驗準備】
已安裝金蝶 K/3-12 管理軟件，將系統日期修改為「2014 年 1 月 1 日」。
【實驗指導】

一、系統概述

應付款管理系統實現對企業的應付款項進行全面的核算、管理和分析。該系統通過應付單、其他應付單等單據，對企業的往來帳款進行綜合管理，準確、及時提供客戶往來帳款資料，並提供各種分析報表，幫助企業提高資金利用率。

應付款管理系統總體操作流程圖如圖 6-43 所示。

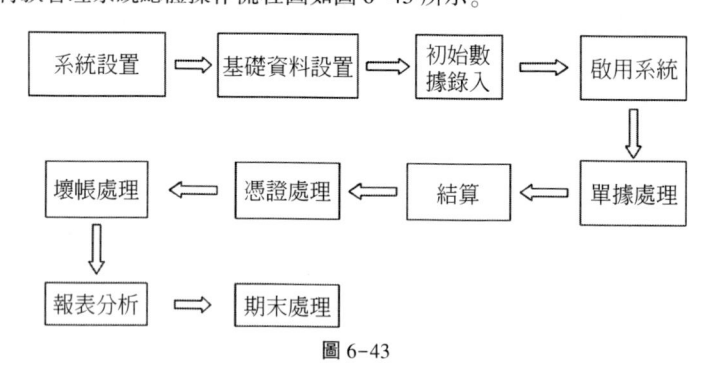

圖 6-43

應付款管理系統既可以單獨使用，也可以與採購管理、存貨核算、總帳系統等集成使用，提供完整全面的業務和財務流程處理。

二、系統參數設置

系統參數設置是應付款管理最基礎的參數，主要是設置應付系統的啓用期間、用戶的名稱、單據類型科目等。

【操作步驟】
1. 執行【系統設置】→【系統設置】→【應付款管理】→【系統參數】命

令，如圖 6-44 所示。

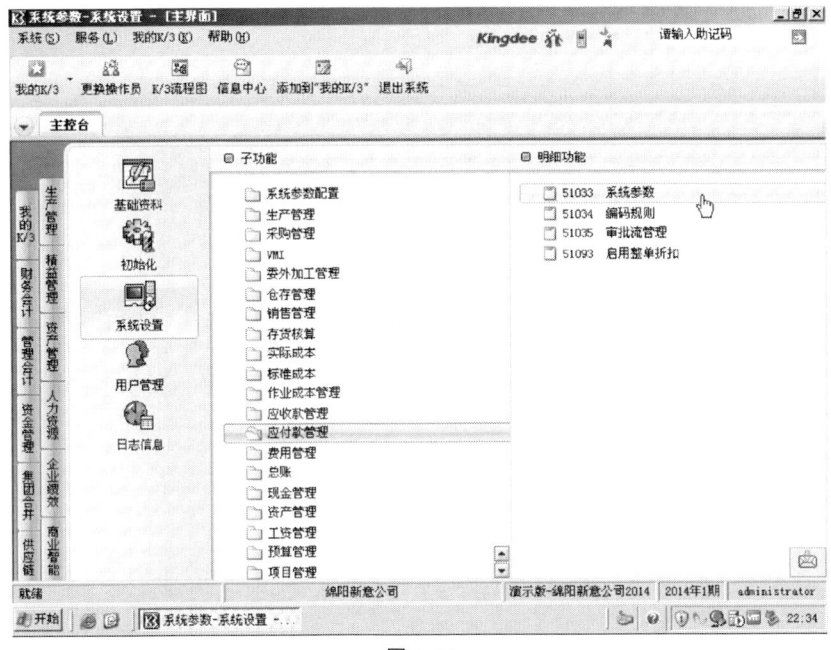

圖 6-44

2. 進入「系統參數」界面，「基本信息」選項卡內容如圖 6-45 所示

圖 6-45

第六章 各模塊初始化設置

【提示】

（1）公司信息：錄入公司的基本信息，可以完整錄入，也可以採用默認值。

（2）會計期間：本模塊的啟用年份和啟用會計期間，其中當前年份、當前會計期間會隨著結帳時間自動更新。

3. 切換到「科目設置」選項卡，如圖 6-46 所示。

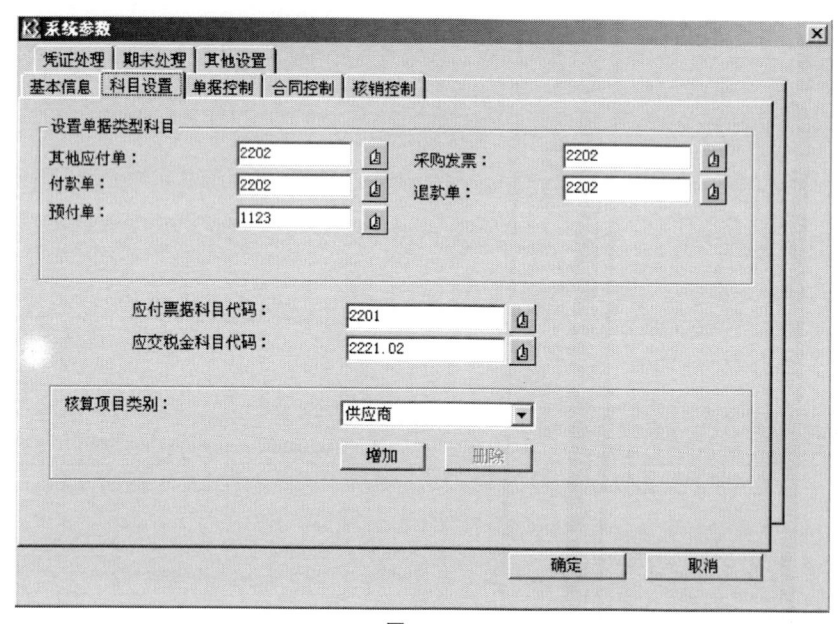

圖 6-46

【提示】「設置單據類型科目」處所設置的會計科目必須為「應收應付」受控屬性，否則設置不成功。

4. 切換到「單據控制」選項卡，如圖 6-47 所示。

【提示】

（1）錄入發票過程進行最大交易額控制：勾選該項，當客戶檔案中設有最大交易額時，如果錄入發票額超過「最大交易額」，則系統不允許保存。

（2）發票關聯合同攜帶付款計劃：勾選該項，新增發票和其他應付單關聯合同時，不管是否整體關聯，都將合同上的付款計劃明細表全部攜帶到發票和其他應付單相應的內容上，並且允許用戶手工修改付款計劃的內容。

（3）審核人與製單人不為同一人：製單人不能審核自己錄入的單據。

（4）反審核人與審核人為同一人：只有單據的審核人才可以反審核自己的單據。

（5）只允許修改、刪除本人錄入的單據：勾選該項，則只能修改、刪除本操作員錄入的單據，不能修改和刪除其他操作員錄入的單據。

（6）以前期間的單據可以反審、刪除：勾選該項，則以前會計期間的單據可

圖 6-47

以執行反審核、刪除等操作。

（7）允許修改本位幣金額：勾選該項，涉及外幣核算的單據上的本位幣金額可以修改。

（8）應付票據與現金系統同步：勾選該項，則初始化結束後，應付款管理系統的應付票據與現金系統的應付票據可以進行數據的相互傳遞、同步更新。

5. 切換到「合同控制」選項卡，如圖 6-48 所示。

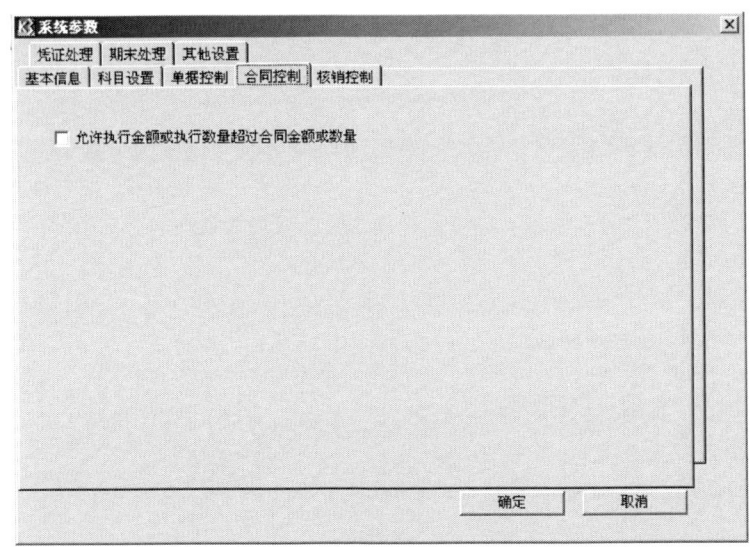

圖 6-48

【提示】允許執行金額或執行數量超過合同金額或數量：勾選該項，則系統錄入單據關聯合同時，所錄入的金額和數量都可以超過合同資料本身的金額或數量。

6. 切換到「核銷控制」選項卡，如圖 6-49 所示。

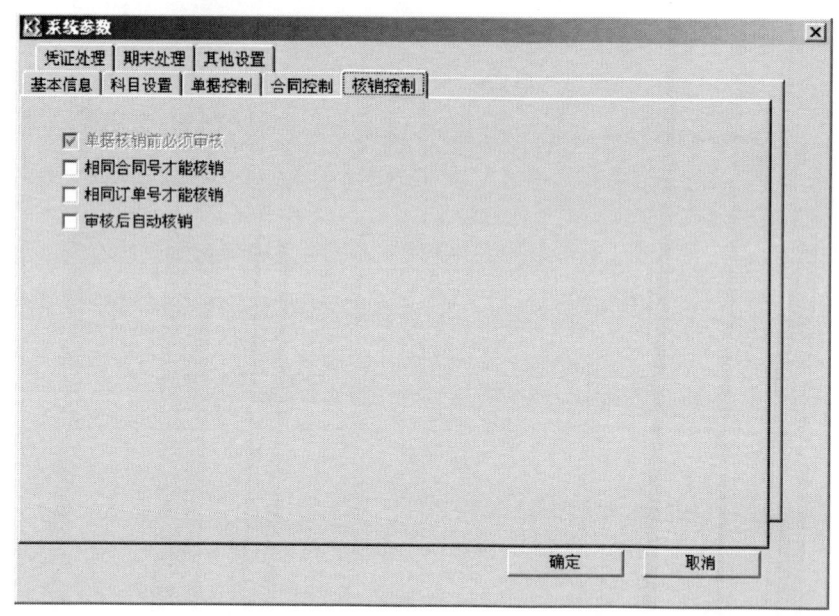

圖 6-49

【提示】

(1) 單據核銷前必須審核：勾選該項，則核銷時只顯示審核過的單據，一般建議勾選。

(2) 相同訂單號才能核銷：勾選該項，則具有相同訂單號的單據才能進行核銷操作。

(3) 相同合同號才能核銷：勾選該項，則具有相同合同號的單據才能進行核銷操作。

(4) 審核後自動核銷：勾選該項，則單據一經審核後就會自動核銷。

7. 切換到「憑證處理」選項卡，如圖 6-50 所示。

【提示】

(1) 憑證處理前單據必須審核：勾選該項，則單據生成憑證前必須審核。

(2) 使用憑證模板：勾選該項，則使用憑證模板的方式生成憑證。

(3) 預付沖應付需要生成轉帳憑證：勾選該項，則預付款沖銷應付款的單據也需要生成相應的憑證。

8. 切換到「期末處理」選項卡，如圖 6-51 所示。

圖 6-50

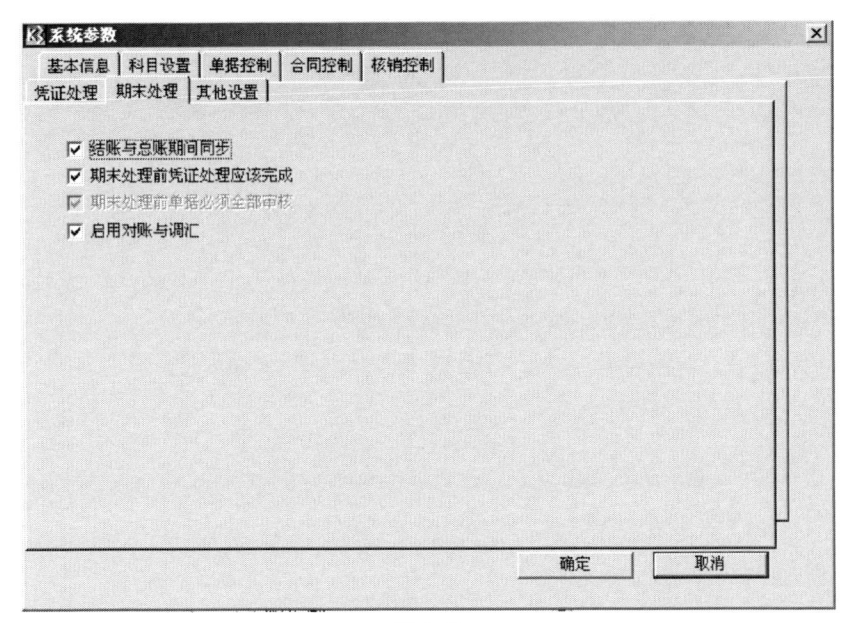

圖 6-51

【提示】
（1）結帳與總帳期間同步：與總帳系統聯用時，勾選該項，總帳系統的結帳必須在應付款管理系統結帳後才能進行，保證了應付款管理系統的數據及時、準

第六章　各模塊初始化設置

確地傳入總帳系統。

（2）期末處理前憑證處理應該完成：期末處理前，當前會計期間的所有單據必須已經生成記帳憑證，否則不予結帳。一般建議勾選該項。

（3）期末處理前單據必須全部審核：期末處理前，當前會計期間的所有單據必須已經審核，否則不予結帳。

（4）啓用對帳與調匯：勾選該項，則可以使用對帳和調匯功能。

9. 切換到「其他設置」選項卡，如圖 6-52 所示。

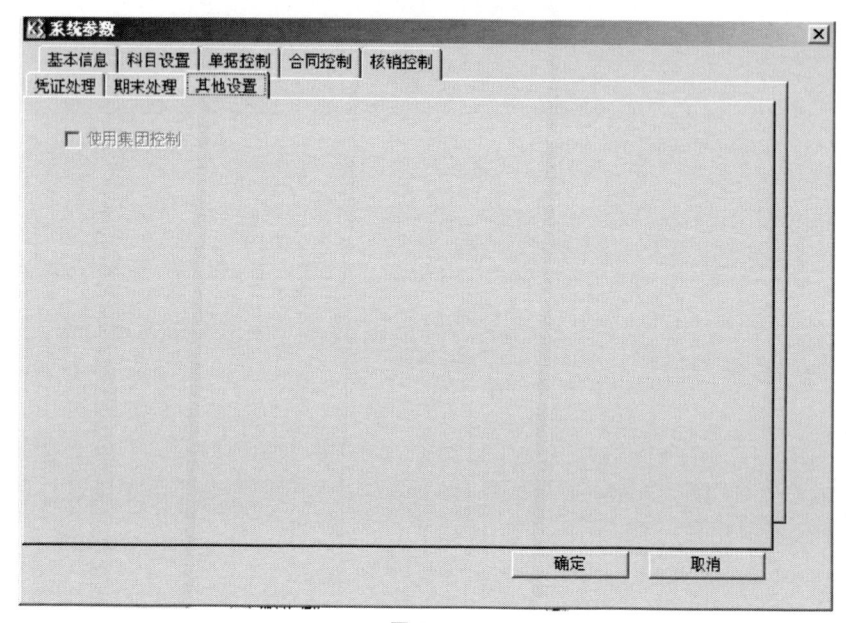

圖 6-52

【提示】使用集團控制：該選項在當前帳套是集團總部帳套時才有效，在分支機構的帳套中只是顯示是否使用集團控制的狀態。

10. 設置完成後，單擊「確定」按鈕，保存相應的系統參數設置。

三、基礎資料

應付款管理系統的基礎資料主要包括付款條件、類型維護、憑證模板、採購價格管理等。設置方法請參考應收系統基礎資料一節內容。

四、期初餘額錄入

完成各項設置工作後，應該錄入有關應付款的各項期初餘額、未核銷金額等，初始化工作才可以完成。

【操作步驟】

1. 執行【系統設置】→【初始化】→【應付款管理】→【初始採購增值稅發票-新增】命令，如圖 6-53 所示。

圖 6-53

2. 進入「初始化_採購增值稅發票-新增」界面，如圖 6-54 所示。

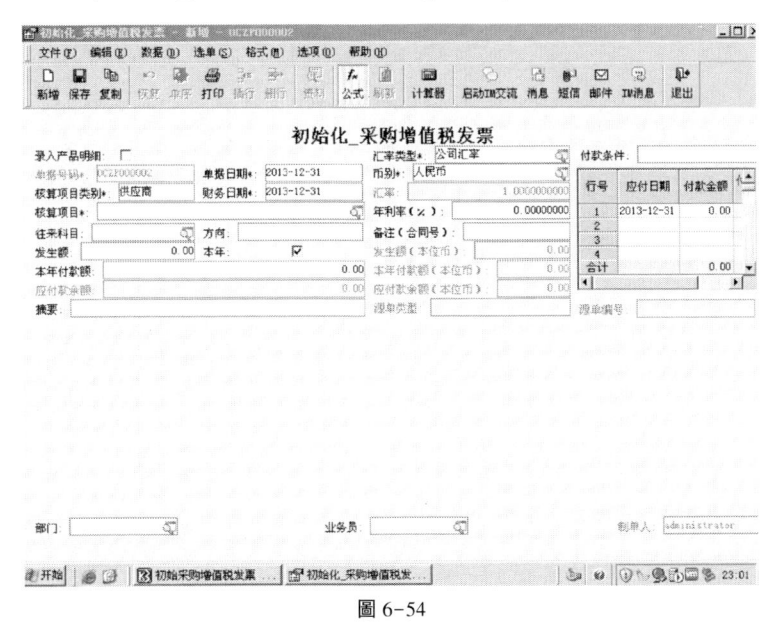

圖 6-54

3. 勾選「錄入產品明細」，根據表 2-23 中的川宇製造公司應付帳款會計科目

期初餘額明細，核算項目處選擇「川宇製造公司」，往來科目處選擇「應付帳款」，單據日期處選擇「2013-12-15」，產品代碼處選擇「01.03」，數量處錄入「60」，含稅單價處錄入「600」，應收日期處選擇「2014-01-20」，付款金額處錄入「36,000」，如圖6-55所示。

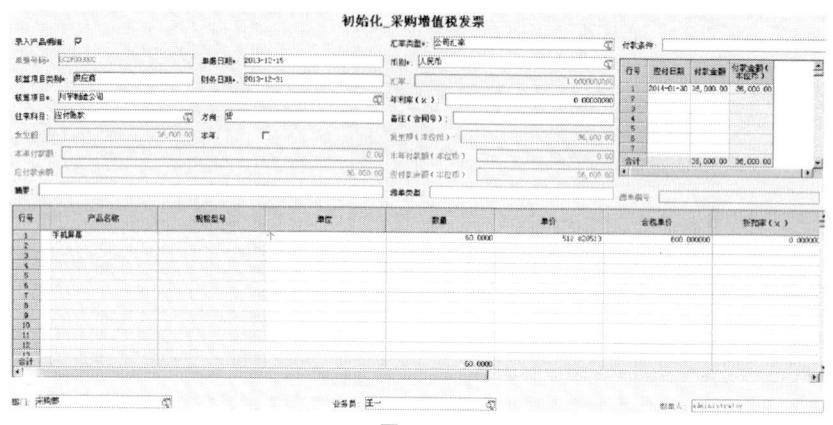

圖6-55

4. 根據操作步驟3所述，將表2-23中的重慶新科公司應付帳款會計科目期初餘額明細新增入帳套，如圖6-56所示。

圖6-56

5. 執行【系統設置】→【初始化】→【應付款管理】→【初始化數據-應付帳款】命令，如圖6-57所示。

6. 進入「應付款管理系統-【初始化數據_應付帳款】」界面，可以查看操作步驟3、4中錄入的數據，如圖6-58所示。

圖 6-57

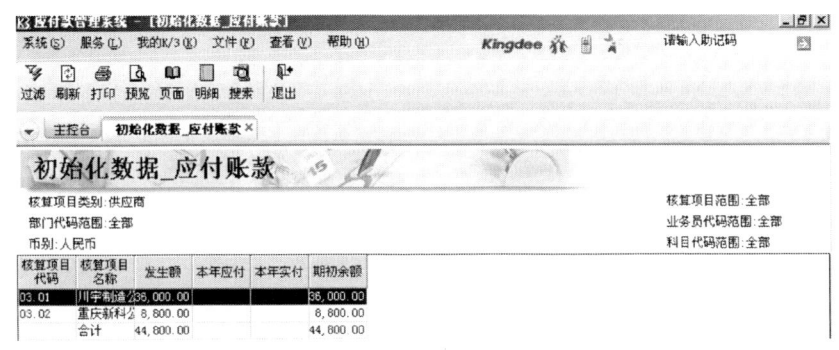

圖 6-58

五、結束初始化

【操作步驟】

1. 執行【財務會計】→【應付款管理】→【初始化】→【初始化檢查】命令，如圖 6-59 所示。

2. 系統彈出提示窗口，提示「初始化檢查已通過」，如圖 6-60 所示。

3. 執行【財務會計】→【應付款管理】→【初始化】→【初始化對帳】命令，如圖 6-61 所示。

203

第六章　各模塊初始化設置

图 6-59

图 6-60

图 6-61

204

4. 系統彈出「初始化對帳-過濾條件」窗口，核算類別項目處選擇「供應商」，幣別處選擇「人民幣」，科目代碼處選擇「2202」，如圖6-62所示。

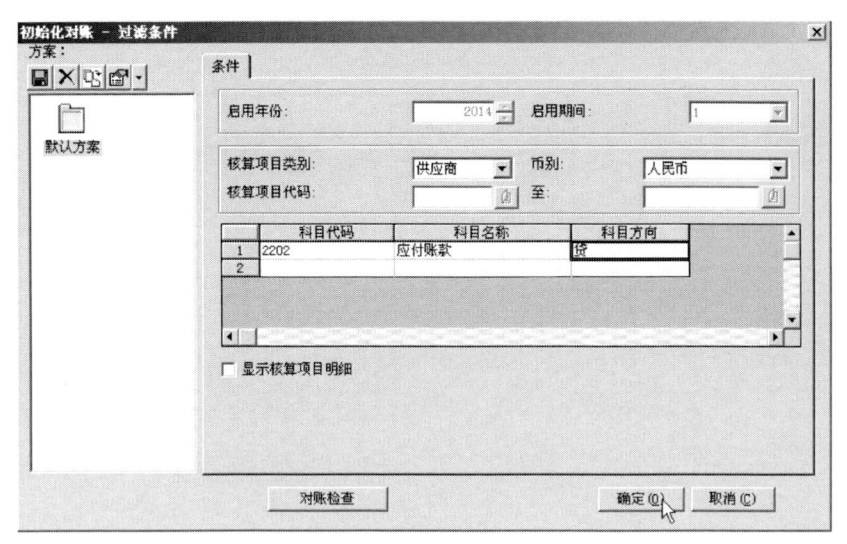

圖 6-62

5. 進入「應付款管理-【初始化對帳】」界面，顯示應付系統餘額和總帳餘額，兩者餘額相等時，表示對帳成功，如圖6-63所示。

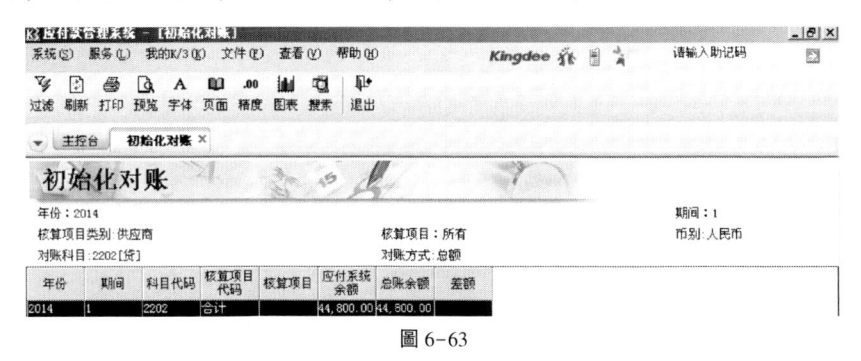

圖 6-63

6. 執行【財務會計】→【應付款管理】→【初始化】→【結束初始化】命令，如圖6-64所示。

7. 系統彈出「金蝶提示」窗口，如圖6-65所示，如果已經進行初始化檢查，此處可以單擊「否」按鈕。

8. 系統彈出「金蝶提示」窗口，如圖6-66所示，如果已經進行初始化對帳，此處可以單擊「否」按鈕。

第六章 各模塊初始化設置

圖 6-64

圖 6-65

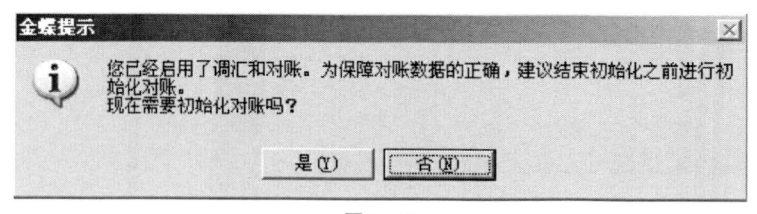

圖 6-66

9. 系統彈出「金蝶提示」窗口，提示「系統成功啓用」，如圖 6-67 所示，單擊「確定」按鈕。

圖 6-67

實驗三　固定資產管理系統初始化設置和期初餘額

【實驗準備】
已安裝金蝶 K/3-12 管理軟件，將系統日期修改為「2014 年 1 月 1 日」。
【實驗指導】

一、系統概述

固定資產管理系統實現對企業的固定資產進行全面、有效的管理，包括固定資產的新增、變動，對設備維護情況進行管理。它能夠幫助企業管理者全面掌握企業固定資產的數量與價值，追蹤固定資產的使用狀況，提高資產利用率。期末處理時可以根據固定資產設定的折舊方法進行計提折舊。系統同時提供固定資產清單、固定資產明細帳、資產增減表、折舊費明細表等財務所需報表。

固定資產管理系統總體操作流程圖如圖 6-68 所示。

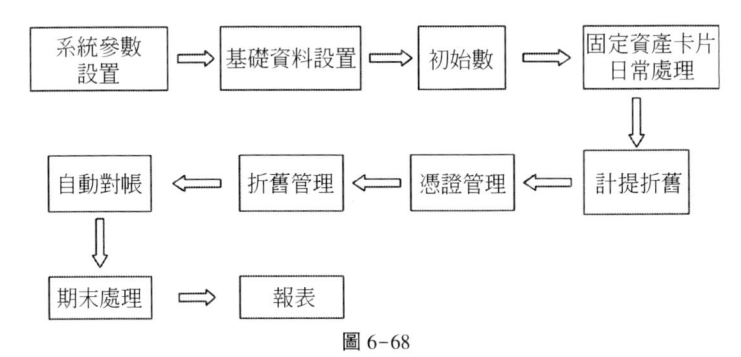

系統參數設置 ⇒ 基礎資料設置 ⇒ 初始數 ⇒ 固定資產卡片日常處理
⇓
自動對帳 ⇐ 折舊管理 ⇐ 憑證管理 ⇐ 計提折舊
⇓
期末處理 ⇒ 報表

圖 6-68

固定資產管理系統既可以獨立使用，也可以與其他系統如總帳系統、設備管理系統等配合使用，形成完整的固定資產管理和核算體系。

二、系統參數設置

系統參數設置滿足了企業管理固定資產的個性化需求，設置前要綜合企業的實際情況全面考慮。

【操作步驟】

1. 執行【系統設置】→【系統設置】→【資產管理】→【固定資產-系統參數】命令，如圖 6-69 所示。

2. 進入「系統選項」設置界面，「基本設置」選項卡如圖 6-70 所示，可以設置帳套的基本信息。

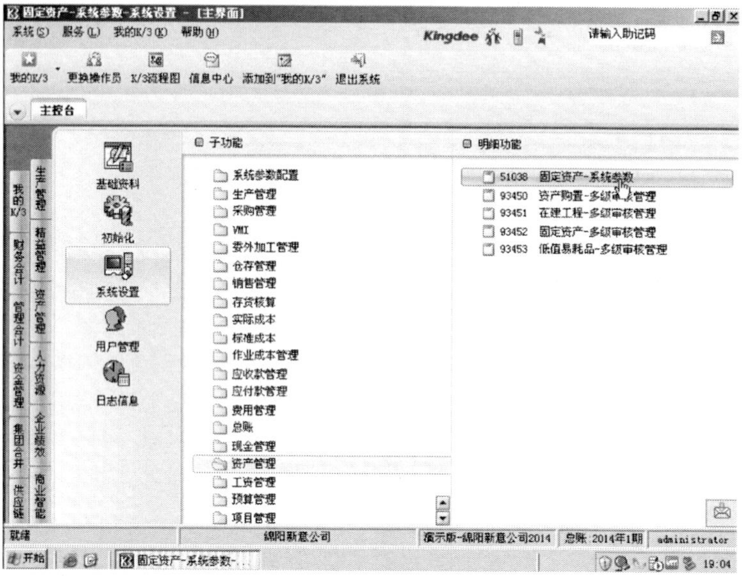
固定资产-系统参数-系统设置 - [主界面]
系统(S) 服务(L) 我的K/3(K) 帮助(H)
Kingdee
请输入助记码
我的K/3
更换操作员
K/3流程图
信息中心
添加到"我的K/3"
退出系统
主控台
基础资料
初始化
系统设置
用户管理
日志信息
子功能
明细功能
系统参数配置
生产管理
采购管理
VMI
委外加工管理
仓存管理
销售管理
存货核算
实际成本
标准成本
作业成本管理
应收款管理
应付款管理
费用管理
总账
现金管理
资产管理
工资管理
预算管理
项目管理
51038 固定资产-系统参数
93450 资产购置-多级审核管理
93451 在建工程-多级审核管理
93452 固定资产-多级审核管理
93453 低值易耗品-多级审核管理
就绪
綿阳新意公司
演示版-綿阳新意公司2014
总账:2014年1期
administrator
开始
19:04

圖 6-69

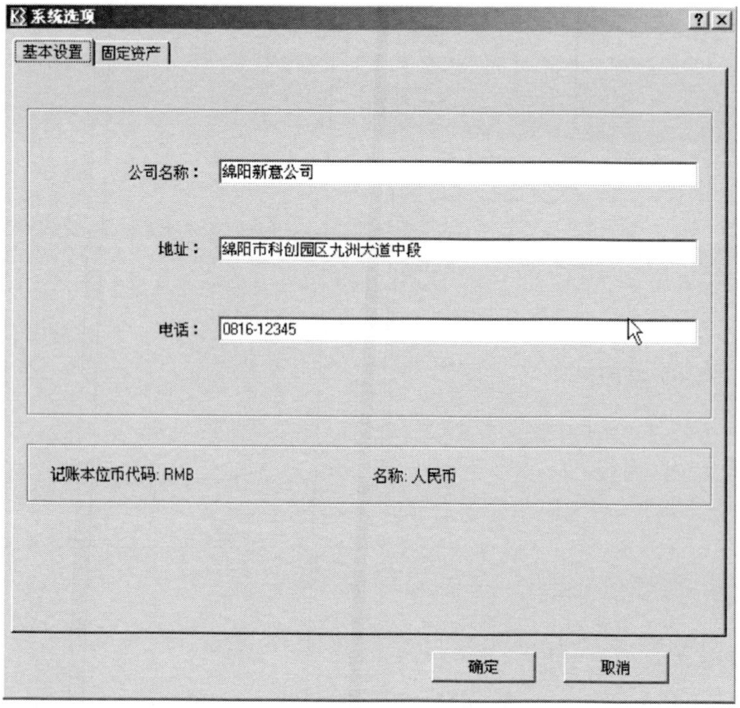
系统选项
基本设置
固定资产
公司名称：
綿阳新意公司
地址：
綿阳市科创园区九洲大道中段
电话：
0816-12345
记账本位币代码: RMB
名称: 人民币
确定
取消

圖 6-70

3. 切換到「固定資產」選項卡，如圖 6-71 所示，可以設置帳套的系統參數。

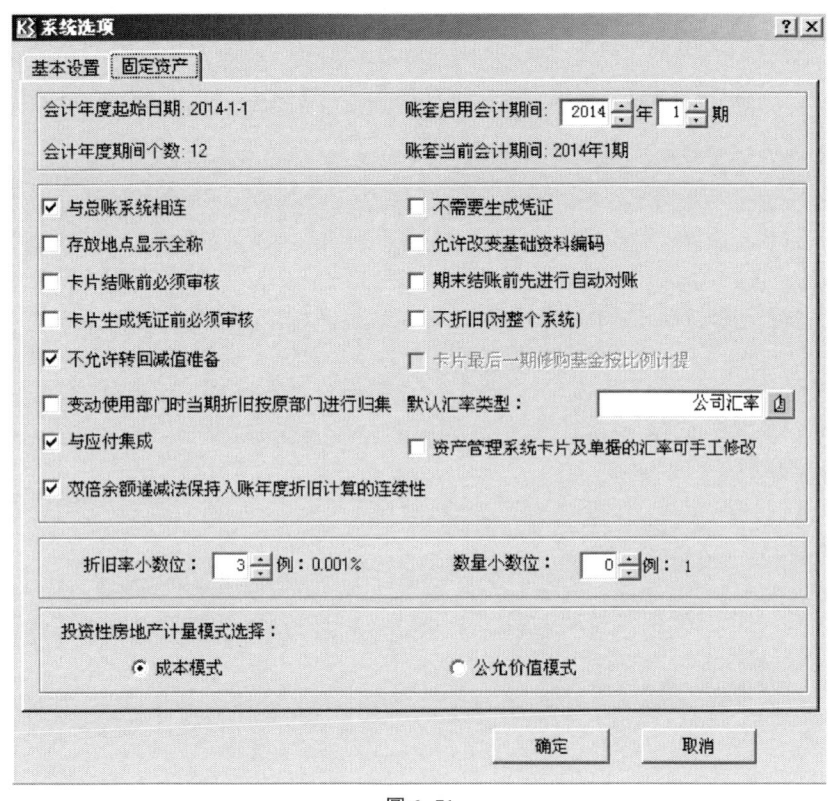

圖 6-71

【提示】

（1）帳套啟用會計期間：設置固定資產管理系統的啟用會計期間。

（2）與總帳系統相連：勾選該項，則固定資產管理系統與總帳系統集成使用，固定資產管理系統生成的憑證將傳遞到總帳系統，且總帳系統必須在固定資產管理系統結帳後才能進行結帳工作。

（3）存放地點顯示全稱：勾選該項，則在查看固定資產卡片資料時，存放地點將顯示包括所有上級存放地點在內的全部存放地點名稱。

（4）卡片結帳前必須審核：勾選該項，則期末結帳前，固定資產卡片必須審核完成。

（5）卡片生成憑證前必須審核：勾選該項，則固定資產卡片生成憑證前必須審核完成。

（6）不允許轉回減值準備：勾選該項，則執行減值準備計提操作時，單擊「確認」按鈕生成對應的計提減值準備卡片記錄時，如果減值準備記錄表中的「本期計提減值準備」欄中的數據存在小於零的記錄，系統會給出相應的提示。

（7）變動使用部門時當期折舊按原部門進行歸集：勾選該項，則變動固定資

產卡片上的使用部門後，當期仍按照原部門進行折舊費用的歸集，否則將按照變動後的使用部門進行折舊費用的歸集。

（8）與應付集成：勾選該項，則固定資產系統與應付系統集成使用。

（9）雙倍餘額遞減法保持入帳年度折舊計算的連續性：勾選該項，則以雙倍餘額遞減法來計提折舊額，以保持折舊計算的連續性。

（10）不需要生成憑證：勾選該項，則固定資產管理系統的相關業務可以不生成憑證。

（11）允許改變基礎資料編碼：勾選該項，則可以修改基礎資料的編碼。為了管理的嚴謹，一般不建議勾選。

（12）期末結帳前先進行自動對帳：勾選該項，則期末結帳前，先進行固定資產系統與總帳系統的業務數據對帳操作，保證了固定資產系統與總帳系統數據的一致性。

（13）不折舊（對整個系統）：勾選該項，則只登記固定資產卡片，不需要對固定資產進行計提折舊處理。

（14）卡片最後一期修購基金按比例計提：配合「不折舊（對整個系統）」選項使用。

（15）默認匯率類型：提供了「公司匯率」和「預算匯率」可供選擇。

（16）資產管理系統卡片及單據的匯率可手工修改：勾選該項，則固定資產卡片以及單據的匯率允許用戶手工修改。

（17）折舊率小數位：設置固定資產管理自定義折舊率的小數位精度，系統默認為 3 位小數位。

（18）數量小數位：設置固定資產管理自定義數量的小數位精度，系統默認為 3 位小數位。

（19）投資性房地產計量模式選擇：系統提供了兩種模式：①成本模式，即投資性房地產的業務處理與其他類別的固定資產一致，且允許計量模式轉為公允價值模式；②公允價值模式，即不允許對投資性房地產計提折舊和減值準備，且不允許計量模式轉為公允價值模式。

4. 根據企業實際需求，設置好固定資產管理系統系統參數後，單擊「確定」按鈕，如圖 6-72 所示。

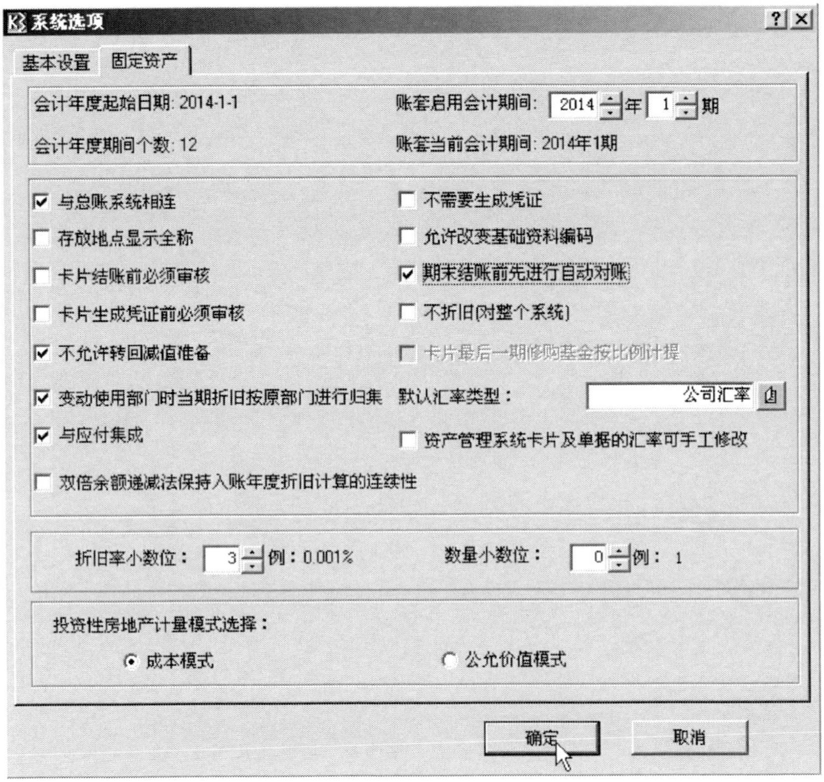

圖 6-72

三、基礎資料錄入

固定資產的基礎資料主要包括變動方式類別、使用狀態類別、折舊方法定義、卡片類別管理、存放地點維護、折舊政策管理、資產組管理和資產帳簿管理等。企業應該根據自身的具體情況，確定固定資產的劃分標準和管理要求的需要。

（一）變動方式類別

變動方式類別主要包括增加、減少、投資性房地產轉換以及其他四大類。

【操作步驟】

1. 執行【財務會計】→【固定資產管理】→【基礎資料】→【變動方式類別】命令，如圖 6-73 所示。

2. 進入到「變動方式類別」界面，如圖 6-74 所示。

【提示】可以對變動方式進行新增、修改、刪除等操作，已經使用的變動方式不能刪除。

第六章　各模塊初始化設置

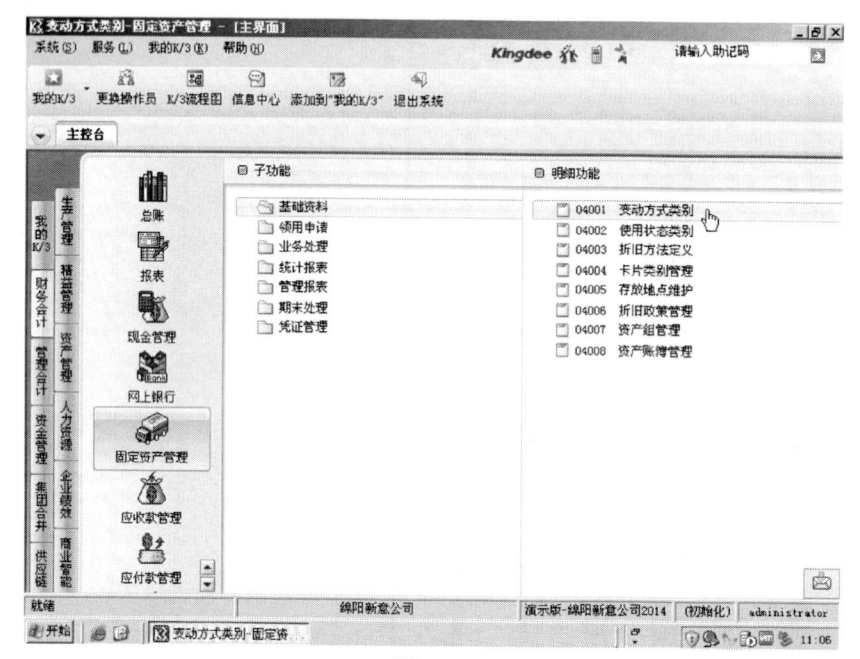

圖 6-73

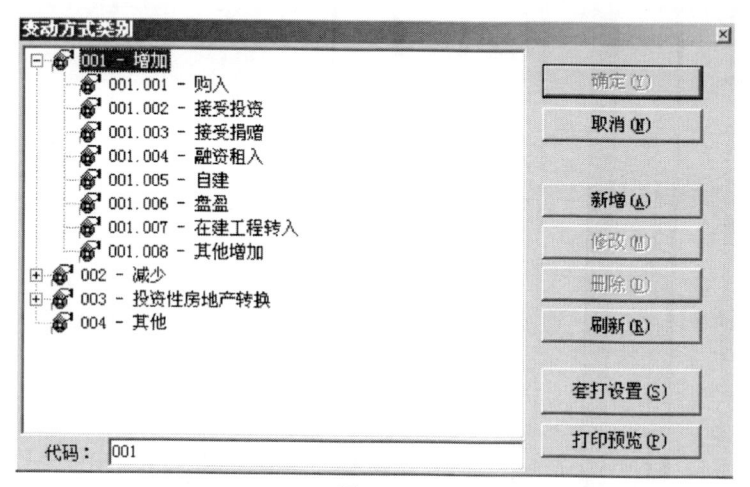

圖 6-74

3. 左窗口中選中「002-減少」，單擊「新增」按鈕，如圖 6-75 所示。
4. 進入「變動方式類別-新增」界面，如圖 6-76 所示。

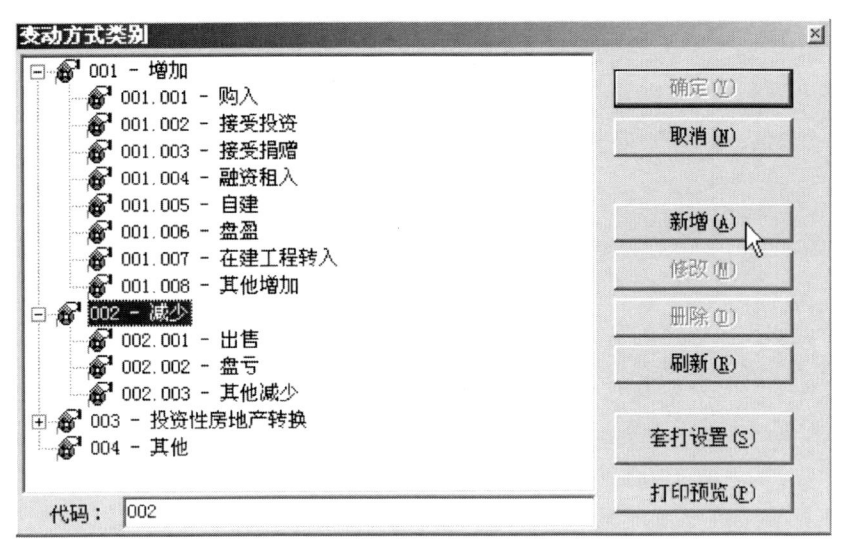

圖 6-75

圖 6-76

5. 根據表 2-24 內容，代碼處錄入「002.004」，名稱處錄入「報廢」，憑證字處選擇「記」，摘要處錄入「報廢固定資產」，對方科目代碼選擇「1606-固定資產清理」，單擊「新增」按鈕，保存設置。如圖 6-77 所示。

6. 新增完成後，可以在「變動方式類別」界面看到用戶增加的變動方式類別，如圖 6-78 所示。

213

圖 6-77

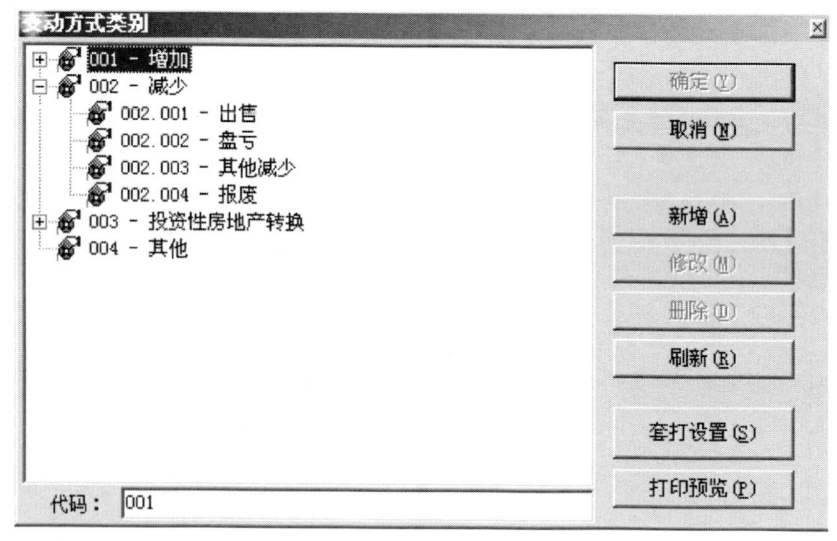

圖 6-78

（二）使用狀態類別

固定資產的使用狀態是指固定資產當前的使用情況，系統預設了使用中、未使用和不需用三種狀態。

【操作步驟】

1. 執行【財務會計】→【固定資產管理】→【基礎資料】→【使用狀態類別】命令，如圖 6-79 所示。

2. 進入到「使用狀態類別」界面，如圖 6-80 所示。

圖 6-79

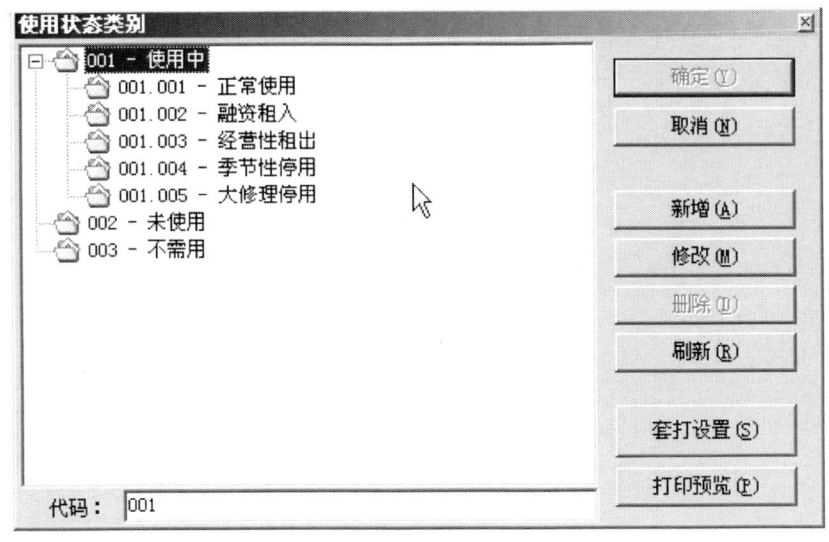

圖 6-80

【提示】可以對使用狀態進行新增、修改、刪除等操作，已經使用的使用狀態不能刪除。

3. 使用狀態類別中可以設置是否「計提折舊」的屬性，如圖 6-81 所示。

第六章　各模塊初始化設置

圖 6-81

(三) 折舊方法定義

固定資產系統為用戶提供了期末自動計提折舊的功能，實現此功能前，必須預先設置好需要使用的固定資產折舊方法。

【操作步驟】

1. 執行【財務會計】→【固定資產管理】→【基礎資料】→【折舊方法定義】命令，如圖 6-82 所示。

圖 6-82

2. 進入到「折舊方法定義」界面，如圖 6-83 所示。

【提示】系統提供的折舊方法基本滿足了設置的需要，如無特殊情況，用戶無需新增。

3. 在「顯示」選項卡中雙擊某折舊方法，可以進入該折舊方法的編輯界面，進行該折舊方法的定義和編輯修改，如圖 6-84 所示。

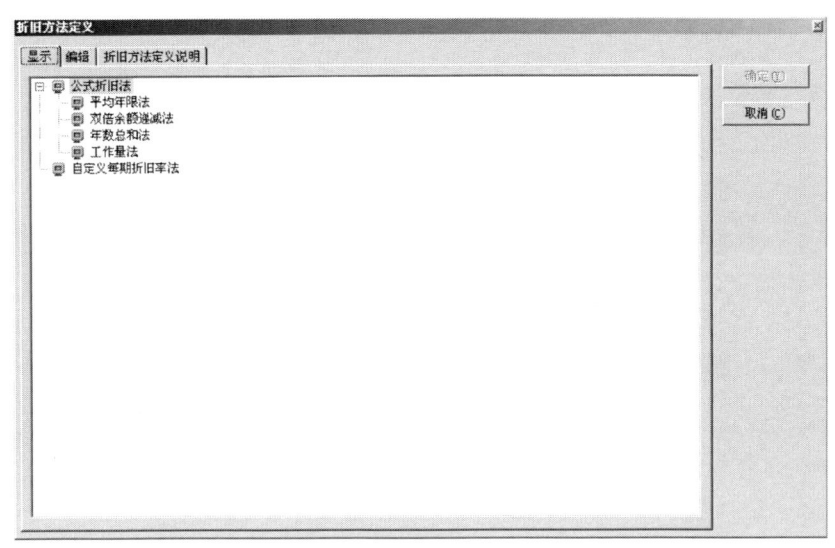

圖 6-83

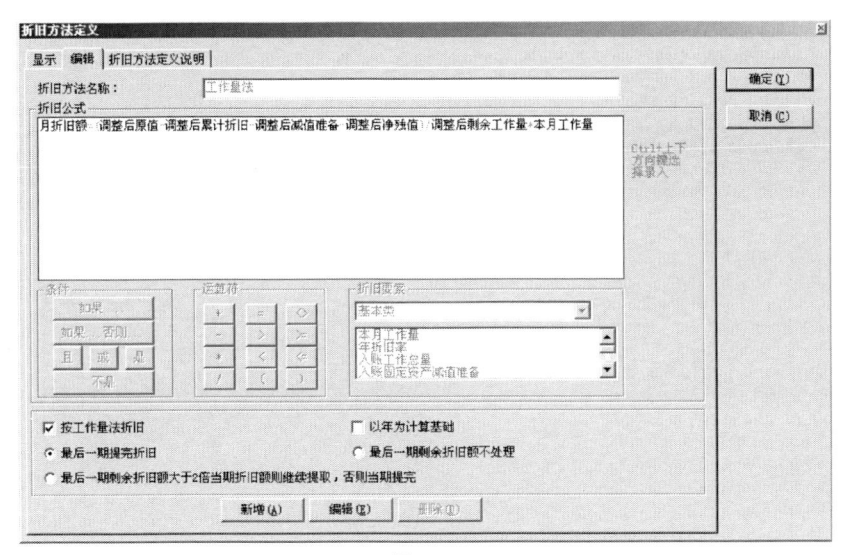

圖 6-84

（四）卡片類別管理

為了方便固定資產的管理，可以在卡片類別中對固定資產進行分類管理。

【操作步驟】

1. 執行【財務會計】→【固定資產管理】→【基礎資料】→【卡片類別管理】命令，如圖 6-85 所示。

2. 進入到「固定資產類別」界面，如圖 6-86 所示。

第六章 各模塊初始化設置

圖 6-85

圖 6-86

【提示】由於每個企業對固定資產卡片類別的劃分原則不同，因此系統只預設了投資性房地產的類別。此類別不允許刪除、不允許修改代碼和名稱、不允許增加下級組。

3. 單擊「新增」按鈕，進入到「固定資產類別-新增」界面，如圖6-87所示。

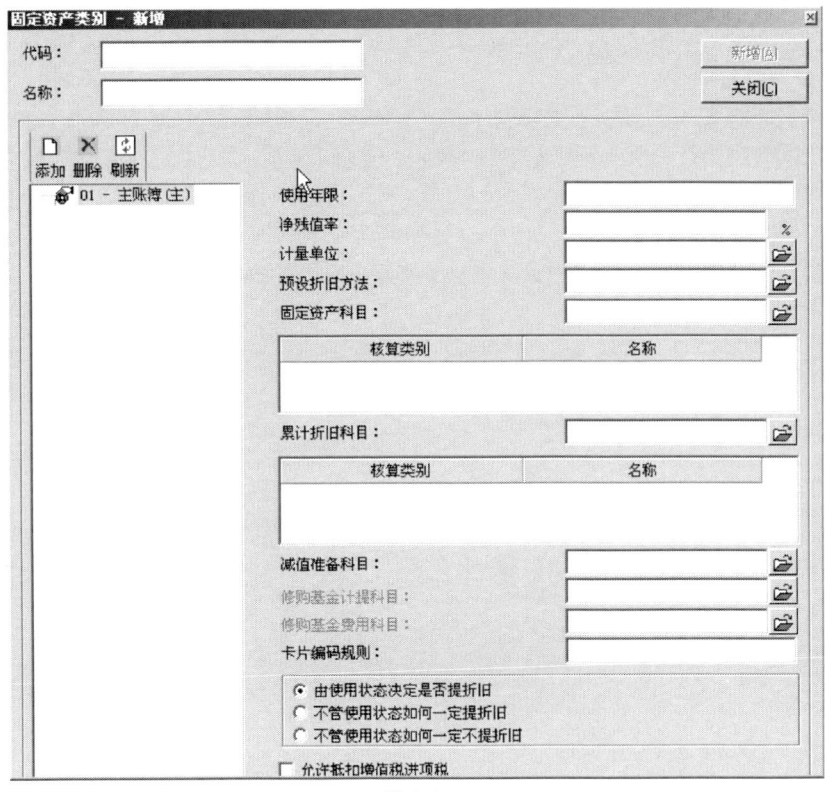

圖6-87

【提示】

（1）代碼：固定資產類別代碼，可以實現多級管理，上下級類別間以圓點「.」分隔。

（2）名稱：固定資產類別名稱。

（3）使用年限：如果該類固定資產的使用年限基本相同，則在此錄入該類固定資產的使用年限。

（4）淨殘值率：如果該類固定資產的淨殘值率基本相同，則在此錄入該類固定資產的淨殘值率。

（5）預設折舊方法：如果該類固定資產的折舊方法基本相同，則在此錄入該類固定資產的折舊方法。

（6）固定資產科目：設置該類固定資產對應的核算科目。

（7）累計折舊科目：設置該類固定資產計提折舊時，累計折舊對應的核算科目。

（8）減值準備科目：設置該類固定資產計提減值準備時，減值準備對應的核

算科目。

（9）卡片編碼規則：設置不同的固定資產卡片的編碼前綴。

（10）折舊規則：系統提供了三個互斥的固定資產折舊規則選項，分別為「由使用狀態決定是否提折舊」、「不管使用狀態如何一定提折舊」、「不管使用狀態如何一定不提折舊」。

4. 代碼處錄入「001」，名稱處錄入「建築物」，使用年限處錄入「50」，淨殘值率處錄入「5%」，計量單位處選擇「棟」，預設折舊方法處選擇「平均年限法」，固定資產科目處選擇「1601-固定資產」，累計折舊科目處選擇「1602-累計折舊」，減值準備科目處選擇「1603-固定資產減值準備」，卡片編碼規則處錄入「FW-」，折舊規則處選擇「不管使用狀態如何一定提折舊」，如圖6-88所示，單擊「新增」按鈕，保存設置。

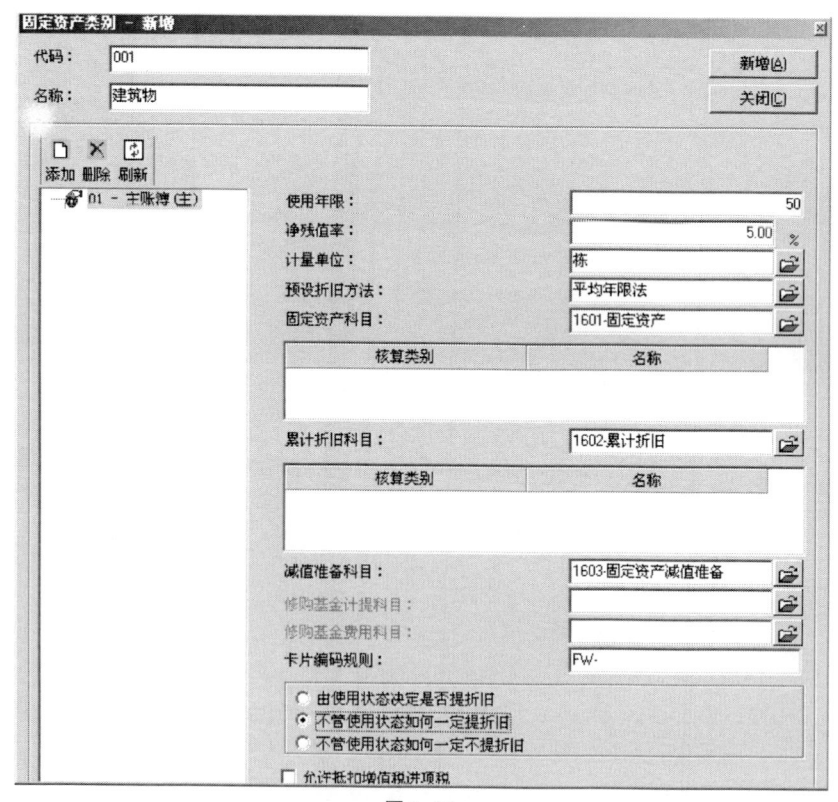

圖6-88

5. 根據操作步驟4所述，將表2-25中的固定資產卡片類別檔案新增入帳套，如圖6-89所示。

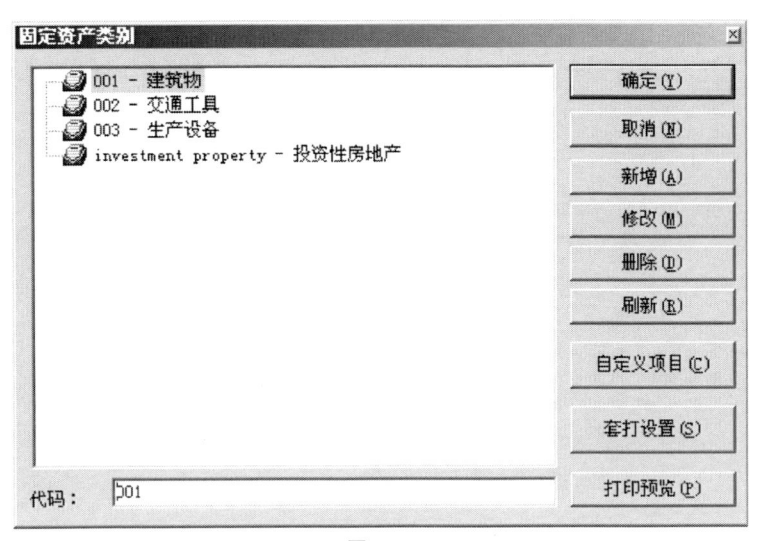

圖 6-89

（五）存放地點維護

存放地點維護幫助用戶加強對固定資產實物存放地點的維護工作。

【操作步驟】

1. 執行【財務會計】→【固定資產管理】→【基礎資料】→【存放地點維護】命令，如圖 6-90 所示。

圖 6-90

2. 進入到「存放地點」界面，如圖 6-91 所示。

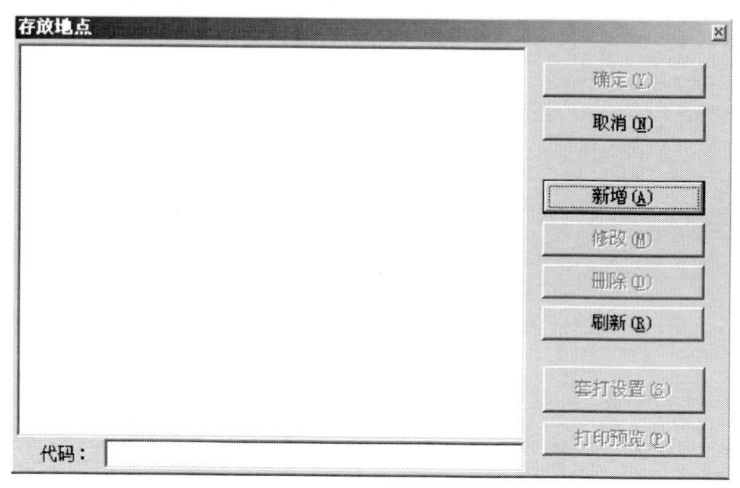

圖 6-91

【提示】
(1) 系統沒有提供預設數據，用戶可以根據實際情況自行設置。
(2) 可以對存放地點進行新增、修改、刪除等操作。

3. 單擊「新增」按鈕，進入到「存放地點-新增」界面，如圖 6-92 所示。

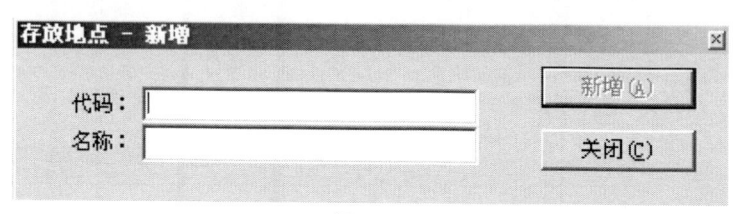

圖 6-92

4. 代碼處錄入「01」，名稱處錄入「車庫」，如圖 6-93 所示，單擊「新增」按鈕，保存設置。

圖 6-93

5. 存放地點新增完畢後，如圖 6-94 所示。

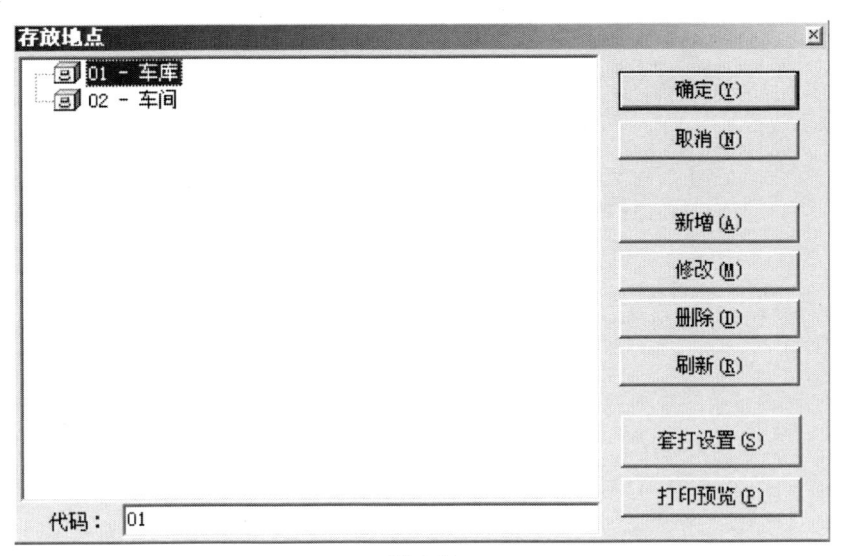

圖 6-94

（六）折舊政策管理

【操作步驟】

1. 執行【財務會計】→【固定資產管理】→【基礎資料】→【折舊政策管理】命令，如圖 6-95 所示。

圖 6-95

第六章 各模塊初始化設置

2. 進入到「折舊政策方案」界面，如圖 6-96 所示。

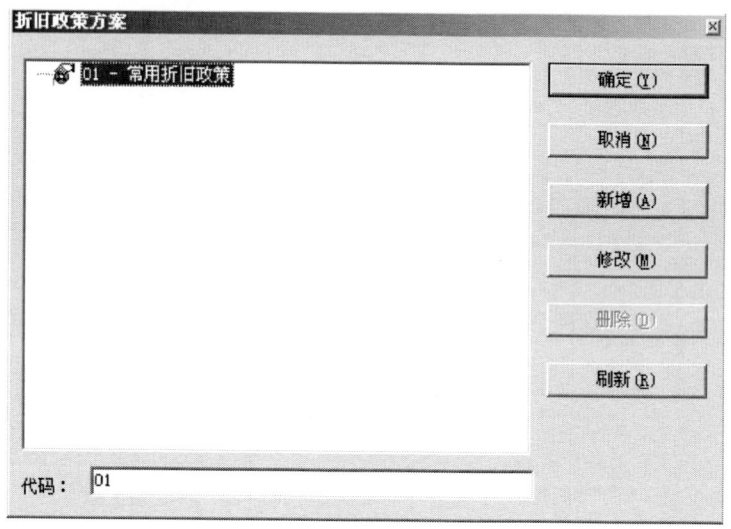

圖 6-96

3. 單擊「新增」按鈕，進入「折舊政策方案-新增」界面，如圖 6-97 所示，可以設置相應的折舊政策方案。

圖 6-97

（七）資產組管理

資產組管理主要包括資產組的定義、按資產組計提減值準備和按資產組查詢資產清單等功能。

【操作步驟】

1. 執行【財務會計】→【固定資產管理】→【基礎資料】→【資產組管理】命令，如圖 6-98 所示。

圖 6-98

2. 進入到「資產組管理」界面，可以完成資產組的新增、刪除、修改等操作，如圖 6-99 所示。

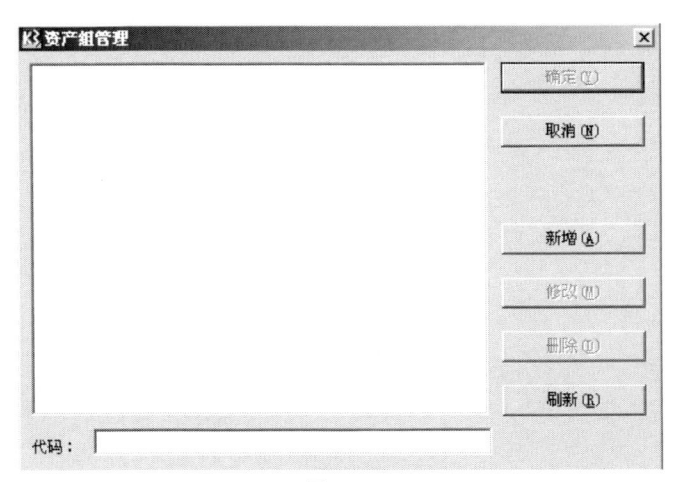

圖 6-99

【提示】資產組設置必須在結束初始化後才可以進行。

3. 單擊「新增」按鈕，進入到「資產組管理-新增」界面，如圖6-100所示。

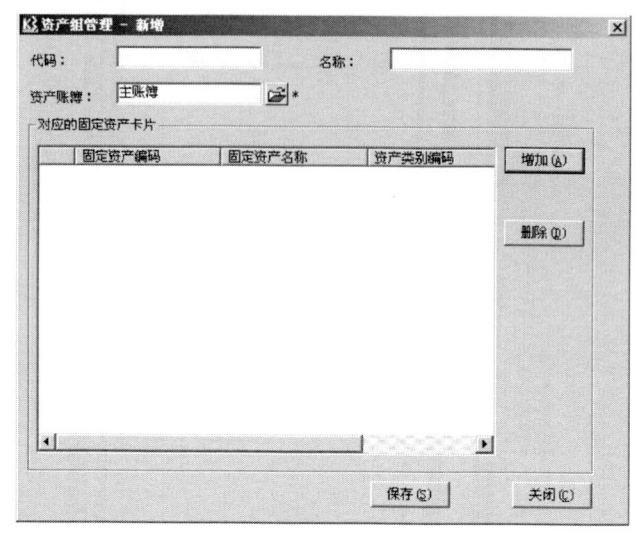

圖6-100

（八）資產帳簿管理

【操作步驟】

1. 執行【財務會計】→【固定資產管理】→【基礎資料】→【資產帳簿管理】命令，如圖6-101所示。

圖6-101

2. 進入到「資產帳簿管理」界面，如圖6-102所示。

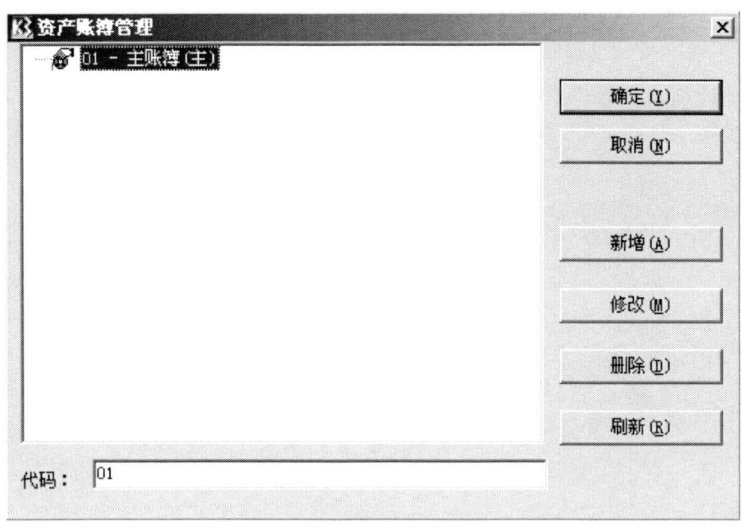

圖 6-102

3. 單擊「新增」按鈕，進入「資產帳簿管理-新增」界面，如圖 6-103 所示，可以根據企業需要增加相應的資產帳簿。

圖 6-103

四、期初餘額錄入

啓用固定資產系統之前的固定資產內容以卡片的形式錄入到系統中去。
【操作步驟】
1. 執行【財務會計】→【固定資產管理】→【業務處理】→【新增卡片】命令，如圖 6-104 所示。

第六章　各模塊初始化設置

圖 6-104

2. 系統彈出「金蝶提示」窗口，核實啓用年期後，單擊「是」按鈕，如圖 6-105 所示。

圖 6-105

3. 進入「卡片及變動-新增」界面，如圖 6-106 所示。
【提示】
（1）帶「＊」號的為必錄項。
（2）初始化期間，「入帳日期」系統默認為固定資產系統啓用期前一天的日期，無須修改。

4. 資產類別處選擇「建築物」，資產編碼處由系統自動生成，資產名稱處錄入「辦公樓」，計量單位處選擇「棟」，數量處錄入「1」，入帳日期處選擇「2013 年 12 月 31 日」，經濟用途處選擇「經營用」，使用狀況處選擇「正常使用」，變動方式處選擇「自建」，如圖 6-107 所示。

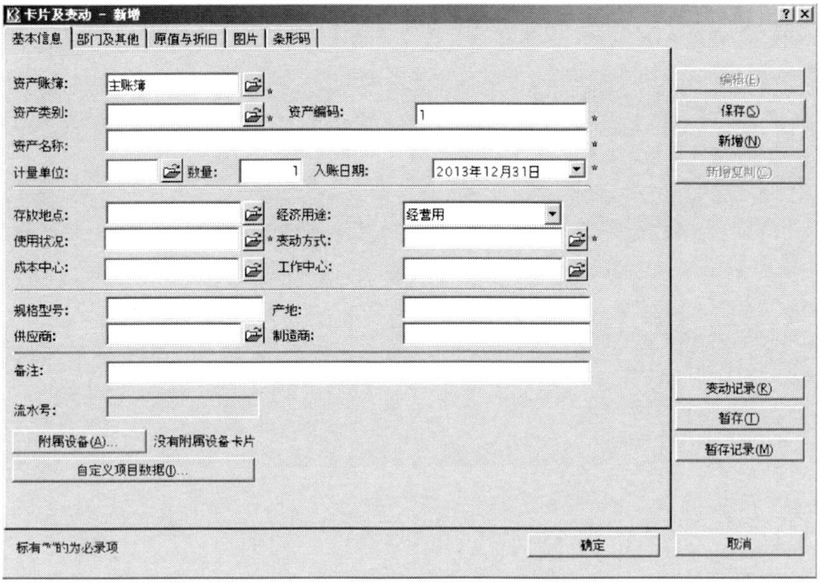

圖 6-106

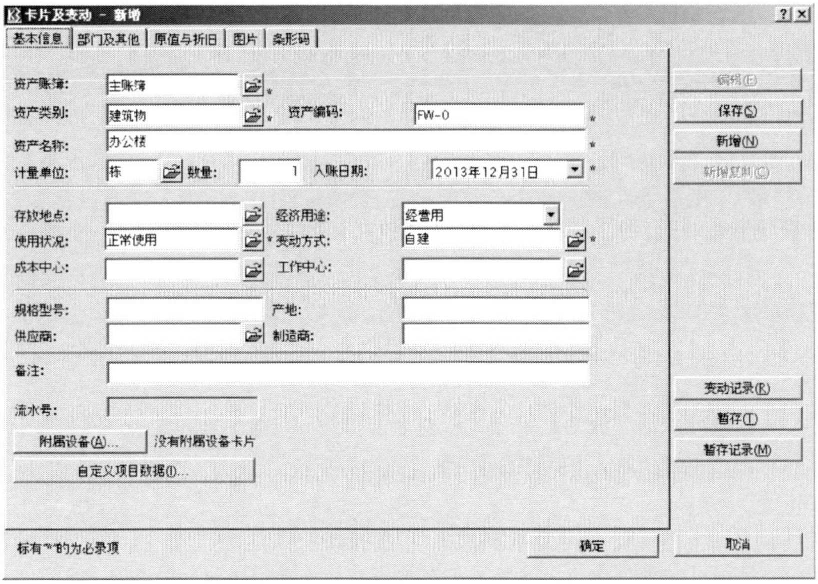

圖 6-107

5. 切換到「部門及其他」選項卡，使用部門處選擇「單一」，並選擇「辦公室」，折舊費用分配處選擇「單一」，科目處選擇「管理費用-折舊費」，如圖 6-108所示。

第六章　各模塊初始化設置

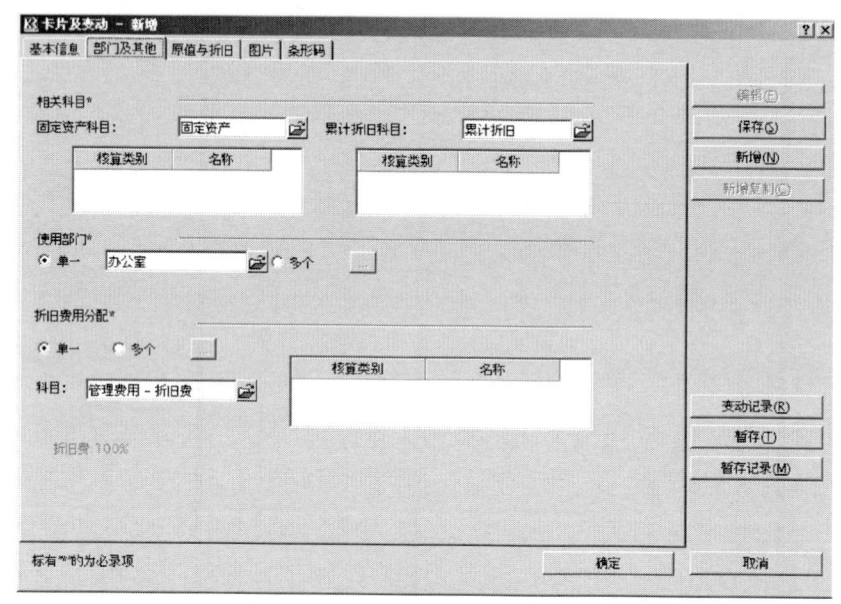

圖 6-108

【提示】

（1）使用部門：如果使用部門為一個，則選擇「單一」和相應的部門名稱；如果同時為多部門服務，則選擇「多個」後單擊右側按鈕，各部門的分配比例總和應為 100%。

（2）折舊費用分配：如果使用部門為一個，則選擇「單一」和相應的折舊費用科目；如果使用部門選擇了多個，則分攤的費用科目也為多個，應選擇「多個」後單擊右側按鈕，並保證同一個部門的所有費用科目的分配比例之和為 100%。

6. 切換到「原值與折舊」選項卡，原幣金額處錄入「1,000,000」，開始使用日期處選擇「1993 年 12 月 1 日」，累計折舊處錄入「380,000」，折舊方法處選擇「平均年限法」，如圖 6-109 所示。

【提示】

（1）購進原值：系統默認與「原幣金額」一致，可以根據實際情況修改。

（2）購進累計折舊：系統默認為零，如果固定資產購入是為新設備，則無須填寫該項。

（3）開始使用日期：該固定資產開始計提折舊的日期。

（4）預計使用期間數：以月作為計量單位，為該固定資產的使用時間。

（5）已使用期間數：由「開始使用日期」與「入帳日期」自動計算得出。

（6）累計折舊：截止啟用期間期初共提取的折舊額。

（7）預計淨殘值：系統根據固定資產類別中設置的殘值率進行計算並自動顯示，用戶可以根據實際情況進行更改。

（8）淨值：系統根據「本幣金額」－「累計折舊額」自動計算得出。

230

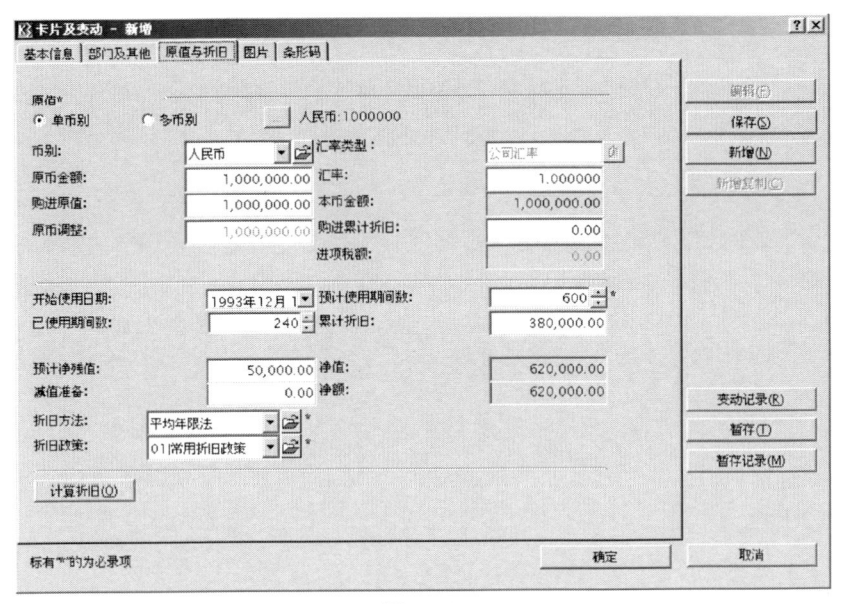

圖 6-109

（9）折舊方法：系統根據固定資產類別中的設置自動顯示，用戶可以根據實際情況進行更改。

7. 根據操作步驟 4、5、6 所述，將表 2-26 中的固定資產期初檔案新增入帳套，如圖 6-110 所示。

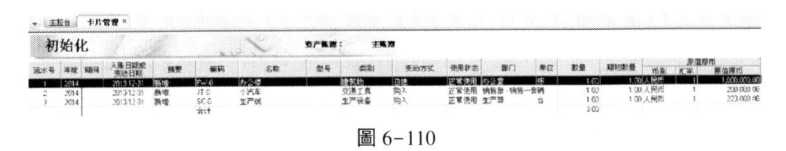

圖 6-110

8. 執行【工具】→【將初始數據傳送總帳】，可以將固定資產的初始數據傳送至總帳系統，如圖 6-111 所示。

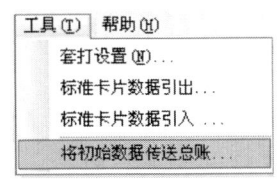

圖 6-111

9. 系統彈出「金蝶提示」窗口，如果確定傳送，單擊「是」按鈕，如圖 6-112所示。

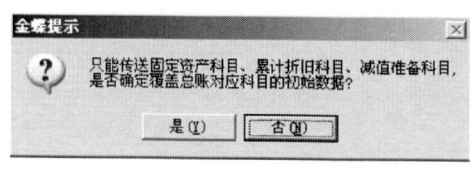

圖 6-112

10. 傳送完畢，系統再次彈出「金蝶提示」窗口，提示「傳送固定資產初始數據成功」，如圖 6-113 所示。

圖 6-113

11. 進入「總帳系統－【科目初始餘額錄入】」界面，可以查看傳送的「固定資產」和「累計折舊」會計科目期初餘額，如圖 6-114 所示。

代碼	名稱	期初數量	方	期初余額 原幣	核算項目
1411	周转材料		借		
1421	消耗性生物资产		借		
1431	贵金属		借		
1471	存货跌价准备		贷		
1501	持有至到期投资		借		
1502	持有至到期投资减值准备		贷		
1503	可供出售金融资产		借		
1511	长期股权投资		借		
1512	长期股权投资减值准备		贷		
1521	投资性房地产		借		
1531	长期应收款		借		
1532	未实现融资收益		贷		
1541	存出资本保证金		借		
1601	固定资产		借	1,423,000.00	
1602	累计折旧		贷	500,000.00	

圖 6-114

五、結束初始化

【操作步驟】

1. 執行【系統設置】→【初始化】→【固定資產】→【初始化】命令，如圖 6-115 所示。

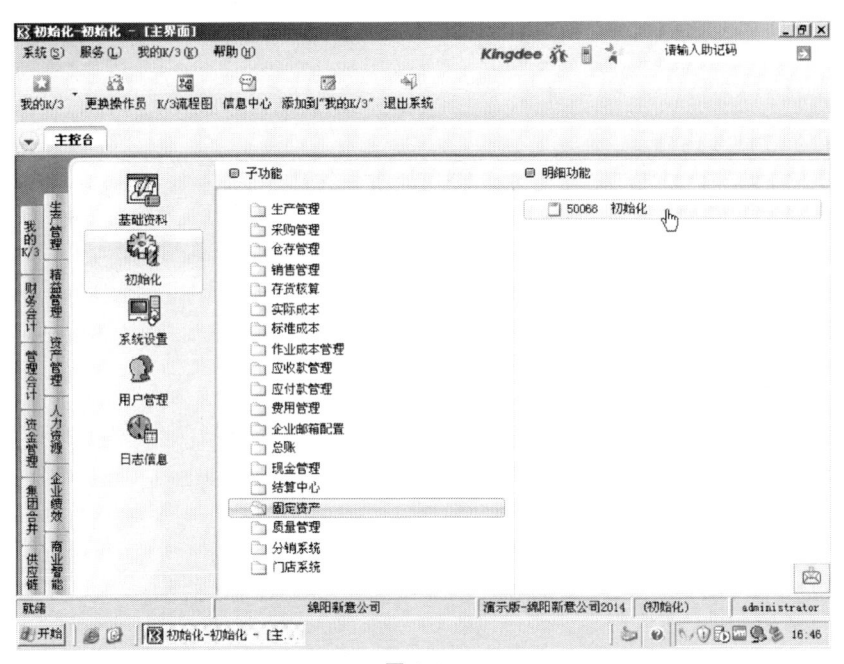

圖 6-115

2. 系統彈出「結束初始化」窗口，單擊「開始」按鈕，如圖 6-116 所示。

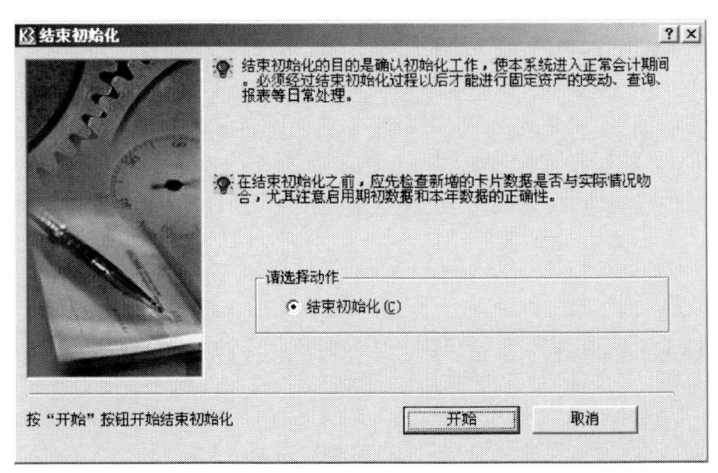

圖 6-116

3. 系統彈出「金蝶提示」窗口，提示「結束初始化成功」，如圖 6-117 所示。

圖 6-117

【提示】
（1）需要反初始化時，按住「Shift」鍵的同時單擊「反初始化」。
（2）只有系統管理員才能進行「反初始化」操作。

實驗四　存貨核算系統初始化設置和期初餘額

【實驗準備】
已安裝金蝶 K/3-12 管理軟件，將系統日期修改為「2014 年 1 月 1 日」。
【實驗指導】

一、系統概述

存貨是保證企業生產經營過程順利進行的必要條件，主要指企業在生產經營活動中為銷售或者耗用而儲存的各種資產，包括原材料、在產品、產成品以及各種包裝物、燃料等。

存貨的核算是企業會計核算的一項重要內容，進行存貨核算，應該正確計算存貨購入成本，促使企業努力降低存貨成本；反應和監督存貨的收發、領退和保管情況；反應和監督存貨資金的占用情況，促進企業提高資金利用率。

存貨核算系統主要是對出入庫的存貨進行出入庫成本計算，包括對各種出入庫單據進行審核、勾稽後，根據系統預先定義好的物料成本計價方法，系統自動計算出材料出庫成本。材料成本核算後的單據生成相應憑證並傳遞至總帳。

存貨核算系統與其他系統間的數據流向，如圖 6-118 所示。

存貨核算系統不可以獨立使用，須與採購管理、銷售管理、倉存管理集成使用，才能核算正確的材料成本。

二、系統參數設置

系統參數設置是針對本系統的一些控制進行設置，設置前要綜合企業的實際情況全面考慮。

【操作步驟】
1. 執行【系統設置】→【初始化】→【存貨核算】→【系統參數設置】命令，如圖 6-119 所示。

圖 6-118

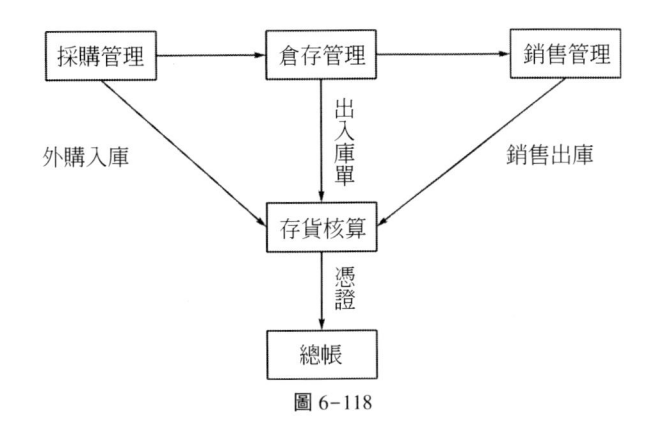

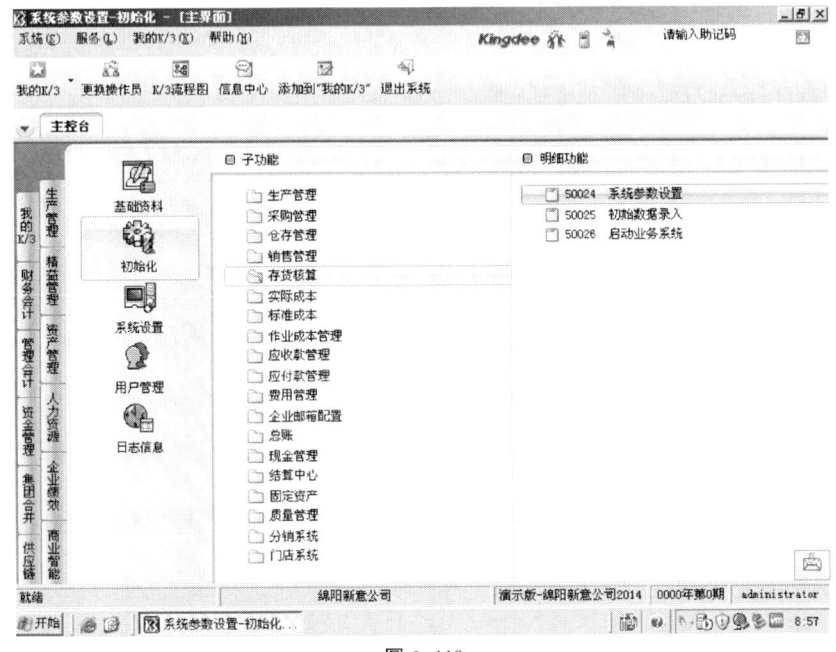

圖 6-119

　　2. 進入「核算參數設置向導」界面，設定啓用年度及啓用期間，如圖 6-120 所示，單擊「下一步」按鈕。

　　3. 設置系統的核算方式、庫存更新控制和門店模塊設置，如圖 6-121 所示，單擊「下一步」按鈕。

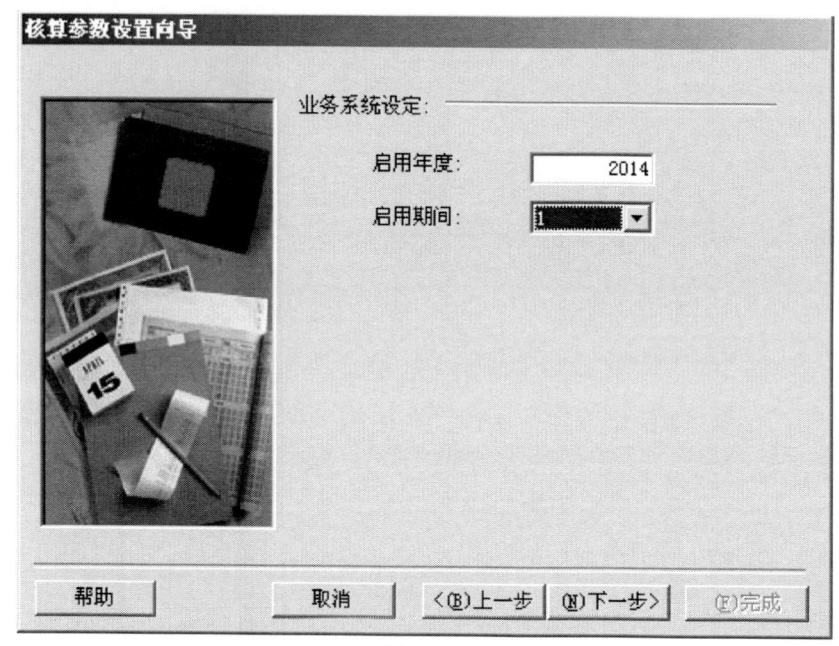

圖 6-120

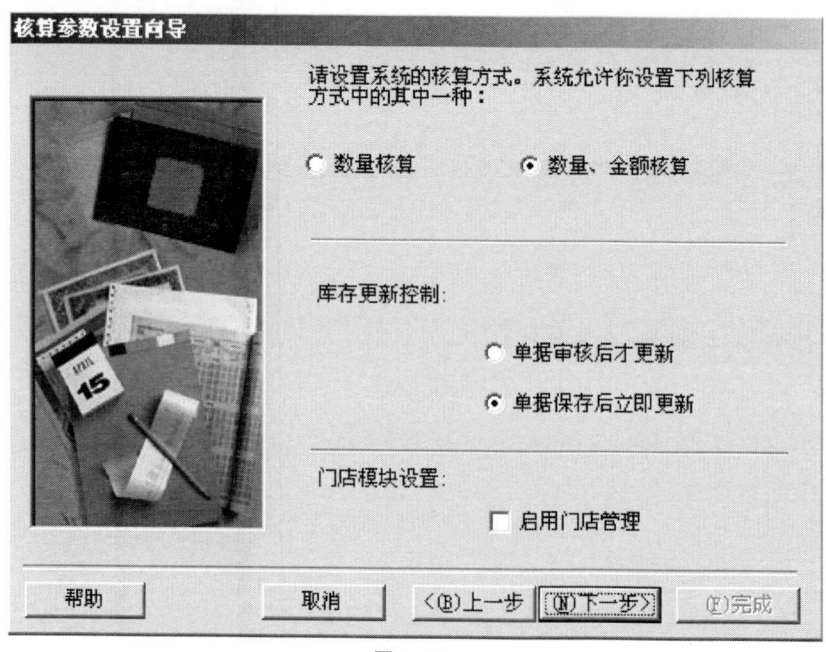

圖 6-121

4. 完成所有核算參數的設定後，單擊「完成」按鈕，如圖 6-122 所示。

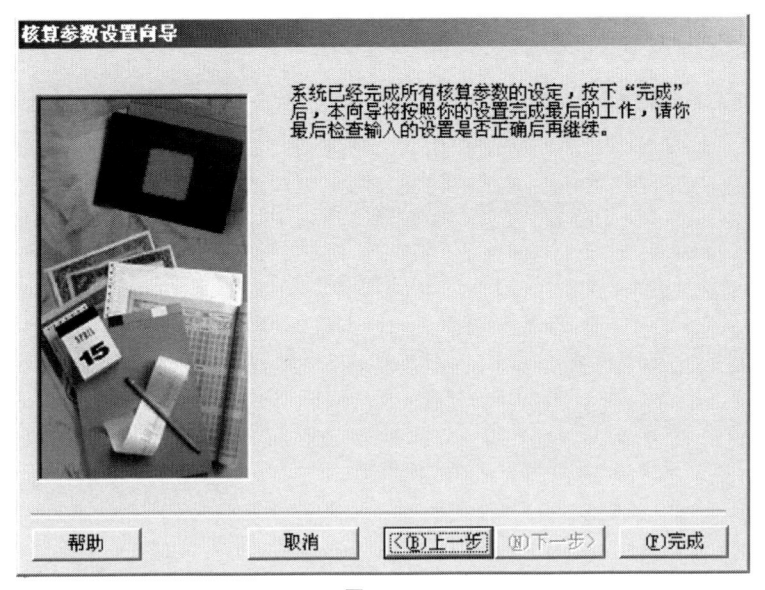

圖 6-122

5. 執行【系統設置】→【系統設置】→【存貨核算】→【系統設置】命令，如圖 6-123 所示。

圖 6-123

第六章　各模塊初始化設置

6. 進入「系統參數維護」界面，左窗口中選擇「系統設置」，右窗口中顯示「系統設置名稱」和「設置值」，如圖6-124所示。

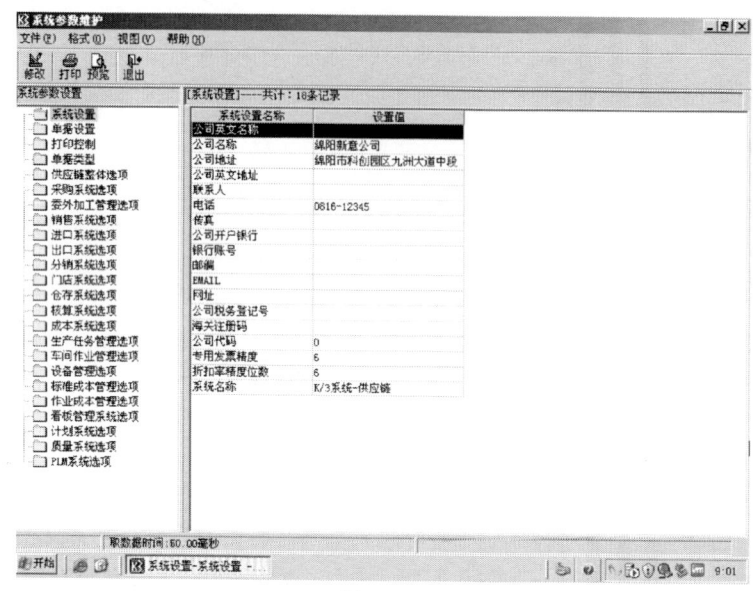

圖6-124

7. 左窗口中選擇相應的選項，右窗口中則顯示出相應的選項名稱和選項值，如單擊「供應鏈整體選項」，如圖6-125所示。

圖6-125

238

8. 左窗口中選擇「採購系統選項」，右窗口中顯示「參數名稱」和「參數值」，如圖6-126所示。

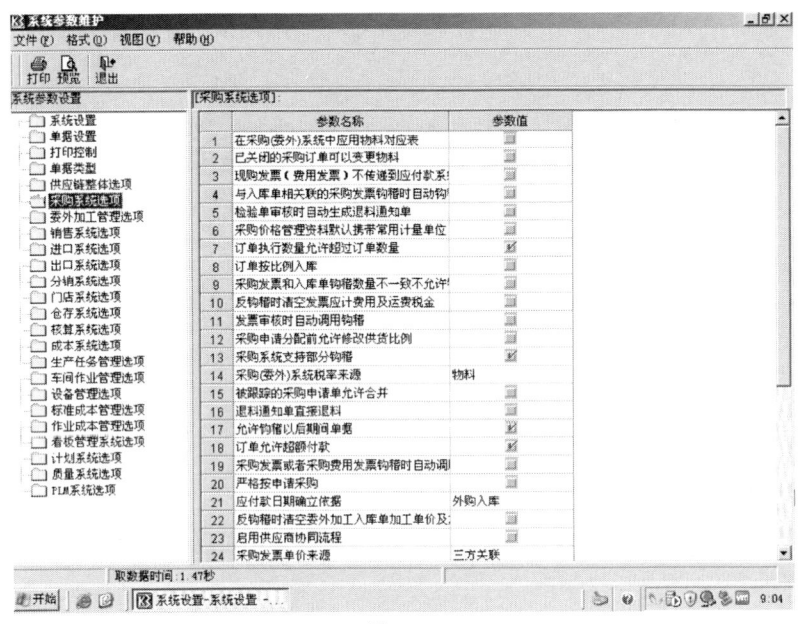

圖6-126

9. 左窗口中選擇「銷售系統選項」，右窗口中顯示「參數名稱」和「參數值」，如圖6-127所示。

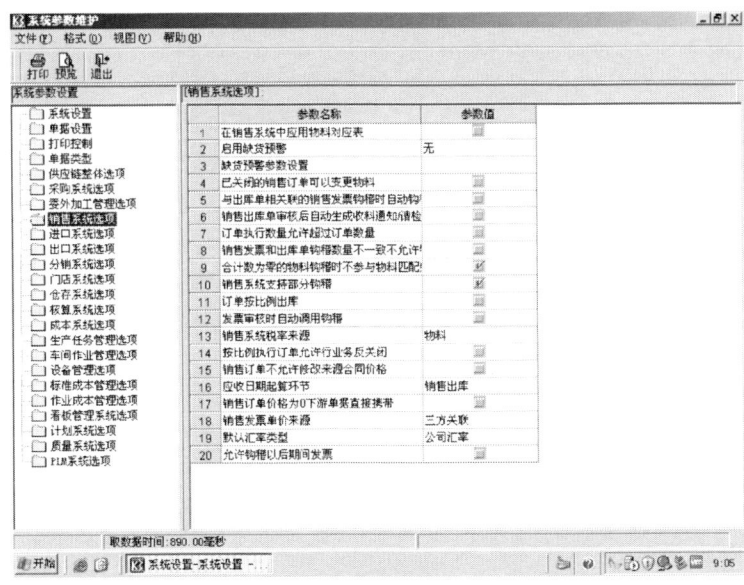

圖6-127

第六章　各模塊初始化設置

10. 左窗口中選擇「倉存系統選項」，右窗口中顯示「參數名稱」和「參數值」，如圖 6-128 所示。

圖 6-128

11. 左窗口中選擇「核算系統選項」，右窗口中顯示「參數名稱」和「參數值」，如圖 6-129 所示。

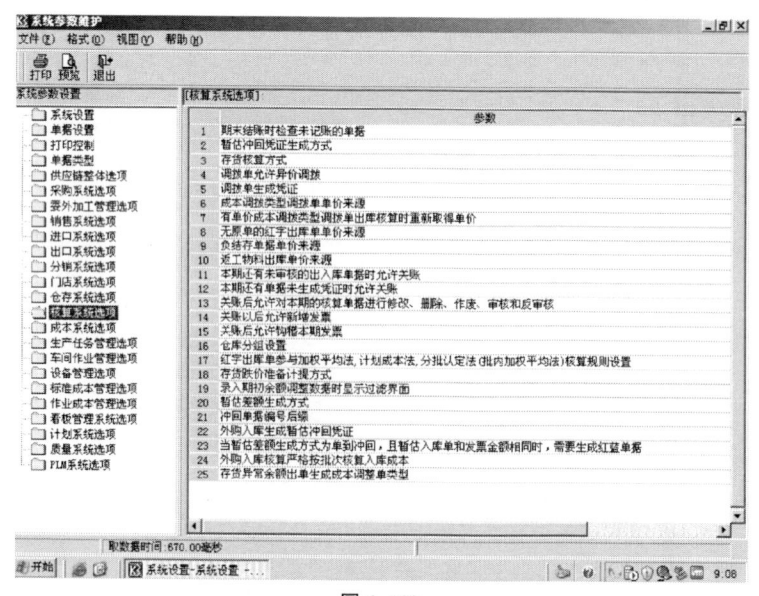

圖 6-129

三、期初餘額錄入

存貨核算系統處於初始化階段時，錄入的數據主要是物料倉庫餘額，錄入完成後，倉存系統也可以進行查詢。

【操作步驟】

1. 執行【系統設置】→【初始化】→【存貨核算】→【初始數據錄入】命令，如圖6-130所示。

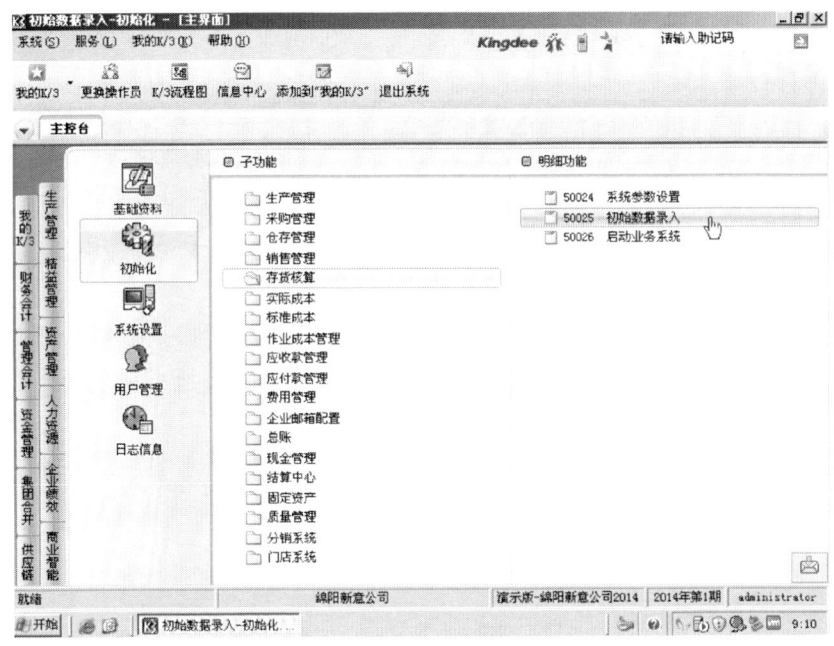

圖6-130

2. 進入「初始數據錄入」界面，左窗口中單擊「01｜原材料」，右窗口中物料代碼處錄入「01.01」，如圖6-131所示。

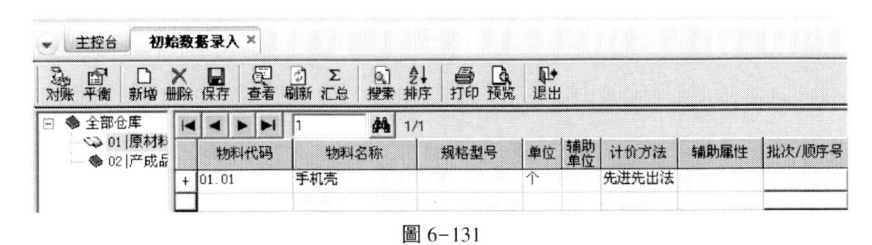

圖6-131

3. 單擊「批次/順序號」下的淺綠色方框，如圖6-132所示。

4. 進入「手機殼/」數量/金額錄入界面，期初數量處錄入「149」，期初金額處錄入「51,405」，如圖6-133所示。

241

图 6-132

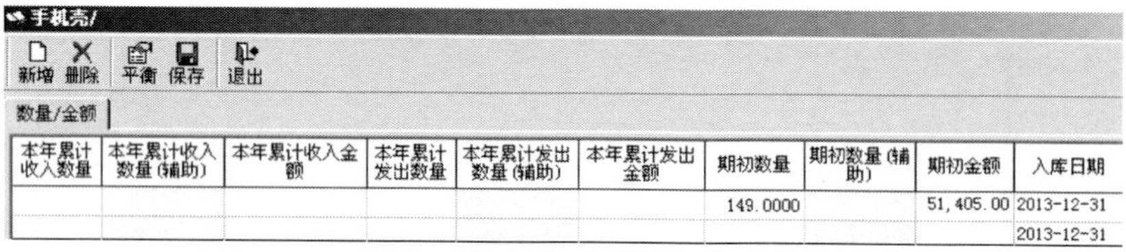

图 6-133

5. 根據操作步驟 4 所述，將表 2-27 中的原材料庫期初結存數據新增入帳套，如圖 6-134 所示。

圖 6-134

6. 根據操作步驟 4 所述，將表 2-27 中的產成品庫期初結存數據新增入帳套，如圖 6-135 所示。

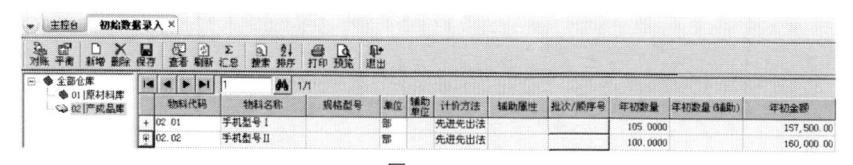

圖 6-135

四、結束初始化

【操作步驟】

1. 執行【系統設置】→【初始化】→【存貨核算】→【啟動業務系統】命令，如圖 6-136 所示。

2. 系統彈出「金蝶提示」窗口，如果確認啟用系統，單擊「是」按鈕，如圖 6-137 所示。

3. 啟用成功後，明細功能里只能看到【反初始化】，如圖 6-138 所示。

圖 6-136

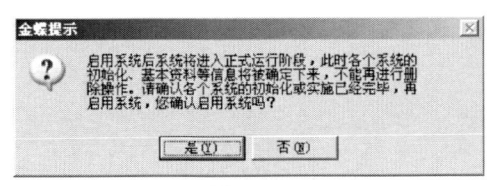

圖 6-137

圖 6-138

243

實驗五　總帳系統初始化設置和期初餘額

【實驗準備】
已安裝金蝶 K/3-12 管理軟件，將系統日期修改為「2014 年 1 月 1 日」。
【實驗指導】

一、系統概述

總帳系統是金蝶 K/3 最核心的系統，它以憑證處理為中心，進行帳簿報表的管理，同時總帳系統接收來自各業務系統傳遞過來的憑證（如固定資產系統的計提折舊憑證）。月末，總帳系統會根據轉帳定義自動生成結轉憑證，自動結轉損益憑證等。

總帳系統的初始化流程圖如圖 6-139 所示。

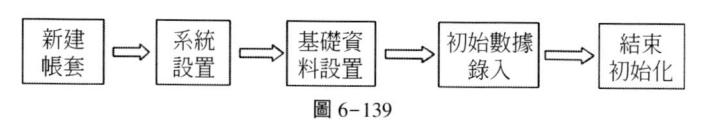

新建帳套 ⇒ 系統設置 ⇒ 基礎資料設置 ⇒ 初始數據錄入 ⇒ 結束初始化

圖 6-139

如果核算單位的帳務非常簡單，涉及往來款、庫存等業務較少時，單獨使用總帳系統就可以實現財務核算的基本要求。

二、系統參數設置

【操作步驟】

1. 執行【系統設置】→【系統設置】→【總帳】→【系統參數】命令，如圖 6-140 所示。

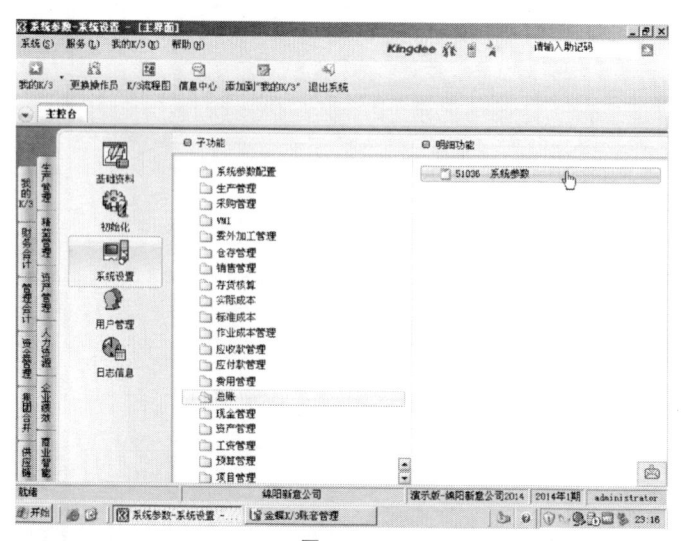

圖 6-140

2. 進入「系統參數」界面,「系統」選項卡內容如圖 6-141 所示。

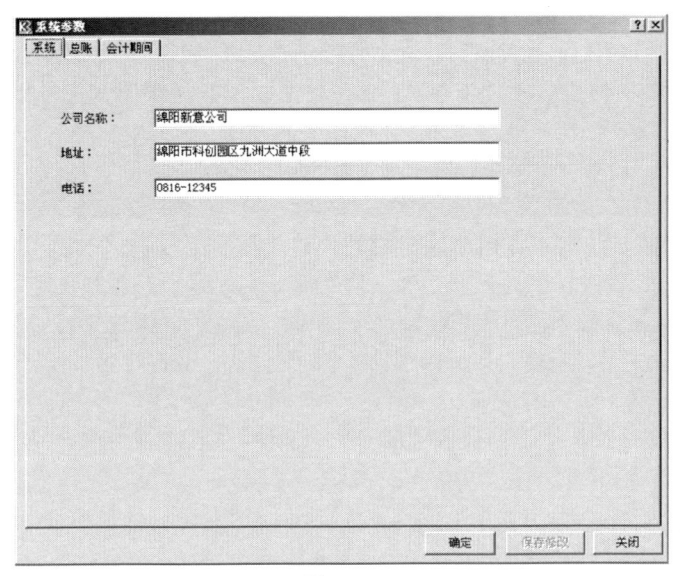

圖 6-141

3. 切換到「總帳」選項卡,「基本信息」選項卡的內容如圖 6-142 所示。

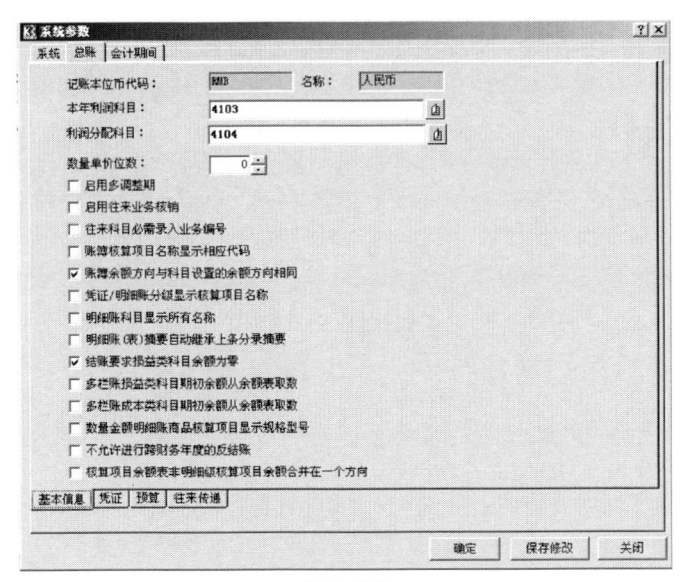

圖 6-142

【提示】

(1) 記帳本位幣：記帳本位幣的信息是在設置帳套時確定的，帳套啓用後則不可以再修改。

第六章　各模塊初始化設置

(2) 本年利潤科目：在此處可以選擇設置本年利潤的會計科目。

(3) 利潤分配科目：在此處可以選擇設置利潤分配的會計科目。

(4) 數量單價位數：此處對數量單價設置了具體的小數位數後，在「憑證錄入」時，數量和單價在自動計算後將按照所設置的小數位數四捨五入後進行保存。

(5) 啓用多調整期：勾選該項，則啓用多調整期，否則調整期業務處理將不能使用。

(6) 啓用往來業務核銷：勾選該項，則啓用往來業務核銷功能。一般建議未啓用應收、應付管理系統的用戶勾選該項。

(7) 往來業務必須錄入業務編號：勾選該項，則憑證錄入時對設置了往來業務核算的科目必須錄入往來業務編號。

(8) 帳簿核算項目名稱顯示相應代碼：勾選該項，帳簿在顯示核算項目時會顯示相應的核算項目代碼。

(9) 帳簿餘額方向與科目設置的餘額方向相同：勾選該項，則在顯示帳簿時，帳簿的餘額方向始終同該科目的方向一致。

(10) 憑證/明細帳分級顯示核算項目名稱：勾選該項，則在憑證錄入和明細帳查詢時，會顯示核算項目所有級次的項目名稱。

(11) 明細帳科目顯示所有科目名稱：勾選該項，在預覽、打印明細帳的時候，顯示該明細科目的全部內容。

(12) 明細帳（表）摘要自動繼承上條分錄摘要：勾選該項，系統在生成明細分類帳、數量金額明細帳、核算項目明細帳時，如果憑證中該條分錄沒有摘要，則明細帳摘要自動繼承上條有摘要分錄的摘要；如果不勾選，則自動繼承憑證中第一條分錄的摘要。

(13) 結帳時要求損益類科目餘額為零：採用帳結法的企業，必須勾選該項。

(14) 多欄帳損益類科目期初餘額從餘額表取數：勾選該項，則多欄帳損益類科目期初餘額從餘額表中讀數。

(15) 多欄帳成本類科目期初餘額從餘額表取數：勾選該項，則多欄帳取數時，左邊多欄式與具體明細欄目的期初餘額取自初始餘額錄入的期初餘額。

(16) 數量金額明細帳商品核算項目顯示規格型號：勾選該項，則在數量金額明細帳商品核算項目顯示規格型號。

(17) 不允許跨財務年度的反結帳：勾選該項，則不能進行跨年度的反結帳。

(18) 核算項目餘額表非明細級核算項目的餘額合併在一個方向：勾選該項，核算項目餘額表按照其明細級核算項目的餘額匯總後，如果既有借方餘額又有貸方餘額，需要以借貸方的差額列，填列方向選取差額的正數方向。

4. 切換到「憑證」選項卡，如圖 6-143 所示。

【提示】

(1) 憑證分帳制：勾選該項，則錄入外幣業務時，不需要進行外幣的折算，直接記錄外幣的原幣金額。

(2) 憑證過帳前必須審核：勾選該項，則憑證必須審核後才可以執行過帳操

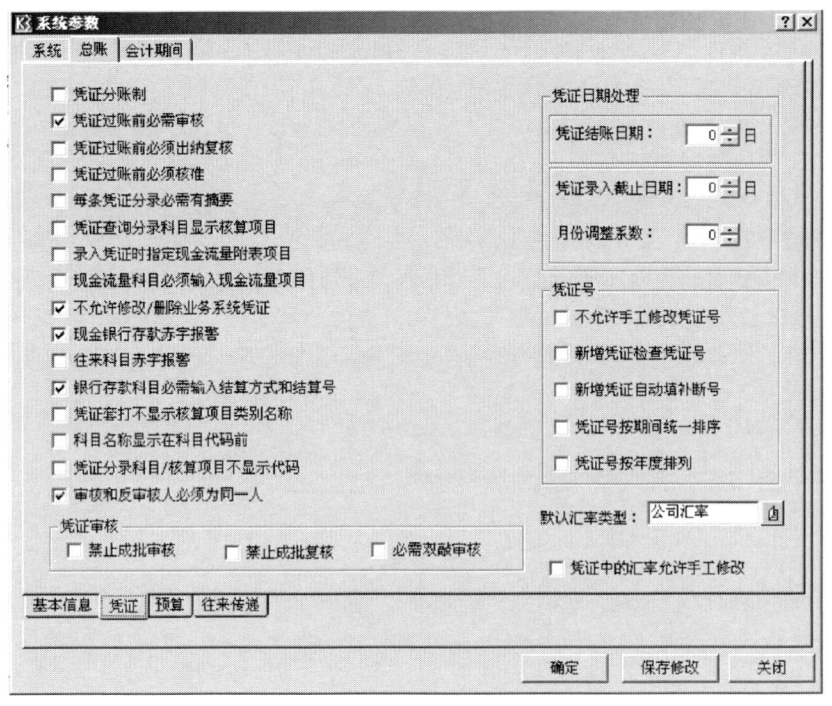

圖 6-143

作，一般建議勾選該項。

(3) 憑證過帳前必須出納復核：勾選該項，則憑證必須經出納復核後才能過帳。該選項只對有現金科目或者銀行存款科目的憑證有效。

(4) 憑證過帳前必須核準：勾選該項，則憑證必須核準後才可以執行過帳操作。

(5) 每條憑證分錄必需有摘要：勾選該項，則新增憑證時，每條分錄填寫摘要後，系統才予保存。

(6) 憑證查詢分錄科目顯示核算項目：勾選該項，則在憑證分錄序時簿的「科目名稱」一列中同時顯示科目下掛的核算項目。

(7) 錄入憑證時指定現金流量附表項目：勾選該項，則在憑證錄入時對於附表相關科目，必須輸入現金流量附表項目，否則系統不予保存。

(8) 現金流量科目必須輸入現金流量項目：勾選該項，則憑證保存時現金流量項目為必錄項。

(9) 不允許修改/刪除業務系統憑證：勾選該項，則對於非總帳系統生成的憑證，該憑證在總帳中只能查看，不能進行修改或刪除操作。

(10) 現金銀行存款赤字報警：勾選該項，當現金和銀行存款科目餘額小於 0 時，在憑證錄入時會出現相應的提示。

(11) 往來科目赤字報警：勾選該項，則在科目設置中設置了「往來業務核

247

算」的科目餘額小於 0 時，在憑證錄入時會出現相應的提示。

（12）銀行存款科目必需輸入結算方式和結算號：勾選該項，在憑證錄入和保存的時候，系統會對銀行科目作強制性檢查。

（13）憑證套打不顯示核算項目類別名稱：勾選該項，則憑證套打打印時不打印核算項目類別名稱或代碼，只用打印出具體的明細核算項目的名稱或代碼。

（14）科目名稱顯示在科目代碼前：勾選該項，則憑證中科目名稱顯示在科目代碼前面。

（15）憑證分錄科目/核算項目不顯示代碼：勾選該項，憑證編輯界面會計分錄科目欄不顯示對應的科目及核算項目的代碼信息。

（16）審核和反審核人必須為同一人：勾選該項，憑證的反審核和審核操作必須為同一人。

5. 切換到「預算」選項卡，如圖 6-144 所示。

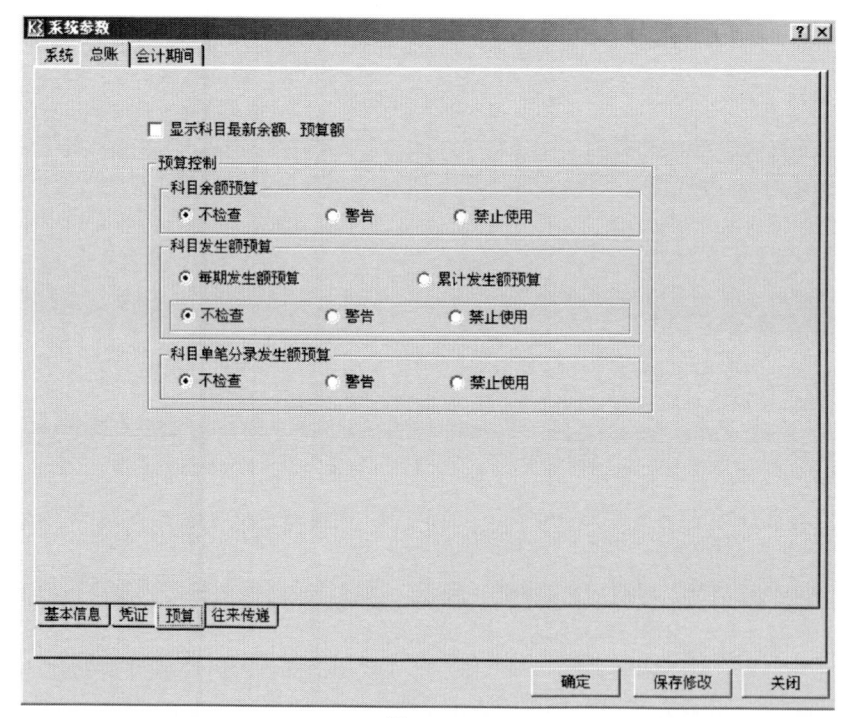

圖 6-144

6. 切換到「往來傳遞」選項卡，如圖 6-145 所示。
7. 切換到「會計期間」選項卡，如圖 6-146 所示。
8. 設置完成後，單擊「保存修改」按鈕，保存相應的系統參數設置。

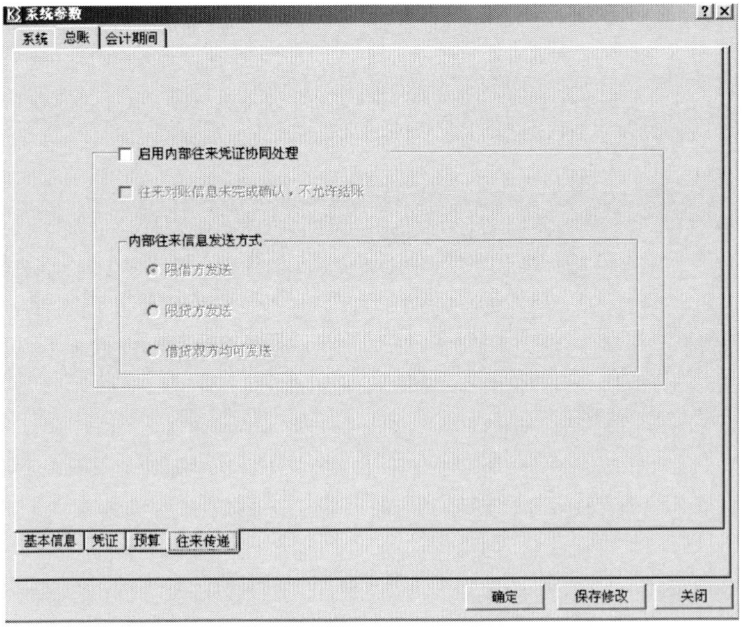
系统参数
系统
总账
会计期间
启用内部往来凭证协同处理
往来对账信息未完成确认，不允许结账
内部往来信息发送方式
限借方发送
限贷方发送
借贷双方均可发送
基本信息
凭证
预算
往来传递
确定
保存修改
关闭

圖 6-145

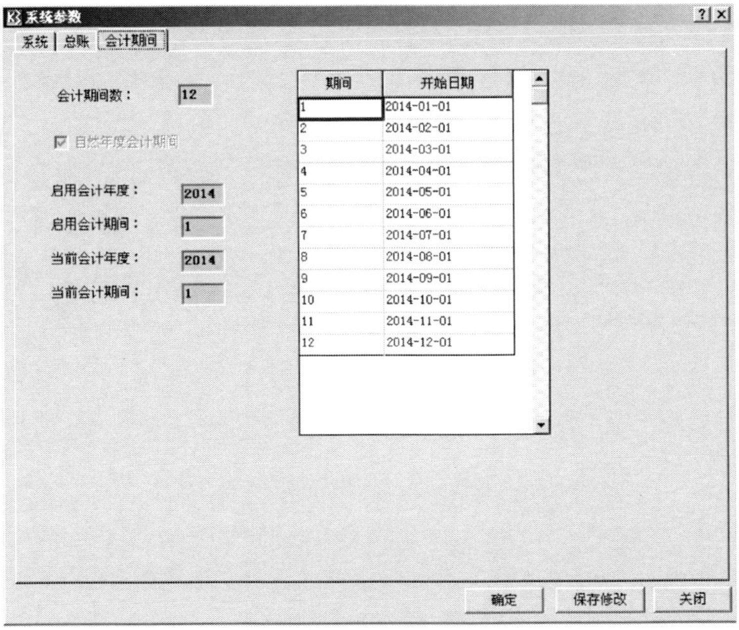
系统参数
系统
总账
会计期间
会计期间数：
12
自然年度会计期间
启用会计年度：
2014
启用会计期间：
1
当前会计年度：
2014
当前会计期间：
1
期间
开始日期
1 2014-01-01
2 2014-02-01
3 2014-03-01
4 2014-04-01
5 2014-05-01
6 2014-06-01
7 2014-07-01
8 2014-08-01
9 2014-09-01
10 2014-10-01
11 2014-11-01
12 2014-12-01
确定
保存修改
关闭

圖 6-146

三、期初餘額錄入

【操作步驟】

1. 執行【系統設置】→【初始化】→【總帳】→【科目初始數據錄入】命令，如圖 6-147 所示。

圖 6-147

2. 進入「總帳系統-【科目初始餘額錄入】」界面，其中綠色區域表示系統預設的文本狀態，此處的數據不能直接輸入，如圖 6-148 所示。

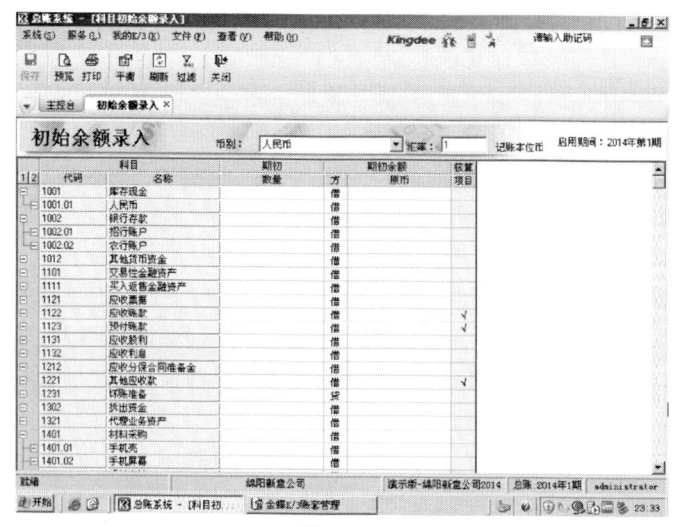

圖 6-148

3. 白色區域表示最明細級普通科目，可以直接錄入帳務數據資料，例如在人民幣的原幣處錄入「12,900」，黃色區域表示非最明細級會計科目的帳務數據，由系統根據最明細級會計科目的帳務數據自動匯總計算，如圖6-149所示。

圖 6-149

4. 外幣核算的會計科目，先將幣別切換到相應幣別，再填寫相應的財務數據資料。例如將幣別切換到「美元」，原幣處錄入「500」，本位幣處的金額系統會根據系統先前設置的匯率自動折算，如圖6-150所示。

圖 6-150

5. 如果科目設置了核算項目，系統在初始數據錄入時，會在科目的核算項目欄中標記「√」，如圖6-151所示。

圖 6-151

6. 單擊圖6-151中的「√」，系統自動切換到核算項目初始餘額錄入窗口，根據表2-18的數據，填寫相應的客戶名稱和期初餘額（原幣），如圖6-152所示。

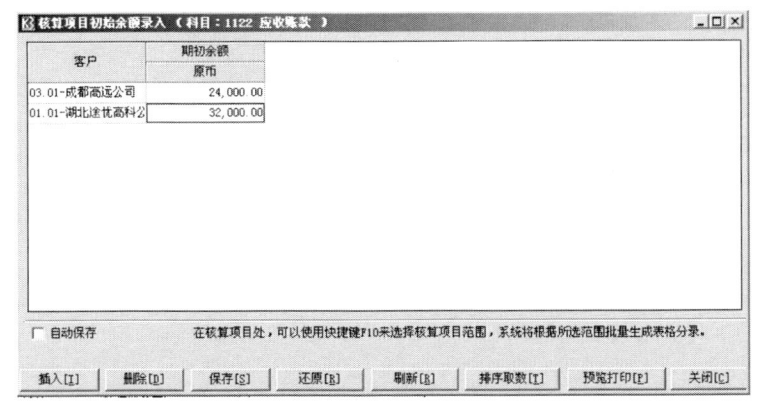

圖 6-152

第六章　各模塊初始化設置

7. 根據操作步驟 3、4、5、6 所述，將表 2-18 中的會計科目期初餘額新增入帳套，切換幣別至「綜合本位幣」，如圖 6-153 所示。

圖 6-153

8. 單擊「平衡」按鈕，檢驗借貸平衡，如圖 6-154 所示。

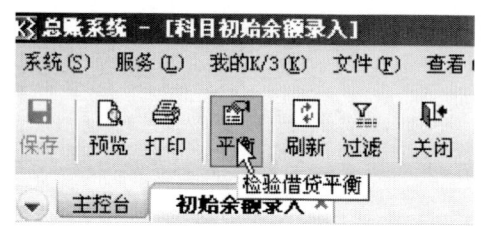

圖 6-154

9. 系統檢驗完畢後，彈出「試算借貸平衡」窗口，差額為零時表示試算結果平衡，如圖 6-155 所示。

圖 6-155

四、結束初始化

【操作步驟】

1. 執行【系統設置】→【初始化】→【總帳】→【結束初始化】命令，如圖 6-156 所示。

2. 系統彈出「初始化」窗口，如圖 6-157 所示，單擊「開始」按鈕。

3. 總帳結束初始化後，系統彈出「金蝶提示」，提示成功結束餘額初始化工作，如圖 6-158 所示。

圖 6-156

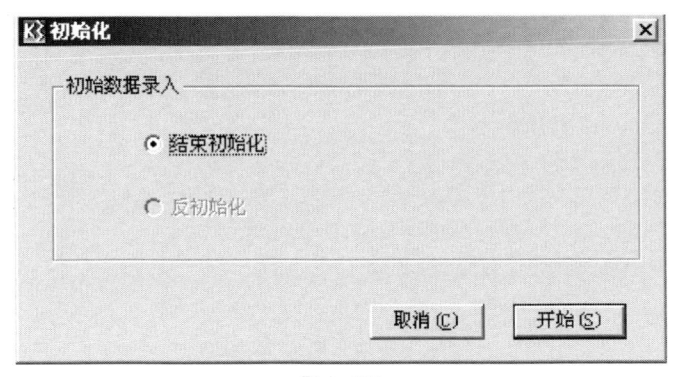

圖 6-157

圖 6-158

第七章　模擬數據操作

系統的初始化操作完成後，就可以開始日常業務處理。本章以「綿陽新意公司」1月10日、1月20日、1月30日3天的日常業務為實例，講述各種單據在金蝶系統中的錄入方法以及各模塊之間數據傳遞的方式。

實驗一　1月10日數據

【實驗準備】

總帳、應收、應付、固定資產、存貨核算系統的初始化、期初餘額輸入完畢，將系統日期修改為「2014年1月10日」。

一、各系統的基本操作流程

總帳系統日常業務的基本操作流程：憑證錄入→憑證查詢（修改、刪除）→憑證審核→憑證記帳。

應收系統日常業務的基本操作流程：收款單、其他應收單錄入→各種單據查詢、審核、修改、刪除→各種單據生成憑證傳遞到總帳。

應付系統日常業務的基本操作流程：付款單、其他應付單錄入→各種單據查詢、審核、修改、刪除→各種單據生成憑證傳遞到總帳。

採購管理日常業務的基本操作流程：採購發票的錄入→外購入庫單的錄入→採購發票與外購入庫單的勾稽→生成憑證傳遞到總帳。

銷售管理日常業務的基本操作流程：銷售發票的錄入→銷售出庫單的錄入→銷售發票與銷售出庫單的勾稽→生成憑證傳遞到總帳。

存貨系統的日常業務包括各種入庫成本核算和出庫成本核算。

二、總帳實例

總帳系統是財務會計系統中最核心的系統，以憑證處理為中心，進行帳簿報表的管理。可與各個業務系統無縫鏈接，實現數據共享。企業所有的核算最終在總帳中體現。

會計憑證是整個會計核算系統的主要數據來源，是整個核算系統的基礎，會計憑證的正確性將直接影響到整個會計信息系統的真實性、可靠性，因此系統必須能保證會計憑證錄入數據的正確性。金蝶K/3總帳系統為您提供十分安全、可靠、準確快捷的會計憑證處理功能。憑證分為原始憑證和記帳憑證兩種，在業務發生時應首先根據原始憑證和其他有關業務資料手工填製憑證，或者根據原始憑

證直接在電腦上製作記帳憑證。

（一）憑證錄入

憑證錄入為用戶提供一個仿真的憑證錄入環境，在這個環境里可以將記帳憑證錄入電腦，或者根據原始據直接在這里製作記帳憑證。在憑證錄入功能中，系統為您提供了許多功能操作以方便高效、快捷的輸入記帳憑證。

憑證主要字段說明：

（1）幣別：一般情況下幣別欄默認為不顯示狀態。如果系統參數選擇了<憑證分帳制>，在憑證錄入的時候，幣別欄顯示在憑證日期的上方，必須選擇相關幣別，如「銀行存款——中行」核算的是港幣，憑證的幣別就應該選擇<港幣>。

（2）憑證日期：憑證錄入的日期若在當前的會計期間之前，則系統不允許輸入；但允許輸入本期以後的任意期間的記帳憑證，在過帳時系統只處理本期的記帳憑證，以後期間的憑證不作處理。

（3）憑證字：此下拉列表顯示所有在基礎資料中設置的憑證字。用戶可從下拉列表中選擇用戶需要的憑證字。

（4）憑證號：由系統自動生成。

（5）附件數：直接錄入憑證後以附件的形式備份原始單據的數量。

（6）摘要欄：對憑證分錄的文字解釋，可以直接錄入，也可以用 F7 到摘要庫中讀取。系統提供了摘要庫的功能，在憑證錄入界面，將光標移動到摘要欄，按 F7 鍵，可以選擇已錄入摘要庫中的摘要，單擊【確定】後，摘要會自動添入當前的憑證中。摘要庫進行增加、修改、刪除操作。

如果錄入的是結轉成本、損益類的憑證，且在多欄帳查詢中需要不參與多欄帳匯總，那麼在摘要屬性中選中「不參與多欄帳匯總」的屬性。這樣此條摘要下的憑證數據將不會參與多欄帳匯總。

注意：如果某摘要曾經設置了「不參與多欄帳匯總」的屬性，那麼包含其摘要的憑證分錄就已經被保存為不參與多欄帳匯總，不會因為將摘要的這個屬性取消而取消掉這條分錄數據的屬性。只有刪除掉此分錄後，重新錄入數據才可以按修改好的屬性進行數據保存。

（7）會計科目欄：錄入會計科目代碼。可以直接錄入，在錄入過程中左下方的狀態欄會隨時動態提示代碼所對應的科目名稱，並且隨著輸入的代碼自動檢索並處於選中狀態，如果輸入完代碼後，狀態欄中沒有科目名稱顯示，則說明輸入的代碼有錯誤，如果在「科目設置」中定義了助記碼，則可以在此處直接輸入助記碼，系統會根據助記碼查到您需要的科目，也可以將光標定位於會計科目欄時，按 F7 鍵（或雙擊鼠標左鍵），即可調出會計科目代碼表，在科目代碼表選擇所要錄入的科目，單擊【確定】，即可獲取科目代碼。

（8）金額欄：金額分為借方金額和貸方金額兩欄，每條分錄的金額只能在借方或貸方，不能在借貸雙方同時存在。

（9）幣別、匯率類型、匯率、原幣金額：當會計科目有外幣核算時，點擊「外幣」鍵轉換到外幣憑證格式，幣別可以按 F7 鍵查詢。匯率類型默認為系統參

數設置的匯率類型，支持按 F7 鍵選擇。匯率根據選擇的匯率類型，系統根據匯率表自動填入，匯率是否允許修改，有系統參數「憑證中的匯率允許手工修改」進行控制。原幣金額是指外幣的金額，錄入後系統會根據外幣匯率×（÷）原幣金額得出本位幣的金額，運算方式根據幣別中設定的方式而定。

（10）單位、單價和數量：當會計科目要進行數量金額核算時，系統會自動彈出數量格式讓用戶錄入。單位系統會根據會計科目屬性中提供的內容自動出現，用戶只要錄入單價和金額即可。系統會檢驗數量單價的乘積是否與原幣金額相等，如不相等，系統會提示是否繼續。

（11）往來業務：對選擇了核算往來業務的會計科目，要錄入往來業務的編碼。可直接手工輸入或按 F7 鍵調出往來信息供選擇。

（12）結算方式和結算號：銀行存款的結算方式和結算單據的號碼，用戶可以錄入也可以不錄入。

（13）經辦人：可以直接將經辦人的姓名寫在憑證上。

▶【實例1】

【操作步驟】

1. 點擊桌面上「金蝶 K/3 WISE 創新管理平臺」圖標，以操作員 Administrator 身份登錄。登錄時注意選擇組織機構以及帳套，Administrator 的密碼為空，如圖 7-1所示。

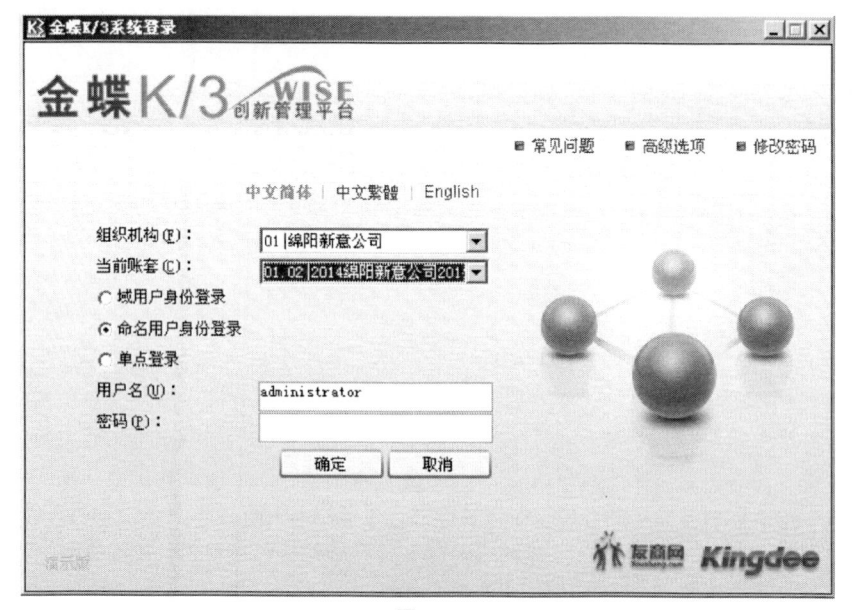

圖 7-1

2. 點擊「確定」後登錄，進入金蝶 K/3 系統的主界面。選擇財務會計界面，展開【財務會計】→【總帳】→【憑證處理】→【憑證錄入】，如圖 7-2 所示。

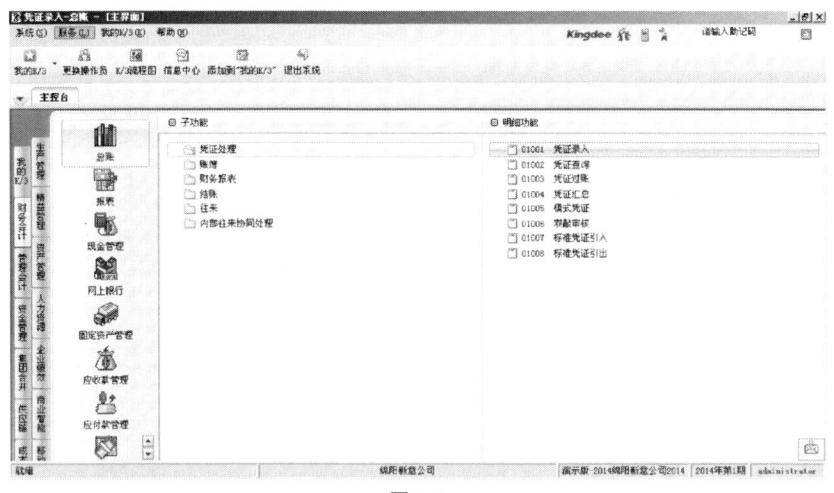

圖 7-2

3. 在憑證錄入頁面，注意選擇業務日期和日期都為 2014 年 1 月 10 日，根據實例 1 的數據填製憑證的每條分錄的摘要、科目信息和借貸雙方金額。在錄入第二條分錄的科目信息後，系統彈出要求輸入結算方式和結算號，在憑證的左下角進行錄入，在結算方式處雙擊即彈出結算方式的選擇框可以進行結算方式的選擇，結算號手工錄入。如圖 7-3 所示。

圖 7-3

4. 完成憑證所有內容的錄入後點擊工具欄中的「保存」按鈕，第一張憑證的錄入完畢。如圖 7-4 所示。

第七章　模擬數據操作

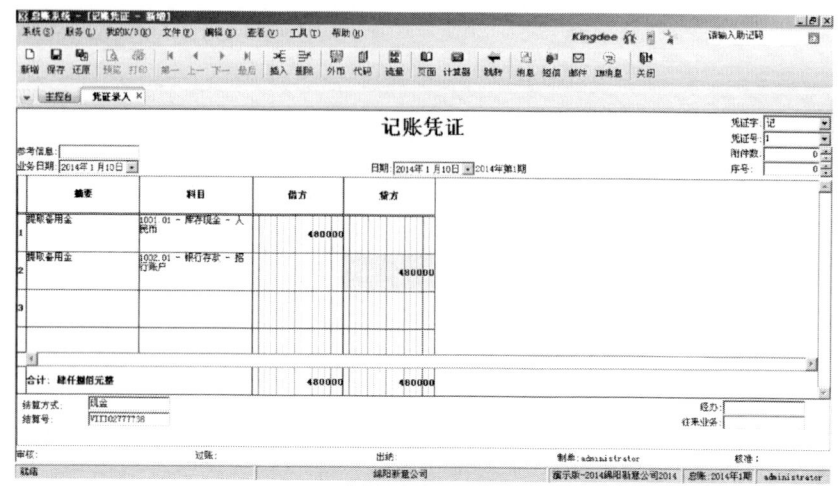

圖 7-4

【提示】

(1) 分錄的摘要可以手工錄入，也可以雙擊打開憑證摘要庫進行選擇。第一條分錄的摘要錄入完畢後，後面的摘要可以通過快捷鍵「//」來表示複製上一條分錄的摘要，或者用「..」來表示複製第一條分錄的摘要。

(2) 科目信息可以手工錄入科目代碼，也可以雙擊打開會計科目進行選擇。

(3) 借方金額手動錄入完畢後，在輸入貸方金額的時候可以直接按「=」鍵，即可以看到與借方金額相同的貸方金額自動出現，避免輸入的錯誤。

(4) 憑證錄入的日期若在當前的會計期間之前，則系統不允許輸入；但允許輸入本期以後的任意期間的記帳憑證，在過帳時系統只處理本期的記帳憑證，以後期間的憑證不做處理。

(5) 如果科目同時下掛部門、職員兩個核算項目，在輸入部門後，按 F7 鍵錄入職員時能夠自動顯示該部門的職員，而不是所有職員。前提是必須在「基礎資料-職員屬性」中錄入部門信息。如果需要修改部門或職員，則按 F8 鍵，系統將列出所有的部門或職員供您選擇。

(6) 當會計科目有外幣核算時，點擊「外幣」鍵轉換到外幣憑證格式。幣別可以按 F7 鍵進行查詢，匯率在選擇了幣別後自動提供。原幣金額是指外幣的金額，錄入後系統會根據外幣匯率×原幣金額得出本位幣的金額。

(7) 當會計科目要進行數量金額核算時，系統會自動彈出數量格式讓用戶錄入，用戶只要錄入數量和單價即可。系統會檢驗數量與單價的乘積是否與原幣金額相等，如不相等，系統會提示是否繼續。

(8) 在本帳套中要求銀行存款的科目必須錄入結算方式與結算號，均按照上述方法操作，後面不在贅述。

▶【實例 2】
【操作步驟】

1. 展開【財務會計】→【總帳】→【憑證處理】→【憑證錄入】，將業務日期和日期都設置為 2014 年 1 月 10 日。在錄入第一條分錄的科目信息「1221 其他應收款」時，由於期初在其他應收款科目上設置了核算職員，所以在憑證的下方會出現「職員」的錄入信息，雙擊文本框彈出職員的選擇頁面，如圖 7-5、圖 7-6 所示。

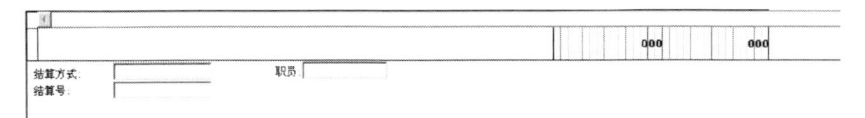

圖 7-5

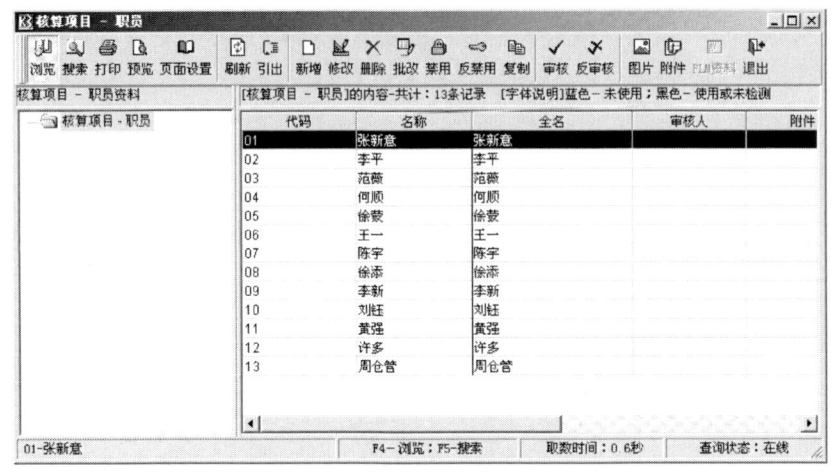

圖 7-6

2. 根據實例 2 的數據選擇對應的職員，其他憑證數據的錄入與實例 1 相同。錄入完畢後保存如圖 7-7 所示。

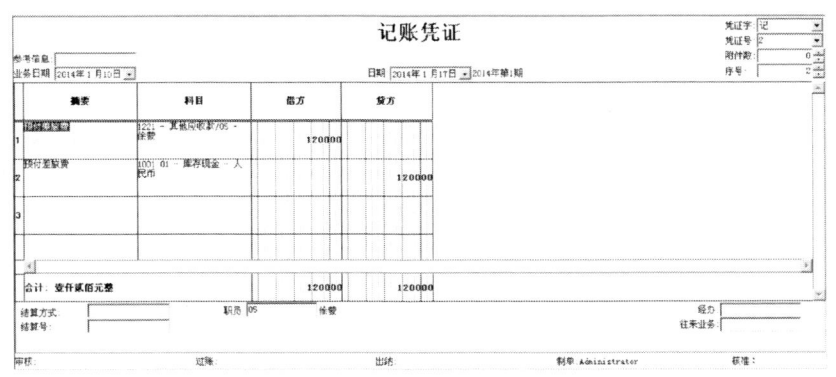

圖 7-7

第七章 模擬數據操作

▶【實例 3】

【操作步驟】

1. 本實例涉及外幣業務。展開【財務會計】→【總帳】→【憑證處理】→【憑證錄入】，將業務日期和日期都設置為 2014 年 1 月 10 日。輸入第一條分錄的摘要和科目信息後，由於中行帳戶有外幣核算，所以憑證會自動彈出外幣的相關內容，如圖 7-8 所示。

圖 7-8

2. 在原幣金額一欄中輸入外幣金額，根據之前在系統中設置的匯率會自動計算出借方金額。銀行存款科目按照要求錄入結算方式與結算號，錄入方法參照實例 1。根據實例 3 的數據完成憑證其他內容的填製，保存後如圖 7-9 所示。

圖 7-9

【提示】如果在科目設置時沒有勾選外幣核算，此處就不會彈出外幣設置的欄目，外幣業務就無法完成。

▶【實例 4】

【操作步驟】

1. 展開【財務會計】→【總帳】→【憑證處理】→【憑證錄入】，將業務日期和日期都設置為 2014 年 1 月 10 日。錄入第一條分錄的摘要和科目信息。由於科目「6602.05 管理費用——招待費」設置了核算項目部門，所以在憑證的下方會出現部門的文本框，雙擊文本框，彈出部門的選擇頁面。如圖 7-10、圖 7-11 所示。

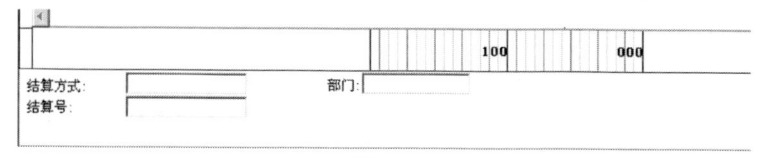

圖 7-10

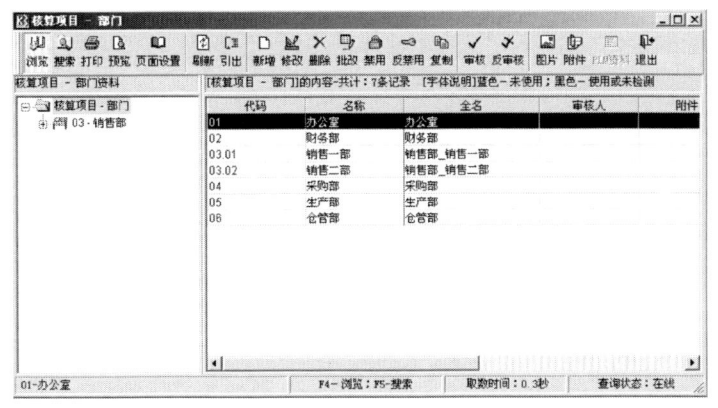

圖 7-11

2. 選擇對應的部門，將憑證的其他數據錄入完畢，保存如圖 7-12 所示。

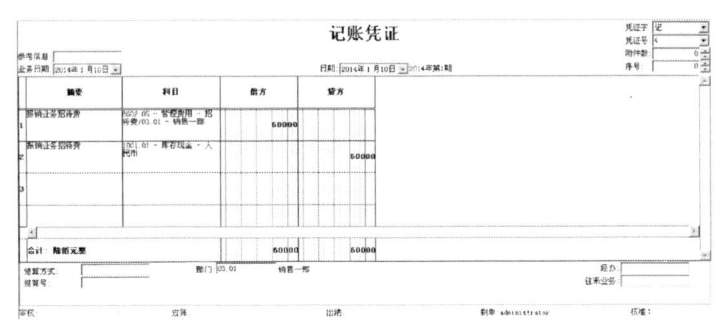

圖 7-12

▶【實例 5】

展開【財務會計】→【總帳】→【憑證處理】→【憑證錄入】，將業務日期和日期都設置為 2014 年 1 月 10 日。按照實例 5 的數據填製憑證，注意結算方式和結算號的錄入，保存後如圖 7-13 所示。

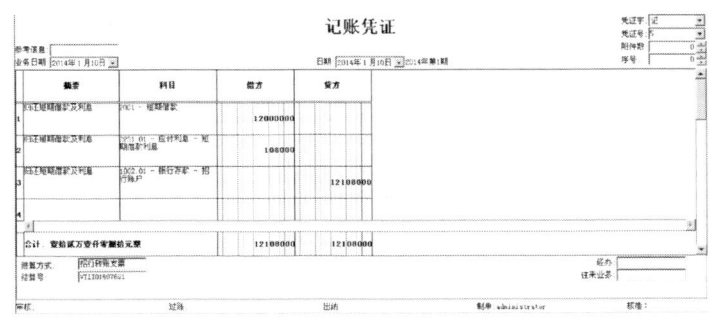

圖 7-13

(二) 憑證查詢

憑證錄入完成，可以進行查詢操作，通過查詢發現憑證正確與否，並進行相關操作，如憑證修改、刪除和審核等。

在打開「憑證查詢」界面之前，首先彈出「過濾條件」對話框。在此對話框中，可設置查詢窗口的過濾條件、排序規則以及查詢方式。

(1) 條件：在「條件」標籤頁中，設定條件過濾公式，如果選擇的條件字段是「會計科目」，則光標停在<比較值>欄中時可以按 F7 鍵查看科目代碼。如果有多個過濾條件，可選擇菜單【編輯】→【插入行】，繼續設定下一個過濾條件。還可以選擇【編輯】、→、【刪除行】刪除選中的過濾條件行，或【編輯】→【全部清除】清除所有過濾條件。

設定好過濾條件公式後，選擇<已過帳>、<未過帳>和<全部>三選項之一以及<未審核>、<已審核>和<全部>三選項之一。

(2) 排序：如果希望查詢的結果按某一字段排序，則在「排序」標籤頁中，在左段的<字段>列表中選擇該字段，單擊，被選中的字段被移動到右邊的「排序字段」列表中。

(3) 方式：在實際財務管理工作的過程中，會計分錄序時簿涵蓋了豐富的財務信息，需要以不同的方式提供。因此，在「方式」標籤頁中提供了幾種方式可以選擇：

①按憑證過濾：當選擇此選項時，會出現<本位幣憑證>、<外幣憑證>，以及<數量金額式憑證>、<金額式憑證>兩個過濾方案組。前者是指將本位幣或外幣的憑證過濾出來；後者是指將數量金額式或金額式的憑證過濾出來。數量金額式憑證是指一張憑證中有一條或者一條以上的分錄的單價不等於 0 或者數量不等於 0，金額式憑證是指一張憑證中的所有分錄均滿足單價等於 0 且數量等於 0。該選項主要實現本位幣憑證和外幣憑證以及數量金額式憑證和金額式憑證分不同憑證格式打印的功能。

②按分錄過濾：當選擇此選項時，所有的過濾條件與排序均是基於分錄進行的。

③顯示禁用科目：選擇此項，會計分錄序時簿與憑證中顯示禁用科目。單獨查詢禁用科目時，需手工錄入禁用科目代碼，按 F7 鍵查詢科目界面不顯示禁用科目。

(4) 設置方案：設定完「條件」、「排序」和「方式」後，可選擇菜單【設置】→【保存設置】，將該過濾條件保存下來，以備以後查詢相同條件的憑證查詢。也可單擊【刪除】刪除方案，或單擊【另存為】另存方案。

您還可以設置默認方案，以便下次登錄的時候過濾界面直接顯示默認方案。當方案下拉框中內容不為空，且為非默認方案時，單擊【設置默認】將當前方案設為默認方案；當方案下拉框中的方案為默認方案時，【設為默認】的按鈕變換為【取消默認】，單擊【取消默認】可以將當前方案設為非默認方案。系統只能設置一個默認方案，以最後一次設置的為準。

設置好過濾條件後，單擊「確定」按鈕，系統即可按設定的過濾條件查詢，並打開「憑證查詢」界面顯示查詢結果——會計分錄序時簿。

【操作步驟】

1. 展開【財務會計】→【總帳】→【憑證處理】→【憑證查詢】，彈出憑證過濾窗口，如圖 7-14 所示。

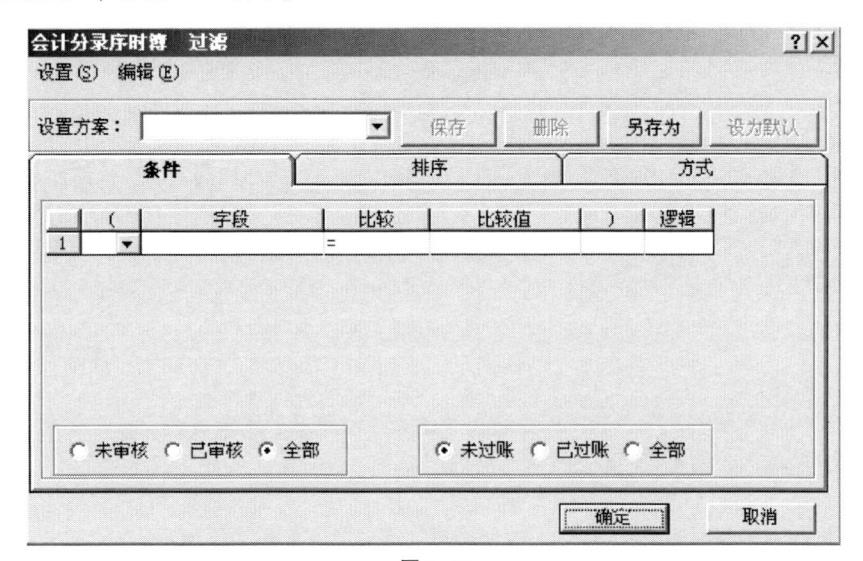

圖 7-14

2. 在過濾窗口我們可以對要查詢的憑證做審核與否或者過帳與否的設置，點擊「確定」按鈕就可以顯示會計分錄序時簿頁面，看到我們所要查詢的憑證。如圖 7-15 所示。

圖 7-15

(三) 憑證修改

修改已錄入的未過帳且未審核和未復核的憑證。將光標定位於要修改的憑證中，選擇菜單【文件】→【修改】或單擊工具條的【修改】。系統會顯示「記帳憑證修改」界面，就可以在此界面中對記帳憑證進行修改，其操作方法與憑證錄入相似。

【操作步驟】

展開【財務會計】→【總帳】→【憑證處理】→【憑證查詢】，進入「會計分錄序時簿」窗口。將光標定位於要修改的憑證上，單擊工具條中的「修改」按

鈕。系統會顯示憑證的修改界面，修改後重新保存即可，其操作方法與憑證錄入相似。如圖 7-16 所示。

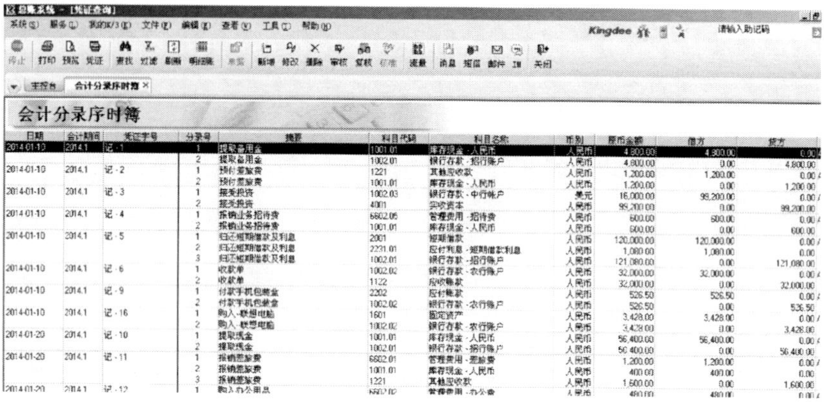

圖 7-16

【提示】
（1）如果要修改的憑證已經審核，此憑證只能查看，不能修改，只有未審核且未過帳的憑證才允許修改。刪除憑證同理。
（2）在編輯菜單中增加【憑證整理】功能，對未審核未過帳的憑證可以重新填補斷號並按照時間順序進行排序。此操作不可逆，需要慎重使用。

（四）憑證刪除

對於一些業務中作廢的憑證，可以對其進行刪除。刪除憑證提供兩種方式，一種是單張刪除，另一種是批量多張刪除。

單張刪除憑證：光帶定位於需要刪除的憑證上，單擊【刪除】或【編輯】→【刪除單張憑證】。系統會提示您是否確認刪除該張憑證，確實要刪除時單擊【是】，不刪除時單擊【否】。如果選擇了多張憑證，系統將刪除第一張憑證。

批量多張刪除憑證：在頁面設置中選擇「多行選擇」進行批量選擇，單擊【編輯】→【成批刪除】，對選中的憑證進行刪除。需注意的是：如果選中的憑證中有不能刪除的，系統將自動過濾對其不作刪除操作。

若要刪除的憑證已經審核，此憑證只能進行查看，不能修改，只有未審核且未過帳的憑證才允許刪除。也可以將已經審核的憑證進行反審核，取消審核簽章以後再進行刪除。

（五）憑證審核

製作完一張憑證後，如果確認無誤，下一步就是對憑證進行審核。操作步驟如下：

（1）在「憑證查詢」界面，將光標定位於需要審核的憑證上，然後選擇菜單【編輯】→【審核】，或者單擊工具條的【審核】，系統即進入「記帳憑證」界面。

（2）此界面中的憑證項目不能修改，只能查看。如果發現憑證有錯，在憑證上提供了一個<批注>錄入框，您可以在<批注>錄入框中注明憑證出錯的地方，以

便憑證製單人修改。錄入批注後，表明憑證有錯，此時不允許審核，除非清空批注或憑證完成修改並保存。製單人修改後批注不會自動清空，只有當審核人根據批注確認憑證無誤並點擊審核按鈕後，自動清空批注。如果審核人發現還有新的不能通過審核的問題，允許審核人手動清除並填寫新的審核批注。

（3）如查看完畢並確認無誤後按 F3 鍵，表示審核通過，在<審核>處簽章顯示該用戶名。

（4）審核後的記帳憑證，可以再單擊【審核】進行反審核，消除原審核簽章，該憑證變為未經審核狀態。

【操作步驟】

用「李平」的身份登錄「金蝶 K/3 WISE 創新管理平臺」，展開【財務會計】→【總帳】→【憑證處理】→【憑證查詢】，進入「會計分錄序時薄」窗口。將光標定位於需要審核的憑證上，然後再工具條中單擊「審核」按鈕，系統即進入憑證窗口，在此窗口中可以對憑證進行檢查，然後點擊工具條中的「審核」按鈕即表示審核通過，系統會在審核人處進行簽章。如圖 7-17 所示。

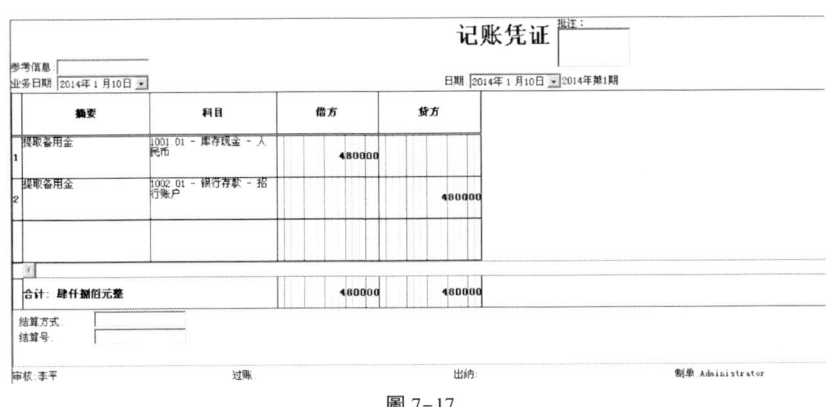

圖 7-17

【提示】

（1）要修改已審核過的記帳憑證時，必須先銷章，然後才能修改。

（2）審核與製單人不能為同一操作員，否則系統拒絕審核簽章。

（3）反審核必須與審核人是同一操作員，否則不能進行銷章。

（4）在菜單「編輯」中有「成批審核憑證」選項，選擇此選項，則會將會計序時薄中所有未審核的憑證成批審核（也可以選擇對已審核的憑證成批反審核）。

（六）出納復核

如果在系統初始化時選擇了<憑證過帳前必須出納復核>，則憑證過帳前，出納要進行復核。因用戶實際應用情況的多樣化，系統對出納復核與憑證審核、核準之間的順序未做強制性規定。因此，本書出納復核功能的修改，不考慮審核、核準狀態的影響。

在「記帳憑證」界面，如查看完畢並確認無誤後，單擊【復核】，表示復核通

過，在<出納>處簽章顯示該用戶名。

出納復核允許修改結算方式、結算號，其他憑證字段不允許修改。進入會計分錄序時簿，選擇憑證，點工具欄/文件菜單/右鍵菜單的「復核」，進入憑證復核界面，光標定位在銀行存款科目，修改結算方式、結算號，再點憑證工具欄上的「復核」。

如操作人員修改結算方式、結算號後，未點「復核」，即憑證未打上出納復核標記就退出憑證復核界面，所做修改有效，並【提示】憑證的結算方式、結算號已經修改，是否復核？「是」則完成憑證復核，「否」退出憑證復核界面，「取消」仍在憑證復核界面。

如操作人員修改結算方式、結算號後，點「復核」，即憑證打上出納復核標記，原製單人名稱不變。

憑證已復核狀態下，再次進入憑證復核界面，結算方式與結算號不允許修改。如需修改，需取消復核標記。

在「憑證查詢」界面中，按 Ctr 鍵或 Shift 鍵選擇多個憑證，然後選擇菜單【編輯】→【成批復核】，彈出「成批復核」對話框，對話框有兩個選項分別是指對未復核的憑證進行成批復核及對已復核的憑證進行成批反覆核。單擊「確定」按鈕，系統開始對選擇的憑證進行復核簽章操作，完成後【提示】「復核完畢，共復核憑證 X 張。」

（七）憑證過帳

在會計憑證審核完畢之後就可以開始過帳了。憑證過帳就是系統將已錄入的記帳憑證根據其會計科目登記到相關的明細帳簿中的過程。經過記帳的憑證以後將不再允許修改，只能採取補充憑證或紅字冲銷憑證的方式進行更正。因此，在過帳前應對記帳憑證的內容仔細審核，系統只能檢驗記帳憑證中的數據關係錯誤，而無法檢查業務邏輯關係。這其中的內容只能由會計人員自己檢查。有關憑證過帳的業務流程及規範說明請參見憑證過帳與對帳業務。

【操作步驟】

1. 展開【財務會計】→【總帳】→【憑證處理】→【憑證過帳】，如圖 7-18 所示。

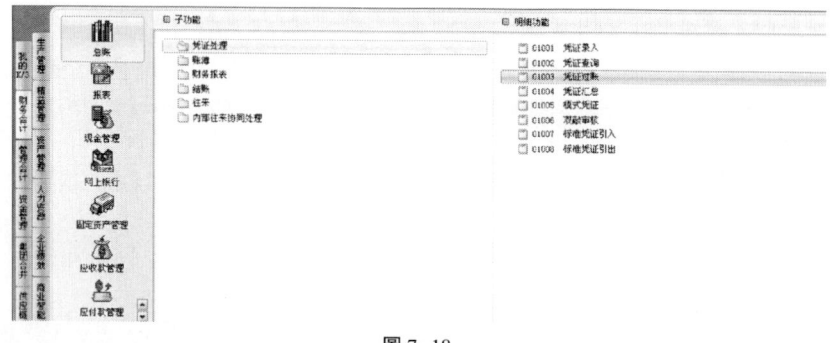

圖 7-18

2. 在該界面中，系統提供了兩種過帳模式：「逐張過帳」和「成批過帳」。另外我們可以通過參數控制當<憑證號不連續時>和<過帳發生錯誤時>是「停止過帳」還是「繼續過帳」。如果需要查看憑證是否存在斷號，可單擊【斷號檢查】，系統將會提供一個憑證斷號檢查表列示系統斷號情況。

在該界面，還可以確定憑證過帳的範圍，如果選擇<全部未過帳憑證>，則系統將所有未過帳的憑證進行全部過帳操作。如果選擇<指定日期之前的憑證>，則在右邊出現一個日期列表框，用戶可以選擇一個日期，系統將對該日期之前的所有未過帳憑證進行過帳操作。點擊【開始過帳】，如圖 7-19 所示。

在過帳過程中，系統會對所有的記帳憑證數據關係進行檢查，有錯誤發生時，如在第一步選擇過帳參數時，<過帳發生錯誤時>選擇「停止過帳」，則系統會給出錯誤提示信息，並中止過帳。在修正完錯誤之後重新過帳。否則，將在過帳全部結束後才顯示錯誤信息。在憑證過帳的過程中，也可以中止過帳，單擊【中止】，系統提示是否中止過帳，【確定】後將中止憑證過帳。

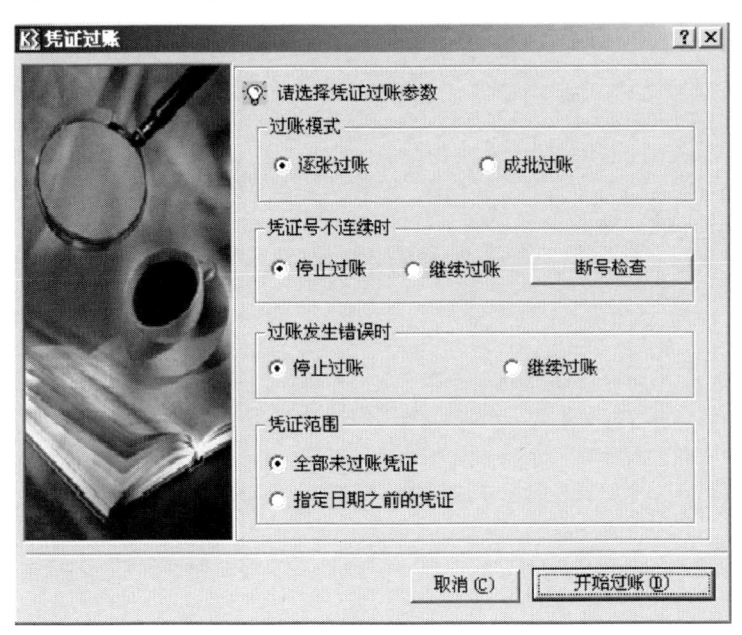

圖 7-19

3. 及時查看系統提供的關於過帳信息的報告，系統顯示成功過帳的憑證數及發生錯誤數信息，在看完過帳信息之後，可以單擊【關閉】，結束本次過帳操作，還可以將過帳的信息打印保存下來。如圖 7-20 所示。

（八）憑證沖銷

對於已經過帳的憑證，如果發現它不符合企業的財務規則，可以使用系統的「沖銷」功能，生成一張紅字沖銷憑證。

【操作步驟】

第七章　模擬數據操作

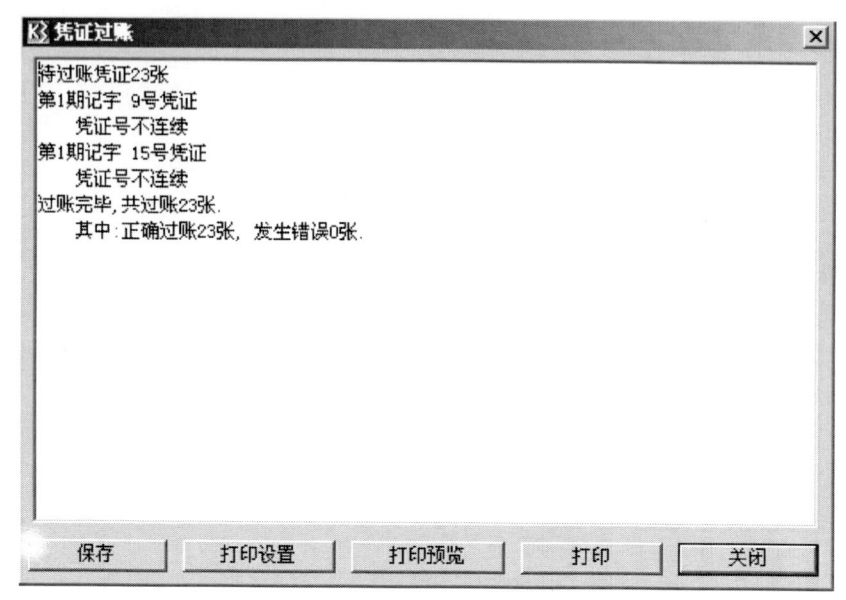

```
待过账凭证23张
第1期记字 9号凭证
    凭证号不连续
第1期记字 15号凭证
    凭证号不连续
过账完毕,共过账23张.
    其中:正确过账23张,发生错误0张.
```

圖 7-20

　　1. 在「憑證查詢界面，將光標選中一張已過帳且要冲銷的憑證，然後選擇菜單【編輯】→【冲銷】。
　　2. 系統會自動在當前的會計期間生成一張與選定憑證一樣的紅字冲銷憑證。

三、應收款實例

　　應收款管理系統，通過銷售發票、其他應收單、收款單等單據的錄入，對企業的往來帳款進行綜合管理，及時、準確地提供給客戶往來帳款餘額資料，提供各種分析報表，如帳齡分析表、周轉分析、欠款分析、壞帳分析、回款分析、合同收款情況分析等，通過各種分析報表，幫助企業合理地進行資金的調配，提高資金的利用效率。同時系統還提供了各種預警、控制功能，如到期債權列表的列示以及合同到期款項列表，幫助企業及時對到期帳款進行催收，以防止發生壞帳；信用額度的控制有助於企業隨時瞭解客戶的信用情況。此外，系統還提供應收票據的跟蹤管理，可以隨時對應收票據的背書、貼現、轉出、退票、收款等操作進行監控。

　　該系統既可獨立運行，又可與銷售系統、總帳系統、現金管理等其他系統結合運用，提供完整的業務處理和財務管理信息。獨立運行時，通過與稅金系統的接口，可以避免發票的重複錄入。

　　(一) 收款單新增

　　收款單分為收款單與預收單兩種類型，這兩種類型的處理方式在系統中的不同之處在於預收單不能和銷售發票、其他應收單進行關聯。如果要和銷售發票、其他應收單進行勾對，建議使用收款單。

審核後的應收票據到期進行收款處理時，不需要再在此界面進行收款單的錄入。只需在應收票據模塊進行收款處理即可。下面對收款單的內容進行說明：

（1）收款類型：根據【類型維護】→【收款單類型】中的預設資料進行選擇。默認類型包括期末調匯、轉帳、退票回冲單、銷售回款、抵債收款。期末調匯的收款類型主要用於期末調匯處理，此類單據原幣默認為 0，調匯金額為調整的本位幣金額。期末調匯的收款單表示調減應收款。

（2）源單單號：根據用戶定義的編碼規則自動填充，可以進行修改。單據號在系統中是唯一的。允許最大錄入 255 位。

（3）核算項目類別：可以選擇客戶、供應商、部門、職員或自定義核算項目類別。系統默認顯示客戶。此處顯示的自定義核算項目類別為參數設置中新增的核算項目類別。

（4）核算項目名稱：根據選擇的客戶類別，錄入相應的核算項目，可以直接錄入代碼，也可單擊【資料】或 F7 鍵查詢獲取，另外也支持 F8 和 F9 功能鍵的模糊查詢。如果選擇的類別是客戶，根據【基礎資料】→【公共資料】→【客戶】中的一些預設信息資料，系統可以自動攜帶客戶的分管部門、專營業務員的信息。

（5）單據日期：僅指收到貨款的日期。

（6）財務日期：即登記入帳的日期，系統根據財務日期自動判斷該單據所屬的會計期間。為保證應收款管理系統與總帳系統數據的一致性，建議用戶財務日期應與生成憑證的憑證日期保持一致。系統控制財務日期必須大於等於單據日期。

（7）源單類型：新增時默認為空，通過下拉菜單進行選擇，內容包括合同（應收）、初始化-合同（應收）、銷售訂單、銷售發票、其他應收單據；選單後此處內容不顯示，回填產品明細的源單類型；單據保存後該字段不顯示。

（8）源單編號：新增時默認為空，支持手工錄入和 F7 功能鍵查詢；如果手工錄入必須要求錄入完整的單據號，錄入後系統自動回填該單據的所有存在餘額的條目；如果按 F7 鍵查詢，則回填選中的條目；選單後此處內容不顯示，回填產品明細的源單單號。

（9）核算項目開戶行：默認取核算項目名稱屬性中的開戶銀行，不允許手工修改。

（10）核算項目銀行帳號：默認取核算項目名稱屬性中的銀行帳號，不允許手工修改。

（11）匯率類型：單據新增時，匯率類型為系統選項中設置的「默認匯率類型」，允許用戶按 F7 鍵選擇其他匯率類型。

（12）幣別：新增時系統默認攜帶本位幣，錄入核算項目後，則回填核算項目屬性中的結算幣別。

（13）匯率：系統默認顯示本位幣及其匯率。如果發生的業務為外幣，選擇原幣後，系統自動根據單據日期或財務日期從匯率體系中取匯率，如無相應生效日期的匯率則返回 0。如選擇攜帶源單匯率，則單據關聯時，匯率取第一張源單的匯率。

(14) 收款銀行：支持手工錄入和 F7 功能鍵查詢獲得，系統默認根據【系統設置】→【應收款管理】→【系統參數】的基本信息中的開戶銀行自動填列，可以修改。按 F7 鍵查詢時調用【系統設置】→【基礎資料】→【銀行帳號】信息。

(15) 帳號：可以手工錄入和根據收款銀行帶出對應帳號，系統默認取系統參數基本信息中的帳號內容。

(16) 合同：內容為升級前合同號的內容；升級後作為文本字段處理，只支持手工錄入。

(17) 結算方式：系統自動根據核算項目攜帶屬性中的結算方式，允許手工修改，允許為空。

(18) 結算號：是結算方式對應的結算號，只支持手工錄入。

(19) 現金類科目：支持 F7 功能鍵調出科目屬性選中現金科目或者銀行科目的會計科目，如果來源是現金系統的收款單，則不允許修改。

(20) 往來科目：新增時，系統自動根據以下順序攜帶內容：核算項目屬性中「應收帳款代碼-系統設置中收款單」的科目。沒有則為空，允許手工修改，支持 F7 功能鍵選擇；如果選上「啓用調匯與對帳」的選項，則此處只能錄入和選擇受控科目（科目選擇受控於應收應付）；如果單據已經審核，可以通過序時簿上的科目指定功能變更該內容，但是控制變更後的科目必須是受控科目。

(21) 結算數量：在選單時選擇應收單據，如果是整單關聯，系統回填結算數量，此時結算數量允許修改；如果是條目關聯，系統默認回填選中條目的數量餘額，此時結算數量也允許修改，修改後根據結算數量、含稅單價重算結算金額，不允許為 0；在選單時選擇合同或者銷售訂單，均不返回結算數量；在沒有選單的情況下，結算數量必須為空；如果手工錄入數據，保存時系統自動清空。

(22) 結算實收金額：僅指實收的貨款。如應收 1000，實收客戶 800，其餘 200 作為給客戶的回扣，則此處實收金額欄應為 800。實收金額只能錄入正數，不允許為負。如果要錄入紅字收款單，則在退款單模塊處理。如果實收金額未錄入，收款單關聯對應的應收單據，則系統會將關聯單據的結算金額合計回填實收金額，回填後的實收金額允許修改，修改後不執行自動分配功能。如果錄入實收金額後再關聯對應的應收單據，則系統將實收金額按選中的單據餘額自動分配結算金額，而不是返回選中單據餘額。

(23) 結算實收金額（本位幣）：系統默認根據實付金額、匯率自動計算，不允許修改；如果選上「允許修改本位幣金額」系統參數則允許修改，不倒算匯率，否則不允許修改。

(24) 結算折扣金額：指給客戶的現金折扣或者回扣。如上例，折扣金額應為 200。目前折扣金額可以手工錄入和系統回填。如果折扣金額未錄入，收款單關聯對應的應收單據，則系統會將關聯單據的折扣金額合計回填收款單的折扣金額。如果錄入折扣金額後再關聯單據則將折扣金額回填第一張關聯單據的結算折扣金額。

(25) 本位幣結算折扣金額：系統默認按折扣金額、匯率自動計算；如果選上

「允許修改本位幣金額」系統參數則允許修改，不倒算匯率，否則不允許修改。

（26）單據金額：顯示的是「結算折扣金額」與「結算實收金額」的合計數，由系統根據「折扣金額」、「實收金額」的變動自動計算並填列，用戶不得修改和操作。

（27）產品代碼：不允許手工修改；系統通過選單操作選中條目對應的產品代碼自動回填，整單關聯則返回該單存在餘額的所有條目對應的產品代碼。

（28）產品名稱：不允許手工修改；系統通過選單操作選中條目對應的產品名稱自動回填，整單關聯返回該單存在餘額的所有條目對應的產品名稱。

（29）規格型號：不允許手工修改；系統通過選單操作選中條目對應的規格型號自動回填，整單關聯返回該單存在餘額的所有條目對應的規格型號。

（30）輔助屬性：携帶源單單據的輔助屬性，不能修改。

（31）單位：不允許手工修改；系統通過選單操作選中條目對應的單位自動回填，整單關聯返回該單存在餘額的所有條目對應的單位。

（32）數量：不允許手工修改；系統通過選單操作選中條目對應的數量自動回填，整單關聯返回該單存在餘額的所有條目對應的數量。

（33）含稅單價：不允許手工修改；系統通過選單操作選中條目對應的含稅價格自動回填。

（34）選單單據金額：不允許手工修改；系統通過選單操作選中條目對應的價稅合計（金額）自動回填，整單關聯返回該單存在餘額的所有條目對應的價稅合計（金額）。

（35）選單單據金額（本位幣）：不允許手工修改；系統通過選單操作選中條目對應的價稅合計（金額）本位幣額自動回填，整單關聯則為返回該單存在餘額的所有條目對應的本位幣價稅合計（金額）。

（36）訂單單號：系統根據選單時選中單據的訂單號回填，不允許修改。

（37）合同號：系統根據選單時選中單據的合同號回填，不允許修改。

（38）項目資源：通過 F7 功能鍵查詢取得。如果已經選上項目資源後進行單據關聯，關聯的應收單也有項目資源的情況下，則系統將關聯單據的項目資源和概算金額覆蓋收款單的項目資源和概算金額；沒有則不覆蓋。

（39）項目任務：通過 F7 功能鍵查詢取得。如果已經選上項目任務後進行單據關聯，關聯的應收單也有項目任務的情況下，則系統將關聯單據的項目任務和概算金額覆蓋收款單的項目任務和概算金額；沒有則不覆蓋。

（40）概算金額：通過選取項目資源或者項目任務帶出對應的概算金額，不能修改。

（41）項目訂單：通過 F7 功能鍵查詢取得。如果已經選上項目訂單後進行單據關聯，關聯的應收單也有項目訂單的情況下，則系統將關聯單據的項目訂單和項目訂單金額覆蓋收款單的項目訂單和項目訂單金額；沒有則不覆蓋。

（42）項目訂單金額：通過選取項目訂單帶出對應的項目訂單金額，不能修改。

第七章 模擬數據操作

(43) 部門：錄入相應的部門。可以直接錄入部門代碼，也可單擊【資料】或 F7 功能鍵查詢獲取，同時支持 F8 功能鍵模糊查詢；如果客戶屬性指定了分管部門，在錄入客戶名稱後系統可以自動帶出客戶屬性中的部門；如該部門已禁用則不携帶。當部門為空時，錄入業務員能自動在此帶出基礎資料中設置好的職員所屬部門（携帶後可修改）；當單據的核算項目為部門時，此字段自動取核算項目內容，不可修改；如果部門為空，在關聯單據時可將被關聯單據上的部門回填。

(44) 業務員：錄入相應的業務員。可以直接錄入職員代碼，也可單擊【資料】或 F7 功能鍵查詢獲取，同時支持 F8 功能鍵模糊查詢；如果客戶屬性指定了分管職員，在錄入客戶名稱後系統可以自動帶出客戶屬性中的業務員；如該職員已禁用則不携帶。當部門為空時，錄入業務員能携帶基礎資料中設置的職員所屬部門到部門字段；當單據的核算項目為職員時，此字段自動取核算項目內容，不可修改，同時無論部門是否為空，都自動携帶職員對應的部門到部門字段；如果業務員為空，在關聯單據時可將被關聯單據上的業務員回填。

(45) 費用項目代碼：按 F7 功能鍵選擇要素項目，返回代碼。
(46) 費用項目名稱：根據要素項目代碼返回名稱。

▶【實例 6】
【操作步驟】

1. 展開【財務會計】→【應收款管理】→【收款】→【收款單-新增】，彈出新增收款單窗口。單據日期和財務日期均為 2014 年 1 月 10 日，依次錄入核算項目、結算方式、結算號、結算實收金額、部門和業務員等相關信息，錄入完畢後保存即可。如圖 7-21 所示。

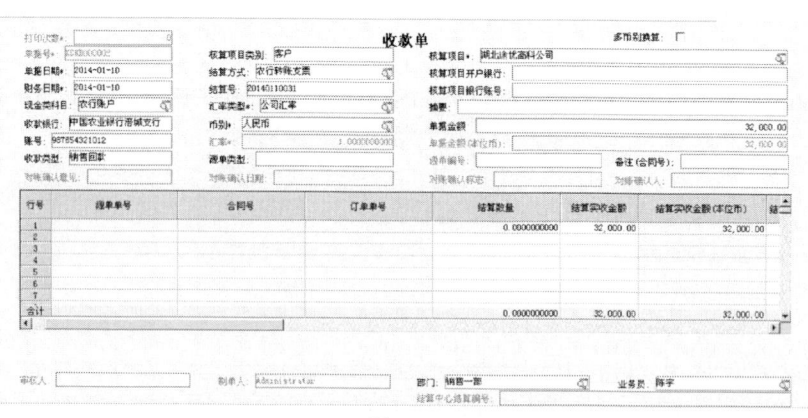

圖 7-21

2. 保存後點擊工具條中的「審核」按鈕，收款單審核完畢。如圖 7-22 所示。
3. 審核完畢後點擊工具條中的「憑證」按鈕，將已審核的收款單生成記帳憑證傳入總帳系統中。在總帳系統中通過憑證查詢可以查詢到這張憑證，並對憑證進行審核和過帳的操作。憑證頁面的相關信息如圖 7-23 所示。

【提示】在應收款管理系統生成的憑證可以在總帳中進行查詢、審核和過帳的

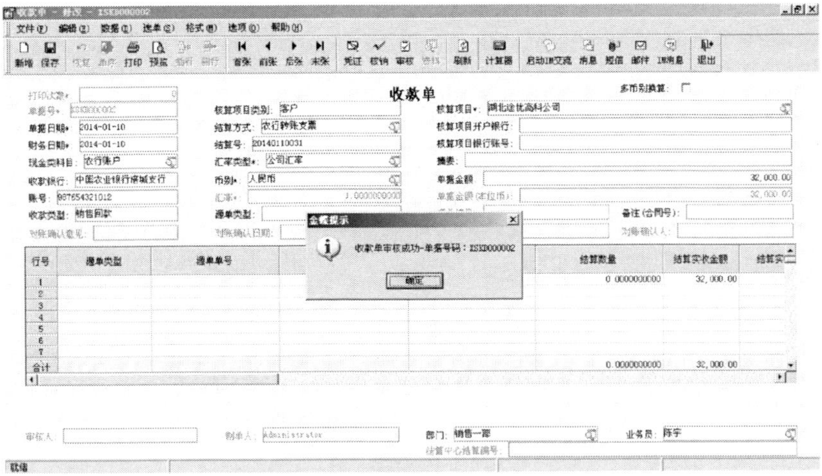

圖 7-22

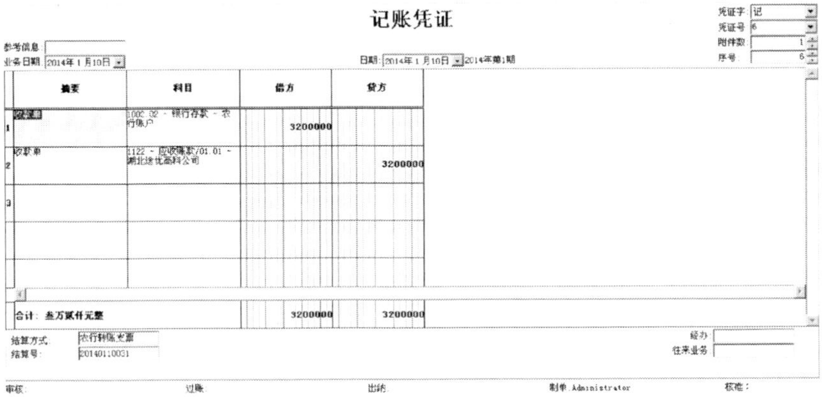

圖 7-23

操作，但不能進行修改和刪除。若要修改和刪除應收款管理系統的憑證，需要在【應收款管理】→【憑證處理】→【憑證-維護】頁面去修改或者刪除。其他系統傳遞到總帳系統中的憑證同理。

(二) 收款單修改

新增後的收款單可以進行修改。在「收款單序時簿」中選定要修改的收款單或預收單，單擊【修改】，可以進行修改操作。如果收款單進行了審核、核銷、生成憑證等其他業務操作，則不允許修改，如要修改則必須取消相關操作。對於應收票據審核生成的收款單和預收單不能修改實收金額、幣別和匯率。

(三) 收款單刪除

在「收款單序時簿」中選定要刪除的收款單，單擊【刪除】，可以進行刪除操作。如果收款單進行了審核、核銷、生成憑證等其他業務操作，則不允許刪除，

第七章　模擬數據操作

如要刪除則必須取消相關操作。

不能刪除系統自動生成的收款單。系統自動生成的收款單有以下兩類：

（1）應收票據審核後自動生成收款單。為區別於手工錄入的收款單，此類收款單據摘要中有「收到應收票據」的字樣。要刪除此類單據，可在應收票據序時簿界面進行取消審核處理，系統自動刪除。

（2）應收款轉銷時自動生成收款單。為區別於手工錄入的收款單，此類收款單據摘要中有「應收款轉銷至 XX」的字樣。要刪除此類單據，可在「核銷」界面進行取消核銷處理，系統自動刪除。

四、採購管理實例

採購管理系統是通過採購申請、採購訂貨、進料檢驗、倉庫收料、採購退貨、購貨發票處理、供應商管理、價格及供貨信息管理、訂單管理、質量檢驗管理等功能綜合運用的管理系統，對採購物流和資金流的全過程進行有效的雙向控制和跟蹤，實現完善的企業物資供應信息管理。該系統可以獨立執行採購操作，也可以與應鏈其他子系統、應付款管理系統等其他系統結合運用，將能提供更完整、全面的企業物流業務流程管理和財務管理信息。

（一）採購發票新增

採購發票是供應商開給購貨單位，據以付款、記帳、納稅的依據。採購發票具有業務和財務雙重性質，是金蝶 K/3 供應鏈系統的核心單據之一。

採購發票包括專用發票和普通發票，除了在稅務處理方面的差別外，大致相同；另外，發票也分為藍字發票和紅字發票，紅字發票是藍字發票的反向單據，代表採購退回，兩者數量相反，但內容一致。下面對採購發票中的相關內容進行說明：

（1）編號：本張單據的號碼，由系統根據【系統設置】→【系統設置】→【採購管理】→【單據設置】中設置的採購發票的編碼自動生成。如果用戶將【系統設置】→【系統設置】→【採購管理】→【單據設置】中的「允許手工錄入」選項選中，則用戶可手工修改系統順序編號，否則用戶不能修改該編號。

（2）日期：即單據日期，新增單據時系統自動顯示當前系統日期，用戶可對日期進行修改。錄入以前期間的發票，單據日期傳遞為應收應付的單據日期，財務日期為物流當期期間的第一天；錄入當期和以後期間的發票，單據日期傳遞為應收應付的單據日期和財務日期。

（3）供應商：指提供發票的單位名稱，為必錄項，其錄入方法是：如果該張單據是手工生成的，用戶可以直接手工輸入供應商代碼；也使用快捷鍵 F7；或者選擇【查看】→【基礎資料查看】或【查看】→【查看編碼】，系統將彈出「核算項目-供應商」查詢界面，用戶查詢後選擇所需要的供應商信息。如果該張單據是通過關聯單據生成的，則供應商代碼是自動關聯源單據的供應商代碼，用戶不能進行修改。

（4）業務類型：即當前採購發票是外購入庫單的採購發票還是委外加工入庫

的採購發票。

（5）付款日期：供用戶錄入此業務的付款日期。新增及關聯生成時（源單無付款日期）付款日期根據單據上供應商的付款條件進行計算得到。如果源單有付款日期，則携帶源單付款日期。單據上供應商無付款條件時，則付款日期默認為單據日期。

（6）幣別：指發票結算使用哪種貨幣。系統默認為本位幣，用戶可以修改。如果該張單據是通過關聯其他單據生成的，則系統自動帶出源單據幣別，用戶可以再進行修改。

（7）匯率：即當前幣別的匯率，系統根據單據日期、匯率類型自動取幣別的生效匯率。

（8）鈎稽人：即發票鈎稽的操作員，用戶不能設置，在鈎稽人鈎稽後，由系統根據當前操作員自動生成。

（9）鈎稽期間：即發票鈎稽的鈎稽所屬期間，用戶不能設置，在鈎稽人鈎稽後，由系統根據當前系統日期自動生成。其中，發票上對應的採購成本和稅額信息的確認是由鈎稽期間決定的，在哪個期間鈎稽，即確認為當期成本。

（10）記帳：即該將該單據生成記帳憑證的人員，由於採購發票屬於核算單據，因此在業務審核後需要生成憑證。該字段用戶不能設置，在核算系統生成憑證時系統根據當前操作員自動生成。

（11）物料代碼：指該採購發票的物料代碼，如果該張單據是通過關聯生成的，則物料代碼是自動關聯源單據相關分錄而生成的，用戶也可以進行修改。

（12）物料名稱、規格型號：指所選物料的名稱、規格型號信息，指從物料基礎資料中自動取得，用戶不能修改。

（13）輔助屬性：指物料或商品的附加屬性。首先需要在當物料或商品的屬性中指定對應的輔助屬性類別，並在【系統設置】→【基本資料】→【採購管理】→【物料輔助屬性】中指定物料和輔助屬性值的對應關係。取得的方法是：如果該張單據是手工錄入的，用戶可以按 F7 鍵或者選擇【查看】→【查看編碼】菜單，系統將彈出相應資料窗口供選擇；如果單據是關聯生成的，則自動關聯源單據相關分錄生成，用戶可修改。

（14）單位：所選物料的常用計量單位，如果該張單據是通過關聯生成的，則單位是自動關聯源單據生成的，用戶可以根據實際計量情況進行修改。

（15）數量：即當前物料按當前所選單位計量的訂貨數量，如果該張單據是通過關聯生成的，則數量是自動關聯源單據相關分錄而生成的，用戶也可以進行修改。

（16）單價：當為採購專用發票時，其代表不含稅的單價，如果先錄入含稅單價，則根據單價＝含稅單價/（1+稅率），如果先錄入金額，則會根據選項決定是否倒算，如果倒算則按照單價＝金額/（1-折扣率）/數量進行倒算；當是採購普通發票，其代表的是含稅的單價。

（17）含稅單價：普通採購發票不顯示，指當前物料的專用發票含稅價格。

第七章　模擬數據操作

（18）金額：當發票為專用發票時，指當前物料的不含稅實際金額，系統根據以下公式計算得出，用戶可以修改，金額＝數量×含稅單價×（1-折扣率）／（1+稅率）。當發票為普通發票時，指當前物料的含稅實際金額，系統根據以下公式計算得出，金額＝數量×單價×（1-折扣率），用戶可以修改如果用戶修改＜金額＞等字段，系統根據是否選擇【選項】→【調整金額後倒算單價】來分別處理：如果選擇，則調整金額後系統會根據金額倒算單價；否則，系統將保留修改狀態，不作處理。

（19）稅率：即當前物料的增值稅率或徵收率（分別適用於專用發票和普通發票），錄入方式是：手工新增時，專用發票根據系統選項「採購系統稅率取數來源」取相應的稅率；普通發票稅率默認為 0，允許修改；如果勾選「採購價格資料含稅」時，不管訂單通過哪條線關聯到發票（即包括直接關聯和三方關聯），普通發票均攜帶訂單上的稅率，專用發票如果取不到訂單稅率，則取系統預設的稅率；如果不勾選「採購價格資料含稅」，不管訂單通過哪條線關聯到發票（即包括直接關聯和三方關聯），普通發票均不攜帶訂單稅率，專用發票如果取不到訂單稅率，則取系統預設的稅率；發票關聯其他非訂單單據生成，依據「採購系統稅率取數來源」取稅率。

（20）稅額：指專用發票中的增值稅額，系統根據以下公式計算得出，用戶可以修改，稅額＝數量×含稅單價×（1-折扣率）／（1+稅率）×稅率。

（21）價稅合計：指專用發票中的金額和增值稅額的合計數，系統根據下列公式計算得出，用戶不能修改。價稅合計＝金額+稅額。

▶【實例 7】
【操作步驟】

1. 展開【供應鏈】→【採購管理】→【採購發票】→【採購發票-新增】，如圖 7-24 所示。

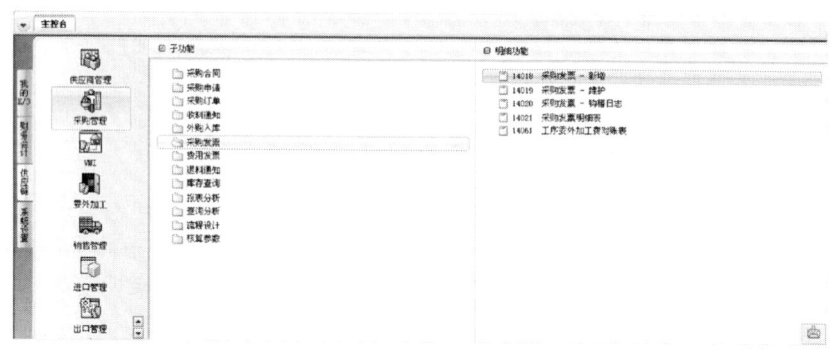

圖 7-24

2. 在「採購發票-新增」窗口，錄入付款日期（2014 年 1 月 30 日）、供應商、日期（2014 年 1 月 10 日）。在物料信息中，手工輸入物料代碼（01.01），錄入數量以及單價信息，注意單價分不含稅單價和含稅單價，一般情況下給出的都是不

含稅單價。最後錄入主管、部門和業務員信息，保存如圖 7-25 所示。

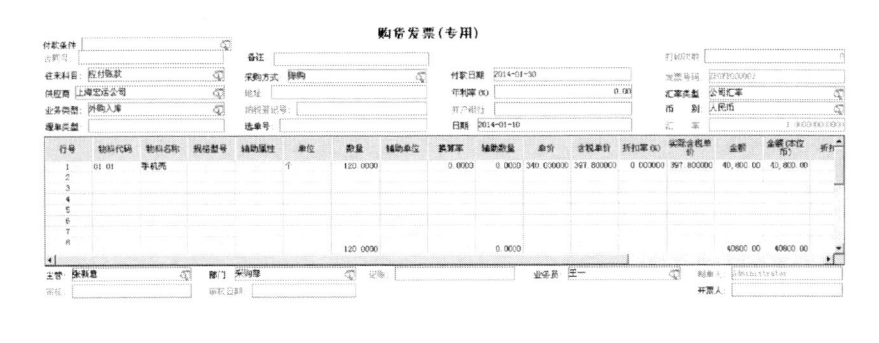

圖 7-25

3. 保存後點擊工具條中的「審核」按鈕，將購貨發票審核完畢，如圖 7-26 所示。

圖 7-26

（二）採購發票修改

新增後的採購發票可以進行修改。在「購貨發票序時簿」中選定要修改的採購發票，單擊【修改】，可以進行修改操作。如果採購發票進行了審核、核銷、生成憑證等其他業務操作，則不允許修改，如要修改則必須取消相關操作。

（三）採購發票刪除

在「購貨發票序時簿」中選定要刪除的收款單，單擊【刪除】，可以進行刪除操作。如果收款單進行了審核、核銷、生成憑證等其他業務操作，則不允許刪除，如要刪除則必須取消相關操作。

▶【實例 8】
【操作步驟】

實例 8 的操作步驟與實例 7 相似，請參照實例 7 的操作步驟。發票上的信息錄入完畢後保存並審核。如圖 7-27 所示。

第七章　模擬數據操作

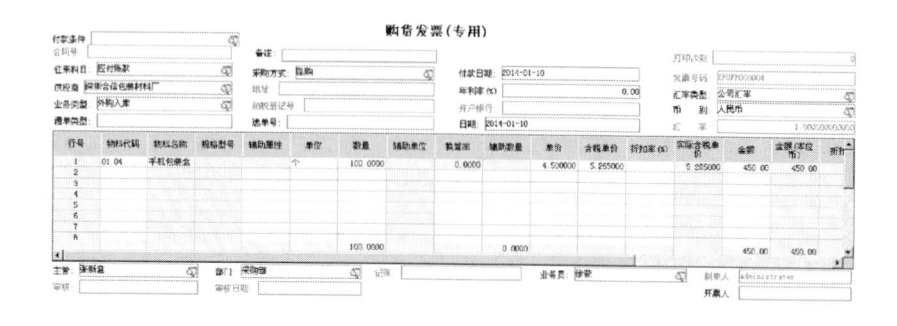

圖 7-27

五、應付款實例

應付款管理系統通過發票、其他應付單、付款單等單據的錄入，對企業的往來帳款進行綜合管理，及時、準確地提供供應商的往來帳款餘額資料以及各種分析報表，如帳齡分析表及付款分析、合同付款情況等，通過各種分析報表，幫助企業合理地進行資金的調配，提高資金的利用效率。同時系統還提供了各種預警、控制功能，如到期債務列表的列示以及合同到期款項列表，幫助企業及時支付到期帳款，以保證良好的信譽。該系統既可獨立運行，又可與採購系統、總帳系統、現金管理等其他系統結合運用，提供完整的業務處理和財務管理信息。

(一) 付款單新增

付款單分為付款單與預付單兩種類型，這兩種類型的處理方式在系統中的不同之處在於預付單不能和發票、其他應付單進行關聯。如果要和發票、其他應付單進行勾對，建議使用付款單。審核後的應付票據到期進行付款處理時，不需要再在此界面進行付款單的錄入。只需在應付票據模塊進行付款處理即可。

下面對付款單的內容進行說明：

(1) 付款類型：根據【類型維護】→【付款單類型】中的預設資料進行選擇。默認類型包括期末調匯、轉帳、退票回沖單、購貨款、抵債付款、應收票據背書、費用報銷、費用借款、其他付款。期末調匯的付款類型主要用於期末調匯處理，此類單據原幣默認為 0，調匯金額為調整的本位幣金額。期末調匯的付款單表示調減應付款。

(2) 單據號：根據用戶定義的編碼規則自動填充，您也可以進行修改。單據號在系統中是唯一的。允許最大錄入 255 位。

(3) 核算項目類別：可以選擇供應商、客戶、部門、職員或自定義核算項目類別。系統默認顯示供應商。此處顯示的自定義核算項目類別為參數設置中新增的核算項目類別。

(4) 核算項目名稱：根據選擇的供應商類別，錄入相應的供應商，可以直接錄入代碼，也可單擊【資料】或 F7 鍵查詢獲取，也可以支持 F8 功能鍵和 F9 功能

鍵的模糊查詢。如果選擇的類別是供應商，根據【基礎資料】→【公共資料】→【供應商】中的一些預設信息資料，系統可以自動携帶供應商的分管部門、專營業務員的信息。

（5）單據日期：僅指實際付款的日期。

（6）財務日期：即登記入帳的日期，系統根據財務日期自動判斷該單據所屬的會計期間。為保證應付款管理系統與總帳系統數據的一致性，建議用戶財務日期應與生成憑證的憑證日期保持一致。系統控制財務日期必須大於等於單據日期。

（7）幣別：新增時系統默認携帶本位幣，錄入核算項目後，則回填核算項目屬性中的結算幣別。

（8）匯率：系統默認顯示本位幣及其匯率。如果發生的業務為外幣，選擇原幣後，系統自動根據單據日期或財務日期從匯率體系中取匯率，如無相應生效日期的匯率則返回 0。如選擇携帶源單匯率，則單據關聯時，匯率取第一張源單的匯率。

（9）結算方式：系統自動根據核算項目携帶屬性中的結算方式，允許手工修改，允許為空。

（10）結算號：指結算方式對應的結算號，只支持手工錄入。

（11）現金類科目：支持 F7 功能鍵調出科目屬性選中現金科目或者銀行科目的會計科目，如果來源是現金系統的付款單，則不允許修改。

（12）往來科目：新增時，系統自動根據以下順序携帶內容：核算項目屬性中「應付帳款代碼-系統設置中付款單」科目；沒有則為空，允許手工修改，支持 F7 功能鍵選擇；如果選上「啓用調匯與對帳」的選項，則此處只能錄入和選擇受控科目（科目選擇受控於應收應付），如果單據已經審核，可以通過序時簿上的科目指定功能變更該內容，但是控制變更後的科目必須是受控科目。

（13）結算數量：選單關聯發票會回填結算數量，修改結算數量不會重算結算金額。含稅單價不能修改。在選單時選擇合同或者採購訂單，均不返回結算數量；在沒有選單的情況下，不能手工錄入結算數量。

（14）結算實付金額：僅指實付的貨款。如應付 1,000，實付供應商 800，其餘 200 作為回扣，則此處金額欄應為 800。金額只能錄入正數，不允許為負。如果要錄入紅字付款單，則在退款單模塊處理。如果實付金額未錄入，付款單關聯對應的應付單據，則系統會將關聯單據的結算金額合計回填實付金額，回填後的實付金額允許修改，修改後不執行自動分配功能。如果錄入實付金額後再關聯對應的應付單據，則系統將實付金額按選中的單據餘額自動分配結算金額，而不是返回選中單據餘額。系統允許單據金額大於等於結算實付金額合計，但不能小於結算實付金額合計。

（15）單據金額：該字段顯示的是「折扣金額」與「實付金額」的合計數，由系統根據「折扣金額」、「實付金額」的變動自動計算並填列，用戶不得修改和操作。

（16）產品代碼：不允許手工修改；系統通過選單操作選中條目對應的產品代

碼自動回填，整單關聯則返回該單存在餘額的所有條目對應的產品代碼。

(17) 產品名稱：不允許手工修改；系統通過選單操作選中條目對應的產品名稱自動回填，整單關聯返回該單存在餘額的所有條目對應的產品名稱。

(18) 規格型號：不允許手工修改；系統通過選單操作選中條目對應的規格型號自動回填，整單關聯返回該單存在餘額的所有條目對應的規格型號。

(19) 單位：不允許手工修改；系統通過選單操作選中條目對應的單位自動回填，整單關聯返回該單存在餘額的所有條目對應的單位。

(20) 數量：不允許手工修改；系統通過選單操作選中條目對應的數量自動回填，整單關聯返回該單存在餘額的所有條目對應的數量。

(21) 選單單據金額：不允許手工修改；系統通過選單操作選中條目對應的價稅合計（金額）自動回填，整單關聯返回該單存在餘額的所有條目對應的價稅合計（金額）。

(22) 部門：錄入相應的部門。可以直接錄入部門代碼，也可單擊【資料】或 F7 功能鍵查詢獲取，同時支持 F8 功能鍵和 F9 功能鍵的模糊查詢；如果供應商屬性指定了分管部門，在錄入供應商名稱後系統可以自動帶出供應商屬性中的部門，如該部門已禁用則不携帶。當部門為空時，錄入業務員能自動在此帶出基礎資料中設置好的職員所屬部門（携帶後可修改）；當單據的核算項目為部門時，此字段自動取核算項目內容，不可修改；如果部門為空，在關聯單據時可以將被關聯單據上的部門回填。

(23) 業務員：錄入相應的業務員。可以直接錄入職員代碼，也可單擊【資料】或 F7 鍵查詢獲取，同時支持 F8 功能鍵和 F9 功能鍵的模糊查詢；如果供應商屬性指定了分管職員，在錄入供應商名稱後系統可以自動帶出供應商屬性中的業務員，如該職員已禁用則不携帶。當部門為空時，錄入業務員能携帶基礎資料中設置的職員所屬部門到部門字段；當單據的核算項目為職員時，此字段自動取核算項目內容，不可修改，同時無論部門是否為空，都自動携帶職員對應的部門到部門字段；如果業務員為空，在關聯單據時可以將被關聯單據上的業務員回填。

▶【實例 9】

【操作步驟】

1. 展開【財務會計】→【應付款管理】→【付款】→【付款單-新增】，彈出新增付款單窗口。單據日期和財務日期均為 2014 年 1 月 10 日，依次錄入核算項目、結算方式、結算號、結算實收金額、部門和業務員等相關信息，錄入完畢後保存即可。如圖 7-28 所示。

2. 保存後點擊工具條中的「審核」按鈕，付款單審核完畢。如圖 7-29 所示。

3. 審核完畢後點擊工具條中的「憑證」按鈕，將已審核的付款單生成記帳憑證傳入總帳系統中。在總帳系統中通過憑證查詢可以查詢到這張憑證，並對憑證進行審核和過帳的操作。憑證頁面的相關信息如圖 7-30 所示。

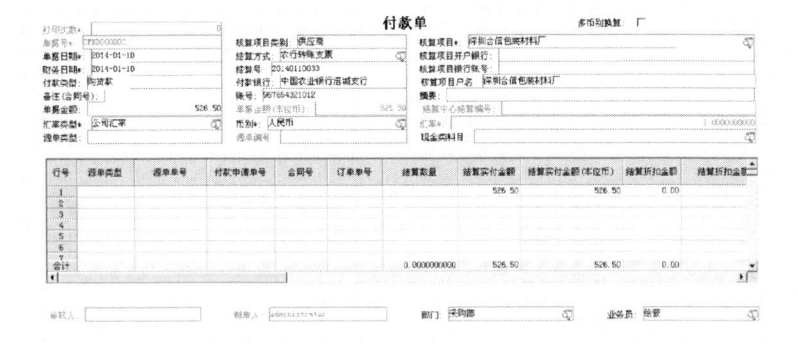

圖 7-28

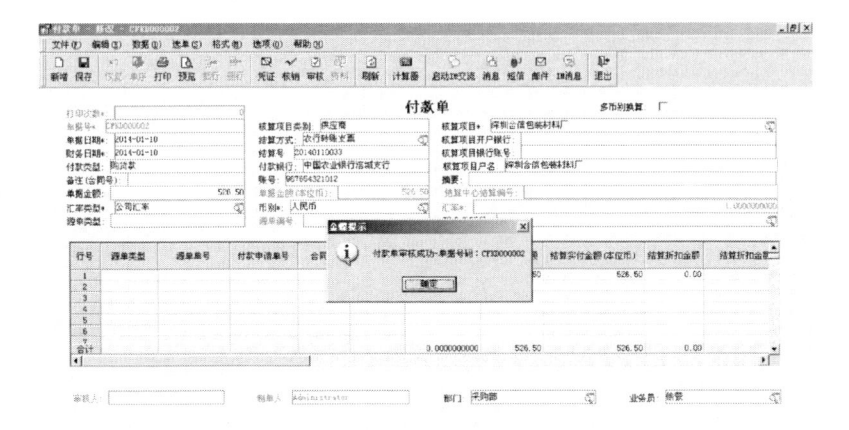

圖 7-29

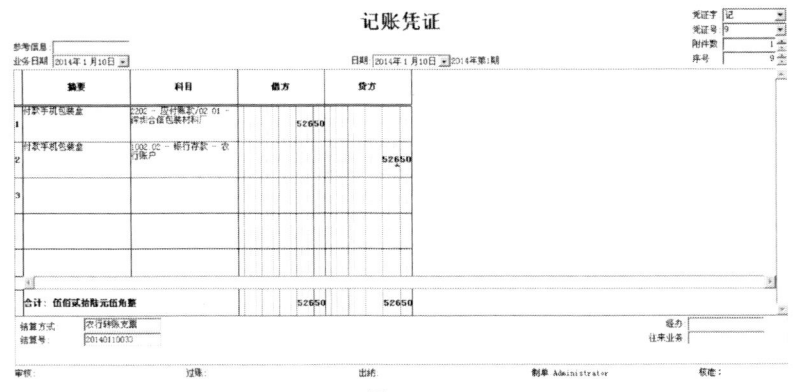

圖 7-30

第七章　模擬數據操作

（二）付款單修改

新增後的付款單和預付單可以進行修改。在「付款單序時簿」單擊【修改】就可以進行修改操作。如果付款單和預付單進行了審核、核銷、生成憑證等其他業務操作，則不允許修改，如要修改則必須取消相關操作。對於應付票據審核生成的付款單和預付單不能修改實付金額、幣別和匯率。

（三）付款單刪除

在「付款單序時簿」中選定要刪除的付款單，單擊【刪除】，可以進行刪除操作。如果付款單進行了審核、核銷、生成憑證等其他業務操作，則不允許刪除，如要刪除則必須取消相關操作。您不能刪除系統自動生成的付款單。系統自動生成的付款單有以下兩類：

（1）應付票據審核後自動生成付款單。為區別於手工錄入的付款單，此類付款單據摘要中有「開出應付票據」字樣。要刪除此類單據，可在「應付票據序時簿」界面進行取消審核處理，系統自動刪除。

（2）應付款轉銷時自動生成付款單。為區別於手工錄入的付款單，此類付款單據摘要中有「應付款轉銷至XX」字樣。要刪除此類單據，可在核銷界面進行取消核銷處理，系統自動刪除。

六、採購管理實例

（一）外購入庫單新增

外購入庫單又稱收貨單、驗收入庫單等，是確認貨物入庫的書面證明。外購入庫單包括藍字外購入庫單和紅字外購入庫單，紅字外購入庫單是藍字外購入庫單的反向單據，代表物料的退庫。兩者數量相反，但內容一致。

外購入庫單單據內容說明如下：

（1）編號：本張單據的號碼，由系統根據【系統設置】→【系統設置】→【採購管理】→【單據設置】中設置的採購訂單的編碼自動生成。如果用戶將【系統設置】→【系統設置】→【採購管理】→【單據設置】中的<允許手工錄入>選項選中，則用戶可手工修改系統順序編號，否則用戶不能修改該編號。

（2）日期：即單據日期，新增單據時系統自動顯示當前系統日期，用戶可對日期進行修改。

（3）供應商：指提供原料供貨單位名稱，如果該張單據是通過關聯採購訂單、收料通知/請檢單或發票生成的，則供應商代碼取自所選的源單據供應商信息，用戶不能修改（修改後全部關聯內容會清掉）。如果系統選項「嚴格按供貨信息控制採購業務」選中時，僅顯示在供應商供貨信息中存在供貨信息的供應商。

（4）採購日期：即採用哪種採購業務的處理方式，入庫單上提供現購、賒購、受托入庫三種方式，用戶根據需要選擇。

（5）付款日期：供用戶錄入此業務的付款日期。新增及關聯生成時（源單無付款日期）付款日期根據單據上供應商的付款條件進行計算得到。如果源單有付款日期，則携帶源單付款日期。單據上供應商無付款條件時，則付款日期默認為

單據日期。付款日期的計算規則請參見付款條件使用。

（6）往來科目：可以由用戶直接錄入現金、銀行存款等具體的明細科目或科目，以方便對應採購發票的帳務處理。審核後的發票，該字段在核算系統中可以修改。

（7）部門：指該筆業務所處理的部門，可以取供應商資料中的部門信息。

（8）業務員：指該筆業務所處理的業務員，可以取供應商資料中的業務員信息。

（9）記帳：即該將該單據生成記帳憑證的人員，由於外購入庫單屬於核算單據，因此需要生成憑證。該字段用戶不能設置，在核算系統生成憑證時系統根據當前操作員自動生成。

（10）物料代碼：指外購入庫單上貨物的物料代碼如果該張單據是通過關聯生成的，則物料代碼是自動關聯源單據相關分錄而生成的，用戶也可以進行修改。在這裡，系統允許用戶在同一業務單據的不同分錄錄入同一物料。

（11）單位：所選物料的常用計量單位，如果該張單據是通過關聯生成的，則單位是自動關聯源單據生成的，用戶可以根據實際計量情況進行修改。

（12）應收數量：即當前所關聯單據傳遞過來的、按所選單位計量的數量，用戶不能設置。取得方法是：

如果該張單據是通過關聯採購訂單生成的，則數量是自動關聯訂單上相關物料數量扣除了其他的收料通知/請檢單、外購入庫單等單據的關聯數量之後的數量，用戶不能修改。

如果該張單據是通過關聯收料通知/請檢單生成的，則數量是自動關聯通知單上相關物料合格數量扣除之前其他單據關聯數量之後的數量，用戶不能修改。

如果紅字外購入庫單通過關聯藍字外購入庫單、退料通知單生成的，則數量是自動關聯源單據上相關物料數量扣除之前紅字入庫單關聯數量之後的剩餘數量，用戶不能修改。

外購入庫單關聯採購檢驗申請單時，應收數量默認攜帶採購檢驗申請單的剩餘的合格數量和讓步接收數量，即採購檢驗申請的合格數量+讓步接收數量-已入庫數量。

如果該張單據是手工或關聯發票生成的，則該字段為空白。

（13）實收數量：即指實際收到的數量，如果該張單據是手工生成的，則該字段為空白，由用戶根據實際入庫數量錄入。如果該張單據是通過關聯採購訂單、收料通知/請檢單、退料通知單或藍字外購入庫單生成的，則數量與「應收數量」一致，用戶根據實際入庫數量調整。如果該張單據是通過關聯發票生成的，則數量是自動關聯源單據相關物料數量，用戶根據實際入庫數量調整。

（14）單價：指當前物料的收料不含稅價格。取得和控制有以下幾方面：如果該張單據是手工錄入的，則取採購價格管理資料中的報價或者物料中的採購單價。如果是直接關聯則取源單的價格，如果是三方關聯則取採購訂單的價格。具體的取數規則請參見「單據上採購價格和折扣的獲取」部分。當外購入庫核算完成後，

第七章 模擬數據操作

系統會根據採購發票、費用發票核算出相應的單位入庫成本，此入庫成本會反寫到入庫單的單價。

（15）金額：指當前物料的入庫金額。系統根據以下公式計算得出：金額＝單價×數量。

（16）收料倉庫：即物料所「入」（或「出」）的倉庫，可以錄入倉庫類型為實倉的倉庫，實倉是指普通倉、受托代銷倉、其他倉。當由收料通知/請檢單、退料通知單關聯生成外購入庫單更新庫存時，錄入代管倉的行需要同時更新實倉和代管倉，即增加外購入庫單上錄入的實倉倉庫庫存，減少收料通知/請檢單上錄入的代管倉倉庫的庫存。當採購檢驗申請單關聯生成外購入庫單更新庫存時，需要同時更新實倉和待檢倉，即增加外購入庫單上錄入的實倉倉庫庫存，減少採購檢驗申請單上錄入的待檢倉倉庫的庫存。

（二）採購發票與外購入庫單的鉤稽

對於採購發票，鉤稽是發票與入庫單確認的標志，是核算入庫成本的依據。已鉤稽的發票才可以執行入庫核算、根據憑證模板生成記帳憑證等操作，無論是本期或以前期間的發票，鉤稽後都作為當期發票來核算成本。

採購發票鉤稽就是在當前發票界面、新增保存並且審核了一張單據後，單擊工具條上的【鉤稽】或選擇【查看】→【鉤稽】；系統會自動鉤稽該張單據，並給予相應提示信息；另外，對已鉤稽的發票選擇【查看】→【反鉤稽】，系統會自動反鉤稽該發票，並給予相應提示。

在發票序時簿上，也可以進行發票的鉤稽、反鉤稽操作。方法是：單擊工具條上的【鉤稽】或選擇【編輯】→【鉤稽】或者在右鍵菜單中選擇【鉤稽】來進行鉤稽。

在供應鏈系統中，一張採購發票可以與多張外購入庫單、多張費用發票鉤稽，多張發票也可以與一張外購入庫單、一張費用發票鉤稽，同樣，多張採購發票可以與多張外購入庫單、多張費用發票鉤稽。

發票類型為委外加工類型時，進入採購發票「鉤稽-委外入庫的鉤稽和反鉤稽」界面，在該界面，發票只能選擇委外入庫類型的發票，入庫單只能選擇委外加工入庫單；如果發票類型為外購入庫類型時，進入採購發票「鉤稽-外購入庫的鉤稽和反鉤稽」界面，發票只能選擇外購入庫類型的發票，入庫單只能選擇外購入庫單。

▶【實例10】

【操作步驟】

1. 展開【供應鏈】→【採購管理】→【外購入庫】→【外購入庫單-新增】，如圖7-31所示。

2. 在外購入庫單新增窗口，注意付款日期和日期均為2014年1月10日，錄入供應商信息。在物料信息中，手工輸入物料代碼01.01，錄入數量和單價。最後錄入主管、部門和業務員信息，保存如圖7-32所示。

【提示】外購入庫單中的入庫單價在這裡可以不錄入，期末處理時會進行出入

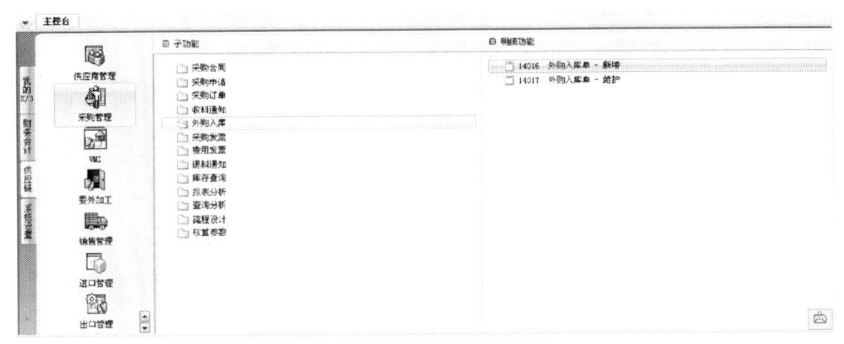

圖 7-31

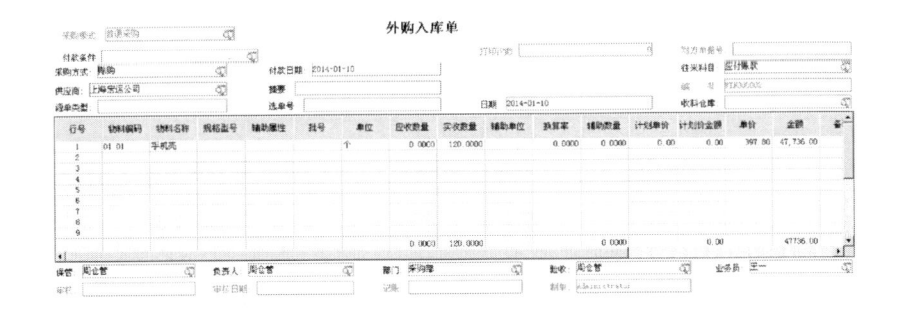

圖 7-32

庫核算，核算完畢後會將產品的入庫單價自動填到表格內，如果在填製外購入庫單時錄入了單價，那麼期末處理後核算出來的入庫單價會自動覆蓋掉在錄外購入庫單的手工錄入的單價。

3. 外購入庫單與發票的鈎稽。展開【供應鏈】→【採購管理】→【採購發票】→【採購發票-維護】，如圖 7-33 所示。

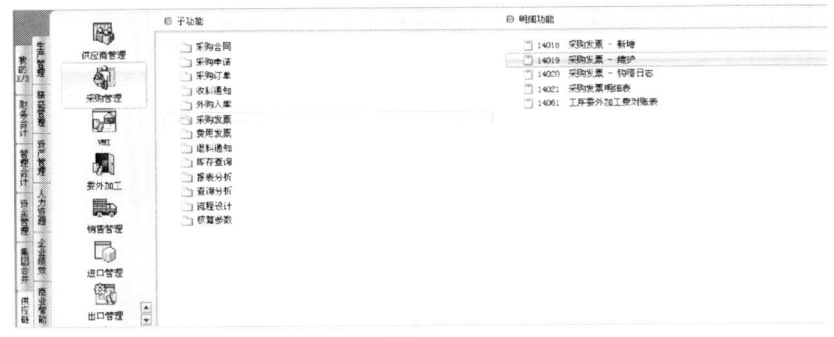

圖 7-33

【提示】鈎稽是指發票和出庫單或者入庫單之間確定一種關係。有了這種關係

第七章　模擬數據操作

就能確定出入庫的成本。沒鈎稽的發票也是可以生成憑證的。

4. 打開採購發票的條件過濾窗口，相關設置如圖 7-34 所示。

圖 7-34

5. 進入「採購發票序時簿」窗口，選擇需要鈎稽的實例 7 錄入的採購發票，點擊工具條中的「鈎稽」按鈕。如圖 7-35 所示。

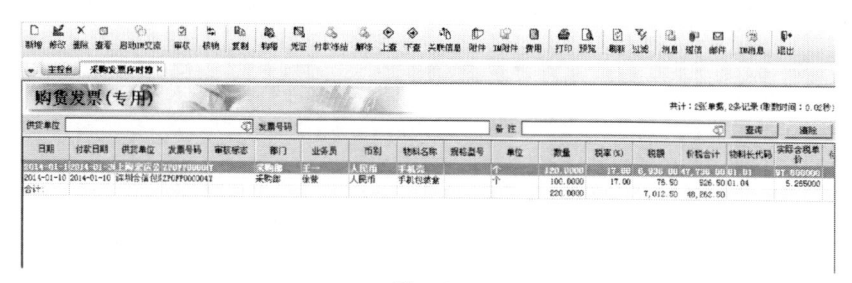

圖 7-35

6. 打開「採購發票鈎稽」窗口，確定採購發票和外購入庫單中的供貨單位、物料的一致，在本次鈎稽數量中錄入準備鈎稽的數量，點擊工具條中的「鈎稽」。如圖 7-36 所示。

7. 若採購發票和外購入庫單中的相關信息正確，可以鈎稽，系統會提示鈎稽成功。如圖 7-37 所示。

【提示】

（1）採購發票與外購入庫單的鈎稽可以將外購入庫單與對應的發票進行相互鎖定。鈎稽後就可以在存貨核算系統中進行入庫核算，生成記帳憑證等操作。系統的鈎稽記錄可以在【供應鏈】→【採購管理】→【採購發票】→【採購發票-

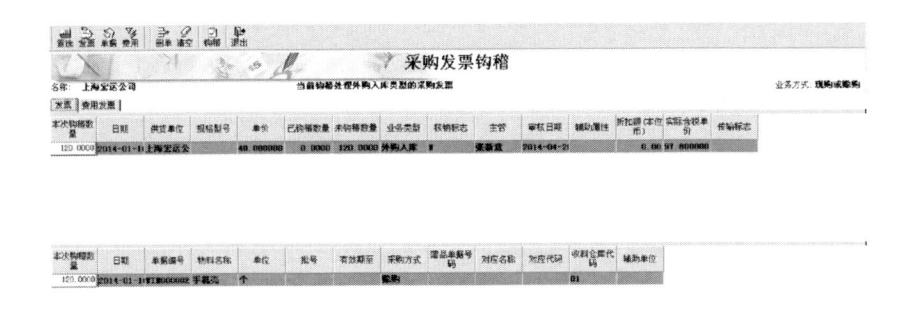

圖 7-36

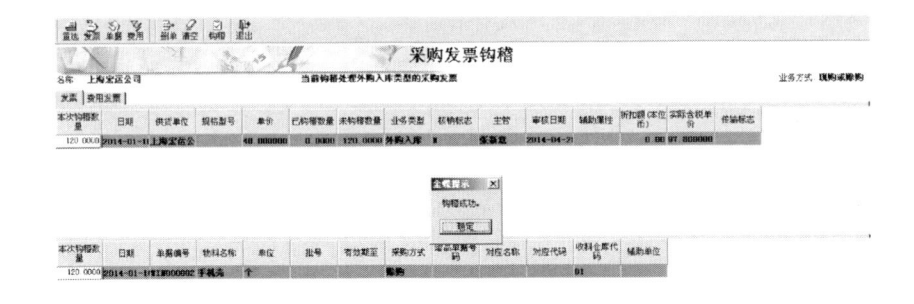

圖 7-37

鈎稽日志】中進行查詢。

（2）已經鈎稽的採購發票和外購入庫單不能修改和刪除，如果要修改和刪除必須先將鈎稽取消，取消鈎稽可以在鈎稽頁面的菜單【編輯】→【反鈎稽】後完成。

▶【實例 11】

【操作步驟】

1. 實例 11 的操作步驟與實例 10 相似，請參照實例 10 的操作步驟。外購入庫單錄入完畢後保存。如圖 7-38 所示。

2. 外購入庫單錄入完成後參照實例 10 中的鈎稽步驟，將實例 8 中的採購發票與本例中的外購入庫單進行鈎稽操作。

七、倉存管理實例

倉存管理系統是通過入庫業務（包括外購入庫、產品入庫、委外加工入庫、其他入庫）、出庫業務（包括銷售出庫、生產領料、委外加工出庫、其他出庫、受托加工領料）、倉存調撥、庫存調整（包括盤盈入庫、盤虧毀損）、虛倉單據（包

第七章　模擬數據操作

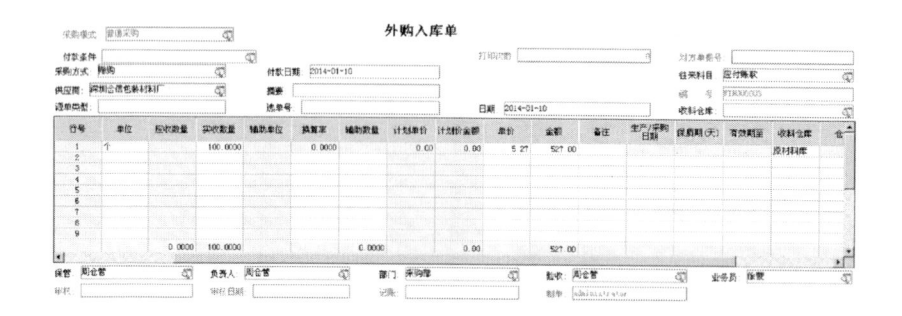

圖 7-38

括虛倉入庫、虛倉出庫、虛倉調撥、受托加工產品入庫）等功能，結合批次管理、物料對應、庫存盤點、質檢管理、即時庫存管理等功能綜合運用的管理系統，對倉存業務的物流和成本管理全過程進行有效控制和跟蹤，實現完善的企業倉儲信息管理。該系統可以獨立執行庫存操作，也可以與採購管理系統、銷售管理系統、存貨核算系統、成本管理系統的單據和憑證等結合使用，將能提供更完整、全面的企業物流業務流程管理和財務管理信息。

（一）生產領料單新增

生產領料單是確認貨物出庫的書面證明，也是財務人員據以記帳、核算成本的重要原始憑證。在金蝶 K/3 供應鏈系統中，生產領料單確認後，需要繼續處理出庫成本的計算，這一連串的連續業務處理說明生產領料單是重要的核算單據。

生產領料單包括藍字生產領料單和紅字生產領料單，紅字生產領料單是藍字生產領料單的反向單據，代表物料的退回。兩者數量相反，但內容一致。

生產領料單單據內容說明如下：

（1）領料類型：即該筆業務的業務類型。錄單時默認為「一般領料」，其錄入方法是：用戶可以直接手工輸入代碼，也使用快捷鍵 F7、F8；或者選擇【查看】→【基礎資料查看】或【查看】系統將彈出「輔助資料-領料類型」查詢窗口，用戶查詢後選擇所需要的領料類型信息。當關聯返工類型的任務單時，領料類型為「修復廢品領料」。

（2）領料部門：指領料的部門名稱，如果該張單據是通過關聯生產任務單生成的，則部門代碼取自所選的源單據部門信息，用戶不能修改（修改後全部關聯內容會清掉）。

（3）日期：參見外購入庫單的單據信息的對應欄目說明。

（4）發料倉庫：參見外購入庫單的單據信息的對應欄目說明。

（5）物料代碼：按 F7 鍵選擇或者直接錄入生產任務單/重複生產任務單。當本單據選項「只領用非倒冲物料」選中時，只自動帶出對應投料單中子項物料的倒冲屬性為否的可領料（BOM 子項類型為普通件或返還件）物料；當「只領用非倒冲物料」未選中時，則自動帶出對應投料單中所有的可領料（BOM 子項類型為

普通件或返還件）物料。其餘參見銷售出庫單的單據體信息的對應欄目說明。

（6）單位：參見銷售出庫單的單據體信息的對應欄目說明。

（7）實發數量：即指當前產品按所選計量單位計算的出庫數量，如果該張單據是手工生成的，則該字段為空白，由用戶根據實際出庫數量錄入。如果該張單據是通過關聯生產任務單生成的，則數量是自動關聯生產任務單上相關物料數量扣除了其他的生產領料單的關聯數量之後的數量，用戶可以根據實際出庫情況修改。如果紅字領料單通過關聯藍字領料單生成的，則數量是自動關聯源單據上相關物料數量，用戶可以根據實際出庫情況修改。如果該張單據是關聯外購入庫單生成的，則該字段自動取得源單據的數量。

（8）領料：指領料的人員。

（9）發料：指發出貨物人員。

（10）單價：指當前產品的單位成本，需要在期末進行成本核算時由系統自動填入，當前錄入內容可能會被刷新、清除，因此該字段不需錄入，但可以在成本核算成功後查詢產品單位成本。返工的單價選擇：根據存貨核算的系統參數選項「返工物料出庫單價來源」確定，選擇項為「以前期最新自製入庫單價、期初餘額加權平均單價、手工指定」。「以前期最新自製入庫單價」為本期以前此產品的最新自製入庫單價，時間按日期排序，單價取按日期最近的單據的單價；「期初餘額加權平均單價」等於該產品期初餘額總金額除以該產品期初總數量；「手工指定」為手工在領料單上錄入的單價。

（11）金額：指當前產品的銷售成本。系統可以根據以下公式計算得出：金額＝單價×數量。

▶【實例 12】

【操作步驟】

1. 展開【供應鏈】→【倉存管理】→【領料發貨】→【生產領料-新增】，如圖 7-39 所示。

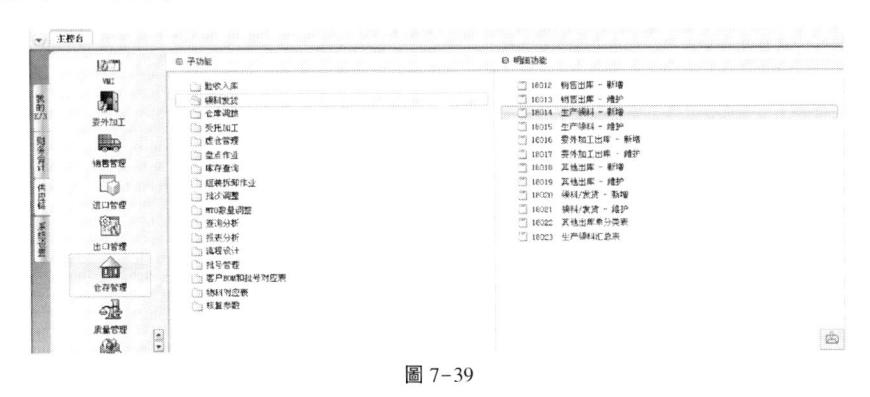

圖 7-39

2. 根據實例中給出的數據，錄入領料部門、日期、物料代碼及數量、領料人以及發料人信息，保存並審核。如圖 7-40 所示。

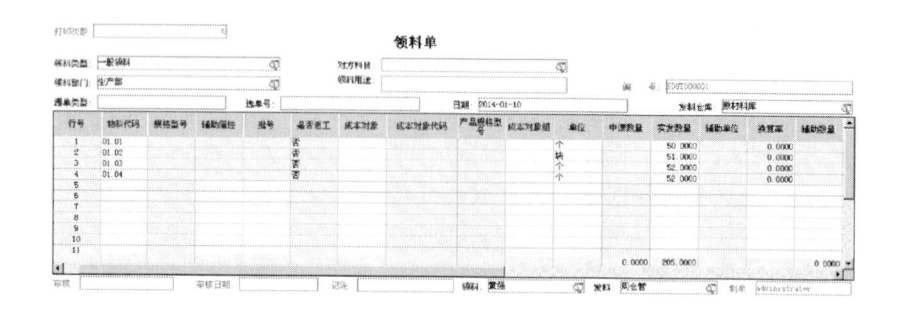

圖 7-40

八、固定資產管理實例

金蝶 K/3 固定資產管理系統以固定資產卡片管理為基礎,幫助企業實現對固定資產的全面管理,包括固定資產的新增、清理、變動,按國家會計準則的要求進行計提折舊,以及與折舊相關的基金計提和分配的核算工作。它能夠幫助管理者全面掌握企業當前固定資產的數量與價值,追蹤固定資產的使用狀況,加強企業資產管理,提高資產利用率。

(一) 固定資產新增

固定資產的取得,按其來源不同分為:購置的固定資產、自行建造的固定資產、投資者投入的固定資產、租入的固定資產、接受捐贈的固定資產和盤盈的固定資產等。不論來源如何,固定資產到達既定地點或完成建造安裝後,資產管理部門或財務部門需將固定資產的各項資料準備充分,並在金蝶 K/3 固定資產系統中錄入新增固定資產的卡片資料,將新增的固定資產納入整體的資產管理中,並根據其來源(體現在系統中「變動方式類別」中設置的「增加類」下的各種新增方式) 進行相應的核算處理。

固定資產的管理要記錄固定資產的來源、規格型號、存放地點和使用部門,以跟蹤固定資產的使用,同時需要根據固定資產的價值信息和折舊方法,進行折舊計提和折舊費用的分攤。因此在正常需計提折舊情況下,新增固定資產卡片時要錄入以下方面的數據:基本信息、部門及其他、原值與折舊。固定資產的基本信息內容介紹如下:

(1) 資產類別:固定資產類別在基礎數據中維護,此處可以按 F7 鍵選擇到,一旦選定類別後,該類別的相關屬性將會自動帶入到卡片的對應數據項中,例如使用期間等信息。

(2) 資產編碼:對固定資產的編碼,編碼必須唯一,如果對固定資產類別分別設置了編碼規則,此處可根據選定的資產類別的編碼規則,顯示編碼前綴,用戶直接錄入後續代碼即可。

(3) 固定資產的名稱。由於在報表查詢中篇幅有限,一般只顯示固定資產的

編碼和名稱，而企業中固定資產同名的情況很多，為了在查詢時便於區分，建議可在名稱中增加如規格型號、產地等信息。

（4）計量單位：固定資產的名稱。由於在報表查詢中篇幅有限，一般只顯示固定資產的編碼和名稱，而企業中固定資產同名的情況很多，為了在查詢時便於區分，建議可在名稱中增加如規格型號、產地等信息。

（5）數量：選擇設置固定資產的數量，默認為1，其小數位數可在系統參數中設置。

（6）入帳日期：在初始化錄入時，入帳日期只能是初始化期以前的日期，系統默認為初始化期間之前一期的最後一天。

（7）存放地點：存放地點在基礎數據中維護，此處可以按 F7 鍵選擇到。

（8）使用狀況：使用狀況在基礎數據中維護，此處可以按 F7 鍵選擇到。此時選擇的卡片的使用狀況，將影響以後卡片的每期折舊。

（9）變動方式：變動方式在基礎數據中維護，此處可以按 F7 鍵根據固定資產取得的來源進行選擇，相應的核算將根據變動方式屬性中的設置進行。

（10）固定資產的使用與折舊費用分攤信息：折舊作為一種費用，應當計入生產成本的過程，因此需要根據其使用部門，合理的的進行折舊費用的分攤。「部門及其他」部分的信息就是為固定資產進行費用分攤提供依據的，因此需要設置使用部門、固定資產及累計折舊的核算科目、折舊費用的核算科目等，這些信息都可以按 F7 選擇錄入。由於這些信息將影響以後各期固定資產折舊費用的分配，因此在選擇時務必慎重。

▶【實例 13】

【操作步驟】

1. 展開【財務會計】→【固定資產管理】→【業務處理】→【新增卡片】，如圖 7-41 所示。

圖 7-41

2. 在卡片新增窗口中，在「基本信息」頁面錄入相關信息，如圖 7-42 所示。

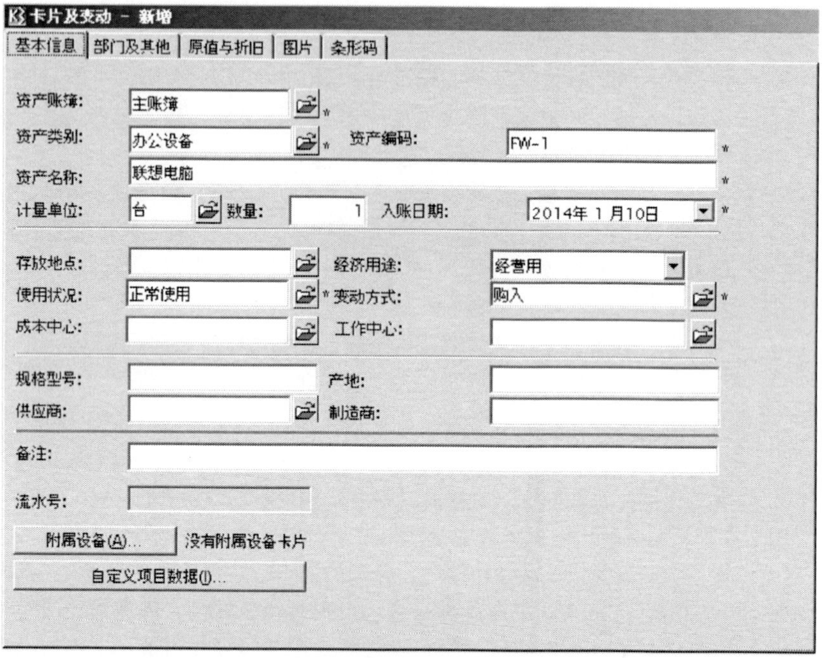

圖 7-42

3. 在「部門及其他」頁面，使用部門選擇「多個」，如圖 7-43 所示。

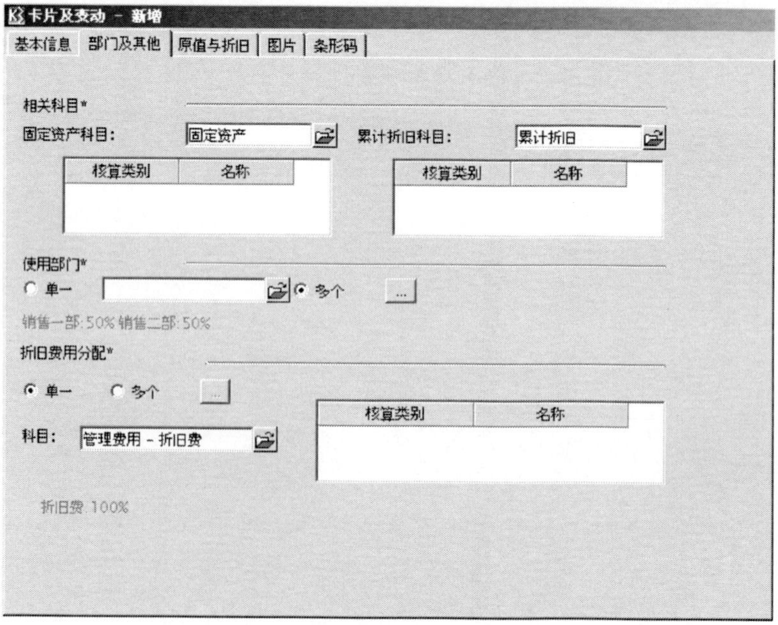

圖 7-43

4. 點擊「多個」後面的按鈕，彈出「部門分配情況」窗口，新增銷售一部的比例為 50%，銷售二部的比例為 50%，點擊保存。如圖 7-44、圖 7-45、圖 7-46 所示。

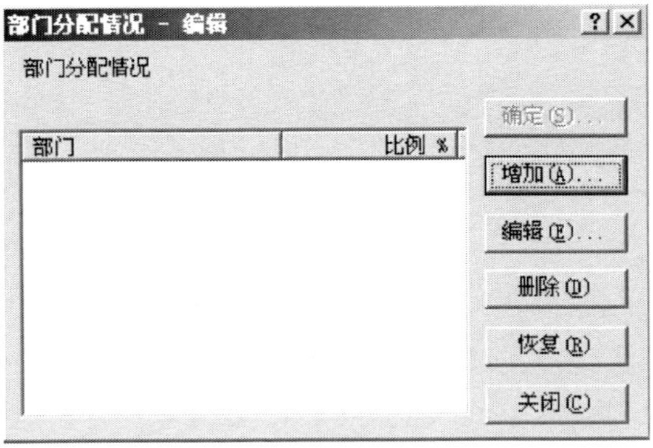

圖 7-44

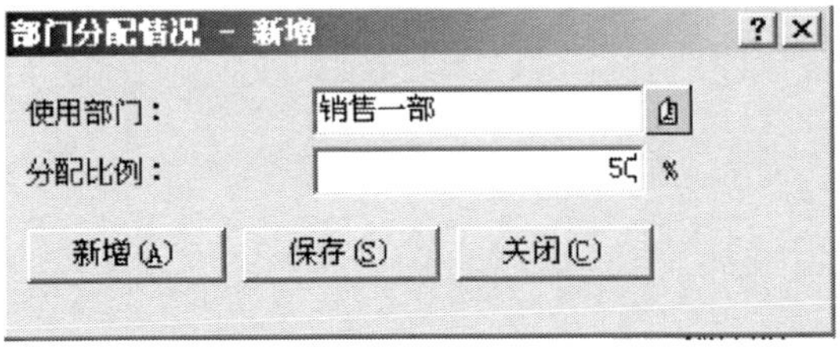

圖 7-45

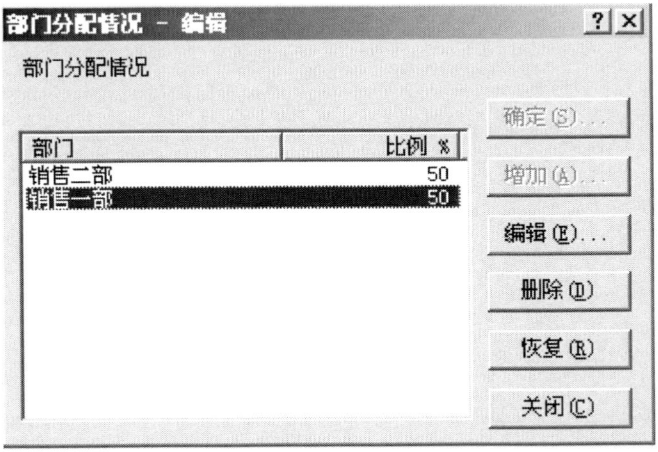

圖 7-46

5. 在「原值與折舊」頁面，錄入原值、預計使用期間、預計淨殘值等相關信息。如圖 7-47 所示。

第七章　模擬數據操作

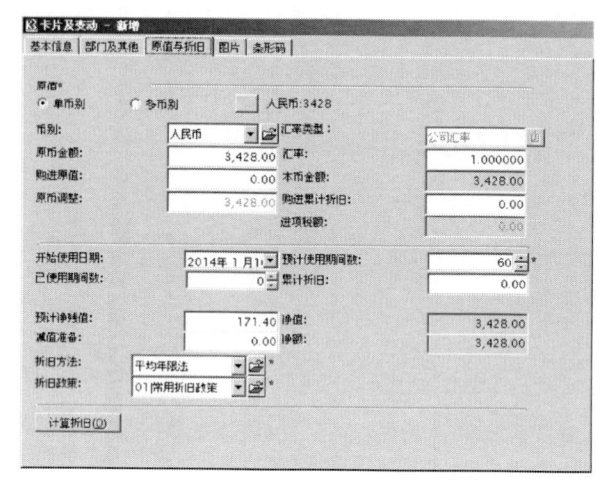

圖 7-47

【提示】

（1）本月新增的固定資產要到下月才能提取折舊，本月不計提折舊。

（2）為了保證固定資產卡片錄入和變動的正確性和有效性，企業可以選擇對固定資產卡片及其變動記錄進行審核，審核後不能進行修改，審核卡片要求製單人與審核人不能為同一人；反審核卡片要求：必須由審核人進行反審核。

6. 卡片保存完畢後，需要生成一張新增固定資產的憑證傳給總帳系統，實現財務業務的一體化管理，保證固定資產管理系統和總帳系統的數據相符。展開【財務會計】→【固定資產管理】→【憑證管理】→【卡片憑證管理】，如圖7-48所示。

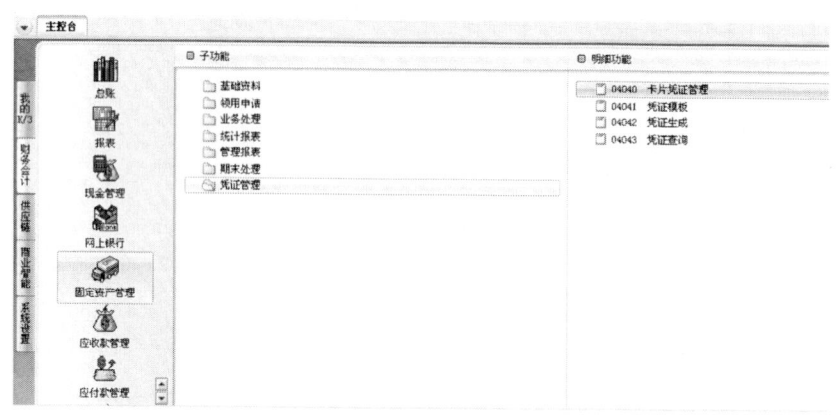

圖 7-48

7. 彈出「憑證管理——過濾方案設置」，選擇會計期間為 2014 年 1 月，點擊「確定」按鈕。如圖 7-49 所示。

圖 7-49

8. 在「憑證管理」頁面，選擇我們新增加的卡片，在「編輯」菜單中選擇「按單生成憑證」，如圖 7-50 所示。

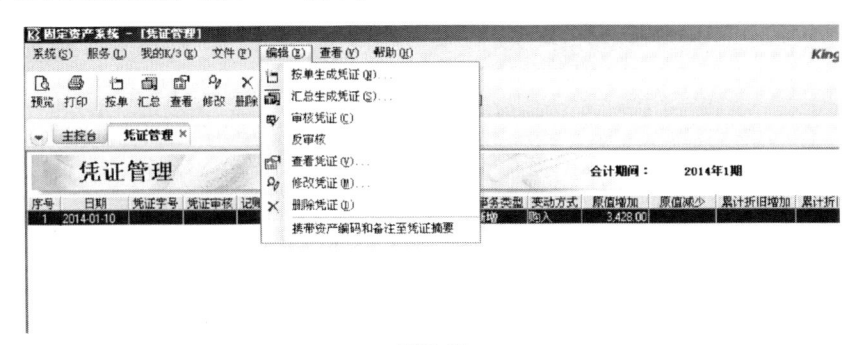

圖 7-50

9. 系統會自動開始生成憑證，如圖 7-51 所示。

10. 若在生成憑證的過程中出錯，彈出是否手工調整憑證的對話框，選擇「是」。如圖 7-52 所示。

第七章　模擬數據操作

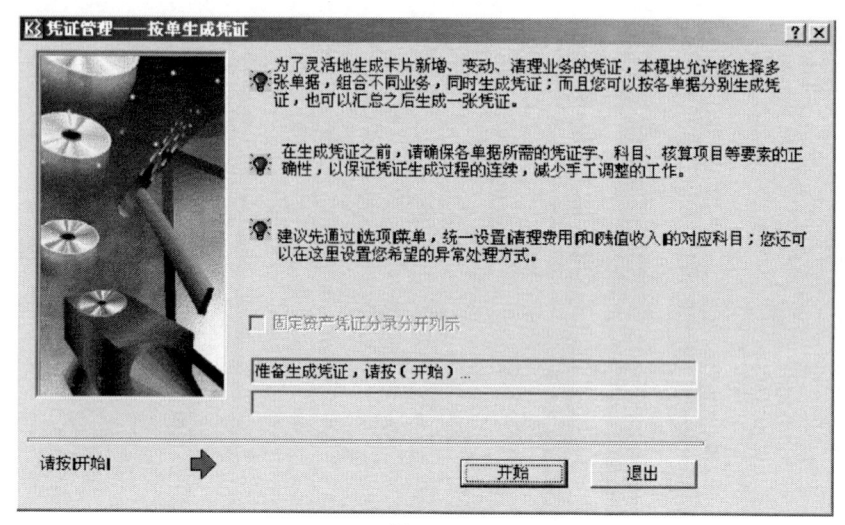

圖 7-51

圖 7-52

11. 彈出憑證修改頁面，將憑證按著圖中所示的科目信息進行錄入，注意結算方式和結算號的錄入。如圖 7-53 所示。

圖 7-53

（二）固定資產卡片的修改

已錄入的卡片如果還沒有被審核，或者系統還沒有進行結帳，處於當期，則還可以對卡片進行修改或刪除；否則，只能對卡片進行變動或清理，來改變卡片的數據資料。

要在系統中進行卡片的修改，操作方法說明如下：

（1）登錄金蝶 K/3 客戶端主控臺後，進入固定資產管理系統，單擊【業務處理】→【卡片查詢】，在彈出的過濾條件設置界面中，設置好過濾條件後單擊【確定】（如果記得住固定資產編碼，則按編碼過濾是最快最直接的；如果記不住，則建議可按製單人、期間進行過濾）。

（2）進入「卡片管理」界面後，選中要修改的卡片，單擊【編輯】，系統將打開該卡片供用戶修改編輯。如果卡片是以前期間錄入的，或者是被審核過的卡片，則卡片上的按鈕都是灰色的，不允許用戶進行修改操作。

（3）修改卡片的操作與卡片錄入是一樣的，修改完成後，單擊【確定】即可保存並退出。

對於當期新增的卡片記錄，如果不再需要了，也可以在「卡片管理」界面，選中該卡片記錄，單擊【刪除】，即可刪除該卡片。

實驗二　1 月 20 日數據

【實驗準備】

總帳、應收、應付、固定資產和存貨核算 1 月 10 日日常業務完成，將系統日期修改為「2014 年 1 月 20 日」。

一、總帳實例

▶【實例 14】

【操作步驟】

以操作員 Administrator 身份登錄帳套，展開【財務會計】→【總帳】→【憑證處理】→【憑證錄入】，將業務日期和日期均設置為 2014 年 1 月 20 日，根據實例中的數據依次錄入摘要、科目、金額、結算方式和結算號等內容，點擊保存。如圖 7-54 所示。

▶【實例 15】

【操作步驟】

展開【財務會計】→【總帳】→【憑證處理】→【憑證錄入】，將業務日期和日期均設置為 2014 年 1 月 20 日。錄入憑證摘要、科目、借貸方金額等信息，在錄入「1221 其他應收款」時要求輸入核算項目，在憑證下方職員的文本框中選擇錄入職員「王一」。保存後的憑證如圖 7-55 所示。

第七章　模擬數據操作

圖 7-54

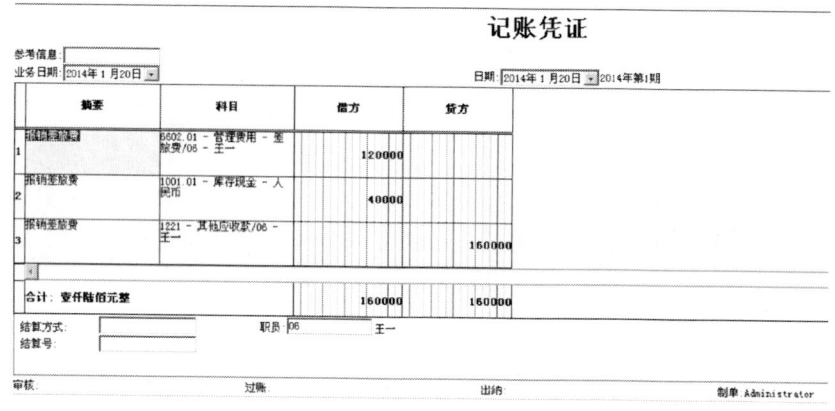

圖 7-55

▶【實例 16】
【操作步驟】
　　展開【財務會計】→【總帳】→【憑證處理】→【憑證錄入】，將業務日期和日期均設置為 2014 年 1 月 20 日。按照模擬數據錄入憑證的相關內容，注意「6602.02 管理費用-辦公費」的核算項目為採購部，「5101.04 製造費用——辦公費」的核算項目為生產部。保存後的憑證如圖 7-56 所示。

▶【實例 17】
【操作步驟】
　　展開【財務會計】→【總帳】→【憑證處理】→【憑證錄入】，將業務日期和日期均設置為 2014 年 1 月 20 日。本實例需要做兩張憑證，一張是工資分配，借各部門的工資及福利，貸應付職工薪酬；一張是工資發放，借應付職工薪酬，貸庫存現金。兩張憑證保存後如圖 7-57、圖 7-58 所示。

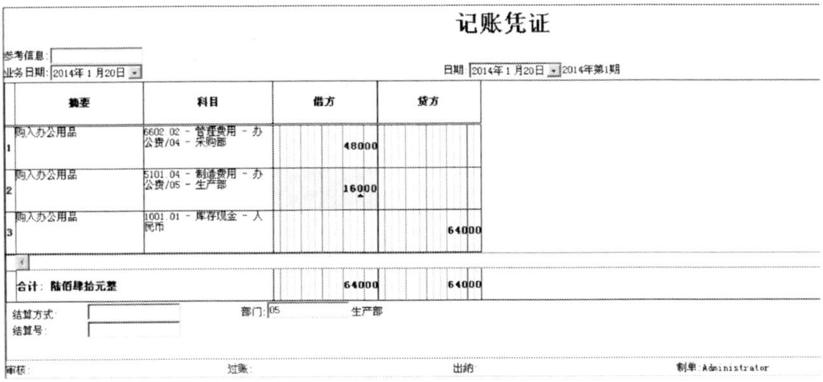

记账凭证

参考信息：
业务日期：2014年1月20日　　日期：2014年1月20日　2014年第1期

	摘要	科目	借方	贷方
1	购入办公用品	6602.02－管理费用－办公费/04－采购部	48000	
2	购入办公用品	5101.04－制造费用－办公费/05－生产部	16000	
3	购入办公用品	1001.01－库存现金－人民币		64000
	合计：陆佰肆拾元整		64000	64000

结算方式：　　部门：05　生产部
结算号：

审核：　过账：　出纳：　制单：Administrator

圖 7-56

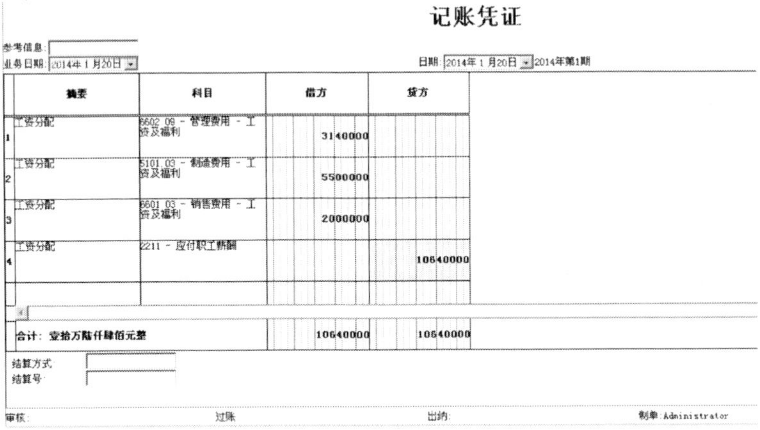

记账凭证

参考信息：
业务日期：2014年1月20日　　日期：2014年1月20日　2014年第1期

	摘要	科目	借方	贷方
1	工资分配	6602.09－管理费用－工资及福利	3140000	
2	工资分配	5101.03－制造费用－工资及福利	5500000	
3	工资分配	6601.03－销售费用－工资及福利	2000000	
4	工资分配	2211－应付职工薪酬		10640000
	合计：壹拾万陆仟肆佰元整		10640000	10640000

结算方式：
结算号：

审核：　过账：　出纳：　制单：Administrator

圖 7-57

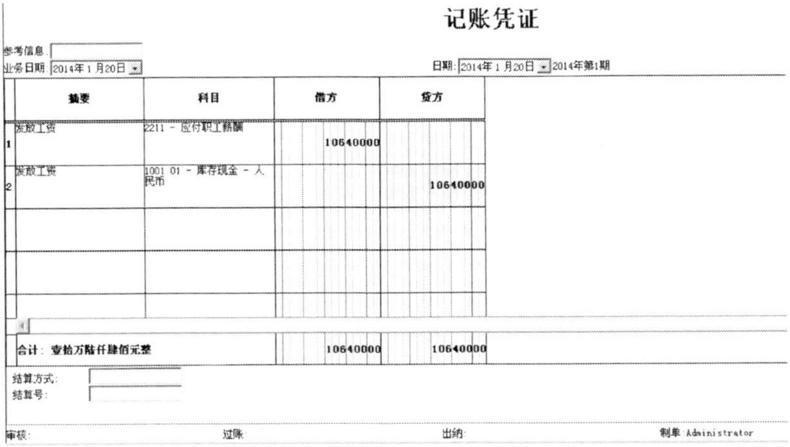

记账凭证

参考信息：
业务日期：2014年1月20日　　日期：2014年1月20日　2014年第1期

	摘要	科目	借方	贷方
1	发放工资	2211－应付职工薪酬	10640000	
2	发放工资	1001.01－库存现金－人民币		10640000
	合计：壹拾万陆仟肆佰元整		10640000	10640000

结算方式：
结算号：

审核：　过账：　出纳：　制单：Administrator

圖 7-58

第七章　模擬數據操作

▶【實例 18】

【操作步驟】

1. 本實例的操作步驟可以參考實例 6 的操作。展開【財務會計】→【應收款管理】→【收款】→【收款單-新增】，彈出新增收款單窗口。單據日期和財務日期均為 2014 年 1 月 20 日，錄入單據的相關信息後保存並審核。如圖 7-59 所示。

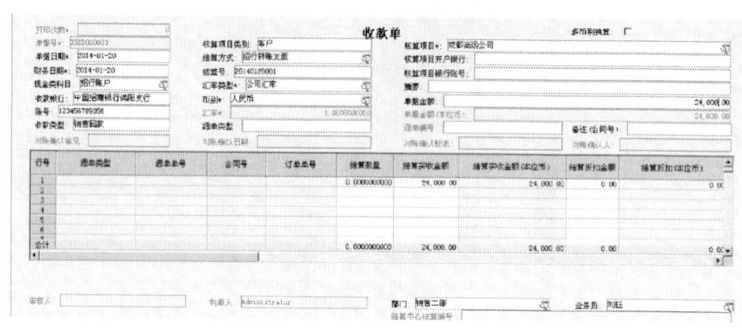

圖 7-59

2. 審核後將收款單生成憑證，保存後如圖 7-60 所示。

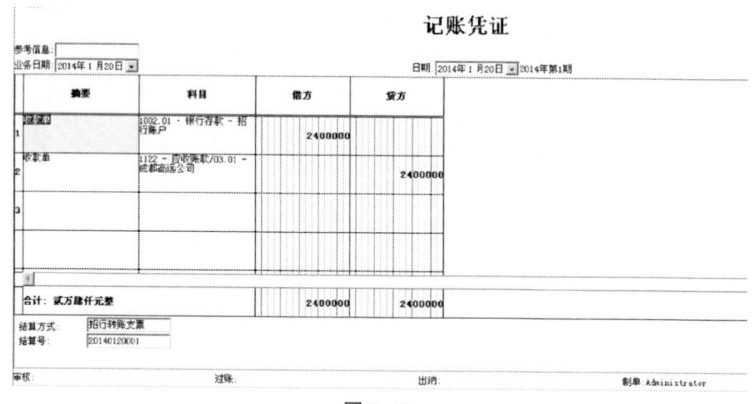

圖 7-60

二、銷售管理實例

銷售管理系統是通過銷售報價、銷售訂貨、倉庫發貨、銷售退貨、銷售發票處理、客戶管理、價格及折扣管理、訂單管理、信用管理等功能綜合運用的管理系統，對銷售全過程進行有效控制和跟蹤，實現完善的企業銷售信息管理。該系統可以獨立執行銷售操作，也可以與採購管理系統、倉存管理系統、應收款管理系統、存貨核算管理系統等其他系統結合運用，將能提供更完整、全面的企業物流業務流程管理和財務管理信息。

（一）銷售發票新增

銷售發票是購貨單位開給供貨單位，據以付款、記帳、納稅的依據。銷售發

票包括專用發票和普通發票，除了在稅務處理方面的差別外，大致相同；另外，發票也分為藍字發票和紅字發票，紅字發票是藍字發票的反向單據，代表銷售退回，兩者數量相反，但內容一致。

銷售發票內容說明如下：

（1）發票號碼：指本張單據的號碼，由系統根據【系統設置】→【系統設置】→【銷售管理】→【編碼規則】中設置的銷售發票的編碼自動生成。每增加一張單據並成功保存，編號的數字部分自動加一。如果用戶將【系統設置】→【系統設置】→【銷售管理】→【編碼規則】中的「允許手工錄入」選項選中，則用戶可手工修改系統順序編號，否則用戶不能修改該編號。

（2）日期：即單據日期，新增單據時系統自動顯示當前系統日期，用戶可對日期進行修改。錄入以前期間的發票，單據日期傳遞為應收應付的單據日期，財務日期為物流當期期間的第一天；錄入當期和以後期間的發票，單據日期傳遞為應收應付的單據日期和財務日期。

（3）收款日期：供用戶錄入此業務的收款日期。新增及關聯生成時（源單無收款日期）收款日期根據單據上客戶的收款條件進行計算得到。如果源單有收款日期，則携帶原單的收款日期。單據上客戶無收款條件時，則收款日期按照客戶信用計算，否則默認為單據日期。

（4）單位：指該筆業務的購貨方單位名稱。如果該張單據是手工生成的，用戶可以直接手工輸入購貨單位代碼；使用快捷鍵F7，選擇【查看】→【基礎資料查看】或【查看】→【查看編碼】，系統將彈出「核算項目-客戶」查詢窗口，用戶查詢後選擇所需要的購貨單位信息。如果該張單據是通過關聯單據生成的，則購貨單位代碼是自動關聯源單據的購貨單位代碼，用戶不能進行修改。

（5）幣別：指發票結算使用哪種貨幣。系統默認為本位幣，用戶可以修改；如果該張單據是手工、或關聯銷售出庫單生成的，用戶可以直接手工改正幣別代碼，使用快捷鍵F7，選擇【查看】→【基礎資料查看】或【查看】→【查看編碼】，系統將彈出「幣別」查詢窗口，用戶查詢後選擇所需要的幣別信息。如果該張單據是通過關聯其他單據生成的，則系統自動帶出源單據幣別，用戶可以再進行修改。

（6）部門：指該筆業務所處理的部門，用戶可以直接手工輸入部門代碼；使用快捷鍵F7，選擇【查看】→【基礎資料查看】或【查看】→【查看編碼】，系統將彈出「核算項目-部門」查詢窗口，用戶查詢後選擇所需要的部門信息。

（7）產品代碼：指發票上所載明的物料代碼。其錄入方法是：如果該張單據是手工錄入的，用戶可以直接手工輸入產品代碼；使用快捷鍵F7，選擇【查看】→【基礎資料查看】或【查看】→【查看編碼】，系統將彈出「核算項目-物料」查詢窗口，用戶查詢後選擇所需要的物料信息。如果該張單據是通過其他關聯生成的，則產品代碼是自動關聯源單據相關分錄而生成的，用戶也可以進行修改。關於銷售出庫單的關聯，可以根據是否選擇【選項】→【出庫單選單物料合併】來分別處理：如果選擇，則被關聯的出庫單上全部同一編碼的物料的所有分錄合併生成銷售發票的同

第七章 模擬數據操作

一條分錄；否則，將按物料順序對應關聯到銷售發票上。

（8）產品名稱：指所選物料的名稱、規格型號信息，是從物料基礎資料中自動取得，用戶不能修改。

（9）單位：指所選物料的常用計量單位。錄入方法是：如果該張單據是手工錄入的，系統將自動帶入物料在【基礎資料】設定的常用計量單位，用戶可以修改為其他該物料所選的基本計量單位所在單位組的非常用計量單位，修改方法是直接手工輸入單位代碼；使用快捷鍵 F7，選擇【查看】→【基礎資料查看】或【查看】→【查看編碼】，系統將彈出「計量單位組-當前單位所在組」的查詢窗口，用戶查詢後選擇所需要的計量單位信息。如果該張單據是通過關聯生成的，則單位是自動關聯源單據生成的，用戶可以根據實際計量情況進行修改。

（10）數量：即當前物料按當前所選單位計量的發票數量。取得方法是：如果該張單據是手工錄入的，用戶就按實際情況手工錄入；如果該張單據是通過關聯銷售出庫單生成的，系統根據是否選擇【選項】→【出庫單選單物料合併】來分別處理：如果選擇，則每一條物料的數量被關聯的出庫單上當前物料的所有分錄的合計數；否則，數量是關聯源單據每一條相關分錄而自動生成的，用戶也可以進行修改。如果該張單據是通過關聯其他單據生成的，則數量是自動關聯源單據相關分錄而生成的，用戶也可以進行修改。

（11）單價：指當前物料的發票價格，可以手工錄入或從價格資料攜帶或三方關聯攜帶或計算得到。當為銷售專用發票時，其代表不含稅的單價，如果先錄入含稅單價，則依據單價=含稅單價/（1+稅率）計算獲得；如果先錄入金額，則依據選項判斷是否反算單價，如果反算則依據公式單價=金額/（1-折扣率）/數量或者整單折前金額/（1-折扣率%）/數量（啓用整單折扣的條件下）進行計算；如果是普通發票，其代表的是含稅的單價，如果先錄入金額，則依據選項判斷是否反算單價，如果反算則依據公式單價=金額/數量/（1-折扣率）或者整單折前金額/（1-折扣率%）/數量（啓用整單折扣的條件下）進行計算。

（12）含稅單價：專用發票特有字段，指當前物料的發票含稅價格，可以手工錄入或從價格資料攜帶或三方關聯攜帶或計算得到（錄入金額或錄入單價）。如果是通過計算獲得，則依據公式含稅單價=單價×（1+稅率）進行計算。

（13）價稅合計：專用發票中特有的字段，指專用發票中的金額和增值稅額的合計數，系統根據下列公式計算得出，用戶不能修改。價稅合計=金額+稅額。

▶【實例 19】

【操作步驟】

1. 展開【供應鏈】→【銷售管理】→【銷售發票】→【銷售發票-新增】，如圖 7-61 所示。

2. 在「銷售發票-新增」窗口，錄入收款日期（2014 年 1 月 30 日）、日期（2014 年 1 月 20 日）、購貨單位、產品代碼、數量和單價，單價為不含稅單價等信息後保存並審核。如圖 7-62 所示。

圖 7-61

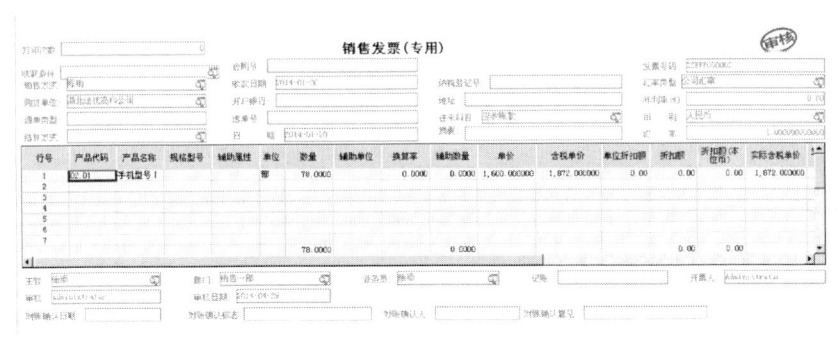

圖 7-62

▶【實例 20】

【操作步驟】

實例 20 與實例 19 操作步驟相似，參考實例 19 的操作步驟完成實例 20 中銷售發票的錄入，保存並審核如圖 7-63 所示。

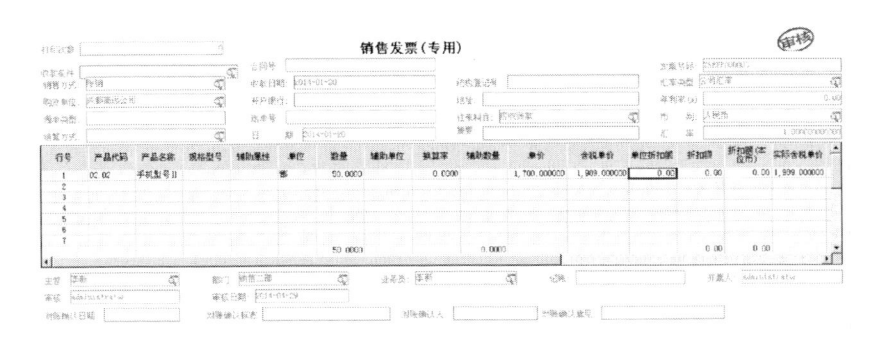

圖 7-63

第七章　模擬數據操作

▶【實例 21】

【操作步驟】

1. 本實例的操作步驟可以參考實例 6 的操作。展開【財務會計】→【應收款管理】→【收款】→【收款單-新增】，彈出新增收款單窗口。單據日期和財務日期均為 2014 年 1 月 20 日，錄入單據的相關信息後保存並審核。如圖 7-64 所示。

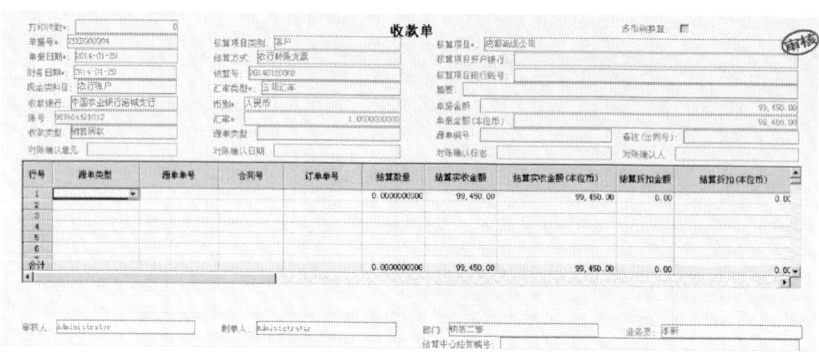

圖 7-64

2. 審核後將收款單生成憑證，保存後如圖 7-65 所示。

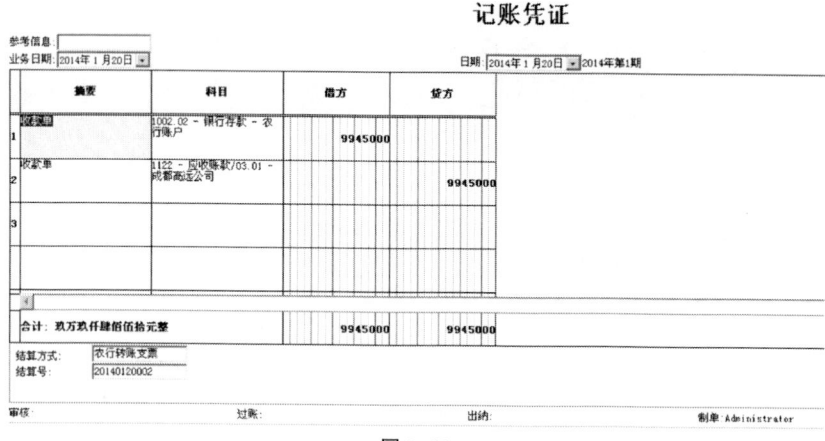

圖 7-65

▶【實例 22】

【操作步驟】

1. 本實例表面看是一張付款單，實際上是一張應收單據。展開【財務會計】→【應收款管理】→【其他應收單】→【其他應收單-新增】，如圖 7-66 所示。

2. 在「其他應收單-新增」窗口，錄入單據日期和財務日期為 2014 年 1 月 20 日，錄入核算項目。在中間靠右的窗口中錄入應收日期和收款金額，錄入完畢後保存並審核。如圖 7-67 所示。

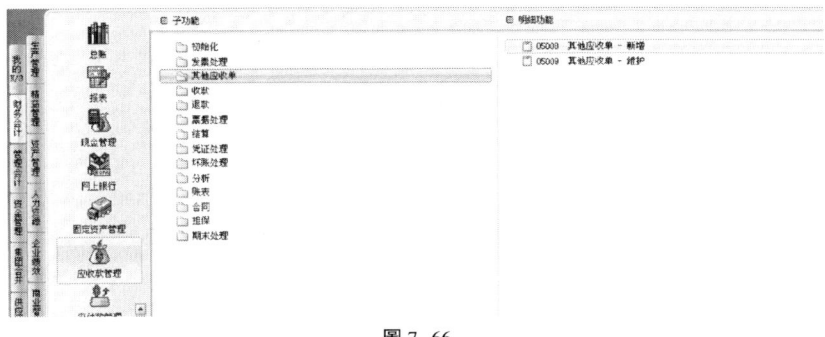

圖 7-66

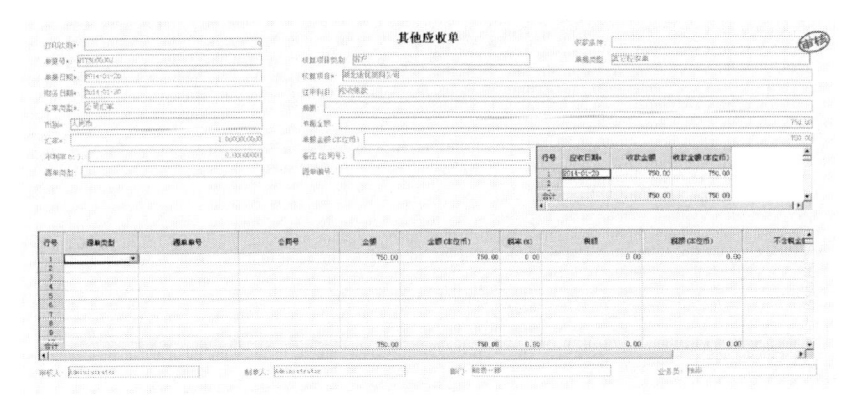

圖 7-67

3. 點擊工具條中的「憑證」按鈕將其他應收單生成憑證傳到總帳系統中。生成的憑證如圖 7-68 所示。

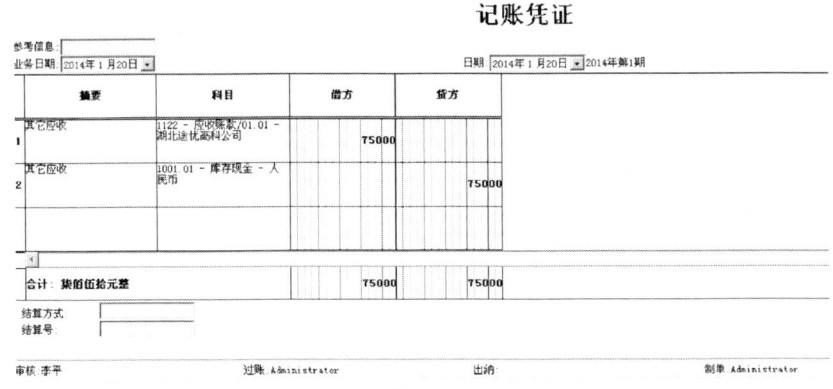

圖 7-68

第七章　模擬數據操作

▶【實例 23】

【操作步驟】

1. 實例 23 與實例 9 相似，參考實例 9 的操作步驟完成。展開【財務會計】→【應付款管理】→【付款】→【付款單-新增】，彈出新增付款單窗口。單據日期和財務日期均為 2014 年 1 月 20 日，依次錄入核算項目、結算方式、結算號、結算實收金額、部門和業務員等相關信息，錄入完畢後保存並審核。如圖 7-69 所示。

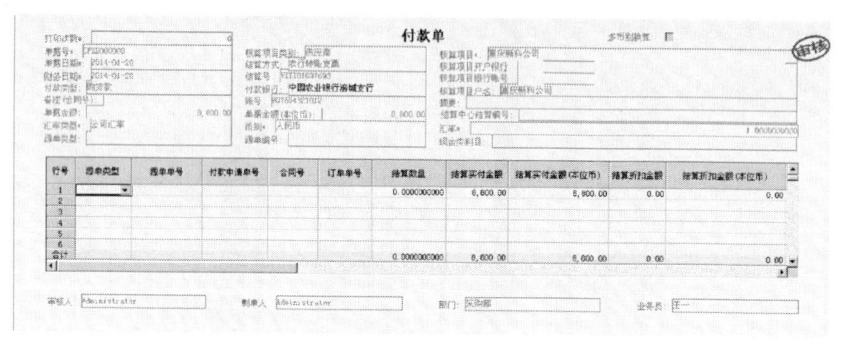

圖 7-69

2. 審核完畢後點擊工具條中的「憑證」按鈕，將已審核的付款單生成記帳憑證傳入總帳系統中。憑證頁面的相關信息如圖 7-70 所示。

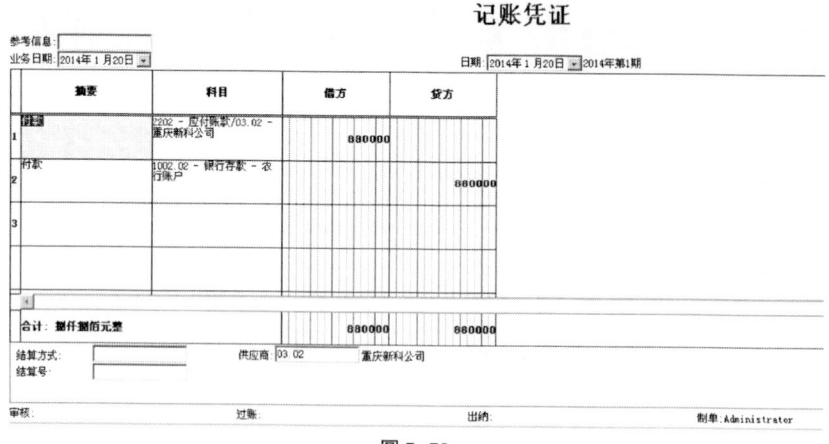

圖 7-70

▶【實例 24】

本實例要錄兩張單據，一張採購發票，一張付款單。

【操作步驟】

1. 採購發票的錄入與實例 7 相似，參考實例 7 的操作步驟完成。發票上的信息錄入完畢後保存並審核。如圖 7-71 所示。

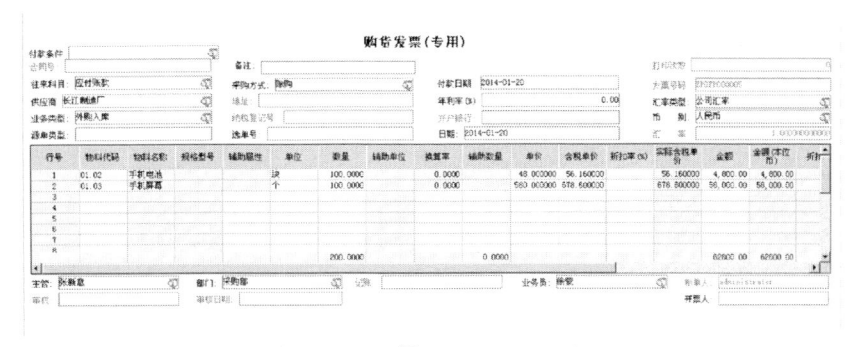

圖 7-71

2. 付款單的錄入與實例 9 相似，參考實例 9 的操作步驟完成。付款單錄入完畢後保存並審核，如圖 7-72 所示。

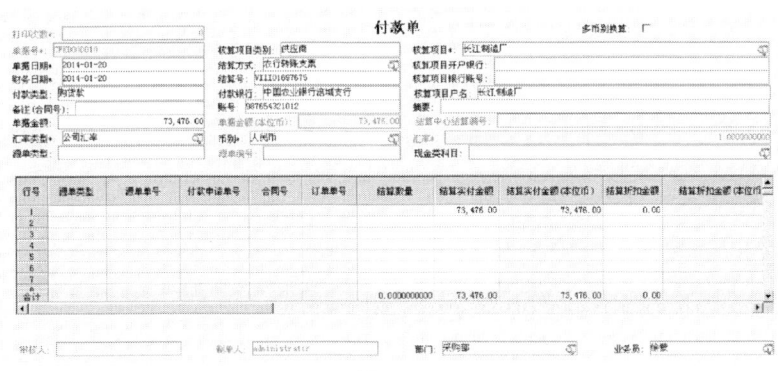

圖 7-72

3. 將付款單生成憑證傳到總帳系統中，憑證保存後如圖 7-73 所示。

圖 7-73

第七章 模擬數據操作

▶【實例 25】
【操作步驟】

1. 外購入庫單的錄入與實例 10 相似，參考實例 10 的步驟將外購入庫單錄入完畢保存並審核，如圖 7-74 所示。

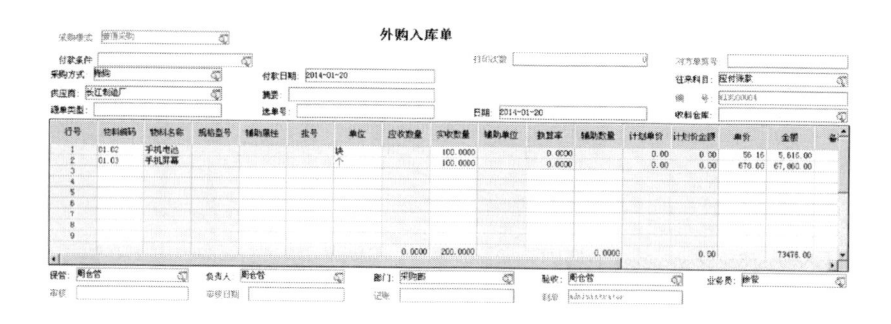

圖 7-74

2. 將這張外購入庫單與實例 24 的採購發票進行鉤稽。鉤稽在實例 10 中有詳細步驟。展開【供應鏈】→【採購管理】→【採購發票】→【採購發票-維護】，在「採購發票序時薄」中找到實例 24 的採購發票，選擇後點擊工具條中的「鉤稽」，確定鉤稽數量後系統提示鉤稽成功。如圖 7-75 所示。

圖 7-75

三、倉存管理實例

（一）驗收入庫單新增

產品入庫單是處理完工產品入庫的單據，也是財務人員據以記帳、核算成本的重要原始憑證，產品入庫確認後，需要手工填入或引入入庫成本或從成本核算中自動取數。產品入庫單可以通過手工錄入、訂單確認和生產任務單關聯等途徑生成。

產品入庫單內容說明如下：

（1）交貨單位：指交貨的部門名稱。

(2) 日期：參見外購入庫單的單據頭信息的對應欄目說明。

(3) 收貨倉庫：參見外購入庫單的單據頭信息的對應欄目說明。

(4) 物料編碼：參見外購入庫單的單據頭信息的對應欄目說明。

(5) 物料名稱：參見外購入庫單的單據頭信息的對應欄目說明。

(6) 實收數量：指實際收到的數量。錄入方法是：如果該張單據是手工生成的，則該字段為空白，由用戶根據實際入庫數量錄入。如果該張單據是通過關聯銷售訂單、生產任務單或原產品入庫單生成的，則數量與「應收數量」一致，用戶根據實際入庫數量調整。產品入庫單的實收數量作為更新庫存的數據。關聯生產任務單和委外加工生產任務做產品入庫，系統控制實收數量在完工入庫上限和完工入庫下限之間。

(7) 單價：指實際收到的數量。錄入方法是：如果該張單據是手工生成的，則該字段為空白，由用戶根據實際入庫數量錄入。如果該張單據是通過關聯銷售訂單、生產任務單或原產品入庫單生成的，則數量與「應收數量」一致，用戶根據實際入庫數量調整。產品入庫單的實收數量作為更新庫存的數據。關聯生產任務單和委外加工生產任務做產品入庫，系統控制實收數量在完工入庫上限和完工入庫下限之間。

(8) 金額：指當前物料的入庫金額，系統根據以下公式計算得出：金額＝單價×數量。

(9) 驗收：指物料驗收人員。

(10) 保管：指倉庫保管人員。

►【實例26】

【操作步驟】

1. 展開【供應鏈】→【倉存管理】→【驗收入庫】→【產品入庫-新增】，如圖7-76所示。

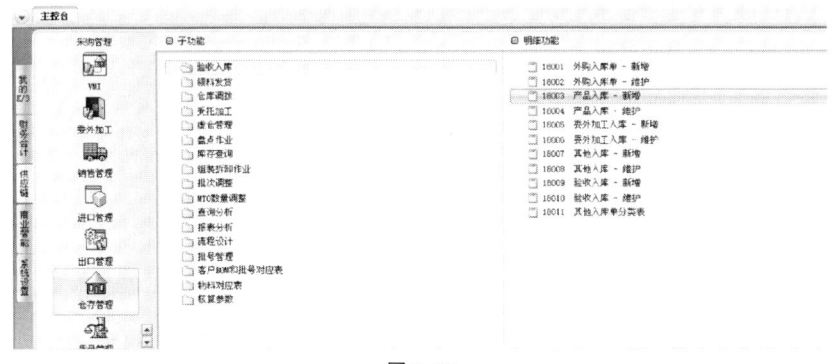

圖 7-76

2. 在「產品入庫單」頁面，錄入交貨單位、日期、收貨倉庫、物料編碼、數量及單價、驗收人員及保管人員等信息，保存並審核。如圖7-77所示。

第七章　模擬數據操作

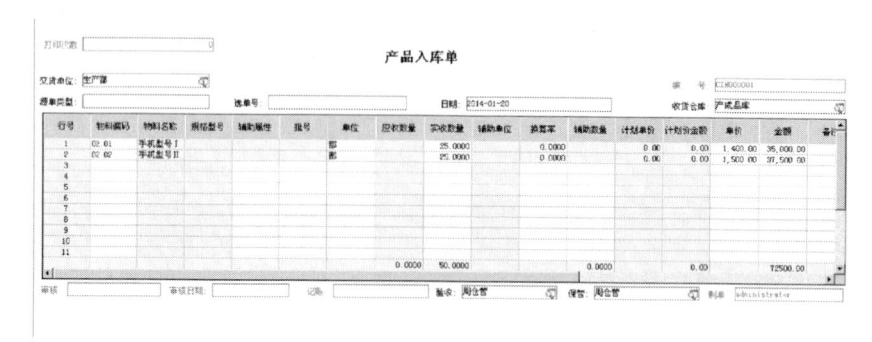

圖 7-77

【提示】在產品入庫單中的入庫單價可以填寫也可以不填寫，若沒有填寫，在期末處理做完入庫核算後，系統會將核算出來的單價自動填寫到單據中；若填寫了，系統會將期末處理核算出的單價覆蓋掉我們在此處手工填入的單價。

(二) 銷售出庫單新增

銷售出庫單又稱發貨庫單，是確認產品出庫的書面證明，是處理包括日常銷售、委託代銷、分期收款等各種形式的銷售出庫業務的單據。銷售出庫單是儲備資金轉為貨幣資金的標志。銷售出庫單一方面表現了實物的流出，另一方面則表現為貨幣資金的流入、或債權的產生，銷售出庫單和銷售發票的鉤稽聯繫控制了這一處理過程。

銷售出庫單也是財務人員據以記帳、核算成本的重要原始憑證。在金蝶 K/3 供應鏈系統中，銷售出庫單確認後，需要繼續處理銷售發票與銷售出庫單的核銷、或銷售出庫單的拆單、自動生成記帳憑證、出庫成本的計算，從而為正確進行成本核算和結帳打下基礎。

銷售出庫單內容說明如下：

(1) 銷售業務類型：包括銷售出庫類型和受托出庫類型，銷售出庫類型處理以上六種銷售方式的出庫；受托出庫主要用於處理受托加工產品出庫，即受托加工產品在完工入庫後發貨到委託方。

(2) 購貨單位：指進貨的單位名稱。其錄入方法是：如果該張單據是手工生成的，用戶可以直接手工輸入購貨單位代碼；使用快捷鍵 F7，選擇【查看】→【基礎資料查看】或【查看】→【查看編碼】，系統將彈出「核算項目-客戶」查詢窗口，用戶查詢後選擇所需要的客戶信息。當關聯單據生成時，如果上游單據有購貨單位，則取上游單據的購貨單位，如果上游單據沒有購貨單位信息，則默認為空白，需要用戶手工補充。

(3) 收款日期：供用戶錄入此業務的收款日期。新增及關聯生成時（源單無收款日期）收款日期根據單據上客戶的收款條件進行計算得到。如果源單有收款日期，則携帶源單收款日期。單據上客戶無收款條件時，則收款日期按照客戶信用計算，否則默認為單據日期。

(4) 銷售方式：即採用哪種銷售業務的處理方式，系統出庫單上目前提供現

310

銷、賒銷、分期收款銷售、委託代銷、受托代銷銷售、零售六種方式，用戶根據需要選擇，或者使用【選項】→【銷售方式默認值】，選擇一個常用銷售方式默認顯示。

由於在銷售系統，不同的銷售方式針對出庫單的處理有著區別，因此需要用戶針對不同的銷售方式正確選擇：①銷售方式為「現銷」的出庫單將不計算信用數量和信用額度；②委託代銷、分期收款、零售、受托代銷銷售方式必須一致才能鉤稽，但現銷、賒銷兩種銷售方式可以互相進行鉤稽，即現銷的發票可以和賒銷的入庫單鉤稽；③發票和出庫單對等核銷時銷售方式必須保持一致。

（5）日期：即單據日期，新增單據時系統自動顯示當前系統日期，用戶可對日期進行修改。對於銷售出庫單，該日期不能是以前期間範圍的日期。因為涉及庫存更新問題，系統不保存以前期間的庫存類單據，包括虛倉和實倉單據。

（6）產品編碼：指銷售出庫單上貨物的產品代碼。其錄入方法是：

如果該張單據是手工錄入的，用戶可以直接手工輸入產品代碼；使用快捷鍵F7，選擇【查看】→【基礎資料查看】或【查看】→【查看編碼】，系統將彈出「核算項目-物料」查詢窗口，用戶查詢後選擇所需要的物料信息。

如果該張單據是關聯訂單生成、而訂單上又載有虛擬物料時，則產品代碼是關聯該虛擬物料、並將其展開為不包含虛擬件的子項形式，顯示在當前字段。

如果該張單據是通過正常關聯生成的，則產品代碼是自動關聯源單據相關分錄而生成的，用戶也可以進行修改。

（7）產品名稱：指所選物料的名稱、規格型號信息，是從物料基礎資料中自動取得，用戶不能修改。

（8）實發數量：即當前產品實際發出的數量。如果該張單據是手工生成的，則該字段由用戶手工錄入；如果該張單據是通過關聯銷售訂單生成的，則數量是自動關聯訂單上相關物料數量扣除了其他的發貨通知單、銷售出庫單等單據的關聯數量之後的數量。如果該張單據是通過關聯發貨通知單生成的，則數量是自動關聯通知單上相關物料數量扣除了其他的退貨通知單、銷售出庫單等單據的關聯數量之後的數量。

如果紅字銷售出庫單通過關聯藍字銷售出庫單、退貨通知單生成的，則數量是自動關聯源單據上相關物料數量扣除之前紅字出庫單關聯數量之後的剩餘數量，用戶可以根據實際出庫情況修改。

如果該張單據是關聯發票生成的，則該字段自動取得源單據的數量。如果該張單據是通過關聯發票生成的，則數量是自動關聯發票上相關物料數量扣除了出庫數量之後的數量。

（9）單位成本：指當前產品的單位銷售成本，需要在期末進行成本核算時由系統自動填入，當前錄入內容可能會被刷新、清除，因此該字段不需錄入，但可以在成本核算成功後查詢產品單位成本。

（10）成本：指當前產品的銷售成本，系統可以根據以下公式計算得出：成本＝單位成本×數量。

（三）銷售發票與銷售出庫單的鈎稽

銷售發票的鈎稽主要是指發票與銷售出庫單的鈎稽。對於分期收款和委託代銷銷售方式的銷售發票只有鈎稽後才允許生成憑證，且無論是本期或以前期間的發票，鈎稽後都作為鈎稽當期發票來計算收入；對於現銷和賒銷發票，鈎稽的主要作用就是進行收入和成本的匹配確認，對於記帳沒有什麼影響。

銷售發票的鈎稽、反鈎稽的處理與其他單據一致，鈎稽就是在已審核的發票單據界面使用工具條上的【鈎稽】按鈕或選擇【查看】→【鈎稽】；系統會自動鈎稽該張單據，並給予相應提示信息；另外，對已鈎稽的發票選擇【查看】→【反鈎稽】，系統會自動反鈎稽該發票，並給予相應提示。

在發票序時簿上，也可以進行發票的鈎稽、反鈎稽操作。方法是：使用工具條上的【鈎稽】按鈕或者選擇【編輯】→【鈎稽】或者在右鍵菜單中選擇「鈎稽」來進行鈎稽。

▶【實例27】

【操作步驟】

1. 展開【供應鏈】→【倉存管理】→【領料發貨】→【銷售出庫–新增】，如圖7-78所示。

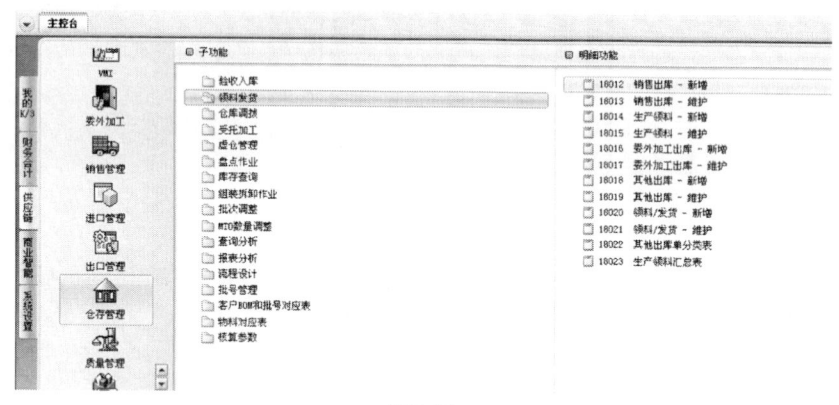

圖 7-78

2. 在「銷售出庫單」頁面，錄入購貨單位、收款日期及日期、產品代碼及數量和單位成本、部門及業務員等信息，保存並審核。如圖7-79所示。

3. 銷售出庫單與銷售發票鈎稽。展開【供應鏈】→【銷售管理】→【銷售發票】→【銷售發票–維護】，如圖7-80所示。

4. 彈出「銷售發票–過濾」窗口，設置如圖7-81所示。

5. 在「銷售發票序時簿」頁面，選擇實例20的銷售發票，點擊工具條中的「鈎稽」，如圖7-82所示。

6. 進入鈎稽頁面，確定銷售發票和銷售出庫單中的信息一致，輸入鈎稽數量後點擊工具條中的「鈎稽」，系統提示鈎稽成功即可。如圖7-83所示。

圖 7-79

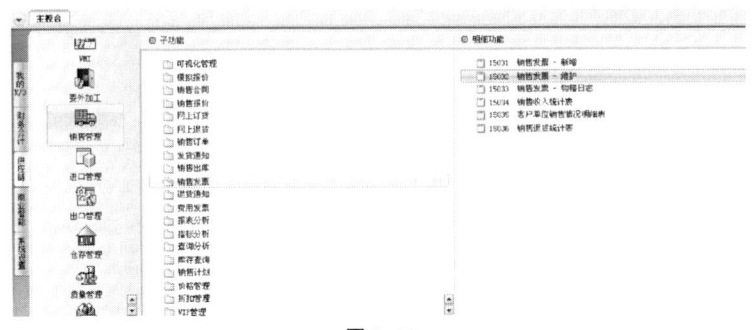

圖 7-80

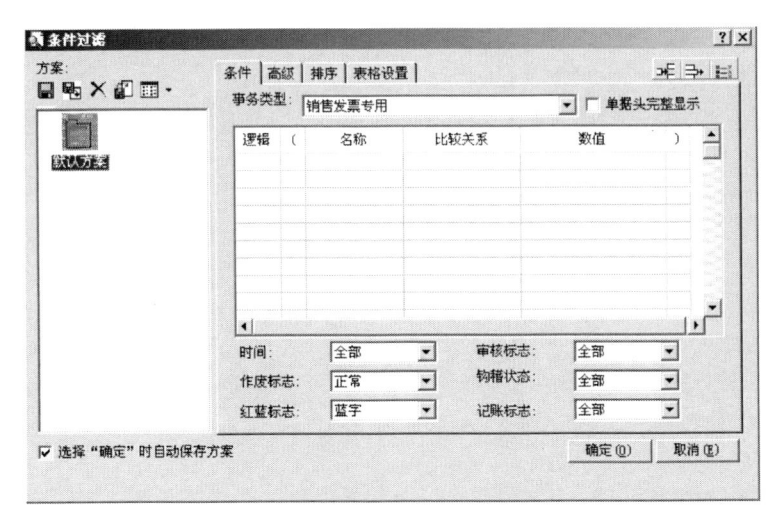

圖 7-81

第七章　模擬數據操作

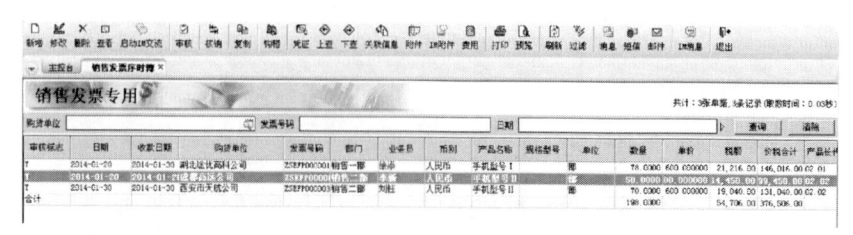

圖 7-82

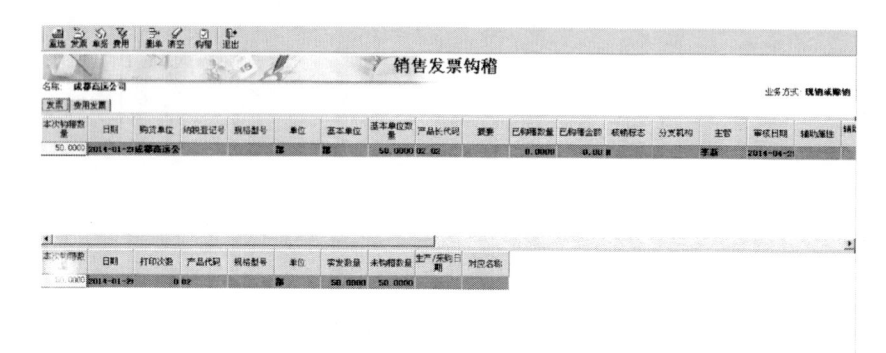

圖 7-83

實驗三　1 月 30 日數據

【實驗準備】

總帳、應收、應付、固定資產和存貨核算 1 月 20 日日常業務完成，將系統日期修改為「2014 年 1 月 30 日」。

▶【實例 28】

【操作步驟】

以操作員 Administrator 身份登錄帳套，展開【財務會計】→【總帳】→【憑證處理】→【憑證錄入】，將業務日期和日期均設置為 2014 年 1 月 30 日，根據實例中的數據填製憑證，注意「6602.02 管理費用——差旅費」和「1221 其他應收款」兩個科目核算項目的錄入。保存後的憑證如圖 7-84 所示。

▶【實例 29】

【操作步驟】

展開【財務會計】→【總帳】→【憑證處理】→【憑證錄入】，將業務日期和日期均設置為 2014 年 1 月 30 日，根據實例中的數據填製憑證，注意「6602.06 管理費用——通信費」科目核算項目的錄入。保存後的憑證如圖 7-85 所示。

圖 7-84

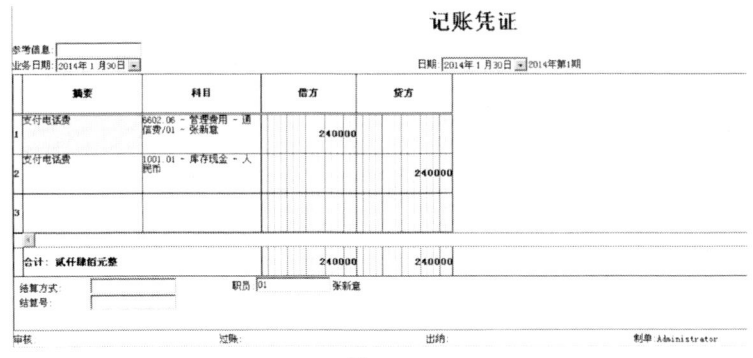

圖 7-85

▶【實例 30】
【操作步驟】
展開【財務會計】→【總帳】→【憑證處理】→【憑證錄入】，將業務日期和日期均設置為 2014 年 1 月 30 日，根據實例中的數據填製憑證，注意結算方式和結算號的錄入。保存後的憑證如圖 7-86 所示。

圖 7-86

第七章　模擬數據操作

▶【實例 31】
本實例需要錄入兩張單據，一張銷售發票，一張收款單。
【操作步驟】
1. 銷售發票的錄入與實例 19 相似，參考實例 19 的步驟錄入實例 20 的相關數據，保存並審核如圖 7-87 所示。

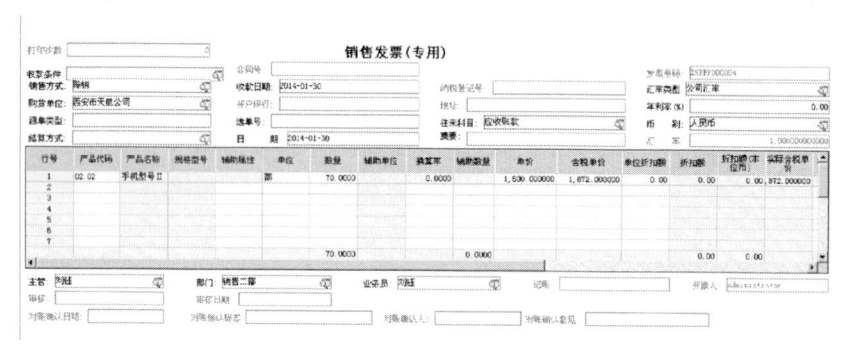

圖 7-87

2. 展開【財務會計】→【應收款管理】→【收款】→【收款單-新增】，錄入一張收款單，具體的操作步驟可以參考實例 6。收款單錄完後保存並審核。如圖 7-88 所示。

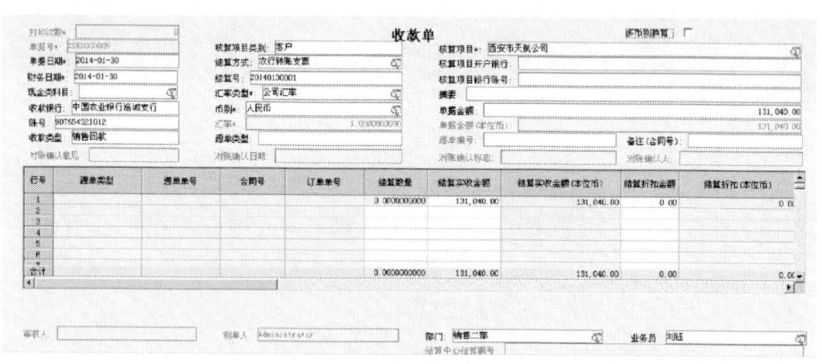

圖 7-88

3. 將收款單生成憑證傳到總帳系統中，憑證保存如圖 7-89 所示。

圖 7-89

▶ 【實例 32】
【操作步驟】

1. 本實例需要在應收款管理中錄入一張收款單，並生成憑證。收款單的錄入可以參考實例 6 的操作步驟完成，錄入完後保存並審核如圖 7-90 所示。

圖 7-90

2. 將收款單生成憑證傳到總帳系統中，憑證保存後如圖 7-91 所示。

圖 7-91

第七章　模擬數據操作

▶【實例 33】

【操作步驟】

1. 本實例需要在應付款管理中錄入一張付款單，並生成憑證。付款單的錄入可以參考實例 9 的操作步驟完成，錄入完後保存並審核如圖 7-92 所示。

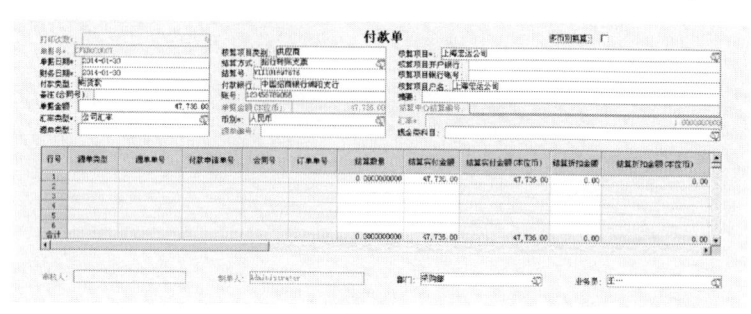

圖 7-92

2. 將付款單生成憑證傳到總帳系統中，憑證保存後如圖 7-93 所示。

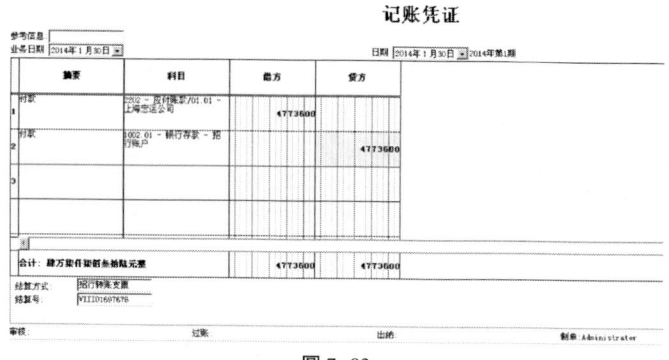

圖 7-93

▶【實例 34】

【操作步驟】

1. 本實例需要在應付款管理中錄入一張付款單，並生成憑證。付款單的錄入可以參考實例 9 的操作步驟完成，錄入完後保存並審核如圖 7-94 所示。

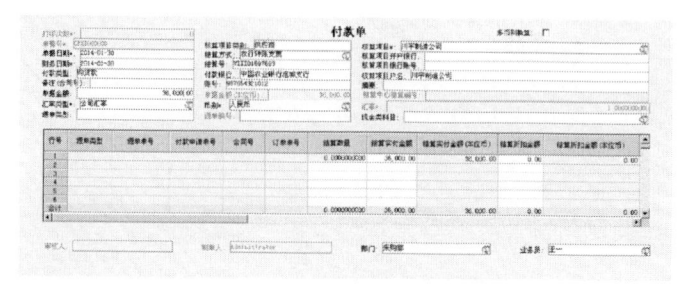

圖 7-94

2. 將付款單生成憑證傳到總帳系統中，憑證保存後如圖 7-95 所示。

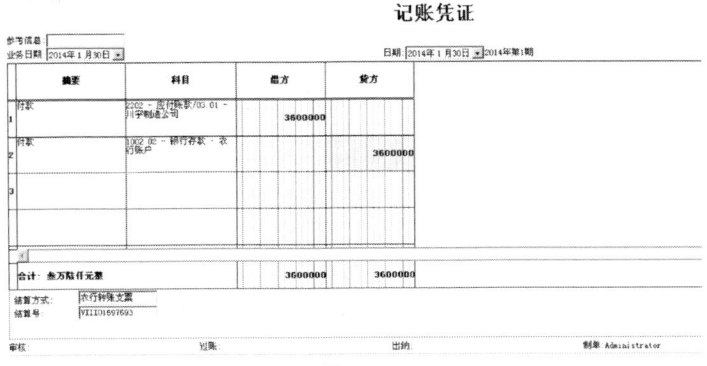

圖 7-95

▶【實例 35】
【操作步驟】

1. 展開【供應鏈】→【倉存管理】→【領料發貨】→【銷售出庫-新增】，在「銷售出庫單」頁面，錄入購貨單位、收款日期及日期、產品代碼及數量和單位成本、部門及業務員等信息，保存並審核。如圖 7-96 所示。

圖 7-96

2. 銷售出庫單與銷售發票鈎稽。展開【供應鏈】→【銷售管理】→【銷售發票】→【銷售發票-維護】，彈出「銷售發票-過濾」窗口，點擊「確定」後進入「銷售發票序時薄」頁面，選擇實例 19 的銷售發票，點擊工具條中的「鈎稽」，進入鈎稽頁面，確定銷售發票和銷售出庫單中的信息一致，輸入鈎稽數量後點擊工具條中的「鈎稽」，系統提示鈎稽成功即可。如圖 7-97 所示。

第七章　模擬數據操作

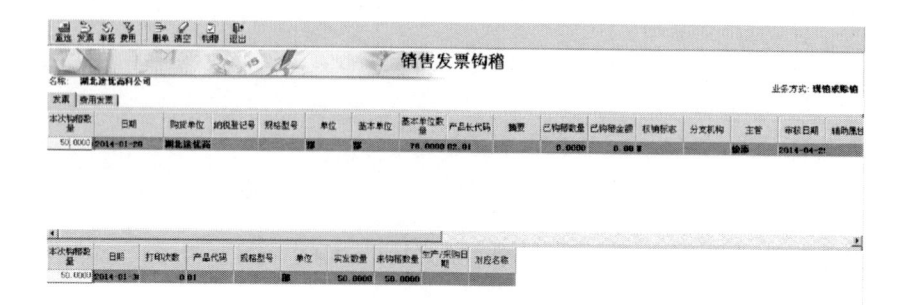

圖 7-97

第八章　期末處理

實驗一　存貨核算系統期末處理

【實驗準備】

已安裝金蝶 K/3-12 管理軟件，將系統日期修改為「2014 年 1 月 31 日」，且本期所有憑證已經完成審核、過帳操作。

【實驗指導】

一、出入庫核算

在同一個會計期間，必須按照一定的先後順序進行各種類別的核算，才能確保核算結果的真實性和可靠性。一般而言，期末核算順序為外購入庫核算、材料出庫核算、自制入庫核算和產成品出庫核算。根據此核算流程，才能保證生產經營活動中的庫存資金按照「材料成本→生產成本→銷售成本」的方式流動，最終正確核算出產品的成本。

（一）外購入庫核算

外購入庫核算可以處理本期發票已到並已鈎稽的外購入庫單，也可以處理鈎稽期間在下一會計期間的採購發票，並支持核算。

【操作步驟】

1. 執行【供應鏈】→【存貨核算】→【入庫核算】→【外購入庫核算】命令，如圖 8-1 所示。

圖 8-1

第八章 期末處理

2. 系統彈出「條件過濾」窗口，保持默認過濾條件，單擊「確定」按鈕，如圖 8-2 所示。

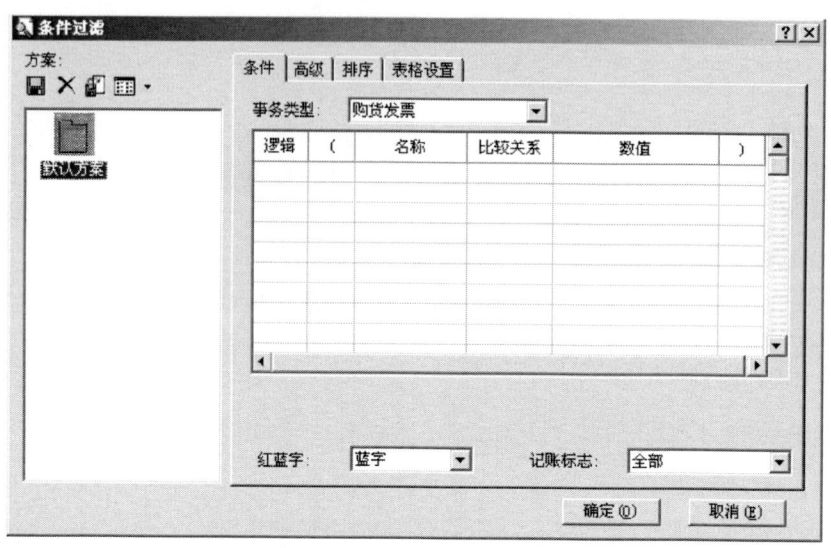

圖 8-2

3. 進入「存貨核算（供應鏈）系統 -【外購入庫核算】」界面，單擊工具欄上的「核算」按鈕，開始核算入庫處理，如圖 8-3 所示。

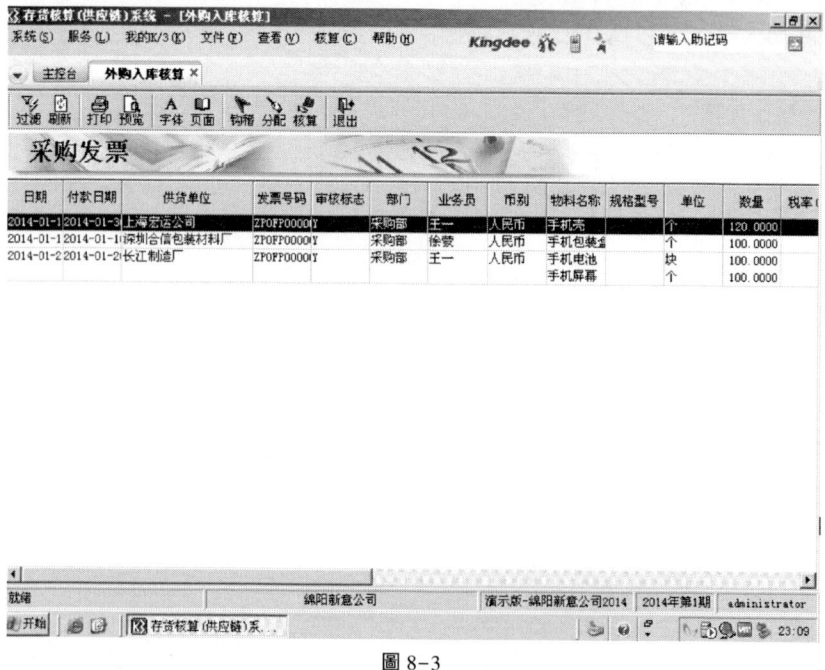

圖 8-3

4. 核算完成後，系統彈出「金蝶提示」窗口，提示核算成功及所耗時間，如圖 8-4 所示。

圖 8-4

（二）材料出庫核算

材料出庫核算主要用來核算材料（物料屬性為外購類的物料）出庫成本，一般在成本計算、委外加工入庫核算、其他入庫核算前必須進行材料出庫核算。

【操作步驟】

1. 執行【供應鏈】→【倉存管理】→【領料發貨】→【生產領料—維護】命令，如圖 8-5 所示。

圖 8-5

2. 查看本期領料單，金額一列數據為 0，如圖 8-6 所示。

3. 執行【供應鏈】→【存貨核算】→【出庫核算】→【材料出庫核算】命令，如圖 8-7 所示。

第八章　期末處理

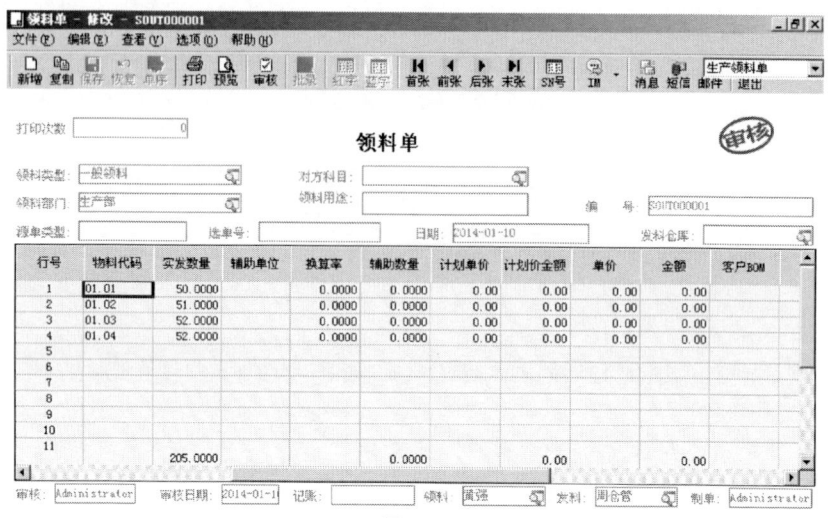

圖 8-6

圖 8-7

4. 進入「結轉存貨成本-介紹（材料出庫核算）」窗口，如圖 8-8 所示，單擊「下一步」按鈕。

5. 選擇「結轉本期所有物料」，單擊「下一步」按鈕，如圖 8-9 所示。

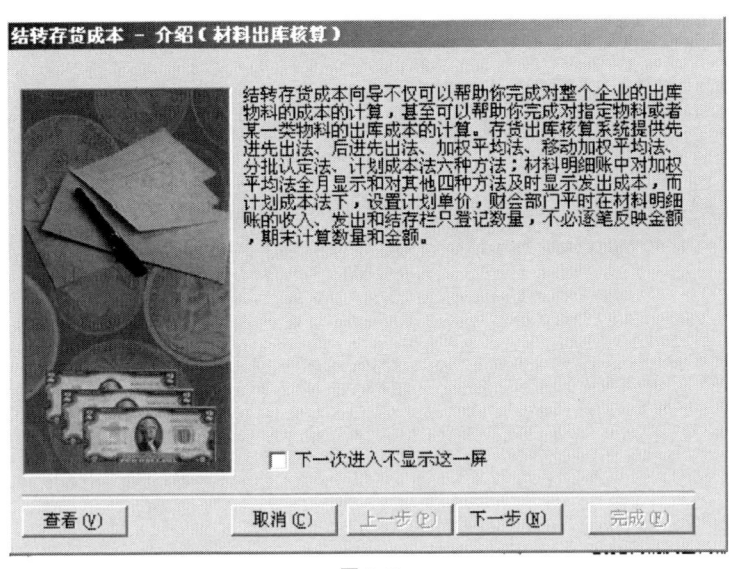

圖 8-8

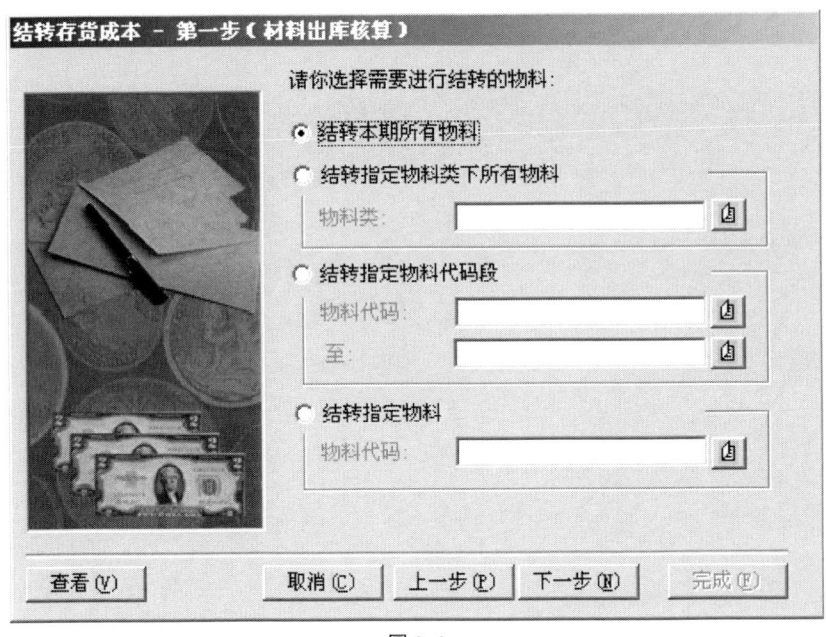

圖 8-9

6. 選擇「原材料庫」，單擊「下一步」按鈕，如圖 8-10 所示。

7. 單擊「下一步」按鈕，如圖 8-11 所示。

第八章　期末處理

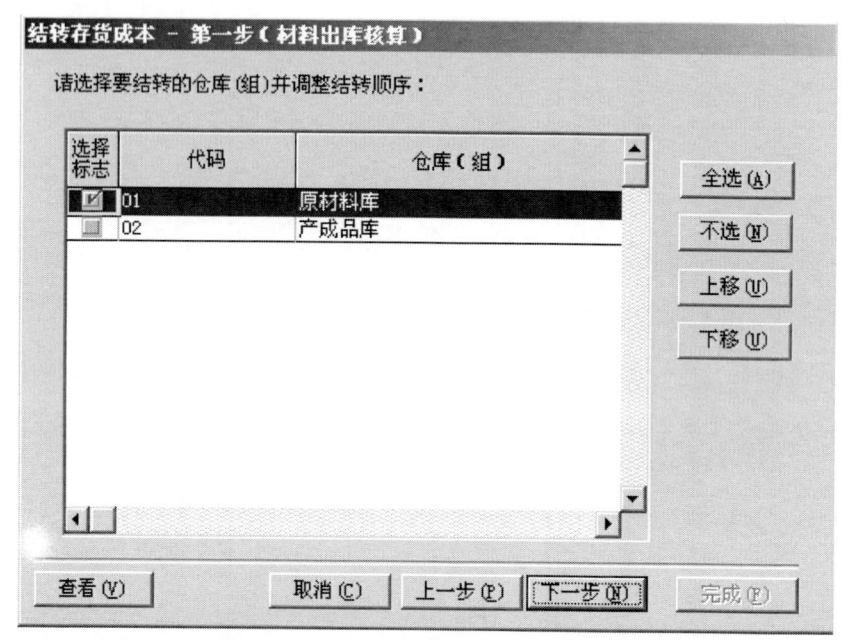

圖 8-10

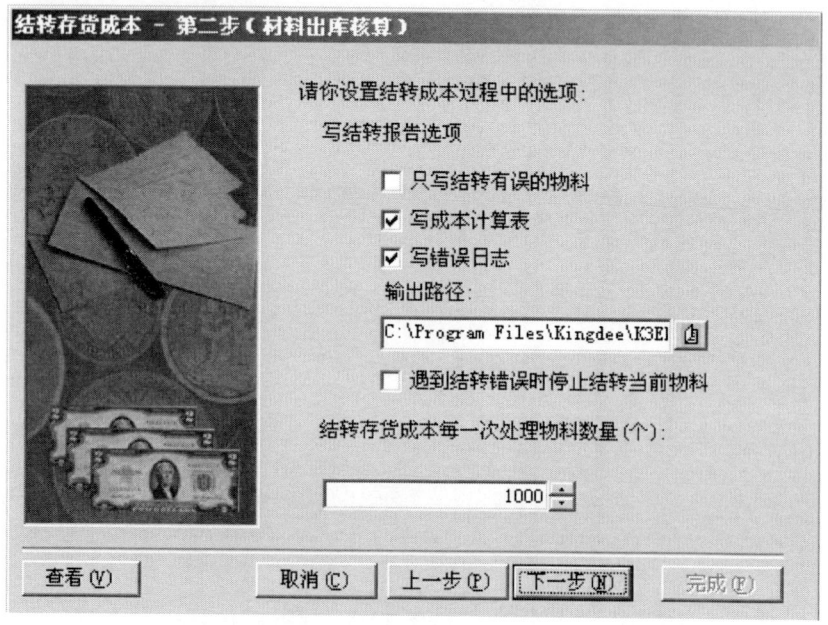

圖 8-11

8. 系統提示「核算成功」，單擊「查看報告」按鈕，如圖 8-12 所示。
9. 進入「結轉存貨成本報告」窗口，如圖 8-13 所示。

326

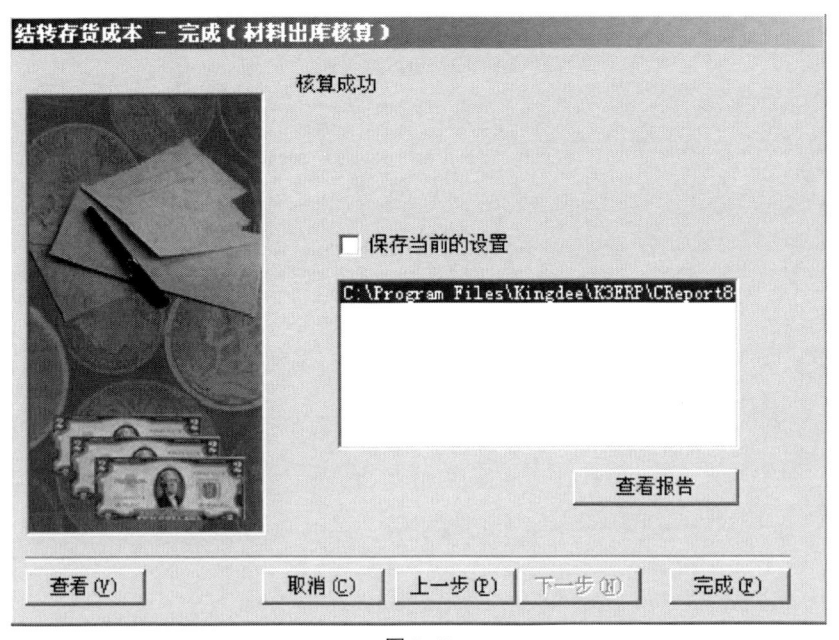

圖 8-12

圖 8-13

10. 單擊圖 8-13 中「手機殼（01.01）」後的「成本計算表」，進入「成本計

第八章　期末處理

算表」視窗，如圖8-14所示。

圖8-14

11. 再次查看「領料單」界面，發現單價一列已經核算出相應數值，如圖8-15所示。

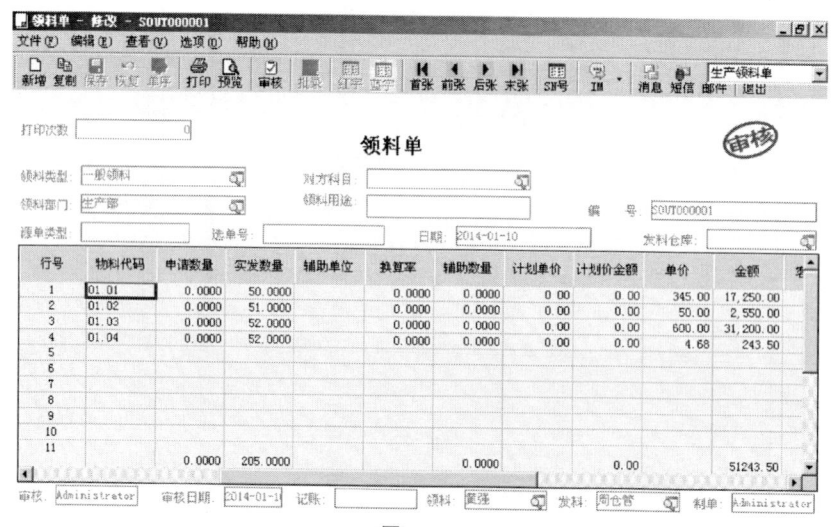

圖8-15

(三) 自制入庫核算

在未使用成本系統的情況下，需要手工錄入自制入庫成本。

【操作步驟】

1. 執行【供應鏈】→【存貨核算】→【入庫核算】→【自制入庫核算】命令，如圖 8-16 所示。

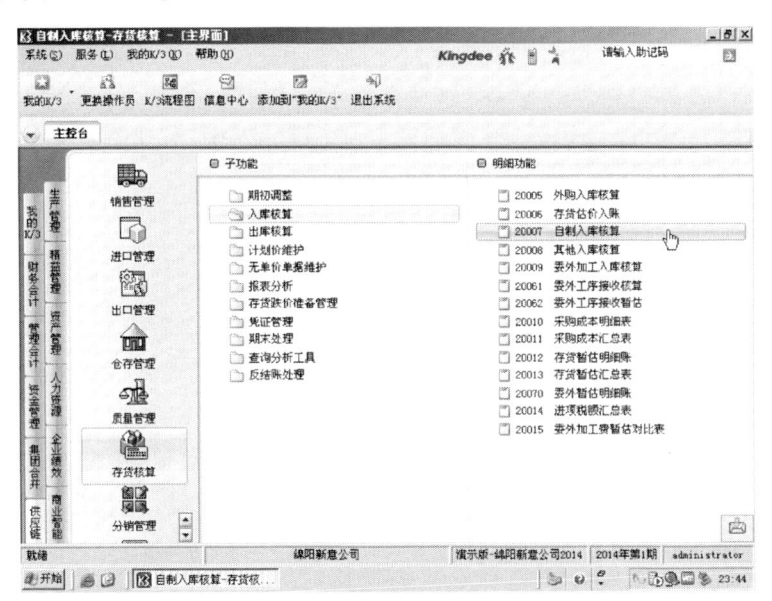

圖 8-16

2. 系統彈出「過濾」窗口，保持默認過濾條件，單擊「確定」按鈕，如圖 8-17 所示。

圖 8-17

3. 進入「存貨核算（供應鏈）系統 -【自制入庫核算】」界面，在單價欄分別填上「1,400」、「1,500」，再單擊工具欄上的「核算」按鈕，如圖 8-18 所示。

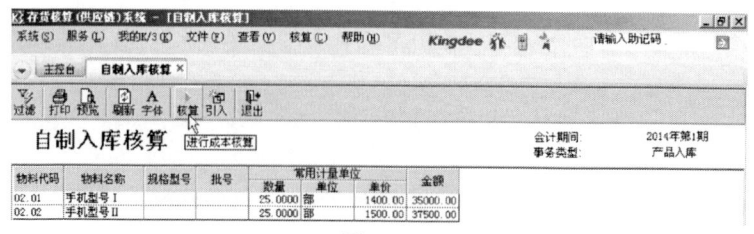

圖 8-18

4. 核算完成後，系統彈出「金蝶提示」窗口，提示核算成功，如圖 8-19 所示。

圖 8-19

（四）產成品出庫核算

產成品出庫核算主要用來核算產品出庫成本（產品是指物料屬性為非外購類的物料）。

【操作步驟】

1. 執行【供應鏈】→【存貨核算】→【入庫核算】→【產成品出庫核算】命令，如圖 8-20 所示。

圖 8-20

2. 進入「結轉存貨成本-介紹（產成品出庫核算）」窗口，如圖8-21所示，單擊「下一步」按鈕。

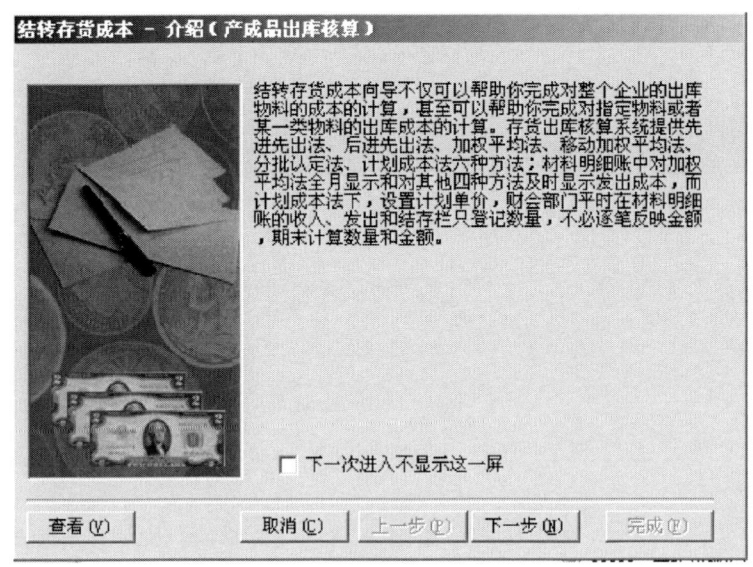

圖8-21

3. 選擇「結轉本期所有物料」，單擊「下一步」按鈕，如圖8-22所示。

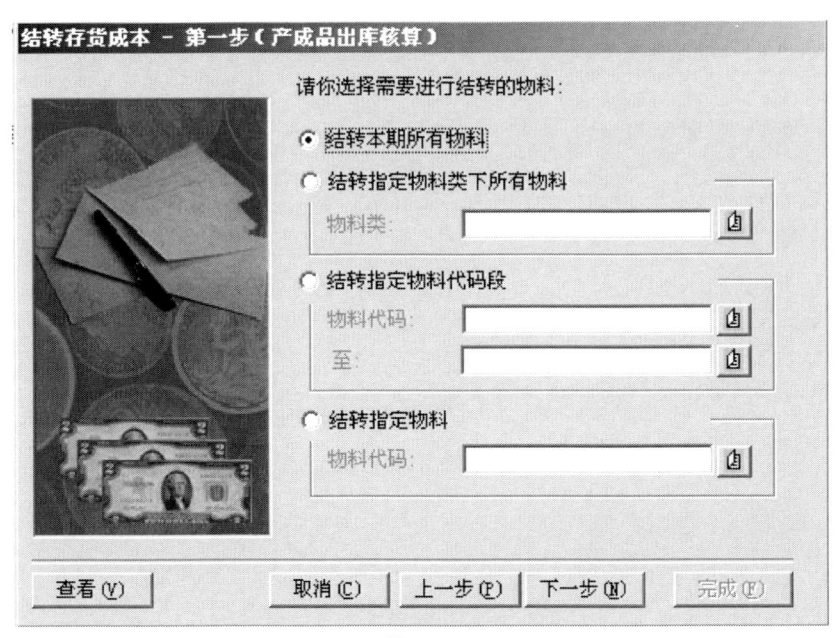

圖8-22

4. 選擇「產成品庫」，單擊「下一步」按鈕，如圖 8-23 所示。

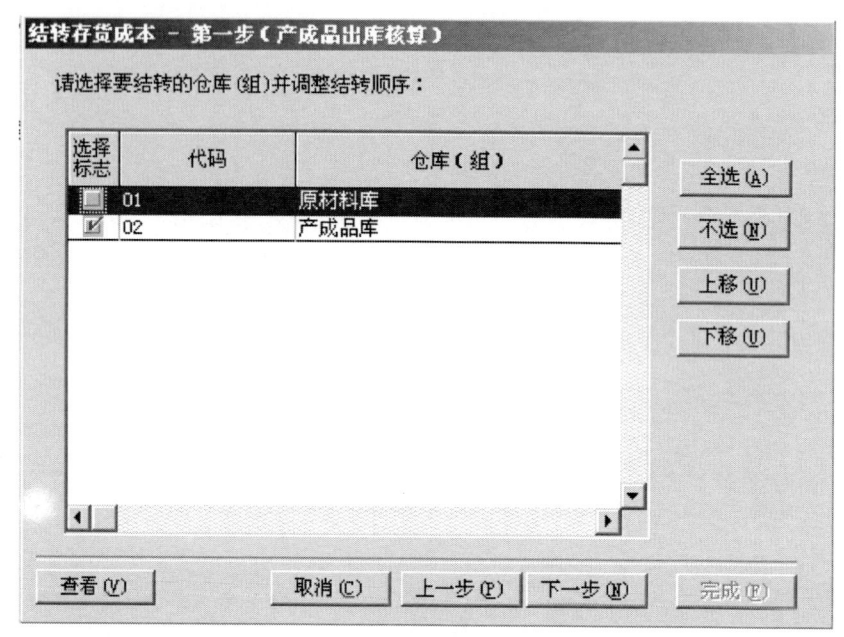

圖 8-23

5. 單擊「下一步」按鈕，如圖 8-24 所示。

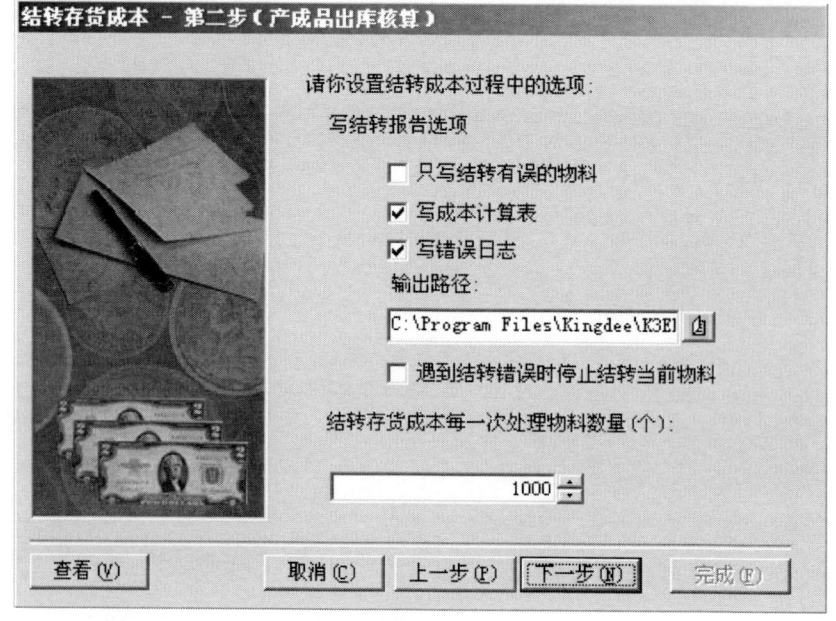

圖 8-24

6. 系統提示「核算成功」，單擊「查看報告」按鈕，如圖 8-25 所示。

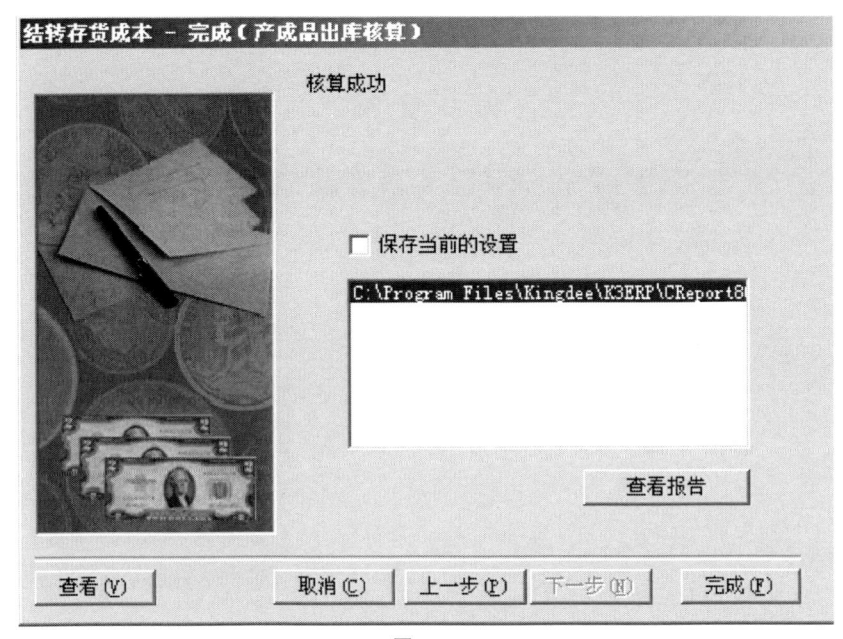

圖 8-25

7. 進入「結轉存貨成本報告」窗口，如圖 8-26 所示。

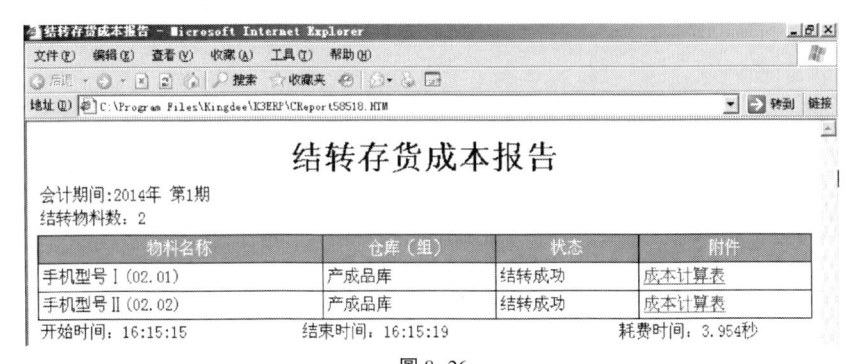

圖 8-26

8. 單擊圖 8-中「手機型號 I （02.01）」後的「成本計算表」，進入「成本計算表」窗口，如圖 8-27 所示。

第八章　期末處理

圖 8-27

二、對應單據生成憑證

對應單據生成憑證能夠起到數據共享的作用，並且財務人員從「憑證」可以聯查到該憑證由什麼源單據生成、源單據又是由什麼行為而產生的，從而在財務核算和公司管理上達到有據可查的目的。

（一）採購發票生成憑證

【操作步驟】

1. 執行【供應鏈】→【存貨核算】→【憑證管理】→【憑證模板】命令，如圖 8-28 所示。

2. 左窗口中選擇「採購發票（發票直接生成）」，單擊工具欄的「新增」按鈕，如圖 8-29 所示。

图 8-28

图 8-29

3. 進入「憑證模板」編輯界面，如圖 8-30 所示。

圖 8-30

    4. 憑證編號處錄入「z001」，模板名稱處錄入「採購發票憑證」，憑證字處選擇「記」，第一行科目來源處選擇「單據上物料的存貨科目」，借貸方向選擇「借」，金額來源選擇「採購發票不含稅金額」；第二行科目來源處選擇「憑證模板」，將光標放置在科目處，再單擊「查看」按鈕，彈出會計科目窗口，選擇「進項稅」會計科目，借貸方向選擇「借」，金額來源選擇「採購發票稅額」；第三行科目來源處選擇「單據上的往來科目」，金額來源選擇「採購發票價稅合計」，如圖 8-31 所示。每行摘要設置時，分別單擊「摘要」按鈕，彈出「摘要定義」窗口，在摘要公式處錄入「原材料採購」，如圖 8-32 所示。

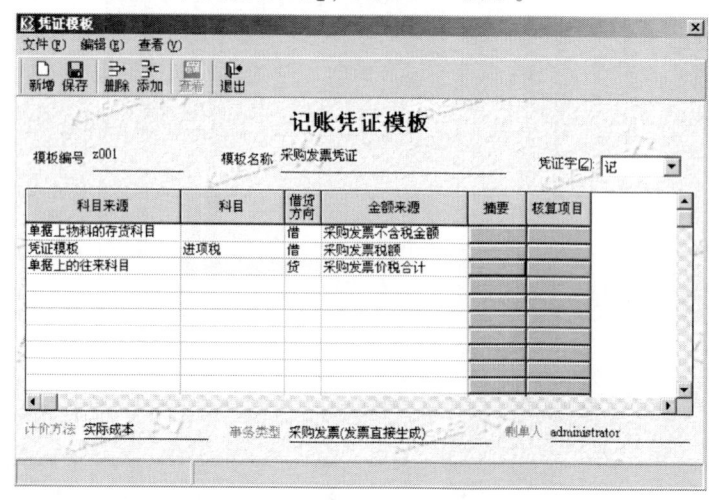

圖 8-31

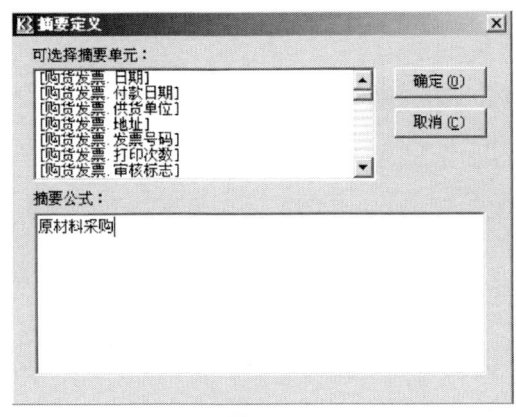

圖 8-32

5. 憑證模板設置完成後，單擊工具欄上的「保存」按鈕，系統彈出「金蝶提示」窗口，提示模板保存成功，如圖 8-33 所示。

圖 8-33

6. 選中「z001」號憑證模板，單擊菜單【編輯】→【設為默認模板】，如圖 8-34所示，採購發票憑證模板設置完成。

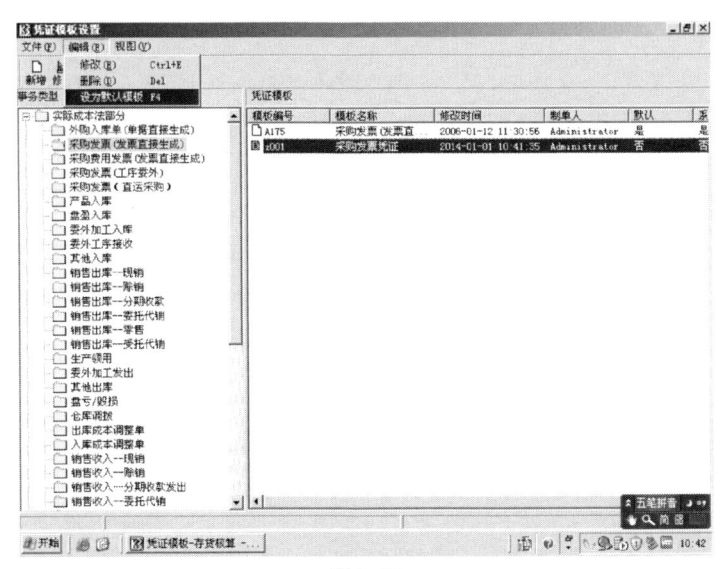

圖 8-34

第八章　期末處理

7. 執行【供應鏈】→【存貨核算】→【憑證管理】→【生成憑證】命令，如圖 8-35 所示。

圖 8-35

8. 選擇左窗口的「採購發票（發票直接生成）」，再單擊工具欄上的「重設」按鈕，如圖 8-36 所示。

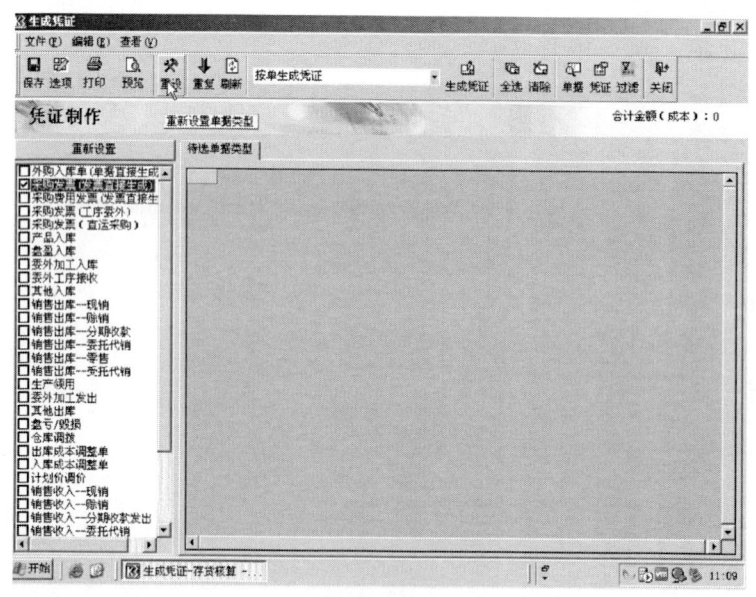

圖 8-36

9. 系統彈出「條件過濾」窗口，如圖 8-37 所示，保持默認過濾條件，單擊「確定」按鈕。

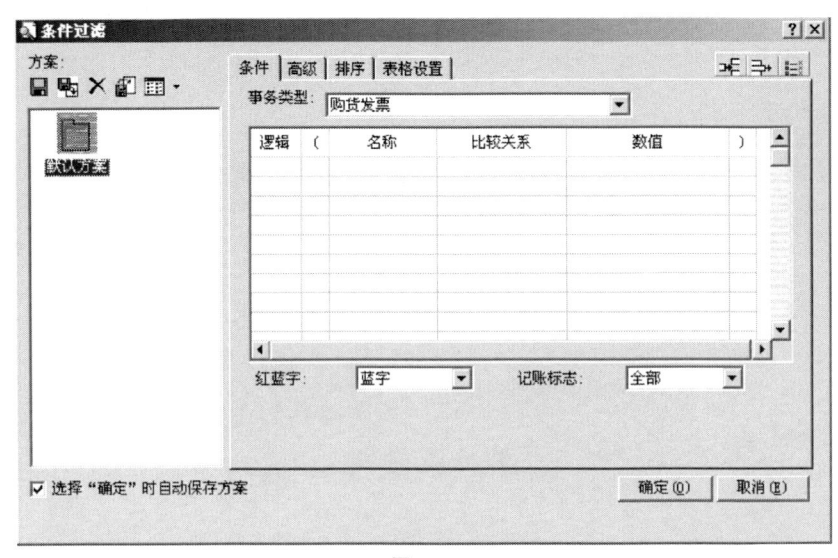

圖 8-37

10. 系統彈出滿足條件的單據顯示，如圖 8-38 所示。

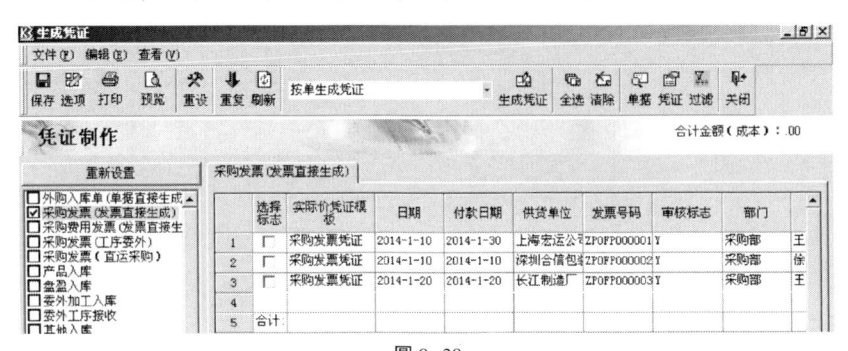

圖 8-38

11. 選擇「ZPOFP000001」採購發票，單擊工具欄上的「生成憑證」按鈕，如圖 8-39 所示。

12. 系統稍後彈出「生成憑證成功」的提示，單擊「確定」按鈕結束生成憑證，如圖 8-40 所示。

13. 選擇「ZPOFP000001」採購發票，單擊工具欄上的「憑證」按鈕，如圖 8-41 所示。

第八章　期末處理

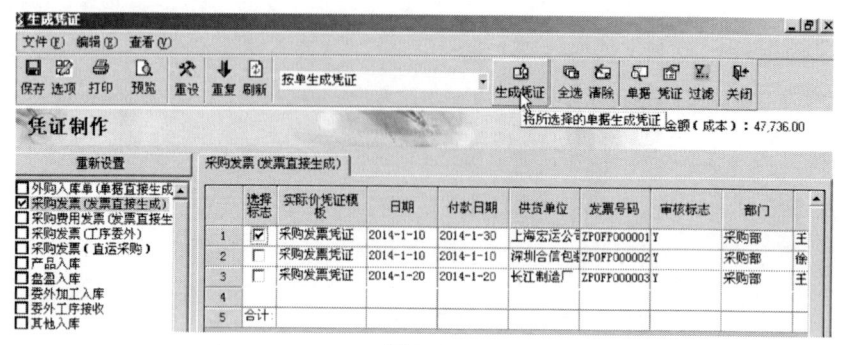

圖 8-39

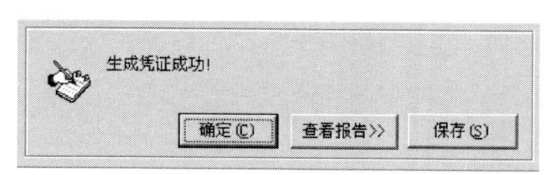

圖 8-40

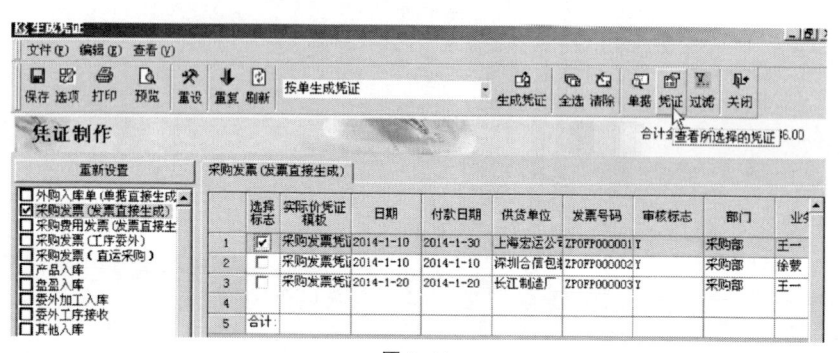

圖 8-41

　　14. 查看系統自動生成的「ZPOFP000001」採購發票對應的記帳憑證，如圖 8-42所示。

　　15. 根據操作步驟 11～14 所述，生成「ZPOFP000002」採購發票、「ZPOFP000003」採購發票對應的憑證，如圖 8-43、8-44 所示。

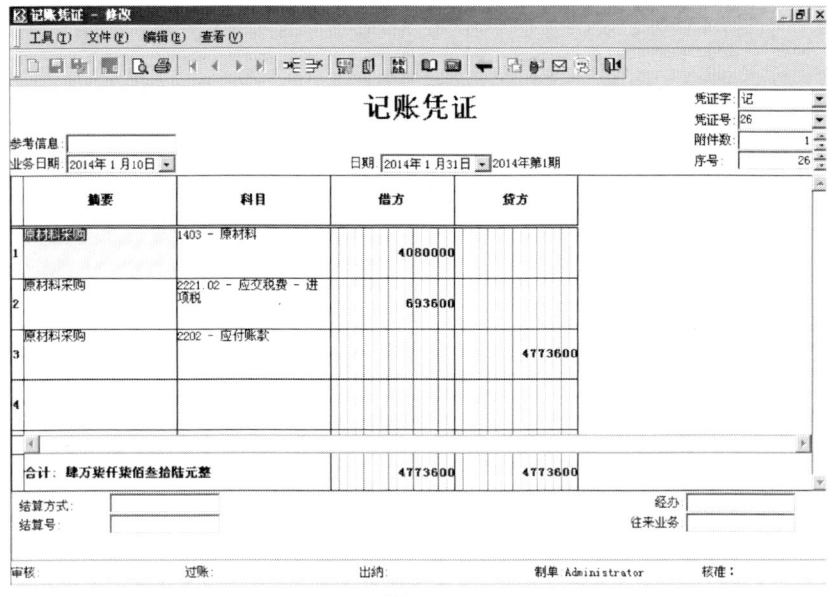

圖 8-42

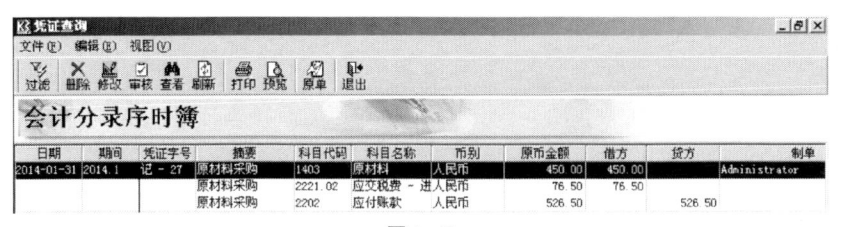

圖 8-43

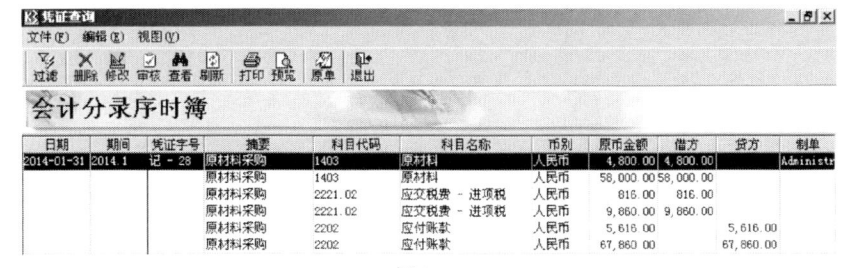

圖 8-44

(二) 生產領料單生成憑證

【操作步驟】

1. 執行【供應鏈】→【存貨核算】→【憑證管理】→【憑證模板】命令，如圖 8-45 所示。

第八章　期末處理

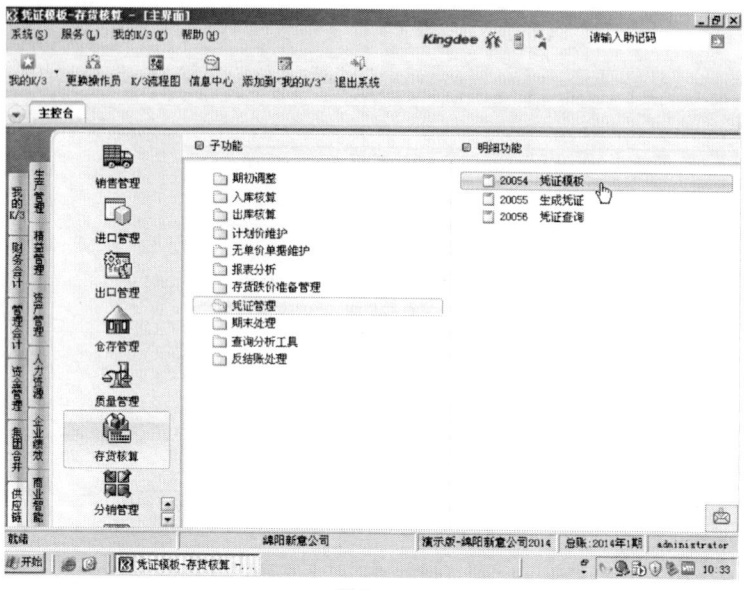

圖 8-45

2. 左窗口中選擇「生產領用」，單擊工具欄的「新增」按鈕，如圖 8－46 所示。

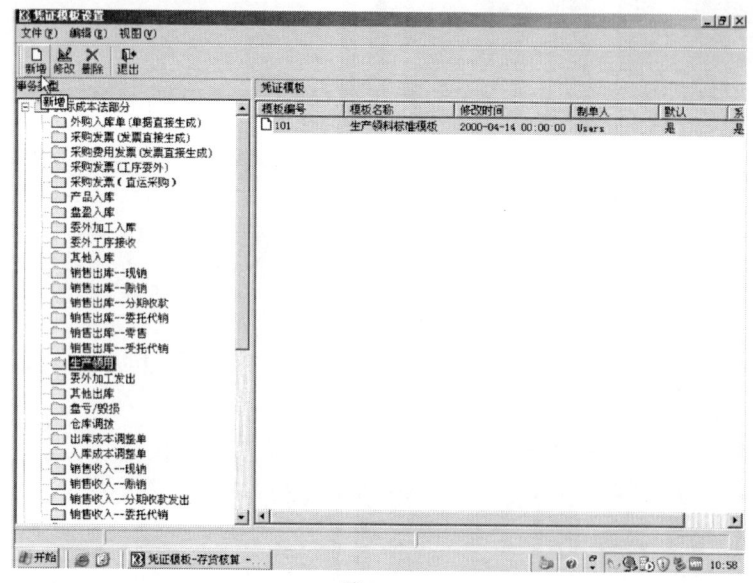

圖 8-46

3. 進入「憑證模板」編輯界面，如圖 8-47 所示。

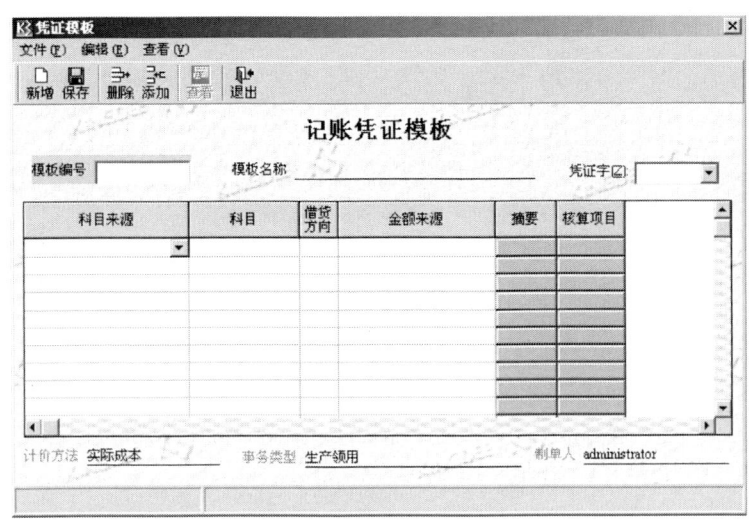

圖 8-47

4. 憑證編號處錄入「z002」，模板名稱處錄入「生產領料憑證」，憑證字處選擇「記」，第一行科目來源處選擇「憑證模板」，將光標放置在科目處，再單擊「查看」按鈕，彈出會計科目窗口，選擇「材料」會計科目，借貸方向選擇「借」，金額來源選擇「生產領料單實際成本」；第二行科目來源處選擇「單據上物料的存貨科目」，借貸方向選擇「貸」，金額來源選擇「生產領料單實際成本」，如圖 8-48 所示。每行摘要設置時，分別單擊「摘要」按鈕，彈出「摘要定義」窗口，在摘要公式處錄入「生產領料」，如圖 8-49 所示。

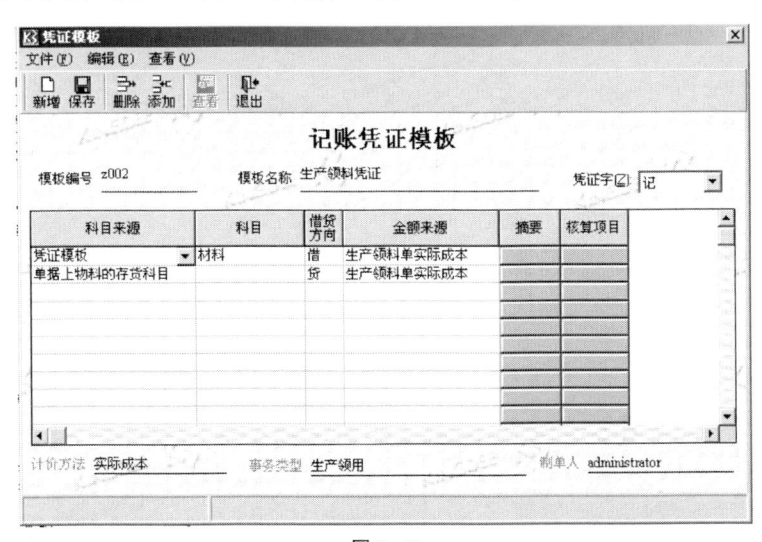

圖 8-48

第八章　期末處理

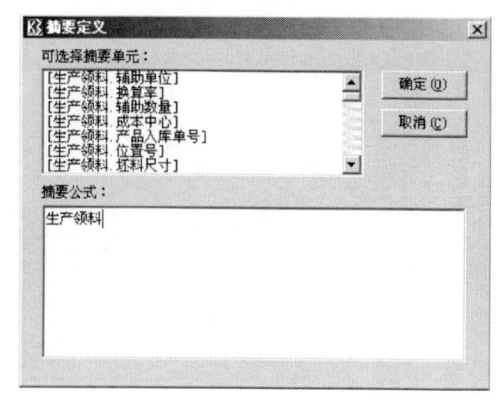

圖 8-49

5. 憑證模板設置完成後，單擊工具欄上的「保存」按鈕，系統彈出「金蝶提示」窗口，提示模板保存成功，如圖 8-50 所示。

圖 8-50

6. 選中「z002」號憑證模板，單擊菜單【編輯】→【設為默認模板】，如圖 8-51所示，生產領料憑證模板設置完成。

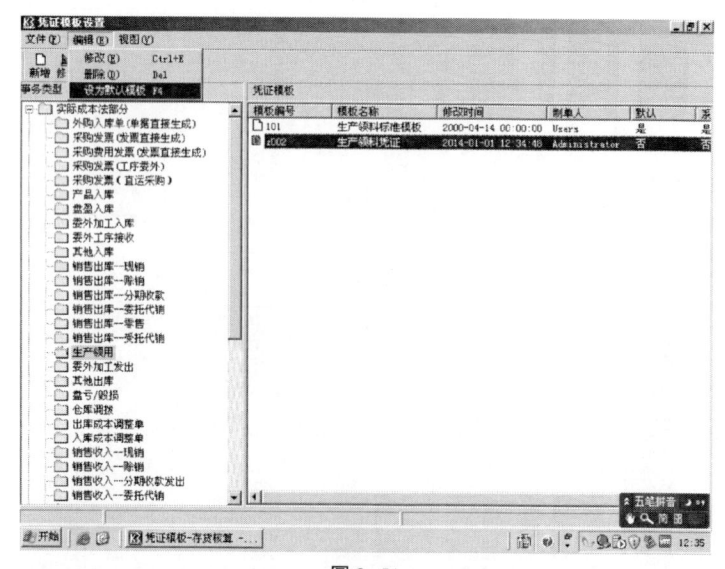

圖 8-51

7. 執行【供應鏈】→【存貨核算】→【憑證管理】→【生成憑證】命令，如圖 8-52 所示。

圖 8-52

8. 選擇左窗口的「生產領用」，再單擊工具欄上的「重設」按鈕，如圖 8-53 所示。

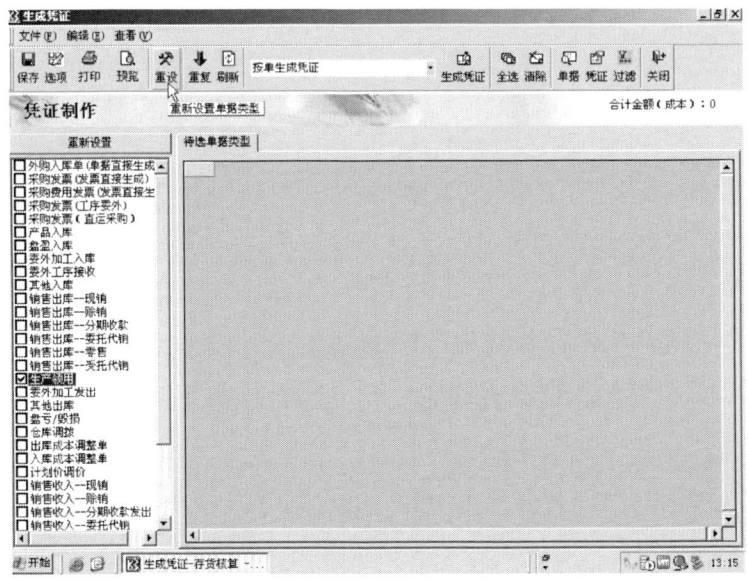

圖 8-53

第八章　期末處理

9. 系統彈出「條件過濾」窗口，如圖 8-54 所示，保持默認過濾條件，單擊「確定」按鈕。

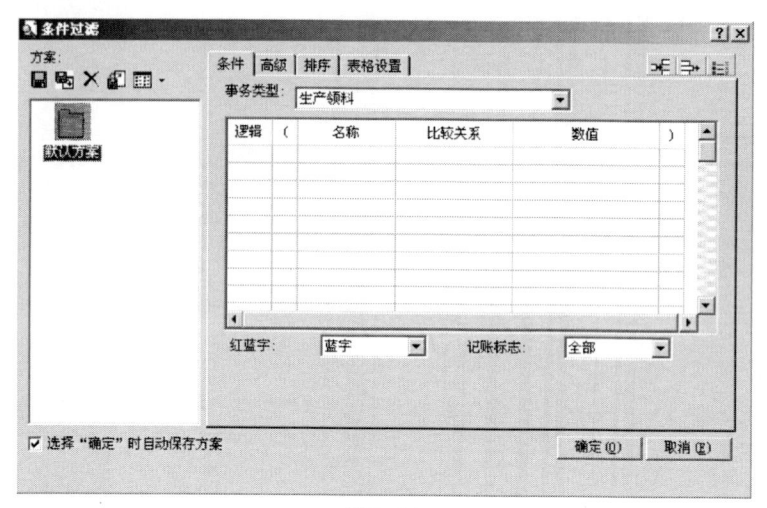

圖 8-54

10. 系統彈出滿足條件的單據顯示，如圖 8-55 所示。

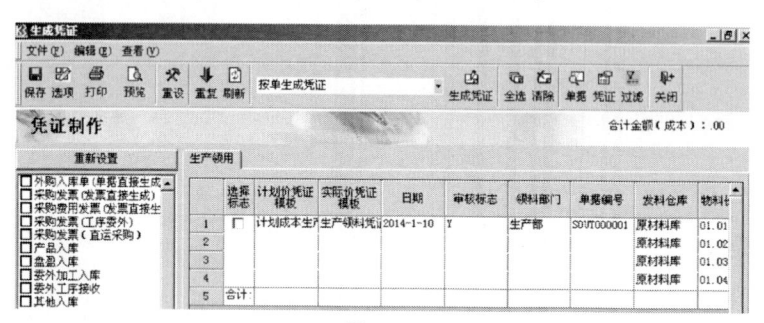

圖 8-55

11. 選擇「SOUT000001」生產領料單，單擊工具欄上的「生成憑證」按鈕，如圖 8-56 所示。

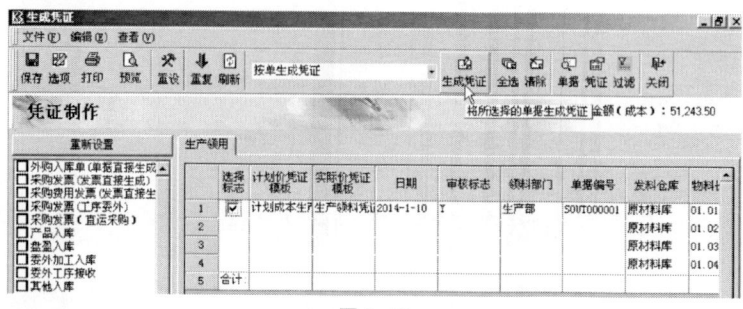

圖 8-56

12. 系統稍後彈出「生成憑證成功」的提示，單擊「確定」按鈕結束生成憑證，如圖 8-57 所示。

圖 8-57

13. 選擇「SOUT000001」生產領料單，單擊工具欄上的「憑證」按鈕，如圖 8-58 所示。

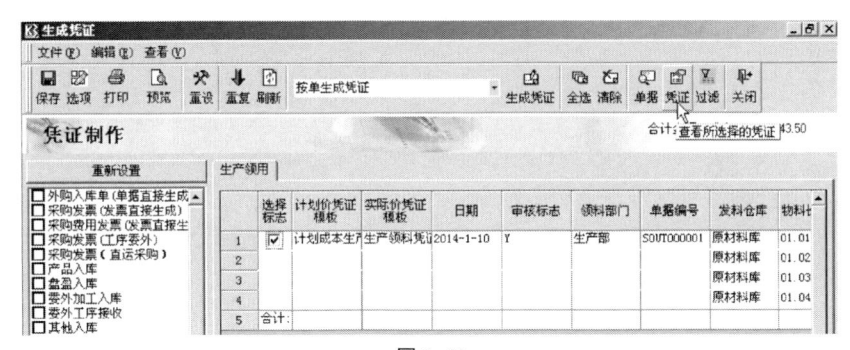

圖 8-58

14. 可以查看系統自動生成的「SOUT000001」生產領料單對應的記帳憑證，如圖 8-59 所示。

圖 8-59

(三) 產品入庫單生成憑證

【操作步驟】

1. 執行【供應鏈】→【存貨核算】→【憑證管理】→【憑證模板】命令，如圖 8-60 所示。

2. 左窗口中選擇「產品入庫」，單擊工具欄的「新增」按鈕，如圖 8-61 所示。

第八章　期末處理

圖 8-60

圖 8-61

3. 進入「憑證模板」編輯界面，如圖 8-62 所示。

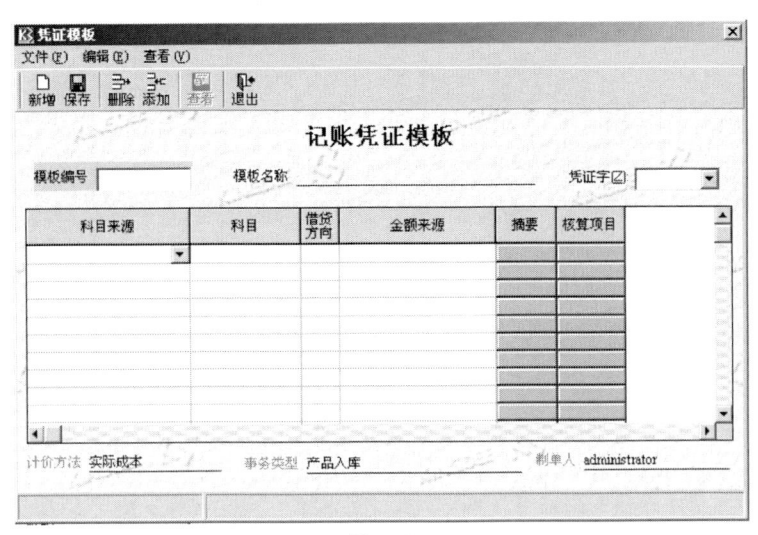

圖 8-62

4. 憑證編號處錄入「z003」，模板名稱處錄入「產品入庫憑證」，憑證字處選擇「記」，第一行科目來源處選擇「單據上物料的存貨科目」，借貸方向選擇「借」，金額來源選擇「產品入庫單實際成本」；第二行科目來源處選擇「憑證模板」，將光標放置在科目處，再單擊「查看」按鈕，彈出會計科目窗口，選擇「材料」會計科目，借貸方向選擇「貸」，金額來源選擇「產品入庫單實際成本」；如圖 8-63 所示。每行摘要設置時，分別單擊「摘要」按鈕，彈出「摘要定義」窗口，在摘要公式處錄入「產品入庫單」，如圖 8-64 所示。

圖 8-63

第八章　期末處理

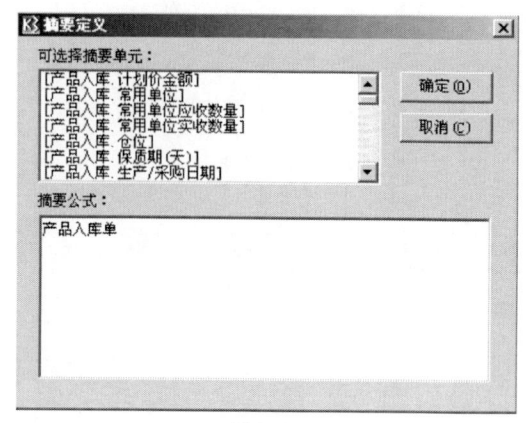

圖 8-64

5. 憑證模板設置完成後，單擊工具欄上的「保存」按鈕，系統彈出「金蝶提示」窗口，提示模板保存成功，如圖 8-65 所示。

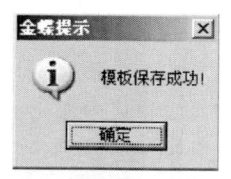

圖 8-65

6. 選中「z003」號憑證模板，單擊菜單【編輯】→【設為默認模板】，如圖 8-66所示，產品入庫憑證模板設置完成。

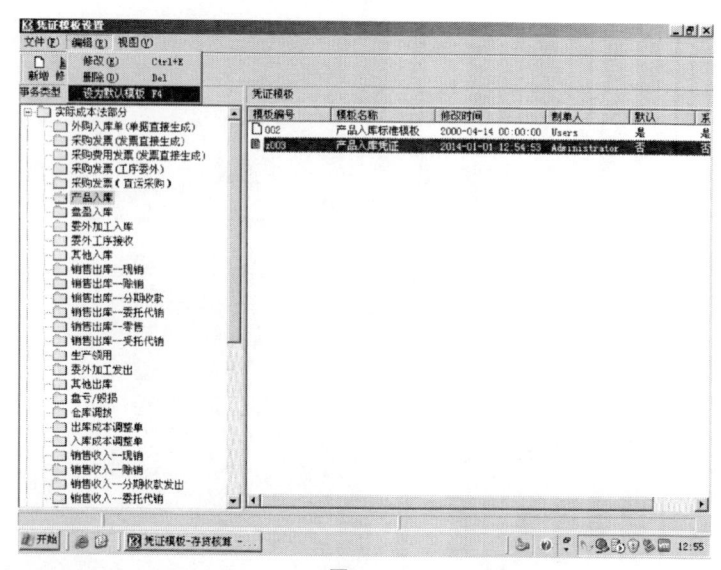

圖 8-66

7. 執行【供應鏈】→【存貨核算】→【憑證管理】→【生成憑證】命令，如圖 8-67 所示。

圖 8-67

8. 選擇左窗口的「產品入庫」，再單擊工具欄上的「重設」按鈕，如圖 8-68 所示。

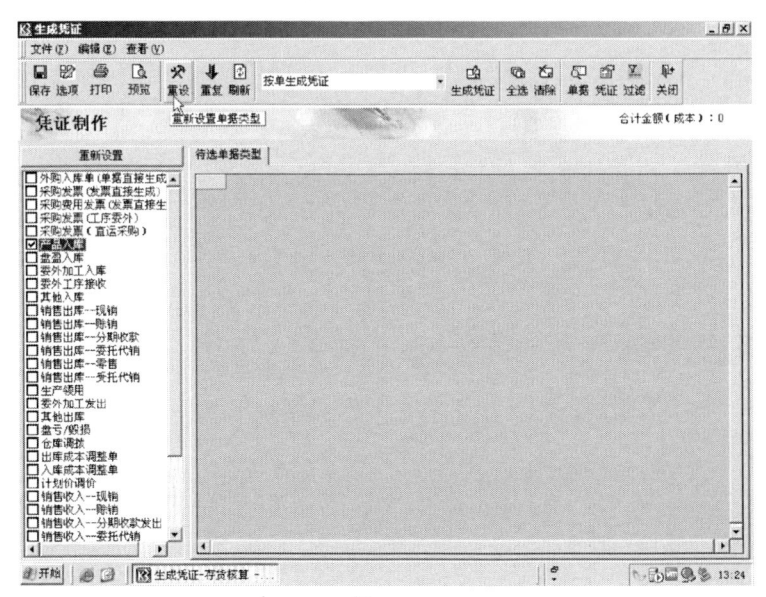

圖 8-68

第八章　期末處理

9. 系統彈出「條件過濾」窗口，如圖 8-69 所示，保持默認過濾條件，單擊「確定」按鈕。

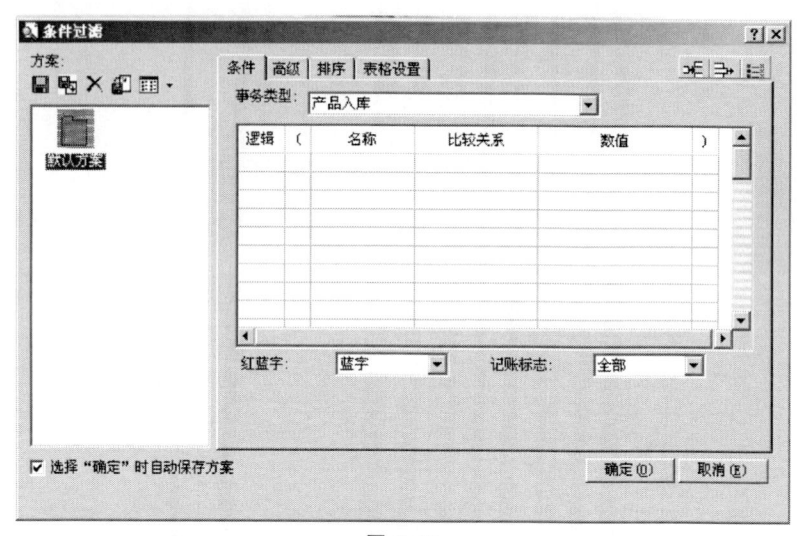

圖 8-69

10. 系統彈出滿足條件的單據顯示，如圖 8-70 所示。

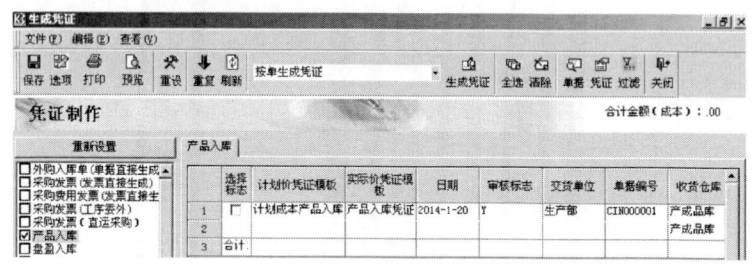

圖 8-70

11. 選擇「CIN000001」產品入庫單，單擊工具欄上的「生成憑證」按鈕，如圖 8-71 所示。

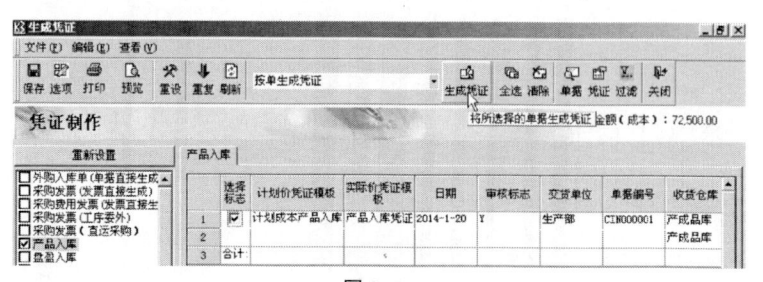

圖 8-71

12. 系統稍後彈出「生成憑證成功」的提示，單擊「確定」按鈕結束生成憑證，如圖 8-72 所示。

圖 8-72

13. 選擇「CIN000001」產品入庫單，單擊工具欄上的「憑證」按鈕，如圖 8-73所示。

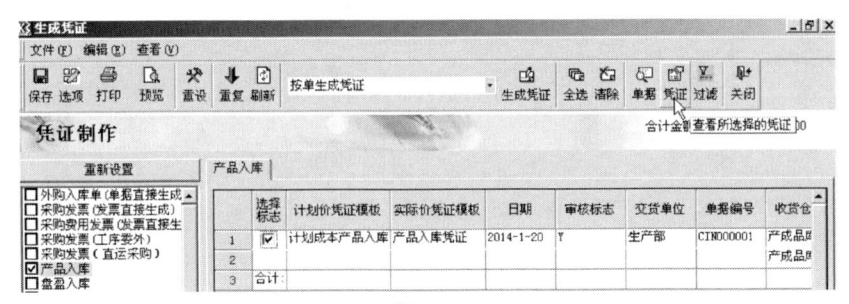

圖 8-73

14. 可以查看系統自動生成的「CIN000001」產品入庫單對應的記帳憑證，如圖 8-74 所示。

圖 8-74

(四) 銷售發票生成憑證

【操作步驟】

1. 執行【供應鏈】→【存貨核算】→【憑證管理】→【憑證模板】命令，如圖 8-75 所示。

2. 左窗口中選擇「銷售收入——賒銷」，單擊工具欄的「新增」按鈕，如圖 8-76所示。

第八章 期末處理

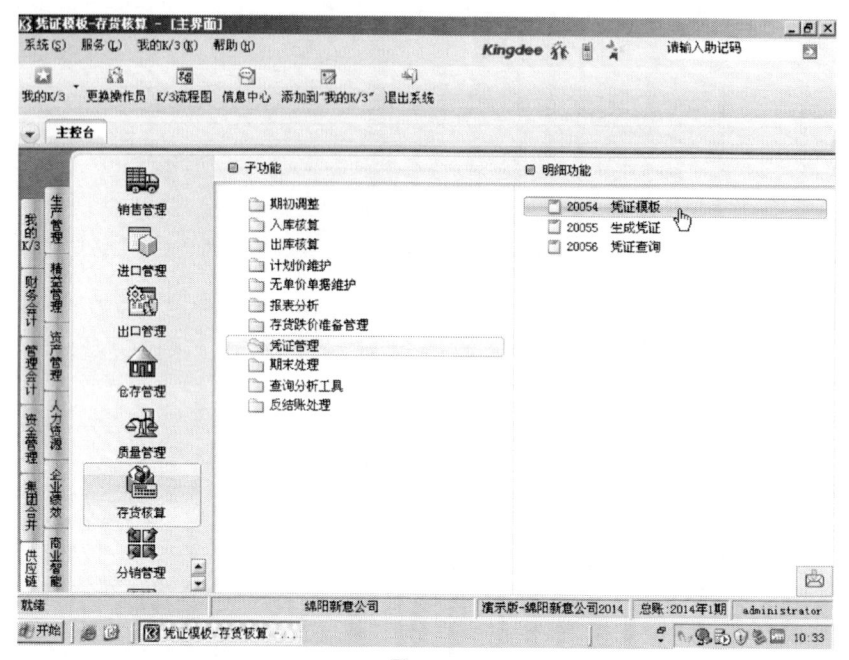

圖 8-75

圖 8-76

3. 進入「憑證模板」編輯界面，如圖8-77所示。

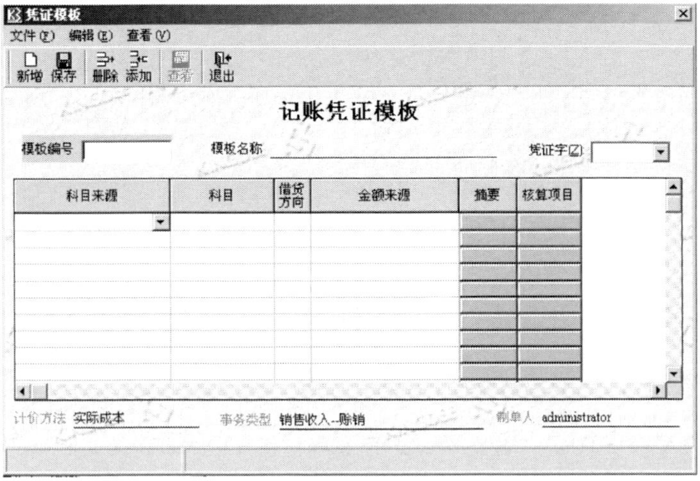

圖 8-77

4. 憑證編號處錄入「z004」，模板名稱處錄入「銷售發票憑證」，憑證字處選擇「記」，第一行科目來源處選擇「單據上的往來科目」，借貸方向選擇「借」，金額來源選擇「銷售發票價稅合計」；第二行科目來源處選擇「單據上物料的銷售收入科目」，借貸方向選擇「貸」，金額來源選擇「銷售發票不含稅金額」；第三行科目來源處選擇「憑證模板」，將光標放置在科目處，再單擊「查看」按鈕，彈出會計科目窗口，選擇「銷項稅」會計科目，借貸方向選擇「貸」，金額來源選擇「銷售發票稅額」，如圖8-78所示。每行摘要設置時，分別單擊「摘要」按鈕，彈出「摘要定義」窗口，在摘要公式處錄入「銷售收入」，如圖8-79所示。

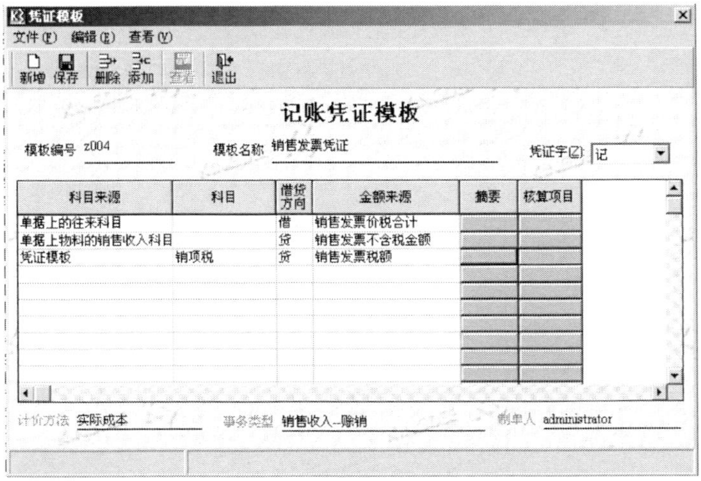

圖 8-78

第八章　期末處理

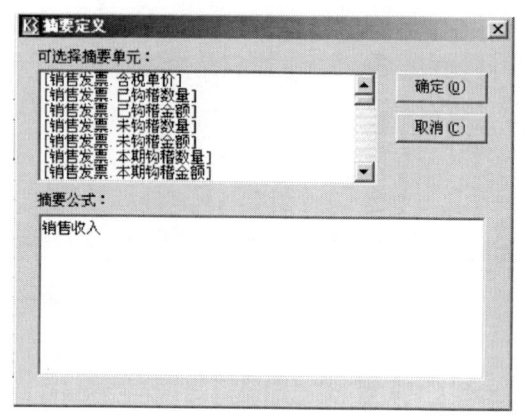

圖 8-79

5. 憑證模板設置完成後，單擊工具欄上的「保存」按鈕，系統彈出「金蝶提示」窗口，提示模板保存成功，如圖 8-80 所示。

圖 8-80

6. 選中「z001」號憑證模板，單擊菜單【編輯】→【設為默認模板】，如圖 8-81所示，銷售發票憑證模板設置完成。

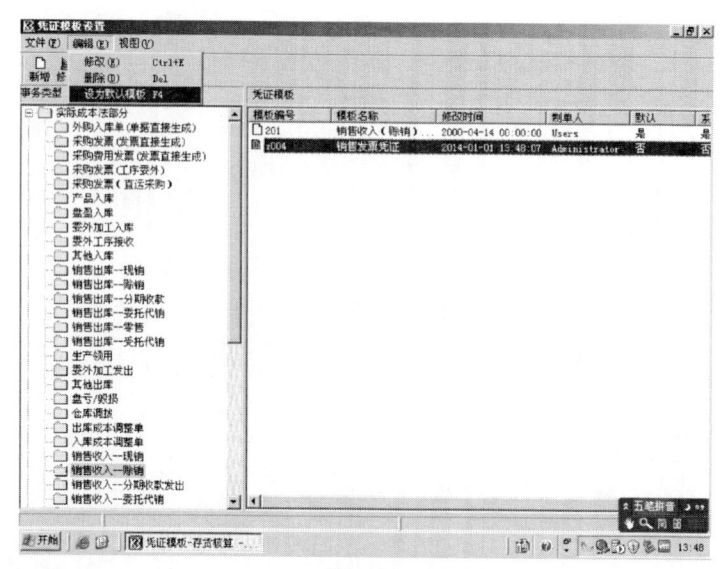

圖 8-81

356

7. 執行【供應鏈】→【存貨核算】→【憑證管理】→【生成憑證】命令，如圖 8-82 所示。

圖 8-82

8. 選擇左窗口的「採購發票（發票直接生成）」，再單擊工具欄上的「重設」按鈕，如圖 8-83 所示。

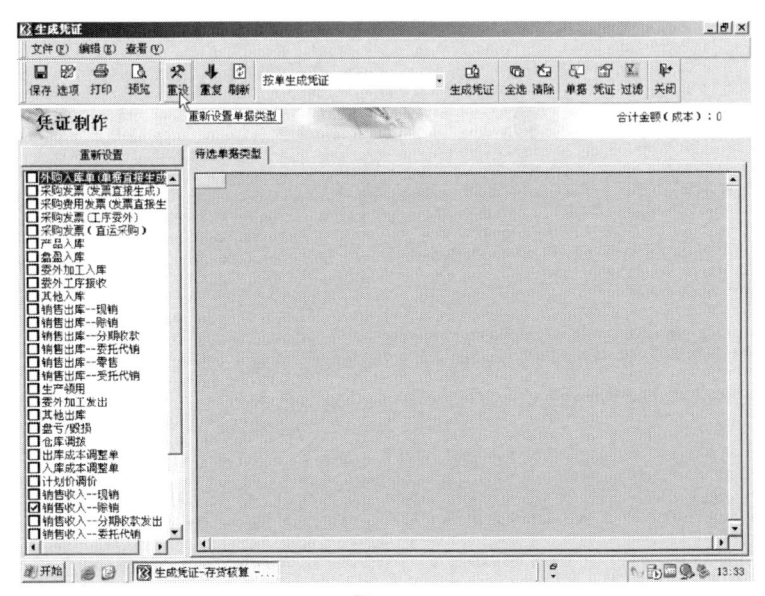

圖 8-83

第八章 期末處理

9. 系統彈出「條件過濾」窗口，如圖 8-84 所示，保持默認過濾條件，單擊「確定」按鈕。

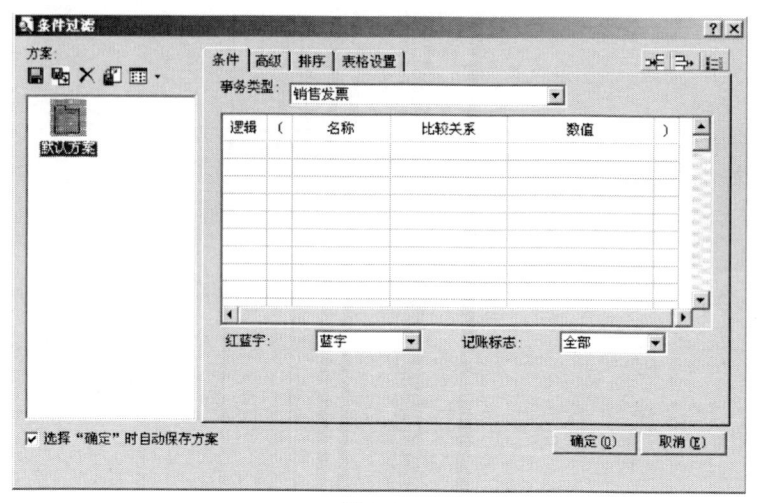

圖 8-84

10. 系統彈出滿足條件的單據顯示，如圖 8-85 所示。

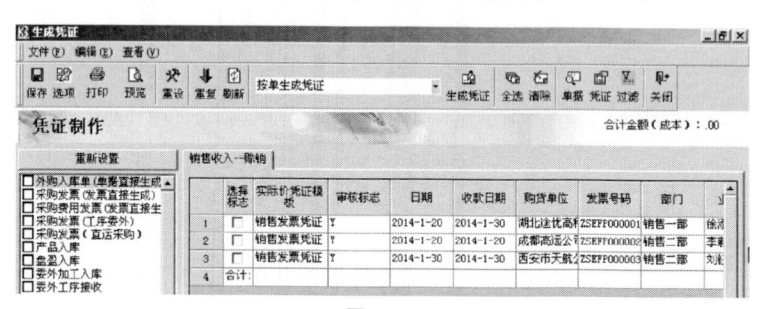

圖 8-85

11. 選擇「ZSEFP000001」銷售發票，單擊工具欄上的「生成憑證」按鈕，如圖 8-86 所示。

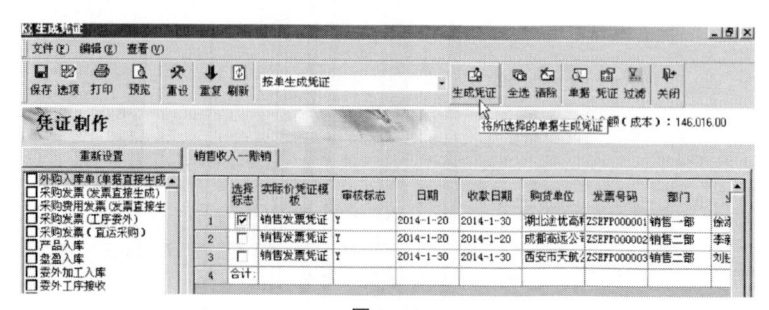

圖 8-86

12. 系統稍後彈出「生成憑證成功」的提示，單擊「確定」按鈕結束生成憑證，如圖 8-87 所示。

圖 8-87

13. 選擇「ZSEFP000001」銷售發票，單擊工具欄上的「憑證」按鈕，如圖 8-88 所示。

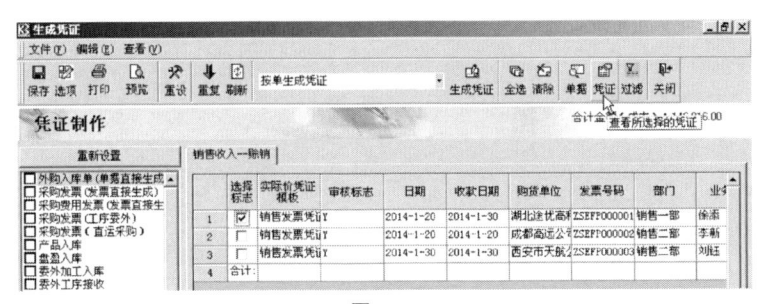

圖 8-88

14. 可以查看系統自動生成的「ZSEFP000001」銷售發票對應的記帳憑證，如圖 8-89 所示。

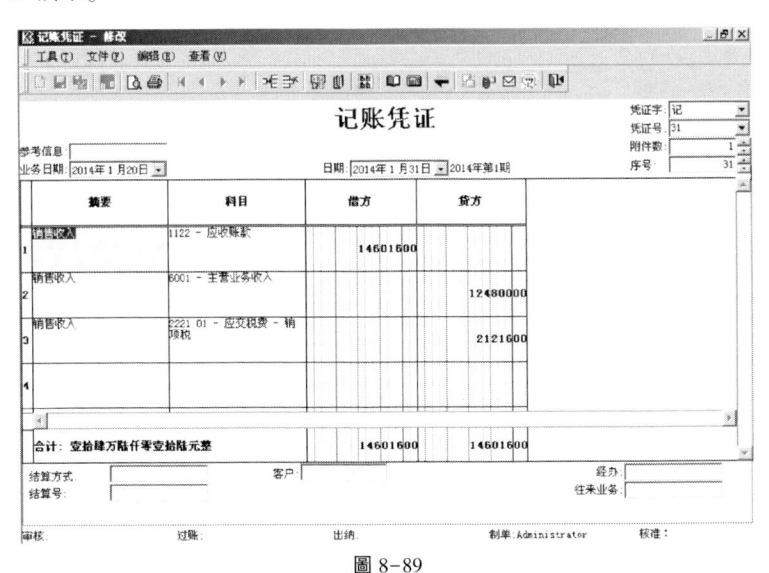

圖 8-89

15. 根據操作步驟 11～14 所述，生成「ZSEFP000002」銷售發票、

第八章　期末處理

「ZSEFP000003」銷售發票對應的憑證，如圖 8-90、8-91 所示。

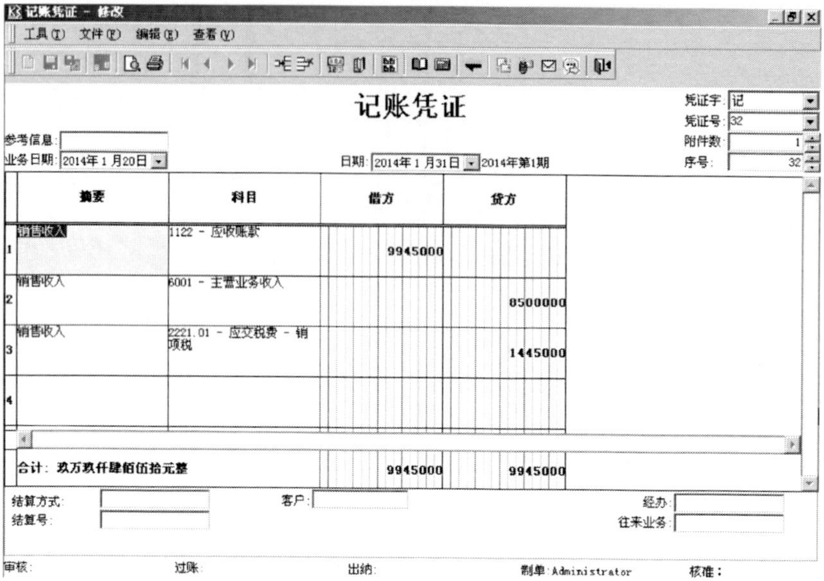

圖 8-90

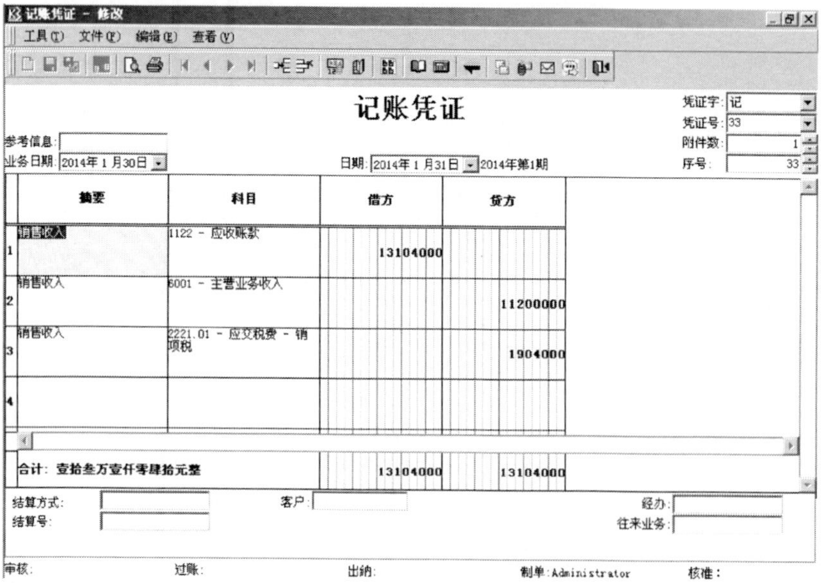

圖 8-91

（五）銷售出庫生成憑證

【操作步驟】

1. 執行【供應鏈】→【存貨核算】→【憑證管理】→【憑證模板】命令，如

如圖 8-92 所示。

圖 8-92

2. 左窗口中選擇「銷售出庫——賒銷」，單擊工具欄的「新增」按鈕，如圖 8-93 所示。

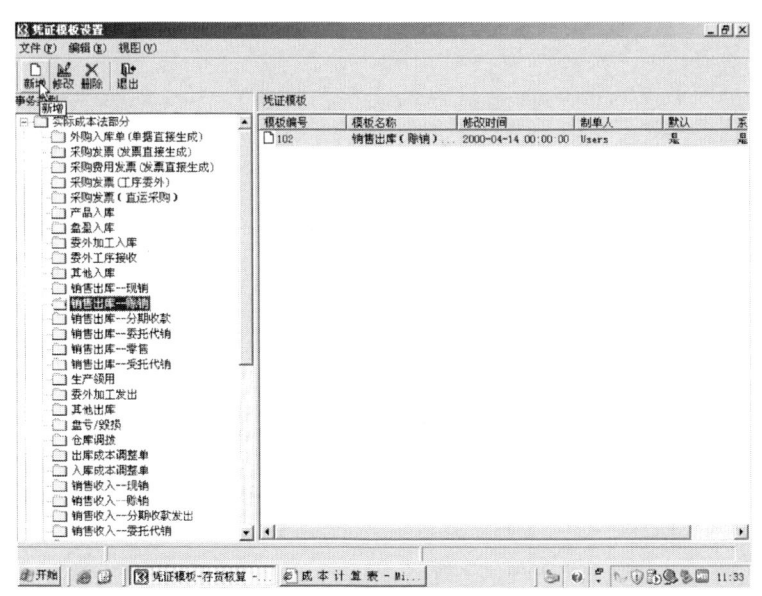

圖 8-93

第八章　期末處理

3. 進入「憑證模板」編輯界面，如圖 8-94 所示。

圖 8-94

4. 憑證編號處錄入「z005」，模板名稱處錄入「銷售出庫憑證」，憑證字處選擇「記」，第一行科目來源處選擇「憑證模板」，將光標放置在科目處，再單擊「查看」按鈕，彈出會計科目窗口，選擇「主營業務成本」會計科目，借貸方向選擇「借」，金額來源選擇「產品出庫單實際成本」，第二行科目來源處選擇「單據上物料的存貨科目」，借貸方向選擇「貸」，金額來源選擇「產品出庫單實際成本」；如圖 8-95 所示。每行摘要設置時，分別單擊「摘要」按鈕，彈出「摘要定義」窗口，在摘要公式處錄入「銷售出庫」，如圖 8-96 所示。

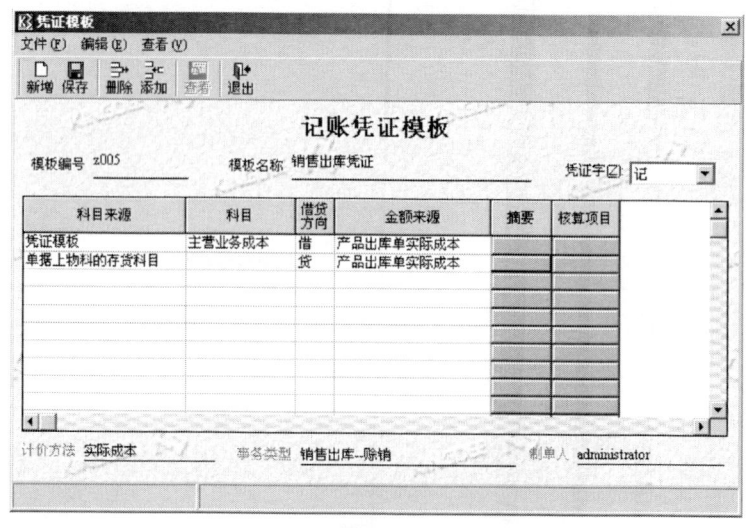

圖 8-95

圖 8-96

5. 憑證模板設置完成後，單擊工具欄上的「保存」按鈕，系統彈出「金蝶提示」窗口，提示模板保存成功，如圖 8-97 所示。

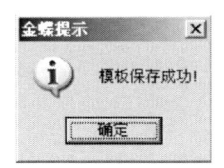

圖 8-97

6. 選中「z005」號憑證模板，單擊菜單【編輯】→【設為默認模板】，如圖 8-98 所示，銷售發票憑證模板設置完成。

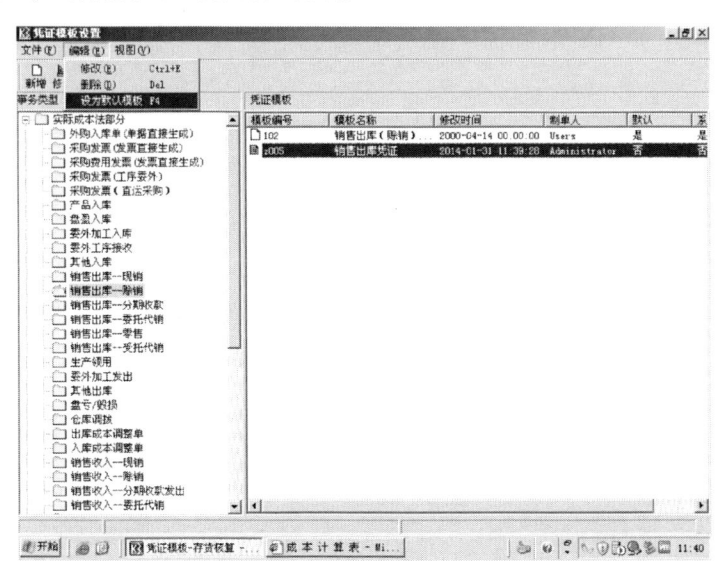

圖 8-98

7. 執行【供應鏈】→【存貨核算】→【憑證管理】→【生成憑證】命令，如圖 8-99 所示。

圖 8-99

8. 選擇左窗口的「銷售出庫（賒銷）」，再單擊工具欄上的「重設」按鈕，如圖 8-100 所示。

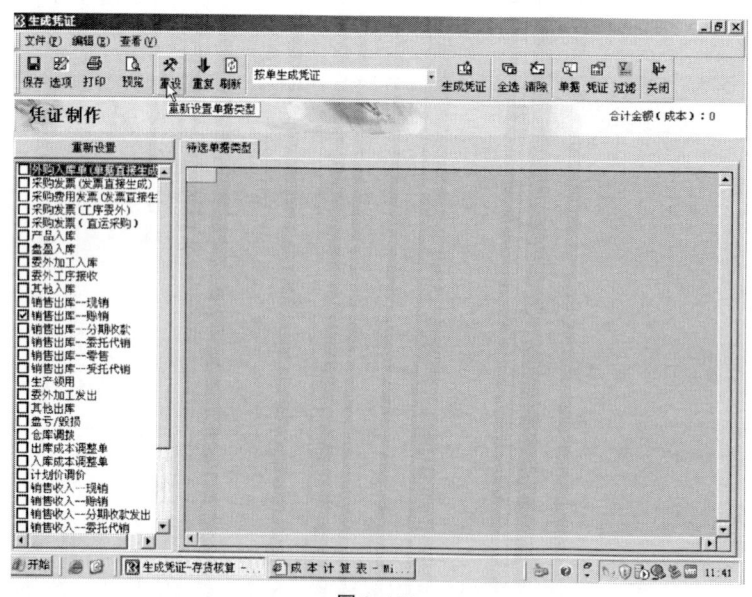

圖 8-100

9. 系統彈出「條件過濾」窗口，如圖 8-101 所示，保持默認過濾條件，單擊「確定」按鈕。

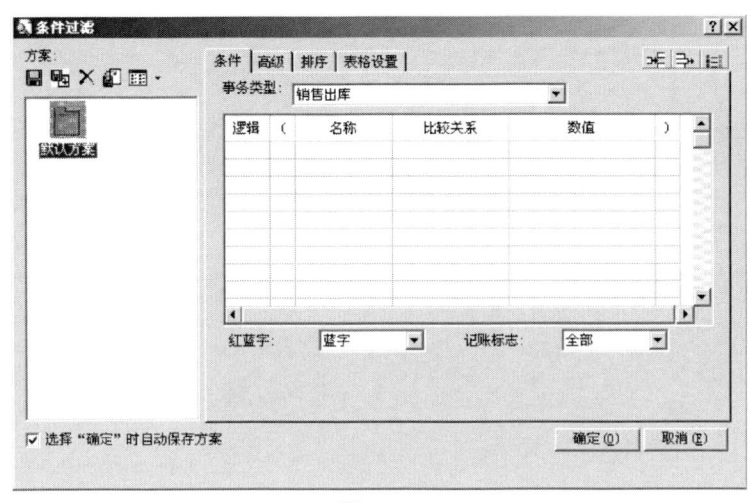

圖 8-101

10. 系統彈出滿足條件的單據顯示，如圖 8-102 所示。

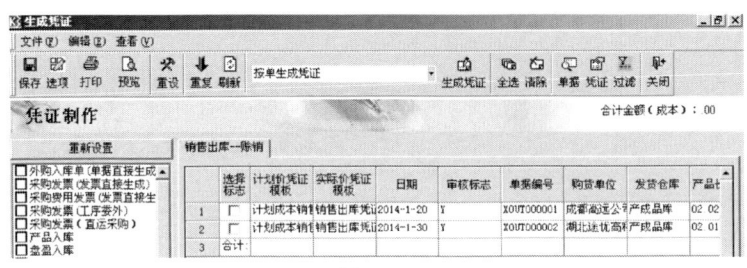

圖 8-102

11. 選擇「XOUT000001」銷售出庫憑證，單擊工具欄上的「生成憑證」按鈕，如圖 8-103 所示。

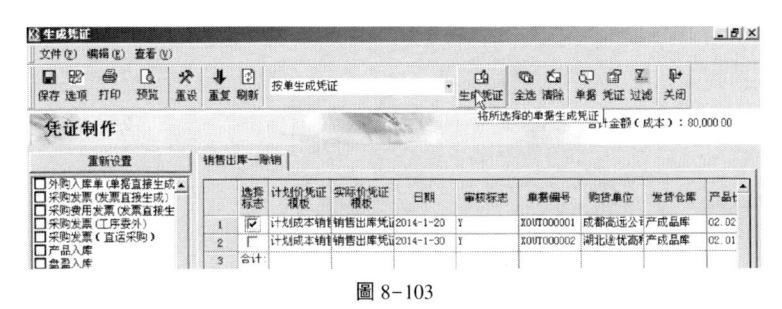

圖 8-103

12. 系統稍後彈出「生成憑證成功」的提示，單擊「確定」按鈕結束生成憑

證，如圖 8-104 所示。

圖 8-104

13. 選擇「XOUT000001」銷售出庫憑證，單擊工具欄上的「憑證」按鈕，如圖 8-105 所示。

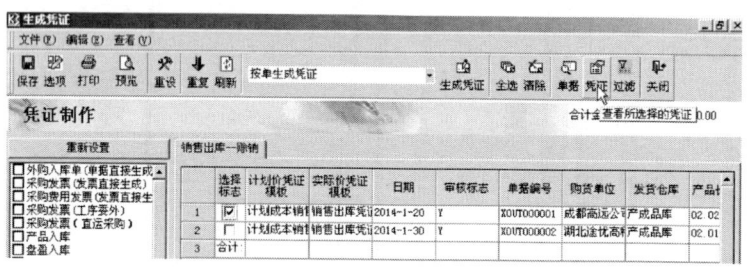

圖 8-105

14. 可以查看系統自動生成的「XOUT000001」銷售出庫憑證對應的記帳憑證，如圖 8-106 所示。

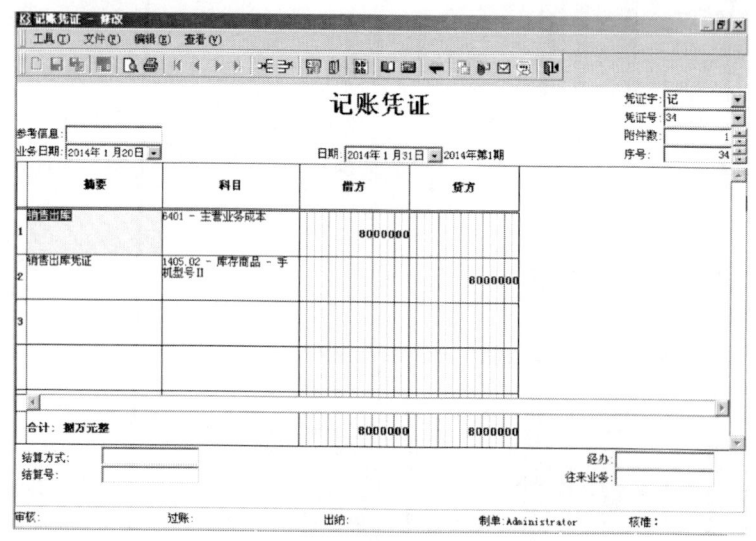

圖 8-106

15. 根據操作步驟 11~14 所述，生成「XOUT000001」銷售出庫憑證對應的記帳憑證，如圖 8-107 所示。

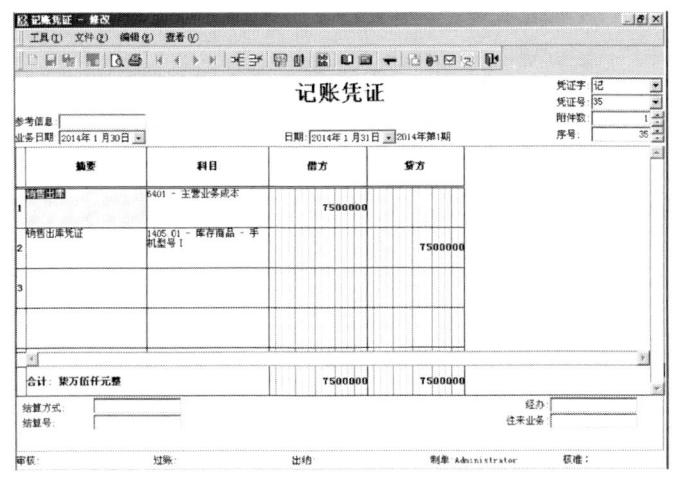

圖 8-107

三、期末處理

存貨核算系統的期末處理包括期末關帳和期末結帳兩個步驟。

（一）期末關帳

期末關帳功能可以截止本期的出入庫單據的錄入和其他處理工作，有利於創造期末結帳前的穩定核算處理環境。用戶可以根據企業實際情況選擇是否進行此步驟，是否進行期末關帳操作並不影響期末結帳。

【操作步驟】

1. 執行【供應鏈】→【存貨核算】→【期末處理】→【期末關帳】命令，如圖 8-108 所示。

圖 8-108

第八章　期末處理

2. 進入「期末關帳」窗口，單擊「對帳」按鈕，如圖8-109所示。

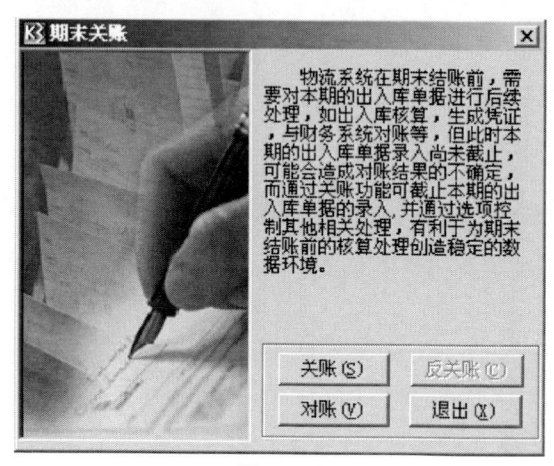

圖 8-109

3. 系統彈出「過濾」窗口，保持默認值，單擊「確定」按鈕，如圖8-110所示。

圖 8-110

4. 進入「存貨核算（供應鏈）系統-【倉存與總帳對帳單】」，如圖8-111所示，可以查詢到倉存數據與總帳數據的差異情況，再單擊「退出」按鈕。

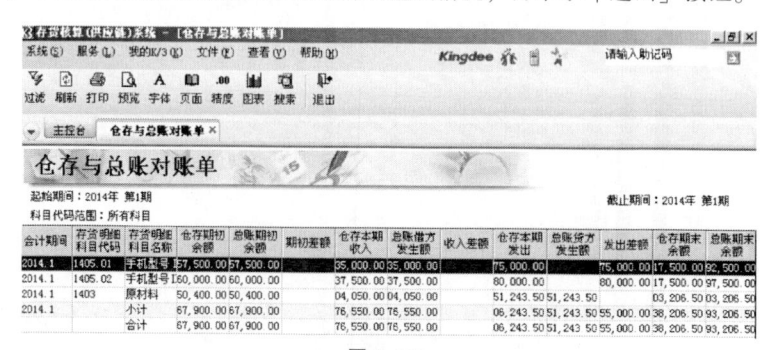

圖 8-111

5. 若需關帳，則單擊圖 8-93 中的「關帳」按鈕，稍後系統提示「關帳成功」，如圖 8-112 所示。

圖 8-112

【提示】單擊「反關帳」按鈕即可進行反關帳操作。

(二) 期末結帳

期末結帳前，系統會對本期的核算單據進行檢查，以判斷物流業務是否已經完整處理，若不完整，會給出相應的提示。

【操作步驟】

1. 執行【供應鏈】→【存貨核算】→【期末處理】→【期末結帳】命令，如圖 8-113 所示。

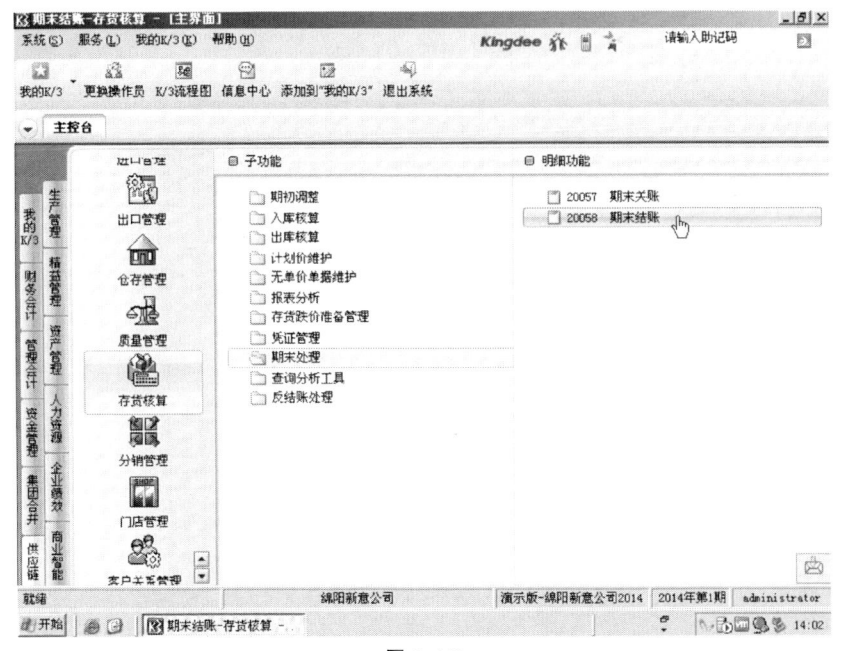

圖 8-113

第八章　期末處理

2. 進入「期末結帳-介紹」窗口，單擊「下一步」按鈕，如圖 8-114 所示。

圖 8-114

3. 系統彈出「金蝶提示」窗口，單擊「確定」按鈕，如圖 8-115 所示。

圖 8-115

4. 稍後系統提示「期末結存處理完畢」，如圖 8-116 所示，單擊「完成」按鈕。

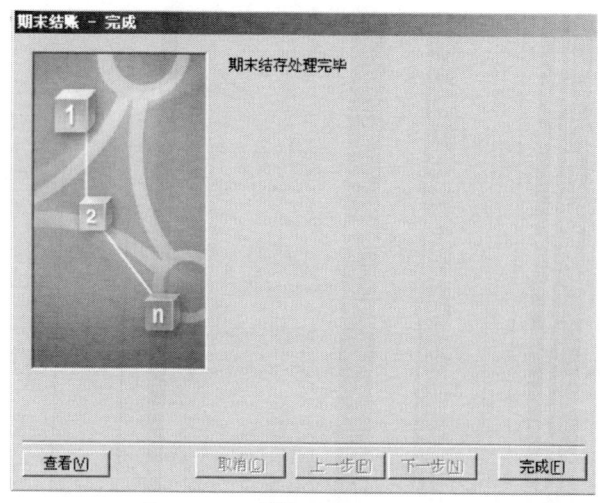

圖 8-116

【提示】如果用戶需要對已經結帳期間的數據進行修改，則需要反結帳後才可以進行修改，反結帳的方法是：執行【供應鏈】→【存貨核算】→【反結帳處理】→【反結帳】命令。

實驗二　固定資產管理系統期末處理

【實驗準備】
已安裝金蝶 K/3-12 管理軟件，將系統日期修改為「2014 年 1 月 31 日」。

【實驗指導】

一、工作量管理

在固定資產管理和核算的日常業務處理工作中，如果有用工作量法計提折舊費用的固定資產，則應該在計提折舊費用之前輸入其本期完成的實際工作量。

【操作步驟】

1. 執行【財務會計】→【固定資產管理】→【期末處理】→【工作量管理】命令，如圖 8-117 所示。

圖 8-117

2. 系統彈出「工作量編輯過濾」窗口，單擊「確定」按鈕，如圖 8-118 所示。

第八章　期末處理

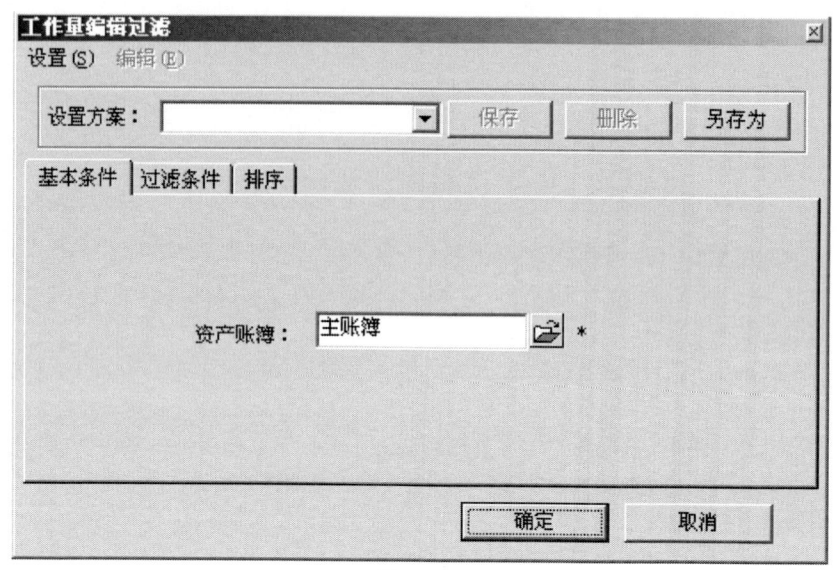

圖 8-118

3. 系統彈出「方案名稱」窗口，錄入合適的過濾方案名稱，單擊「確定」按鈕，如圖 8-119 所示。

圖 8-119

4. 進入「固定資產系統-【工作量管理】」界面，如圖 8-120 所示。

圖 8-120

5. 本期工作量處錄入「1,000」，如圖 8-121 所示。

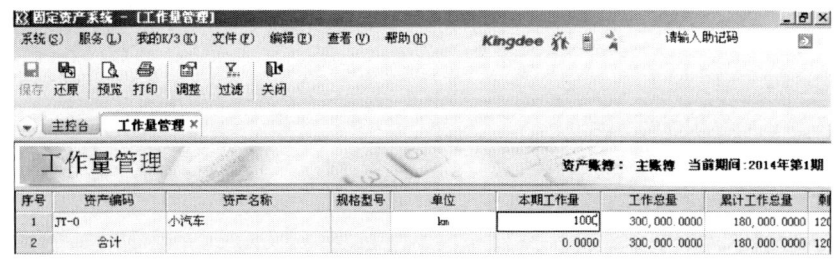

圖 8-121

6. 保存完成後,「工作量管理」界面如圖 8-122 所示。

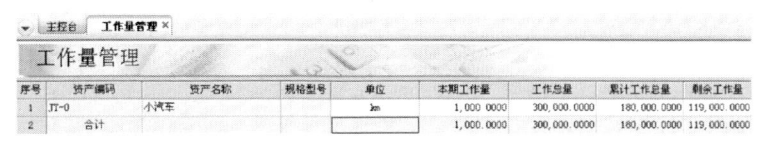

圖 8-122

二、計提折舊

固定資產折舊費用的計提是會計核算工作的一項十分重要的日常業務,能夠實現自動計提固定資產本期折舊,並將折舊分別計入有關費用科目,自動生成計提折舊的轉帳憑證並傳送到帳務系統中去。

【操作步驟】

1. 執行【財務會計】→【固定資產管理】→【期末處理】→【計提折舊】命令,如圖 8-123 所示。

圖 8-123

第八章　期末處理

2. 進入「計提折舊」窗口，如圖 8-124 所示。

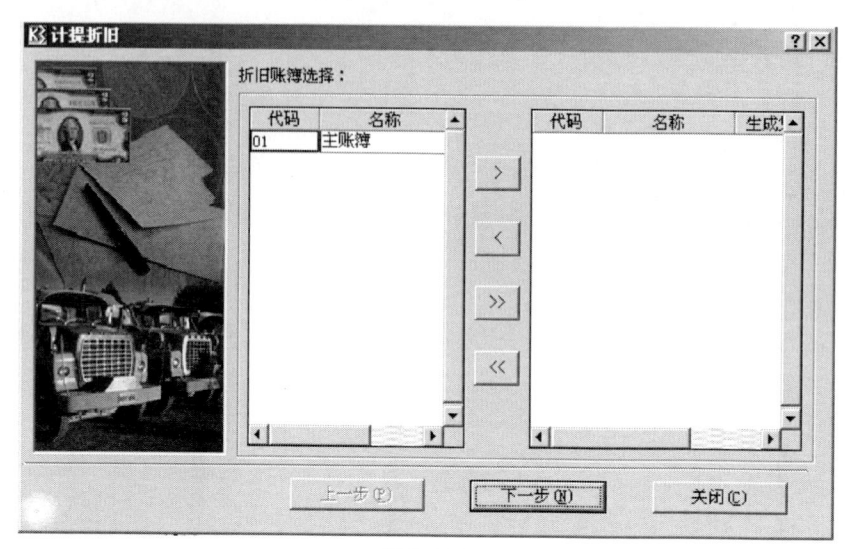

圖 8-124

3. 選擇需要折舊的帳簿，再單擊「下一步」按鈕，如圖 8-125 所示。

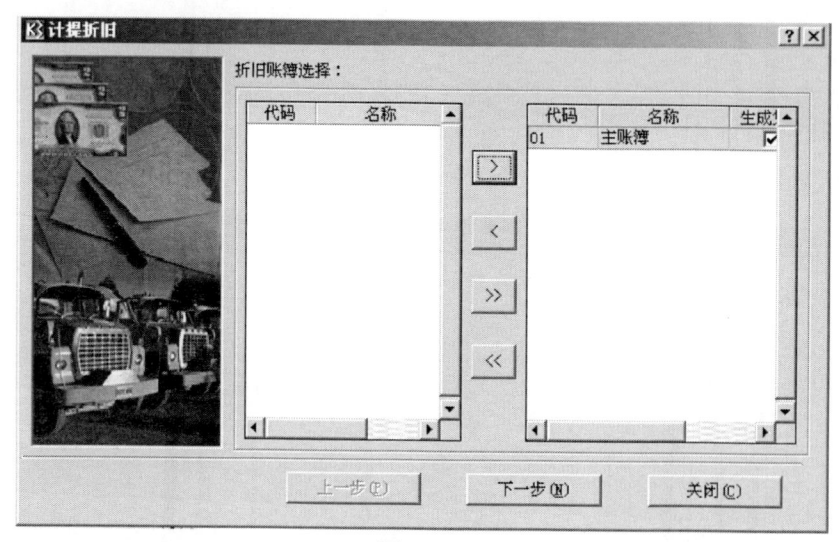

圖 8-125

4. 單擊「下一步」按鈕，如圖 8-126 所示。

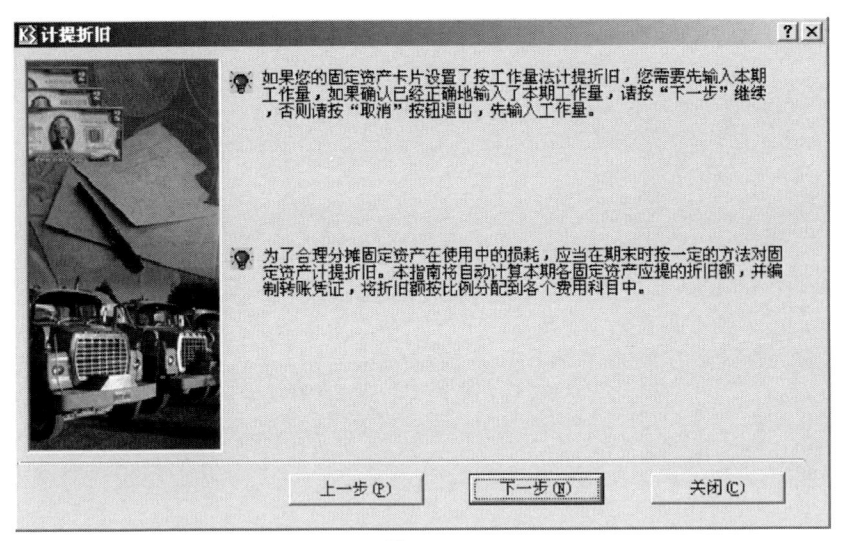

圖 8-126

5. 錄入憑證摘要並選擇憑證字，再單擊「下一步」按鈕，如圖 8-127 所示。

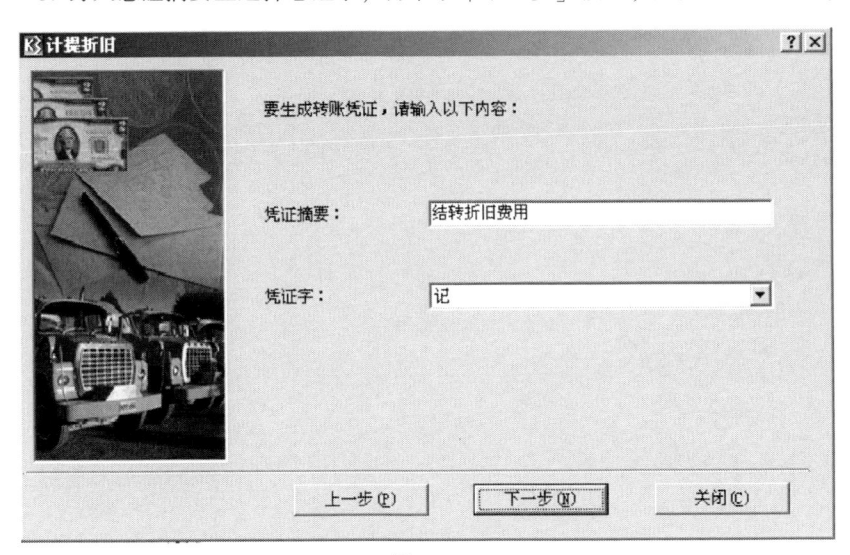

圖 8-127

第八章 期末處理

6. 單擊「計提折舊」按鈕，如圖 8-128 所示。

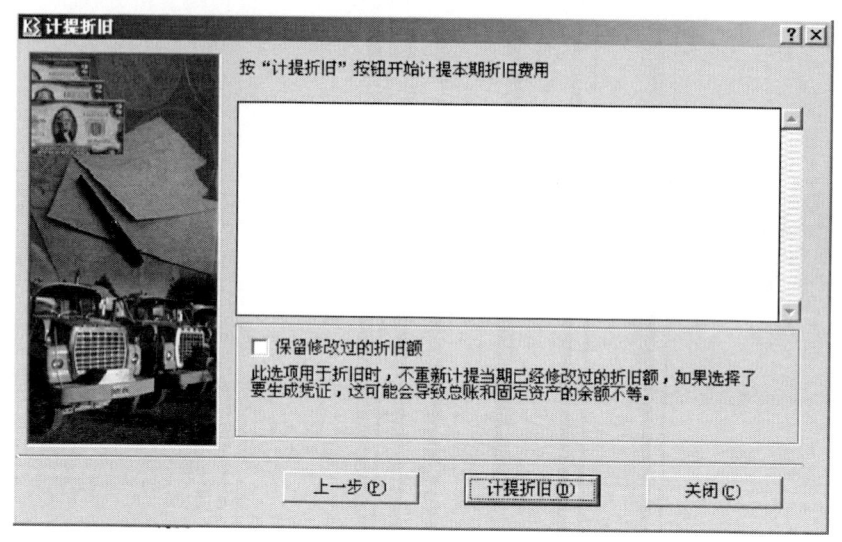

圖 8-128

7. 系統提示「正在計提折舊，請等待…」，如圖 8-129 所示。

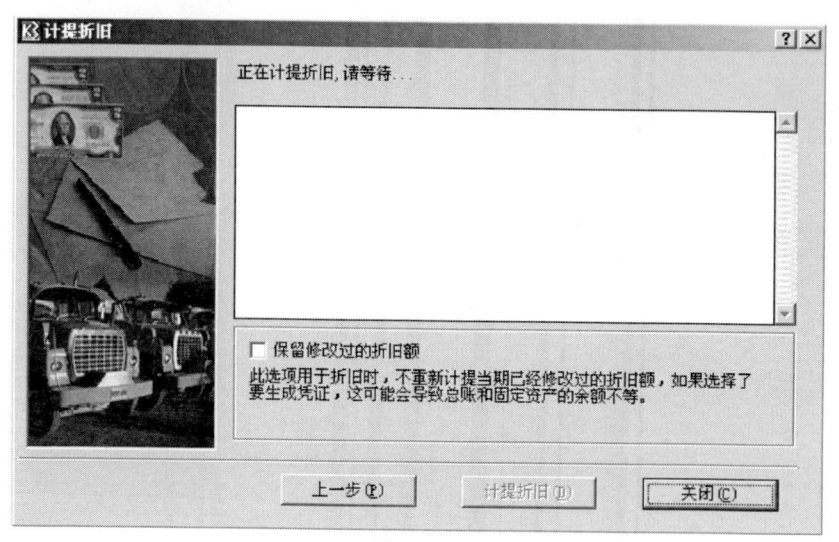

圖 8-129

8. 系統提示「計提折舊完成」，如圖 8-130 所示。

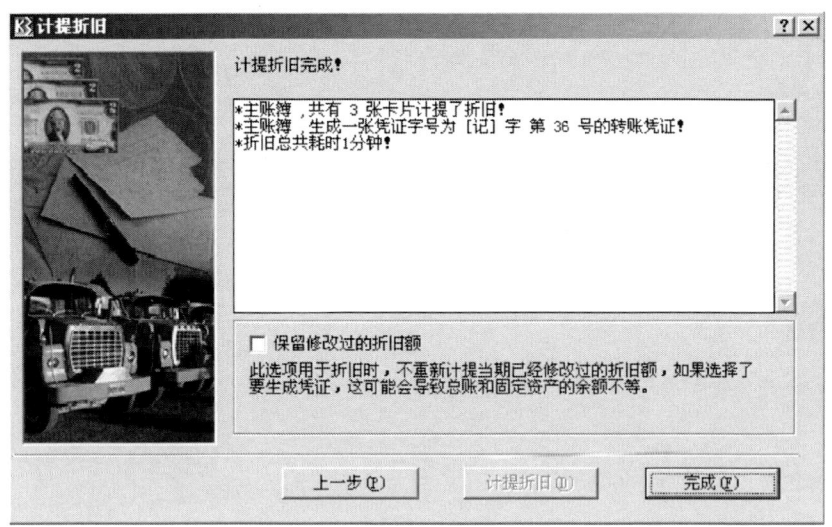

圖 8-130

9. 計提折舊生成的憑證可以在「會計分錄序時簿」中進行管理，如圖 8-131 所示。

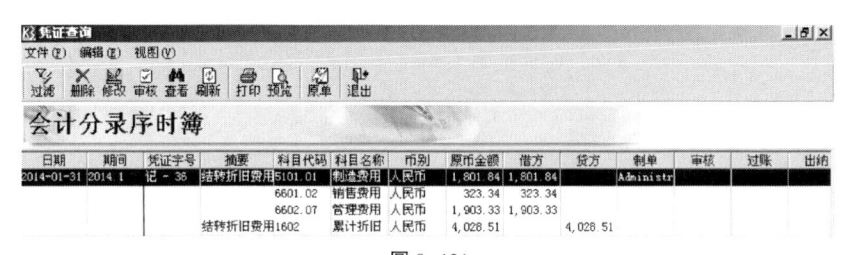

圖 8-131

【提示】總帳系統也可以查詢到計提折舊的憑證，但是不能進行相應的編輯工作。

三、折舊管理

折舊管理主要是對已計提折舊的金額進行查看和修改，修改後的數據會自動更改所提的計提折舊憑證金額。

【操作步驟】

1. 執行【財務會計】→【固定資產管理】→【期末處理】→【計提折舊】命令，如圖 8-132 所示。

第八章　期末處理

圖 8-132

2. 系統彈出「折舊管理過濾」窗口，方案設置完成後，單擊「確定」按鈕，如圖 8-133 所示。

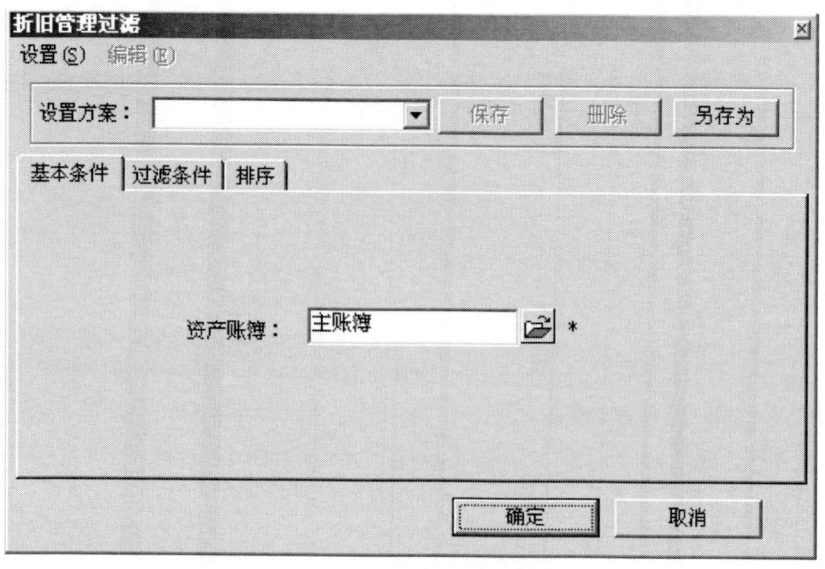

圖 8-133

3. 在名稱處錄入合適的方案名稱，單擊「確定」按鈕，如圖 8-134 所示。

圖 8-134

4. 可以查看已計提折舊的固定資產折舊額，如圖 8-135 所示。

圖 8-135

【提示】如須修改折舊額，雙擊固定資產對應的本期折舊額即可修改，保存後，系統自動修改「計提折舊憑證」的數據。

四、自動對帳

當固定資產系統與總帳系統聯用時，自動對帳功能可以將固定資產系統的業務數據與總帳系統的財務數據進行核對，以保證雙方系統數據的一致性。

【操作步驟】

1. 執行【財務會計】→【固定資產管理】→【期末處理】→【自動對帳】命令，如圖 8-136 所示。

圖 8-136

2. 系統彈出「對帳方案」窗口，單擊「增加」按鈕，如圖8-137所示。

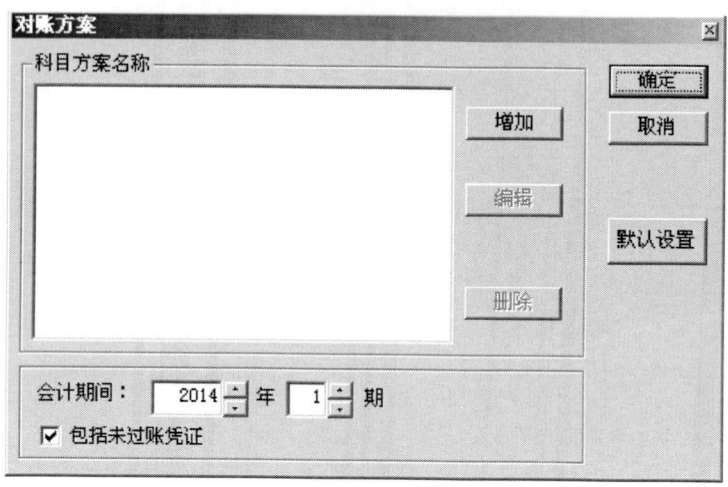

圖8-137

3. 方案名稱處錄入「對帳」，固定資產原值科目選項卡選擇科目「1601-固定資產」，如圖8-138所示。

圖8-138

4. 累計折舊科目選項卡選擇科目「1602-累計折舊」，如圖8-139所示。

圖 8-139

5. 減值準備科目選項卡選擇科目「1603-固定資產減值準備」，如圖 8-140 所示。

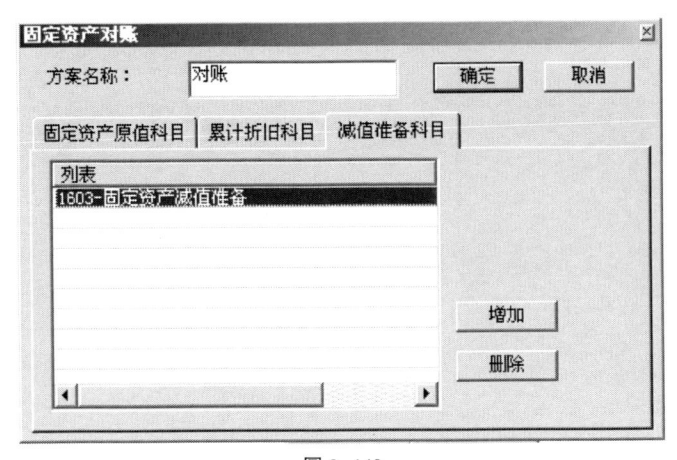

圖 8-140

6. 系統彈出「金蝶提示」，單擊「確定」按鈕，如圖 8-141 所示。

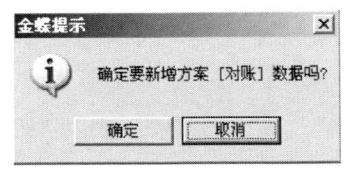

圖 8-141

第八章 期末處理

7. 進入「固定資產系統 -【自動對帳】」窗口，如圖 8-142 所示。

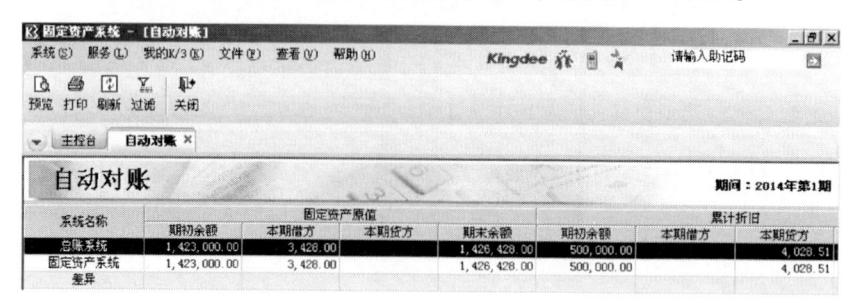

圖 8-142

五、期末處理

【操作步驟】

1. 執行【財務會計】→【固定資產管理】→【期末處理】→【期末結帳】命令，如圖 8-143 所示。

圖 8-143

2. 進入「期末結帳」窗口，單擊「開始」按鈕，如圖 8-144 所示。

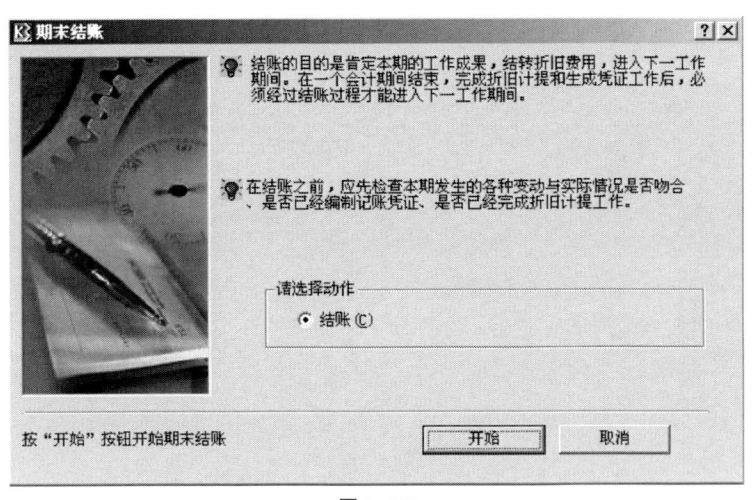

圖 8-144

3. 稍後系統彈出「金蝶提示」窗口，提示「結帳成功」，單擊「確定」按鈕，如圖 8-145 所示。

圖 8-145

實驗三　應收款管理系統期末處理

【實驗準備】
已安裝金蝶 K/3-12 管理軟件，將系統日期修改為「2014 年 1 月 31 日」。
【實驗指導】

一、對帳

系統將會對當前期間的數據進行檢查，發現和預防錯誤數據的發生，減少期末對帳的障礙。

【操作步驟】

1. 執行【財務會計】→【應收款管理】→【期末處理】→【期末對帳檢查】命令，如圖 8-146 所示。

第八章　期末處理

圖 8-146

2. 進入「應收系統對帳檢查」界面，勾選合適的選項，單擊「確定」按鈕，如圖 8-147 所示。

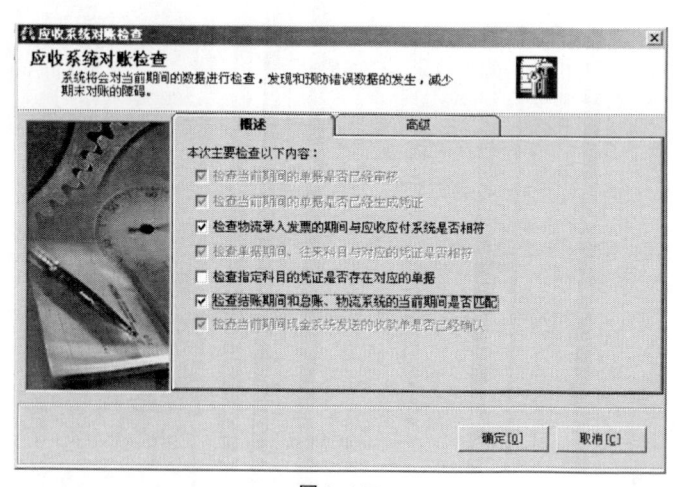

圖 8-147

3. 系統彈出「金蝶提示」窗口，提示「對帳檢查已經通過」，如圖 8-148 所示。

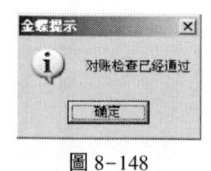

圖 8-148

4. 執行【財務會計】→【應收款管理】→【期末處理】→【期末總帳對帳】命令，如圖 8-149 所示。

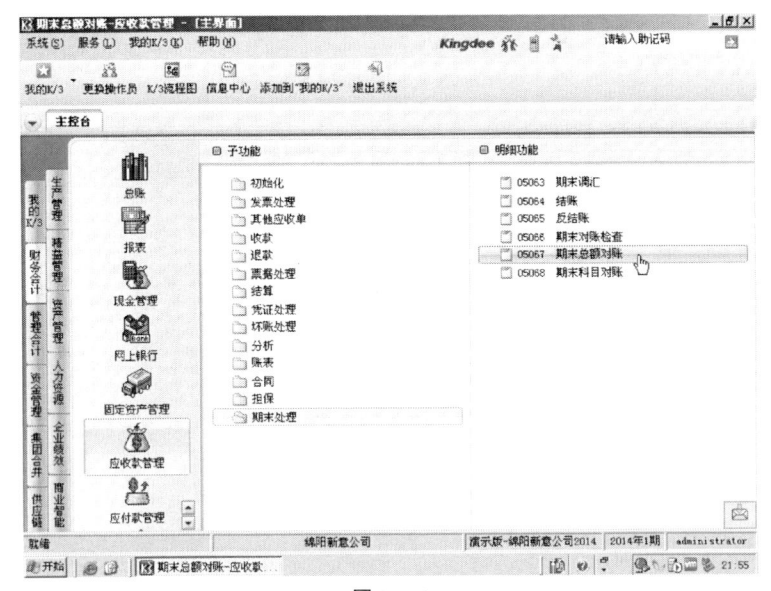

圖 8-149

5. 彈出的「期末總額對帳-過濾條件」窗口中，科目代碼處選擇「1122」，勾選「考慮未過帳的憑證」，再單擊「確定」按鈕，如圖 8-150 所示。

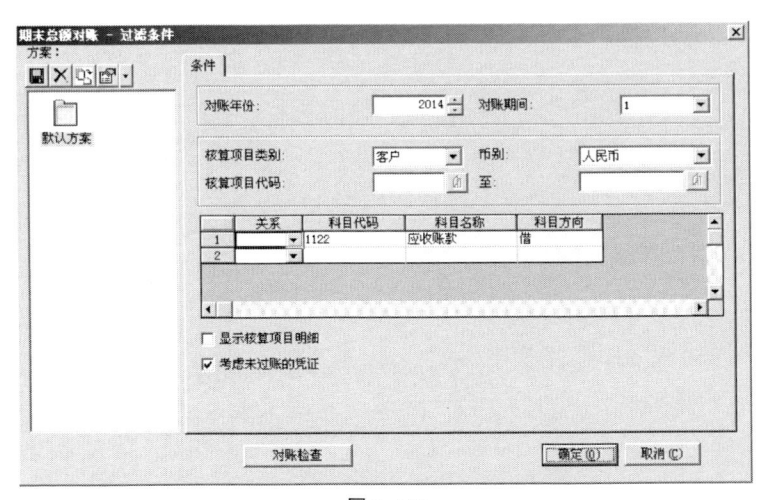

圖 8-150

6. 進入「應收款管理系統-【期末總額對帳】」界面，如圖 8-151 所示。

7. 執行【財務會計】→【應收款管理】→【期末處理】→【期末科目對帳】命令，如圖 8-152 所示。

第八章　期末處理

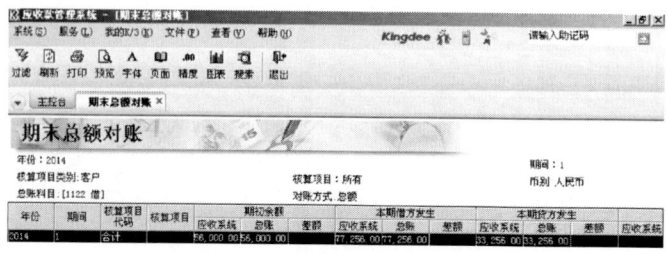

圖 8-151

圖 8-152

8. 彈出的「受控科目對帳-過濾條件」窗口中，科目代碼處選擇「1122」，勾選「考慮未過帳的憑證」，再單擊「確定」按鈕，如圖 8-153 所示。

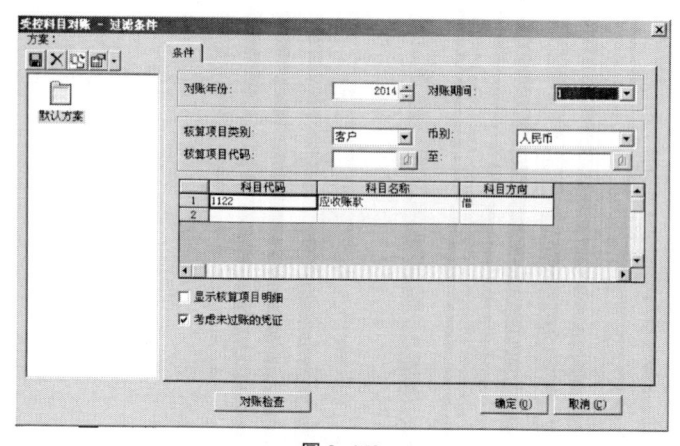

圖 8-153

9. 進入「應收款管理系統－【期末科目對帳】」界面，如圖 8-154 所示。

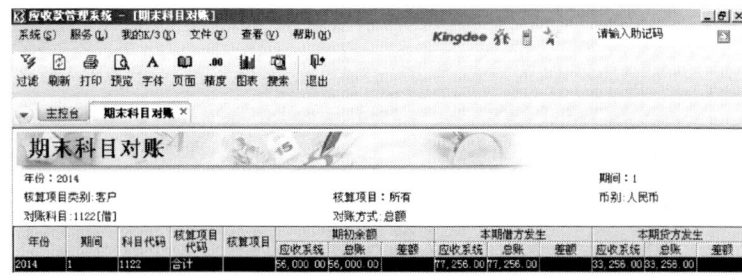

圖 8-154

二、期末處理

當本期所有操作完成之後，系統進行期末結帳工作。期末結帳處理完畢，系統進入下一個會計期間。

【操作步驟】

1. 執行【財務會計】→【應收款管理】→【期末處理】→【結帳】命令，如圖 8-155 所示。

圖 8-155

2. 系統彈出「金蝶提示」窗口，如圖 8-156 所示，若已經進行過期末檢查，則單擊「否」按鈕，否則單擊「是」按鈕。

第八章　期末處理

圖 8-156

3. 系統再次彈出「金蝶提示」窗口，如圖 8-157 所示，若已經進行過期末科目對帳，則單擊「否」按鈕，否則單擊「是」按鈕。

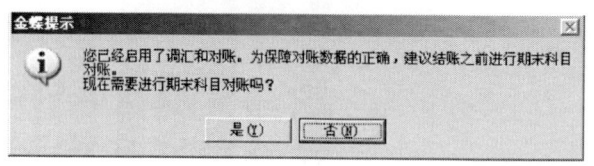

圖 8-157

4. 進入「期末處理」窗口，選擇「結帳」，單擊「確定」按鈕，如圖 8-158 所示。

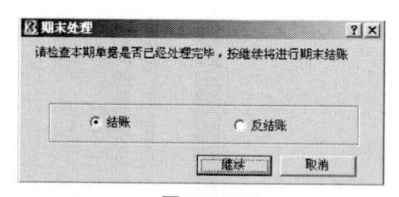

圖 8-158

5. 稍後系統提示「期末結帳完畢」，如圖 8-159 所示，單擊「確定」按鈕。

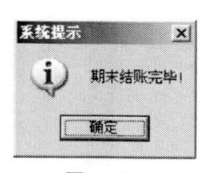

圖 8-159

實驗四　應付款管理系統期末處理

【實驗準備】

已安裝金蝶 K/3-12 管理軟件，將系統日期修改為「2014 年 1 月 31 日」。

【實驗指導】

一、對帳

系統將會對當前期間的數據進行檢查，發現和預防錯誤數據的發生，減少期

末對帳的障礙。

【操作步驟】

1. 執行【財務會計】→【應付款管理】→【期末處理】→【期末對帳檢查】命令，如圖 8-160 所示。

圖 8-160

2. 進入「應付系統對帳檢查」界面，勾選合適的選項，單擊「確定」按鈕，如圖 8-161 所示。

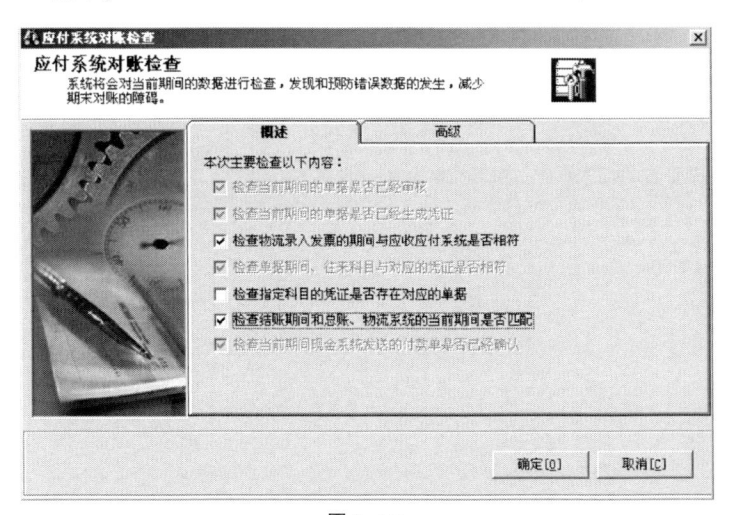

圖 8-161

3. 系統彈出「金蝶提示」窗口，提示「對帳檢查已經通過」，如圖 8-162 所示。

第八章　期末處理

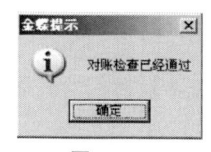

圖 8-162

4. 執行【財務會計】→【應付款管理】→【期末處理】→【期末總帳對帳】命令，如圖 8-163 所示。

圖 8-163

5. 彈出的「期末總額對帳-過濾條件」窗口中，科目代碼處選擇「2202」，勾選「考慮未過帳的憑證」，再單擊「確定」按鈕，如圖 8-164 所示。

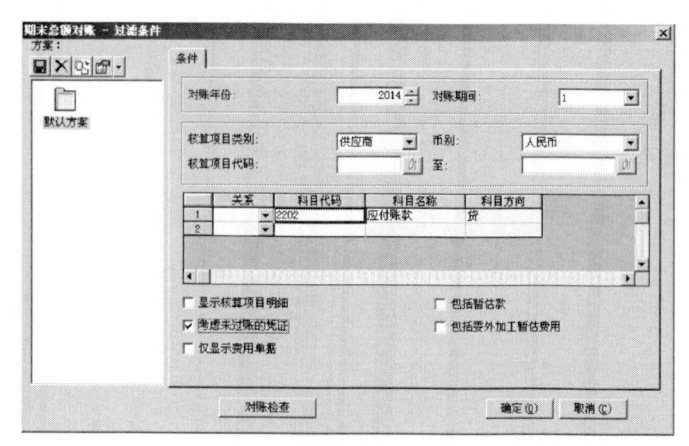

圖 8-164

6. 進入「應付款管理系統 -【期末總額對帳】」界面，如圖 8-165 所示。

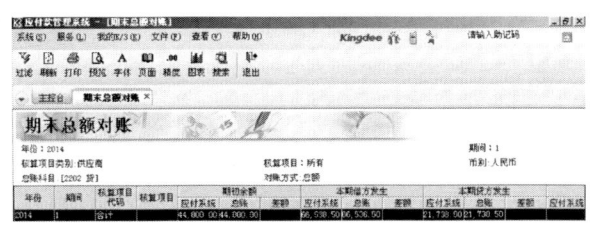

圖 8-165

7. 執行【財務會計】→【應付款管理】→【期末處理】→【期末科目對帳】命令，如圖 8-166 所示。

圖 8-166

8. 彈出的「受控科目對帳-過濾條件」窗口中，科目代碼處選擇「2202」，勾選「考慮未過帳的憑證」，再單擊「確定」按鈕，如圖 8-167 所示。

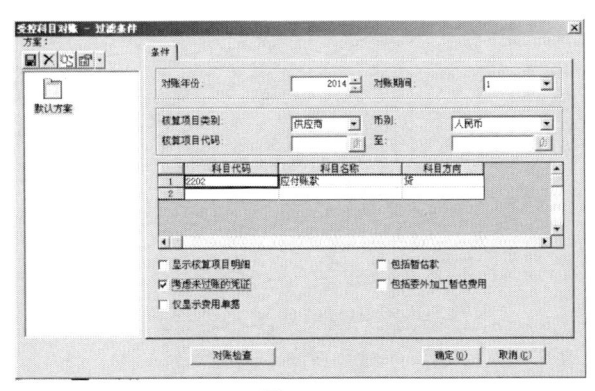

圖 8-167

第八章 期末處理

9. 進入「應付款管理系統－【期末科目對帳】」界面，如圖 8-168 所示。

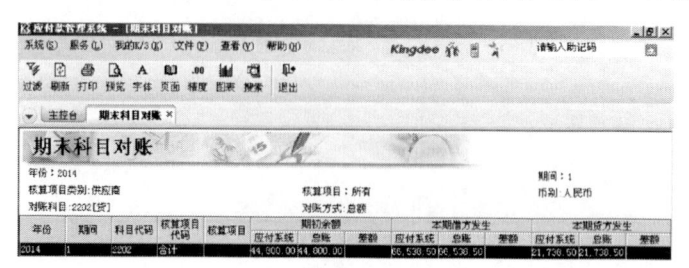

圖 8-168

二、期末處理

當本期所有操作完成之後，系統進行期末結帳工作。期末結帳處理完畢，系統進入下一個會計期間。

【操作步驟】

1. 執行【財務會計】→【應付款管理】→【期末處理】→【結帳】命令，如圖 8-169 所示。

圖 8-169

2. 系統彈出「金蝶提示」窗口，如圖 8-170 所示，若已經進行過期末檢查，則單擊「否」按鈕，否則單擊「是」按鈕。

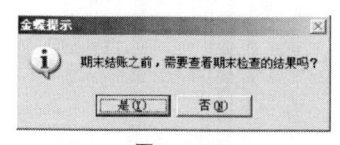

圖 8-170

3. 系統再次彈出「金蝶提示」窗口，如圖 8-171 所示，若已經進行過期末科目對帳，則單擊「否」按鈕，否則單擊「是」按鈕。

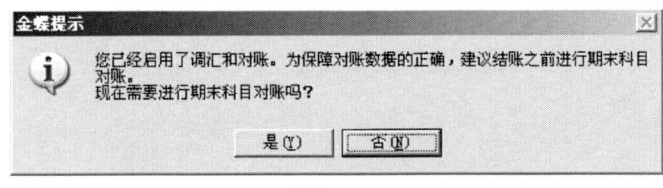

圖 8-171

4. 進入「期末處理」窗口，選擇「結帳」，單擊「確定」按鈕，如圖 8-172 所示。

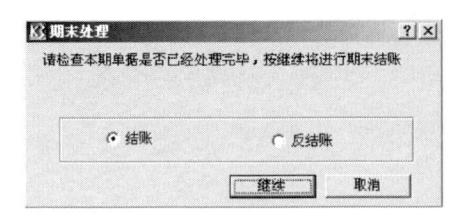

圖 8-172

5. 稍後系統提示「期末結帳完畢」，如圖 8-173 所示，單擊「確定」按鈕。

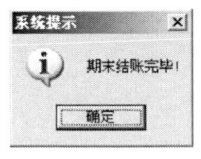

圖 8-173

實驗五　總帳系統期末處理

【實驗準備】

已安裝金蝶 K/3-12 管理軟件，將系統日期修改為「2014 年 1 月 31 日」。

【實驗指導】

一、期末調匯

會計科目中設置了外幣核算並且勾選了「期末調匯」的科目，期末時需要進行期末調匯的工作，調匯後系統會自動生成一張調匯憑證。

【操作步驟】

1. 執行【財務會計】→【總帳】→【結帳】→【期末調匯】命令，如圖 8-174所示。

第八章　期末處理

圖 8-174

2. 進入「期末調匯」界面，在調整匯率處錄入調整後的匯率，再單擊「下一步」按鈕即可，如圖 8-175 所示。

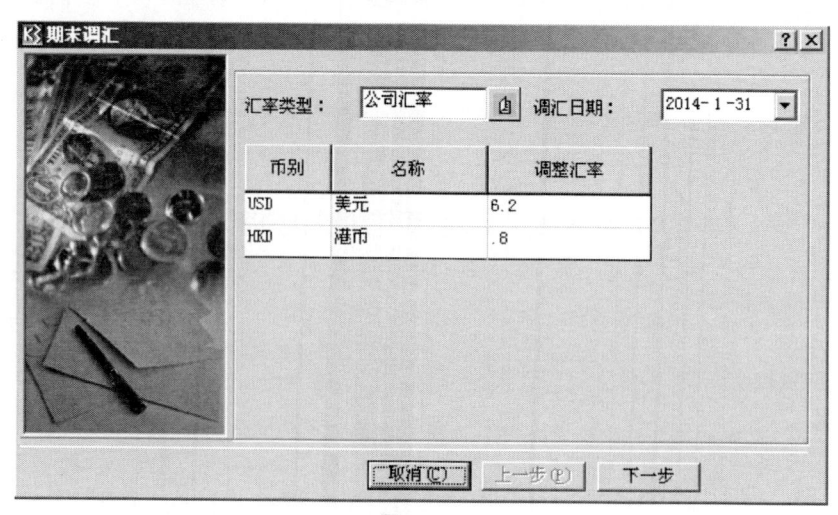

圖 8-175

二、自動轉帳

自動轉帳用於將相關會計科目下的餘額轉入到另一個相關會計科目下。可以

直接錄入，即查看相關會計科目下的餘額，用「憑證錄入」功能將餘額轉出；也可以使用自動轉帳功能，定義好轉帳公式，在期末只要選中要轉帳的項目，生成憑證即可，既簡單，又提高了效率，下面以製造費用結轉生產成本來作說明。

【操作步驟】

1. 執行【財務會計】→【總帳】→【結帳】→【自動轉帳】命令，如圖8-176所示。

圖 8-176

2. 進入「自動轉帳憑證」窗口，如圖8-177所示。

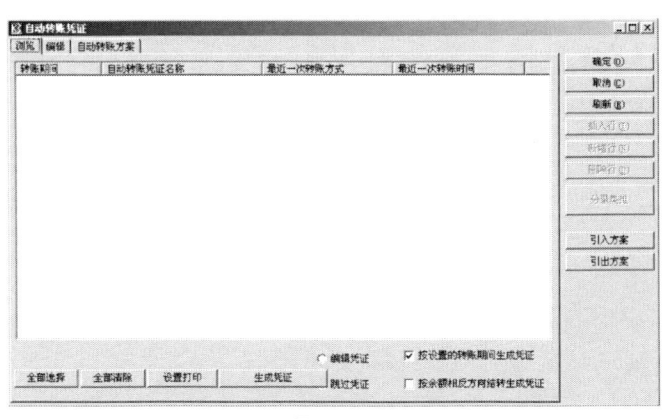

圖 8-177

第八章 期末處理

3. 切換到「編輯」標籤，單擊「新增」按鈕，如圖 8-178 所示。

圖 8-178

4. 名稱處錄入「製造費用結轉生產成本」，轉帳期間處選擇「1-12」，機制憑證處選擇「自動轉帳」，憑證字處選擇「記」。第一條分錄的憑證摘要處錄入「製造費用結製造費用結轉生產成本」，科目處選擇「5001.01.03-費用」，方向處選擇「自動判定」，轉帳方式處選擇「轉入」，如圖 8-179 所示。

圖 8-179

5. 第二條分錄的憑證摘要處錄入「製造費用結轉生產成本」，科目處選擇「5101.01－折舊費」，方向處選擇「自動判定」，轉帳方式處選擇「按公式轉出」，單擊「下設」按鈕，如圖 8-180 所示。

圖 8-180

6. 彈出「公式定義」窗口，單擊窗口右側的「公式向導」按鈕，如圖 8-181 所示。

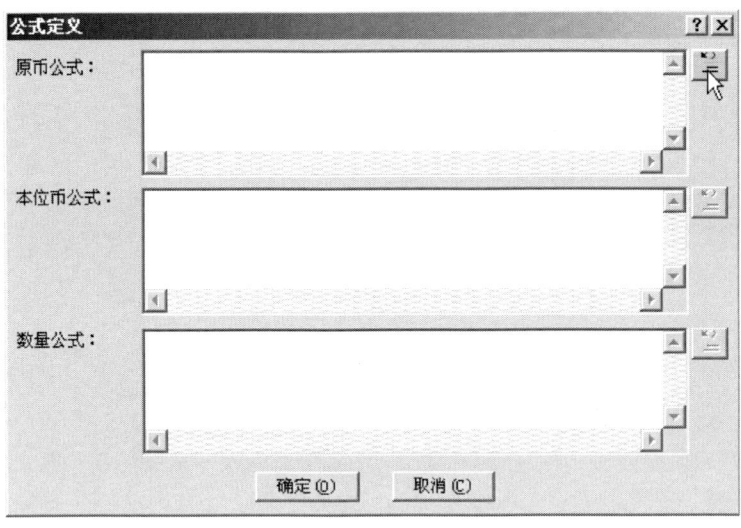

圖 8-181

7. 彈出「報表函數」窗口，函數類別處選擇「常用函數」，函數名處選擇「ACCT」，如圖 8-182 所示。

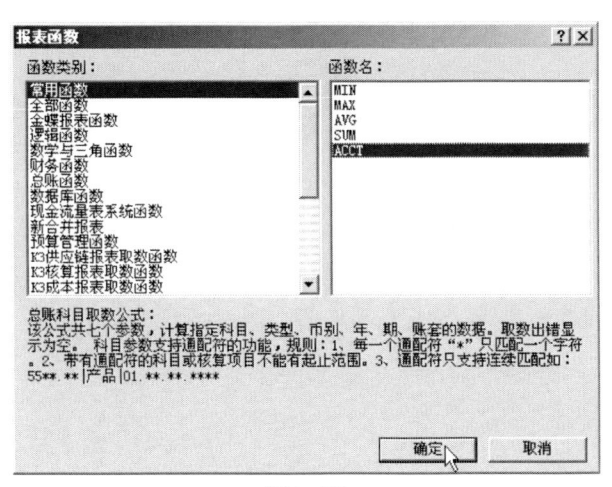

圖 8-182

8. 進入「函數公式」設置窗口，如圖 8-183 所示。

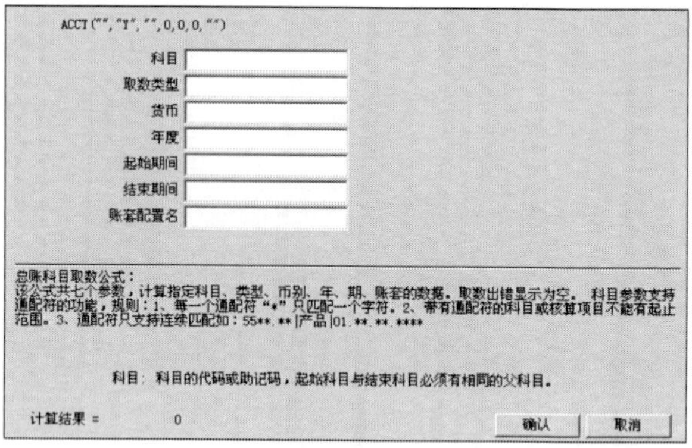

圖 8-183

9. 將光標放置在「科目」處，按 F7 功能鍵，進入「取數科目向導」窗口，科目代碼範圍設置為「5101.01 至 5101.01」，單擊「填入公式」按鈕，如圖8-184 所示。

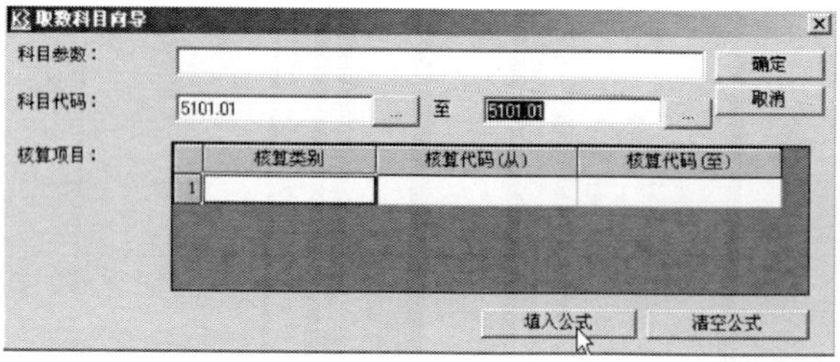

圖 8-184

10. 單擊「確定」按鈕返回「函數公式」設置窗口，取數類型處按下 F7 功能鍵，選擇「期末餘額」類型，如圖 8-185 所示，再單擊「確認」按鈕，返回「自動轉帳憑證」窗口。

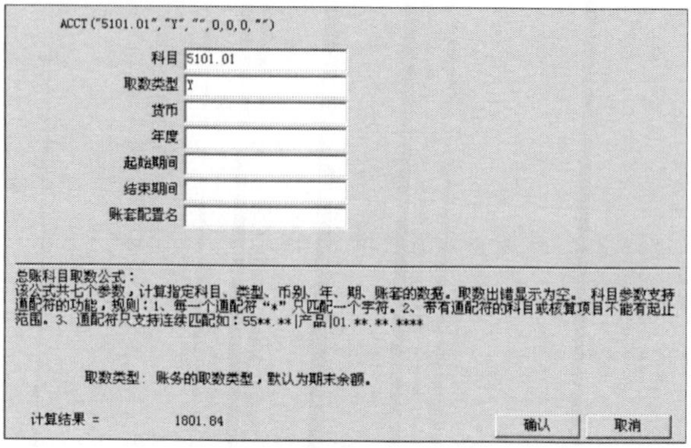

圖 8-185

11. 根據操作步驟 5~10 所述，錄入剩餘的科目，如圖 8-186 所示。

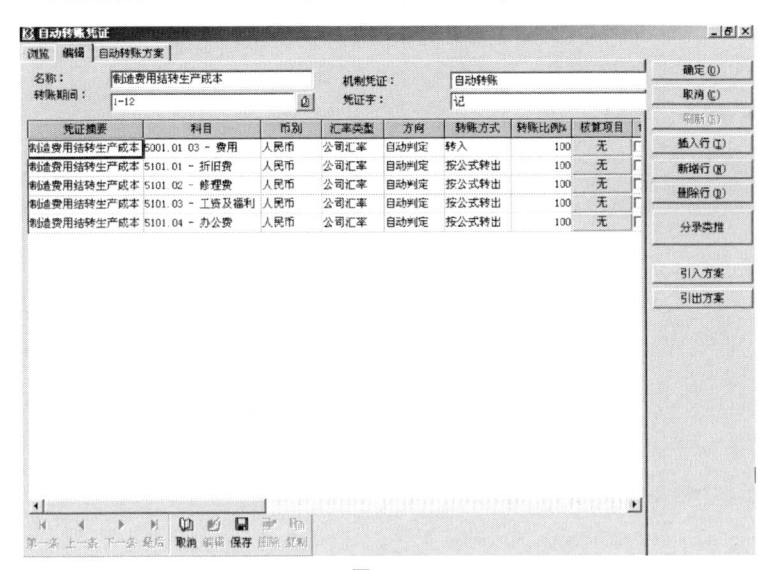

圖 8-186

12. 單擊「保存」按鈕，再切換到「瀏覽」窗口，選擇剛才建立的「製造費用結轉生產成本」自動轉帳方案，再單擊「生成憑證」按鈕，如圖 8-187 所示。

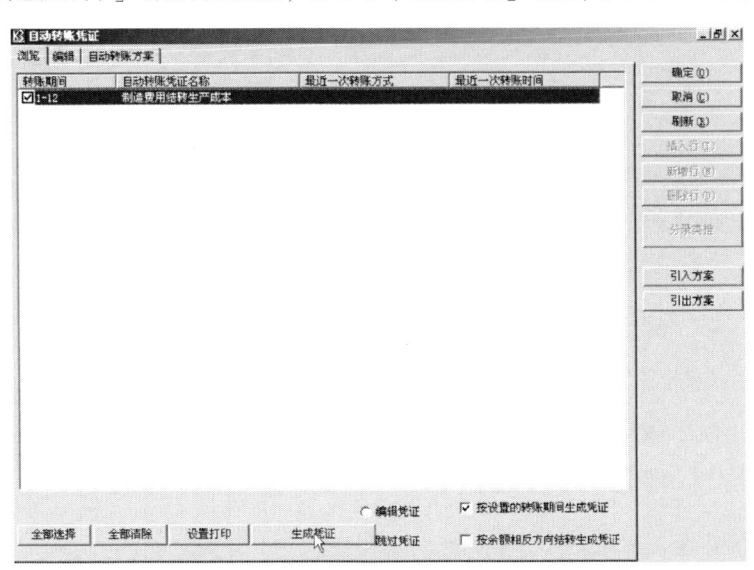

圖 8-187

13. 稍後系統彈出提示窗口，如圖 8-188 所示。

第八章　期末處理

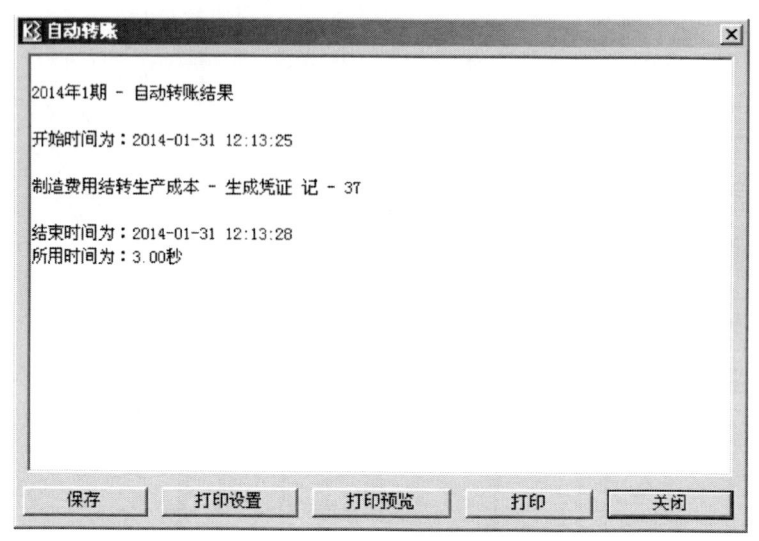

圖 8-188

14. 查看生成的憑證。執行【財務會計】→【總帳】→【憑證處理】→【憑證查詢】命令，設定過濾條件後進入「會計分錄序時簿」窗口，生成的憑證如圖 8-189所示。

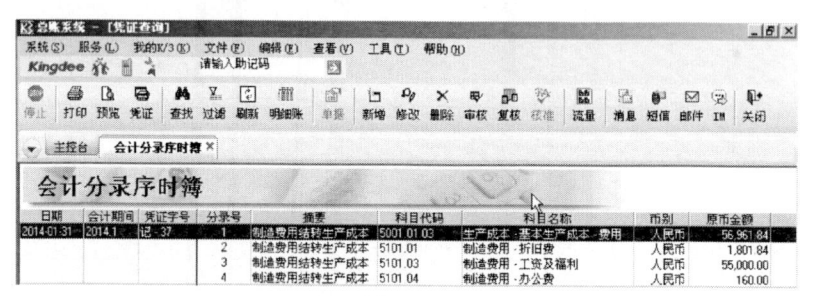

圖 8-189

三、結轉損益

結轉損益將所有損益類科目的本期餘額結轉到本年利潤科目，並自動生成一張結轉損益的憑證。

【操作步驟】

1. 執行【財務會計】→【總帳】→【結帳】→【結轉損益】命令，如圖 8-190所示。

2. 進入「結轉損益」窗口，單擊「下一步」按鈕，如圖 8-191 所示。

圖 8-190

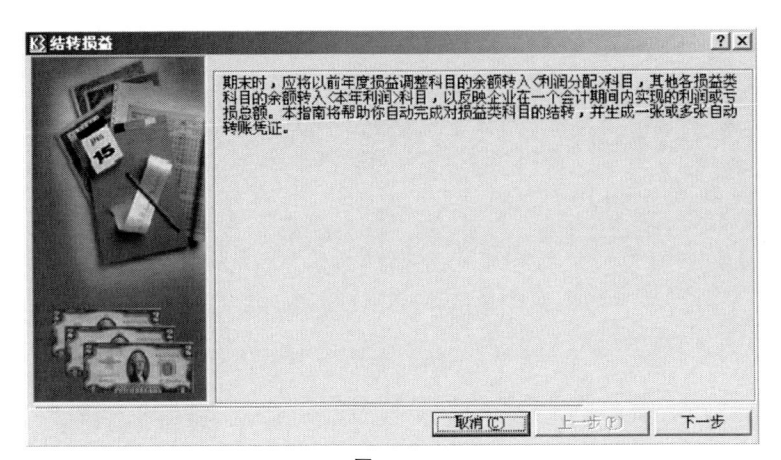

圖 8-191

3. 進入「損益類科目對應本年利潤科目」窗口，如圖 8-192 所示。

第八章　期末處理

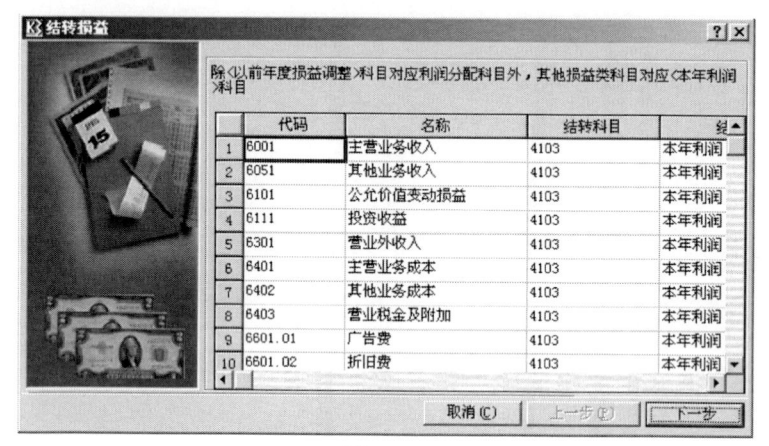

圖 8-192

4. 進入設置窗口，保持默認值，單擊「完成」按鈕，如圖 8-193 所示。

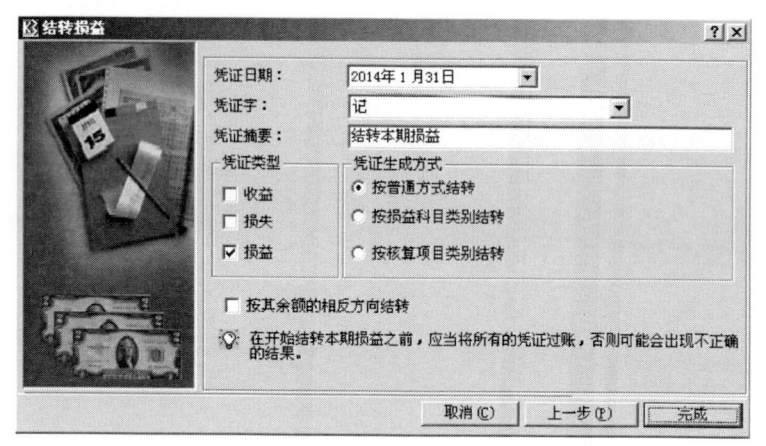

圖 8-193

5. 稍後系統彈出「金蝶提示」窗口，提示結轉成功，如圖 8-194 所示。

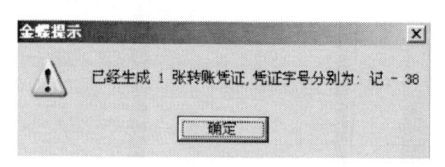

圖 8-194

6. 進入「會計分錄序時簿」，可以查看剛才結轉損益的憑證，如圖 8-195 所示。

圖 8-195

四、期末處理

本期會計業務全部處理完畢後，可以進行期末結帳處理，本期期末結帳後，系統才能進入下一期間進行業務處理。

【操作步驟】

1. 執行【財務會計】→【總帳】→【結帳】→【期末結帳】命令，如圖 8-196所示。

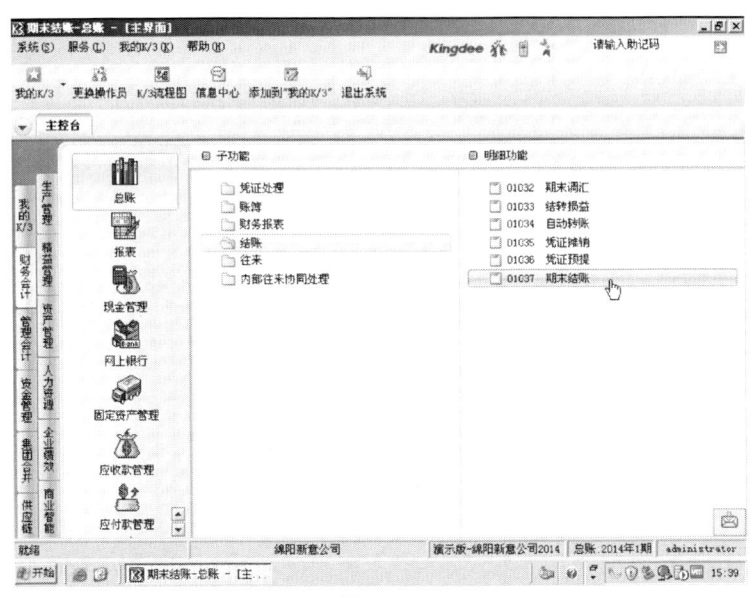

圖 8-196

2. 進入「期末結帳」窗口，選擇「結帳」，單擊「開始」按鈕，如圖 8-197

第八章　期末處理

所示。

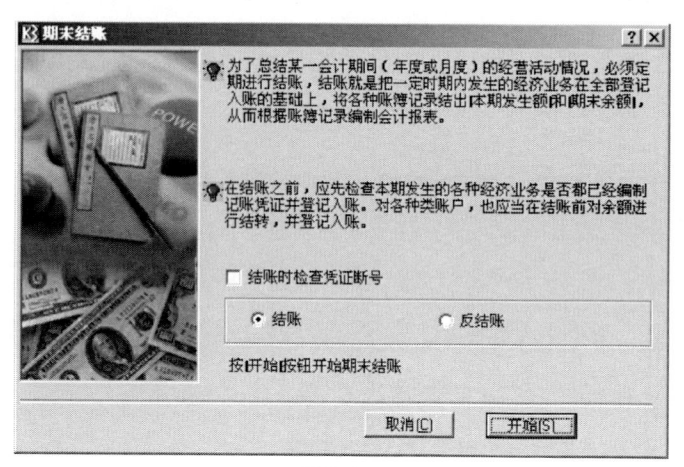

圖 8-197

3. 系統彈出「金蝶提示」窗口，單擊「確定」按鈕，如圖 8-198 所示。

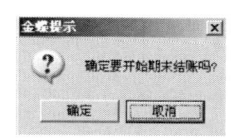

圖 8-198

4. 結帳完成後，下方的會計期間變成「2014 年第 2 期」，如圖 8-199 所示。

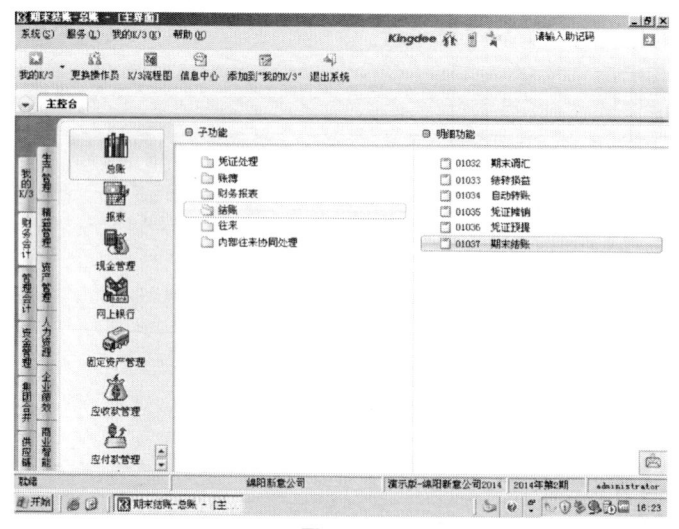

圖 8-199

第九章 報表系統

實驗一 報表模板

【實驗準備】

總帳、應收、應付、固定資產、存貨核算系統的日常業務均已完成，除了總帳以外的其他業務系統的業務均已生成憑證傳到總帳系統，總帳查詢到的所有憑證均已審核、過帳。

【實驗指導】

金蝶系統根據不同行業的會計制度要求，提供了上百張固定報表的模板，便於用戶快捷編製企業的報表。本實驗用資產負債表的例子來說明報表模板的使用方式。

資產負債表是反應企業某一特定日期財務狀況的會計報表，它是根據資產、負債和所有者權益之間的相互關係，按照一定的分類標準和一定的順序，把企業一定日期的資產、負債和所有者權益各項目予以適當排列，並對日常工作中形成的大量數據進行高度濃縮整理後編製而成的。

【操作步驟】

1. 展開【財務會計】→【報表】→【（行業）—新企業會計準則】→【新會計準則資產負債表】，如圖9-1所示。

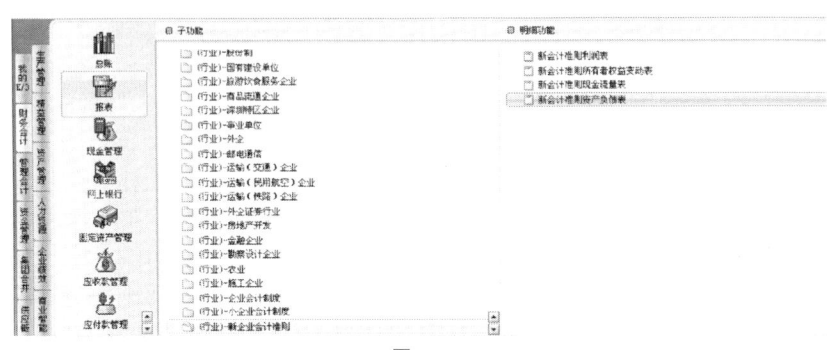

圖 9-1

2. 打開此報表模板，如圖9-2所示。

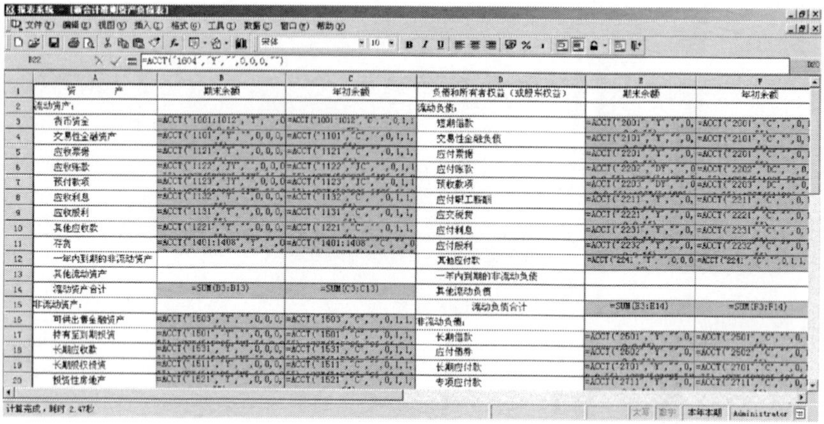

圖 9-2

3. 這是系統自帶的資產負債表的模板，報表的顯示有兩種方式，一種是公式顯示，如圖 9-2 所示。另一種是數據顯示，點擊工具條上的「顯示公式/數據」按鈕，即可以以數據的方式顯示報表，如圖 9-3 所示。

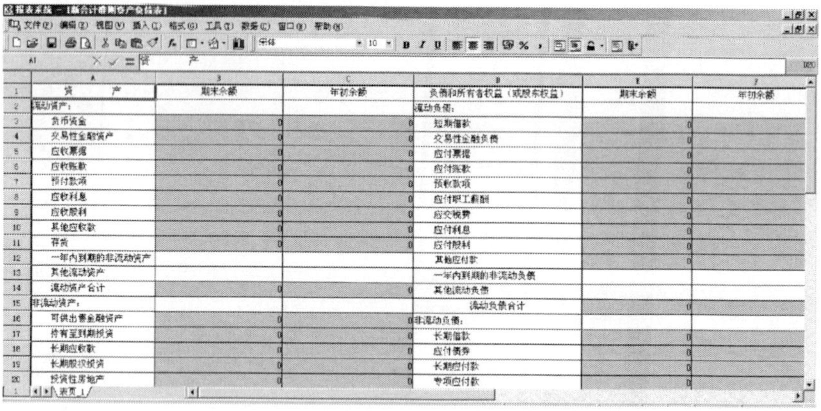

圖 9-3

4. 執行菜單【數據】→【報表重算】，可以調取帳套中的數據，看到一張真實的資產負債表。

5. 若資產負債表中的公司有錯誤，可以對公式進行修改，修改公式的時候報表必須以公式的方式顯示。選中需要修改公式的單元格，首先在公式編輯欄清除原公式，然後選擇菜單【插入】→【函數】或點擊工具欄中的【f(x)】，使用 ACCT 函數重新設置公式，如圖 9-4 所示。

【提示】

(1) 系統將函數進行了分類，函數類別和函數的名稱分別顯示，用鼠標選擇不同的函數類別，系統列出該函數類別下的函數名稱。當用戶點擊到具體的函數名時，在函數界面的下方會出現函數的具體定義。

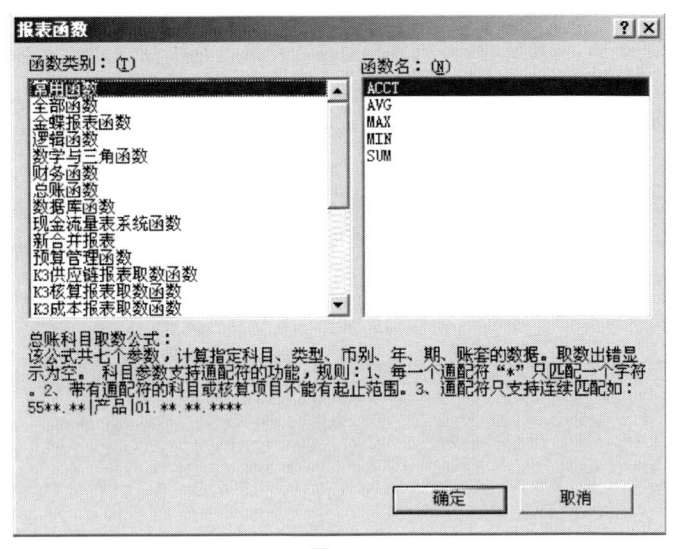

圖 9-4

（2）ACCT：總帳科目取數公式。ACCT 是報表系統中應用最多的一個函數。通過設置該函數的具體參數，報表系統可以按照用戶的要求從總帳系統提取數據。資產負債表基本上是用此函數設置完成的。

6. 點擊確定後，在函數 ACCT 中，根據需要填寫參數，對於本案例我們只要選擇填寫「科目」、「取數類型」、「起始期間」、「結束期間」等參數內容即可，如圖 9-5 所示。

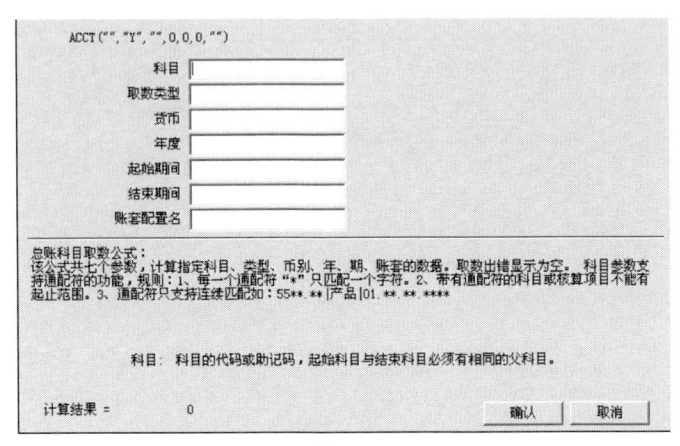

圖 9-5

【提示】

（1）科目：可以選擇一個會計科目，也可以選擇一系列會計科目（從某科目到某科目）；可以選擇會計總科目，也可以選擇明細會計科目，還可以取到核算項

目值。

（2）取數類型：包括期初餘額、期末餘額、借方發生額等類型。資產負債表中主要取期初餘額和期末餘額兩種類型。如不選擇，系統默認為期末餘額。

（3）貨幣：若不選擇代表本位幣。

（4）年度：若不選擇，系統默認為公式取數參數設置的缺省年度。

（5）起始、結束期間：設置報表取數期間。

7. 在科目中可以直接錄入科目代碼或者按 F7 鍵，彈出選擇會計科目的對話框「取數科目向導」，可以選擇一個會計科目，也可以選擇一系列會計科目，填入公式後按「確定」。如圖 9-6 所示。

圖 9-6

8. 在取數類型中，按 F7 鍵選擇。如圖 9-7 所示。

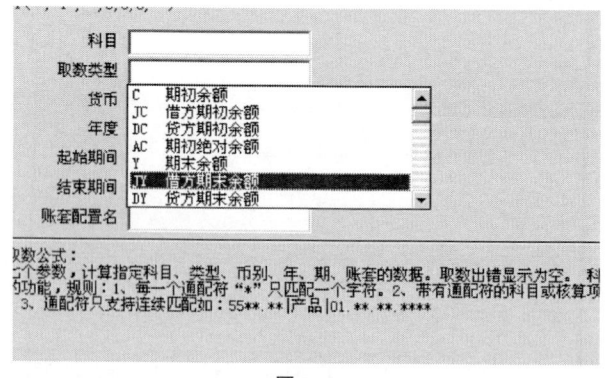

圖 9-7

9. 按照上述步驟將資產負債表中存貨的公式修改，如圖 9-8 所示。

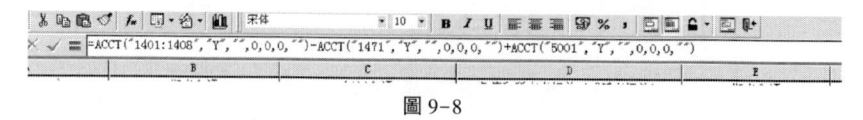

圖 9-8

10. 修改完成後選擇【數據】菜單下的【報表重算】，重新計算報表數據，檢

查平衡情況並保存報表。如圖9-9、圖9-10所示。

圖9-9

圖9-10

11. 保存報表。選擇菜單【文件】→【另存為】,彈出保存對話框,如圖9-11所示。

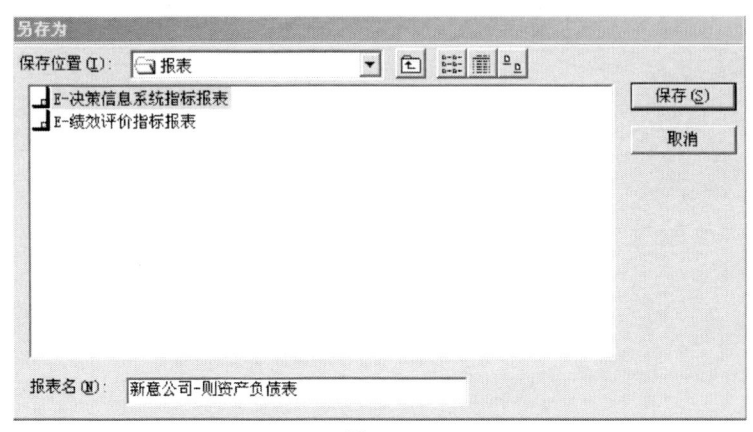

圖9-11

12. 保存後的報表可以在【財務會計】→【報表】→【(性質)-報表】中找到並打開。如圖9-12所示。

第九章　報表系統

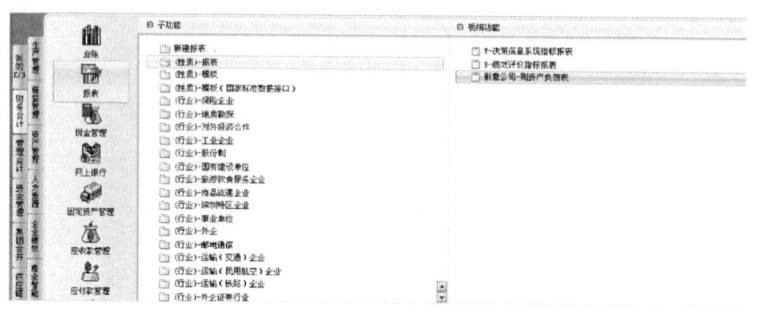

圖 9-12

13. 刪除報表。展開【財務會計】→【報表】→【新建報表】→【新建報表文件】，如圖 9-13 所示。

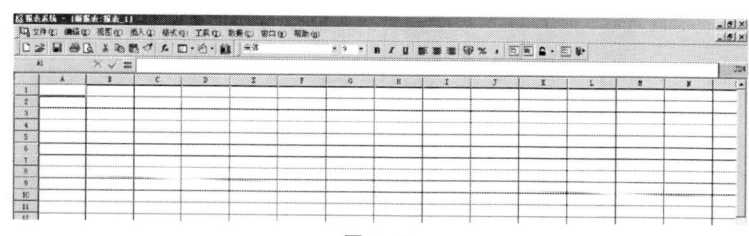

圖 9-13

14. 選擇菜單【文件】→【打開】，彈出報表文件對話框，如圖 9-14 所示。

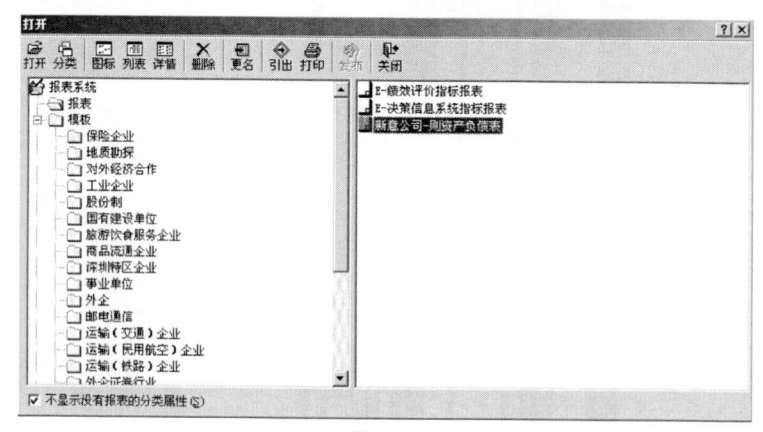

圖 9-14

15. 找到要刪除的報表，點擊工具條中的「刪除」即可。

16. 打印報表。打開需要打印的資產負債表，點擊工具條中的 按鈕，彈出提示對話框。如圖 9-15 所示。

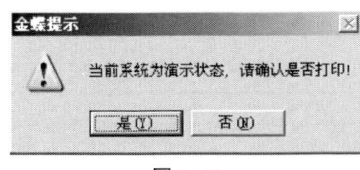

圖 9-15

17. 點擊「是」，彈出打印對話框。如圖 9-16 所示。

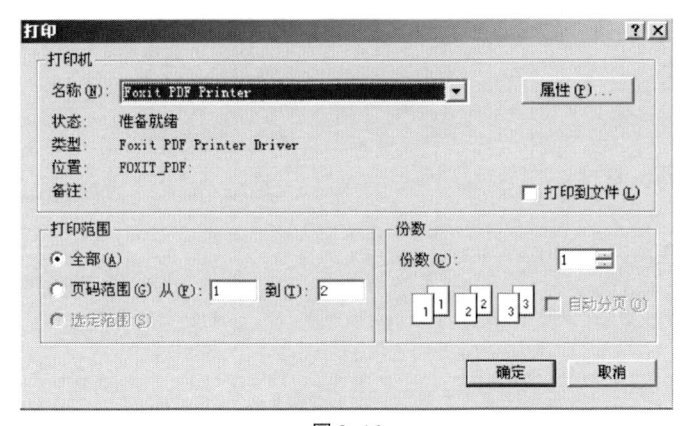

圖 9-16

18. 選擇需要打印的頁面，點擊「確定」按鈕，彈出打印文件保存的對話框，如圖 9-17 所示。

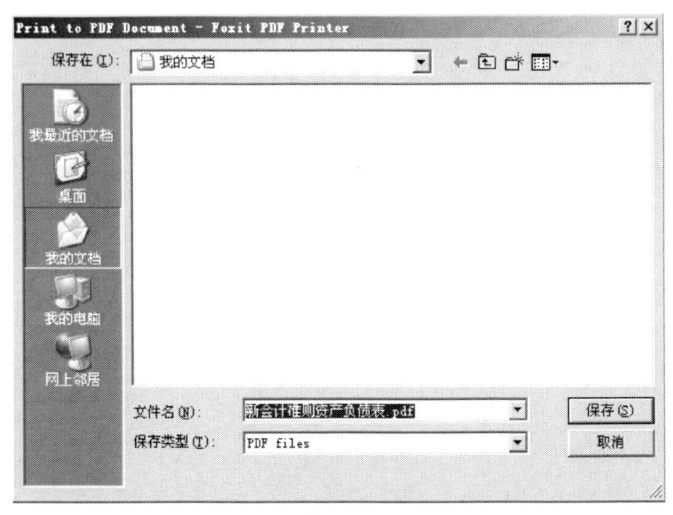

圖 9-17

19. 打開打印的資產負債表文件，如圖 9-18、圖 9-19 所示。

單位名稱：		
資　　　產	期末余額	年初余額
流动资产：		
货币资金	474259.5	296800
交易性金融资产	0	0
应收票据	0	0
应收账款	0	56000
预付款项	0	0
应收利息	0	0
应收股利	0	0
其他应收款	0	1600
存货	423911.84	467900
一年内到期的非流动资产		
其他流动资产		
流动资产合计	898171.34	822300
非流动资产：		
可供出售金融资产	0	0
持有至到期投资	0	0
长期应收款	0	0
长期股权投资	0	0
投资性房地产	0	0
固定资产	922399.49	923000
在建工程	0	0
工程物资		
固定资产清理	0	0
生产性生物资产		
油气资产		
无形资产	0	0
开发支出	0	0
商誉	0	0
长摊待摊费用	0	0
递延所得税资产	0	0
其他非流动资产		
非流动资产合计	922399.49	923000
资产总计	1820570.83	1745300

圖 9-18

年月日　　　　　　　　　　　　　　　　　　　　　　　　　　　單位：元

負債和所有者權益（或股東權益）	期末餘額	年初餘額
流动负债：		
短期借款	30000	150000
交易性金融负债	0	0
应付票据	0	0
应付账款	0	44800
预收款项	0	0
应付职工薪酬	0	0
应交税费	37017.5	0
应付利息	120	1200
应付股利	0	0
其他应付款	0	0
一年内到期的非流动负债		
其他流动负债		
流动负债合计	67137.5	196000
非流动负债：		
长期借款	0	0
应付债券	0	0
长期应付款	0	0
专项应付款	0	0
预计负债	0	0
递延所得税负债	0	0
其他非流动负债		
非流动负债合计	0	0
负债合计	67137.5	196000
所有者权益（或股东权益）：		
实收资本（或股本）	1648500	1549300
资本公积	0	0
减：库存股	0	0
盈余公积	0	0
未分配利润	104933.33	0
所有者权益（或股东权益）合计	1753433.33	1549300
负债和所有者权益（或股东权益）总计	1820570.83	1745300

圖 9-19

實驗二　自定義報表

【實驗準備】

總帳、應收、應付、固定資產、存貨核算系統的日常業務均已完成，除了總帳以外的其他業務系統的業務均已生成憑證傳到總帳系統，總帳查詢到的所有憑證均已審核、過帳。

【實驗指導】

用戶在日常操作中除一些常用的報表（如資產負債表、利潤表）外，有時會

第九章 報表系統

製作許多無固定格式的管理性報表，本實驗用一張貨幣資金表的製作來講述這些報表的製作方式和技巧。貨幣資金表的格式如表 9-1 所示。

表 9-1　　　　　　　　　　　貨幣資金表

	期初餘額	本期發生額		期末餘額
		借方發生額	貸方發生額	
現金				
銀行存款-招行				
銀行存款-農行				
銀行存款-中行				
其他貨幣資金				
合計				

【操作步驟】

1. 展開【財務會計】→【報表】→【新建報表】→【新建報表文件】，如圖 9-20 所示。

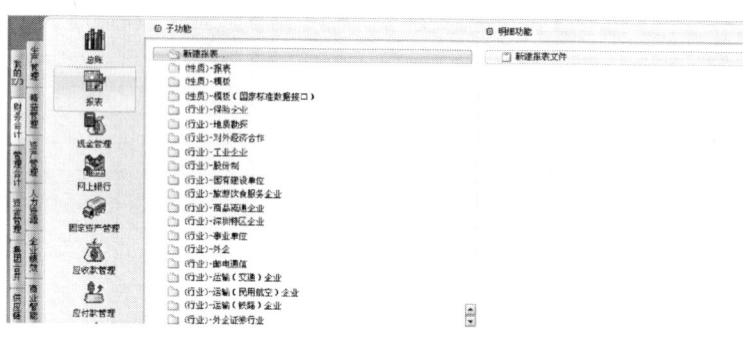

圖 9-20

2. 系統顯示空表界面如圖 9-21 所示。

圖 9-21

3. 選擇菜單【格式】→【表屬性】，在「行列」中直接錄入行、列數即可調整新報表的行列設置。根據案例可以設置為 8 行 5 列，如圖 9-22 所示。

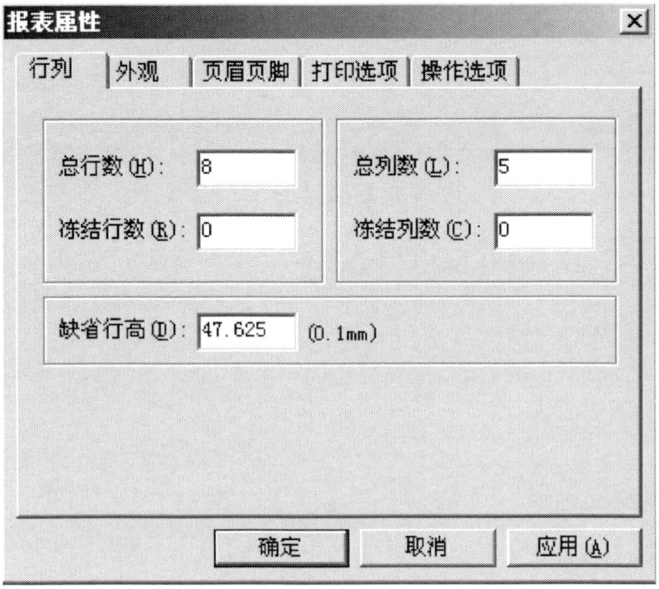

圖 9-22

4. 進行單元融合設置：鼠標選定 N 個單元格，選擇菜單【格式】下的【單元融合】功能，可以將一塊單元區域合併為一個單元格。

5. 選中需要定義斜線的單元格，選擇菜單【格式】下的【定義斜線】功能，在「單元斜線」標簽類中選擇「斜線類型」並在單元斜線頁簽錄入斜線單元中的文字內容，按【確定】即可。如圖 9-23 所示。

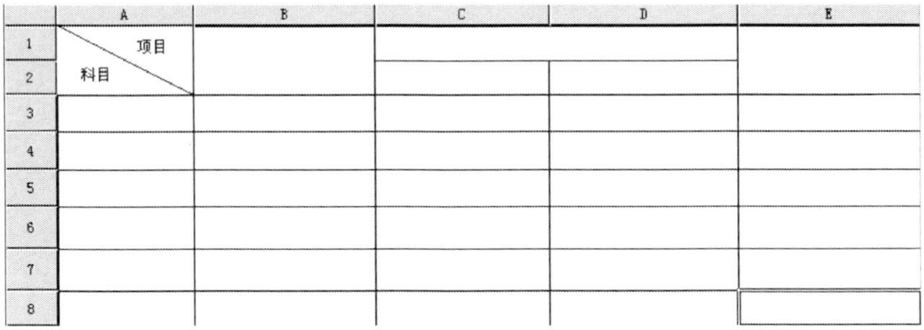

圖 9-23

6. 選擇菜單【視圖】下的【顯示公式】狀態，在此狀態下設置報表中的文字內容。如圖 9-24 所示。

第九章　報表系統

	A	B	C	D	E
1	項目	期初餘額	本期發生額		期末餘額
2	科目		借方發生額	貸方發生額	
3	現金				
4	銀行存款-招行				
5	銀行存款-農行				
6	銀行存款-中行				
7	其他貨幣資金				
8	合計				

圖 9-24

【提示】「數據狀態」下也可以進行文字和公式的設置工作，但是在「數據」狀態下設置的文字內容，在公式狀態下無法查看，即報表查詢不完整，所以建議在公式狀態下設置。

7. 在「顯示公式」狀態錄入每個單元格的公式，錄入公式的步驟可參照實驗一，錄入後如圖 9-25 所示。

	A	B	C	D	E
1	項目	期初餘額	本期發生額		期末餘額
2	科目		借方發生額	貸方發生額	
3	現金	=ACCT("1001.01","C","",0,1,1,"")	=ACCT("1001.01","JF","",0,1,1,"")	=ACCT("1001.01","DF","",0,1,1,"")	=ACCT("1001.01","Y","",0,1,1,"")
4	銀行存款-招行	=ACCT("1002.01","C","",0,1,1,"")	=ACCT("1002.01","JF","",0,1,1,"")	=ACCT("1002.01","DF","",0,1,1,"")	=ACCT("1002.01","Y","",0,1,1,"")
5	銀行存款-農行	=ACCT("1002.02","C","",0,1,1,"")	=ACCT("1002.02","JF","",0,1,1,"")	=ACCT("1002.02","DF","",0,1,1,"")	=ACCT("1002.02","Y","",0,1,1,"")
6	銀行存款-中行	=ACCT("1002.03","C","",0,1,1,"")	=ACCT("1002.03","JF","",0,1,1,"")	=ACCT("1002.03","DF","",0,1,1,"")	=ACCT("1002.03","Y","",0,1,1,"")
7	其他貨幣資金	=ACCT("1012","C","",0,1,1,"")	=ACCT("1012","JF","",0,1,1,"")	=ACCT("1012","DF","",0,1,1,"")	=ACCT("1012","Y","",0,1,1,"")
8	合計	=SUM(B3:B7)	=SUM(C3:C7)	=SUM(D3:D7)	=SUM(E3:E7)

圖 9-25

【提示】設置錯誤的公式可以重新使用函數功能設置，注意修改後的公式，使用公式編輯欄前的【√】確認。

8. 保存報表，如圖 9-26 所示。

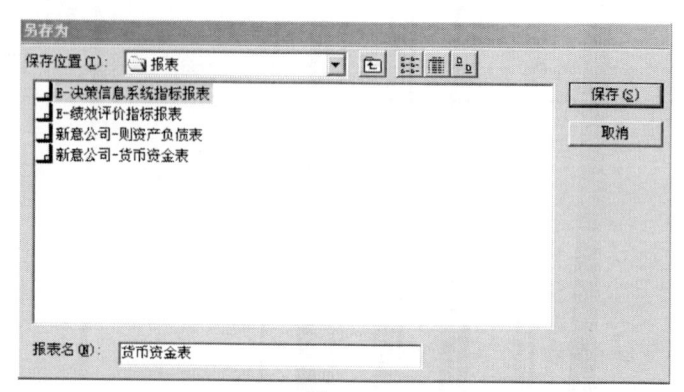

圖 9-26

9. 選擇菜單【數據】→【報表重算】，點擊工具條中【顯示公式/數據】按鈕

顯示報表數據,如圖 9-27 所示。

	A	B	C	D	E
1	項目	期初余額	本期發生額		期末余額
2	科目		借方發生額	貸方發生額	
3	現金	12900	111600	109950	14550
4	銀行存款-招行	280000	170766	280016	170750
5	銀行存款-农行	800	262490	124230.5	139059.5
6	銀行存款-中行	0	99200	0	99200
7	其他货币资金				
8	合计	293700	644056	514196.5	423559.5

圖 9-27

用友篇

第十章　系統管理

　　用友 ERP-U8 軟件產品是由多個產品組成，各個產品之間相互聯繫、數據共享，完全實現財務業務一體化的管理，對企業資金流、物流、信息流的統一管理提供了有效的方法和工具。系統管理包括新建帳套、新建年度帳、帳套修改和刪除、帳套備份，根據企業經營管理中的不同崗位職能建立不同角色，新建操作員和權限的分配等功能。系統管理的使用者為企業的信息管理人員——系統管理員 Admin 和帳套主管。

　　系統管理模塊主要能夠實現如下功能：

　　（1）帳套管理：帳套是指一組相互關聯的數據，每一個企業的數據在系統內部都體現為一個帳套。帳套管理包括帳套的建立、修改、引入和輸出（恢復備份和備份）等。

　　（2）用戶及權限管理：通過系統操作分工和權限的管理，可以避免與業務無關的人員進入系統及按照企業管理需求對各個用戶進行管理授權，以保證各負其責。對操作員及其功能權限實行統一管理，設立統一的安全機制，包括用戶、角色和權限的設置等。

　　（3）系統運行安全管理：可以對整個系統的運行進行監控，清除系統運行中的異常任務、解除表單的鎖定，設置自動備份計劃等。

　　（4）年度帳管理：在系統中，每個帳套都存放有企業不同年度的數據，成為年度帳。對年度帳的管理，包括建立、引入、輸出年度帳，結轉上年數據，清空年度數據等。

　　系統管理操作主要有系統管理員或帳套主管。系統管理員負責整個用友系統的總體控制與維護，管理系統中的所用帳套。系統管理員可以建立、備份、引入和輸出帳套，設置用戶角色及權限，進行備份計劃的設置，進行整個系統的運行及清除異常任務等。帳套主管是系統管理員在建立帳套過程中或建帳完成後指定的管理該帳套的主管。帳套主管負責帳套的維護、對所屬年度內的帳套信息管理及設置用戶或角色的操作權限。

　　系統管理員只能登錄系統管理界面進行管理，帳套主管除可登錄系統管理進行相應權限的操作外，還可以登錄用友企業應用平臺對帳套進行業務操作。

　　第一次使用系統管理，要以系統管理員身份注冊，設置用戶和角色，然後建立新帳套，之後再為用戶或角色設置權限。

第十章　系統管理

實驗一　新建帳套

【實驗準備】

已成功安裝用友 U8.72 管理軟件，第二章新意公司基礎資料表 2-1，表 2-2，表 2-3，將系統日期修改為「2014 年 1 月 1 日」。

【實驗指導】

一、以系統管理員登錄系統管理

【操作步驟】

1. 執行【開始】→【所有程序】→【用友 ERP-U8.72】→【系統服務】→【系統管理】命令，如圖 10-1 所示。

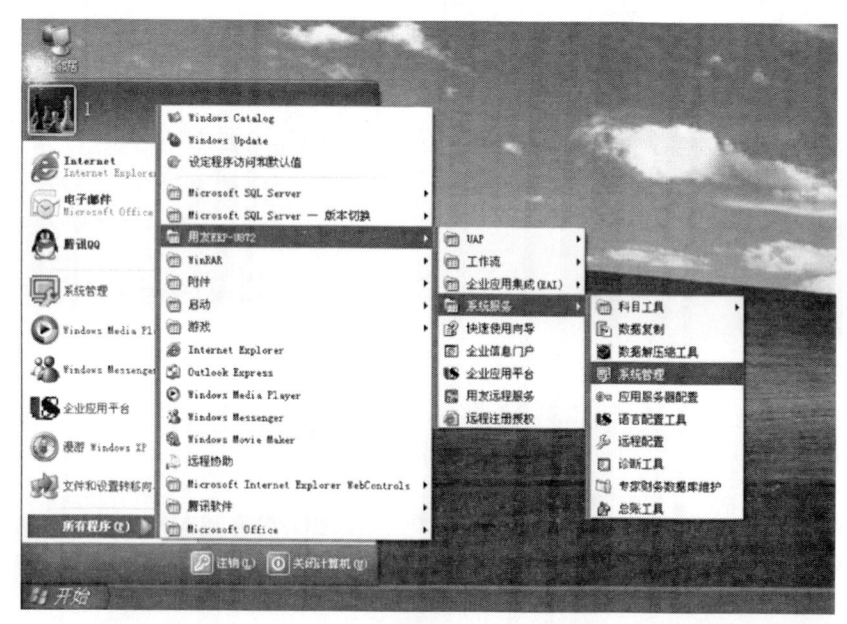

圖 10-1

2. 系統彈出「用友 ERP-U8［系統管理］」窗口，執行【系統】→【註冊】命令，如圖 10-2 所示。

3. 系統彈出「登錄」窗口，操作員輸入「admin」，密碼為空，帳套選擇「default」，如圖 10-3 所示。

【提示】

（1）系統管理員初始密碼為空，為保證安全，可勾選「改密碼」選項，進行密碼修改設置。

（2）操作員可以為帳套主管或系統管理員，只有操作員和密碼輸入正確，才

圖 10-2

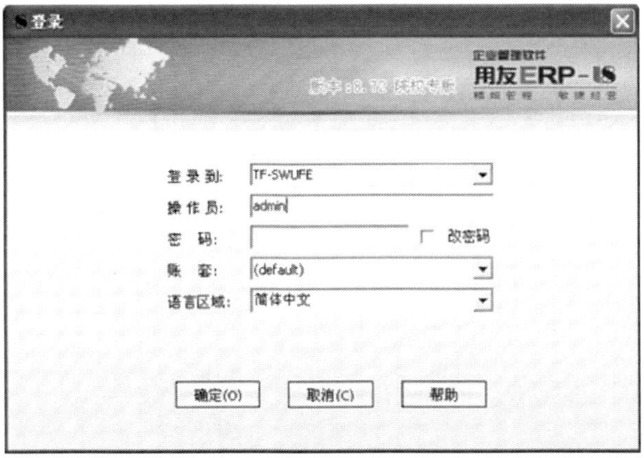

圖 10-3

能選擇該操作員有權限操作的帳套，如果沒有帳套可供選擇，系統將彈出提示「讀取數據源出錯：口令不正確！」。

（3）系統默認帳套是 default，如輸入操作員 admin 及密碼後，選擇帳套時沒有出現 default 默認帳套，請回到【開始】→【所有程序】→【用友 ERP-U8.72】→【系統服務】→【應用服務器配置】對數據庫服務器進行重新配置。

4. 點擊「確定」按鈕，系統彈出「用友 ERP-U8 系統管理」窗口，如圖10-4所示，此時可以系統管理員身份進行系統管理操作。

【提示】系統管理也可以帳套主管身份登錄，執行帳套主管的相應系統管理職責。

第十章 系統管理

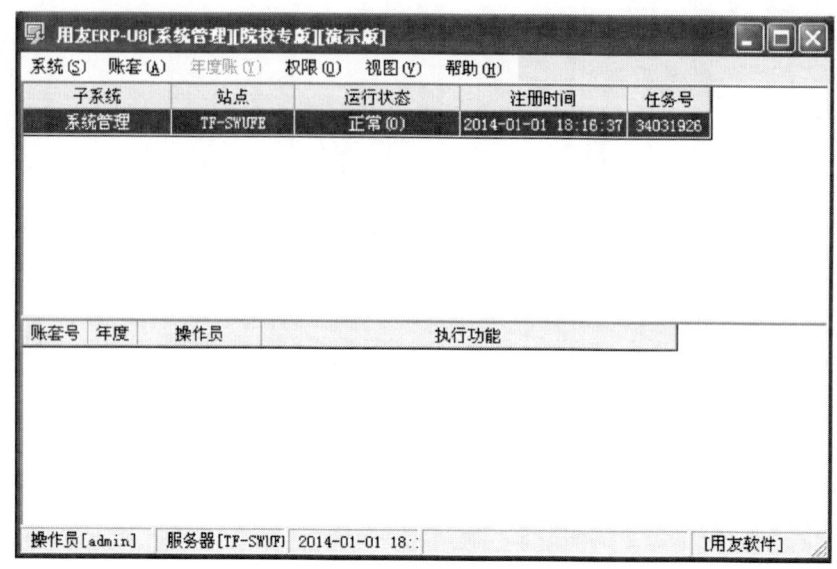

圖 10-4

二、增加用戶

用戶是指有權限登錄用友系統，並對系統進行操作的人員，每次登錄用友系統時，系統要對操作員的身份進行合法性驗證，只有用戶名及密碼正確的用戶才能登錄用友系統。

【操作步驟】

1. 以系統管理員身份登錄系統管理，執行【權限】→【用戶】命令，如圖 10-5所示。

圖 10-5

2. 系統彈出「用戶管理」窗口，單擊「增加」按鈕，如圖 10-6 所示。

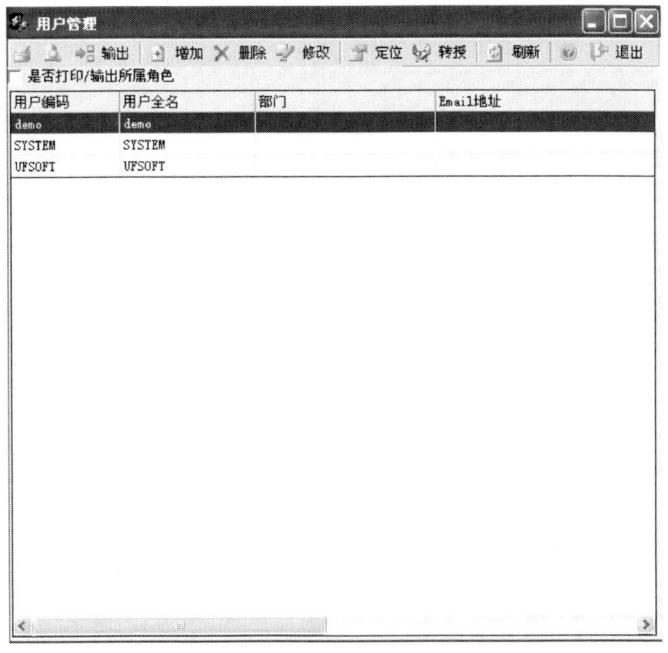

圖 10-6

3. 系統彈出「操作員詳細情況」窗口，錄入編號「01」、姓名「張新意」、認證方式選擇「用戶+口令（傳統）」、所屬部門錄入「財務部」，如圖 10-7 所示。

圖 10-7

第十章　系統管理

【提示】

（1）認證方式選擇「用戶+口令（傳統）」方式，密碼為空，後繼可由用戶在登錄用友系統時自行添加和修改密碼，如果用戶忘記密碼，系統管理員也可在此重置用戶口令。

（2）一個角色可以賦予多個用戶，一個用戶也可有多個角色，只有系統管理員才可以增加、刪除、修改用戶和角色。

（3）在增加用戶時可直接指定角色，如果在定義用戶的時候指定用戶為「帳套主管」角色，則該用戶為本系統內所有帳套的帳套主管。

（4）用戶被啟用後將不允許刪除，如用戶離職，應在「用戶管理」窗口中單擊「修改」按鈕，在「修改用戶信息」對話框中單擊「注銷當前用戶」按鈕，此後該用戶就無權在進入系統，如用戶調離當前崗位，應在「權限」管理對話框中重新為此用戶設置相應權限。

4. 單擊「增加」按鈕，可設置其他操作員，設置完成後單擊「退出」按鈕退出用戶設置。

三、新建帳套

只有系統管理員才可以建立帳套，建立新帳套可在建帳向導的引導下完成。新建帳套，即將會計核算主體的名稱、所屬行業、啟用時間和編碼規則等信息設置到系統中，建帳完成後，才可以啟用各個子系統，進行相關的業務操作。

【操作步驟】

1. 以系統管理員身份註冊登錄用友 ERP-U8［系統管理］，執行【帳套】→【建立】命令，如圖 10-8 所示。

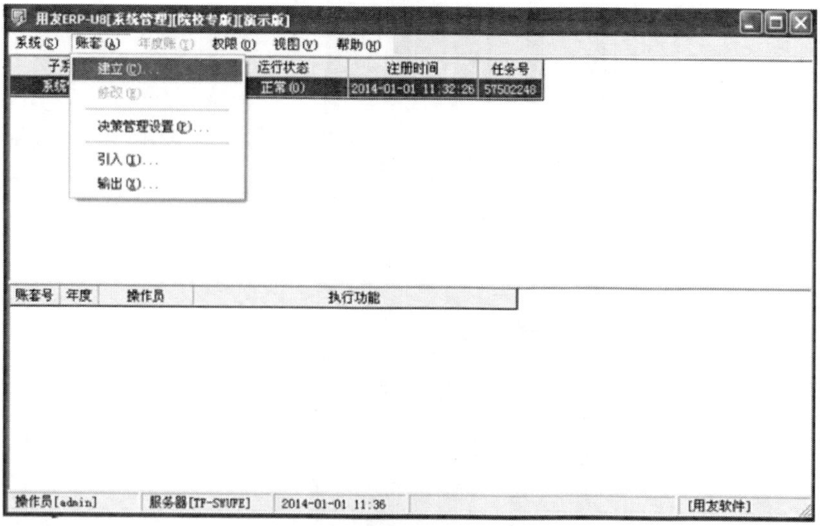

圖 10-8

2. 系統彈出創建帳套的「帳套信息」窗口，錄入帳套號「999」，帳套名稱「綿陽新意公司2014」，啓用會計期間「2014年1月」，默認帳套的保存路徑，如圖10-9所示。

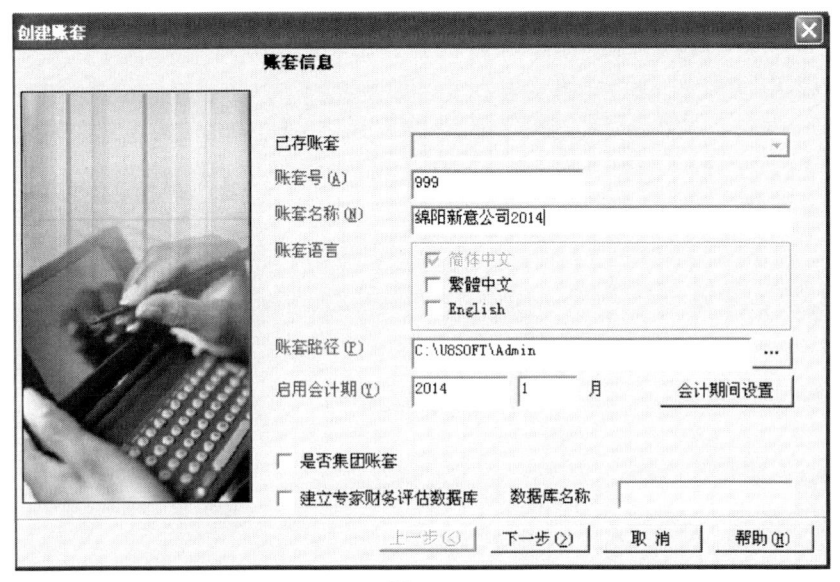

圖10-9

【說明】

（1）已存帳套：系統將現有的帳套以下拉框的形式在此欄目中表示出來，用戶只能參照，而不能輸入或修改。其作用是在建立新帳套時可以明晰已經存在的帳套，避免在新建帳套時重複建立。

（2）帳套號：用來輸入新建帳套的編號，用戶必須輸入，可輸入3個字符（只能是001~999之間的數字，而且不能是已存帳套中的帳套號）。

（3）帳套名稱：用來輸入新建帳套的名稱，作用是標示新帳套的信息，用戶必須輸入，可以輸入40個字符。

（4）帳套語言：用來選擇帳套數據支持的語種，也可以在以後通過語言擴展對所選語種進行擴充。

（5）帳套路徑：用來輸入新建帳套所要被保存的路徑。

（6）啓用會計期：建立帳套時系統會將系統日期自動默認爲啓用會計期，應注意根據資料進行修改，否則將會影響後繼初始化及後繼日常業務處理等內容的操作。

（7）會計期間設置：因爲企業的實際核算期間可能和正常的自然日期不一致，所以系統提供此功能進行設置。用戶在輸入「啓用會計期」後，用鼠標點擊「會計期間設置」按鈕，彈出會計期間設置界面。系統根據前面「啓用會計期」的設置，自動將啓用月份以前的日期標示爲不可修改的部分；而將啓用月份以後的日

427

第十章　系統管理

期（僅限於各月的截止日期，至於各月的初始日期則隨上月截止日期的變動而變動）標示為可以修改的部分。

例如，由於企業需要每月 26 日結帳，那麼可以在「會計日歷-建帳」界面雙擊可修改日期部分（灰色部分），在顯示的會計日歷上輸入每月結帳日期，下月的開始日期為上月截止日期+1（27 日），年末 12 月份以 12 月 31 日為截止日期。設置完成後，企業每月 26 日為結帳日，26 日以後的業務記入下個月。每月的結帳日期可以不同，但其開始日期為上一個截至日期的下一天。輸入完成後，點擊「下一步」按鈕，進行第二步設置；點擊「取消」按鈕，取消此次建帳操作。

3. 單擊「下一步」按鈕，系統彈出「單位信息」窗口，如圖 10-10 所示，依據表 2-1 對相應信息進行設置。

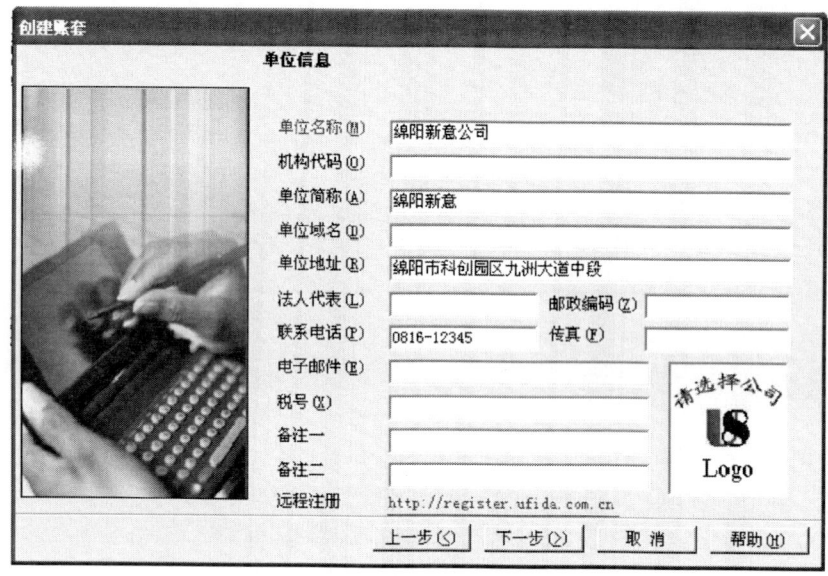

圖 10-10

【提示】

（1）單位名稱必須填寫，以便後面打印發票使用。

（2）在整個用友系統中，必填信息用藍色文字標注。

（3）公司 Logo 可以在此設置，主要用於在進行業務單據打印時，讓 Logo 顯示在單據的頁眉或頁脚。

4. 單擊「下一步」按鈕，系統彈出「核算類型」對話框，本幣代碼錄入 RMB，本幣名稱錄入「人民幣」，企業類型選擇「工業」，行業性質選擇「2007 年新會計科目」，帳套主管選擇「01 張新意」，勾選「按行業性質預置科目」，如圖 10-11 所示。

428

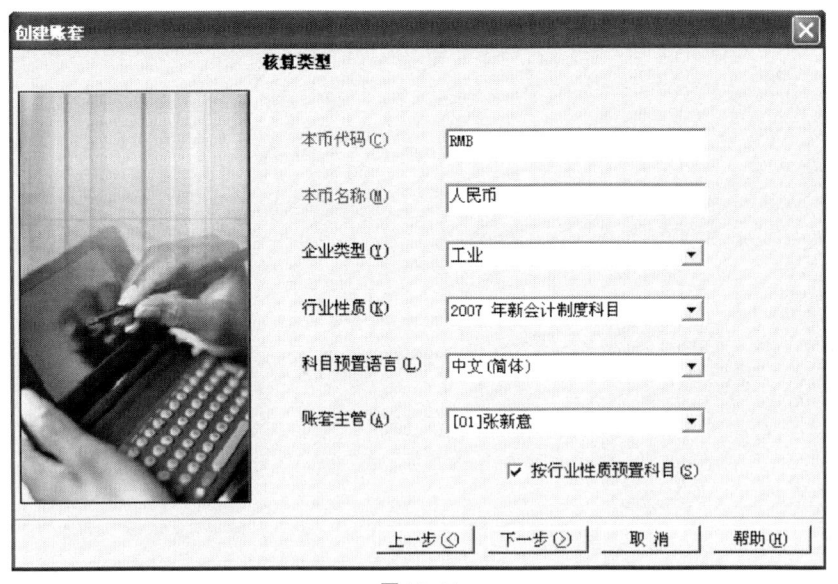

圖 10-11

【說明】

（1）本幣代碼：用來輸入新建帳套所用的本位幣的代碼，系統默認的是「人民幣」的代碼 RMB。

（2）本幣名稱：用來輸入新建帳套所用的本位幣的名稱。系統默認的是「人民幣」，此項為必有項。

（3）企業類型：用戶必須從下拉框中選擇輸入與自己企業類型相同或最相近的類型。系統提供工業、商業和醫藥流通三種選擇。

（4）行業性質：用戶必須選擇輸入本單位所處的行業性質。這可為下一步「是否按行業預置科目」確定科目範圍，並且系統會根據企業所選行業（工業和商業）預制一些行業的特定方法和報表。

（5）帳套主管：用來確認新建帳套的帳套主管，用戶只能從下拉框中選擇系統中已有的用戶。

（6）是否按行業預置科目：行業性質決定系統預置科目的內容，勾選按行業性質預置科目選項，則系統會根據選擇的行業類型自動裝入國家規定的一級科目及部分二級科目，如果不勾選，則所有會計科目都需要用戶自己設置。

5. 單擊「下一步」按鈕，系統彈出「基礎信息」設置窗口，在此全部勾選，如圖 10-12 所示。

第十章 系統管理

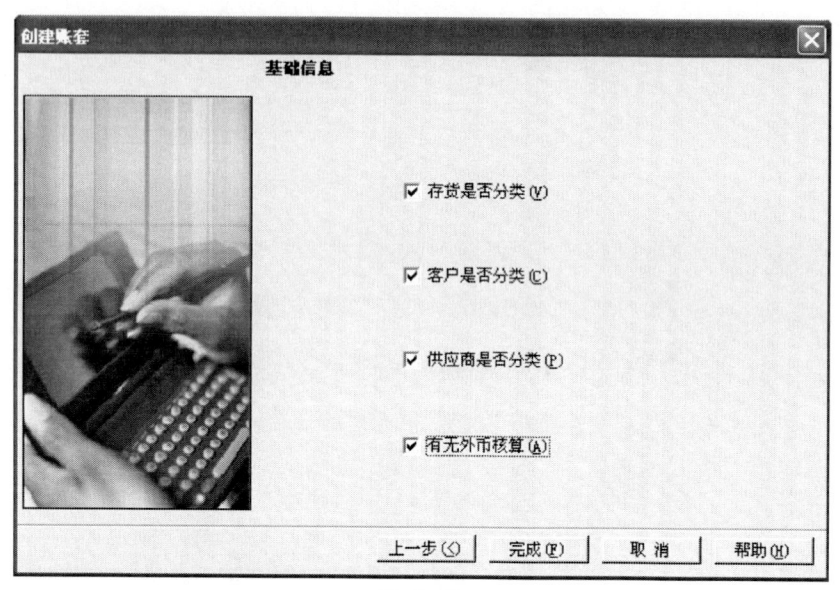

圖 10-12

【說明】

（1）存貨是否分類：如果單位的存貨較多，且類別繁多，可以在存貨是否分類選項前打勾，表明要對存貨進行分類管理；如果選擇了存貨要分類，那麼在進行基礎信息設置時，必須先設置存貨分類，然後才能設置存貨檔案。

（2）客戶是否分類：如果單位的客戶較多，且希望進行分類管理，可以在客戶是否分類選項前打勾，表明要對客戶進行分類管理；如果選擇了客戶要分類，那麼在進行基礎信息設置時，必須先設置客戶分類，然後才能設置客戶檔案。

（3）供應商是否分類：如果單位的供應商較多，且希望進行分類管理，可以在供應商是否分類選項前打勾，表明要對供應商進行分類管理；如果選擇了供應商要分類，那麼在進行基礎信息設置時，必須先設置供應商分類，然後才能設置供應商檔案。

（4）是否有外幣核算：如果單位有外幣業務，例如用外幣進行交易業務或用外幣發放工資等，可以在此選項前打勾。

【提示】

（1）綿陽新意公司要求對存貨分類、客戶分類、供應商分類及包含外幣核算。

（2）是否對存貨、客戶、供應商分類將會影響到後繼基礎信息的設置，有無外幣核算將會影響到後繼基礎信息的設置及外貿的日常業務處理。

6. 單擊「下一步」按鈕，系統彈出「可以創建帳套了麼?」提示，如圖 10-13 所示。

圖 10-13

7. 單擊「是」按鈕，系統開始創建帳套，稍後系統會彈出「編碼方案」窗口，修改「科目編碼級次」的「第 2 級」「第 3 級」「第 4 級」分別為 2，2，2；修改「部門編碼級次」的「第 1 級」為 2，如圖 10-14 所示，點擊「確定」按鈕後系統自動保存。

項目	最大級數	最大長度	單級最大長度	第1級	第2級	第3級	第4級	第5級	第6級	第7級	第8級	第9級
科目編碼級次	9	15	9		2	2	2					
客戶分類編碼級次	5	12	9	2	3	4						
供應商分類編碼級次	5	12	9	2	3	4						
存貨分類編碼級次	8	12	9	2	2		3					
部門編碼級次	5	12	9	2	2							
地區分類編碼級次	5	12	9	2	3	4						
費用項目分類	5	12	9	1	2							
結算方式編碼級次	2	3	3	1	2							
貨位編碼級次	8	20	9	2	3	4						
收發類別編碼級次	3	5	5	1	1	1						
項目設備	8	30	9	2	2							
責任中心分類檔案	5	30	9	2	2							
項目要素分類檔案	6	30	9	2	2							
客戶權限組級次	5	12	9	2	3	4						

圖 10-14

【提示】
（1）編碼方案的設置將會直接影響後繼基礎信息設置中相應內容的編碼設置。
（2）刪除編碼級次是必須從最後一級開始刪除，已經使用的編碼級次無法修改，必須刪除相關數據後才能修改。
（3）建帳完後的修改編碼方案是在「企業應用平臺」→「基礎信息」→「基

431

本信息」→「編碼方案」進行修改。

（4）如採用系統默認，「確定」按鈕是灰度的，此時可直接點擊「關閉」按鈕。

8. 點擊「編碼方案」對話框中的「關閉」按鈕，系統彈出「數據精度」設置窗口，如圖 10-15 所示，在此選擇系統默認設置。

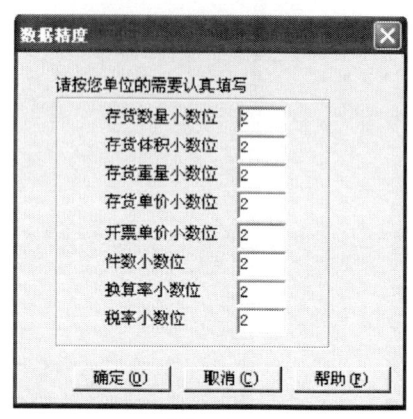

圖 10-15

【提示】數據精度表示系統處理數據的小數點後的位數，超過設置的數據精度，系統會以四舍五入的方式進行自動取舍。

9. 單擊「確定」按鈕後，系統開始更新單據模版，更新完成後系統彈出創建成功提示窗口，如圖 10-16 所示。

圖 10-16

【提示】如果單擊「是」按鈕可以直接進入「系統啓用」設置，也可以單擊「否」按鈕先結束建帳過程，之後在「企業應用平臺」→「基礎信息」→「基本信息」→「系統啓用」進行啓用設置。

10. 單擊「是」按鈕，系統彈出「系統啓用」設置窗口，在此勾選如下五個模塊：總帳（GL）、應收款管理（AR）、應付款管理（AP）、固定資產（FA）、存貨核算模塊（IA）。設置完成後如圖 10-17 所示。

圖 10-17

【提示】

（1）要使用一個系統必須先啓用這個系統。

（2）進入系統啓用有兩種方式：①用戶創建一個新帳套後，自動進入系統啓用界面，用戶可以一氣呵成的完成創建帳套和系統啓用。②由帳套主管運行【開始】→【所有程序】→【用友 ERP-U8.72】→【企業應用平臺】→【基礎信息】→【基本信息】進入，作系統啓用的設置。

11. 點擊「退出」按鈕，系統彈出「請進入企業應用平臺進行業務操作!」，如圖 10-18 所示，此時整個帳套建立完畢。

圖 10-18

12. 單擊「確定」按鈕或執行【開始】→【所有程序】→【用友 ERP-U8.72】→【U8 企業應用平臺】進行登錄，操作員錄入「01」，密碼為空，帳套選擇「[999] 綿陽新意公司 2014」，操作日期選擇 2014 年 1 月 1 日，如圖 10-19 所示。

第十章　系統管理

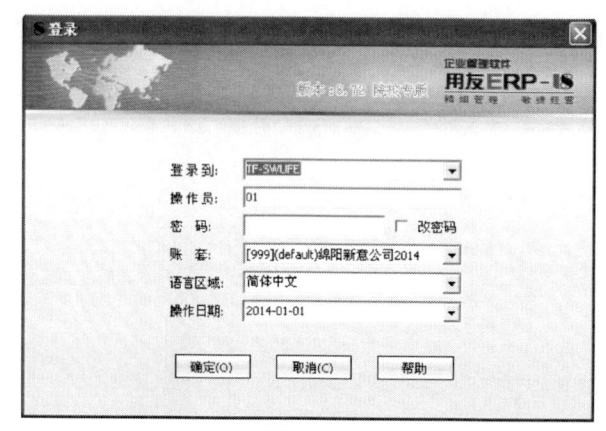

图 10-19

【說明】

用戶運行用友 U8 管理軟件產品，登錄注冊的主要操作步驟如下：

（1）選擇進入用友 ERP-U8 企業門戶或運行 U8 子系統，進入注冊登錄界面。

（2）在客戶端登錄，則選擇服務端的服務器名稱；服務端或單機用戶則選擇本地服務器。

（3）輸入需要登錄的操作員名稱（或代碼）和密碼，系統會根據當前操作員的權限顯示該操作員可以登錄的帳套號。如需修改密碼，勾選「改密碼」選項。

（4）在「操作日期」框內鍵入操作時間，輸入格式為 yyyy-mm-dd。也可點日歷參照選擇一個自然時間。

13. 單擊「確定」按鈕，系統彈出用友「UFIDA ERP-U8」窗口，如圖 10-20 所示。在此做的任何操作都是以用戶 01（張新意）對 999 帳套進行的。

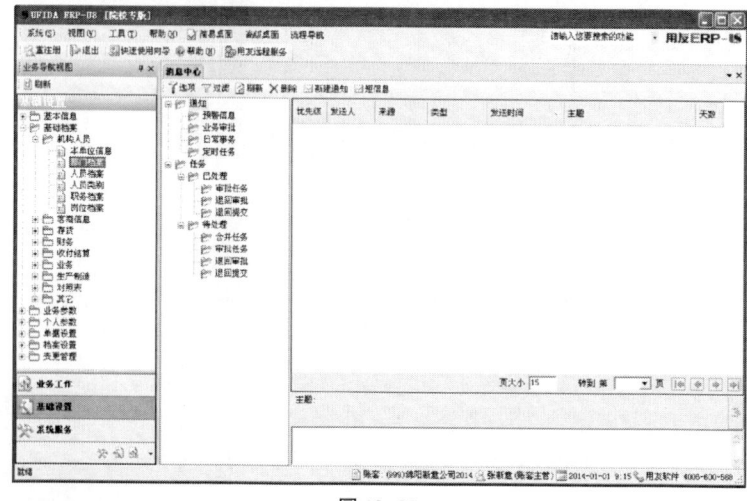

图 10-20

434

【提示】如可登錄到圖 10-20 所示界面，表明帳套建立成功，並可進入到系統進行操作。

實驗二　帳套修改

【實驗準備】
已成功安裝用友 U8.72 管理軟件，將系統日期修改為「2014 年 1 月 1 日」。

【實驗指導】
帳套建立完成後可以根據需要對已經建立的帳套進行修改、完善。帳套信息修改有兩種方式，一種是在系統管理中以帳套主管的身份登錄進行修改，另一種是以帳套主管的身份登錄 U8 企業應用平臺進行修改相關信息，下面分別進行說明。

一、帳套主管登錄系統管理修改帳套

以帳套主管 01（張新意）身份登錄系統管理進行操作。

【操作步驟】

1. 執行【開始】→【所有程序】→【用友 ERP-U8.72】→【系統服務】→【系統管理】命令，系統彈出「用友 ERP-U8［系統管理］」窗口，如圖 10-21 所示。

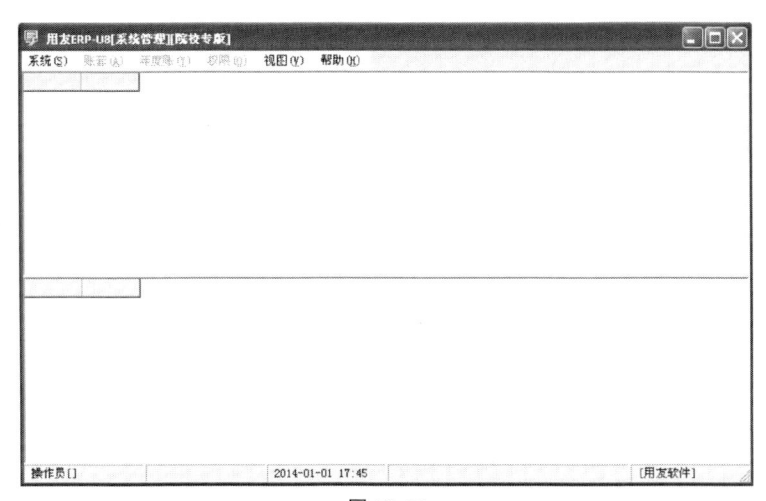

圖 10-21

2. 執行【系統】→【註冊】選項，系統彈出「登錄」窗口，操作員錄入「01」，密碼無，帳套選擇「［999］綿陽新意公司 2014 帳套」，操作日期修改為 2014 年 1 月 1 日，如圖 10-22 所示。

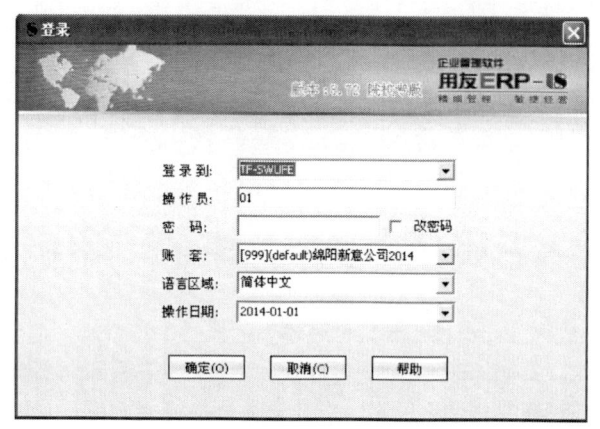

圖 10-22

3. 單擊「確定」按鈕，系統進入到系統管理界面，此時所有的操作均是以帳套主管張新意進行的設置。執行【帳套】→【修改】選項，如圖 10-23 所示。

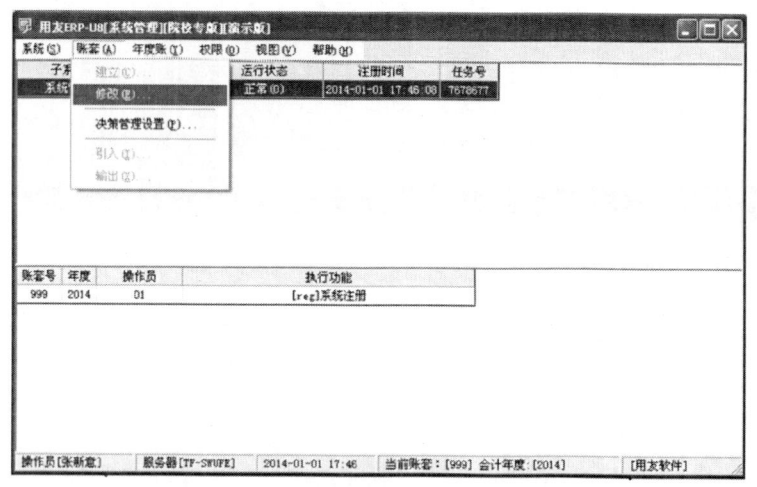

圖 10-23

4. 系統彈出「修改帳套」窗口，在此可修改帳套名稱等，灰色顯示的無法修改。如圖 10-24 所示。

5. 點擊會計期間設置，系統彈出「會計月歷-調整-2014 年度」對話框，在此可修改會計年度信息，如圖 10-25 所示。

6. 修改完成後單擊「確定」按鈕，系統回到「帳套信息」修改窗口，單擊「下一步」按鈕，系統彈出「單位信息」修改窗口，在此可修改單位的相應信息，如圖 10-26 所示。

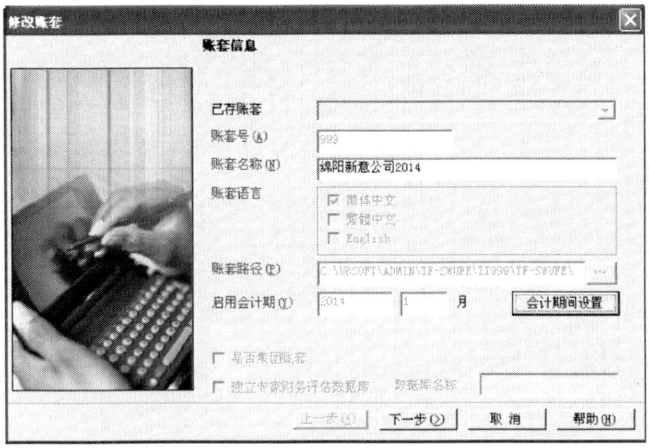

圖 10-24

圖 10-25

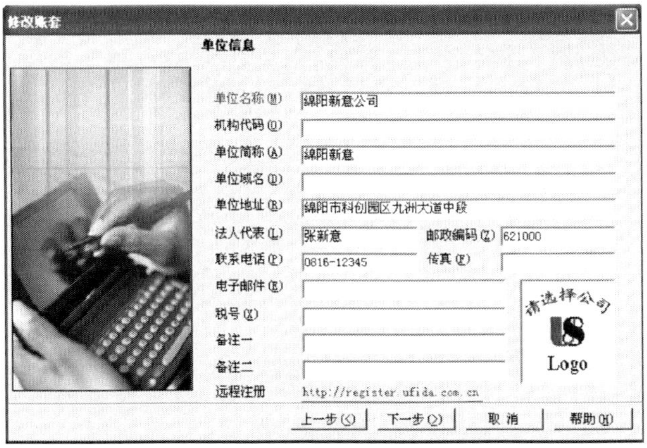

圖 10-26

7. 單擊「下一步」按鈕，系統彈出「核算類型」窗口，在此只可修改企業所

屬「行業性質」。如圖 10-27 所示。

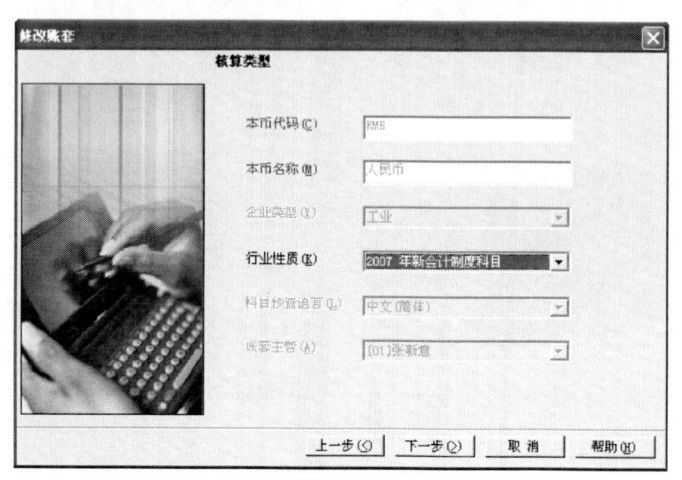

圖 10-27

8. 單擊「下一步」按鈕，系統彈出「基礎信息」修改窗口，在此可修改存貨、客戶、供應商等是否分類，有無外幣核算等信息，如圖 10-28 所示。

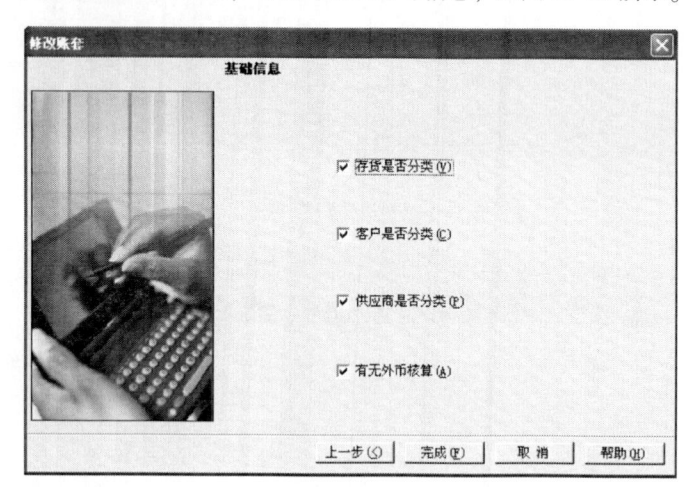

圖 10-28

9. 修改完成後單擊「完成」按鈕，系統彈出「確認修改帳套了麼?」提示，如圖 10-29 所示。

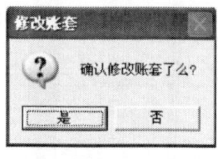

圖 10-29

10. 單擊「是」按鈕，系統開始根據前面的設置修改帳套，修改完成後系統彈出「編碼方案」窗口，在此可根據需要修改編碼方案，如圖 10-30 所示。

項目	最大級數	單級最大長度	第1級	第2級	第3級	第4級	第5級	第6級	第7級	第8級	第9級
科目編碼級次	9	15	9		2	2	2	2			
客戶分類編碼級次	5	12	9	2	3	4					
供應商分類編碼級次	5	12	9	2	3	4					
存貨分類編碼級次	8	12	9	2	2	2	3				
部門編碼級次	5	12	9	2	3	4					
地區分類編碼級次	5	12	9	2	3	4					
費用項目分類	5	12	9	1	2						
結算方式編碼級次	2	3	3	1	2						
貨位編碼級次	8	20	9	2	3	4					
收發類別編碼級次	3	5	5	1	1	1					
項目設備	8	30	9								
責任中心分類檔案	5	30	9								
項目要素分類檔案	6	30	9								
客戶權限組級次	5	12	9	2	3	4					

圖 10-30

【提示】此處的編碼方案會影響後繼基礎資料設置的編碼規則，在系統默認的基礎上修改了科目編碼級次、部門編碼級次等，綿陽新意公司編碼方案如上圖設置。

11. 修改完成後點擊「確定」按鈕進行保存，「確定」按鈕變為灰色，單擊「取消」按鈕關閉「編碼方案」窗口，隨後系統彈出「數據精度」設置窗口，在此可修改系統表示的數據精度，如圖 10-31 所示。

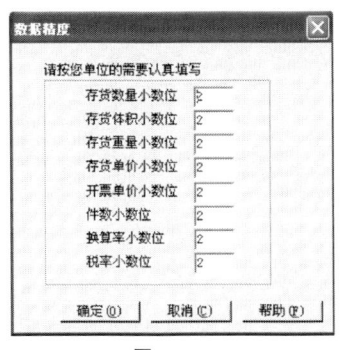

圖 10-31

12. 修改完成後點擊「確定」按鈕，系統彈出「修改帳套成功」提示，如圖 10-32 所示，說明帳套修改成功。

圖 10-32

【提示】

（1）以帳套主管的身份登錄系統管理，除了可進行帳套的修改外，還可以設置帳套備份計劃、初始化數據庫、年度帳操作、設置對當前帳套的操作權限等。

（2）帳套中的有些參數不能修改，若這些參數有誤，則只能刪除帳套，再重新建立，因此，在建立帳套時，參數設置一定要盡可能的小心。

（3）帳套中的有些參數可以修改，但一旦在系統中使用了某些參數，則只有刪除已經使用的數據才能進行修改。

二、登錄 U8 應用服務平臺進行修改

登錄 U8 應用服務平臺可修改公司信息、編碼方案、數據精度、系統啓用模塊的設置等帳套基本操作。

【操作步驟】

1. 以帳套主管身份登錄 U8 企業應用平臺。執行【開始】→【所有程序】→【用友 ERP-U8.72】→【U8 企業應用平臺】命令，系統彈出 U8 應用平臺「登錄」窗口，操作員輸入「01」，密碼無，帳套選擇「［999］綿陽新意公司 2014 帳套」，操作日期修改為 2014 年 01 月 01 日，如圖 10-33 所示。

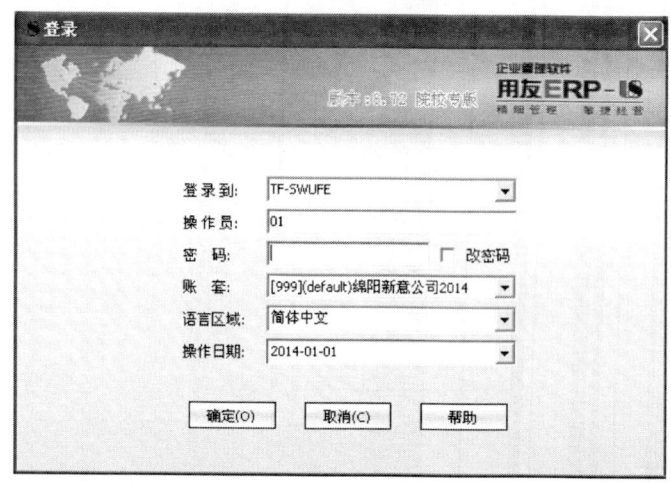

圖 10-33

2. 點擊「確定」按鈕，系統彈出用友「UFIDA ERP-U8」企業應用平臺。雙擊「基礎設置」→「基礎檔案」→「機構人員」→「本單位信息」選項，如圖 10-34 所示。

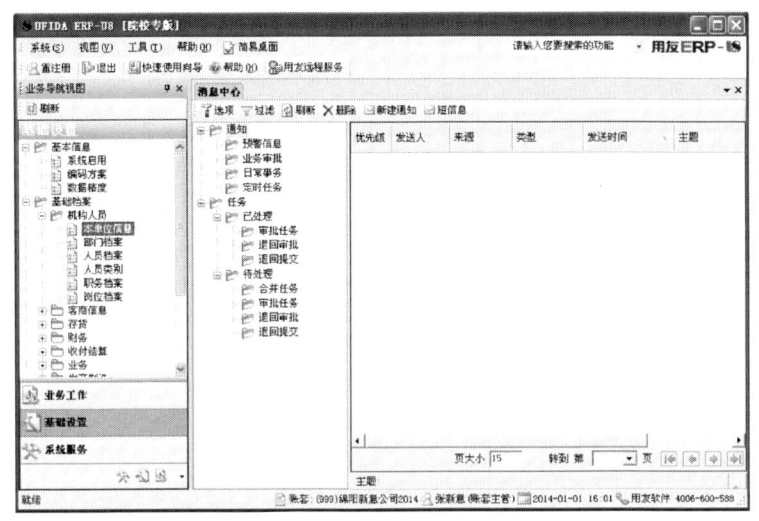

圖 10-34

3. 系統彈出「單位信息」設置對話框，在此可修改單位相關信息，如圖 10-35 所示。

圖 10-35

4. 設置完成後單擊「下一步」按鈕，系統彈出單位英文名稱等信息設置窗口，根據需要進行修改，如圖 10-36 所示。修改完成後單擊「完成」按鈕，完成對單位信息的修改。

5. 修改系統啓用。雙擊「基礎設置」→「基本信息」→「系統啓用」選項，如圖 10-37 所示。

第十章　系統管理

圖 10-36

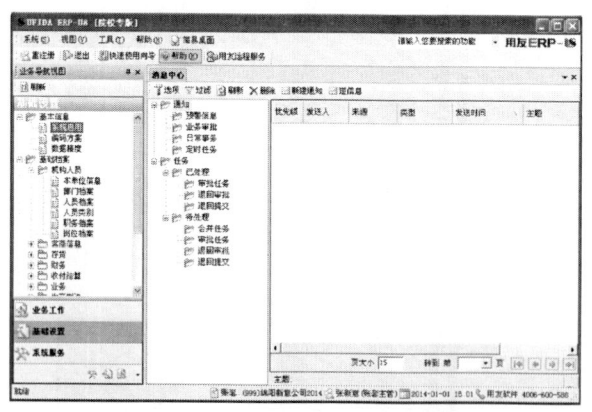

圖 10-37

6. 系統彈出「系統啓用」對話框，在此可勾選相應的系統進行啓用，如圖 10-38 所示。確認帳套啓用了總帳（GL）、應收款管理（AR）、應付款管理（AP）、固定資產（FA）、存貨核算系統（IA）等。

圖 10-38

【提示】以帳套主管身份登錄進行系統的啓用，注意啓用會計期間及啓用自然日期。

7. 修改編碼方案。雙擊「基礎設置」→「基本信息」→「編碼方案」選項，可進行編碼方案的修改。如圖 10-39 所示。

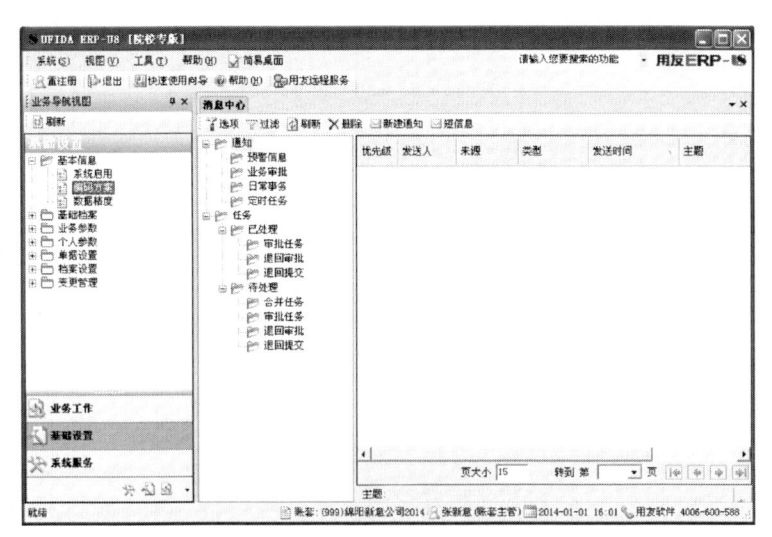

圖 10-39

8. 系統彈出「編碼方案」的設置窗口，在此可進行編碼方案的修改，修改完成後點擊「確定」按鈕進行保存，如圖 10-40 所示。

圖 10-40

9. 修改系統數據精度。雙擊「基礎設置」→「基本信息」→「數據精度」，選項，如圖 10-41 所示，可進行數據精度的修改。

第十章　系統管理

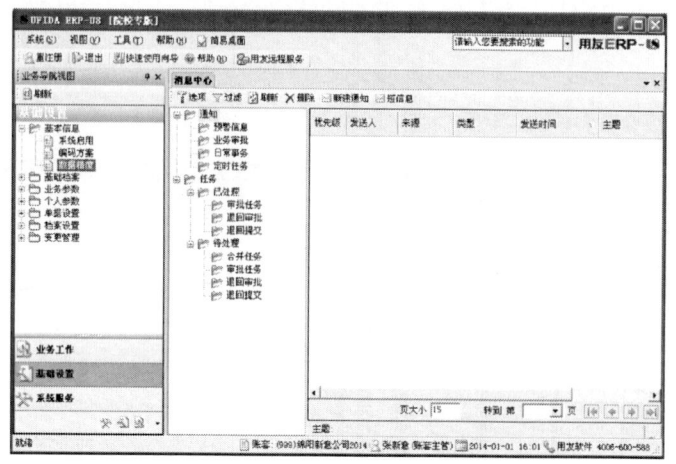

圖 10-41

10. 系統彈出「數據精度」設置窗口，在此可修改系統裡使用的數據精度，如圖 10-42 所示，修改完成後點擊「確定」按鈕，實現對修改的保存。

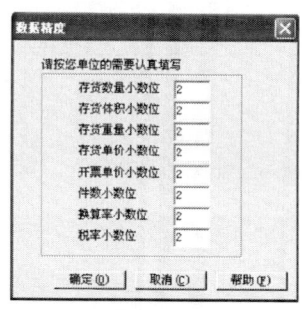

圖 10-42

實驗三　帳套備份與帳套恢復

【實驗準備】
已成功安裝用友 U8.72 管理軟件，將系統日期修改為「2014 年 1 月 1 日」。

【實驗指導】
帳套備份是指將所選的帳套數據進行備份輸出。對於企業系統管理員來講，定時將企業數據備份出來存儲到不同的介質上（如常見的光盤、U 盤、網絡磁盤等等），對數據的安全性是非常重要的。如果企業由於不可預知的原因（如火災、地震、計算機病毒、人為的誤操作等）需要對數據進行恢復，此時備份數據就可以將企業的損失降到最小。

一、帳套備份

帳套備份分為手工備份和自動備份。手工備份是指根據需要自己進行帳套的備份；自動備份是指系統根據自動備份設置，自動備份相關帳套信息，系統可以定時備份多個帳套，通過自動備份可有效減輕系統管理員的工作量，下面分別進行說明。

以系統管理員 admin 登錄系統進行操作。

（一） 自動備份

【操作步驟】

1. 執行【開始】→【所有程序】→【用友 ERP-U8.72】→【系統服務】→【系統管理】命令，系統彈出「用友 ERP-U8［系統管理］」窗口，執行【系統】→【注冊】命令，如圖 10-43 所示。

圖 10-43

2. 系統彈出「登錄」窗口，操作員輸入 admin，密碼無，帳套選擇 default，操作日期修改為 2014 年 01 月 01 日，如圖 10-44 所示。

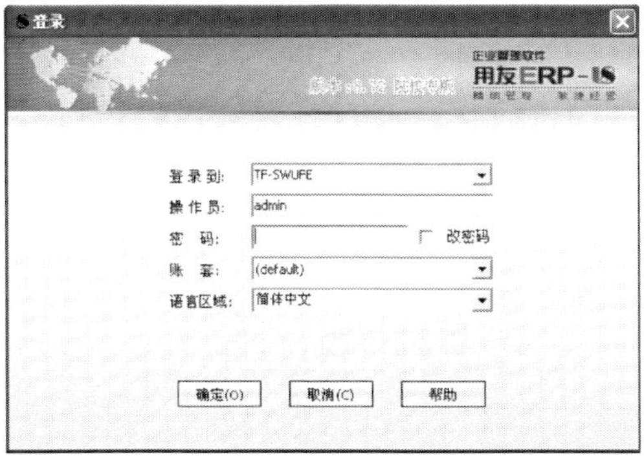

圖 10-44

第十章 系統管理

3. 執行【系統】→【設置備份計劃】命令，如圖 10-45 所示。

圖 10-45

【提示】以系統管理員的身份登錄系統管理，可設置多個帳套的備份計劃；以帳套主管身份登錄系統管理，只能備份當前帳套。

4. 系統彈出「備份計劃設置」窗口，單擊「增加」按鈕，如圖 10-46 所示。

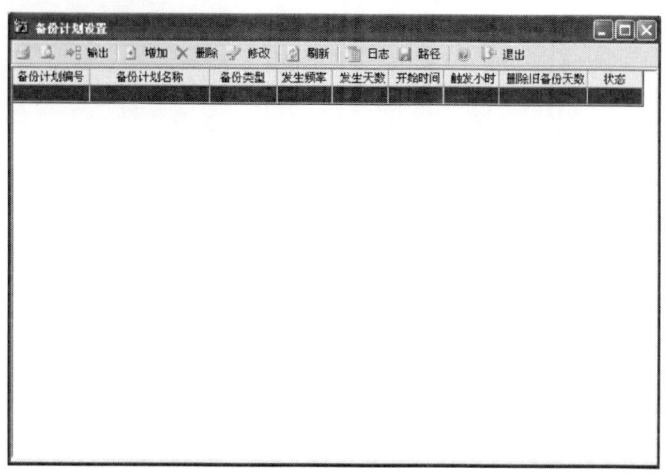

圖 10-46

5. 系統彈出「備份計劃詳細情況」窗口，錄入計劃編號「001」，計劃名稱「2014 年備份方案」，勾選帳套號「999」，其他根據第二章基礎資料裡的表 2-3 設置綿陽新意公司電子帳套自動備份信息，如圖 10-47 所示。

【說明】

(1) 計劃編號：系統可以同時設置多個不同條件組合的計劃，系統編號是這些計劃的標示號，最大長度可以為 12 個字符長度。

(2) 計劃名稱：可以對備份計劃進行標稱，最大長度 40 個字符。

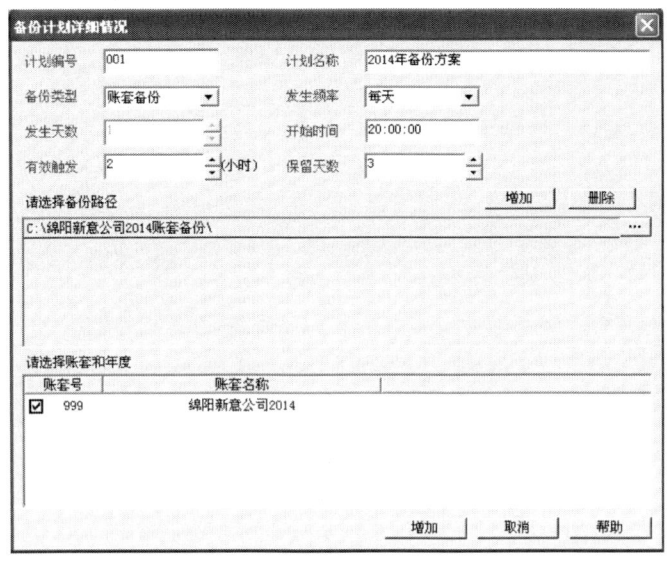

圖 10-47

（3）備份類型：以系統管理員身份進入的可以進行選擇，分為帳套備份和年度備份，對於以「帳套主管」權限注冊進入系統管理備份計劃的，此處是非選項「年度備份」。

（4）發生頻率：系統提供「每天、每周、每月」的選擇，即可以設置備份的周期。

（5）發生天數：系統根據發生頻率，確認執行備份計劃的確切天數。

選擇「每天」為周期的設置，系統不允許選擇發生天數。

選擇「每周」圍周期的設置，系統允許選擇的天數為「1~7」的數字（1代表星期日，2代表星期一，3代表星期二，4代表星期三，5代表星期四，6代表星期五，7代表星期六）。

選擇「每月」為周期的設置，系統運行選擇的天數為「1~31」的數字，如果其中某月的時間日期不足設置的天數，系統則按最後一天進行備份。例如：設置為 30，但在 2 月份時不足 30 天時，系統會在 2 月的最後一天進行備份。

發生頻率和發生天數組合確認備份的時間。舉例來說：選擇每周的第 5 天進行備份，就有在發生頻率中選擇「每周」，在「發生天數」選擇 6 即可以。

（6）開始時間：指在知道的發生頻率中的發生天數內的什麼時間開始進行備份。例如選擇每周的第 5 天 00：00：00 時進行備份，就有在發生頻率中選擇「每周」，在「發生天數」選擇 6，在開始時間選擇 00：00：00 即可以。

（7）有效觸發：指在備份開始到某個時間點內，每隔一定時間進行一次觸發檢查，直到成功。此處不是檢查的周期，而是檢查的最終時間點（如遇網絡或數據冲突無法備份時，以備份開始時間為準，在有效觸發小時的範圍內，系統可反覆重新備份，直到備份完成）。

(8) 保留天數：指系統可以自動刪除時限之外的備份數據，當數值為 0 時系統認為永不刪除備份。例如設置為 100，則系統以機器時間為準，將前 100 天的備份數據自動刪除。

(9) 備份路徑：可以選擇備份的目的地。

6. 點擊下方的「增加」按鈕，實現帳套自動備份設置，完成後的自動備份計劃如圖 10-48 所示。

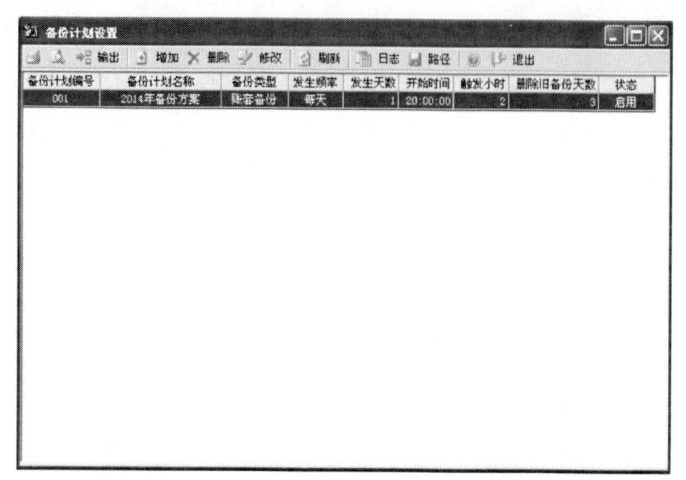

圖 10-48

【提示】帳套自動備份是指服務器在開機的情況下才能執行自動備份。

(二) 手工備份

1. 以系統管理員 admin 進入系統管理，執行【帳套】→【輸出】命令，如圖 10-49 所示。

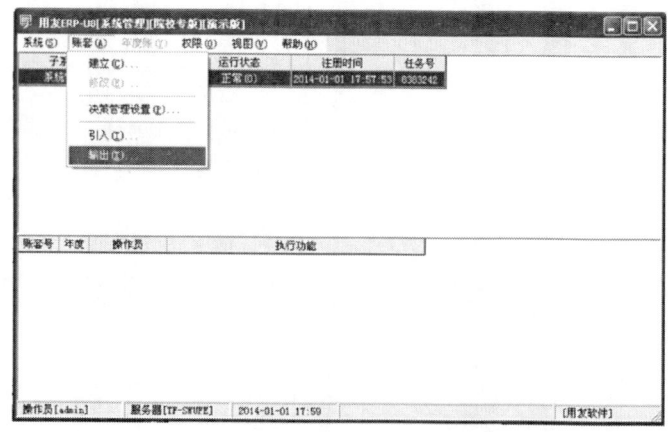

圖 10-49

2. 系統彈出「帳套輸出」設置窗口，選擇需要備份的帳套號「〔999〕綿陽新

意公司 2014」，單擊「確定」按鈕，系統開始備份，如圖 10-50 所示。

圖 10-50

【提示】 如在備份帳套的同時需要刪除當前帳套，則需勾選「刪除當前輸出帳套」選項。

3. 根據電腦的硬件配置不同，此部分需要 1~5 分鐘，隨後系統彈出「請選擇帳套備份路徑」窗口，在此選擇相應的備份路徑，如圖 10-51 所示。

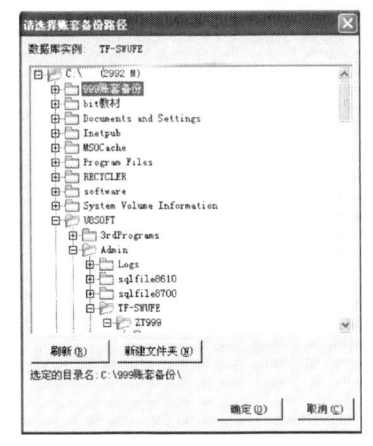

圖 10-51

4. 點擊「確定」按鈕，系統自動將帳套備份到指定的路徑，此時系統彈出「輸出成功」窗口，如圖 10-52 所示，單擊「確定」按鈕，帳套備份成功。

圖 10-52

5. 單擊「我的電腦」→「C 盤」→「999 帳套備份」文件夾，備份成功後的文件夾下應該有「UFDATA.BAK」文件和「UfErpAct.lst」兩個文件，如圖10-53所示，說明備份成功。

第十章 系統管理

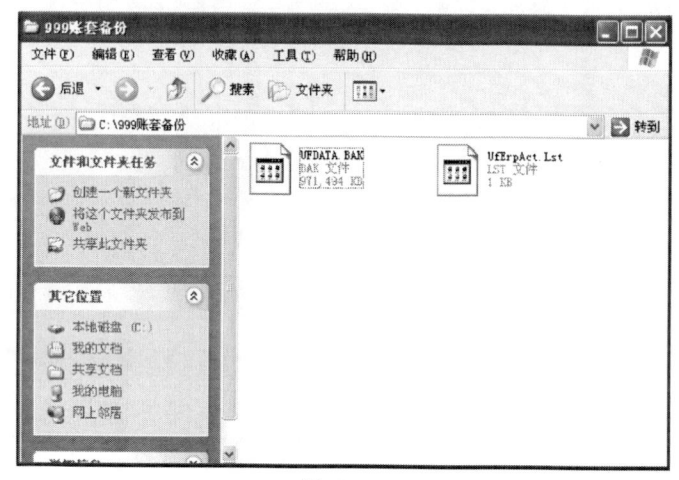

圖 10-53

【提示】用友 U8.72 帳套備份數據文件，默認文件名是「UfErpAct. lst」和「UFDATA. BAK」，「UFDATA. BAK」存儲的是帳套的基礎數據，「UfErpAct. lst」包含該備份帳套的基本信息，二者必須同時存在才表示備份成功。

二、帳套恢復

有時帳套數據損壞或服務器遭受病毒破壞無法讀取源數據，此時需要將原來備份的資料重新引入系統，而引入帳套功能可以實現帳套的恢復，下面介紹如何實現帳套的恢復。

【操作步驟】

1. 以系統管理員 admin 進入系統管理，選擇【帳套】→【引入】命令，如圖 10-54 所示。

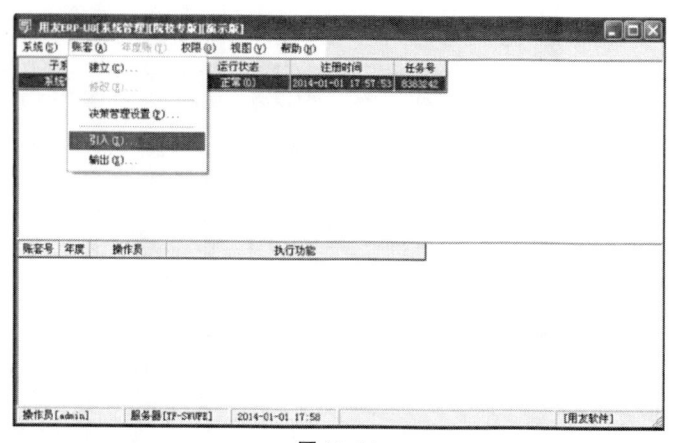

圖 10-54

450

2. 系統彈出「請選擇帳套備份文件」窗口，選擇相應的帳套備份文件，如圖 10-55 所示。

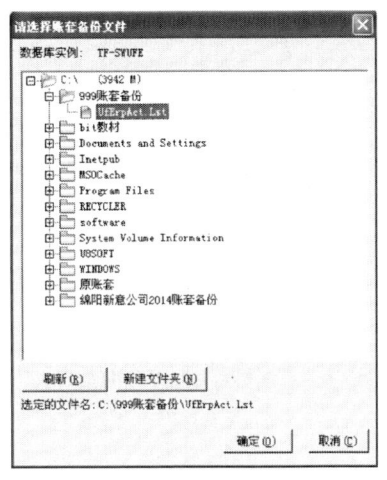

圖 10-55

3. 單擊「確定」按鈕，系統彈出「選擇帳套引入的目錄」提示，如圖 10-56 所示。

圖 10-56

4. 單擊「確定」按鈕，系統彈出帳套引入提示對話框，引入完成後系統彈出「請選擇帳套引入的目錄」窗口，如圖 10-57 所示。

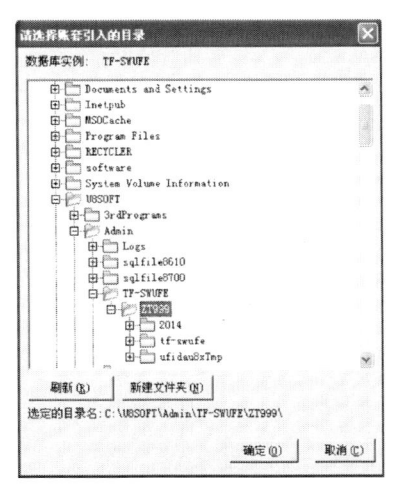

圖 10-57

第十章　系統管理

6. 單擊「確定」按鈕，系統彈出「帳套［999］引入成功」，如圖 10-58 所示，證明帳套引入完成。

圖 10-58

【提示】
（1）如果引入的帳套與系統中的帳套號重複，系統會提示是否覆蓋或取消引入，在此如果強制引入將覆蓋原來帳套中的數據。
（2）如只是測試數據，可用寫字板打開 UfErpAct. lst 文件，將文件內容中的代表帳套號更改為另一個編號（比如 999 帳套的備份數據，則可以將所有「999」字符更改為「888」字符），然後保存 UfErpAct. lst 文件再重新引入即可。

實驗四　用戶管理

【實驗準備】
已成功安裝用友 U8.72 管理軟件，將系統日期修改為「2014 年 1 月 1 日」。

【實驗指導】
角色是指在企業管理中擁有某一類職能的組織，例如實際工作中最常見的會計和出納兩個角色（他們可以是一個部門的人員，也可以不是一個部門但工作職能是一樣的角色統稱）。我們在設置角色後，可以定義角色的權限，如果用戶歸屬此角色其相應具有角色的權限。

用戶是指實際操作用友軟件的具體人員，設置用戶後，系統對於登錄操作要進行相關的合法性檢查。其作用類似於 Windows 的用戶帳號，只有設置了具體的用戶之後，才能進行相關的操作。

以系統管理員身份登錄系統管理，進行角色、用戶及相關權限的設置。

【提示】
（1）用戶和角色設置不分先後順序，用戶可以根據自己的需要先後設置。但對於自動傳遞權限來說，應該首先設定角色，然後分配權限，最後進行用戶的設置。這樣在設置用戶的時候，如果選擇其歸屬哪一個角色，則其自動具有該角色的權限。
（2）一個角色可以擁有多個用戶，一個用戶也可以分屬於多個不同的角色。
（3）若角色已經在用戶設置中被選擇過，系統則會將這些用戶名稱自動顯示在角色設置中的所屬用戶名稱的列表中。
（4）只有系統管理員有權限進行角色或用戶的設置。

一、角色設置

【操作步驟】

1. 執行【開始】→【所有程序】→【用友 ERP-U8.72】→【系統服務】→【系統管理】命令，系統彈出用友「ERP-U8［系統管理］」窗口，如圖 10-59 所示。

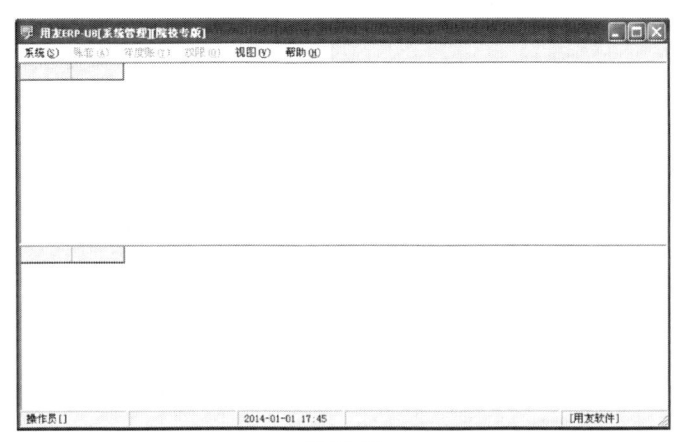

圖 10-59

2. 執行【系統】→【註冊】命令，系統彈出「登錄」窗口，操作員輸入「admin」，密碼無，帳套選擇「default」，操作日期修改為 2014 年 1 月 1 日，如圖 10-60 所示。

圖 10-60

3. 執行【權限】→【角色】命令，如圖 10-61 所示。

4. 系統彈出「角色管理」窗口，單擊「增加」按鈕，如圖 10-62 所示。

5. 系統彈出「角色詳細情況」設置窗口，角色編碼錄入「kj」，角色名稱錄入「會計」，備註中錄入「會計」，如圖 10-63 所示。

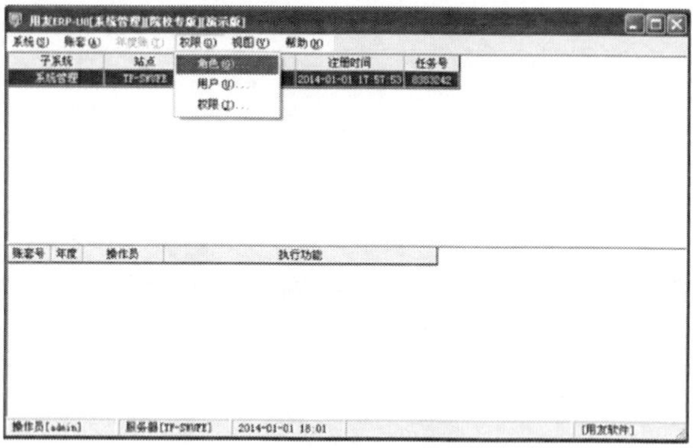

第十章　系統管理

圖 10-61

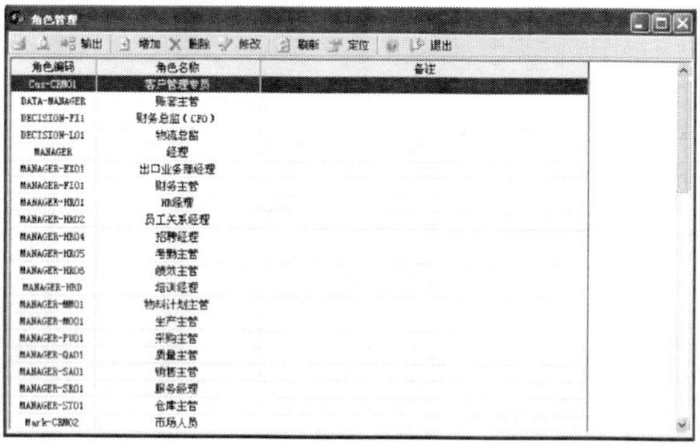

圖 10-62

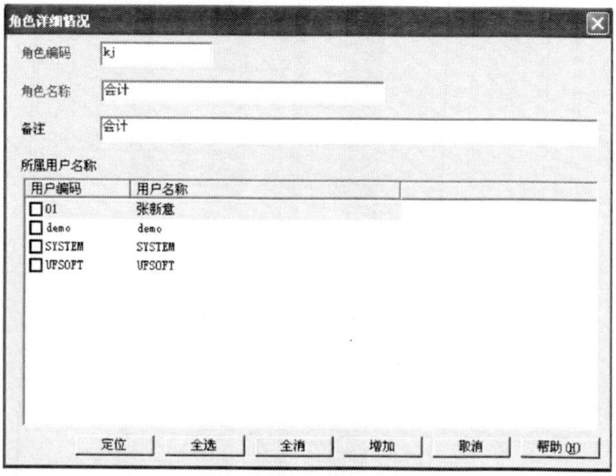

圖 10-63

6. 點擊「增加」按鈕，實現對角色的增加。單擊「退出」按鈕，系統退回到

「角色管理」窗口，此時我們增加的「會計」角色已經在角色管理窗口中了。如圖 10-64 所示。

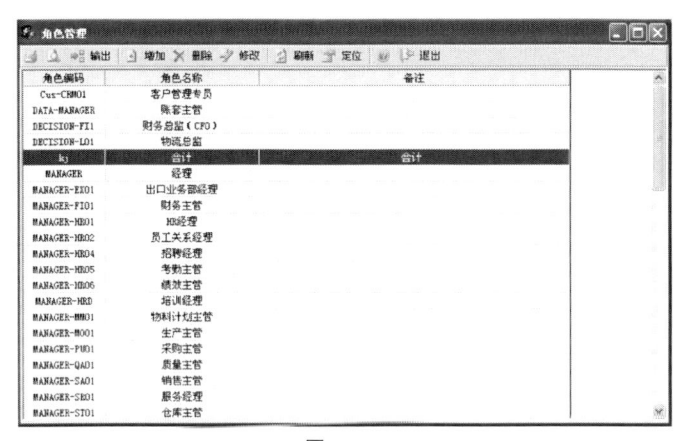

圖 10-64

二、用戶設置

【操作步驟】

1. 以系統管理員身份登錄系統管理，執行【權限】→【用戶】命令，如圖 10-65所示。

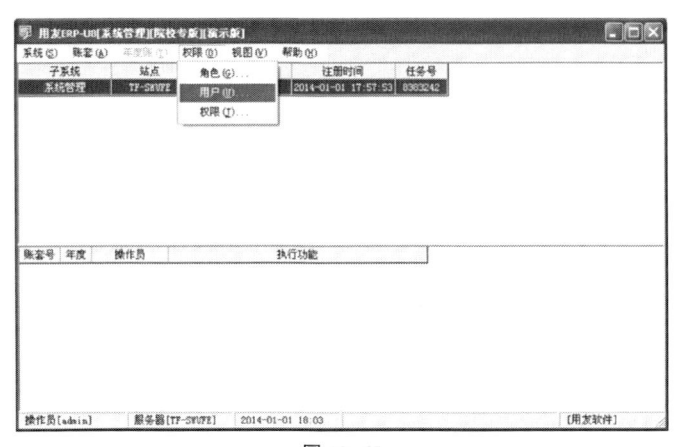

圖 10-65

2. 系統彈出「用戶管理」窗口，單擊「增加」按鈕，如圖 10-66 所示。

3. 系統彈出「操作員詳細情況」設置窗口，在編號中輸入「02」，姓名中輸入「李平」，認證方式選擇「用戶+口令」，所屬部門輸入「財務部」，如圖 10-67 所示。

第十章　系統管理

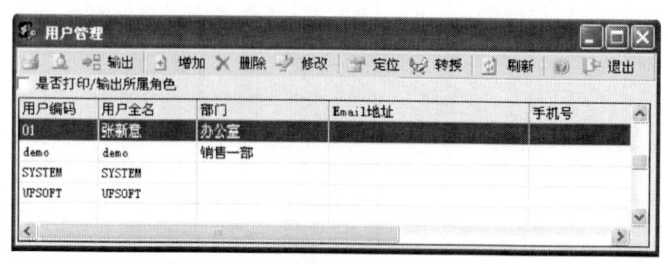

圖 10-66

圖 10-67

【提示】在此也可勾選用戶對應的角色，為用戶定義相應角色。

4. 點擊「增加」按鈕，系統將「李平」增加為操作員。依據表 2-2 對其他人員進行設置，完成後的用戶管理如圖 10-68 所示。

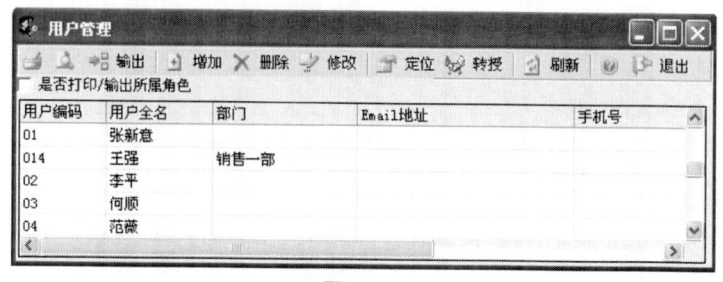

圖 10-68

456

三、用戶權限設置

【操作步驟】

1. 以系統管理員登錄系統管理，選擇【權限】→【權限】命令，如圖 10-69 所示。

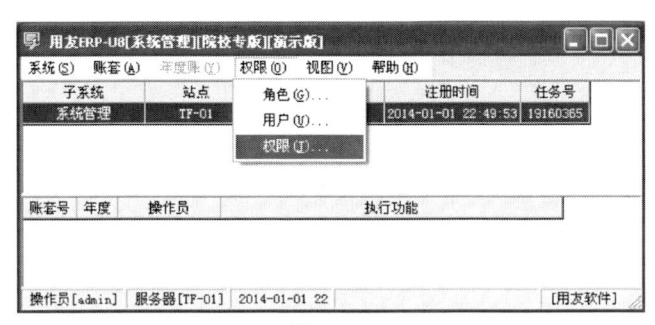

圖 10-69

2. 系統彈出「操作員權限」設置窗口，點擊左邊的用戶「何順」，點擊「修改」按鈕，勾選「帳套主管」選項，為用戶（何順）賦予帳套主管權限，如圖 10-70所示。

圖 10-70

2. 點擊「保存」按鈕進行保存，依據表 2-2 對綿陽新意公司其他用戶操作權限進行設置。

3. 對「角色」相應權限的設置與用戶的權限設置相同，如圖 10-71 所示。

第十章　系統管理

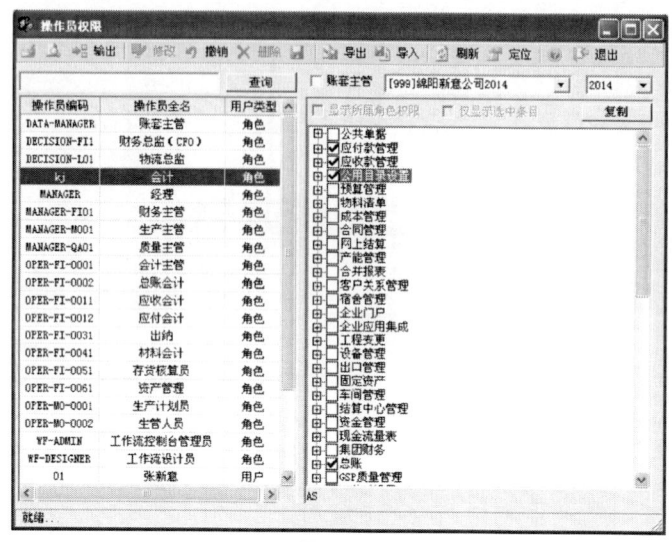

圖 10-71

【提示】不同用戶可具有不同的權限，不同權限的用戶登錄用友 U8 系統後顯示的界面不同。

四、系統管理其他功能

以系統管理員身份登錄系統。

【操作步驟】

1. 如果「用友企業應用平臺」沒有正常退出或系統有異常影響軟件使用，可以執行【視圖】→【清除異常任務】功能來使應用系統工作正常，如圖 10-72 所示。

圖 10-72

【說明】

系統管理一個很重要的用途就是對各個子系統的運行實施適時的監控。為此，系統將正在登錄到系統管理的子系統及其正在執行的功能在界面上列示出來，以

便於系統管理員用戶或帳套主管用戶進行監控。如果需要看最新的系統內容，則需要啟用刷新功能來適時刷新功能列表的內容。

在使用過程中由於不可預見的原因可能會造成單據鎖定，此時單據的正常操作將不能使用，此時使用「清除單據鎖定」功能，將恢復正常功能的使用。

如果用戶服務端超過異常限制時間未工作或由於不可預見的原因非法退出某系統，則視此為異常任務，在系統管理主界面顯示「運行狀態異常」，系統會在到達服務端失效時間時，自動清除異常任務。在等待時間內，用戶也可選擇「清除異常任務」菜單，自行刪除異常任務。

為了保證系統的安全運行，系統隨時對各個產品或模塊的每個操作員的上下機時間、操作的具體功能等情況都進行登記，形成上機日志，以便使所有的操作都有所記錄、有跡可尋。

【提示】該功能是用來實時監控系統運行情況，當要操作某個功能或系統有異常時，可在此查看或關閉異常等情況及清除單據鎖定等功能，以進行更進一步的處理。

2. 安全策略的設置，執行【系統】→【安全策略】命令，如圖10-73所示。

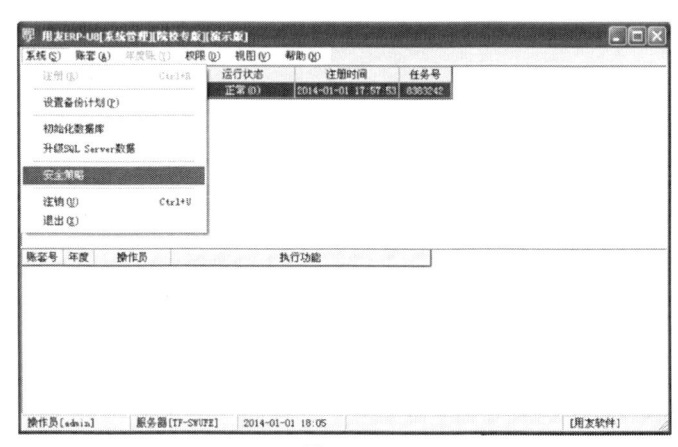

圖10-73

3. 系統彈出「安全策略」設置窗口，在此可選擇相應的安全策略及密碼策略進行登錄系統安全的設置，如圖10-74所示。

【說明】

（1）用戶使用初始密碼登錄時強制修改密碼：如果選中此項，則所有新增用戶或老用戶，只要沒有修改初始密碼，登錄時都會強制其修改才能登錄。

（2）新增用戶初始密碼：提供給系統管理員操作的易用性改進，在此處系統管理員可以設置一個企業級的用戶初始密碼，即新增用戶時的默認密碼，但可修改。

（3）設置用戶密碼最小長度：控制用戶設置密碼必須達到一定的長度，默認為零，即不控制長度。

第十章　系統管理

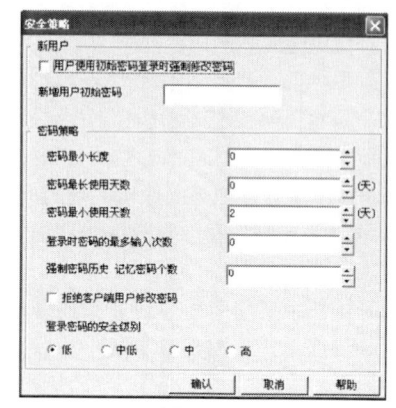

圖 10-74

　　（4）設置密碼最長使用期：即用戶密碼從設置開始計算，最長的使用天數，達到使用期限，用戶必須修改密碼才能正常登錄。只能輸入數字，單位為天，默認為 0，即不控制密碼最長使用天數。

　　（5）設置密碼最小使用期：即用戶密碼從設置開始計算，最短的使用天數。即用戶每次設置的密碼都必須使用一定天數之後才可以修改密碼。只能輸入數字，單位為天，默認為 0，即不控制密碼最小使用天數。建議此控制與「強制密碼歷史記憶密碼個數」結合使用。

　　（6）強制密碼歷史記憶密碼個數：U8 保存用戶曾經使用過的密碼，系統管理員在此處錄入的個數，意味著用戶修改密碼時，不能重複修改為在這數字內的前幾個使用過的密碼。建議此控制與「設置密碼最小使用期」結合使用。

　　（7）拒絕客戶端用戶修改密碼：用以滿足用戶在 IT 管理方面的需求，如統一分配用戶及密碼，方便系統維護。

　　（8）設置登錄密碼最多輸入次數，只能輸入數字，為數字型可用的最大位數，默認為 0 表示不限制次數。

　　【提示】系統管理的其他功能，請自行參考相應菜單下的相應設置進行學習，如遇到問題，可隨時按下鍵盤上的 F1 鍵進入用友幫助。

460

第十一章　基礎信息設置

在帳套建立完成之後，還需要根據企業實際情況創建基礎信息。這是因為一個帳套一般啓動了若干個子系統，如總帳、應收、應付、固定資產、存貨核算等，為了實現各個子系統之間數據的共享，應該根據企業的實際情況設置基礎信息，使系統能夠正常運行。

企業應用平臺是用友 ERP-U8 的管理入口，實現用友各個模塊的統一登錄及統一管理。操作員的角色和權限決定了其是否有權限登錄系統，是否可以使用企業應用平臺中的各個功能單元，不同權限的操作員登錄應用平臺後的界面不同。

基礎信息設置為系統的各個模塊正常運行提供支撐，主要包括基本信息設置、基礎檔案設置和業務參數設置等，下面分別介紹。

實驗一　部門職員設置

部門職員設置主要用於設置企業各個職能部門的信息，部門指某使用單位下轄的具有分別進行財務核算或業務管理要求的單元體，可以是實際中的部門機構，也可以是虛擬的核算單元。按照已經定義好的部門編碼級次原則輸入部門編號及其信息，最多可分 5 級，編碼總長 12 位，部門檔案包含部門編碼、名稱、負責人等信息。

【實驗準備】

已安裝用友 U8.72 管理軟件，部門職員信息表（見表 2-4、表 2-5），將系統日期修改為「2014 年 1 月 1 日」。

【實驗指導】

以帳套主管 01（張新意）身份登錄 U8 企業應用平臺進行相關操作。

一、部門信息設置

【操作步驟】

1. 執行【開始】→【所有程序】→【用友 ERP-U8.72】→【U8 企業應用平臺】命令，系統彈出「登錄」窗口，操作員輸入「01」，密碼無，帳套選擇「［999］綿陽新意公司 2014」，操作日期修改為「2014 年 01 月 01 日」，如圖 11-1 所示。

【提示】只有操作員與密碼正確後才能彈出帳套信息。

第十一章　基礎信息設置

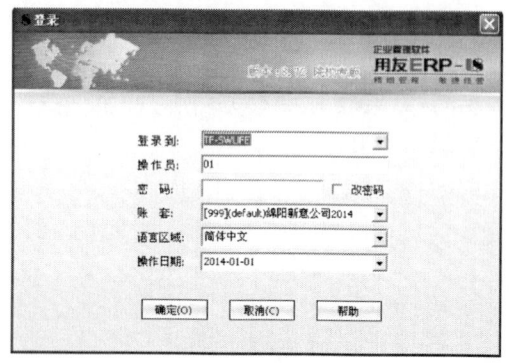

圖 11-1

2. 點擊「確定」按鈕，系統彈出「UFIDA ERP-U8」企業應用平臺窗口，雙擊「基礎設置」→「基礎檔案」→「機構人員」→「部門檔案」選項，如圖11-2所示。

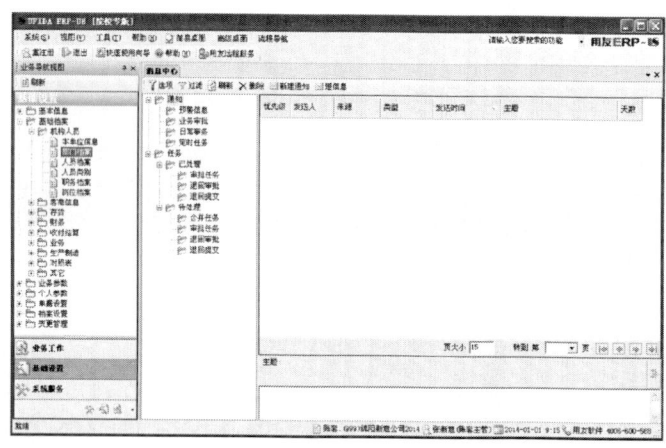

圖 11-2

3. 系統彈出「部門檔案」設置窗口，點擊「增加」按鈕可進行部門檔案的設置，部門編碼輸入「01」，部門名稱輸入「辦公室」，成立日期默認為「2014年1月1日」，如圖11-3所示。

【說明】

（1）部門編號：符合編碼級次原則。必須錄入，必須唯一。部門檔案中的「部門編碼」不允許與工作中心檔案的「工作中心編碼」重複。

（2）部門名稱：必須錄入。

（3）部門屬性：輸入部門是車間、採購部門、銷售部門等部門分類屬性，可以為空。

（4）信用信息：包括信用額度、信用等級、信用天數，指該部門對本部門負責的客戶的信用額度和最大信用天數，可以不填。如果在「銷售管理系統-銷售選項-信用

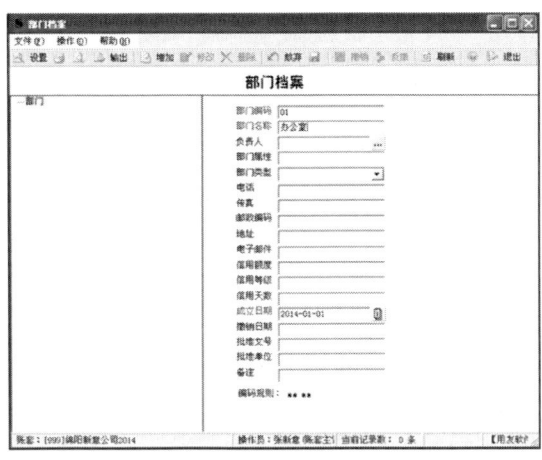

圖 11-3

控制頁簽」中選擇「是否有部門信用控制」，則需要在這裡輸入相應信息。

（5）成立日期：指部門的成立時間，默認為當前登錄時間。

（6）撤消日期：指部門的撤消時間，通過「撤消」按鈕輸入。

（7）批準文號：指部門成立或撤消所依據的文件號，可輸入任意字符。

（8）批準單位：指部門成立或撤消所依據的文件發出單位或批準單位，可輸入任意字符。

【提示】在輸入的時候注意編碼規則，如部門編碼沒有按照編碼規則設置，將無法保存。此時需執行「基礎設置」→「基本信息」→「編碼規則」→「部門編碼規則」進行編碼規則的修改，修改完成後退出用友重新登錄系統。

4. 根據表 2-4「新意公司組織架構表」進行部門檔案情況設置，設置完成後的部門檔案如圖 11-4 所示，點擊「關閉」按鈕退出部門檔案的設置。

圖 11-4

463

二、人員檔案設置

人員檔案設置主要用於設置企業各職能部門中需要進行核算和業務管理的職員信息，必須先設置好部門檔案才能在這些部門下設置相應的職員檔案。除了固定資產和成本管理產品外，其他產品均需使用職員檔案。如果企業不需要對職員進行核算和管理要求，則可以不設置職員檔案。

【操作步驟】

1. 以帳套主管身份登錄用友企業應用平臺，雙擊「基礎設置」→「基礎檔案」→「機構人員」→「人員檔案」選項，如圖 11-5 所示。

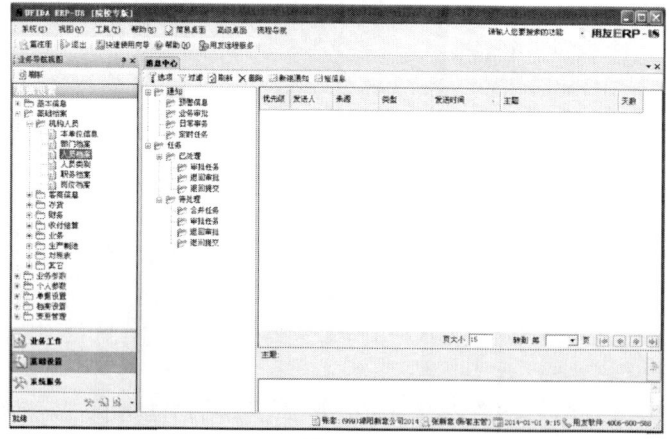

圖 11-5

2. 系統彈出「人員列表」設置窗口，點擊「增加」按鈕，如圖 11-6 所示，可進行人員檔案的設置。

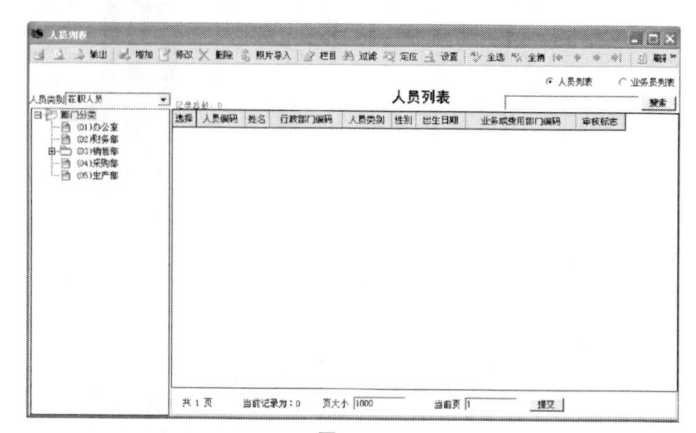

圖 11-6

3. 系統彈出「人員檔案」設置窗口，單擊「增加」按鈕，人員編碼輸入

「01」，人員姓名輸入「張新意」，性別選擇「男」，人員類別選擇「在職人員」，行政部門選擇「辦公室」，勾選「是否業務員」選項，系統自動填充生效日期及業務或費用部門，如圖11-7所示。

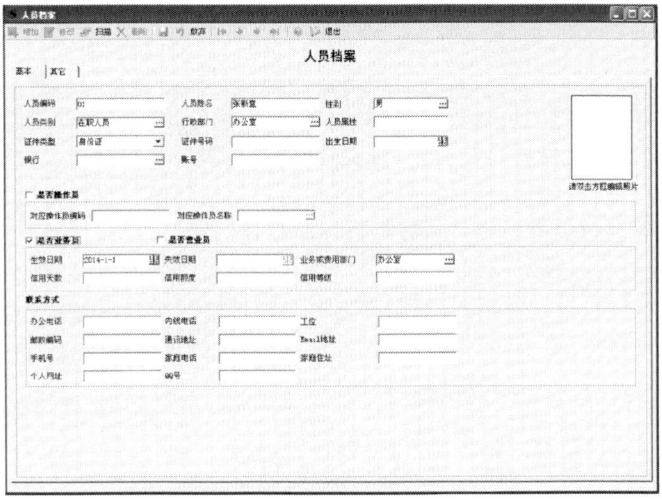

圖11-7

【說明】

（1）人員編號：必須錄入，必須唯一。

（2）人員名稱：必須錄入，可以重複。

（3）行政部門名稱：輸入該職員所屬的行政部門，參照部門檔案。

（4）人員屬性：填寫職員是屬於採購員、庫房管理人員還是銷售人員等人員屬性。

（5）人員類別：必須錄入，參照人員類別檔案，如果「人事信息管理」未啓用，則可隨時修改；否則，不能修改，應由HR業務進行處理。

（6）銀行：指人員工資等帳戶所屬銀行，參照銀行檔案。

（7）帳號：指人員工資等的帳號。

（8）是否業務員：指此人員是否可操作U8其他的業務產品，如總帳、庫存等。

（9）是否操作員：指此人員是否可操作U8產品，可以將本人作為操作員，也可與已有的操作員做對應關係。

（10）生效日期：作為業務員時可操作業務產品的日期，默認為建立人員時的登錄日期，可修改。

（11）註銷日期：已經做業務的業務員不能被刪除，當他不再做業務時，取消其使用業務功能的權利；已註銷的業務員可以取消註銷日期。

（12）業務及費用歸屬部門：指此人員作為業務員時所屬的業務部門，或當他不是業務員，但其費用需要歸集所設置的業務部門，參照部門檔案，只能輸入末

第十一章 基礎信息設置

級部門。

【提示】

（1）所有藍色部分的均是必填項，其他可根據需要進行填。

（2）操作員編碼不能修改，操作員的名稱可隨時修改。

（3）業務員的生效日期和失效日期與他的到崗日期、任職日期、離職日期等不做關聯控制。

（4）如果新增的人員設置為操作員時，則將操作員的所屬行政部門、Email 地址、手機號帶入到用戶檔案中，對於關聯的操作員或修改人員時，系統將提示您：人員信息已改，是否同步修改操作員的相關信息？如果您選擇「是」，則將操作員的所屬行政部門、Email 地址、手機號帶入到用戶檔案中。

4. 根據表 2-5「新意公司職員檔案表」，輸入相應人員信息後點擊「保存」按鈕，所有職員信息輸入完畢後，點擊「退出」按鈕退出「人員檔案」編輯窗口，完成後的人員列表信息如圖 11-8 所示。

圖 11-8

【提示】

（1）此處審核標志顯示「未處理」，因為沒有開通人力資源模塊，可不進行審核處理，不影響後繼的操作。

（2）在「基礎設置」→「基礎檔案」→「機構人員」項中還可以根據企業需求定義職務檔案、崗位檔案、人員類別等。

實驗二　客商信息設置

企業可以根據自身管理要求出發對客戶、供應商的所屬地區、行業、級別等進行相應的分類，以便於對業務數據的統計、分析及管理等。

【實驗準備】

已安裝用友 U8.72 管理軟件，客戶檔案和供應商檔案信息表（見表 2-6、表

2-7），將系統日期修改為「2014 年 1 月 1 日」。

【實驗指導】

以帳套主管 01（張新意）身份登錄 U8 企業應用平臺進行相關操作。

一、客戶信息設置

（一）客戶分類

企業可以根據自身管理的需要對客戶進行分類管理，建立客戶分類體系。可將客戶按行業、地區等進行劃分，設置客戶分類後，根據不同的分類建立客戶檔案。沒有對客戶進行分類管理需求的用戶可以不使用本功能。

【操作步驟】

1. 執行【開始】→【所有程序】→【用友 ERP-U8.72】→【U8 企業應用平臺】命令，系統彈出「登錄」窗口，操作員輸入「01」，密碼無，帳套選擇「［999］綿陽新意公司 2014」，操作日期修改為「2014 年 01 月 01 日」，如圖 11-9 所示。

圖 11-9

2. 點擊「確定」按鈕，系統彈出「UFIDA ERP-U8」企業應用平臺窗口，雙擊「基礎設置」→「基礎檔案」→「客商信息」→「客戶分類」選項，如圖 11-10 所示。

3. 系統彈出「客戶分類」設置窗口，點擊「增加」按鈕，分類編碼輸入「01」，分類名稱輸入「華中區」，輸入完成後點擊「保存」按鈕，如圖 11-11 所示。

【說明】

（1）類別編碼：客戶的類別編碼是系統識別不同客戶的唯一標志，編碼必須符合編碼規則和唯一，不能重複或修改。

（2）類別名稱：客戶的類別名稱是用戶對客戶的信息描述，可以是漢字或英文字母，不能為空。

467

第十一章 基礎信息設置

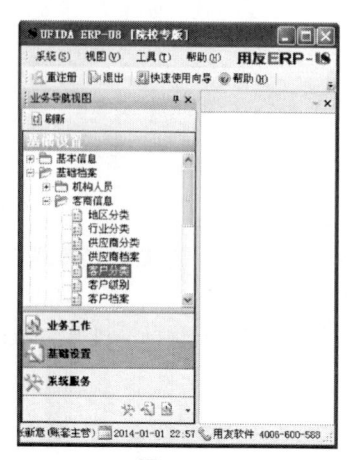

圖 11-10

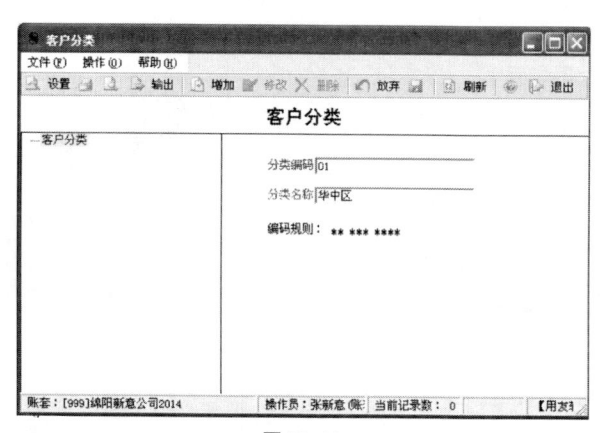

圖 11-11

4. 根據表 2-6「新意公司客戶檔案表」進行客戶分類設置，完成後的客戶分類信息如圖 11-12 所示。

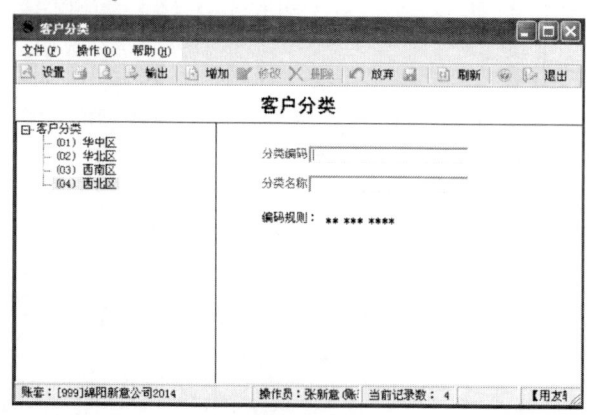

圖 11-12

（二）客戶檔案

客戶檔案主要用於設置往來客戶的檔案信息，以實現對客戶資料管理和業務數據的錄入、統計、分析。如果在建立帳套時選擇了客戶分類，則必須在設置完成客戶分類檔案的情況下才能編輯客戶檔案。

【操作步驟】

1. 以帳套主管身份 01（張新意）登錄 U8 企業應用平臺，雙擊「基礎設置」→「基礎檔案」→「客商信息」→「客戶檔案」，如圖 11-13 所示。

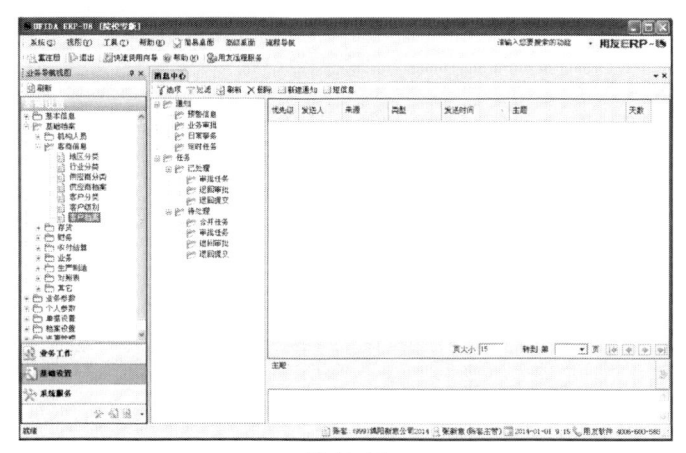

圖 11-13

2. 系統彈出「客戶檔案」設置窗口，點擊「增加」按鈕，如圖 11-14 所示。

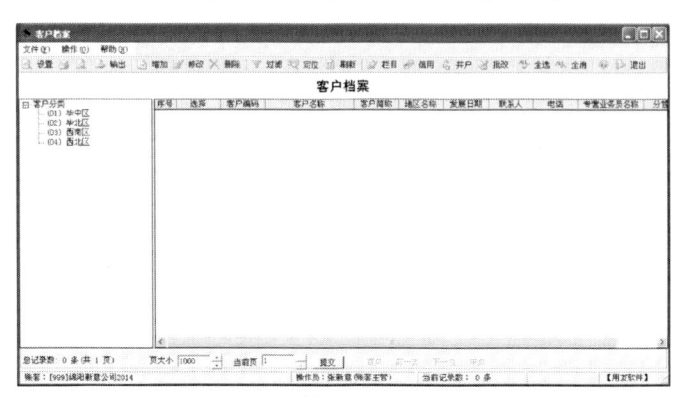

圖 11-14

3. 系統彈出「增加客戶檔案」窗口，客戶編碼輸入「01」，客戶名稱輸入「湖北途優高科公司」，客戶簡稱輸入「湖北途優」，所屬分類選擇「04 華中區」，如圖 11-15 所示，完成後點擊「保存」按鈕進行保存。

【說明】

（1）客戶編碼：客戶編碼必須唯一；客戶編碼可以用數字或字符表示，最多

469

第十一章 基礎信息設置

圖 11-15

可輸入 20 位數字或字符。

(2) 客戶名稱：客戶名稱用於銷售發票的打印，即打印出來的銷售發票的銷售客戶欄目顯示的內容為銷售客戶的客戶名稱。

(3) 客戶簡稱：客戶簡稱用於業務單據和帳表的屏幕顯示，例如屏幕顯示的銷售發貨單的客戶欄目中顯示的內容為客戶簡稱。

(4) 所屬分類：點擊參照按鈕選擇客戶所屬分類，或者直接輸入分類編碼。

(5) 所屬行業：輸入客戶所歸屬的行業，可輸入漢字。

(6) 客戶級別：指客戶的等級分類，參照客戶級別檔案輸入。

(7) 所屬銀行：指開戶銀行對應的總行，參照銀行檔案輸入。

(8) 分管部門：該客戶歸屬分管的銷售部門。

(9) 專營業務員：指該客戶由哪個業務員負責聯繫業務。

4. 依據表 2-6 進行新客戶的添加，完成後的客戶檔案信息如圖 11-16 所示。

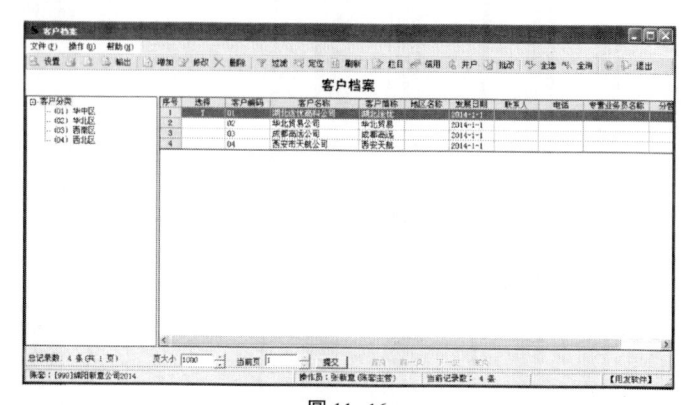

圖 11-16

470

二、供應商檔案設置

供應商檔案設置主要用於設置往來供應商的檔案信息，以實現對供應商資料管理和業務數據的錄入、統計、分析。如果在建立帳套時選擇了供應商分類，則必須在設置完成供應商分類檔案的情況下才能編輯供應商檔案。

建立供應商檔案主要是為企業的採購管理、庫存管理、應付帳管理服務的。在填製採購入庫單、採購發票和進行採購結算、應付款結算和有關供貨單位統計時都會用到供貨單位檔案，因此必須應先設立供應商檔案，以便減少工作差錯。在輸入單據時，如果單據上的供貨單位不在供應商檔案中，則必須在此建立該供應商的檔案。

（一）供應商分類

【操作步驟】

1. 以帳套主管身份登錄 U8 企業應用平臺，雙擊「基礎設置」→「基礎檔案」→「客商信息」→「供應商分類」選項，如圖 11-17 所示。

圖 11-17

2. 系統彈出「供應商分類」設置窗口，點擊「增加」按鈕，分類編碼輸入「01」，分類名稱輸入「華東區」，點擊「保存」按鈕進行保存，如圖 11-18 所示。

【提示】

（1）此處注意編碼規則。系統按檔案的編碼方案自動填入檔案的編碼，可修改。

（2）已停用的供應商（即供應商檔案的停用日期小於當前單據日期的供應商），輸入單據時不能再參照，否則系統提示「此供應商已停用，請選擇其他供應商」。

（3）供應商檔案在執行打印（預覽）、輸出、查詢時，系統會分別檢查操作員是否擁有供應商檔案的打印、輸出、查詢權限。

第十一章 基礎信息設置

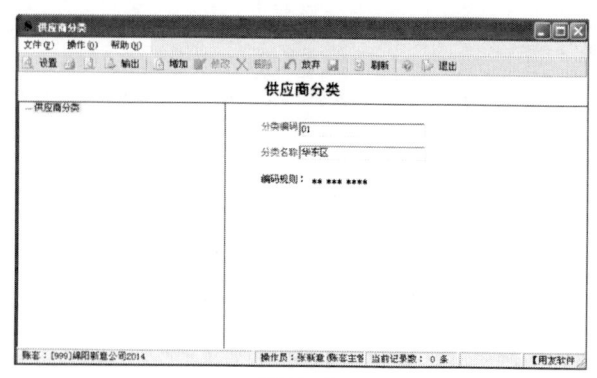

圖 11-18

3. 依據表 2-7 進行其他供應商類別的設置，設置完成後的供應商分類如圖 11-19 所示。

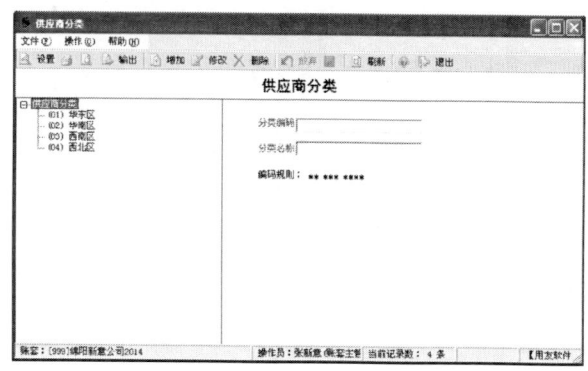

圖 11-19

（二）供應商檔案

【操作步驟】

1. 以帳套主管身份登錄用友 U8 企業應用平臺，雙擊「基礎設置」→「基礎檔案」→「客商信息」→「供應商檔案」選項，如圖 11-20 所示。

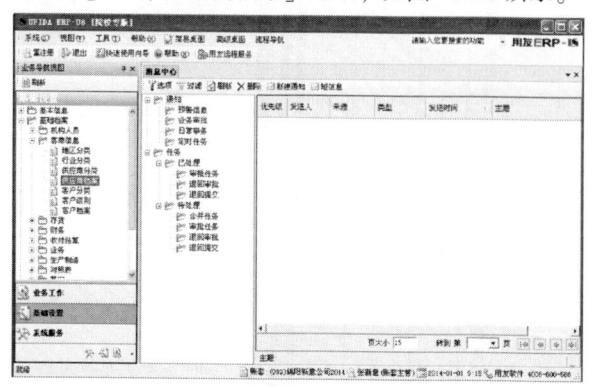

圖 11-20

472

2. 系統彈出「供應商檔案」設置窗口，單擊「增加」按鈕，如圖 11-21 所示。

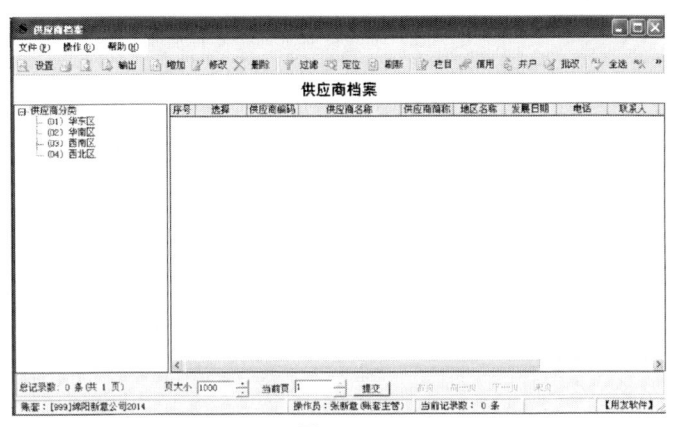

圖 11-21

3. 系統彈出「增加供應商檔案」窗口，供應商編碼輸入「01」，供應商名稱輸入「上海宏運公司」，供應商簡稱輸入「上海宏運」，所屬分類選擇「01 華東區」，錄入完成後點擊「保存」按鈕進行保存，如圖 11-22 所示。

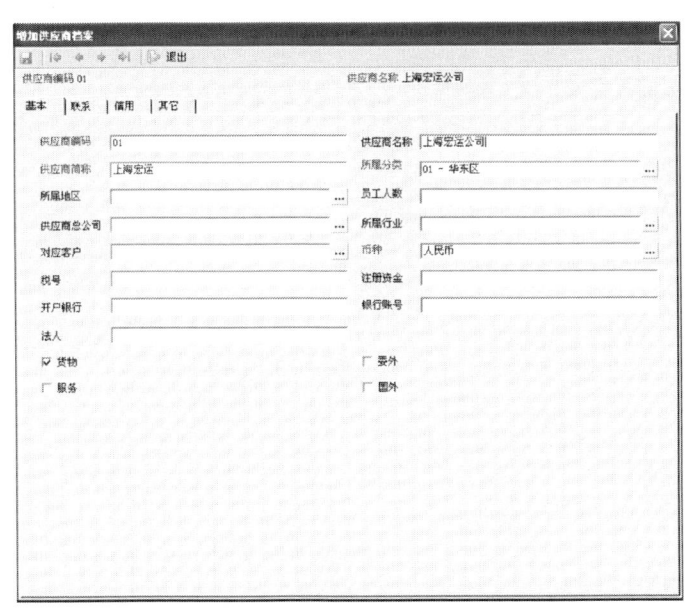

圖 11-22

【提示】
（1）所有藍色部分的均是必填項，其他可根據需要進行錄入。
（2）如果供應商已被使用，則供應商屬性不能刪除修改，可增選其他項。

第十一章　基礎信息設置

4. 在此根據表 2-7「供應商檔案表」進行其他供應商信息的錄入，所有供應商信息輸入完畢後保存，點擊「退出」按鈕，系統彈出「供應商檔案-供應商分類」窗口，輸入完成後的供應商檔案信息如圖 11-23 所示。

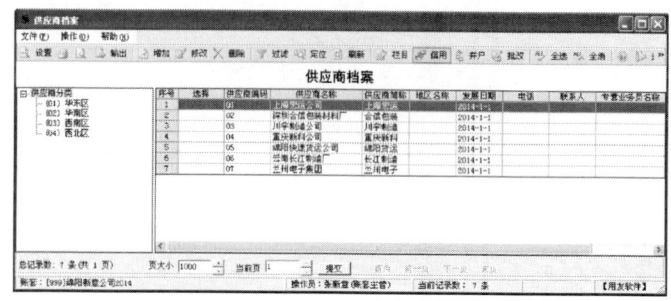

圖 11-23

【提示】客商信息也可根據企業實際需要設置地區分類、行業分類等信息。

實驗三　財務信息設置

財務信息設置是進行財務核算的基礎工作。財務信息設置包含會計科目、憑證類別、外幣核算、項目目錄等基礎資料的設置。

【實驗準備】

已安裝用友 U8.72 管理軟件，財務相關檔案信息表（見表 2-8、表 2-9、表 2-10），將系統日期修改為「2014 年 1 月 1 日」。

【實驗指導】

以帳套主管 01（張新意）身份登錄 U8 企業應用平臺進行相關操作。

一、憑證類別設置

為了便於管理或登帳方便，一般對記帳憑證進行分類編製，但各單位的分類方法不盡相同，用友 U8.72 提供了「憑證類別」設置功能，用戶可以按照單位的需要對憑證進行分類。

【操作步驟】

1. 執行【開始】→【所有程序】→【用友 ERP-U8.72】→【U8 企業應用平臺】命令，系統彈出「登錄」窗口，操作員輸入「01」，密碼無，帳套選擇「［999］綿陽新意公司 2014」，操作日期選擇 2014 年 01 月 01 日，如圖 11-24 所示。

2. 點擊「確定」按鈕，系統彈出用友「UFIDA ERP-U8」企業應用平臺窗口，雙擊「基礎設置」→「基礎檔案」→「財務」→「憑證類別」選項，如圖 11-25 所示。

474

圖 11-24

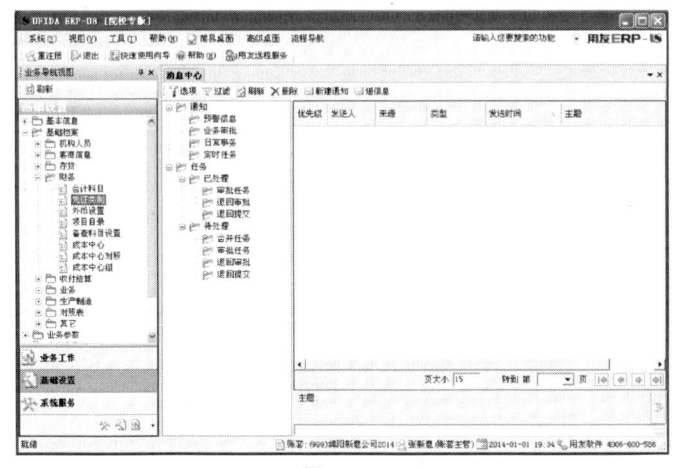

圖 11-25

3. 系統彈出「憑證類別預置」窗口，分類方式選擇「記帳憑證」，點擊「確定」按鈕，如圖 11-26 所示。

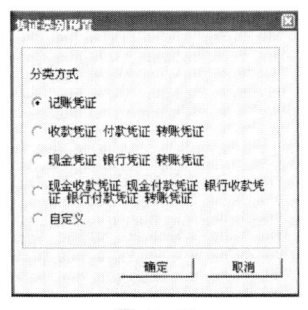

圖 11-26

4. 系統彈出「憑證類別」設置窗口，單擊「增加」按鈕，類別字中輸入

第十一章 基礎信息設置

「自」，類別名稱輸入「新意公司憑證」，限制類型選擇「無限制」，可增加憑證類別，如圖 11-27 所示。

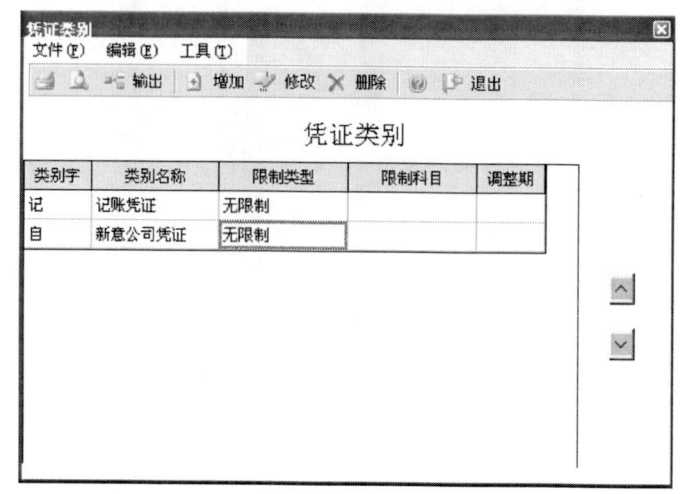

圖 11-27

【提示】每個公司可根據公司需要設置憑證類別名稱，也可根據系統默認使用系統默認憑證類別。

二、外幣設置

外幣設置是專為外幣核算服務的。在此可根據實際需要設置匯率。在「填製憑證」中所用的匯率應先在外幣設置進行定義，以便製單時調用，減少錄入匯率的次數和差錯。

當匯率變化時，應預先在外幣設置中進行定義；否則，製單時不能正確錄入匯率。對於使用固定匯率（即使用月初或年初匯率）作為記帳匯率的用戶，在填製每月的憑證前，應預先在外幣設置中錄入該月的記帳匯率。

【操作步驟】

1. 以帳套主管身份登錄 U8 企業應用平臺，雙擊「基礎設置」→「基本檔案」→「財務」→「外幣設置」選項，如圖 11-28 所示。

2. 系統彈出「外幣設置」窗口，點擊「增加」按鈕，幣符輸入「USD」，幣名輸入「美元」，匯率小數位輸入「5」，最多誤差輸入「0.00001」，折算方式選擇「原幣＊匯率＝本位幣」，點擊「確定」按鈕後，可進行記帳匯率的設置，如圖 11-29 所示。

【說明】

（1）幣符及幣名：所定義外幣的符號及其名稱，如美元，其幣符可以定義為 USD，名稱定義為美元，幣符為必輸項。

（2）匯率小數位：定義外幣的匯率小數位數，系統默認為 5 位。

（3）折算方式：分為直接匯率與間接匯率兩種，用戶可以根據外幣的使用情況

476

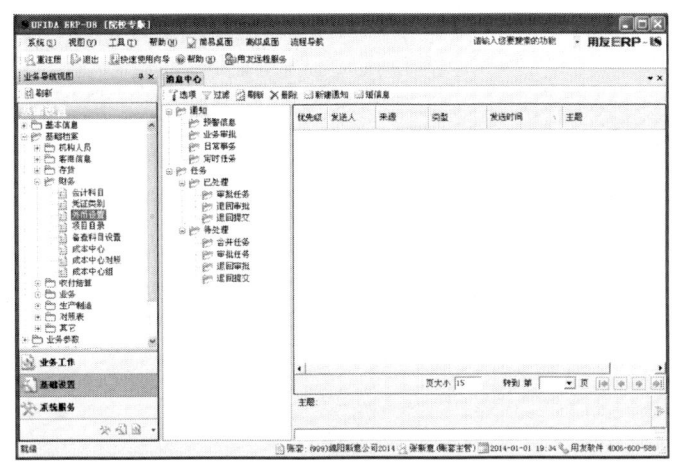

圖 11-28

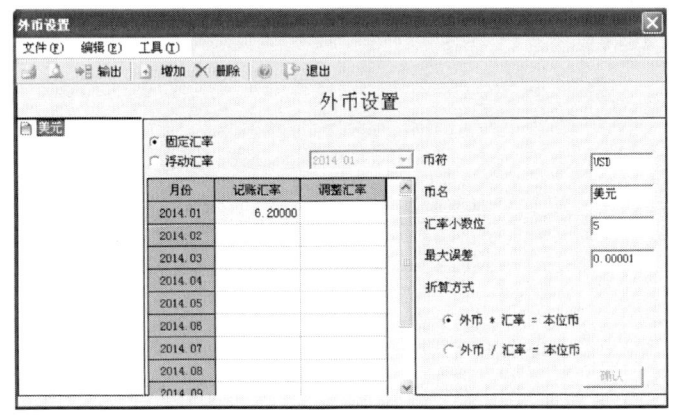

圖 11-29

選定匯率的折算方式。直接匯率即（外幣＊匯率＝本位幣），間接匯率即（外幣/匯率＝本位幣）。

（4）外幣最大誤差：在記帳時，如果外幣＊（或/）匯率－本位幣＞最大折算誤差，則系統給予提示，系統默認最大折算誤差為 0.00001，即不相等時就提示。

（5）固定匯率與浮動匯率：選「固定匯率」即可錄入各月的月初匯率，選「浮動匯率」即可錄入所選月份的各日匯率。

（6）記帳匯率：在平時製單時，系統自動顯示此匯率，如果用戶使用固定匯率（月初匯率），則記帳匯率必須輸入，否則製單時匯率為 0。

（7）調整匯率：即月末匯率。在期末計算匯兌損益時用，平時可不輸，等期末可輸入期末時匯率，用於計算匯兌損溢，本匯率不作其他用途。

3. 依據表 2-9 進行其他外幣信息設置，外幣設置完成後如圖 11-30 所示。

第十一章　基礎信息設置

圖 11-30

【提示】此處僅供用戶錄入固定匯率與浮動匯率，並不決定在製單時使用固定匯率還是浮動匯率，在各個子系統的【選項】→【匯率方式】的設置決定製單使用固定匯率還是浮動匯率。

三、會計科目的設置

會計科目是填製會計憑證、登記會計帳簿、編製會計報表的基礎。會計科目是對會計對象具體內容分門別類進行核算所規定的項目。會計科目是一個完整的體系，它是區別於流水帳的標志，是復式記帳和分類核算的基礎。會計科目設置的完整性影響著會計過程的順利實施，會計科目設置的層次深度直接影響會計核算的詳細、準確程度。

每個會計科目核算的經濟內容是不同的，具體如下：

行政事業中分為：資產、負債、淨資產、收入、支出。

企業中分為：資產、負債、所有者權益、成本、損益。

本實驗完成對會計科目的設立和管理，用戶可以根據業務的需要方便地增加、插入、修改、查詢、打印會計科目。

【操作步驟】

1. 以帳套主管身份登錄 U8 企業應用平臺，雙擊「基礎設置」→「基本檔案」→「財務」→「會計科目」選項，如圖 11-31 所示。

2. 系統彈出「會計科目」設置窗口，單擊「增加」按鈕，如圖 11-32 所示。

3. 系統彈出「新增會計科目」設置窗口，在科目編碼中輸入「100101」，科目名稱中輸入「人民幣」，勾選「日記帳」，如圖 11-33 所示，點擊「確定」按鈕實現 100101 會計科目的設置。

478

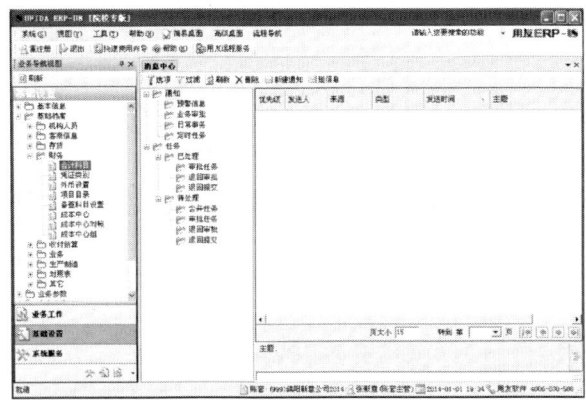

圖 11-31

圖 11-32

圖 11-33

第十一章　基礎信息設置

4. 依據表 2-10 進行其他會計科目的設置。
【提示】
（1）在科目設置中定義的客戶、供應商核算的科目將自動被設置成應收應付系統的受控科目，此時可根據需要自由修改是否受控。
（2）科目增加下級科目時，自動將原科目的所有帳全部轉移到新增的下級第一個科目中，此操作不可逆。同時要求新增加的下級科目所有科目屬性與原上級科目一致。
（3）已使用末級的會計科目不能再增加下級科目。非末級科目及已使用的末級科目不能再修改科目編碼。
（4）請按要求及提示錄入相關會計科目，如錄入不正確將將影響後繼內容的錄入及學習。

四、指定科目

【操作步驟】
1. 以帳套主管身份登錄 U8 企業應用平臺，執行「基礎設置」→「基本檔案」→「財務」→「會計科目」選項，在彈出的「會計科目」設置窗口，選擇【編輯】→【指定科目】選項，如圖 11-34 所示。

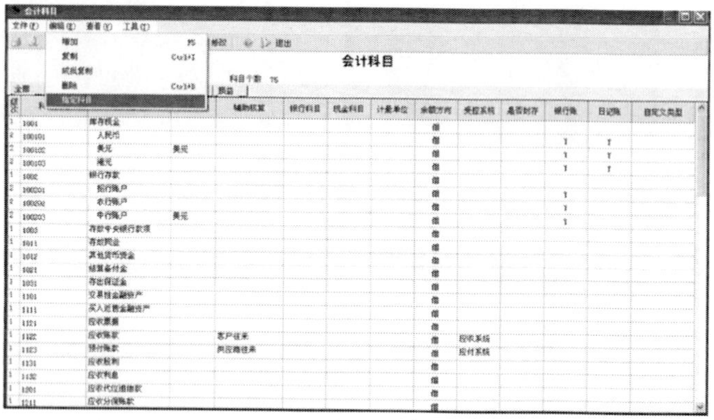

圖 11-34

2. 系統彈出「指定科目」對話框，在「現金科目」中指定已選科目為「1001 庫存現金」，如圖 11-35 所示。
【提示】
（1）此處指定的現金、銀行存款科目供出納管理使用，所以在查詢現金、銀行存款日記帳前，必須指定現金、銀行存款總帳科目。
（2）如果本科目已被制過單或已錄入期初餘額，則不能刪除、修改該科目。如要修改該科目必須先刪除有該科目的憑證，並將該科目及其下級科目餘額清零，再行修改，修改完畢後要將餘額及憑證補上。
（3）如果指定科目的上級目錄已指定，則本目錄下的所有二級或多級目錄自

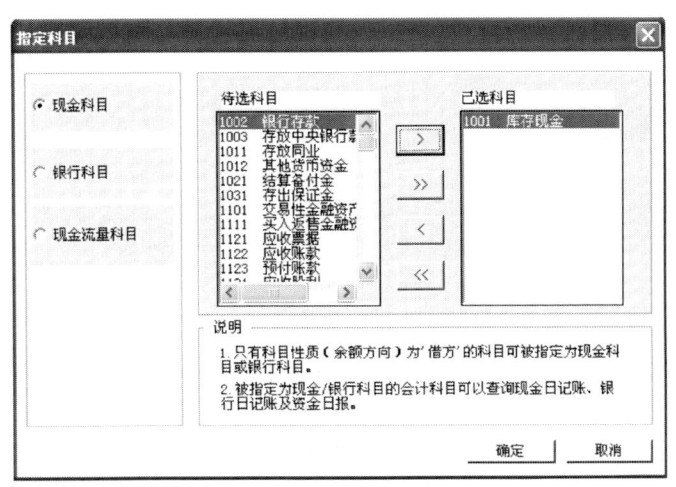

圖 11-35

動指定，如我們指定現金科目為 1001 現金科目，則 1001 現金科目下的 100101 人民幣、100102 美元等自動轉為現金科目。

3. 在「銀行科目」中指定已選科目為「1002 銀行存款」，如圖 11-36 所示。

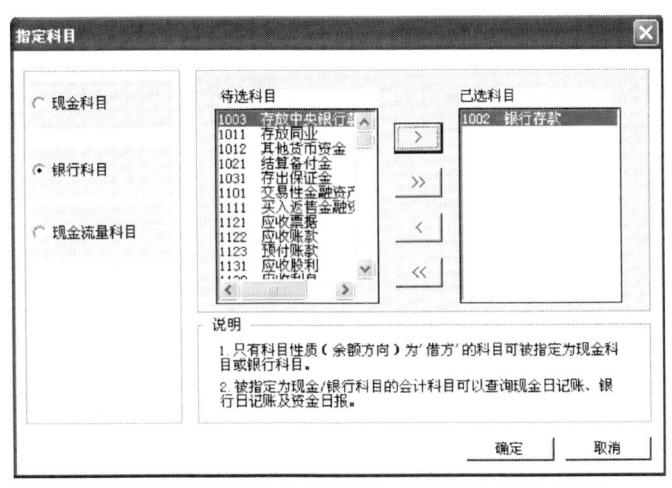

圖 11-36

【提示】

（1）必須指定現金流量科目，才能在填製憑證時錄入現金流量項目。

（2）在填製憑證錄入分錄的同時錄入現金流量項目才能為以後的現金流量統計表、現金流量明細表提供數據。

（3）設置了現金流量科目後在輸入每筆現金業務時系統會要求輸入對應的科目，在此為簡單起見，我們暫且不設置。

4. 設置完成後的會計科目如圖 11-37 所示。

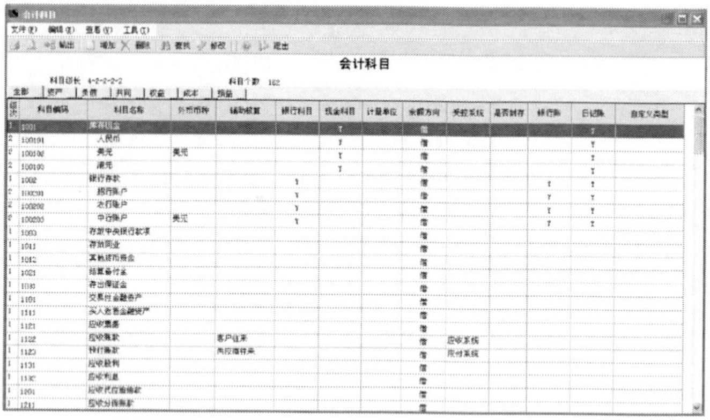

第十一章 基礎信息設置

圖 11-37

【提示】在「基礎設置」→「基本檔案」→「財務」項下可根據企業需要設置項目目錄、成本中心、成本中心組等其他相關信息。

實驗四 收付結算設置

收付結算設置用來建立和管理用戶在經營活動中所涉及的結算方式、付款條件、銀行信息、利率設置、結息日定義等功能。

【實驗準備】

已安裝用友 U8.72 管理軟件，收付相關信息表（見表 2-11、表 2-12），將系統日期修改為「2014 年 1 月 1 日」。

【實驗指導】

以帳套主管 01（張新意）身份登錄 U8 企業應用平臺進行相關操作。

一、結算方式設置

結算方式設置用來建立和管理用戶在經營活動中所涉及的結算方式。它與財務結算方式一致，如現金結算、支票結算等。結算方式最多可以分為 2 級。結算方式一旦被引用，便不能進行修改和刪除的操作。

【操作步驟】

1. 執行【開始】→【所有程序】→【用友 ERP-U8.72】→【U8 企業應用平臺】命令，系統彈出「登錄」窗口，操作員輸入「01」，密碼無，帳套選擇「［999］綿陽新意公司 2014」，操作日期選擇 2014 年 01 月 01 日，如圖 11-38 所示。

2. 點擊「確定」按鈕，系統彈出用友「UFIDA ERP-U8」企業應用平臺窗口，雙擊「基礎設置」→「基礎檔案」→「收付結算」→「結算方式」選項，如圖 11-39 所示。

圖 11-38

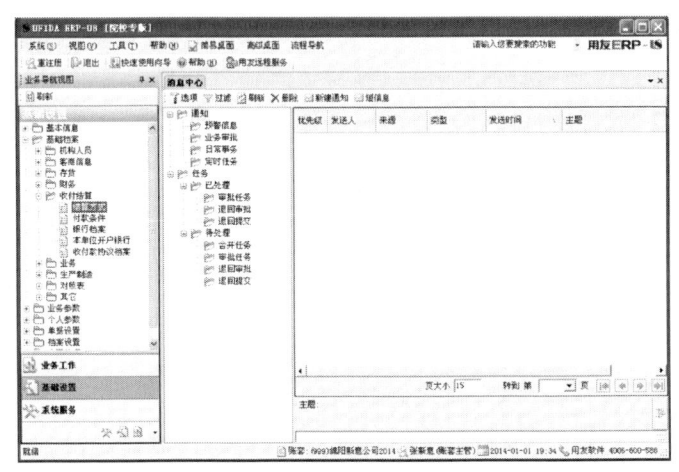

圖 11-39

3. 系統彈出「結算方式」設置窗口，單擊「增加」按鈕，在結算方式編碼輸入「1」，結算方式名稱輸入「現金」，完成後點擊「保存」按鈕，如圖 11-40 所示。

【說明】

(1) 結算方式編碼：用以標示某結算方式。用戶必須按照結算方式編碼級次的先後順序來進行錄入，錄入值必須唯一。

(2) 結算方式名稱：用戶根據企業的實際情況，必須錄入所用結算方式的名稱，錄入值必須唯一。結算方式名稱最多可寫 6 個漢字（或 12 個字符）。

(3) 票據管理標志：用戶可根據實際情況，通過單擊復選框來選擇該結算方式下的票據是否要進行票據管理。

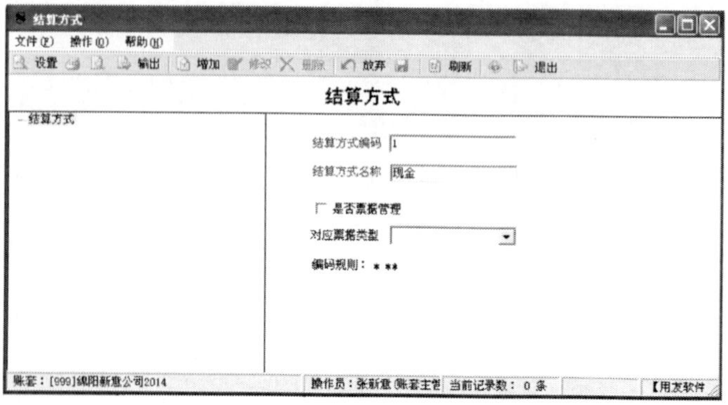

第十一章　基礎信息設置

圖 11-40

4. 依據表 2-11，輸入新意公司的其他結算方式，錄入完成後的結算方式如圖 11-41 所示。

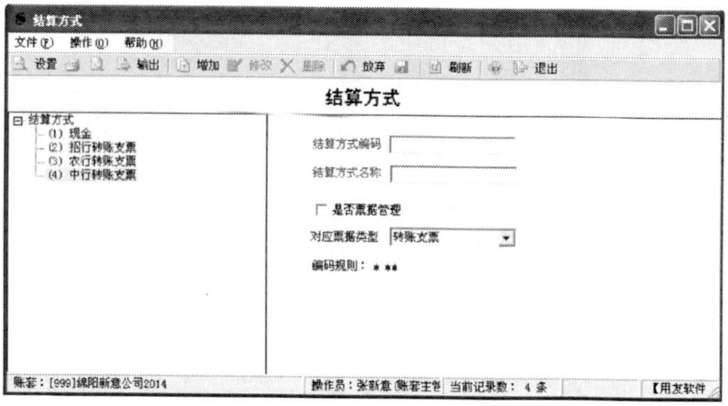

圖 11-41

【提示】如勾選「是否票據管理」，則在選擇該種結算方式時，系統會提示記錄發生該筆業務的票據信息，否則不會提示。

二、銀行信息設置

銀行檔案用於設置企業所用的各銀行總行的名稱和編碼，用於工資、HR、網上報銷、網上銀行等系統。用戶可以根據業務的需要方便地增加、修改、刪除、查詢、打印銀行檔案。

用友 U8 支持多個開戶行及帳號的情況。本單位開戶銀行用於維護及查詢使用單位的開戶銀行信息。開戶銀行一旦被引用，便不能進行修改和刪除的操作。

【操作步驟】

1. 以帳套主管身份登錄用友 U8 企業應用平臺，雙擊「基礎設置」→「基礎檔案」→「收付結算」→「本單位開戶銀行」選項，如圖 11-42 所示。

圖 11-42

2. 系統彈出「本單位開戶銀行」設置窗口，單擊「增加」按鈕，如圖 11-43 所示。

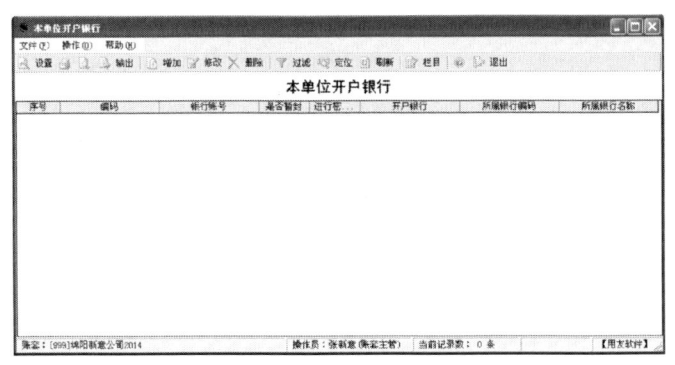

圖 11-43

3. 系統彈出「增加本單位開戶銀行」信息，在編碼處輸入「001」，銀行帳號輸入「123456789056」，帳戶名稱輸入「綿陽新意公司」，開戶銀行輸入「招行綿陽支行」，所屬銀行編碼選擇「02 招商銀行」，完成後點擊「保存」按鈕，如圖 11-44所示。

【說明】

(1) 編號：用來標示某開戶銀行及帳號。用戶可手工輸入，也可以由系統自動給定。錄入值必須唯一。

(2) 帳號：用來輸入使用單位在開戶銀行中的帳號名稱。用戶必須輸入，且必須唯一。

(3) 開戶銀行：用來輸入使用單位的開戶銀行名稱。用戶必須輸入，名稱可以重複。

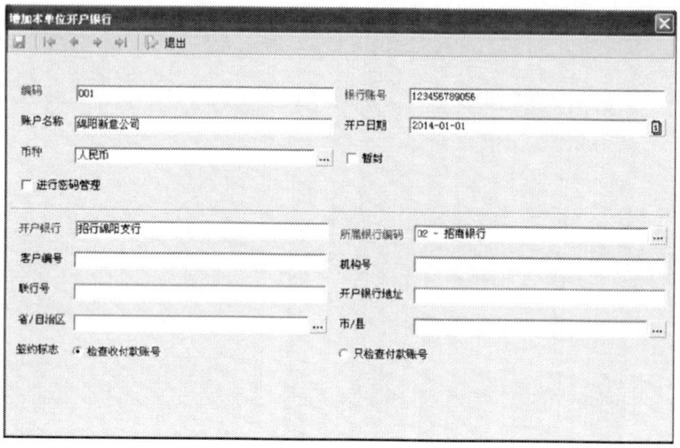

第十一章 基礎信息設置

圖 11-44

（4）所屬銀行：指開戶銀行所屬的總行名稱，參照銀行檔案錄入。

（5）幣種：指帳戶所使用的幣種，目前只支持一個帳戶使用一種幣種的情況，參照幣種檔案錄入。

（6）客戶編號：如果所屬銀行為「中國建設銀行」，則此項必輸，可輸入任意值。

（7）機構號：如果所屬銀行為「中國建設銀行」，則此項必輸，可輸入任意值。

（8）聯行號：如果所屬銀行為「中國建設銀行」，則此項必輸，可輸入任意值。

（9）簽約標志：單項選擇，選項為檢查收付款帳號、只檢查付款帳號，默認為檢查收付款帳號，可隨時修改。

4. 依據表 2-12 依次設置新意公司其他銀行帳號信息。在輸入中行高新區支行的時候，需要輸入機構號 0001 及聯行號 0001 後才能保存，如圖 11-45 所示。

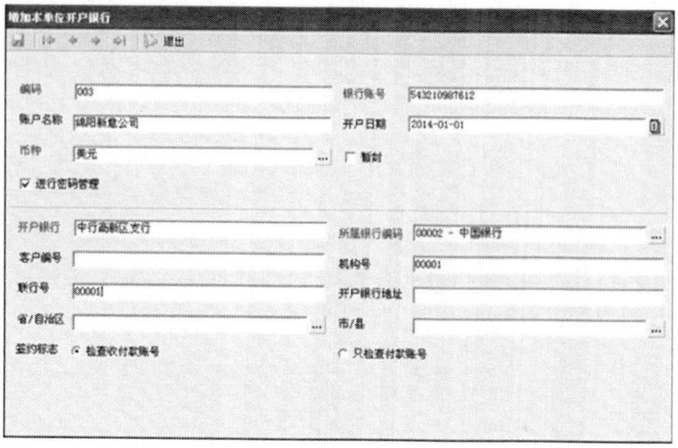

圖 11-45

【提示】如選擇所屬銀行編碼沒有所屬銀行，可雙擊「基礎設置」→「基礎檔案」→「收付結算」→「銀行檔案」選項進行設置。

5. 設置完成後單擊「退出」按鈕，系統彈出已經設置好的本單位開戶銀行信息，如圖11-46所示。

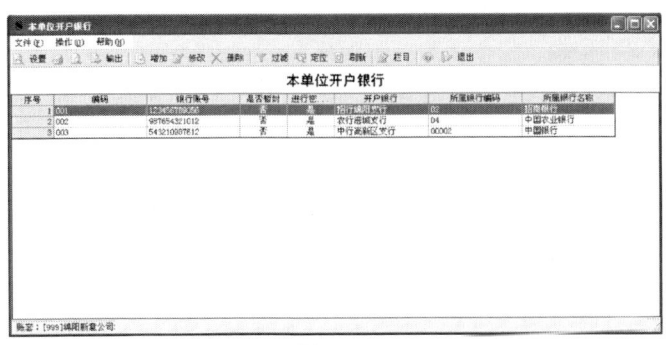

圖11-46

【提示】可根據需要在「基礎設置」→「基礎檔案」→「收付結算」中設置付款條件、首付款協議檔案、利率設置、結息日定義等其他與收付結算有關選項的設置。

實驗五　物料信息設置

物料主要用於設置企業在生產經營中使用到的各種物料信息，以便於對這些物料進行資料管理、實物管理和業務數據的統計、分析。企業可以根據對物料的管理需求對物料進行分類管理，以便於對業務數據的統計和分析。

【實驗準備】

已安裝用友U8.72管理軟件的服務器，物料相關信息表（見表2-13、表2-14、表2-15），將系統日期修改為「2014年1月1日」。

【實驗指導】

以帳套主管01（張新意）身份登錄U8企業應用平臺進行相關操作，設置物料信息前應該首先設置物料的計量單位。

一、計量單位設置

必須先增加計量單位組，然後再在該組下增加具體的計量單位內容。

計量單位組分無換算、浮動換算、固定換算三種類別，每個計量單位組中有一個主計量單位、多個輔助計量單位，可以設置主輔計量單位之間的換算率；還可以設置採購、銷售、庫存和成本系統所默認的計量單位。先增加計量單位組，再增加組下的具體計量單位內容。

第十一章 基礎信息設置

【操作步驟】

1. 執行【開始】→【所有程序】→【用友 ERP-U8.72】→【U8 企業應用平臺】命令，系統彈出「登錄」窗口，操作員輸入「01」，密碼無，帳套選擇「[999]綿陽新意公司2014」，操作日期選擇 2014 年 01 月 01 日，如圖 11-47 所示。

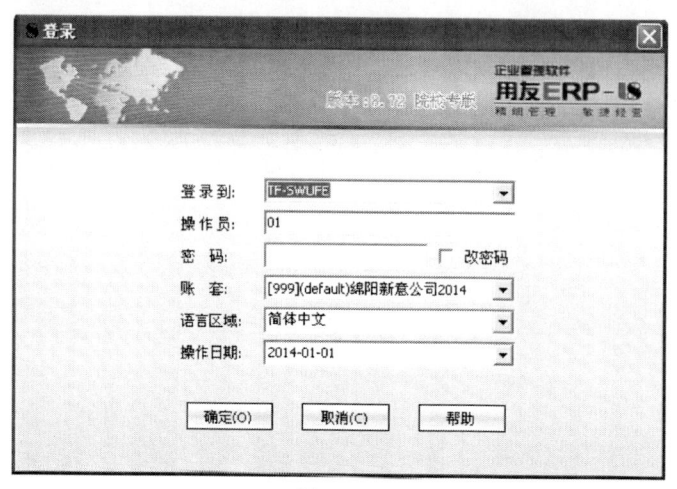

圖 11-47

2. 點擊「確定」按鈕後，系統彈出用友「UFIDA ERP-U8」企業應用平臺窗口，雙擊「基礎設置」→「基礎檔案」→「存貨」→「計量單位」選項，如圖 11-48 所示。

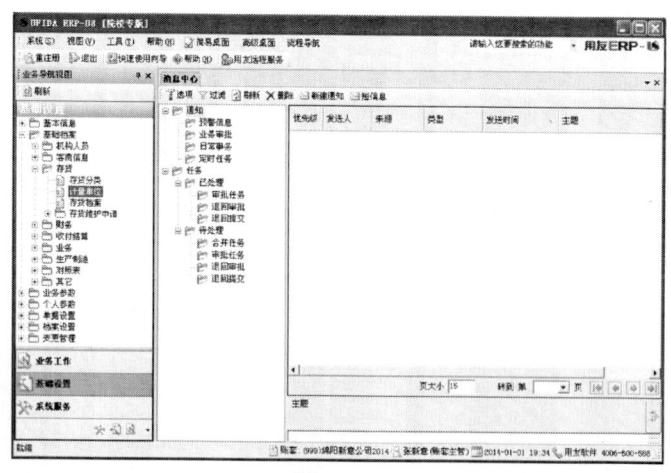

圖 11-48

3. 系統彈出「計量單位-計量單位組」設置對話框，如圖 11-49 所示。
【說明】
用友 U8 將計量單位組分為三種：

488

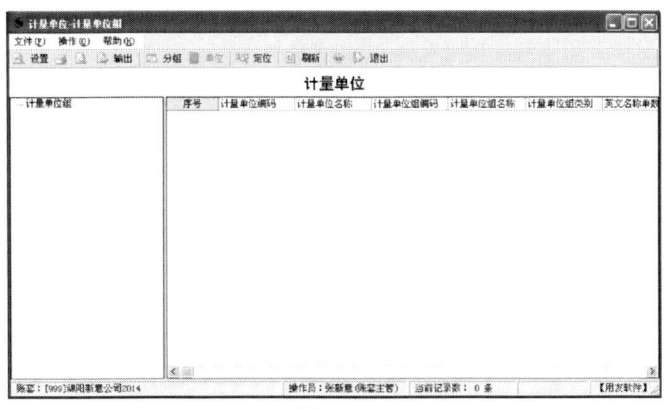

圖 11-49

（1）無換算計量單位組：在該組下的所有計量單位都以單獨形式存在，各計量單位之間不需要輸入換算率，系統默認為主計量單位。

（2）浮動換算計量單位組：設置為浮動換算率時，可以選擇的計量單位組中只能包含兩個計量單位。此時需要將該計量單位組中的主計量單位、輔計量單位顯示在存貨卡片界面上。

（3）固定換算計量單位組：設置為固定換算率時，可以選擇的計量單位組中才可以包含兩個（不包括兩個）以上的計量單位，且每一個輔計量單位對主計量單位的換算率不為空。此時需要將該計量單位組中的主計量單位顯示在存貨卡片界面上。

4. 點擊「分組」按鈕，系統彈出「計量單位組」設置窗口，單擊「增加」按鈕，計量單位組編碼輸入「1」，計量單位組名稱輸入「無換算率關係組」，計量單位組類別選擇「無換算率」，如圖 11-50 所示。

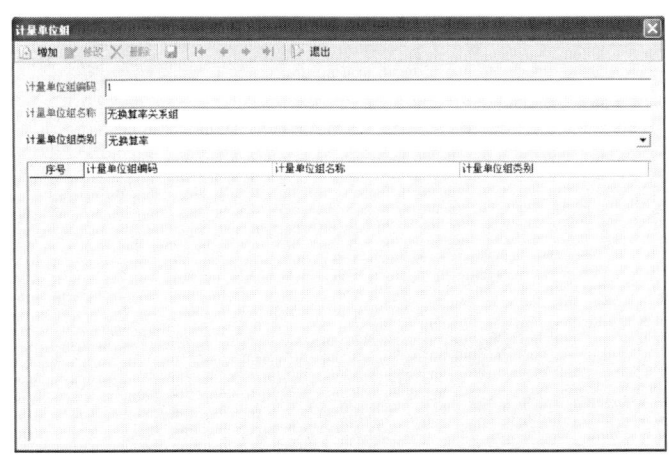

圖 11-50

第十一章　基礎信息設置

【說明】
(1) 計量單位組編碼：錄入，保證唯一性。
(2) 計量單位組名稱：錄入，保證唯一性。
(3) 計量單位組類別：單選，選擇內容為無換算、固定換算、浮動換算。
(4) 存貨檔案中每一存貨只能選擇一個計量單位組。
(5) 計量單位組保存後不可修改。

5. 單擊「保存」按鈕進行保存，點擊「退出」按鈕退出計量單位組設置，設置好的計量單位組如圖 11-51 所示。

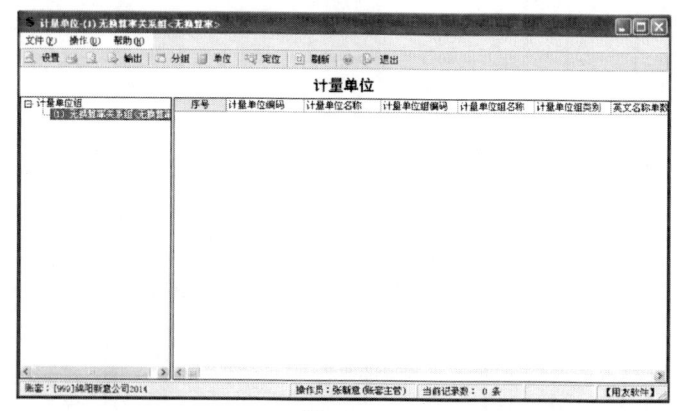

圖 11-51

6. 單擊「單位」按鈕，系統彈出「計量單位」設置窗口，單擊「增加」按鈕，計量單位編碼輸入「01」，計量單位名稱輸入「個」，單擊「保存」按鈕後保存當前設置，如圖 11-52 所示。

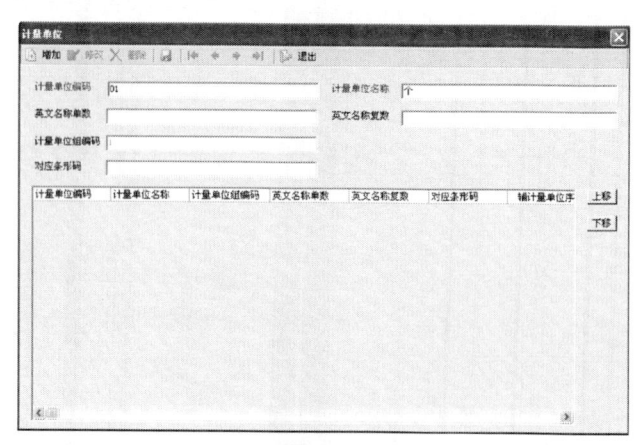

圖 11-52

【說明】
(1) 計量單位編碼：必填，保證唯一性。

(2) 計量單位名稱：必填。

(3) 計量單位組：根據用戶建立計量單位時所在的計量單位組帶入，不可修改。

(4) 對應條形碼：可為空，可隨時修改，保證唯一性。對應條形碼位長必須等於條形碼規則定義設置「數據源類型」為存貨單位時定義的長度，否則不能生成相應的存貨條碼。

(5) 無換算計量單位組下的計量單位全部缺省為主計量單位，不可修改。

7. 點擊「增加」按鈕，錄入表 2-13 中其他計量單位信息，錄入完成後的計量單位信息如圖 11-53 所示。

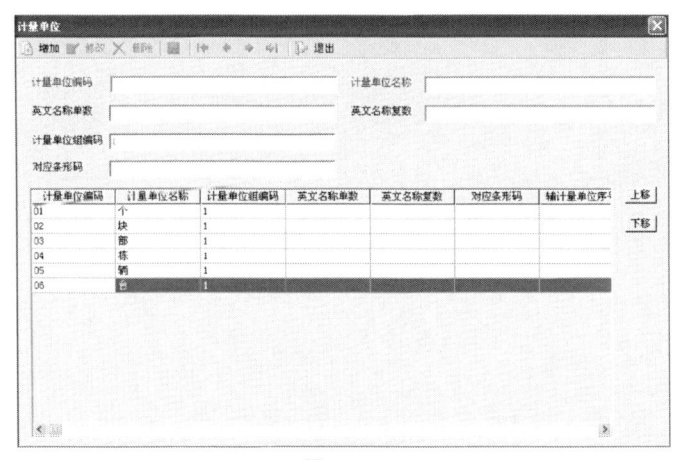

圖 11-53

8. 點擊「退出」按鈕，系統退出「計量單位」編輯窗口，完成後的計量單位設置如圖 11-54 所示。

圖 11-54

【提示】可設置多個計量單位組，也可根據企業情況自行設置有換算關係的計

第十一章　基礎信息設置

量單位。

二、存貨分類設置

企業可以根據對存貨的管理要求對存貨進行分類管理，以便於對業務數據的統計和分析。存貨分類最多可分 8 級，編碼總長不能超過 30 位，每級級長用戶可自由定義。存貨分類用於設置存貨分類編碼、名稱及所屬經濟分類。

【操作步驟】

1. 以帳套主管身份登錄用友 U8 企業應用平臺，雙擊「基礎設置」→「基本檔案」→「存貨」→「存貨分類」選項，如圖 11-55 所示。

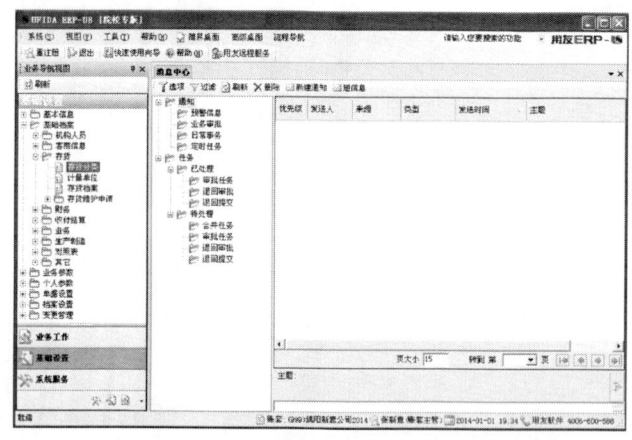

圖 11-55

2. 系統彈出「存貨分類」設置窗口，單擊「增加」按鈕，分類編碼輸入「01」，分類名稱輸入「原材料」，點擊「保存」按鈕進行保存，如圖 11-56 所示。

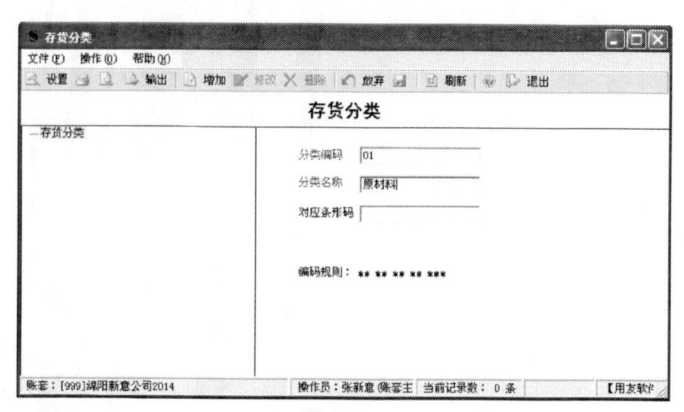

圖 11-56

【說明】

（1）分類編碼：必須唯一，必須按其級次的先後次序建立。

（2）分類名稱：必須輸入。

（3）對應條形碼中的編碼：需要手工輸入，可以隨時修改，可以為空，但編碼不允許重複。

3. 依據表 2-14，分別輸入綿陽新意公司其他存貨分類信息，完成後的存貨分類如圖 11-57 所示。

圖 11-57

三、存貨檔案設置

存貨檔案設置可以完成對存貨目錄的設立和管理，隨同發貨單或發票一起開具的應稅勞務等也應設置在存貨檔案中。同時存貨檔案可提供基礎檔案在輸入中的方便性，完備基礎檔案中數據項設置。

【操作步驟】

1. 以帳套主管身份登錄用友 U8 企業應用平臺，雙擊「基礎設置」→「基本檔案」→「存貨」→「存貨檔案」選項，如圖 11-58 所示。

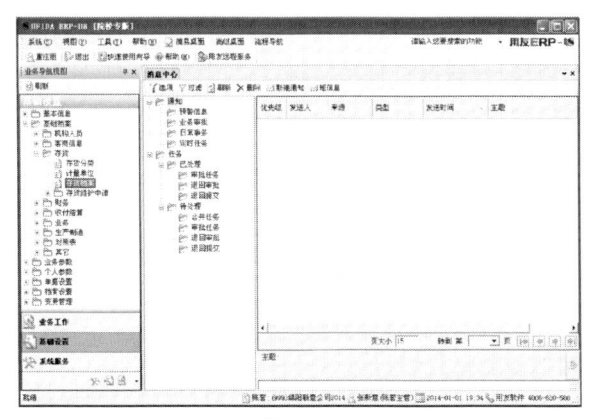

圖 11-58

第十一章　基礎信息設置

2. 系統彈出「存貨檔案」設置窗口，單擊「增加」按鈕，如圖 11-59 所示。

圖 11-59

3. 系統彈出「存貨檔案」設置窗口，存貨編碼輸入「0101」，存貨名稱輸入「手機殼」，存貨分類選擇「原材料」，計量單位組選擇「1 無換算率關係組」，主計量單位選擇「01 個」，勾選存貨屬性下的「內銷」、「外購」、「生產耗用」選項，如圖 11-60 所示。

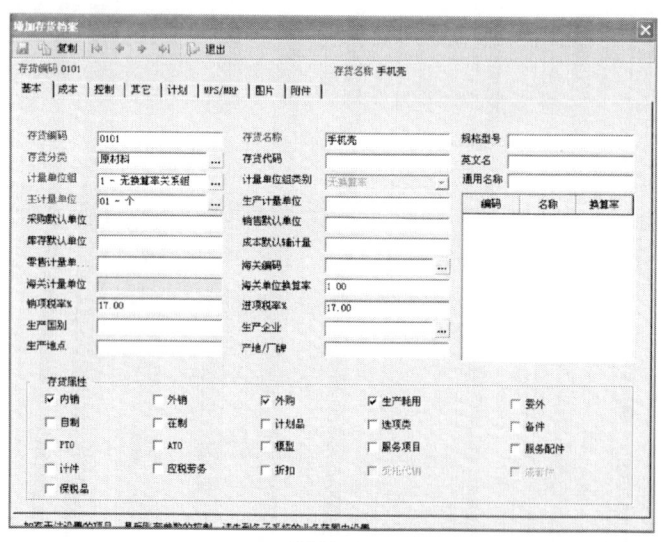

圖 11-60

【說明】
（1）存貨編碼：必須輸入，最多可輸入 20 位數字或字符。
（2）存貨名稱：存貨名稱本頁中藍色名稱的項目為必填項，必須輸入。
（3）規格型號：可輸入產品的規格編號，30 個漢字（或 60 個字符）。
（4）英文名：若該存貨為進口藥品，則錄入其英文藥名。

494

(5) 計量單位組：可參照選擇錄入，最多可輸入 20 位數字或字符。

(6) 計量單位組類別：根據已選的計量單位組系統自動帶入。

(7) 主計量單位：根據已選的計量單位組，顯示或選擇不同的計量單位。

(8) 生產計量單位：設置生產製造系統缺省時使用的輔計量單位。

(9) 庫存（採購、銷售、成本、零售）系統默認單位：對應每個計量單位組均可以設置一個且最多設置一個庫存（成本、銷售、採購）系統缺省使用的輔計量單位。

(10) 存貨分類：系統根據用戶增加存貨前所選擇的存貨分類自動填寫，用戶可以修改。

(11) 銷項稅率%：錄入，此稅率為銷售單據上該存貨默認的銷項稅稅率，默認為 17，可修改。

(12) 進項稅率%：默認新增檔案時進項稅＝銷項稅＝17%，可修改。

(13) 生產企業：錄入或參照，參照內容為供應商檔案。

(14) 是否折扣：即折讓屬性，若選擇是，則在採購發票和銷售發票中錄入折扣額。

(15) 是否受托代銷：選擇是，則該存貨（已設置為外購屬性）可以進行受托代銷業務。

(16) 是否成套件：選擇是，則該存貨可以進行成套業務。

(17) 是否質檢：選中此項表示該存貨需要進行質量檢驗。

(18) 存貨屬性：系統為存貨設置了 18 種屬性。同一存貨可以設置多個屬性，但當一個存貨同時被設置為自制、委外和（或）外購時，MPS/MRP 系統默認自制為其最高優先屬性而自動建議計劃生產訂單；而當一個存貨同時被設置為委外和外購時，MPS/MRP 系統默認委外為其最高優先屬性而自動建議計劃委外訂單。

(19) 內銷：具有該屬性的存貨可用於銷售。

(20) 外銷：具有該屬性的存貨可用於銷售。

(21) 外購：具有該屬性的存貨可用於採購。

(22) 生產耗用：具有該屬性的存貨可用於生產耗用。

(23) 委外：具有該屬性的存貨主要用於委外管理。

(24) 自制：具有該屬性的存貨可由企業生產自制。

(25) 計劃品：具有該屬性的存貨主要用於生產製造中的業務單據，以及對存貨的參照過濾。

(26) 選項類：是 ATO 模型或 PTO 模型物料清單上，對可選子件的一個分類。

(27) 備件：具有該屬性的存貨主要用於設備管理的業務單據和處理，以及對存貨的參照過濾。

(28) PTO：使用標準 BOM，可選擇 BOM 版本，可選擇模擬 BOM，直接將標準 BOM 展開到單據表體。

(29) ATO：指面向訂單裝配，即接受客戶訂單後方可下達生產裝配。

(30) 模型：在其物料清單中可列出其可選配的子件物料。本系統中，模型可

第十一章 基礎信息設置

以是 ATO 或者為 PTO。

（31）PTO+模型：指面向訂單挑選出庫。

（32）服務配件：默認為不選擇，同「服務項目」選擇互斥，與備件屬性的控制規則相同。

（33）計件：選中，表示該產品或加工件需要核算計件工資，可批量修改。

（34）應稅勞務：指開具在採購發票上的運費費用、包裝費等採購費用或開具在銷售發票或發貨單上的應稅勞務。

（35）保稅品：進口的被免除關稅的產品被稱為保稅品。

4. 點擊「成本」選項，計價方式選擇「先進先出法」，如圖 11-61 所示。

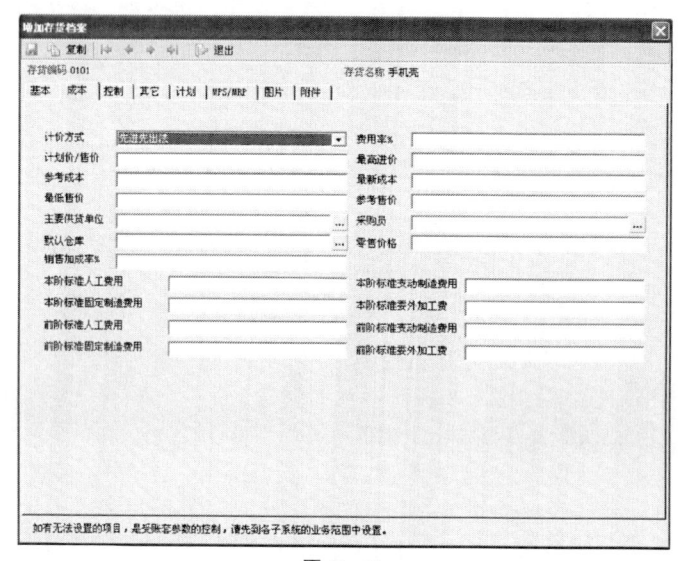

圖 11-61

【提示】

（1）在存貨核算系統選擇存貨核算時必須對每一個存貨記錄設置一個計價方式，缺省選擇全月平均，若前面已經有新增記錄，則計價方式與前面新增記錄相同。

（2）當存貨核算系統中已經使用該存貨以後就不能修改該計價方式。

（3）存貨檔案設置的其他選項可根據企業需要進行設置，如不清楚某項的含義，可按 F1 鍵進入用友相關提示。

5. 完成後點擊「保存」按鈕進行保存，依據表 2-15 依次輸入其他物料信息，輸入完成後的存貨檔案如圖 11-62 所示。

【提示】企業可根據需要在「基礎設置」→「基本檔案」→「存貨」→「存貨維護申請」裡設置存貨維護申請項等。

圖 11-62

實驗六　業務信息設置

業務信息設置是供銷鏈管理系統的重要基礎準備工作之一。業務信息設置包含倉庫檔案、收發類別、採購類型、銷售類型、產品結構、需求分類等設置。

【實驗準備】

已安裝用友 U8.72 管理軟件，業務相關信息表（見表 2-16、表 2-17），將系統日期修改為「2014 年 1 月 1 日」。

【實驗指導】

以帳套主管 01（張新意）身份登錄 U8 企業應用平臺進行相關操作。

一、存貨檔案設置

存貨一般是用倉庫來保管的，對存貨進行核算管理，首先應對倉庫進行管理，因此進行倉庫設置是供銷鏈管理系統的重要基礎準備工作之一。第一次使用本系統時，應先將本單位使用的倉庫，預先輸入到系統之中，即進行「倉庫檔案設置」。在本系統中，可以對操作員管理倉庫權限進行控制，包括查詢、錄入權限。具體操作員倉庫權限的操作可以參看「基礎設置」中「數據權限」中設置。

【操作步驟】

1. 執行【開始】→【所有程序】→【用友 ERP-U8.72】→【U8 企業應用平臺】命令，系統彈出「登錄」窗口，操作員輸入「01」，密碼無，帳套選擇「［999］綿陽新意公司 2014」，操作日期選擇「2014 年 01 月 01 日」，如圖 11-63 所示。

2. 點擊「確定」按鈕，系統彈出用友「UFIDA ERP-U8」企業應用平臺窗口，雙擊「基礎設置」→「基礎檔案」→「業務」→「倉庫檔案」選項，如圖 11-64 所示。

497

第十一章 基礎信息設置

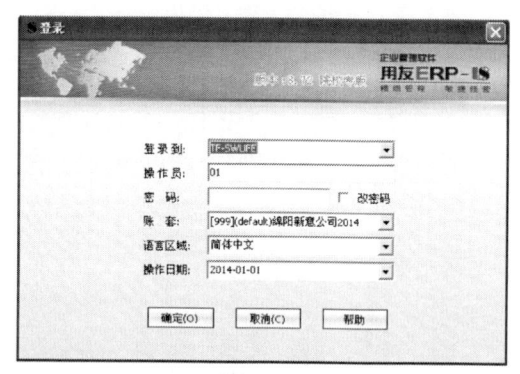

圖 11-63

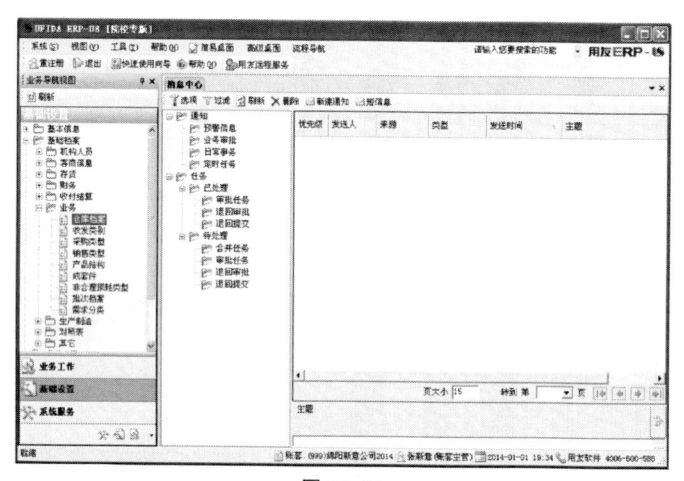

圖 11-64

3. 系統彈出「倉庫檔案」設置窗口，單擊「增加」按鈕，如圖 11-65 所示。

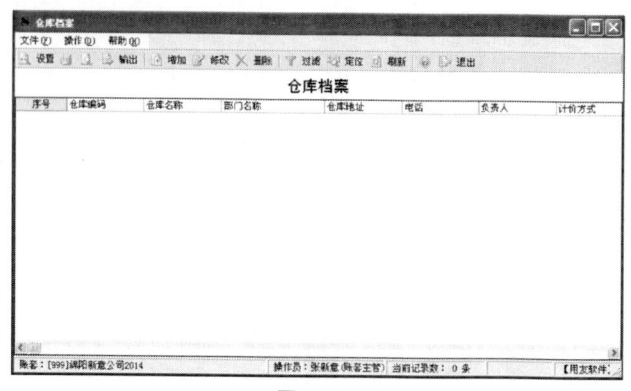

圖 11-65

4. 系統彈出「增加倉庫檔案」窗口，倉庫編碼輸入「01」，倉庫名稱輸入「原材料」，計價方式選擇「全月平均法」，倉庫屬性選擇「普通倉」，如圖 11-66 所示。

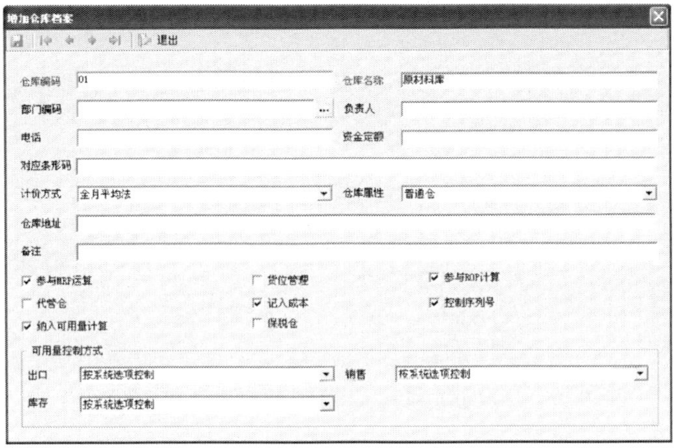

圖 11-66

【說明】

（1）倉庫編碼：必須輸入，且必須唯一。

（2）倉庫名稱：必須輸入。

（3）所屬部門：當存貨核算系統選擇「按部門核算」時，必須輸入。

（4）計價方式：系統提供六種計價方式。工業有計劃價法、全月平均法、移動平均法、先進先出法、後進先出法、個別計價法；商業有售價法、全月平均法、移動平均法、先進先出法、後進先出法、個別計價法。每個倉庫必須選擇一種計價方式。

（5）是否貨位管理：不選默認為不進行貨位管理。

（6）是否參與 MRP 運算：新建倉庫默認為是，可修改。

（7）是否參與 ROP 計算：新建倉庫默認為是，可修改。

（8）資金定額、備注：可以為空。

（9）對應條形碼：該編碼輸入的位長為 30 位，不允許有重複的記錄存在。

（10）倉庫屬性：下拉框選擇普通倉、現場倉、委外倉，默認為普通倉。普通倉用於正常的材料、產品、商品的出入庫、盤點的管理；現場倉用於生產過程的材料、半成品、成品的管理；委外倉用於管理發給委外商的材料的管理。

（11）代管倉：默認為否，如果倉庫被引用過（只要被參照過），則不能再修改此選項，而且此選項與現場倉、委外倉互斥。

（12）保稅庫：存放保稅品的倉庫。

5. 點擊「保存」按鈕對已經輸入的倉庫信息進行保存，依據表 2-16 對新意公司其他倉庫進行設置，設置完成後的倉庫檔案如圖 11-67 所示。

第十一章　基礎信息設置

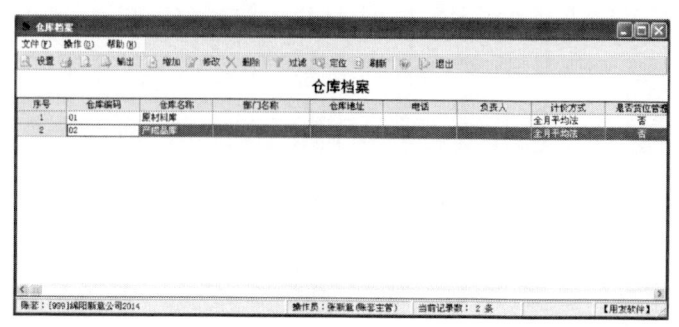

圖 11-67

二、設置收發類別

收發類別設置是為了用戶對材料的出入庫情況進行分類匯總統計而設置的，表示材料的出入庫類型，用戶可根據各單位的實際需要自由設置。

【操作步驟】

1. 以帳套主管身份登錄用友 U8 企業應用平臺，雙擊「基礎設置」→「基礎檔案」→「業務」→「收發類別」選項，如圖 11-68 所示。

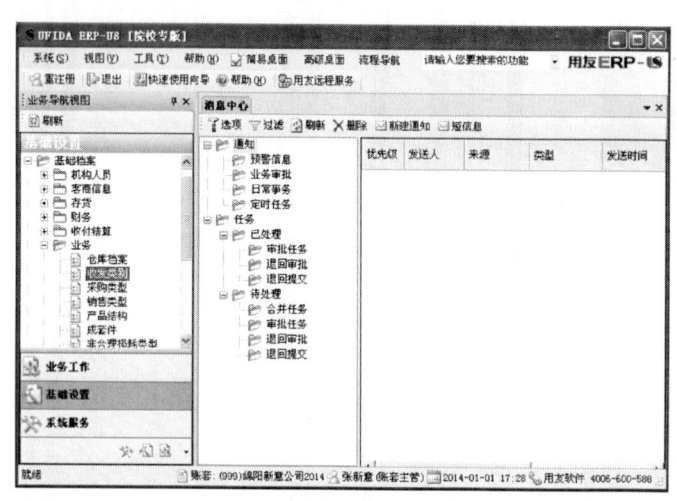

圖 11-68

2. 系統彈出「收發類別」設置窗口，點擊「增加」按鈕，收發類別編碼輸入「1」，收發類別名稱輸入「入庫類別」，收發標志選擇「收」，如圖 11-69 所示。

【說明】

（1）收發標志：系統規定收發類型只有兩種，即收和發。輸入此項目時，系統顯示一選擇窗，讓用戶選擇，而不能輸入。

（2）類別編碼：用戶必須輸入。系統規定收發類別最多可分三級，最大位數 5 位。必須逐級定義，即定義下級編碼之前必須先定義上級編碼。

500

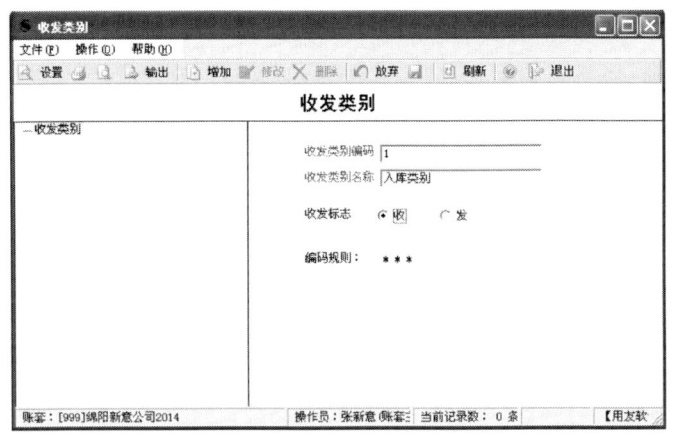

圖 11-69

（3）類別名稱：最大位數為 12 位，用戶必須輸入。相同級次且上級級次相同的類別名稱不可以相同。

3. 完成後點擊「保存」按鈕，依據表 2-28 輸入新意公司其他收發類別。完成後的收發類別如圖 11-70 所示。

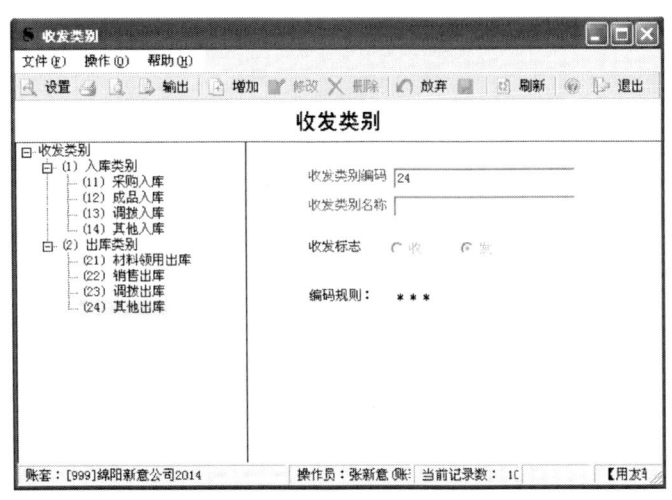

圖 11-70

【提示】出庫類別是收發類別中的收發標志為發的那部分，收發標志為收的收發類別是不能作為出庫類別的。

三、設置採購與銷售類型

採購類型是由用戶根據企業需要自行設定的項目，用戶在使用用友採購管理系統填製採購入庫單等單據時，會涉及採購類型欄目。如果企業需要按採購類型

第十一章 基礎信息設置

進行統計,那就應該建立採購類型項目。

用戶在處理銷售業務時,可以根據自身的實際情況自定義銷售類型,以便於按銷售類型對銷售業務數據進行統計和分析。銷售類型的設置和管理可以方便用戶根據業務的需要增加、修改、刪除、查詢、打印銷售類型。

【操作步驟】

1. 以帳套主管身份登錄用友 U8 企業應用平臺,雙擊「基礎設置」→「基礎檔案」→「業務」→「採購類型」選項,如圖 11-71 所示。

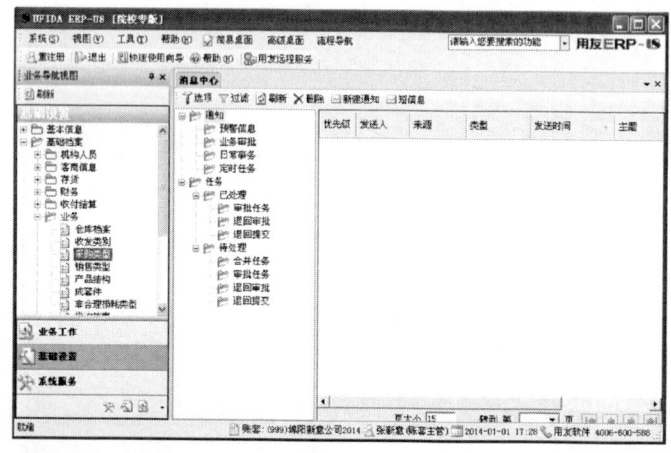

圖 11-71

2. 系統彈出「採購類型」設置窗口,單擊「增加」按鈕,依據表 2-29 設置新意公司採購類型,採購類型編碼中輸入「1」,採購類型名稱中輸入「採購入庫」,入庫類別選擇「採購入庫」,點擊「保存」按鈕進行保存,如圖 11-72 所示。

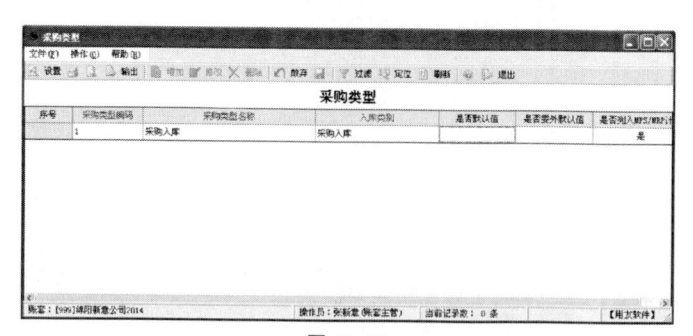

圖 11-72

【說明】

(1) 採購類型編碼:必須輸入,不能為空,不允許重複。
(2) 採購類型名稱:必須輸入,不能為空。
(3) 入庫類別:指設定填製採購入庫單時,輸入採購類型後,默認的入庫類

502

別，以便加快錄入速度。

（4）是否默認值：指設定某個採購類型是填製採購單據默認的採購類型，對於最常發生的採購類型，可以設定該採購類型為默認的採購類型。

（5）是否委外默認值：設定某個採購類型是填製委外單據默認的採購類型，對於最常發生的委外加工的採購類型，可以設定該採購類型為默認的委外類型。

（6）列入 MPS/MRP 計劃：選擇是或否，可以按類型控制採購入庫單等單據是否列入 MPS/MRP 計劃。

3. 雙擊「基礎設置」→「基礎檔案」→「業務」→「銷售類型」選項，如圖 11-73 所示。

圖 11-73

4. 系統彈出「銷售類型」設置窗口，依據表 2-30 設置新意公司銷售類型，銷售類型編碼中輸入「1」，銷售類型名稱中輸入「普通銷售」，出庫類別選擇「銷售出庫」，點擊「保存」按鈕進行保存，如圖 11-74 所示。

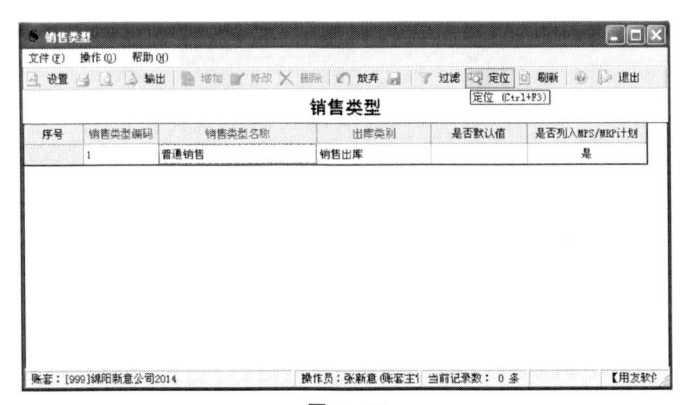

圖 11-74

【提示】在「基礎設置」→「基礎檔案」→「業務」設置中，可根據需要設

第十一章 基礎信息設置

置產品結構、非合理損耗類型、批次檔案、需求分類等。

實驗七　常用摘要信息設置

企業在處理日常業務數據時，在輸入單據或憑證的過程中，因為業務的重複性發生，經常會有許多摘要完全相同或大部分相同，如果將這些常用摘要存儲起來，在輸入單據或憑證時隨時調用，必將大大提高業務處理效率。調用常用摘要可以在輸入摘要時直接輸摘要代碼或按「F2」鍵或參照輸入。

【實驗準備】

已安裝用友 U8.72 管理軟件，新意公司常用摘要信息表（見表 2-17），將系統日期修改為「2014 年 1 月 1 日」。

【實驗指導】

以帳套主管 01（張新意）身份登錄 U8 企業應用平臺進行相關操作。

一、常用摘要信息設置

【操作步驟】

1. 執行【開始】→【所有程序】→【用友 ERP-U8.72】→【U8 企業應用平臺】命令，系統彈出「登錄」窗口，操作員輸入「01」，密碼無，帳套選擇「［999］綿陽新意公司 2014」，操作日期選擇「2014 年 01 月 01 日」，如圖 11-75 所示。

圖 11-75

2. 點擊「確定」按鈕後，系統彈出用友「UFIDA ERP-U8」企業應用平臺窗口，雙擊「基礎設置」→「基礎檔案」→「其他」→「常用摘要」選項，如圖 11-76 所示。

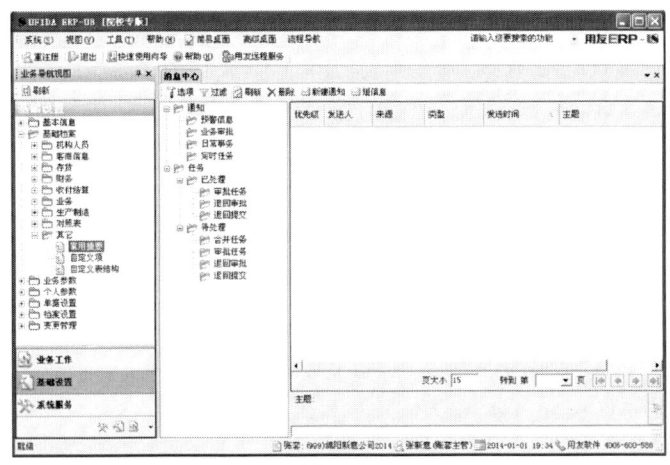

圖 11-76

3. 系統彈出「常用摘要」設置窗口，點擊「增加」按鈕，依據表2-17，錄入新意公司常用摘要信息，錄入完成後的常用摘要信息如圖11-77所示。

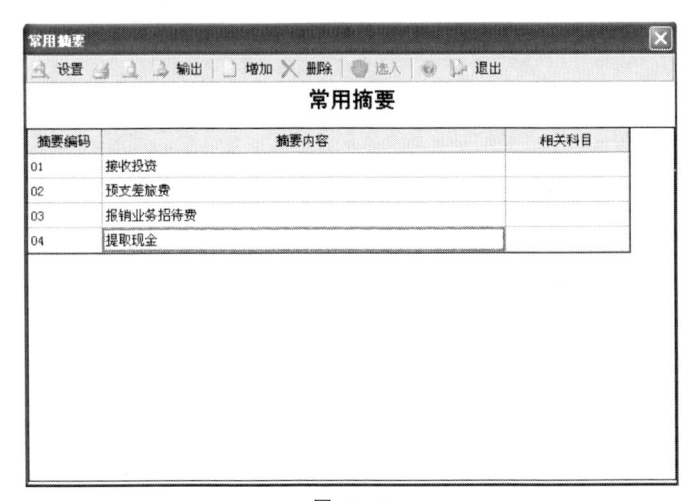

圖 11-77

【說明】
（1）常用摘要編碼：用以標示某常用摘要。在製單中錄入摘要時，用戶只要在摘要區輸入該常用摘要的編碼，系統即自動調入該摘要正文和相關科目（如果有的話）。
（2）常用摘要正文：結合本單位的實際情況，輸入常用摘要的正文。
（3）相關科目：如果某條常用摘要對應某科目，則可以在此輸入，在調用常用摘要的同時，也將被一同調入，以提高錄入速度。
【提示】在「基礎設置」→「基礎檔案」→「其他」選項中還可以設置可自定義選項、自定義表的結構等。

第十二章　各模塊初始化設置

實驗一　總帳系統初始化設置和期初餘額

【實驗準備】

已安裝用友 U8.72 管理軟件，將系統日期修改為「2014 年 1 月 1 日」。引入基礎資料設置好後的帳套，以帳套主管身份注冊登錄企業應用平臺。

【實驗指導】

一、選項設置

建立新的帳套後，有可能帳套信息和核算單位所要求的內容不符，此時可以通過選項設置功能進行查看和修改，如改變「製單控制」、「憑證編號方式」等，其直接關係到系統的日後使用及業務點的控制便利與否。

【操作步驟】

1. 在用友 ERP-U8.72 企業應用平臺中，執行【業務工作】→【財務會計】→【總帳】→【設置】→【選項】命令，系統彈出「選項」窗口，如圖 12-1 所示，點擊「編輯」按鈕可進行修改。

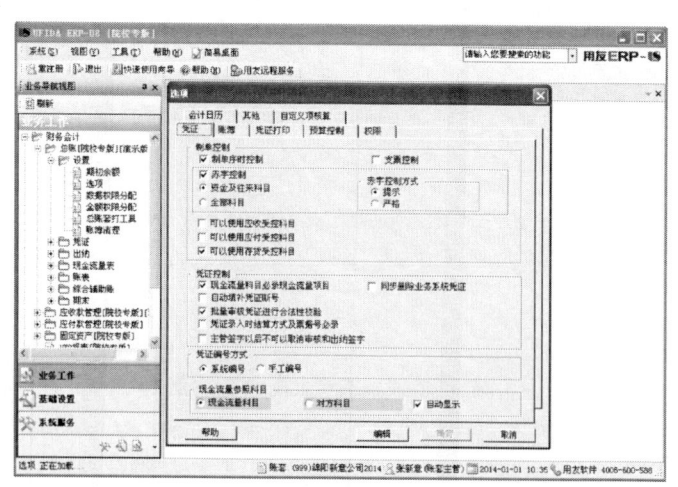

圖 12-1

2. 在「選項」窗口中，包含「憑證」、「帳薄」、「憑證打印」、「權限」、「預算控制」、「會計日歷」、「其他」選項卡。

【提示】

（1）「憑證」選項卡：用於設置於憑證相關的控制參數，比如「製單序時控制」表示填製憑證時，憑證日期只能由前往後填，填製了 2014 年 1 月 10 號的憑證就不能再填製 2014 年 1 月 9 號的憑證。

（2）「帳薄」選項卡：用於設置帳薄打印相關的控制參數。

（3）「憑證打印」選項卡：用於設置與憑證打印相關的控制參數。

（4）「權限」選項卡：用於設置總帳系統的權限，比如「出納憑證必須經由出納簽字」表示現金、銀行科目憑證必須由出納人員簽字後才能審核記帳。

（5）「會計日歷」選項卡：可以查看各個會計期間的開始日期和結束日期，啓用會計年度以及啓用期間。

（6）「預算控制」選項卡：該選項功能與預算控制系統相關。

（7）「其他」選項卡：用於設置個人、部門、項目的排序方式以及數量、單價、本位幣的小數位等。

二、期初餘額

總帳系統的期初餘額是總帳系統啓用前的初始數據狀態，以該初始數據為開始節點，進行後期發生業務的數據起始點。總帳系統中的期初餘額就是指各個會計科目的期初餘額。

【操作步驟】

1. 在總帳系統中，執行【設置】→【期初餘額】命令，系統彈出「期初餘額」錄入窗口，如圖 12-2 所示。

圖 12-2

第十二章　各模塊初始化設置

2. 雙擊各個科目的「期初餘額」列，以本書第 2 章表 2-18 數據為例，科目為 100101 的期初餘額列錄入 12,900 元，如果該科目有下級科目的話，只錄入末級科目，上級科目的餘額由系統自動匯總而成，比如：「招行帳戶」期初餘額 280,000 元，「農戶帳戶」期初餘額 800，錄入這兩個末級科目的期初餘額後，「銀行存款」科目的期初餘額自動匯總為 280,800 元，外幣核算首先錄入的是本幣金額，然後錄入外幣金額。

3. 當錄入有輔助核算的會計科目的期初餘額時，系統會自動彈出與輔助核算相對應的期初餘額錄入窗口，在該窗口中在錄入明細的期初數據。以「應收帳款」會計科目為例，該科目的輔助核算類型為「客戶往來核算」，雙擊該科目的期初餘額列，系統彈出「輔助期初餘額」錄入窗口，如圖 12-3 所示。

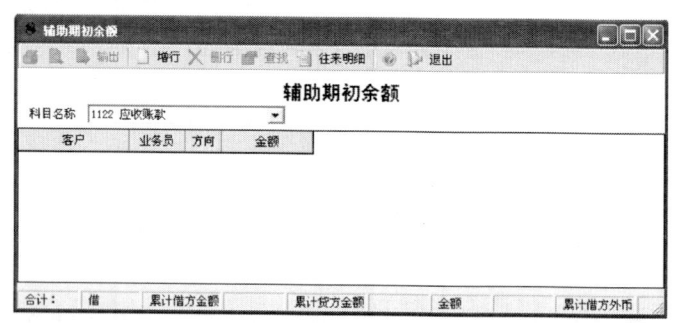

圖 12-3

4. 點擊「往來明細」按鈕，系統彈出「期初往來明細」窗口，如圖 12-4 所示。

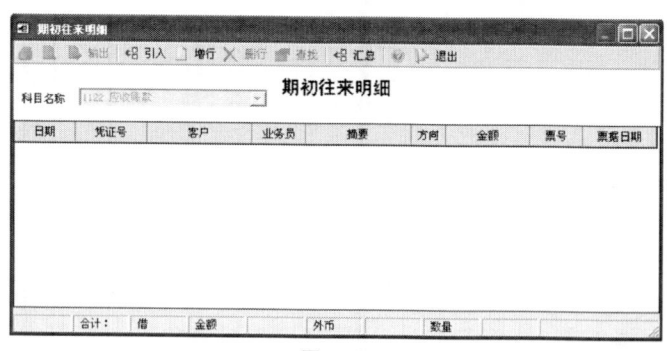

圖 12-4

5. 單擊「增行」按鈕，然後錄入每個客戶的明細期初記錄，如圖 12-5 所示。

6. 點擊「匯總」按鈕，將期初往來明細的數據匯總到「輔助期初餘額」窗口中如圖 12-6 所示。

7. 最後點擊「退出」按鈕，回到「期初餘額錄入」窗口，發現「應收帳款」的期初餘額已經自動生成為 56,000 元，如圖 12-7 所示。

圖 12-5

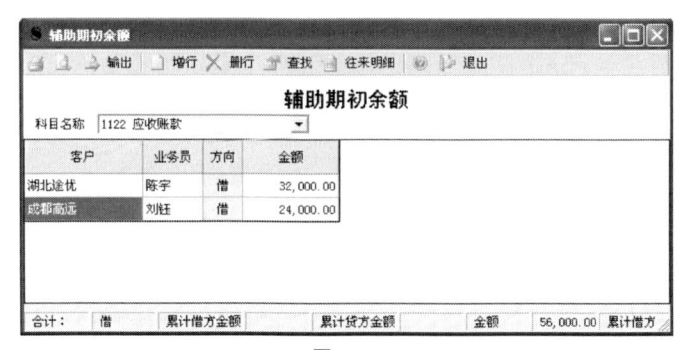

圖 12-6

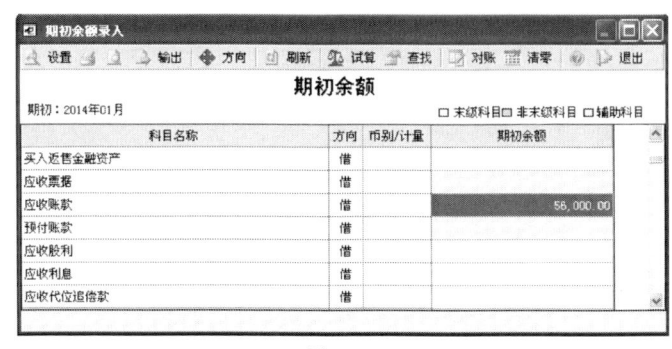

圖 12-7

  8. 其他會計科目如果也有輔助核算，錄入方式和上述步驟一樣，最後參見本書第 2 章表 2-18 完成各個會計科目的期初餘額。

  9. 科目的期初餘額錄入完後，進行試算平衡操作來驗證借方餘額是否等於貸方餘額，具體操作為：點擊「期初餘額錄入」窗口上的「試算」按鈕，給出試算結果，如圖 12-8 所示。

第十二章 各模塊初始化設置

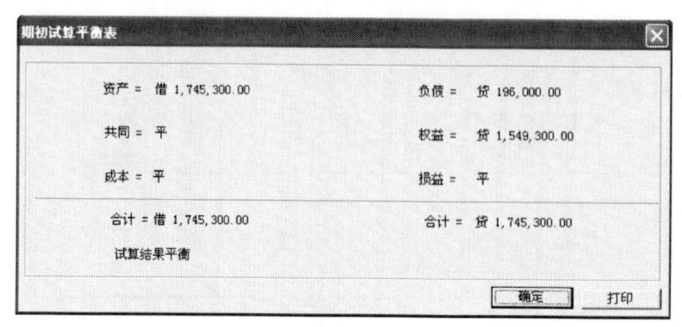

圖 12-8

10. 最後檢查總帳與輔助帳或明細帳中的數據是否有誤，點擊「期初餘額錄入」窗口的「對帳」按鈕，系統彈出「期初對帳」窗口，點擊「開始」按鈕，進行對帳，最後給出對帳結果，如圖 12-9 所示。

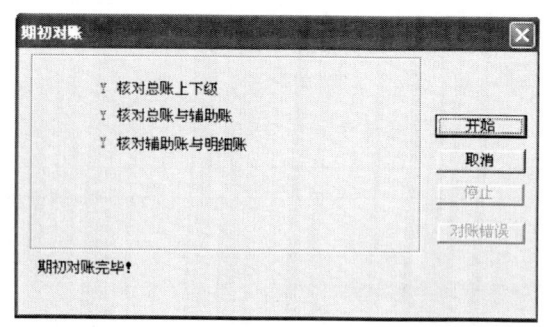

圖 12-9

【提示】總帳系統中各科目期初餘額應該和各子功能模塊的期初餘額相對應，例如總帳系統中的應收款科目的期初餘額應該和應收款管理系統的期初餘額相對應。後續的各功能模塊將在與總帳的對帳中體現這一點。

實驗二　應收款管理系統初始化設置和期初餘額

【實驗準備】

已安裝用友 U8.72 管理軟件，將系統日期修改為「2014 年 1 月 1 日」。引入基礎資料設置好後的帳套，以帳套主管身份注冊登錄進入應收款管理系統。

【實驗指導】

一、初始化設置

應收款管理系統初始設置包括會計科目設置、壞帳準備設置、帳期內帳齡區間設置、逾期帳齡區間設置、報警級別設置以及單據類型設置。初始設置的作用是建立應收款管理的基礎數據，使應收業務管理符合用戶的需要。

（一）設置科目

【操作步驟】

1. 在用友 ERP-U8.72 企業應用平臺中，執行【業務工作】→【財務會計】→【應收款管理】→【設置】→【初始設置】命令，系統彈出「初始設置」窗口。

2. 在「初始設置」窗口中，執行【設置科目】→【基本科目設置】，進行基本科目設置，如圖 12-10 所示。

圖 12-10

【提示】以上設置的科目是末級科目，只有設置了「銀行承兌科目」和「商業承兌目」，才可以使用票據登記薄以及在期初餘額中錄入期初應收票據餘額。

3. 基本科目設置完成後，點擊「控制科目設置」選項，錄入各個控制科目，進行應收科目、預收科目的設置，如圖 12-11 所示。

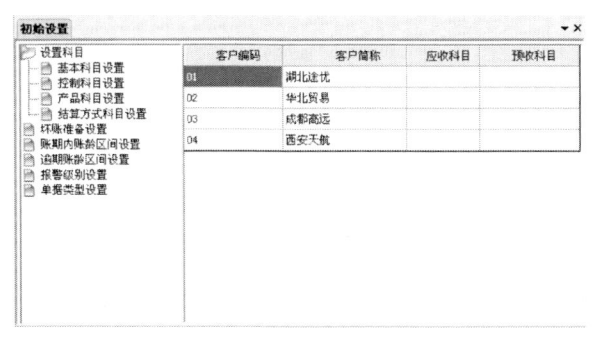

圖 12-11

4. 單擊「產品科目設置」選項，設置銷售收入科目、應交增值稅科目、銷售

第十二章 各模塊初始化設置

退回科目，如圖 12-12 所示。

圖 12-12

5. 單擊「結算方式科目設置」選項，進行結算方式、幣種以及科目的設置，如圖 12-13 所示。

圖 12-13

（二）壞帳準備設置

【操作步驟】

1. 在用友 ERP-U8.72 企業應用平臺中，執行【業務工作】→【財務會計】→【應收款管理】→【設置】→【選項】命令，系統彈出「帳套參數設置」窗口，如圖 12-14 所示。

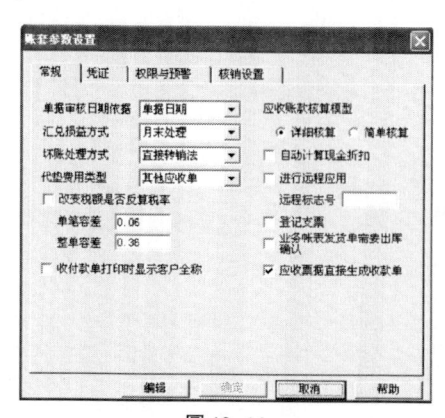

圖 12-14

2. 點擊「編輯」按鈕，將壞帳處理方式設置為應收餘額百分比法，如圖 12-15所示。

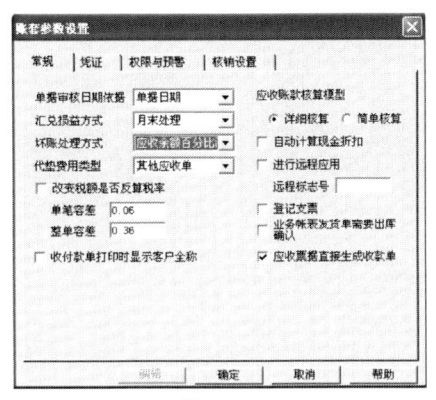

圖 12-15

3. 重新執行【設置】→【初始化設置】，可以看到已經出現「壞帳準備設置」選項，錄入壞帳準備設置數據，最後點擊「確定」按鈕保存設置，如圖 12-16 所示。

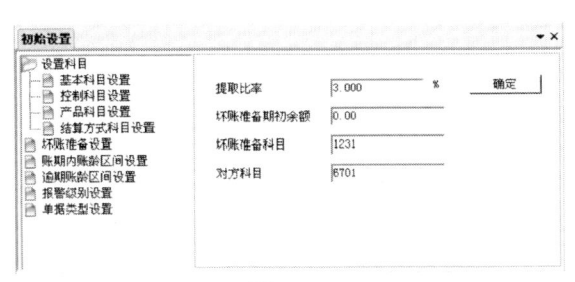

圖 12-16

(三) 帳期內帳齡區間設置
【操作步驟】

1. 單擊「帳期內帳齡區間設置」選項，然後單擊「增加」菜單，系統新增一空的帳齡區間，添加相關數據，如圖 12-17 所示。

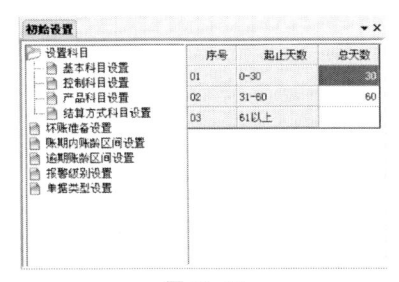

圖 12-17

2. 最後點擊「退出」，保存後退出設置。

（四）逾期內帳齡區間設置

【操作步驟】

1. 單擊「逾期帳齡區間設置」選項，然後單擊「增加」菜單，系統新增一空的逾期帳齡區間，雙擊「總天數」，添加相關數據，如圖 12-18 所示。

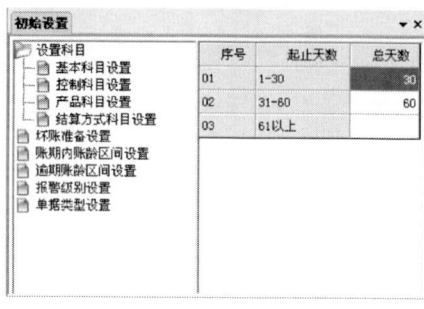

圖 12-18

2. 最後點擊「退出」，保存後退出設置。

（五）報警級別設置

【操作步驟】

1. 單擊「報警級別設置」選項，然後單擊「增加」菜單，按照圖 12-19 設置相應報警級別。

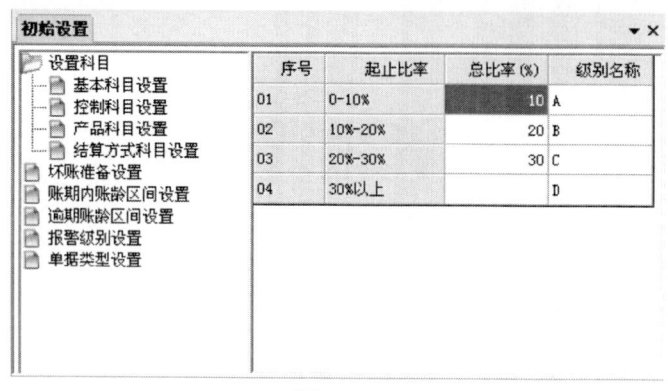

圖 12-19

2. 最後點擊「退出」，保存後退出設置。

（六）單據類型設置

【操作步驟】

1. 單擊「單據類型設置」選項，然後單擊「增加」菜單，按照圖 12-20 設置相應單據類型。

2. 最後點擊「退出」，保存後退出設置。

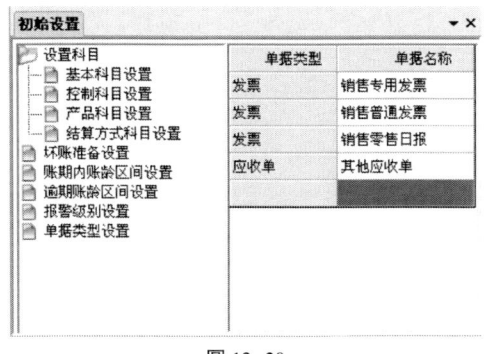

圖 12-20

二、期初餘額

【操作步驟】

1. 在應收款管理系統中，執行【設置】→【期初餘額】命令，進入「期初餘額-查詢」窗口，單據名稱選擇「銷售發票」，單擊「確定」按鈕，如圖 12-21 所示。

圖 12-21

2. 系統打開「期初餘額明細表」窗口，單擊「增加」按鈕，系統彈出「單據類型」窗口，選擇需要增加的期初單據類型，如圖 12-22 所示。

3. 選擇增加一張銷售發票，單擊「確定」按鈕，系統彈出「期初銷售專用發票」界面，點擊左上方「增加」按鈕，錄入相關信息，如圖 12-23、圖 12-24 所示。最後單擊「保存」按鈕，保存新增的期初單據。

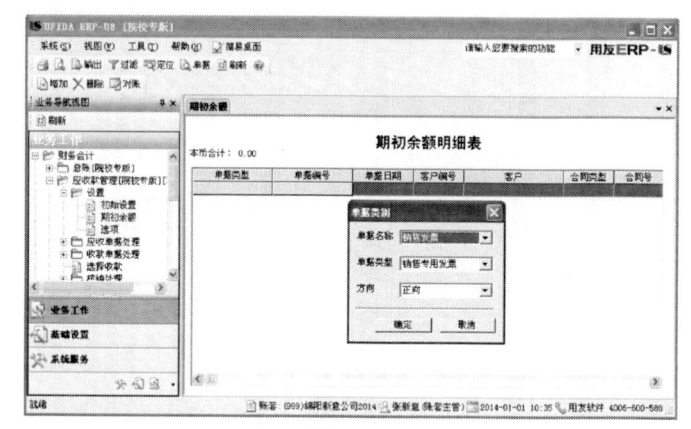

圖 12-22

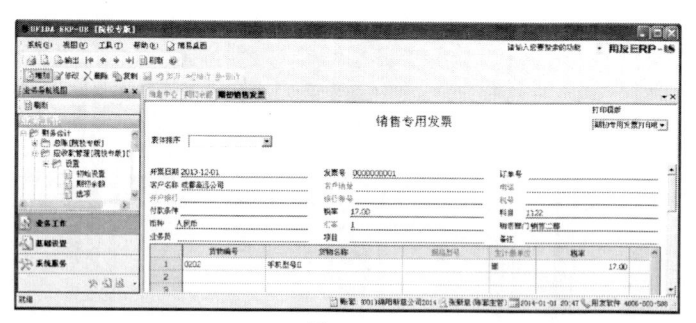

圖 12-23

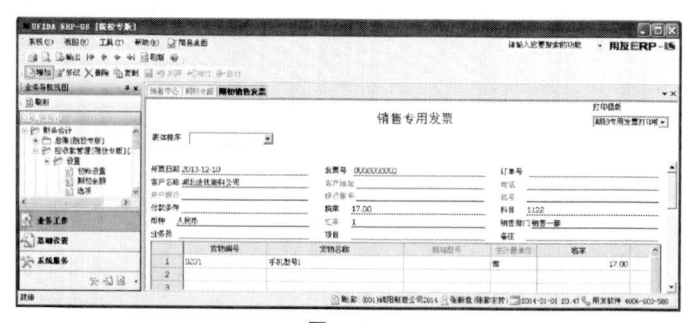

圖 12-24

【提示】
(1) 發票中開票日期必須在應收款系統啓用之前，這樣才說明是期初數據。
(2) 第一個會計期間已記帳後，期初餘額只能查看，不能修改。

4. 應收款管理系統的期初餘額錄入完成後，需要和總帳系統進行期初對帳工作，在「期初餘額明細表」窗口中，點擊「對帳」按鈕，系統彈出對帳結果，如圖 12-25 所示。

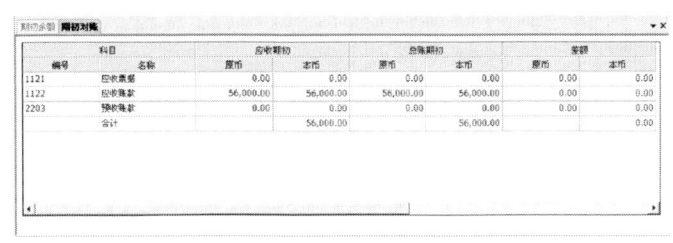

圖 12-25

5. 查看應收款管理系統與總帳系統的期初餘額各項是否一致，兩個系統各個科目的差額都是 0，說明應收款系統期初和總帳系統期初數據一致，對帳成功。

實驗三　應付款管理系統初始化設置和期初餘額

【實驗準備】

已安裝用友 U8.72 管理軟件，將系統日期修改為「2014 年 1 月 1 日」。引入基礎資料設置好後的帳套，以帳套主管身份註冊登錄進入應付款管理系統。

【實驗指導】

一、初始化設置

應付款管理系統初始設置包括會計科目設置、帳期內帳齡區間設置、逾期帳齡區間設置、報警級別設置以及單據類型設置。初始設置的作用是建立應付款管理的基礎數據，使應付業務管理符合用戶的需要。

（一）設置科目

【操作步驟】

1. 在用友 ERP-U8.72 企業應用平臺中，執行【業務工作】→【財務會計】→【應付款管理】→【設置】→【初始設置】命令，系統彈出「初始設置」窗口。

2. 在「初始設置」窗口中，執行【設置科目】→【基本科目設置】命令，進行基本科目設置，如圖 12-26 所示。

【提示】以上設置的科目是末級科目，只有設置了「銀行承兌科目」和「商業承兌科目」，才可以使用票據登記簿以及在期初餘額中錄入期初應付票據餘額。

3. 基本科目設置完成後，點擊「控制科目設置」選項，錄入各個控制科目，進行應付科目、預付科目的設置，如圖 12-27 所示。

4. 單擊「產品科目設置」選項，設置採購科目、產品採購稅金科目，如圖 12-28 所示。

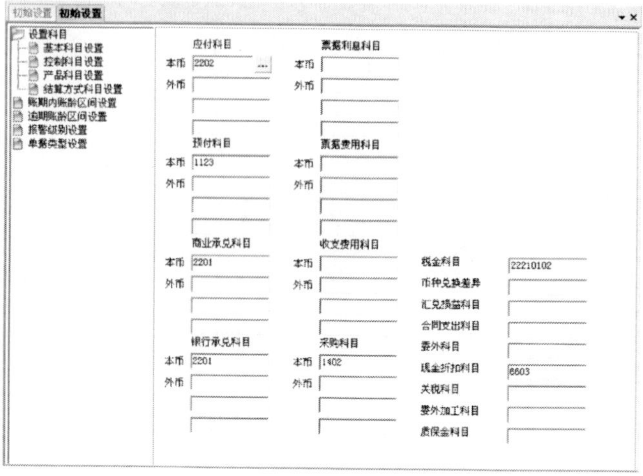

第十二章　各模塊初始化設置

圖 12-26

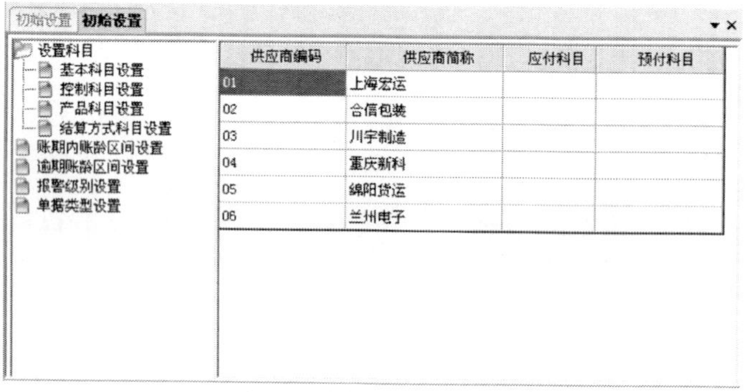

圖 12-27

圖 12-28

5. 單擊「結算方式科目設置」選項，進行結算方式、幣種以及科目的設置，如圖 12-29 所示。

圖 12-29

(二) 帳期內帳齡區間設置

【操作步驟】

1. 單擊「帳期內帳齡區間設置」選項，然後單擊「增加」菜單，系統新增一空的帳齡區間，添加相關數據，如圖 12-30 所示。

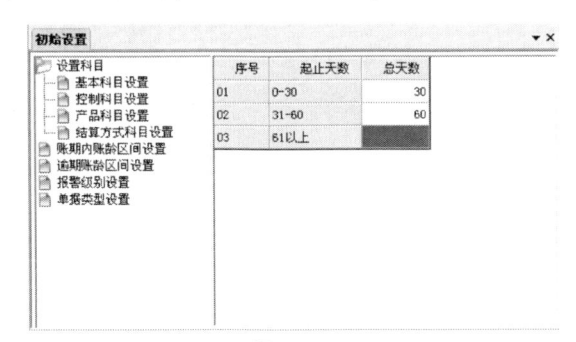

圖 12-30

2. 最後點擊「退出」，保存後退出設置。

(三) 逾期內帳齡區間設置

【操作步驟】

1. 單擊「逾期帳齡區間設置」選項，然後單擊「增加」菜單，系統新增一空的逾期帳齡區間，雙擊「總天數」，添加相關數據，如圖 12-31 所示。

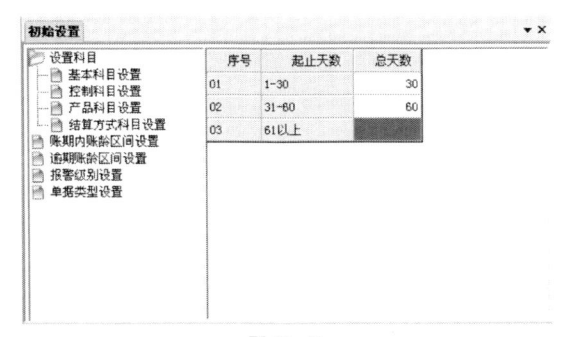

圖 12-31

2. 最後點擊「退出」，保存後退出設置。

（四）報警級別設置

【操作步驟】

1. 單擊「報警級別設置」選項，然後單擊「增加」菜單，按照圖 12-32 設置相應報警級別。

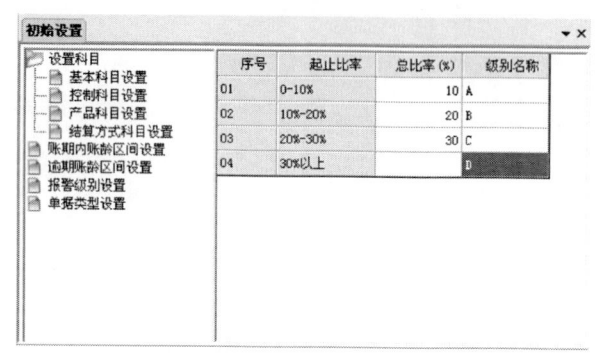

圖 12-32

2. 最後點擊「退出」，保存後退出設置。

（五）單據類型設置

【操作步驟】

1. 單擊「單據類型設置」選項，然後單擊「增加」菜單，按照圖 12-33 設置相應單據類型。

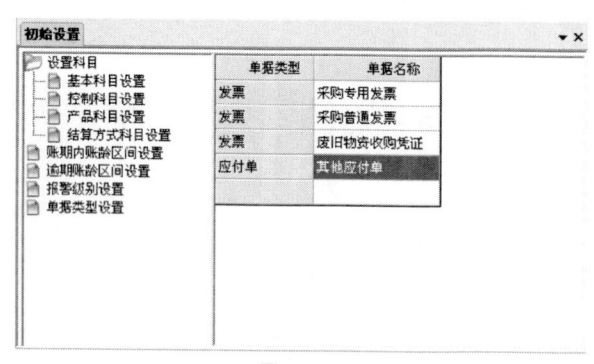

圖 12-33

2. 最後點擊「退出」，保存後退出設置。

二、期初餘額

【操作步驟】

1. 在應付款管理系統中，執行【設置】→【期初餘額】命令，進入「期初餘額-查詢」窗口，單據名稱選擇「銷售發票」，單擊「確定」按鈕，如圖 12-34 所示。

圖 12-34

2. 系統打開「期初餘額明細表」窗口，單擊「增加」按鈕，系統彈出「單據類型」窗口，選擇需要增加的期初單據類型，如圖 12-35 所示。

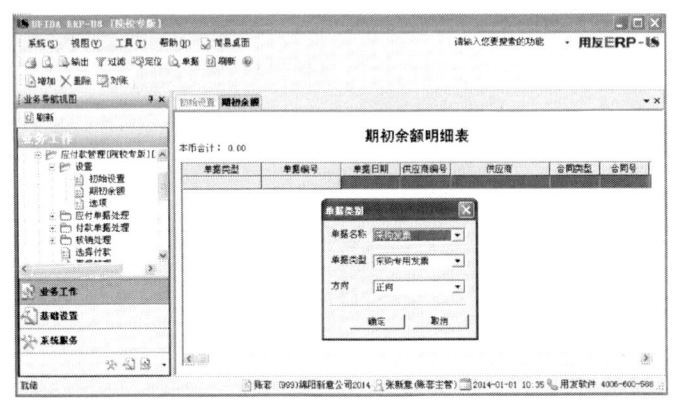

圖 12-35

3. 選擇增加一張採購發票，單擊「確定」按鈕，系統彈出「期初採購專用發票」界面，點擊左上方「增加」按鈕，錄入相關信息，如圖 12-36、圖 12-37 所示。最後單擊「保存」按鈕，保存新增的期初單據。

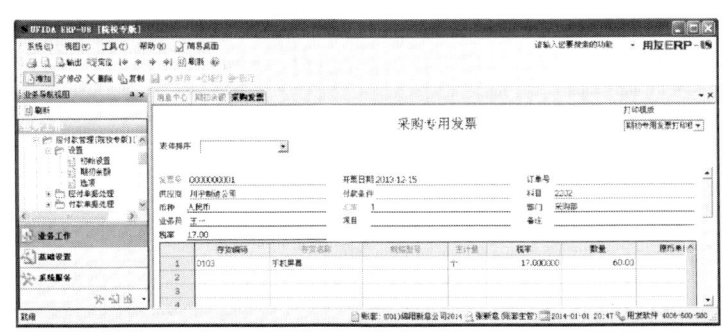

圖 12-36

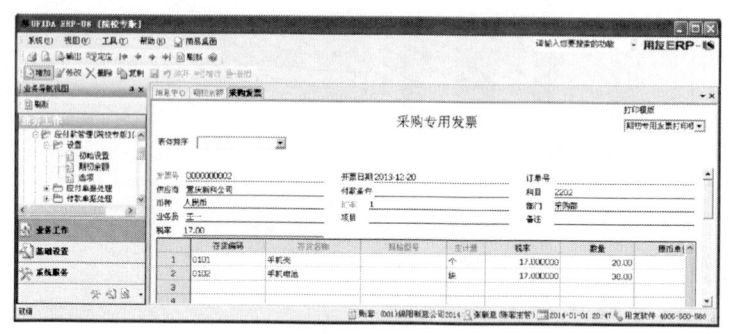

圖 12-37

【提示】
（1）發票中開票日期必須在應付款系統啓用之前，這樣才說明是期初數據。
（2）第一個會計期間已記帳後，期初餘額只能查看，不能修改。

4. 應付款管理系統的期初餘額錄入完成後，需要和總帳系統進行期初對帳工作，在「期初餘額明細表」窗口中，點擊「對帳」按鈕，系統彈出對帳結果，如圖 12-38 所示。

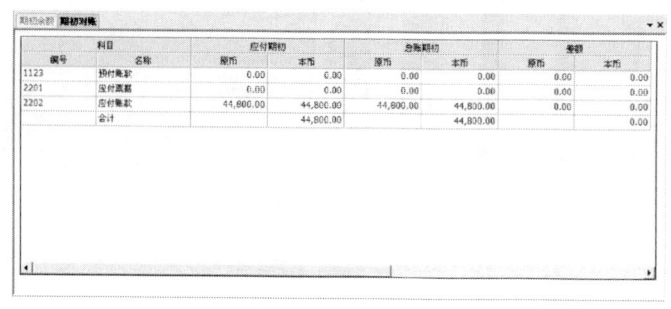

圖 12-38

5. 查看應付款管理系統與總帳系統的期初餘額各項是否一致，兩個系統各個科目的差額都是 0，說明應付款系統期初和總帳系統期初數據一致，對帳成功。

實驗四　固定資產系統初始化設置和期初餘額

【實驗準備】
已安裝用友 U8.72 管理軟件，將系統日期修改為「2014 年 1 月 1 日」。引入基礎資料設置好後的帳套，以帳套主管身份注冊登錄進入固定資產系統。

【實驗指導】

一、初始化設置

固定資產系統初始設置是為了根據用戶的具體情況，建立一個合適的固定資

產子帳套的過程。包括系統初始化、部門設置、類別設置、使用狀況定義、增減方式定義、折舊方法定義等。

（一）進入固定資產

【操作步驟】

1. 在用友 ERP-U8.72 企業應用平臺中，執行【業務工作】→【財務會計】→【固定資產】命令，如果是第一次進入固定資產模塊，系統將提示是否進行初始化，如圖 12-39 所示。

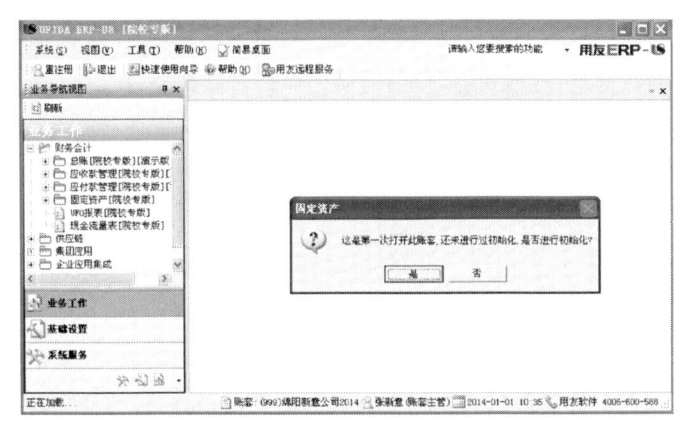

圖 12-39

2. 單擊「是」按鈕，系統彈出「初始化帳套向導」窗口，進入「1. 約定及說明」界面，如圖 12-40 所示。

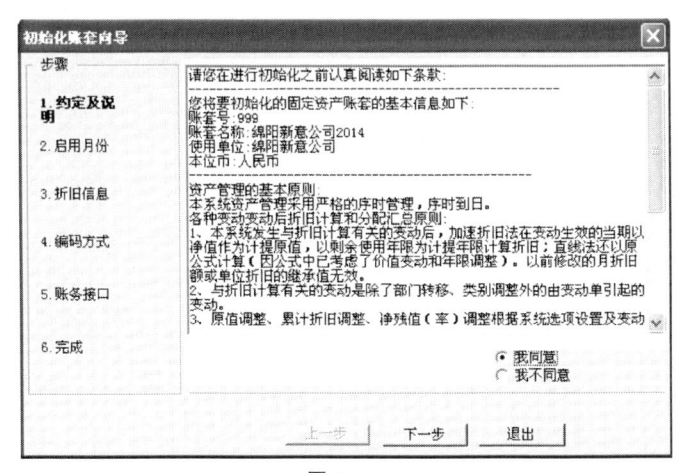

圖 12-40

3. 選中「我同意」單選按鈕，點擊「下一步」按鈕，打開「固定資產初始化向導-啓用月份」窗口，如圖 12-41 所示。

第十二章　各模塊初始化設置

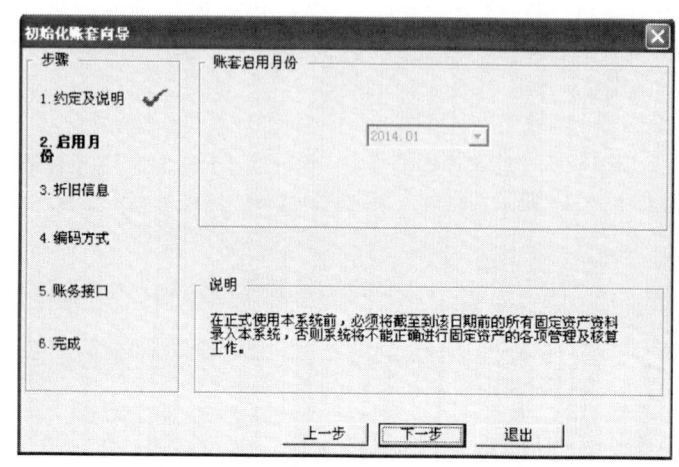

圖 12-41

【提示】在「固定資產初始化向導-啓用月份」窗口中所看到的啓用月份只能查看，不能修改。啓用日期確定後，在該日期前的所有固定資產都將作為期初數據，在啓用月份開始計提折舊。

4. 單擊「下一步」按鈕，進入「固定資產初始化向導-折舊信息」窗口，如圖 12-42 所示。

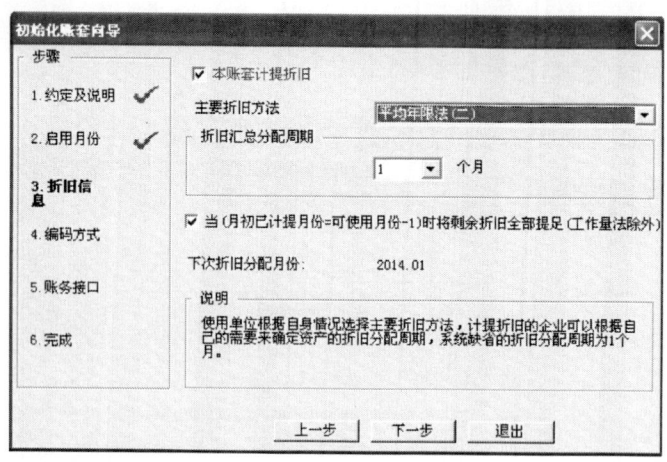

圖 12-42

5. 在「主要折舊方法」下拉列表中選中「平均年限法（二）」選項，點擊「下一步」按鈕，進入「固定資產初始化向導-編碼方式」窗口，如圖 12-43 所示。

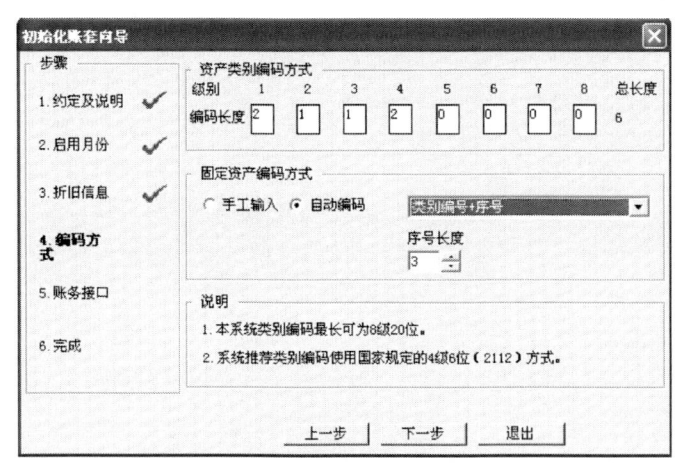

圖 12-43

【提示】固定資產編碼方式包括「手工輸入」和「自動編碼」兩種方式。每個帳套的自動編碼方式只能選擇一種，一旦設定，該自動編碼方式就不能修改。

6. 點擊「下一步」按鈕，進入「固定資產初始化向導-財務接口」窗口，如圖 12-44 所示。

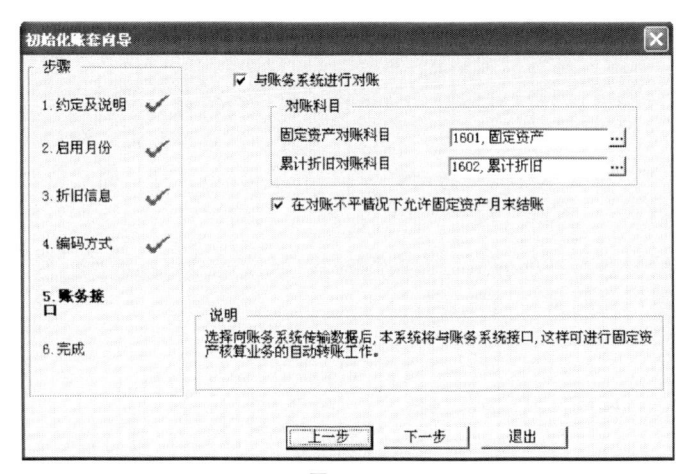

圖 12-44

【提示】固定資產對帳科目和累計折舊對帳科目應該和財務系統的對應科目一致。

7. 在「固定資產對帳科目」欄中輸入「1601」，在「累計折舊對帳科目」欄中輸入「1602」，點擊「下一步」按鈕，進入「固定資產初始化向導-完成」窗口，如圖 12-45 所示。

第十二章　各模塊初始化設置

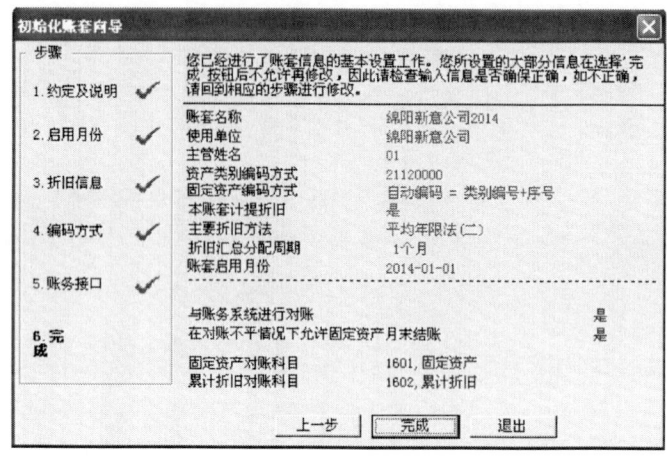

圖 12-45

8. 點擊「完成」按鈕，系統彈出「已經完成了新帳套的所有設置工作，是否確定所設置的信息完全正確並保存對新帳套的所有設置?」提示窗口，點擊「是」按鈕，系統提示「已成功初始化本固定資產帳套!」。點擊「確定」按鈕，完成固定資產建帳過程。

（二）部門對應折舊科目設置

【操作步驟】

1. 在用友 ERP-U8.72 企業應用平臺中，執行【業務工作】→【財務會計】→【固定資產】→【設置】→【部門對應折舊科目】命令，系統彈出「固定資產部門編碼目錄」窗口，選擇「辦公室」所在行，單擊「修改」按鈕，錄入該部門的對應折舊科目，如圖 12-46 所示。

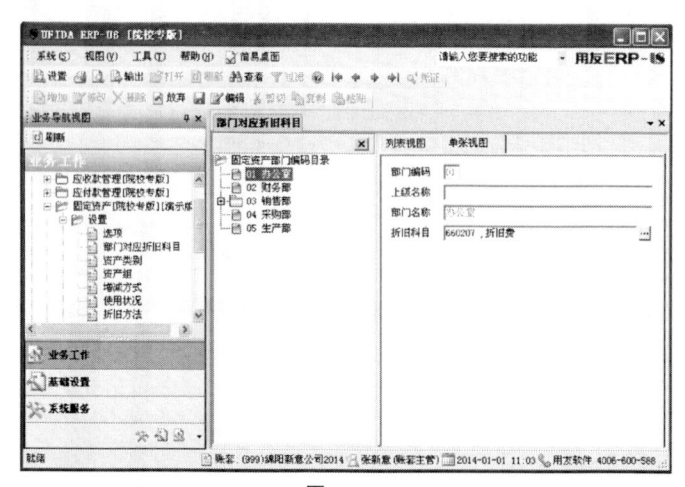

圖 12-46

2. 點擊「保存」按鈕，用這種方法錄入其他部門的對應折舊科目。如圖 12-47所示。

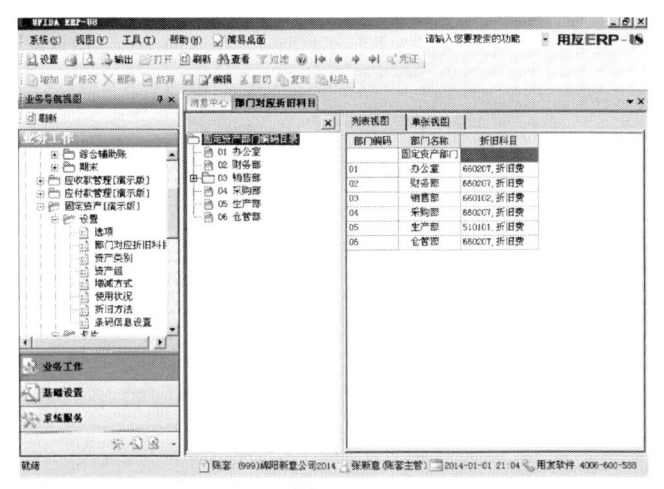

圖 12-47

【提示】設置部門對應的折舊科目時，必須選擇末級科目，設置上級部門的折舊科目，它的下級部門的折舊科目可以自動繼承，也可以選擇不同的科目，也就是說上級部門和它的下級部門的折舊科目可以一樣，也可以不一樣。

(三) 資產類別設置

【操作步驟】

1. 在用友 ERP-U8.72 企業應用平臺中，執行【業務工作】→【財務會計】→【固定資產】→【設置】→【資產類別】命令，點擊「增加」按鈕，錄入相應信息，如圖 12-48 所示。

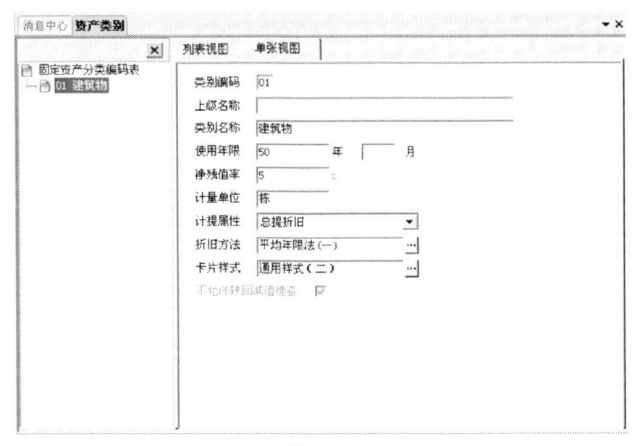

圖 12-48

第十二章 各模塊初始化設置

2. 點擊「保存」按鈕，繼續添加其他固定資產類別，如圖 12-49 所示。

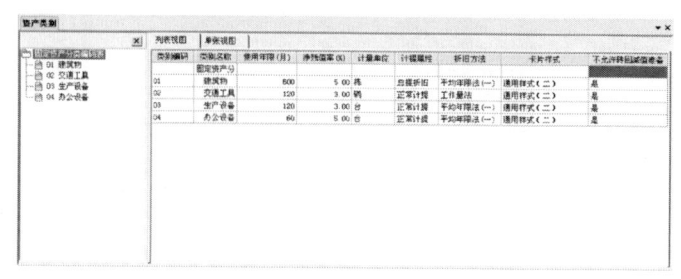

圖 12-49

（四）固定資產的增減方式設置
【操作步驟】
1. 在用友 ERP-U8.72 企業應用平臺中，執行【業務工作】→【財務會計】→【固定資產】→【設置】→【增減方式】命令，系統彈出「增減方式」窗口。

2. 可以選擇系統默認的增減方式，也可以從「增減方式目錄表」中選擇「增加方式」或「減少方式」，然後點擊工具欄中的「增加」按鈕，輸入新增方式的名稱和對應入帳科目。例如，增加「自建」方式，如圖 12-50 所示。點擊工具欄的「刪除」按鈕可以刪除原來的已有設置。單擊工具欄的「保存」按鈕保存設置。

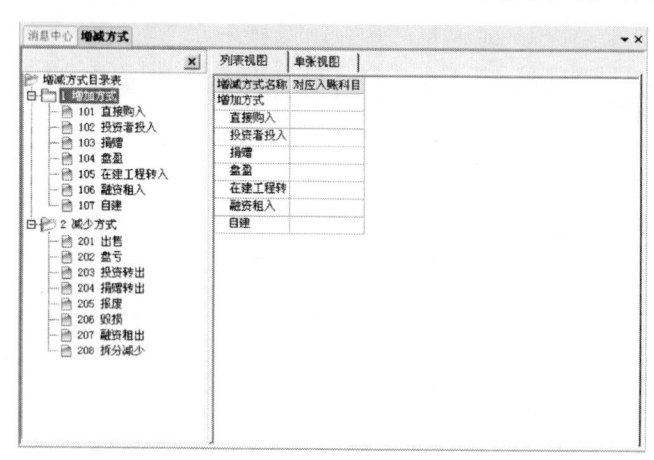

圖 12-50

（五）使用狀況設置
【操作步驟】
1. 在用友 ERP-U8.72 企業應用平臺中，執行【業務工作】→【財務會計】→【固定資產】→【設置】→【使用狀況】命令，系統彈出「使用狀況」窗口，如圖 12-51 所示。

2. 選定一種使用狀況，進行更新設置，最後單擊「保存」按鈕，保存設置。

圖 12-51

（六）折舊方法設置

【操作步驟】

1. 在用友 ERP-U8.72 企業應用平臺中，執行【業務工作】→【財務會計】→【固定資產】→【設置】→【折舊方法】命令，系統彈出「折舊方法」窗口，如圖 12-52 所示。

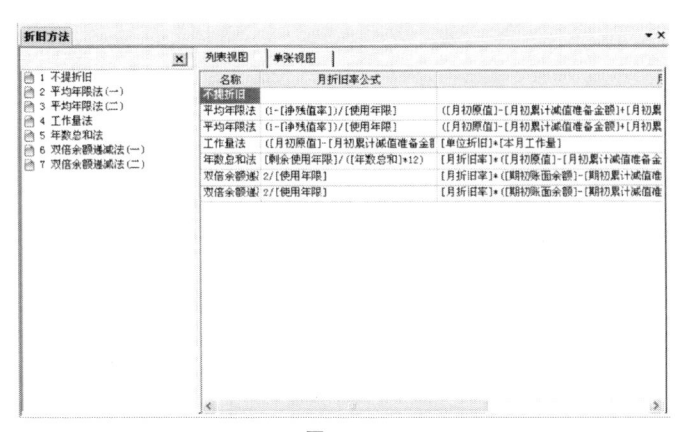

圖 12-52

2. 單擊工具欄上的「修改」按鈕可以對所選定的折舊方法進行修改，同理工具欄上的「刪除」按鈕可以刪除選定的折舊方法，點擊工具欄上的「增加」按鈕，系統彈出「折舊方法定義」窗口，在此可以新增自定義的折舊方法。

二、期初餘額

【操作步驟】

1. 在用友 ERP-U8.72 企業應用平臺中，執行【業務工作】→【財務會計】→

第十二章 各模塊初始化設置

【固定資產】→【卡片】→【錄入原始卡片】命令，系統彈出「固定資產類別檔案」窗口，選擇新增的卡片類別「01 建築物」，如圖 12-53 所示。

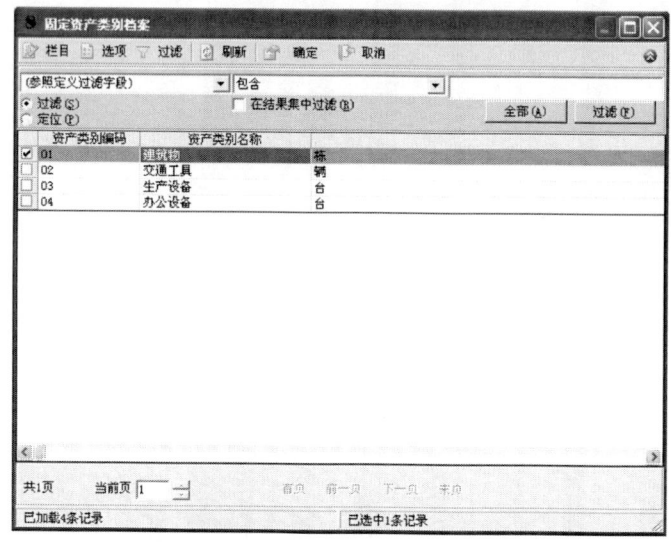

圖 12-53

2. 點擊「確定」按鈕，系統彈出「固定資產卡片」窗口，然後錄入原始固定資產卡片信息，如圖 12-54 所示。

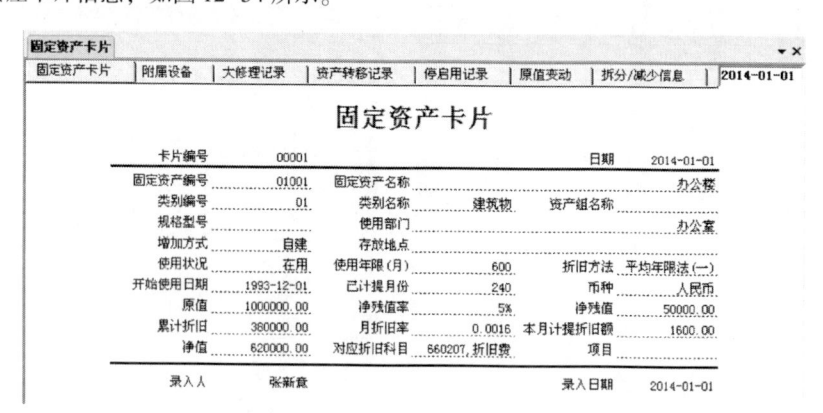

圖 12-54

3. 用同樣的方法錄入其他固定資產原始卡片，在「固定資產」的「卡片」選項里，點擊「卡片管理」命令，系統彈出所有固定資產原始卡片，在此可進行卡片的查詢、修改、打印等操作，如圖 12-55 所示。

4. 原始卡片錄入完畢後，執行固定資產與總帳系統對帳，展開固定資產系統的「處理」菜單，選擇「對帳」命令，系統彈出對帳結果，如圖 12-56 所示。

530

圖 12-55

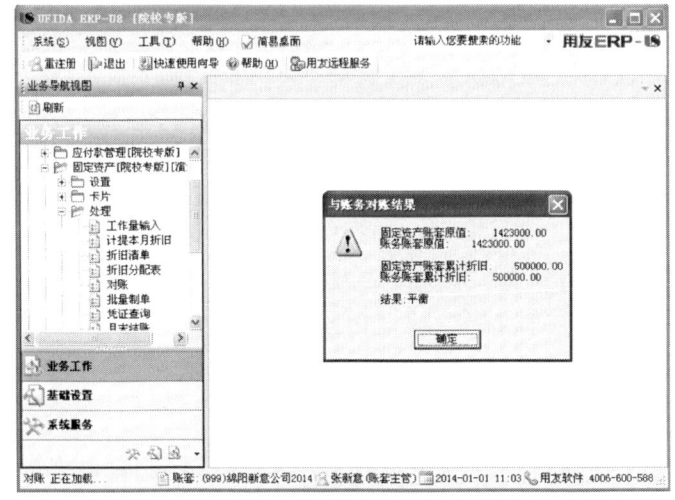

圖 12-56

實驗五　存貨核算系統初始化設置和期初餘額

【實驗準備】

已安裝用友 U8.72 管理軟件，將系統日期修改為「2014 年 1 月 1 日」。引入基礎資料設置好後的帳套，以帳套主管身份注冊登錄進入存貨核算系統。

【實驗指導】

一、初始化設置

存貨核算模塊是供應鏈管理模塊的一個子系統。存貨核算模塊是用友 ERP-U8 管理軟件的一個重要組成部分，它突破了會計核算軟件以貨幣為基礎的單一核算

體系，實現了從會計核算到企業財務、業務一體化的全面管理，進而達到了物流、資金流管理的統一。在進行存貨核算模塊的操作之前，必須先進行模塊的初始化設置。存貨核算系統初始設置關係到存貨核算系統的日後使用和業務點控制的便利與否，是首次使用存貨核算系統的不可缺少的步驟。

（一）設置存貨科目

【操作步驟】

1. 在用友 ERP-U8.72 企業應用平臺中，執行【業務工作】→【供應鏈】→【存貨核算】→【初始設置】→【科目設置】→【存貨科目】命令，系統彈出「存貨科目」窗口，如圖 12-57 所示。

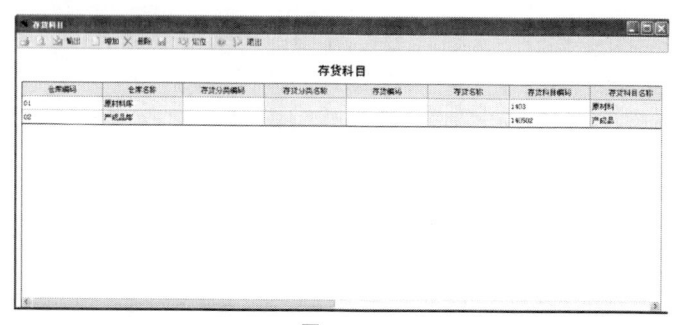

圖 12-57

2. 點擊工具欄上的「增加」按鈕，新增一條存貨科目記錄，錄入相應數據，點擊「保存」按鈕，完成保存。

3. 再次點擊「增加」按鈕，錄入其他記錄。

（二）設置對方科目

【操作步驟】

1. 在用友 ERP-U8.72 企業應用平臺中，執行【業務工作】→【供應鏈】→【存貨核算】→【初始設置】→【科目設置】→【對方科目】命令，系統彈出「對方科目」窗口，如圖 12-58 所示。

圖 12-58

2. 點擊工具欄上的「增加」按鈕，新增一條對方科目記錄，錄入相應數據，點擊「保存」按鈕，完成保存。

3. 再次點擊「增加」按鈕，錄入其他記錄。

【提示】此功能用於設置本系統中生成憑證所需要的存貨對方科目（即收發類別）所對應的會計科目，因此用戶在製單之前應先在此模塊中將存貨對方科目設

置正確、完整，否則無法生成科目完整的憑證。

二、期初餘額

【操作步驟】

1. 在用友 ERP-U8.72 企業應用平臺中，執行【業務工作】→【供應鏈】→【存貨核算】→【初始設置】→【期初數據】→【期初餘額】，系統彈出「期初餘額」窗口，選擇相應倉庫，點擊增加「按鈕」，錄入期初數據，如圖 12-59、圖 12-60所示。

圖 12-59

圖 12-60

2. 點擊工具欄上的「記帳」按鈕，完成對期初餘額的記帳。

【提示】只有進行了期初餘額的記帳操作，才能進行後續的期末相關操作，比如產成品分配。

第十三章　模擬數據操作

當完成系統的初始化操作後，就可以開始日常業務處理了，本章以「綿陽新意公司」的實例單據為例，講述各種單據在用友系統中的錄入方法以及各模塊之間的數據傳遞方式。

實驗一　1月10日數據

【實驗準備】

總帳、應收、應付、固定資產、存貨核算系統的初始化、期初餘額輸入完畢，將系統日期修改為「2014年1月10日」。

【實驗指導】

一、各系統的基本操作流程

總帳系統日常業務的基本操作流程：憑證錄入→憑證查詢→憑證審核（修改、刪除）→憑證記帳。

應收系統日常業務的基本操作流程：銷售發票、其他應收單錄入→收款單錄入→各種單據查詢、審核、修改、刪除→各種單據關聯生成憑證傳遞到總帳→關聯憑證處理→單據結算處理。

應付系統日常業務的基本操作流程：採購發票、其他應付單錄入→付款單錄入→各種單據查詢、審核、修改、刪除→各種單據關聯生成憑證傳遞到總帳→關聯憑證處理→單據結算處理。

存貨系統的日常業務包括日常存貨核算業務數據的錄入和成本核算。本系統單獨使用時，完成各種出入庫單據的增加、修改、查詢及出入庫單據的調整和成本計算。

固定資產管理系統的基本流程：固定資產卡片新增、變動、清理、設備檢修→各種卡片變動查詢、修改、刪除、審核→相關卡片生成憑證傳遞到總帳系統→關聯憑證處理→期末計提折舊憑證傳遞到總帳系統。

二、總帳實例

總帳是財務管理信息系統的核心，完全符合2007年新會計準則及各行業對企業會計核算的各項要求。

以憑證處理為主線，提供憑證處理、預提攤銷處理、自動轉帳、匯兌損益、結轉損益等會計核算功能，以及往來核算、現金流量表等財務管理功能；通過部門、個

人、客戶、供應商、項目以及自定義核算功能，實現企業各項業務的精細化核算；豐富的財務帳簿、報表，幫助企業管理者及時掌握企業財務和業務營運情況。

總帳系統屬於財務管理系統的一部分，而財務系統與其他系統成並行關係。帳務系統既可獨立運行，也可同其他系統協同運轉。

相關術語說明：

（1）會計科目：按照經濟業務的內容和經濟管理的要求，對會計要素的具體內容進行分類核算的科目，稱為會計科目。

（2）憑證類別：指憑證的分類。第一次設置憑證類別時，系統會提供幾種常用分類方式，如「記帳憑證」、「收款憑證」等，在此處還可以選擇「自定義」分類方式，以滿足不同單位需求。

（3）憑證：又稱會計憑證，是指能夠用來證明經濟業務事項發生、明確經濟責任並據以登記帳簿、具有法律效力的書面證明。

（4）固定匯率：在製單時，一個月只按一個固定的匯率折算本位幣金額。

（5）浮動匯率：在製單時，按當日匯率折算本位幣金額。

（6）總帳：是根據總分類科目開設帳戶，用來登記全部經濟業務，進行總分類核算，提供總括核算資料的分類帳簿。總分類帳的帳頁格式，一般採用「借方」、「貸方」、「餘額」三欄式。

（7）明細帳：按明細分類帳戶登記的帳簿稱為明細分類帳，簡稱「明細帳」。明細帳是根據總帳科目所屬的明細科目設置的，用於分類登記某一類經濟業務事項，提供有關明細核算資料。明細帳可採用三欄式、多欄式、數量金額式。

（8）日記帳：亦稱序時帳，是按經濟業務發生時間的先後順序，逐日逐筆登記的帳簿。

（9）記帳：就是把一個企事業單位所有經濟業務運用一定的記帳方法在帳簿上記錄。

（10）結帳：就是在把一定時期內發生的全部經濟業務登記入帳的基礎上，計算並記錄本期發生額和期末餘額。

（一）憑證錄入

記帳憑證又稱記帳憑單，或分錄憑單，是會計人員根據審核無誤的原始憑證按照經濟業務事項的內容加以歸類，並據以確定會計分錄後所填製的會計憑證。

在填製憑證時主要需要填製憑證日期、憑證摘要及憑證所涉及的會計科目及其金額等。保存憑證的前提是憑證借貸平衡。

記帳憑證的相關說明如下：

（1）字：即憑證類別字。光標定位在憑證類別上，或按 F2 鍵，輸入或參照選擇一個憑證類別字。

（2）憑證編號：如果在【選項】中選擇「系統編號」則由系統按時間順序自動編號；否則，請手工編號，允許最大憑證號為 32767。系統規定每頁憑證可以有五筆分錄，當某號憑證不只一頁，系統自動將在憑證號後標上幾分之一，如收 0001 號 0002/0003 表示為收款憑證第 0001 號憑證共有三張分單，當前光標所在分

錄在第二張分單上。

（3）製單日期：系統自動取當前業務日期為記帳憑證填製的日期，可修改。但製單日期不允許超過系統日期。本系統默認按時間順序填製憑證，1月10日編製10號憑證，則1月20日只能開始編製20號憑證，即製單序時，如果有特殊需要可以在【總帳】→【設置】→【選項】中去掉【製單序時控制】前的勾。

（4）附單據數：在「附單據數」處輸入原始單據張數，可以為空。當您需要將某些圖片、文件作為附件鏈接憑證時，可單擊附單據數錄入框右側的圖標，選擇文件的鏈接地址即可。

（5）摘要：按F2鍵或參照按鈕輸入常用摘要，但常用摘要的選入不會清除原來輸入的內容。當輸入完成一行憑證內容後，系統自動複製上一行憑證摘要，可以修改。

（6）科目名稱：輸入所要入帳的會計科目。必須輸入最末級科目或按F2鍵參照錄入。若科目為銀行科目，且在結算方式設置中確定要進行票據管理，在【選項】中設置「支票控制」，那麼這裡會要求要輸入「結算方式」、「票號」及「發生日期」。

（7）輔助信息：如果科目設置了輔助核算屬性，則在這裡還要輸入輔助信息，如部門、個人、項目、客戶、供應商、數量等。錄入的輔助信息將在憑證下方的備註中顯示。

（8）金額：錄入該筆分錄的借方或貸方本幣發生額，金額不能為零，但可以是紅字，紅字金額以負數形式輸入。如果方向不符，可按空格鍵調整金額方向。

（9）刪除分錄：若想放棄當前未完成的分錄的輸入，可按【刪行】按鈕或[Ctrl+D]鍵刪除當前分錄即可。

（10）當憑證全部錄入完畢後，按【保存】按鈕或F6鍵保存這張憑證。

▶【實例1】
【操作步驟】

1. 以操作員「範薇」身份登錄帳套。雙擊桌面的用友「企業應用平臺」圖標，系統彈出「登錄」窗口，操作員項輸入「範薇」，密碼為空，帳套選擇「綿陽新意公司2014」，操作日期項輸入「2014-01-10」，如圖13-1所示。

圖13-1

2. 單擊「確定」按鈕，系統進入用友軟件中，選擇「業務」頁面，展開【財務會計】→【總帳】→【憑證】，雙擊【填製憑證】，系統彈出「填製憑證」窗口，單擊「填製憑證」窗口中的「增加」按鈕開始增加一張新憑證，製單日期選擇「2014-01-10」。如圖 13-2 所示。

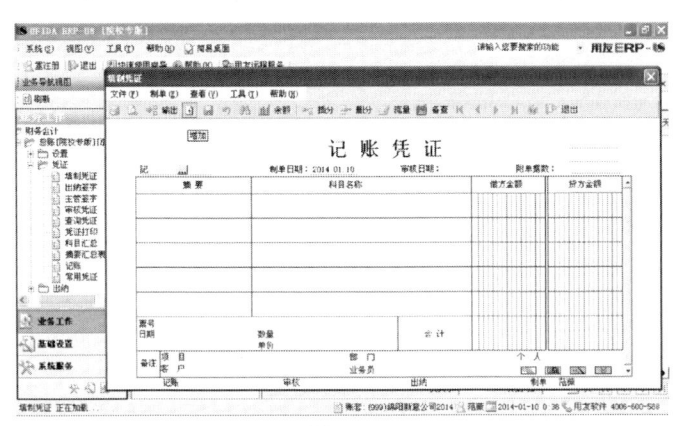

圖 13-2

3. 輸入第一條分錄的摘要「提取備用金」或者單擊摘要欄中的參考按鈕選擇預先設置好的常用摘要信息。用鼠標單擊「科目名稱」欄，單擊「科目名稱」欄的參照按鈕（或按 F2），選擇「資產」類科目「100101 人民幣」，或者直接在「科目名稱」欄輸入「100101」。按回車鍵，光標移到「借方金額」欄，錄入「4800」。

4. 按回車鍵（複製上一行的摘要），再按回車鍵，或單擊「科目名稱」欄（第二行），單擊「科目名稱」欄的參照按鈕（或按 F2 鍵），選擇「資產」類科目「100201 招行帳戶」，或者直接在「科目名稱」欄輸入「100201」。按回車鍵，因為該會計科目為銀行科目，所以系統彈出輔助項，要求錄入結算方式和結算號，單擊「結算方式」欄參照按鈕，選擇「現金」，或直接錄入現金的編碼「1」，在「票號」欄錄入「VI II 02777738」如圖 13-3 所示。

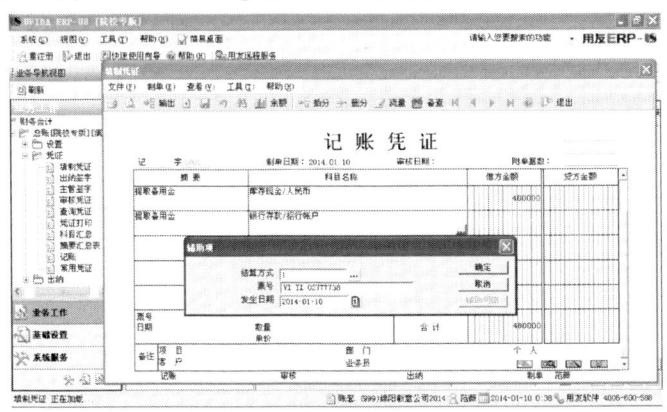

圖 13-3

第十三章　模擬數據操作

5. 在「貸方金額」欄錄入「4800」。單擊「保存」按鈕保存當前憑證，保存成功的憑證如圖 13-4 所示。

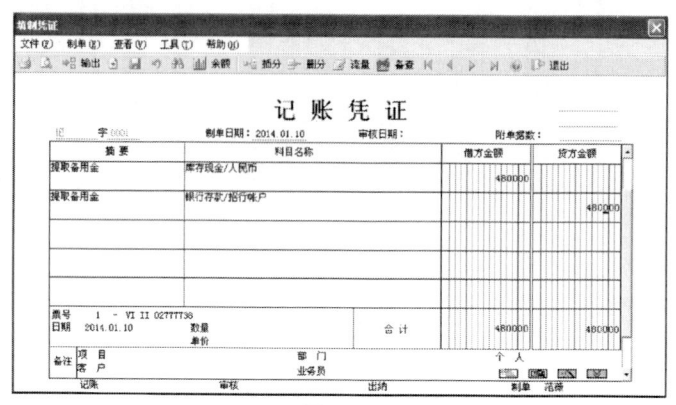

圖 13-4

【提示】憑證一旦保存，其憑證類別、憑證編號不能再修改。

▶【實例 2】

【操作步驟】

1. 在「填製憑證」窗口中，單擊「增加」按鈕。

2. 輸入第一條分錄的摘要「預付徐蒙差旅費」，用鼠標單擊「科目名稱」欄，單擊「科目名稱」欄的參照按鈕（或按 F2 鍵），選擇「資產」類科目「1221 其他應收款」，或者直接在「科目名稱」欄輸入「1221」。

3. 按回車鍵，出現「輔助項」對話框，如圖 13-5 所示。單擊「部門」欄參照按鈕，選擇「採購部」，或直接錄入採購部的編碼「04」，如圖 13-6 所示。單擊「個人」欄參照按鈕，選擇「徐蒙」，或直接錄入徐蒙的編碼「05」，如圖 13-7 所示，單擊「確定」按鈕。錄入借方餘額「1200」。

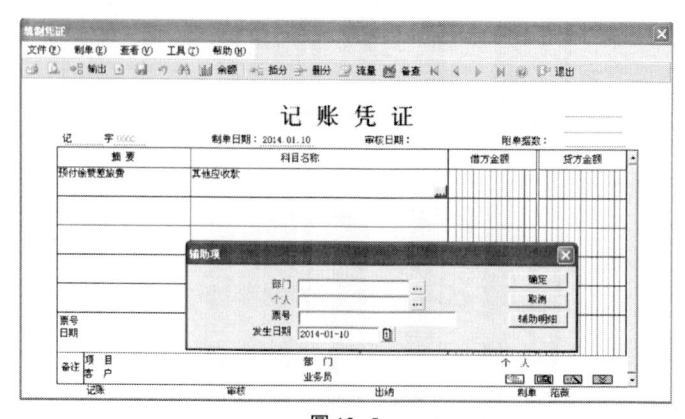

圖 13-5

圖 13-6

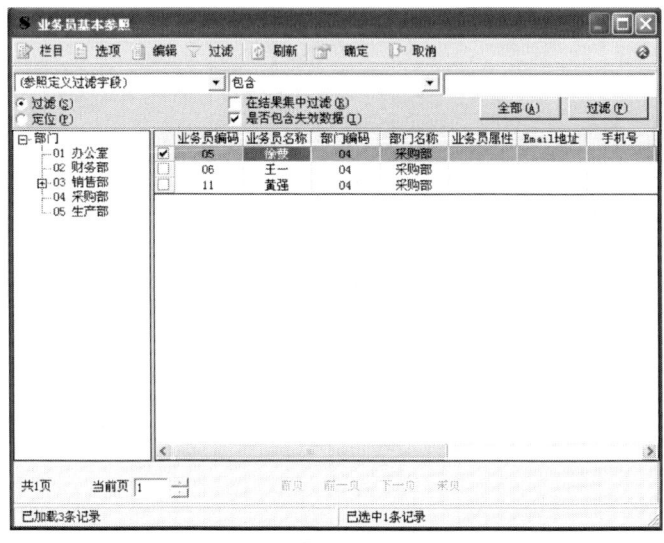

圖 13-7

    4. 按回車鍵（複製上一行的摘要），再按回車鍵，或單擊「科目名稱」欄（第二行），單擊「科目名稱」欄的參照按鈕（或按 F2 鍵），選擇「資產」類科目「100101 人民幣」，或者直接在「科目名稱」欄輸入「100101」。按回車鍵，再按回車鍵，錄入貸方金額「1200」。

    5. 單擊「保存」按鈕保存憑證，如圖 13-8 所示。

第十三章　模擬數據操作

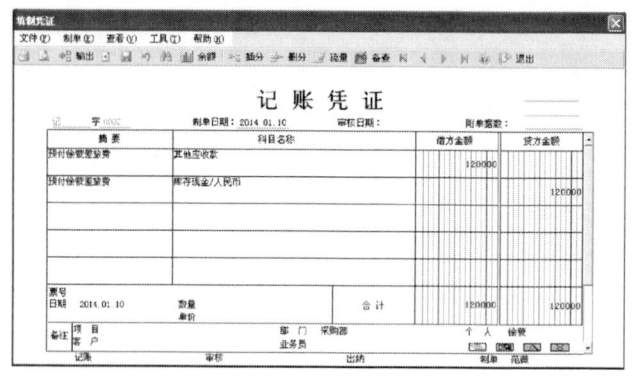

圖 13-8

【提示】如果系統沒有彈出輔助項對話框的話，說明會計科目里的輔助帳類型沒有勾選相應的輔助核算屬性。

▶【實例 3】

【操作步驟】

1. 在「填製憑證」窗口中，單擊「增加」按鈕。

2. 輸入第一條分錄的摘要「收外商投資款」，用鼠標單擊「科目名稱」欄，單擊「科目名稱」欄的參照按鈕（或按 F2 鍵），選擇「資產」類科目「100203 中行帳戶」，或者直接在「科目名稱」欄輸入「100203」。

3. 按回車鍵，出現「輔助項」對話框，如圖 13-9 所示。單擊「結算方式」欄參照按鈕，選擇「中行轉帳支票」，或直接錄入中行轉帳支票的編碼「203」，在「票號」欄錄入「VI II 536546354」，在「發生日期」選擇 2014 年 1 月 10 日，或直接錄入「2014-01-10」，如圖 13-10 所示。單擊「確定」按鈕，光標定位到「外幣」欄，錄入「16000」，按回車鍵，光標定位到下方的「USD」，選擇參照按鈕（或按 F2），彈出「匯率參照」對話框，在「2014.1.10」對應的「記帳匯率」錄入「6.2」，如圖 13-10 所示。

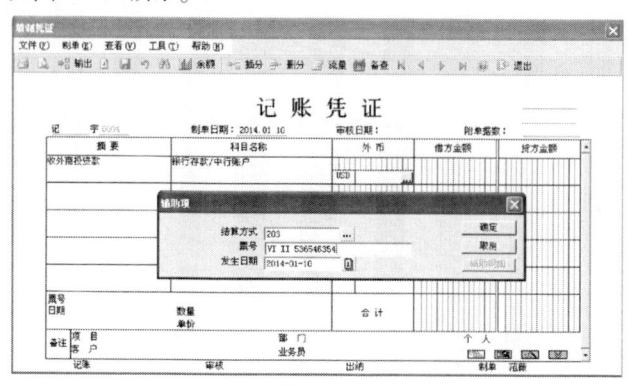

圖 13-9

圖 13-10

4. 按「確定」按鈕,「匯率參照」對話框消失, 按回車鍵「借方金額」自動顯示「99200」。

5. 按回車鍵（複製上一行的摘要）, 再按回車鍵, 或單擊「科目名稱」欄（第二行）, 單擊「科目名稱」欄的參照按鈕（或按 F2 鍵）, 選擇「權益」類科目「4001 實收資本」, 或者直接在「科目名稱」欄輸入「4001」。按回車鍵, 再按回車鍵, 錄入貸方金額「99200」, 或直接按「=」鍵。單擊「保存」按鈕保存當前憑證, 保存成功的憑證如圖 13-11 所示。

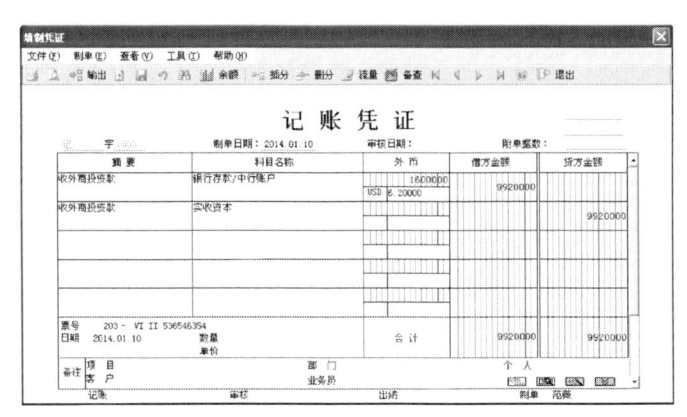

圖 13-11

【提示】如果沒有出現「外幣」欄的話, 說明「100203」會計科目里沒有勾選「外幣核算」的幣種。

▶【實例4】
【操作步驟】

1. 在「填製憑證」窗口中, 單擊「增加」按鈕。

2. 輸入第一條分錄的摘要「陳宇報銷業務招待費」, 用鼠標單擊「科目名稱」欄, 單擊「科目名稱」欄的參照按鈕（或按 F2 鍵）, 選擇「損益」類科目「660205 招待費」, 或者直接在「科目名稱」欄輸入「660205」。

3. 按回車鍵, 出現「輔助項」對話框, 單擊「部門」欄參照按鈕, 選擇「銷

第十三章　模擬數據操作

售一部」，如圖 13-12 所示。單擊「確定」按鈕。

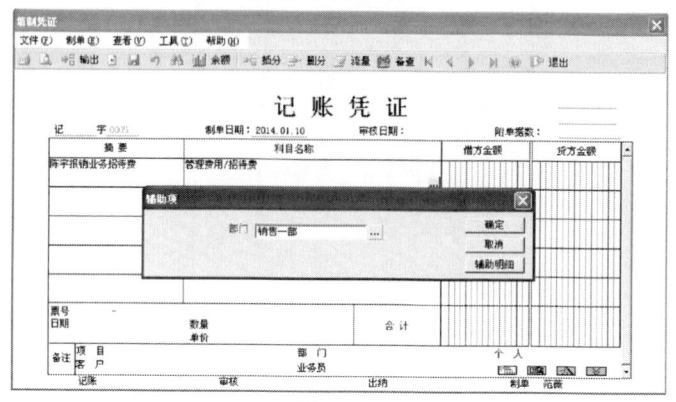

圖 13-12

4. 光標定位到「借方金額」欄，錄入「600」。

5. 按回車鍵（複製上一行的摘要），再按回車鍵，或單擊「科目名稱」欄（第二行），單擊「科目名稱」欄的參照按鈕（或按 F2 鍵），選擇「資產」類科目「100101 人民幣」，或者直接在「科目名稱」欄輸入「100101」。按回車鍵，再按回車鍵，錄入貸方金額「600」。單擊「保存」按鈕保存當前憑證，保存成功的憑證如圖 13-13 所示。

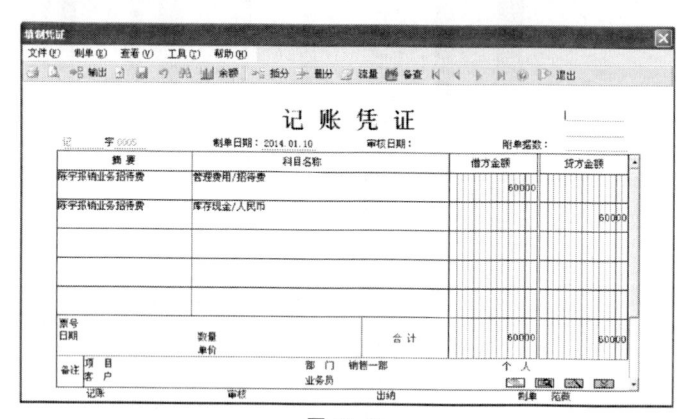

圖 13-13

【提示】在憑證的最後一筆分錄，可在金額錄入處按「=」鍵，系統將根據借貸方差額自動計算此筆分錄的金額。

▶【實例 5】

【操作步驟】

1. 在「填製憑證」窗口中，單擊「增加」按鈕。

2. 輸入第一條分錄的摘要「歸還短期借款及利息」，用鼠標單擊「科目名稱」欄，單擊「科目名稱」欄的參照按鈕（或按 F2 鍵），選擇「負債」類科目「2001

短期借款」，或者直接在「科目名稱」欄輸入「2001」。按回車鍵，光標移到「借方金額」欄，錄入「120,000」。

3. 按回車鍵（複製上一行的摘要），再按回車鍵，或單擊「科目名稱」欄（第二行），單擊「科目名稱」欄的參照按鈕（或按 F2 鍵），選擇「負債」類科目「223101 短期借款利息」，或者直接在「科目名稱」欄輸入「223101」。按回車鍵，再按回車鍵，錄入借方金額「1080」。

4. 按回車鍵（複製上一行的摘要），再按回車鍵，或單擊「科目名稱」欄（第三行），單擊「科目名稱」欄的參照按鈕（或按 F2 鍵），選擇「資產」類科目「100201 招行帳戶」，或者直接在「科目名稱」欄輸入「100201」。

5. 按回車鍵，出現「輔助項」對話框，單擊「結算方式」欄參照按鈕，選擇「中行轉帳支票」，或直接錄入中行轉帳支票的編碼「201」，在「票號」欄錄入「VI II 01697691」，在「發生日期」選擇 2014 年 1 月 10 日，或直接錄入「2014-01-10」，如圖 13-14 所示。單擊「確定」按鈕。

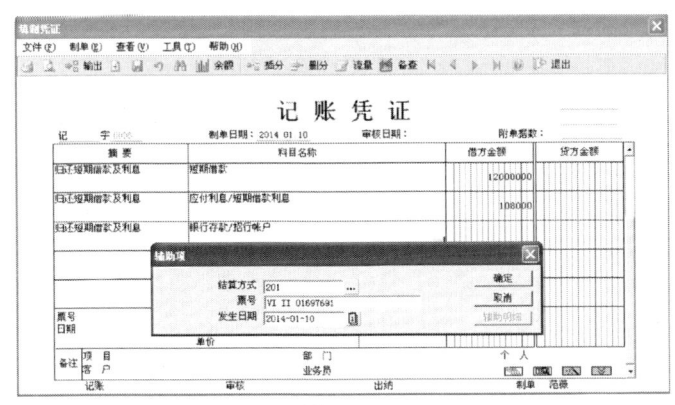

圖 13-14

6. 錄入貸方金額「121080」，或直接按「=」鍵。單擊「保存」按鈕保存當前憑證，保存成功的憑證如圖 13-15 所示。

【提示】帶輔助核算的會計科目，在填製憑證窗口中，具體的輔助核算對象是放在備注欄的，如圖 13-15 所示，但是在憑證打印時，該輔助核算對象會打印在分錄科目名稱的後面。

（二）憑證查詢

在製單過程中，可以通過「查詢憑證」功能對記帳憑證進行查看，以便隨時瞭解經濟業務發生的情況，保證填製憑證的正確性。

憑證查詢的操作方法如下：

（1）選擇【憑證】→【查詢憑證】，顯示查詢條件窗。

（2）若選「已記帳憑證」，則可在已記帳憑證中查詢；若選「未記帳憑證」，則可在未記帳憑證中查詢。

（3）選擇在憑證類別中定義的類別名稱；選擇查詢月份和憑證號範圍；如果

第十三章 模擬數據操作

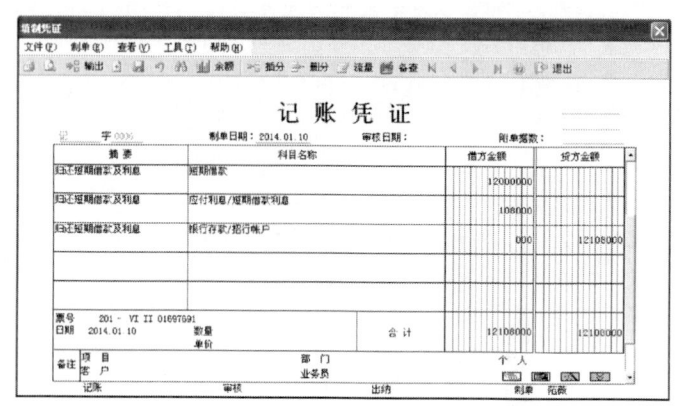

圖 13-15

要專門查詢某一段時間的憑證,請選擇「日期範圍」,此時憑證號範圍不可選。

(4) 選擇「全部」顯示所有符合條件的憑證列表,選擇「作廢憑證」或「有錯憑證」顯示所有符合條件的作廢或有錯的憑證,三者任選其一。

(5) 選擇要查詢的審核人、出納員或者主管簽字的憑證。

(6) 如要按科目、摘要、金額等輔助信息進行查詢,可按【輔助條件】按鈕輸入輔助查詢條件;如要按科目自定義項查詢,可按【自定義項】按鈕輸入自定義項查詢條件。

(7) 輸入查詢憑證的條件確認後,顯示符合條件的憑證列表。

【操作步驟】

1. 選擇「業務」頁面,展開【財務會計】→【總帳】→【憑證】,雙擊【查詢憑證】,系統彈出「憑證查詢」條件錄入窗口,如圖 13-16 所示。

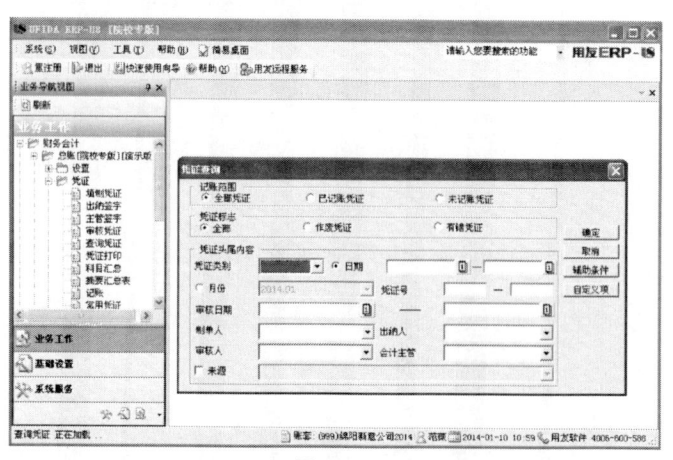

圖 13-16

2. 錄入查詢條件,然後單擊「確定」按鈕,系統彈出符合條件的憑證記錄,

如圖 13-17 所示。

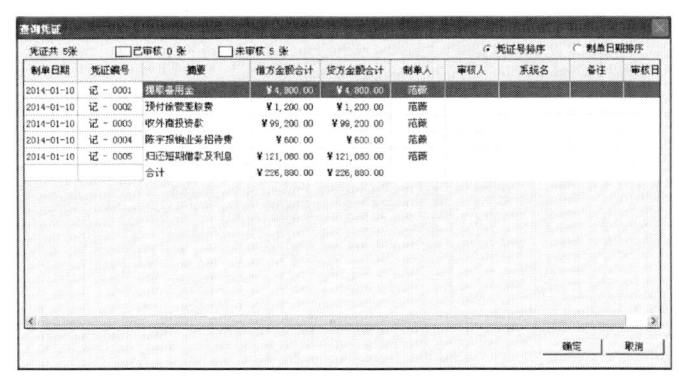

圖 13-17

3. 要查看某張憑證詳細內容，可雙擊打開憑證查看窗口。

（三）憑證修改

修改已填製憑證操作方法如下：

（1）在填製憑證中，通過按【首頁】【上頁】【下頁】【末頁】按鈕翻頁查找或按【查詢】按鈕輸入查詢條件，找到要修改的憑證。

（2）將光標移到製單日期處，可修改製單日期。

（3）若要修改附單據數、摘要、科目、外幣、匯率、金額，可直接將光標移到需修改的地方進行修改即可。

（4）憑證下方顯示每條分錄的輔助項信息，若要修改某輔助項，則將光標移到要修改的輔助項處，雙擊鼠標，屏幕顯示輔助項錄入窗，可直接在上面修改即可。

（5）若要修改金額方向，可在當前金額的相反方向，按空格鍵。

（6）若要希望當前分錄的金額為其他所有分錄的借貸方差額，則在金額處按「=」鍵即可。

（7）按【插行】按鈕或按 Ctrl+I 組合鍵可在當前分錄前插入一條分錄。按【刪行】按鈕或按 Ctrl+D 組合鍵可刪除當前光標所在的分錄。

（8）修改完畢後，按【保存】按鈕保存當前修改，按【放棄】按鈕放棄當前憑證的修改。

【操作步驟】：

方法一：

1. 在「查詢憑證」窗口，找到需要修改的憑證，單擊「修改」命令，則可修改憑證內容。

2. 修改完畢後，單擊「保存」按鈕保存修改操作，如圖 13-18 所示。

方法二：

1. 在「填製憑證」窗口，選擇「憑證定位」按鈕找到需要修改的憑證，在憑證未審核未記帳的情況下，可直接修改憑證內容（操作員有修改該憑證的權限），

图 13-18

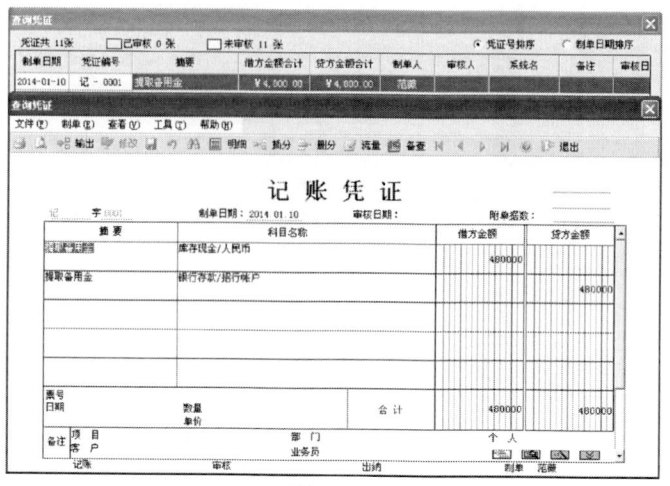

如圖 13-19 所示。

2. 修改完畢後，單擊「保存」按鈕保存修改操作。

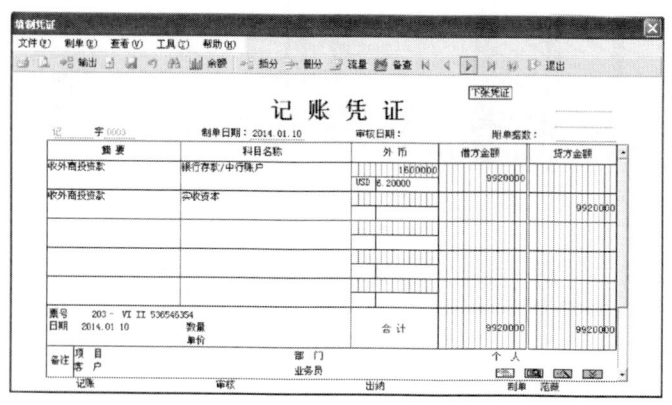

图 13-19

（四）憑證刪除

如果有錯誤的憑證需要刪除時，可以使用「作廢/恢復」功能，將這些憑證進行作廢操作。具體操作方法如下：

（1）進入填製憑證界面後，通過點擊【首頁】【上頁】【下頁】【末頁】按鈕翻頁查找或點擊【查詢】按鈕輸入條件查找要作廢的憑證。

（2）單擊【製單】下的【作廢/恢復】，憑證左上角顯示「作廢」字樣，表示已將該憑證作廢。

（3）作廢憑證仍保留憑證內容及憑證編號，只在憑證左上角顯示「作廢」字樣。作廢憑證不能修改、不能審核。在記帳時，不對作廢憑證作數據處理，相當於一張空白憑證。在帳簿查詢時，也查不到作廢憑證的數據。

（4）若當前憑證已作廢，用鼠標單擊菜單【製單】下的【作廢/恢復】，可取消作廢標誌，並將當前憑證恢復為有效憑證。

有些作廢憑證不想保留，可以通過憑證整理功能將這些憑證徹底刪除，並利用留下的空號對未記帳憑證重新編號。操作方法如下：

（1）進入填製憑證界面，單擊菜單【製單】下的【整理憑證】。

（2）選擇要整理的月份，按【確定】後，顯示選擇憑證號重排方式，提供憑證號重排、憑證日期重排與審核日期重排三個選項。

（3）選擇完憑證號重排方式後，按【確定】後，進入作廢憑證整理列表。

（4）選擇要刪除的作廢憑證，按【確定】按鈕，系統將這些憑證從數據庫中刪除掉，並對剩下憑證重新排號。

【操作步驟】

1. 在「填製憑證」窗口，選擇「憑證定位」按鈕找到需要刪除的憑證，雙擊將其打開。

2. 單擊「製單」菜單下的「作廢/恢復」命令，如圖 13-20 所示。

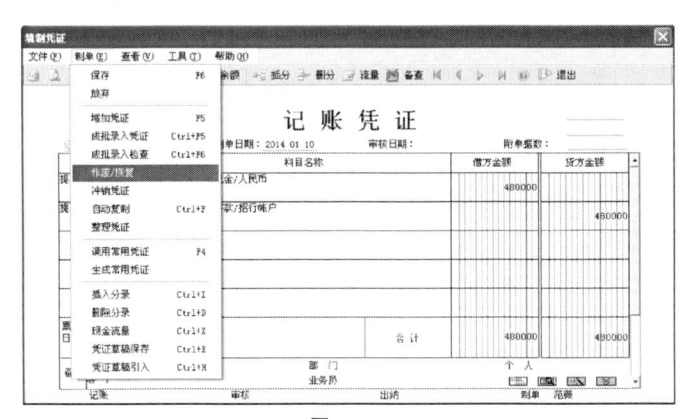

圖 13-20

3. 該憑證即被標上「作廢」字樣，該憑證中的數據內容不變，但不能修改和審核。如圖 13-21 所示。

4. 在已有「作廢」字樣的憑證上，憑證作廢後，該憑證沒有完全清除掉，如果取消作廢，則可以找到該憑證，單擊「作廢/恢復」命令，則取消對該憑證的作廢操作。

【提示】

（1）若憑證沒有審核、記帳，可直接修改；若已經審核，先取消審核再進行修改；若已經記帳，則需要依次進行反記帳、取消審核，最後進行修改；若已經結帳，則依次進行反結帳、反記帳、取消審核，最後進行修改。

（2）若在【選項】中設置了「製單序時」的選項，那麼，在修改製單日期時，不能在上一編號憑證的製單日期之前。

（3）若在【選項】中設置了「不允許修改、作廢他人填製的憑證」，則不能

第十三章　模擬數據操作

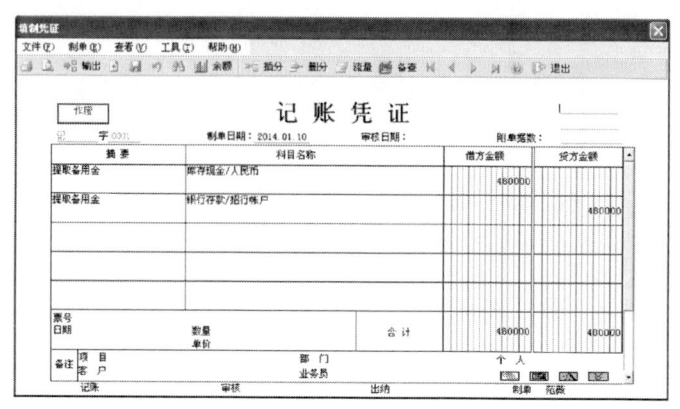

圖 13-21

修改他人填製的憑證。

（4）外部系統傳過來的憑證不能在總帳系統中進行修改，只能在生成該憑證的系統中進行修改。

5. 如果需要徹底刪除作廢憑證，則單擊「製單」菜單下的「整理憑證」命令，如圖 13-22 所示，系統提示選擇整理憑證的期間，如圖 13-23 所示。

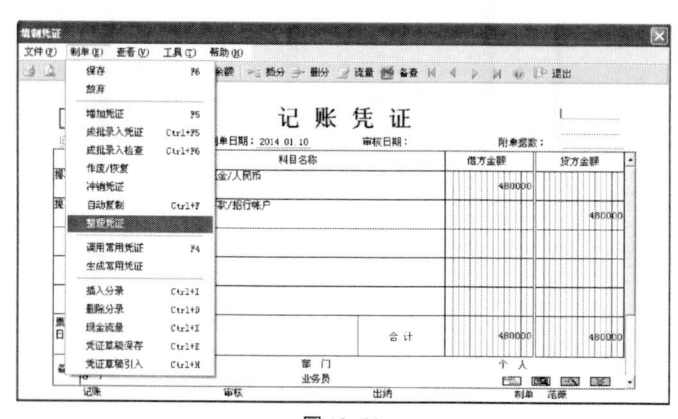

圖 13-22

6. 選擇好憑證期間後，單擊「確定」按鈕，系統彈出「作廢憑證表」，雙擊「刪除？」選擇需要刪除的作廢憑證，然後單擊「確定」按鈕，系統則將改憑證刪除了，如圖 13-24 所示。

7. 刪除該憑證後，系統提示是否重新編號？憑證斷號可以根據憑證號碼、憑證製單日期、憑證審核日期的一個條件進行斷號整理，單擊「是」表示整理，單擊「否」表示不整理，如圖 13-25 所示。

【提示】

（1）若本月有憑證已記帳，那麼，本月最後一張已記帳憑證之前的憑證將不能作憑證整理，只能對其後面的未記帳憑證作憑證整理。若想對已記帳憑證作憑證整

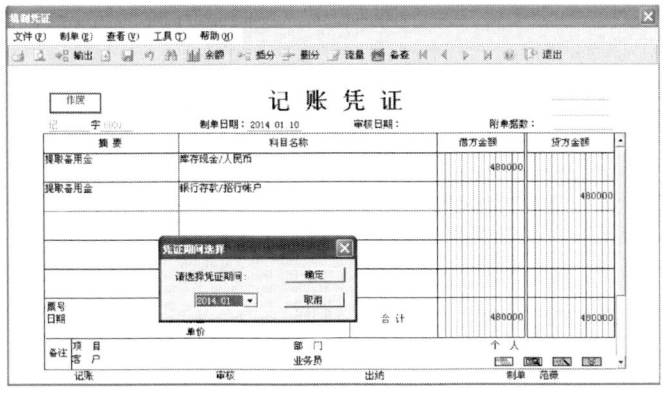

圖 13-23

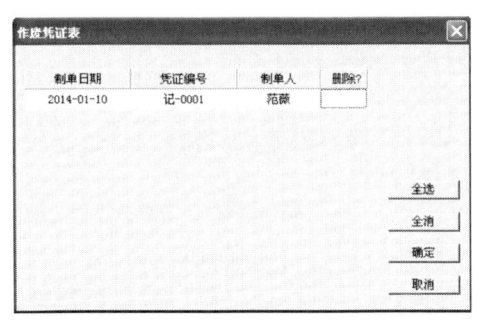

圖 13-24

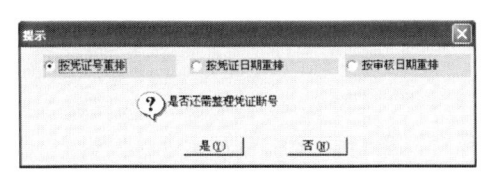

圖 13-25

理，請先到「恢復記帳前狀態」功能中恢復本月月初的記帳前狀態，再作憑證整理。

(2) 若由於手工編製憑證號造成憑證斷號，也可通過此功能進行整理，方法是選擇完憑證號重排方式之後不選作廢憑證，直接按【是】按鈕即可。對由系統編號時，刪除憑證後系統提示您是否整理空號憑證，若選取「是」，則將作廢憑證刪除並重新排憑證編號。

三、應收款管理實例

通過銷售發票、其他應收單、收款單等單據的業務處理，及時、準確地提供客戶的往來帳款餘額資料、提供各種分析報表，對企業的應收類往來帳款進行綜合管理，以便合理地進行資金調配、提高資金利用效率。該系統可單獨使用，建

第十三章　模擬數據操作

議與「總帳」系統聯接使用，保證所生成的憑證即時傳遞到「總帳」系統，保證財務信息的一致性。

相關術語說明：

（1）**應收帳款**：指企業因銷售商品或產品、提供勞務等應向購貨單位或接受勞務單位收取的款項。

（2）**預收帳款**：指企業按照合同規定預收客戶的款項。

（3）**應收票據**：指企業因銷售商品、產品、提供勞務等而收到的商業匯票，包括商業承兌匯票、銀行承兌匯票。

（4）**其他應收款**：指企業除應收款、預收帳款、應收票據等以外的其他各種應收、暫付款項，包括各種賠款、罰款；應收出租的包裝物租金；各種墊付款項。

（5）**壞帳**：指企業無法收回或收回可能性極小的應收款項。

（一）收款單據處理

收款單據處理主要是對結算單據（收款單、付款單即紅字收款單）進行管理，包括收款單、付款單的錄入、審核。

收款單的錄入，是將已收到的客戶款項或退回客戶的款項，錄入到應收款管理系統。為了確保收款單的正確，收款單需要審核，並且只有審核後的單據才能生成憑證，才能與銷售發票核銷。

應收系統的收款單用來記錄企業所收到的客戶款項，款項性質包括應收款、預收款、其他費用等。其中應收款、預收款性質的收款單將與發票、應收單、付款單進行核銷勾對。

業務流程如下：

（1）**點擊【增加】按鈕**，用戶可錄入收款單，錄入後，可以點擊【審核】按鈕對其進行審核。

（2）若用戶不進行批量製單，系統在此提供用戶及時製單功能，即總帳系統啟用後，在用戶對結算單進行了審核後，系統會詢問是否要立即製單。若選擇是，則立即顯示當前結算單的憑證界面；如果用戶不想立即製單，可以在「製單處理」功能中集中處理，則選擇否，回到當前結算單卡片界面，只是該結算單處於已經審核狀態。若用戶希望批量審核收付款單，則也可在【收款單據審核】處進行批量的手工或自動審核。

（3）此時如果用戶希望立即指明這一次收款是收的哪幾筆銷售業務的款項，可以對該收付款單進行核銷處理。核銷就是指確定收款、付款單與原始的發票、應收單之間的對應關係的操作。若用戶在點擊【核銷】按鈕之前尚未對收付款單進行審核，可直接點擊【核銷】按鈕，則系統在後臺直接審核該收付款單，並提示用戶是否製單。在製單完成或不製單後，進入核銷界面，進行核銷處理。若用戶希望批量處理核銷業務，則可以不在此進行核銷處理，到【核銷處理】節點進行統一處理。但【核銷處理】節點進行的核銷處理，不可以處理異幣種間的核銷。對於單據核銷情況，用戶可到【單據查詢】中進行明細查詢。

（4）在收付款單及原始的發票、應收單都已製單後，且核銷雙方的控制科目

不同時，在選項中選擇核銷製單的前提下，用戶可以在【製單處理】節點對核銷處理進行製單。

▶【實例6】
【操作步驟】
1. 以操作員「李平」身份登錄帳套，如圖13-26所示。

圖13-26

2. 展開【財務會計】→【應收款管理】→【收款單據處理】，雙擊【收款單據錄入】，系統彈出「收款單錄入」窗口，如圖13-27所示。

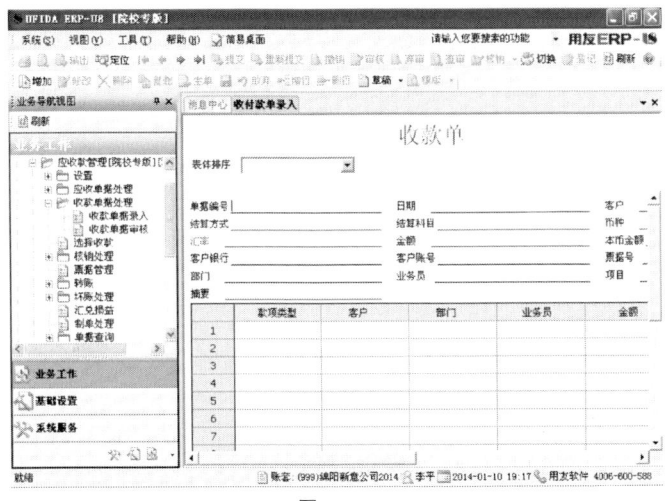

圖13-27

3. 單擊「增加」按鈕，系統新增一張收款單據，單據號可以保持默認值，設置正確的日期「2014-01-10」，在「客戶」欄錄入「01」，或單擊「客戶」欄參照按鈕，選擇「湖北途優」，在「結算方式」欄選擇「農行轉帳支票」，在「金額」欄錄入「32,000」，如圖13-28所示。單擊「保存」按鈕。

第十三章 模擬數據操作

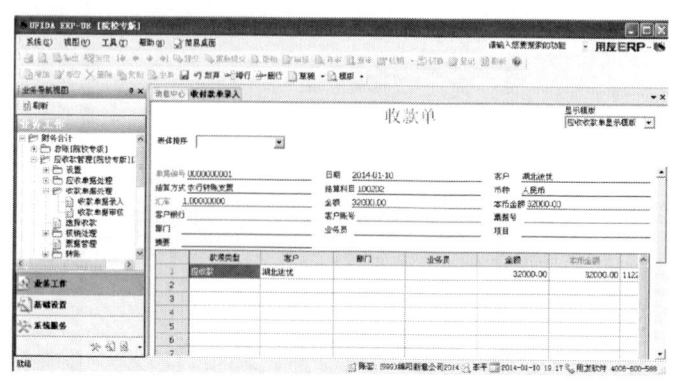

圖 13-28

4. 更換操作員，以操作員「何順」身份登錄帳套，如圖 13-29 所示

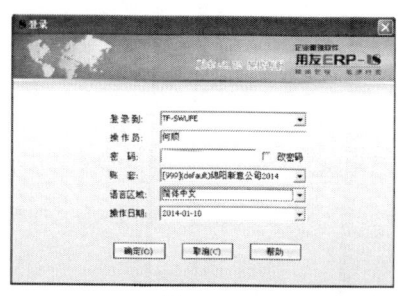

圖 13-29

5. 展開【財務會計】→【應收款管理】→【收款單據處理】，雙擊【收款單據審核】，系統彈出「收款單過濾條件」窗口，如圖 13-30 所示。

圖 13-30

6. 輸入過濾條件，單擊「確定」按鈕，系統列出符合過濾條件的收款單記錄，如果雙擊需要審核的收款單記錄的「選擇」項，使其變為「Y」字樣，然後單擊「審核」按鈕則可完成該單據的審核。這裡我們採用的是另一種方法：雙擊該收款

記錄，則系統打開該收款單據，然後單擊單據上的「審核」按鈕也可以完成該收款單的審核工作，如圖 13-31 所示，並且系統立即提示是否製單，如圖 13-32，單擊「是」則製單生成憑證傳遞到總帳系統，單擊「否」則暫不製單，這裡我們單擊「否」。

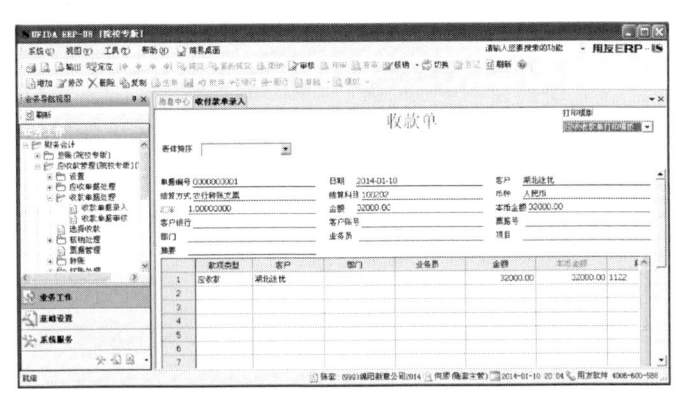

圖 13-31

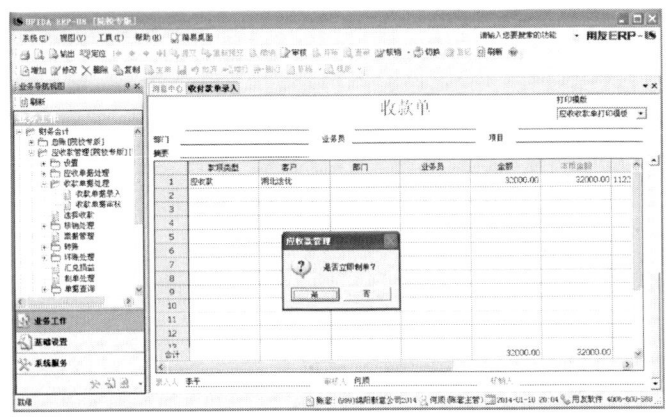

圖 13-32

7. 再次更換操作員，以操作員「李平」身份登錄帳套去製單，展開【財務會計】→【應收款管理】，雙擊【製單處理】，系統彈出「製單查詢」條件過濾窗口，如圖 13-33 所示。

8. 選擇「收付款單製單」，然後單擊「確定」按鈕，系統列出符合條件的記錄，如圖 13-34 所示。

第十三章 模擬數據操作

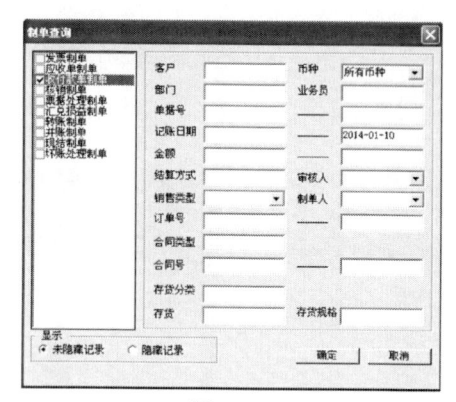

圖 13-33

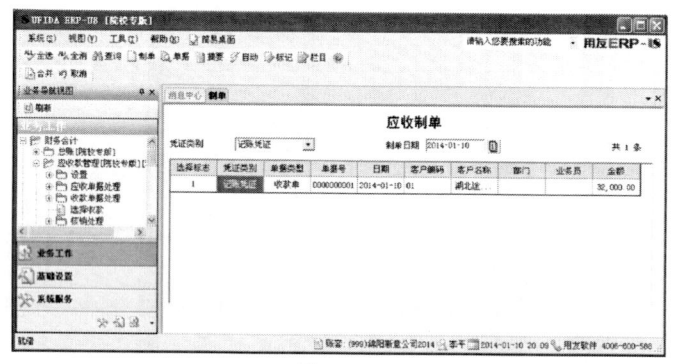

圖 13-34

9. 在需要製單的記錄的「選擇標志」項目放入選擇標志（如果有多張單據希望合併製單，則可以將需要合併製單記錄的「選擇標志」項選入相同的選擇標志，則系統製單時會將具有相同選擇標志記錄的單據合併而生成一張憑證），然後單擊「製單」按鈕，系統生成一張記帳憑證，如圖 13-35 所示。單擊憑證上的「保存」按鈕，系統保存該張憑證，並將其傳遞到總帳系統中，此時可進入總帳系統去查詢到該張憑證，並在總帳系統中對該張憑證進行審核、記帳處理。

【提示】在應收款管理系統中，有關憑證處理工作只負責生成憑證、修改憑證、刪除憑證和審核憑證操作，而憑證的過帳功能仍然是在「總帳」系統中完成。

（二）查詢和刪除憑證

由應收款系統生成的憑證傳遞到總帳系統後，總帳系統沒有權利刪除或修改該張憑證，因為這張憑證是由外部系統的原始單據製單生成傳遞到總帳系統中的。如果要刪除該張憑證，需要在應收款系統中進行。

可以通過憑證查詢來查看、修改、刪除、冲銷應收帳款系統傳到帳務系統中的憑證。

554

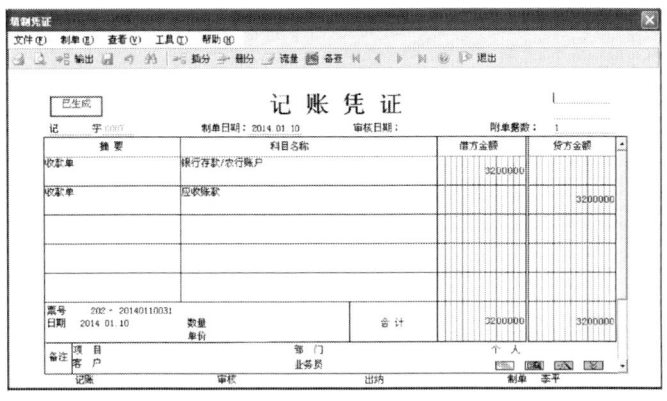

圖 13-35

【操作步驟】

1. 展開【財務會計】→【應收款管理】→【單據查詢】，雙擊【憑證查詢】，系統彈出「憑證查詢條件」窗口，如圖 13-36 所示。

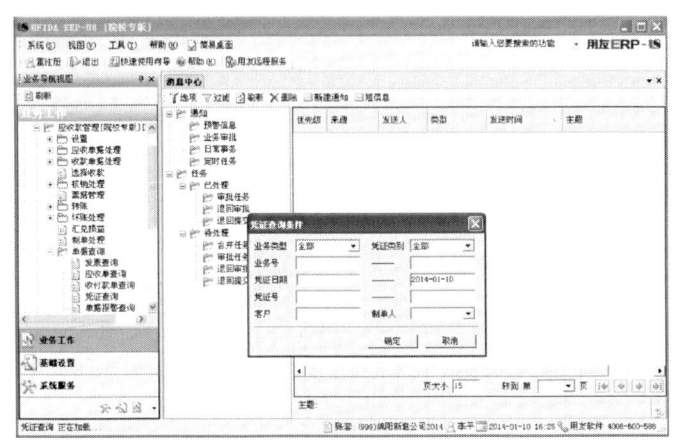

圖 13-36

2. 過濾條件設置完成後單擊「確認」按鈕，系統列出所有符合條件的憑證記錄，如圖 13-37 所示，單擊「憑證」或「單據」命令可聯查該張憑證記錄的記帳憑證或原始單據，單擊「刪除」命令可以刪除所選憑證。

3. 選擇需要刪除的憑證記錄，然後單擊「刪除」按鈕，系統刪除該憑證。

【提示】

（1）如果用戶要對一張憑證進行刪除操作，該憑證的憑證日期不能在本系統的已結帳月內。

（2）一張憑證被刪除後，它所對應的原始單據及操作可以重新製單。

（3）只有未審核、未經出納簽字的憑證才能刪除。

第十三章　模擬數據操作

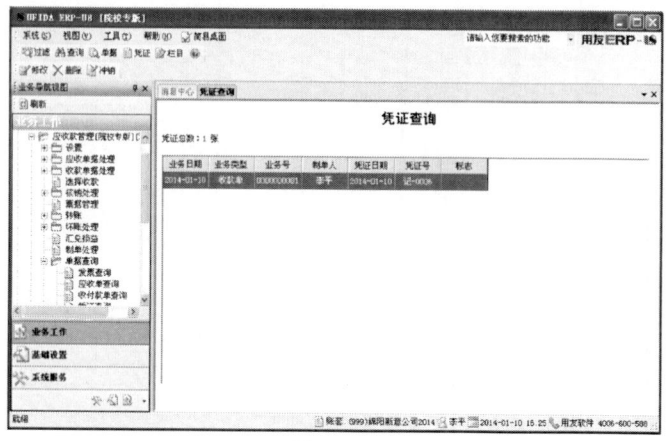

圖 13-37

（三）修改收款單據

在「收款單錄入」窗口，用戶可點擊【審核】按鈕，對當前單據進行審核。若錄入的單據錯誤，則點擊【棄審】按鈕進行棄審，並點擊【修改】按鈕進行修改。

【操作步驟】

1. 展開【財務會計】→【應收款管理】→【收款單據處理】，雙擊【收款單據錄入】，進入「收款單錄入」窗口。

2. 單擊「下張」按鈕，找到要修改的「收款單」，在要修改的「收款單」中，單擊「修改」按鈕，即可修改。

3. 單擊「保存」按鈕，再單擊「退出」按鈕退出。

【提示】

（1）如果已生成憑證後想修改單據，則首先要刪除收款憑證，由於這張收款憑證生成後已傳遞到總帳系統了，所以在總帳中未審核、未經出納簽字、未經主管簽字的情況下才能刪除。

（2）應收款管理系統中其他單據的修改均可參照以上操作。

（四）刪除收款單據

在「收款單錄入」窗口，用戶可對未審核的單據進行刪除操作，點擊【刪除】按鈕即可刪除。

【操作步驟】

1. 展開【財務會計】→【應收款管理】→【收款單據處理】，雙擊【收款單據錄入】，進入「收款單錄入」窗口。

2. 單擊「下張」按鈕，找到要刪除的「收款單」，單擊「刪除」按鈕，系統提示「單據刪除後不能恢復，是否繼續？」。

3. 單擊「是」按鈕。

（五）核銷處理

單據核銷指用戶日常進行的收款核銷應收款的工作。單據核銷的作用是解決

556

收回客商款項核銷該客商應收款的處理，建立收款與應收款的核銷記錄，監督應收款及時核銷，加強往來款項的管理。系統提供手工核銷和自動核銷兩種方式。

手工核銷指由用戶手工確定收款單核銷與它們對應的應收單據的工作。通過本功能可以根據查詢條件選擇需要核銷的單據，然後手工核銷，加強了往來款項核銷的靈活性。

自動核銷指用戶確定收款單核銷與它們對應的應收單據的工作。通過本功能可以根據查詢條件選擇需要核銷的單據，然後系統自動核銷，加強了往來款項核銷的效率性。

將【實例6】和【期初的應收帳款】進行核銷處理。

【操作步驟】

1. 以操作員「何順」的身份登錄帳套，展開【財務會計】→【應收款管理】→【核銷處理】，雙擊【手工核銷】，彈出「核銷條件」窗口，在「客戶」欄選擇「01湖北途優高科公司」，如圖13-38所示。

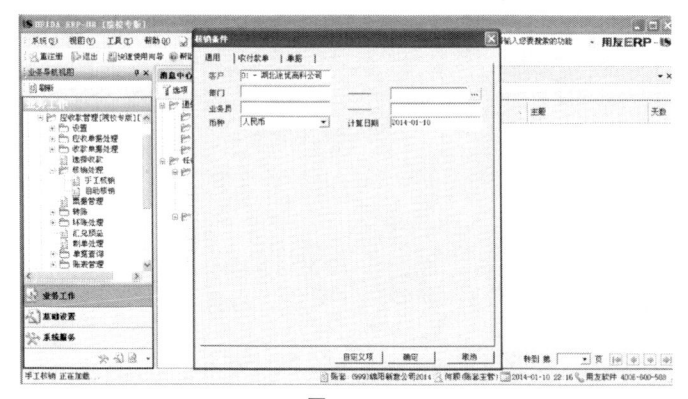

圖 13-38

2. 單擊「確定」按鈕，系統根據核銷條件，彈出「單據核銷」窗口，如圖13-39所示。

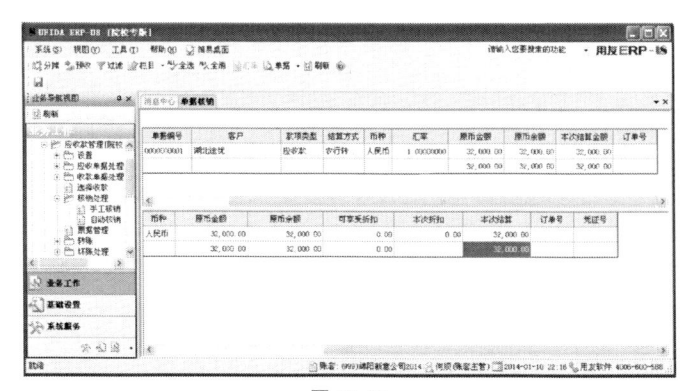

圖 13-39

第十三章 模擬數據操作

3. 在下方的收款單中，雙擊本次結算項，錄入本次結算的金額，然後單擊「保存」按鈕，保存本次核銷結果。

【提示】

（1）在批量核銷處，顯示的應收單據與收款單據都必須是已審核單據，自動核銷只能進行同幣種的批量核銷，手工核銷支持異幣種的核銷處理。

（2）批量核銷完成後，若用戶在系統選項中選擇了核銷製單，則可到【製單處理】界面對符合核銷製單條件的進行核銷製單。

（3）如果用戶對原始單據進行了審核、對收款單進行了核銷等操作後，發現操作失誤，可將其恢復到操作前的狀態以便修改。在菜單條上選取【其他處理】→【期末處理】→【取消操作】。在「操作類型」下拉框中選擇恢復單據核銷前狀態。如果收款單在核銷後已經製單，應先刪除其對應的憑證，再進行恢復。

四、應付款管理實例

應付款管理系統通過發票、其他應付單、付款單等單據的錄入，對企業的往來帳款進行綜合管理，及時、準確地提供供應商的往來帳款餘額資料，提供各種分析報表，幫助您合理地進行資金的調配，提高資金的利用效率。

相關術語說明：

（1）應付帳款：指企業因購買材料、商品和接受勞務等經營活動應支付的款項。

（2）預付帳款：指企業按照購貨合同規定預付給供應單位的款項，如預付的資料、商品採購款、必須預付的農副產品預購定金等。

（3）應付票據：是在商品購銷活動和對工程款進行結算時因採用成對結算方式而發生的、由出票人出具、委託付款人在制定日期無條件支付確定金額給收款人或者持票人的承兌匯票，包括商業承兌匯票和銀行承兌匯票；按是否帶息，分為帶息應付票據和不帶息應付票據。

（4）其他應付款：指除應付帳款、預付帳款、應付票據等以外的其他各種應付、暫付款項，包括各種賠款、罰款、租金及各種墊付款項等。

（一）應付單據處理

應付單據處理主要是對應付單據（採購發票、應付單）進行管理，包括應付單據的錄入、審核。

應付單據錄入是本系統處理的起點。在此，用戶可以錄入採購業務中的各類發票，以及採購業務之外的應付單。為了確保應付單據的正確，單據需要審核，並且只有審核後的單據才能生成憑證，才能進行核銷處理。

根據業務模型的不同，用戶可以處理的單據類型也不同：如果用戶同時使用應付款管理系統和採購系統，則發票由採購系統錄入，在本系統可以對這些單據進行審核、棄審、查詢、核銷、製單等功能。此時，在本系統需要錄入的單據僅限於應付單。如果用戶沒有使用採購系統，則各類發票和應付單均應在本系統錄入。

▶【實例7】

【操作步驟】

1. 以操作員「李平」身份登錄帳套。雙擊桌面的用友「企業應用平臺」圖標，系統彈出「登錄」窗口，操作員項輸入「李平」，密碼為空，帳套選擇「綿陽新意公司 2014」，操作日期項輸入「2014-01-10」。展開【財務會計】→【應付款管理】→【應付單據處理】，雙擊【應付單據錄入】，打開「單據類別」對話框，如圖 13-40 所示。

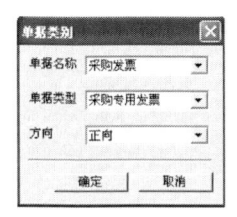

圖 13-40

2. 單擊「確定」按鈕，進入「採購專用發票」窗口。

3. 單擊「增加」按鈕，系統新增一張專用發票，單據號可以保持默認值，在表頭中，設置正確的日期「2014-01-10」，在「供應商」欄錄入「01」，或單擊「供應商」欄參照按鈕，選擇「上海宏運」。在表體中，選擇「存貨編碼」欄錄入「0101」，或單擊「存貨編碼」欄的參照按鈕，選擇「手機殼」，在「數量」欄錄入「120」，在「原幣單價」欄錄入「340」，如圖 13-41 所示。

圖 13-41

4. 單擊「保存」按鈕保存單據。

5. 更換操作員，以操作員「何順」身份登錄帳套，如圖 13-42 所示

6. 展開【財務會計】→【應付款管理】→【應付單據處理】，雙擊【應付單據審核】，系統彈出「應付單過濾條件」窗口，如圖 13-43 所示。

第十三章　模擬數據操作

圖 13-42

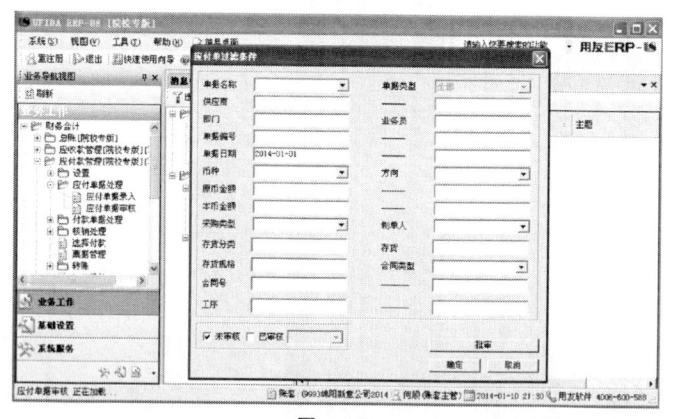

圖 13-43

7. 輸入過濾條件，單擊「確定」按鈕，系統列出符合過濾條件的記錄，雙擊需要審核的應付單據的「選擇」項，使其變為「Y」字樣，然後單擊「審核」按鈕則可完成該單據的審核，如圖 13-44 所示。

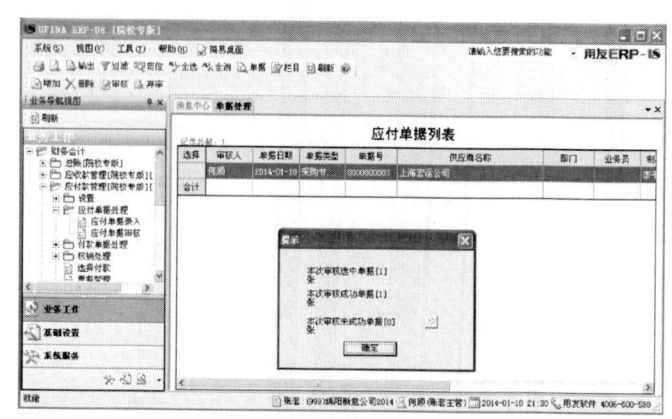

圖 13-44

8. 再次更換操作員，以操作員「李平」身份登錄帳套去製單，展開【財務會

計】→【應付款管理】，雙擊【製單處理】，系統彈出「製單查詢」條件過濾窗口，如圖 13-45 所示。

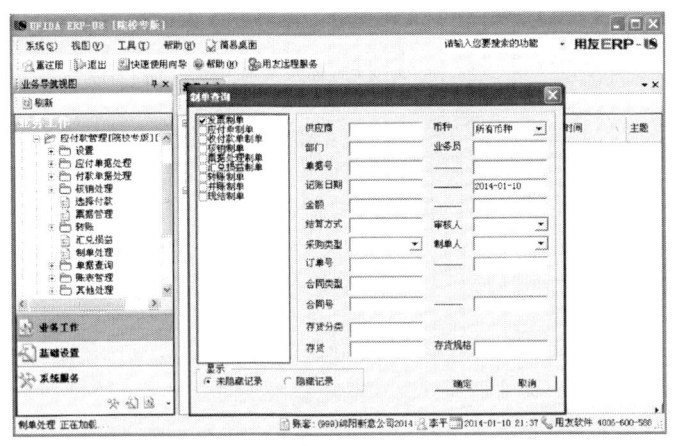

圖 13-45

9. 選擇「發票製單」，然後單擊「確定」按鈕，系統列出符合條件的記錄，如圖 13-46 所示。

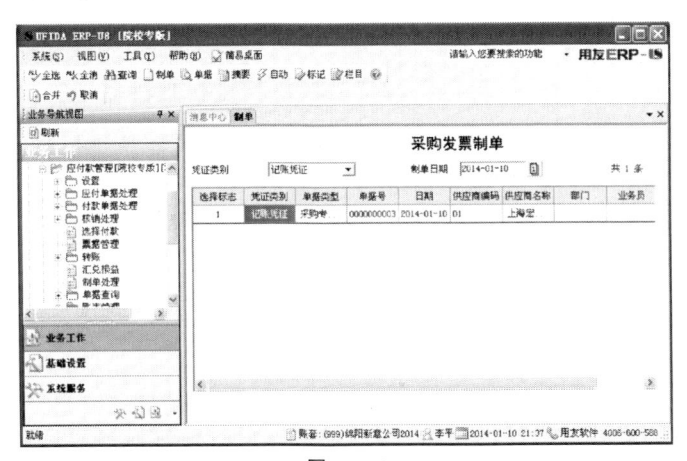

圖 13-46

10. 在需要製單的記錄的「選擇標志」項目放入選擇標志（如果有多張單據希望合併製單，則可以將需要合併製單記錄的「選擇標志」項選入相同的選擇標志，則系統製單時會將具有相同選擇標志記錄的單據合併而生成一張憑證），然後單擊「製單」按鈕，系統生成一張記帳憑證，單擊憑證上的「保存」按鈕，系統保存該張憑證，如圖 13-47 所示，並將其傳遞到總帳系統中，此時可進入總帳系統去查詢到該張憑證，並在總帳系統中對該張憑證進行審核、記帳處理。

【提示】

（1）在應付款管理系統中，有關憑證處理工作只負責生成憑證、修改憑證、

第十三章　模擬數據操作

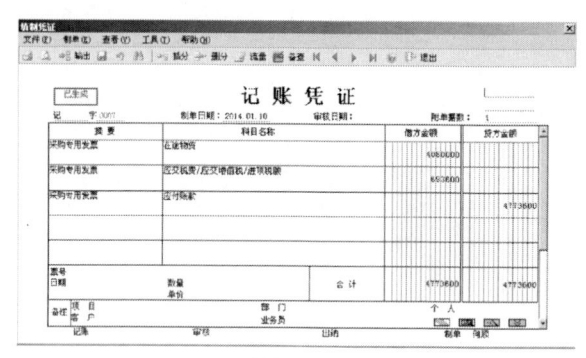

圖 13-47

刪除憑證和審核憑證操作，而憑證的過帳功能仍然是在「總帳」系統中完成。

（2）由應付款系統生成的憑證傳遞到總帳系統後，總帳系統沒有權利刪除或修改該張憑證，因為這張憑證時由外部系統的原始單據製單生成傳遞到總帳系統中的。如果要刪除該張憑證，需要在應付款系統中進行。

▶【實例 8】
【操作步驟】

1. 以操作員「李平」身份登錄帳套。雙擊桌面的用友「企業應用平臺」圖標，系統彈出「登錄」窗口，操作員項輸入「李平」，密碼為空，帳套選擇「綿陽新意公司 2014」，操作日期項輸入「2014-01-10」。展開【財務會計】→【應付款管理】→【應付單據處理】，雙擊【應付單據錄入】，打開「單據類別」對話框，單擊「確定」按鈕，進入「採購專用發票」窗口。

2. 單擊「增加」按鈕，系統新增一張專用發票，單據號可以保持默認值，在表頭中，設置正確的日期「2014-01-10」，在「供應商」欄錄入「02」，或單擊「供應商」欄參照按鈕，選擇「合信包裝」。在表體中，選擇「存貨編碼」欄錄入「0104」，或單擊「存貨編碼」欄的參照按鈕，選擇「手機包裝盒」，在「數量」欄錄入「100」，在「原幣單價」欄錄入「4.5」，如圖 13-48 所示。單擊「保存」按鈕保存單據。

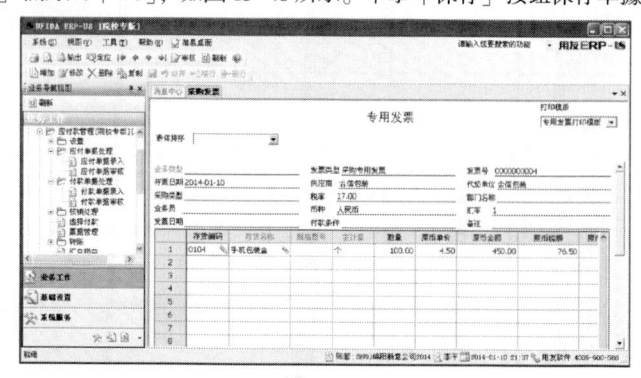

圖 13-48

3. 更換操作員，以操作員「何順」身份登錄帳套。

4. 展開【財務會計】→【應付款管理】→【應付單據處理】，雙擊【應付單據審核】，系統彈出「應付單過濾條件」窗口，單擊「確定」按鈕，系統列出符合過濾條件的收款單記錄，雙擊需要審核的應付單據的「選擇」項，使其變為「Y」字樣，然後單擊「審核」按鈕則可完成該單據的審核，如圖13-49所示。

圖 13-49

5. 再次更換操作員，以操作員「李平」身份登錄帳套去製單，展開【財務會計】→【應付款管理】，雙擊【製單處理】，系統彈出「製單查詢」條件過濾窗口，選擇「發票製單」，然後單擊「確定」按鈕，系統列出符合條件的記錄。在需要製單的記錄的「選擇標志」項目放入選擇標志，然後單擊「製單」按鈕，系統生成一張記帳憑證，單擊憑證上的「保存」按鈕，系統保存該張憑證，如圖13-50所示。

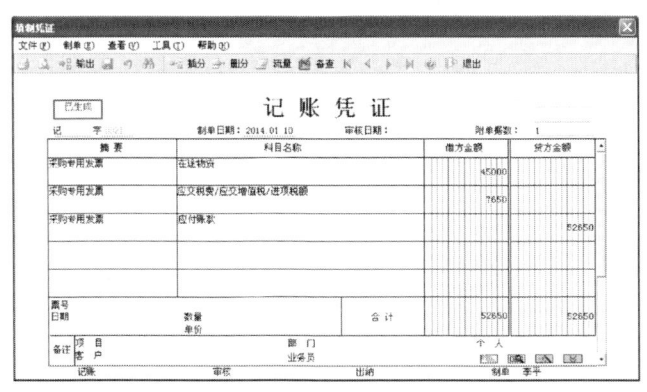

圖 13-50

▶【實例9】

【操作步驟】

1. 以操作員「李平」身份登錄帳套。雙擊桌面的用友「企業應用平臺」圖

第十三章　模擬數據操作

標，系統彈出「登錄」窗口，操作員項輸入「李平」，密碼為空，帳套選擇「綿陽新意公司2014」，操作日期項輸入「2014-01-10」。展開【財務會計】→【應付款管理】→【付款單據處理】，雙擊【付款單據錄入】，打開「付款單」窗口。

2. 單擊「增加」按鈕，系統新增一張收款單，單據號可以保持默認值，在表頭中，設置正確的日期「2014-01-10」，在「供應商」欄錄入「02」，或單擊「供應商」欄參照按鈕，選擇「合信包裝」，在「結算方式」欄錄入「202」，或者單擊「結算方式」欄參照按鈕選擇「農行轉帳支票」，在「金額」欄錄入 526.5，單擊表體，表體第一行自動顯示出相應內容，如圖 13-51 所示。單擊「保存」按鈕保存單據。

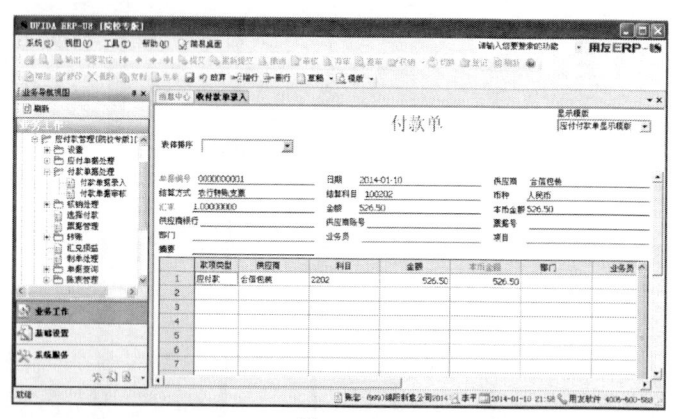

圖 13-51

3. 更換操作員，以操作員「何順」身份登錄帳套。展開【財務會計】→【應付款管理】→【付款單據處理】，雙擊【付款單據審核】，系統彈出「應付單過濾條件」窗口，如圖 13-52 所示。

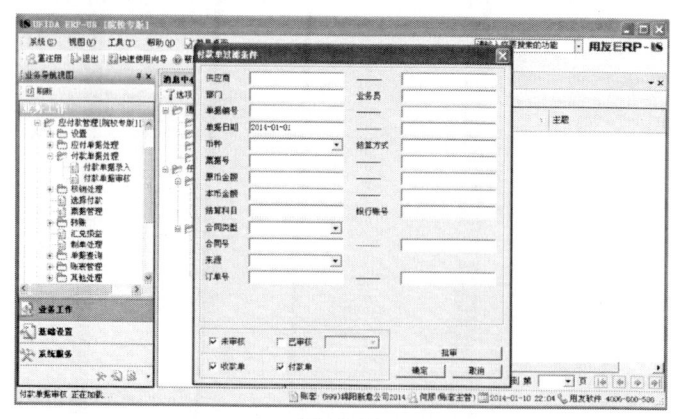

圖 13-52

4. 輸入過濾條件，單擊「確定」按鈕，系統列出符合過濾條件的收款單記錄，

雙擊需要審核的應付單據的「選擇」項，使其變為「Y」字樣，然後單擊「審核」按鈕則可完成該單據的審核，如圖 13-53 所示。

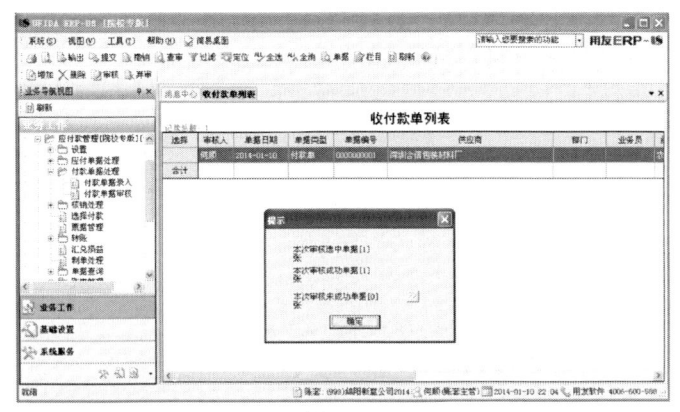

圖 13-53

5. 再次更換操作員，以操作員「李平」身份登錄帳套去製單，展開【財務會計】→【應付款管理】，雙擊【製單處理】，系統彈出「製單查詢」條件過濾窗口，如圖 13-54 所示。

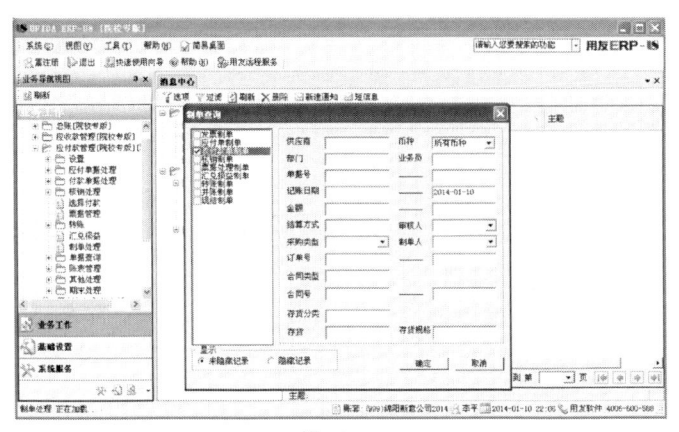

圖 13-54

6. 選擇「收付款單製單」，然後單擊「確定」按鈕，系統列出符合條件的記錄。在需要製單的記錄的「選擇標志」項目放入選擇標志，然後單擊「製單」按鈕，系統生成一張記帳憑證，單擊銀行科目 100202 後，雙擊「票號」，彈出「輔助項」，如圖 13-55 所示。

7. 單擊憑證上的「保存」按鈕，系統保存該張憑證，如圖 13-56 所示。並將其傳遞到總帳系統中，此時可進入總帳系統去查詢到該張憑證，並在總帳系統中對該張憑證進行審核、記帳處理。

第十三章 模擬數據操作

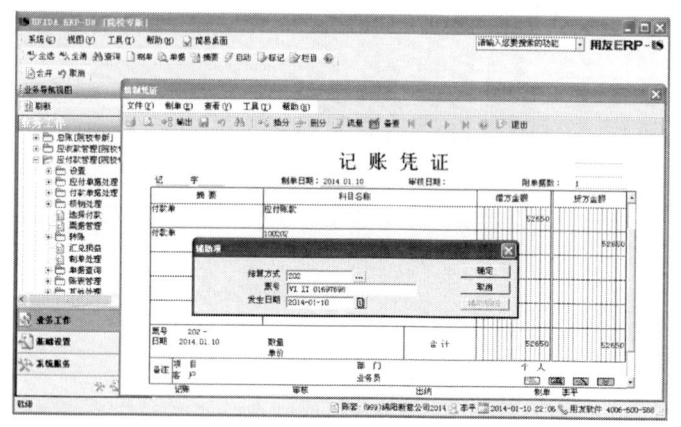

圖 13-55

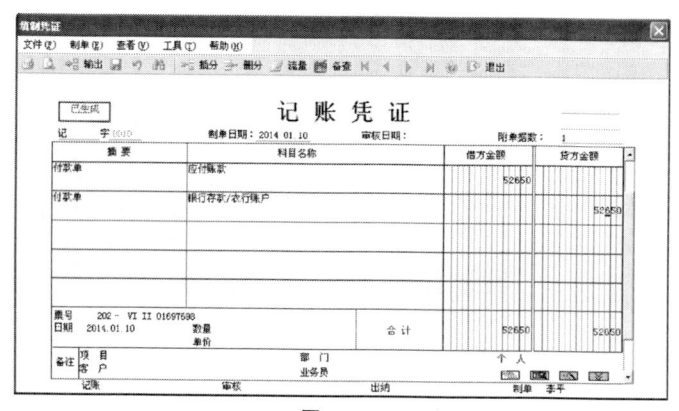

圖 13-56

（二）查詢和修改憑證

採購發票生成的記帳憑證的查詢和刪除類似於實例6應收單生成的記帳憑證的查詢和刪除。此處省略。

（三）修改和刪除單據

應付系統中單據的修改和刪除類似於應收系統中單據的修改和刪除。此處省略。

（四）核銷處理

將【實例8】和【實例9】進行核銷處理。

【操作步驟】

1. 以操作員「何順」的身份登錄帳套，展開【財務會計】→【應付款管理】→【核銷處理】，雙擊【手工核銷】，彈出「核銷條件」窗口，在「供應商」欄選擇「02 深圳合信包裝材料廠」，如圖 13-57 所示。

566

圖 13-57

2. 單擊「確定」按鈕，系統根據核銷條件，彈出「單據核銷」窗口，在下方的付款單中，雙擊「本次結算」項，錄入本次結算的金額 526.5，如圖 13-58 所示。然後單擊「保存」按鈕，保存本次核銷結果。

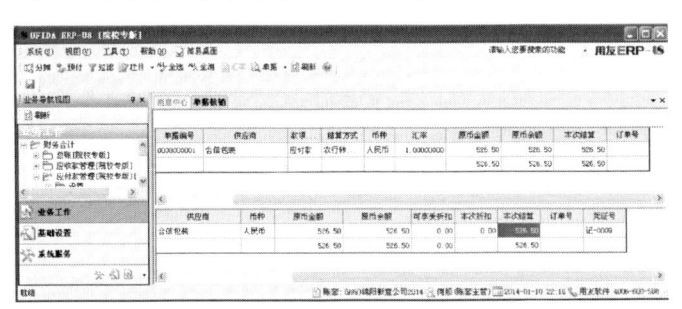

圖 13-58

五、存貨核算實例

存貨是指企業在生產經營過程中為銷售或耗用而儲存的各種資產，包括商品、產成品、半成品、在產品以及各種材料、燃料、包裝物、低值易耗品等。

存貨核算是從資金的角度管理存貨的出入庫業務，主要用於核算企業的入庫成本、出庫成本、結餘成本。反應和監督存貨的收發、領退和保管情況；反應和監督存貨資金的占用情況。

存貨系統的日常業務主要是進行日常存貨核算業務數據的錄入和進行成本核算。在與採購、銷售、庫存等系統集成使用時，本系統主要完成從系統傳過來的不同業務類型下的各種業務類型下的各種存貨的出入庫單據、調整單據的查詢及單據部份項目的修改、成本計算。在單獨使用本系統時，完成各種出入庫單據的增加、修改、查詢及出入庫單據的調整、成本計算。

(一) 入庫業務

入庫業務包括企業外部採購物資形成的採購入庫單、生產車間加工產品形成的產成品入庫單、及盤點、調撥單、調整單、組裝、拆卸等業務形成的其他入庫業務。

採購入庫單：對於工業企業，採購入庫單一般指採購原材料驗收入庫時，所填製的入庫單據；對於商業企業，一般指商品進貨入庫時，填製的入庫單。無論是工業企業還是商業企業，採購入庫單是企業入庫單據的主要單據，除了只使用存貨核算系統情況外，採購入庫單都是由其他系統自動傳遞過來的，但在存貨核算系統可以通過修改功能調整入庫金額。

產成品入庫單：指工業企業生產的產成品、半成品入庫時，所填製的入庫單據，是本系統工業版中常用的原始單據之一。在本系統中，此功能用於輸入正常產品入庫及已入庫的不合格產品紅字退回的單據。如果用戶同時啓用成本管理系統，且在成本管理系統中系統選項中選擇直接材料來源於存貨系統，則在材料出庫單記帳後，成本管理系統通過取數功能得到存貨系統中的材料出庫數據，通過成本管理系統中對料、工、費的分配，得到完工入庫產品成本。存貨核算系統因此可以通過產成品成本分配功能取到成本管理系統中產成品的成本，對產成品入庫單進行批量分配成本，填入入庫單。

其他入庫單：指除採購入庫、產成品入庫等形式以外的存貨的其他入庫形式所填製的入庫單據，例盤盈入庫、調撥入庫等。在本系統中，此功能用於輸入其他形式的正常入庫及紅字退出的單據。

▶【實例 10】
【操作步驟】

1. 以操作員「李平」身份登錄帳套。雙擊桌面的用友「企業應用平臺」圖標，系統彈出「登錄」窗口，操作員項輸入「李平」，密碼為空，帳套選擇「綿陽新意公司 2014」，操作日期項輸入「2014-01-10」。展開【供應鏈】→【存貨核算】→【日常業務】，雙擊【採購入庫單】，彈出「採購入庫單」窗口。

2. 單擊「增加」按鈕，系統新增一張採購入庫單，入庫單號可以保持默認值，設置正確的入庫日期「2014-01-10」，在「倉庫」欄錄入「01」，或者單擊「倉庫」欄參照按鈕選擇「原材料庫」，在「供貨單位」欄錄入「01」，或單擊「供應單位」欄參照按鈕，選擇「上海宏運」。在表體中，在「存貨編碼」欄錄入「0101」，或單擊「存貨編碼」欄的參照按鈕，選擇「手機殼」，在「數量」欄錄入「120」，在「本幣單價」欄錄入「340」，如圖 13-59 所示。單擊「保存」按鈕保存單據。

▶【實例 11】
【操作步驟】

1. 以操作員「李平」身份登錄帳套。雙擊桌面的用友「企業應用平臺」圖標，系統彈出「登錄」窗口，操作員項輸入「李平」，密碼為空，帳套選擇「綿陽新意公司 2014」，操作日期項輸入「2014-01-10」。展開【供應鏈】→【存貨核

圖 13-59

算】→【日常業務】，雙擊【採購入庫單】，彈出「採購入庫單」窗口。

2. 單擊「增加」按鈕，系統新增一張採購入庫單，入庫單號可以保持默認值，設置正確的入庫日期「2014-01-10」，在「倉庫」欄錄入「01」，或者單擊「倉庫」欄參照按鈕選擇「原材料庫」，在「供貨單位」欄錄入「02」，或單擊「供應單位」欄參照按鈕，選擇「合信包裝」。在表體中，在「存貨編碼」欄錄入「0104」，或單擊「存貨編碼」欄的參照按鈕，選擇「手機包裝盒」，在「數量」欄錄入「100」，在「原幣單價」欄錄入「4.5」，如圖 13-60 所示。單擊「保存」按鈕保存單據。

圖 13-60

(二) 出庫業務

出庫業務包括銷售出庫形成的銷售出庫單、車間領用材料形成的材料出庫單以及盤點、調整、調撥、組裝、拆卸等其他出庫業務。

銷售出庫單：對於工業企業，銷售出庫單一般指產成品銷售出庫時，所填製的出庫單據；對於商業企業，一般指商品銷售（包括受托代銷商品）出庫時，填製的出庫單。無論是工業企業還是商業企業，銷售出庫單是企業出庫單據的主要部分，因此在本系統中，銷售出庫單也是進行日常業務處理和記帳的主要原始單據之一，銷售出庫單可以來源銷售系統和出口管理系統。

材料出庫單：指工業企業領用材料時所填製的出庫單據，是工業企業出庫單

據的主要部分；在本系統中，本功能用來錄入正常情況下領用材料的出庫單及退庫單。如果用戶同時啓用成本管理系統，且在成本管理系統中系統選項中選擇直接材料來源於存貨系統，則在材料出庫單記帳後，成本管理系統通過取數功能得到存貨系統中的材料出庫數據，通過成本管理系統中對料、工、費的分配，得到完工入庫產品成本。存貨核算系統因此可以通過產成品成本分配功能取到成本管理系統中產成品的成本，對產成品入庫單進行批量分配成本，填入入庫單。

其他出庫單：指除銷售出庫、材料出庫等形式以外的存貨的其他出庫形式所填製的出庫單據，例：盤盈出庫、調撥出庫、設備備件領用、根據售後服務管理的服務請求記錄單生成的其他出庫單等。在本系統中，此功能用於輸入其他形式的正常出庫及紅字退庫的單據。

▶【實例 12】
【操作步驟】

1. 以操作員「李平」身份登錄帳套。雙擊桌面的用友「企業應用平臺」圖標，系統彈出「登錄」窗口，操作員項輸入「李平」，密碼為空，帳套選擇「綿陽新意公司 2014」，操作日期項輸入「2014-01-10」。展開【供應鏈】→【存貨核算】→【日常業務】，雙擊【材料出庫單】，彈出「材料出庫單」窗口。

2. 單擊「增加」按鈕，系統新增一張材料出庫單，出庫單號可以保持默認值，設置正確的入庫日期「2014-01-10」，在「倉庫」欄錄入「01」，或者單擊「倉庫」欄參照按鈕選擇「原材料庫」，在「出庫類別」欄錄入「21」，或單擊「出庫類別」欄參照按鈕，選擇「材料領用出庫」。在「部門」欄錄入「05」，或單擊「部門」欄參照按鈕，選擇「生產部」。在表體中，在第一行「材料編碼」欄錄入「0101」，或單擊「存貨編碼」欄的參照按鈕，選擇「手機殼」，在「數量」欄錄入「50」，在第二行「材料編碼」欄錄入「0102」，或單擊「存貨編碼」欄的參照按鈕，選擇「手機電池」，在「數量」欄錄入「51」，如圖 13-61 所示。單擊「保存」按鈕保存單據。

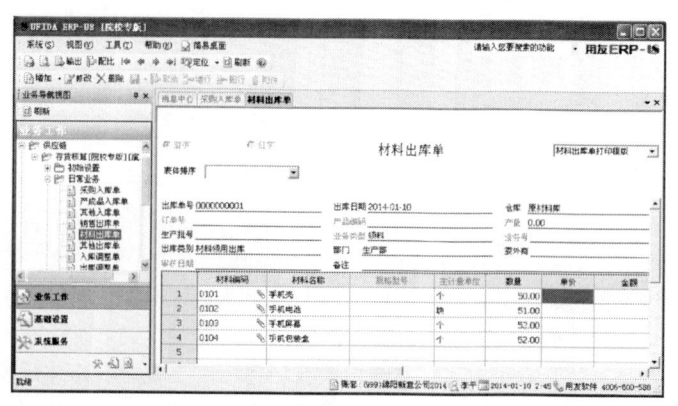

圖 13-61

六、固定資產管理實例

本系統適用於各類企業和行政事業單位進行固定資產管理、折舊計提等。可同時為總帳系統提供折舊憑證，為成本管理系統提供固定資產的折舊費用依據。資產增加（錄入新卡片）、資產減少、卡片修改（涉及到原值或累計折舊時）、資產評估（涉及到原值或累計折舊變化時）、原值變動、累計折舊調整、計提減值準備調整、轉回減值準備調整、折舊分配都要將有關數據通過記帳憑證的形式傳輸到總帳系統，同時通過對帳保持固定資產帳目的平衡。

（一）新增卡片

「資產增加」即新增加固定資產卡片，在系統日常使用過程中，可能會購進或通過其他方式增加企業資產，該部分資產通過「資產增加」操作錄入系統。當固定資產開始使用日期的會計期間等於錄入會計期間時，才能通過「資產增加」錄入。

（二）新增固定資產製單

固定資產管理系統和總帳系統之間存在數據自動傳送的關係，自動傳送通過製作記帳憑證完成。可以通過固定資產管理系統製作的記帳憑證包括：資產增加、資產減少、原值變動、累計折舊調整以及折舊分配等。製作方法有兩種，一種是通過「立即製單」，另一種是通過「批量製單」來實現，前者是通過【固定資產】→【設置】→【選項】，選擇「業務發生後立即製單」。如果採用批量製單功能，具體操作如下：通過【固定資產】→【處理】→【批量製單】，完成記帳憑證的自動生成。

▶【實例 13】

【操作步驟】

1. 以操作員「李平」身份登錄帳套。雙擊桌面的用友「企業應用平臺」圖標，系統彈出「登錄」窗口，操作員項輸入「李平」，密碼為空，帳套選擇「綿陽新意公司 2014」，操作日期項輸入「2014-01-10」。展開【財務會計】→【固定資產】→【卡片】，雙擊【資產增加】，彈出「固定資產類別檔案」對話框，在「資產類別編碼」項選擇「04 辦公設備」，如圖 13-62 所示。

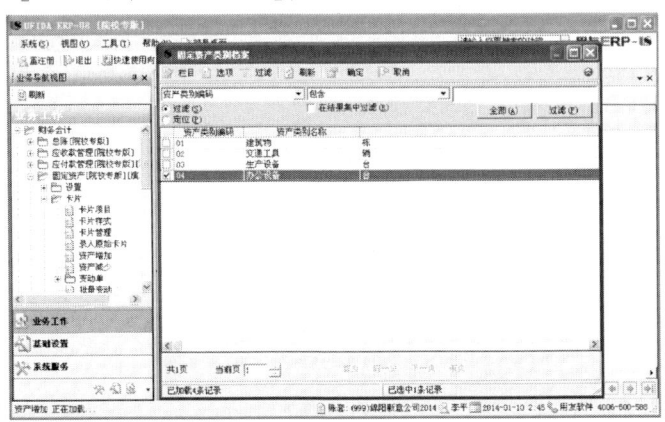

圖 13-62

第十三章　模擬數據操作

2. 單擊「確定」按鈕，系統彈出「固定資產卡片」窗口，卡片編號可以保持默認值，在「固定資產名稱」欄錄入「聯想電腦」，在「使用部門」欄單擊「使用部門」按鈕，選擇「多部門使用」，單擊「確定」按鈕，系統彈出「使用部門」對話框，單擊「增加」按鈕，在「使用部門」項錄入「0301」，或單擊「使用部門」項參照按鈕，選擇「銷售一部」，在「使用比例%」項錄入「50」。再單擊「增加」按鈕，同理錄入如圖13-63所示的內容，然後單擊「確定」按鈕。

圖 13-63

3. 在「增加方式」欄單擊「增加方式」按鈕，系統彈出「固定資產增加方式」對話框，在「增加方式編碼」項選擇「101 直接購入」，如圖13-64所示，單擊「確定」按鈕。

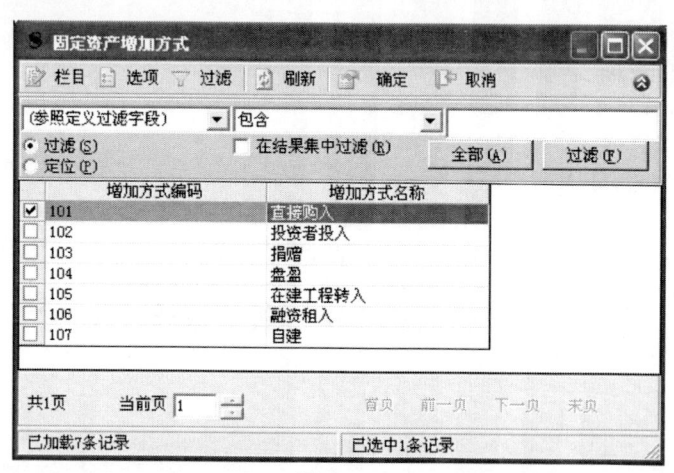

圖 13-64

4. 在「使用狀況」欄單擊「使用狀況」按鈕，系統彈出「使用狀況參照」對話框，選擇「1001 在用」，如圖13-65所示，單擊「確定」按鈕。

5. 在「原值」欄錄入「3428」，錄入完畢後，單擊「保存」按鈕，如圖13-66所示。

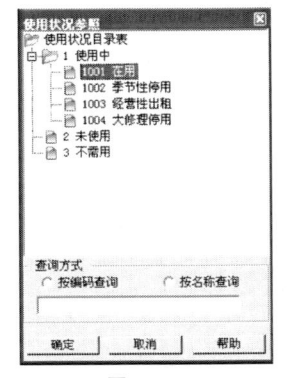

圖 13-65

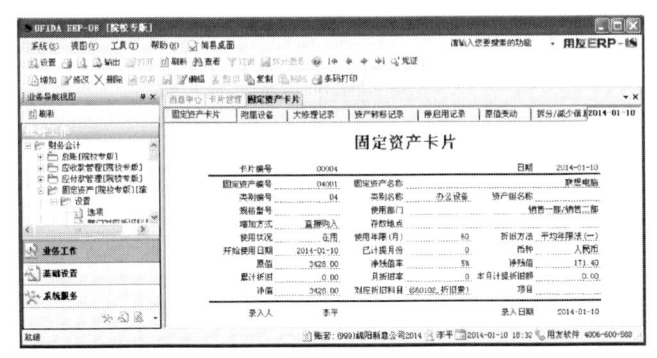

圖 13-66

6. 展開【財務會計】→【固定資產】→【處理】，雙擊【批量製單】，彈出「批量製單」對話框，在「製單選擇」選項卡中雙擊「選擇」項，選中要製單的業務，使其顯示「Y」字樣，如圖 13-67 所示。

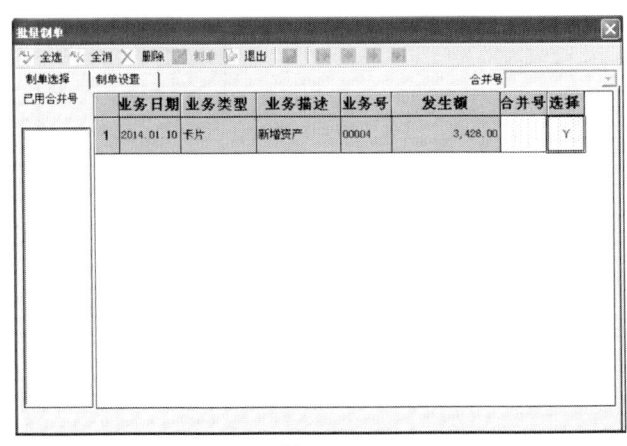

圖 13-67

第十三章 模擬數據操作

7. 單擊「製單設備」選項卡，選擇生成憑證的科目，注意借貸方向，單擊工具欄中的「保存」按鈕，如圖 13-68 所示。

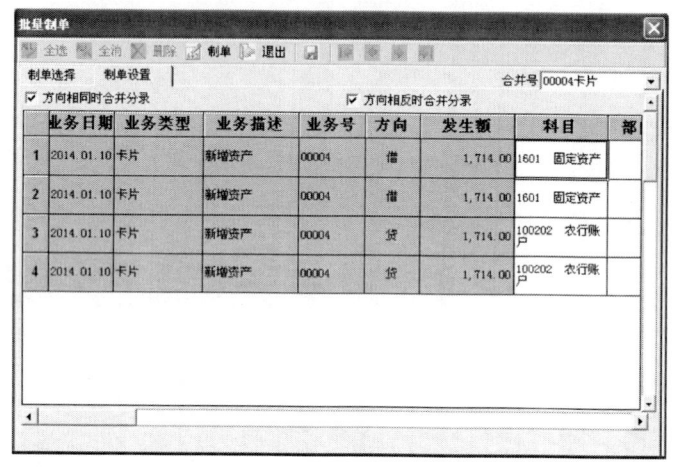

圖 13-68

8. 單擊「製單」按鈕，系統彈出「填製憑證」窗口。
9. 在「填製憑證」窗口，首先選擇所生成的憑證類別，然後填入各分錄的摘要內容，最後單擊「保存」。如圖 13-69 所示，該憑證傳遞到總帳系統中。

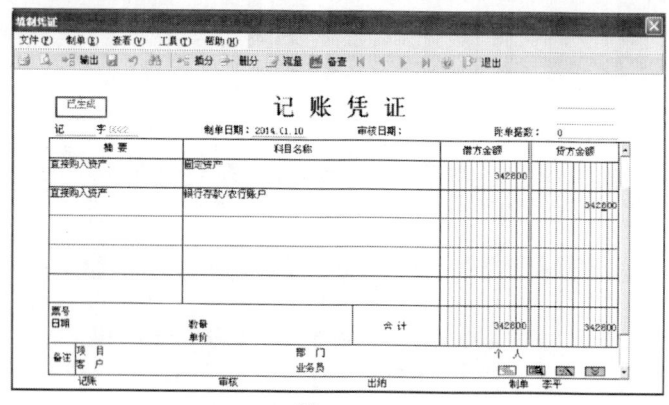

圖 13-69

【提示】在「固定資產管理」系統中，有關憑證處理工作只有負責生成憑證、修改憑證、刪除憑證和審核憑證操作，而憑證的過帳功能仍然是在「總帳」系統中完成。

實驗二　1 月 20 日數據

【實驗準備】

總帳、應收、應付、固定資產、存貨核算系統的 1 月 10 日業務完成，將系統日期修改為「2014 年 1 月 20 日」。

【實驗指導】

一、總帳實例

憑證處理方法參照前一節。

▶【實例 14】
【操作步驟】

1. 以操作員「範薇」身份登錄帳套。雙擊桌面的用友「企業應用平臺」圖標，系統彈出「登錄」窗口，操作員項輸入「範薇」，密碼為空，帳套選擇「綿陽新意公司 2014」，操作日期項輸入「2014-01-20」。

2. 系統進入用友軟件中，選擇「業務」頁面，展開【財務會計】→【總帳】→【憑證】，雙擊【填製憑證】，系統彈出「填製憑證」窗口。單擊「填製憑證」窗口中的「增加」按鈕開始增加一張新憑證，製單日期顯示為「2014.01.20」。

3. 輸入第一條分錄的摘要「提取現金備發工資」或者單擊摘要欄中的參考按鈕選擇預先設置好的常用摘要信息。用鼠標單擊「科目名稱」欄，單擊「科目名稱」欄的參照按鈕（或按 F2），選擇「資產」類科目「100101 人民幣」，或者直接在「科目名稱」欄輸入「100101」。按回車鍵，光標移到「借方金額」欄，錄入「106400」。

4. 按回車鍵（複製上一行的摘要），再按回車鍵，或單擊「科目名稱」欄（第二行），單擊「科目名稱」欄的參照按鈕（或按 F2 鍵），選擇「資產」類科目「100201 招行帳戶」，或者直接在「科目名稱」欄輸入「100201」。按回車鍵，因為該會計科目為銀行科目，所以系統彈出輔助項，要求錄入結算方式和結算號，單擊「結算方式」欄參照按鈕，選擇「現金」，或直接錄入現金的編碼「1」，在「票號」欄錄入「VI II 02971738」如圖 13-70 所示。

5. 再按回車鍵，錄入貸方金額「106400」，或直接按「=」鍵。單擊「保存」按鈕保存當前憑證，保存成功的憑證如圖 13-71 所示。

▶【實例 15】
【操作步驟】

1. 在「填製憑證」窗口中，單擊「增加」按鈕。

2. 輸入第一條分錄的摘要「王一報銷差旅費」，用鼠標單擊「科目名稱」欄，單擊「科目名稱」欄的參照按鈕（或按 F2 鍵），選擇「損益」類科目「660201 差旅費」，或者直接在「科目名稱」欄輸入「660201」。按「回車鍵」出現「輔助

第十三章 模擬數據操作

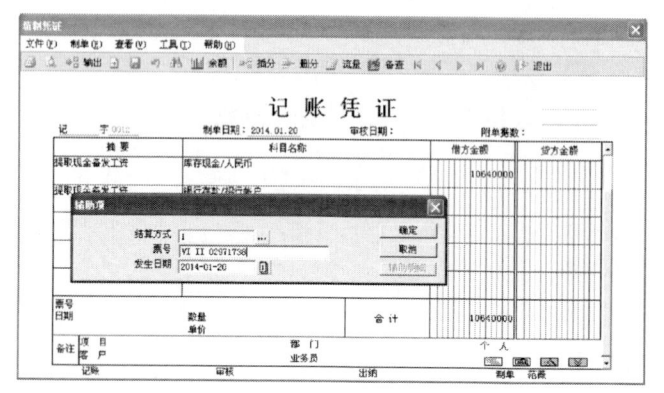

圖 13-70

圖 13-71

項」對話框，單擊「部門」欄參照按鈕，選擇「採購部」，或直接錄入採購部的編碼「04」，單擊「個人」欄參照按鈕，選擇「王一」，或直接錄入王一的編碼「06」，如圖 13-72 所示，單擊「確定」按鈕。錄入借方餘額「1,200」。

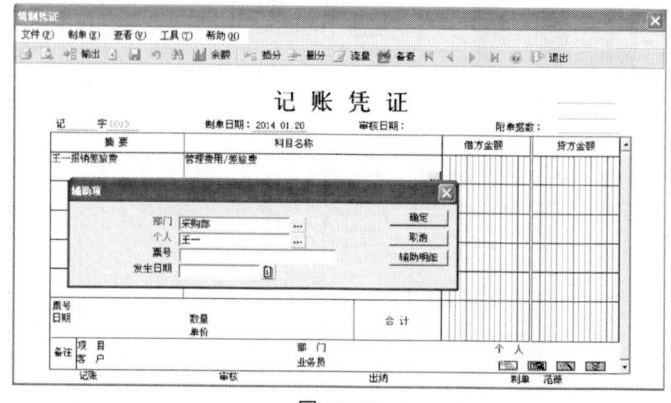

圖 13-72

3. 按回車鍵（複製上一行的摘要），再按回車鍵，或單擊「科目名稱」欄（第二行），單擊「科目名稱」欄的參照按鈕（或按 F2 鍵），選擇「資產」類科目「100101 人民幣」，或者直接在「科目名稱」欄輸入「100101」。按回車鍵，錄入借方金額「400」。

4. 按回車鍵（複製上一行的摘要），再按回車鍵，或單擊「科目名稱」欄（第三行），單擊「科目名稱」欄的參照按鈕（或按 F2 鍵），選擇「資產」類科目「1221 其他應收款」，或者直接在「科目名稱」欄輸入「1221」。按回車鍵出現「輔助項」對話框，單擊「部門」欄參照按鈕，選擇「採購部」，或直接錄入採購部的編碼「04」，單擊「個人」欄參照按鈕，選擇「王一」，或直接錄入王一的編碼「06」，如圖 13-73 所示。

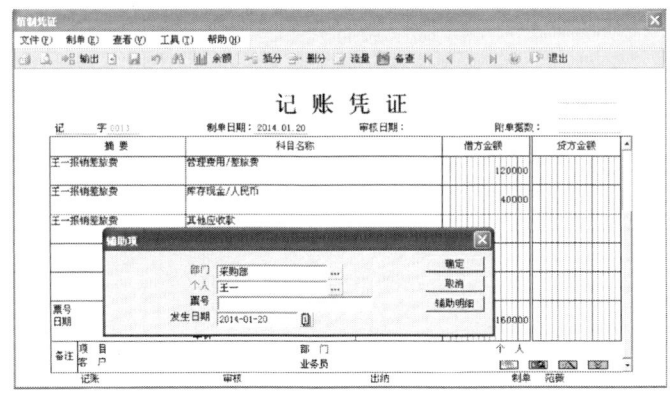

圖 13-73

5. 單擊「確定」按鈕，在「貸方金額」錄入「1,600」，或直接按「=」鍵。單擊「保存」按鈕保存當前憑證，保存成功的憑證如圖 13-74 所示。

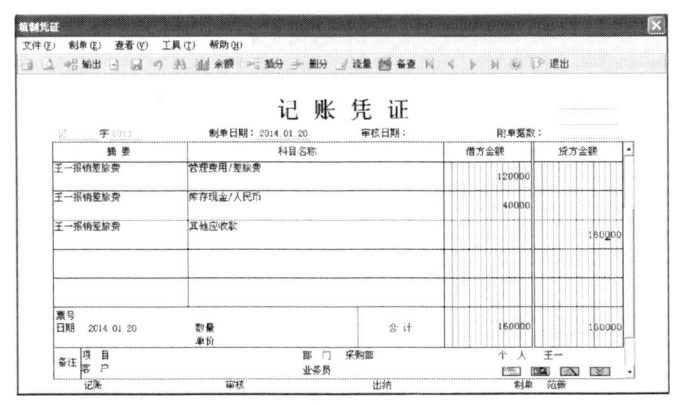

圖 13-74

第十三章　模擬數據操作

▶【實例 16】
【操作步驟】
1. 在「填製憑證」窗口中，單擊「增加」按鈕。
2. 輸入第一條分錄的摘要「購入辦公用品」，用鼠標單擊「科目名稱」欄，單擊「科目名稱」欄的參照按鈕（或按 F2 鍵），選擇「成本」類科目「510104 製造費用/辦公費」，或者直接在「科目名稱」欄輸入「510104」。按「回車鍵」出現「輔助項」對話框，單擊「部門」欄參照按鈕，選擇「採購部」，或直接錄入採購部的編碼「04」，如圖 13-75 所示，單擊「確定」按鈕。錄入借方餘額「160」。

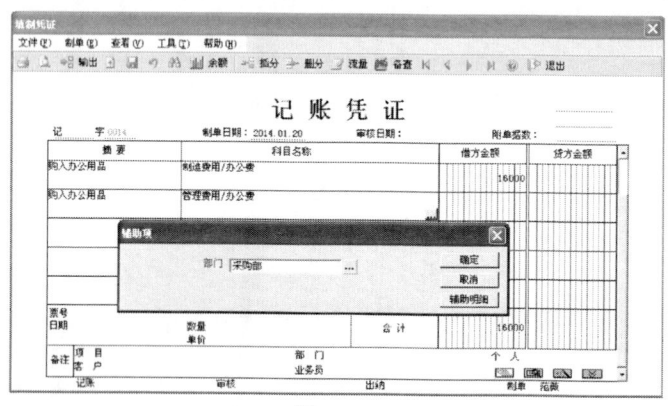

圖 13-75

3. 按回車鍵（複製上一行的摘要），再按回車鍵，或單擊「科目名稱」欄（第二行），單擊「科目名稱」欄的參照按鈕（或按 F2 鍵），選擇「損益」類科目「660202 管理費用/辦公費」，或者直接在「科目名稱」欄輸入「660202」。按回車鍵，錄入借方金額「480」。

4. 按回車鍵（複製上一行的摘要），再按回車鍵，或單擊「科目名稱」欄（第二行），單擊「科目名稱」欄的參照按鈕（或按 F2 鍵），選擇「資產」類科目「100101 人民幣」，或者直接在「科目名稱」欄輸入「100101」。單擊「確定」按鈕，再按「確定」按鈕，在「貸方金額」欄錄入「640」，或直接按「=」鍵。單擊「保存」按鈕保存當前憑證，保存成功的憑證如圖 13-76 所示。

▶【實例 17】
本實例需做兩張記帳憑證，一張是工資分配，另一張是工資發放。
【操作步驟】
1. 在「填製憑證」窗口中，單擊「增加」按鈕。
2. 輸入第一條分錄的摘要「工資分配」，用鼠標單擊「科目名稱」欄，單擊「科目名稱」欄的參照按鈕（或按 F2），選擇「損益」類科目「660209 管理費用/工資及福利」，或者直接在「科目名稱」欄輸入「660209」。單擊「確定」按鈕，錄入借方餘額「31400」。
3. 按回車鍵（複製上一行的摘要），再按回車鍵，或單擊「科目名稱」欄

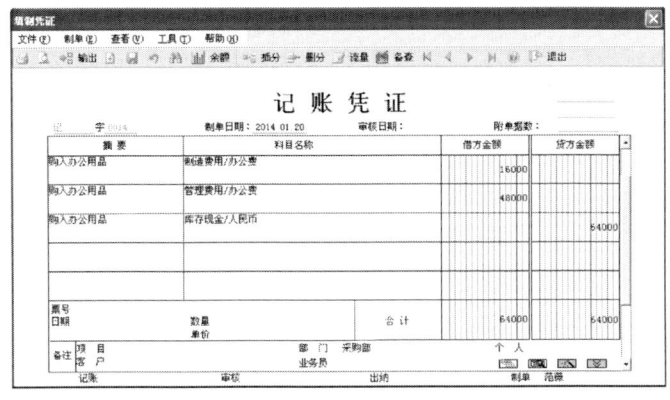

圖 13-76

（第二行），單擊「科目名稱」欄的參照按鈕（或按 F2 鍵），選擇「成本」類科目「510103 製造費用/工資及福利」，或者直接在「科目名稱」欄輸入「510103」。按回車鍵，錄入借方金額「55,000」。

4. 按回車鍵（複製上一行的摘要），再按回車鍵，或單擊「科目名稱」欄（第二行），單擊「科目名稱」欄的參照按鈕（或按 F2 鍵），選擇「損益」類科目「660103 銷售費用/工資及福利」，或者直接在「科目名稱」欄輸入「660103」。單擊「確定」按鈕，在「借方金額」欄錄入「20,000」。

5. 按回車鍵（複製上一行的摘要），再按回車鍵，或單擊「科目名稱」欄（第二行），單擊「科目名稱」欄的參照按鈕（或按 F2 鍵），選擇「負債」類科目「2211 應付職工薪酬」，或者直接在「科目名稱」欄輸入「2211」。單擊「確定」按鈕，再按「確定」按鈕，在「貸方金額」欄錄入「106,400」，或直接按「=」鍵。單擊「保存」按鈕保存當前憑證，保存成功的憑證如圖 13-77 所示。

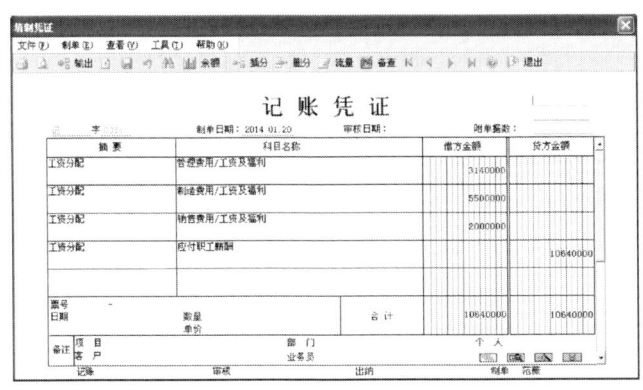

圖 13-77

6. 在「填製憑證」窗口中，單擊「增加」按鈕。

7. 輸入第一條分錄的摘要「發放工資」，用鼠標單擊「科目名稱」欄，單擊

第十三章　模擬數據操作

「科目名稱」欄的參照按鈕（或按 F2 鍵），選擇「負債」類科目「2211 應付職工薪酬」，或者直接在「科目名稱」欄輸入「2211」，單擊「確定」按鈕，錄入借方餘額「106,400」。

8. 按回車鍵（複製上一行的摘要），再按回車鍵，或單擊「科目名稱」欄（第二行），單擊「科目名稱」欄的參照按鈕（或按 F2 鍵），選擇「資產」類科目「100101 人民幣」，或者直接在「科目名稱」欄輸入「100101」。按回車鍵，再按回車鍵，錄入貸方金額「106,400」，或直接按「＝」鍵。單擊「保存」按鈕保存當前憑證，保存成功的憑證如圖 13-78 所示。

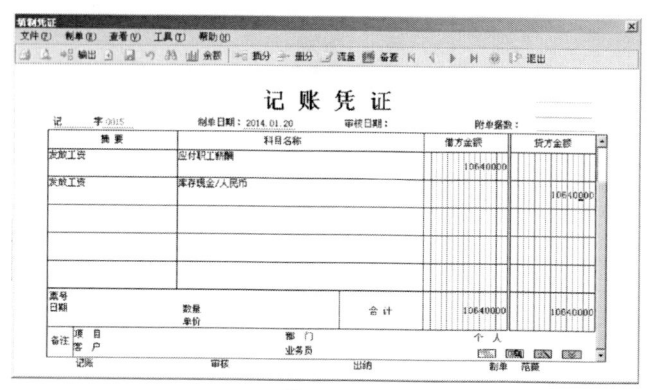

圖 13-78

二、應收款管理實例

（一）收款單據處理

▶【實例 18】

【操作步驟】

1. 以操作員「李平」身份登錄帳套，在「登錄」窗口的操作員項輸入「李平」，密碼為空，帳套選擇「綿陽新意公司 2014」，操作日期項輸入「2014-01-20」。

2. 展開【財務會計】→【應收款管理】→【收款單據處理】，雙擊【收款單據錄入】，系統彈出「收款單錄入」窗口。

3. 單擊「增加」按鈕，系統新增一張收款單據，單據號可以保持默認值，設置正確的日期「2014-01-20」，在「客戶」欄錄入「03」，或單擊「客戶」欄參照按鈕，選擇「成都高遠」，在「結算方式」欄選擇「招行轉帳支票」，在「金額」欄錄入「24,000」，如圖 13-79 所示。單擊「保存」按鈕。

【提示】這里還可以繼續以「李平」操作員身份錄入 1 月 20 日實例 21 的應收單，然後以「何順」身份登錄批量審核實例 18、實例 21 的單據，最後再以「李平」身份批量製單並生成記帳憑證。

4. 更換操作員，以操作員「何順」身份登錄帳套。

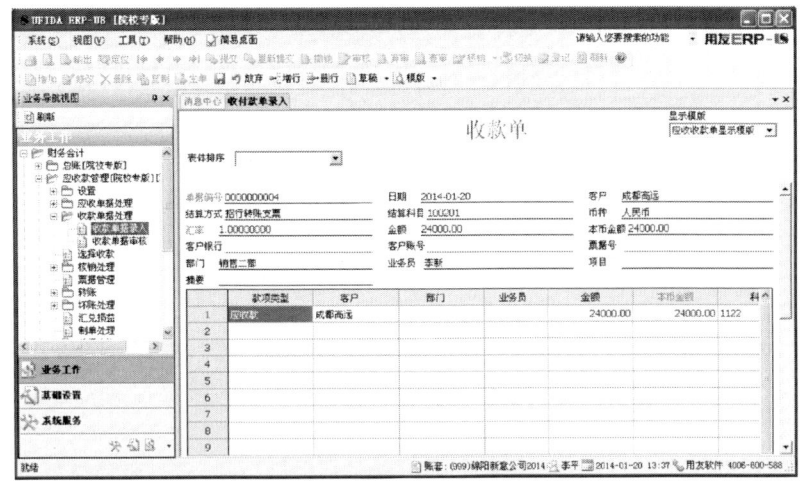

圖 13-79

5. 展開【財務會計】→【應收款管理】→【收款單據處理】，雙擊【收款單據審核】，系統彈出「收款單過濾條件」窗口，單擊「確定」按鈕，系統列出符合過濾條件的收款單記錄，雙擊需要審核的收款單記錄的「選擇」項，使其變為「Y」字樣，然後單擊「審核」按鈕則可完成該單據的審核，如圖 13-80。

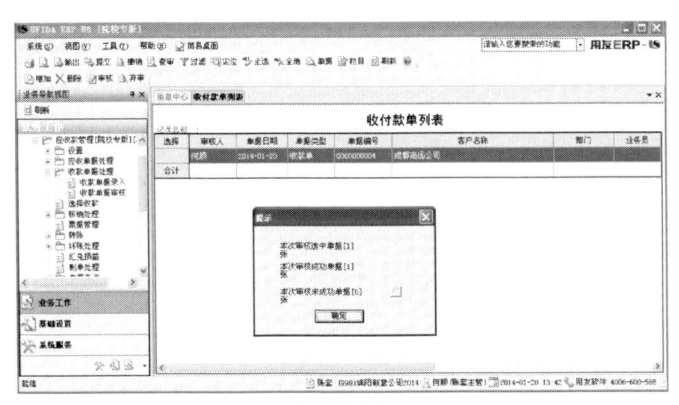

圖 13-80

6. 再次更換操作員，以操作員「李平」身份登錄帳套去製單，展開【財務會計】→【應收款管理】，雙擊【製單處理】，系統彈出「製單查詢」條件過濾窗口，選擇「收付款單製單」，然後單擊「確定」按鈕，系統列出符合條件的記錄。

7. 在需要製單的記錄的「選擇標誌」項目放入選擇標誌，然後單擊「製單」按鈕，系統生成一張記帳憑證，如圖 13-81 所示。單擊憑證上的「保存」按鈕，系統保存該張憑證，並將其傳遞到總帳系統中，此時可進入總帳系統去查詢到該張憑證，並在總帳系統中對該張憑證進行審核、記帳處理。

第十三章　模擬數據操作

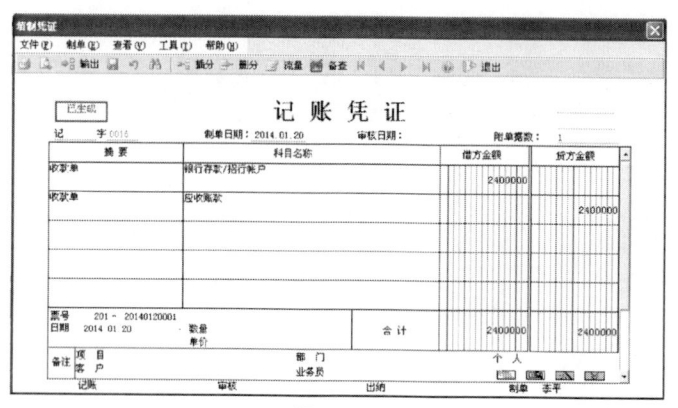

圖 13-81

(二) 核銷處理

將【實例18】和【期初的應收帳款】進行核銷處理。

【操作步驟】

1. 以操作員「何順」的身份登錄帳套，展開【財務會計】→【應收款管理】→【核銷處理】，雙擊【手工核銷】，彈出「核銷條件」窗口，在「客戶」欄選擇「03 成都高遠公司」，單擊「確定」按鈕，系統根據核銷條件，彈出「單據核銷」窗口。

2. 在下方的收款單中，雙擊本次結算項，錄入本次結算的金額，如圖 13-82 所示，然後單擊「保存」按鈕，保存本次核銷結果。

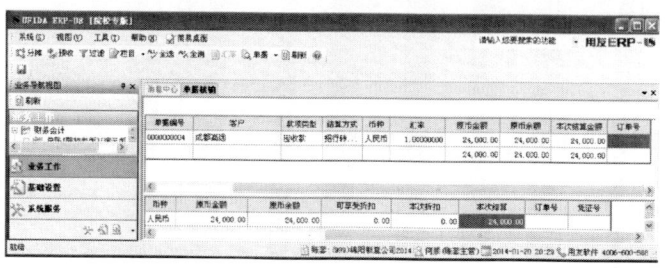

圖 13-82

(三) 應收單據處理

應收單據處理指用戶進行單據錄入和單據管理的工作。通過單據錄入，單據管理可記錄各種應收業務單據的內容，查閱各種應收業務單據，完成應收業務管理的日常工作。

根據業務模型的不同，單據錄入的類型也不同。如果用戶同時使用應收款管理系統和銷售管理系統，則發票和代墊費用產生的應收單據由銷售系統錄入，在本系統可以對這些單據進行審核、棄審、查詢、核銷、製單等功能。此時，在本系統需要錄入的單據僅限於應收單。如果用戶沒有使用銷售系統，則各類發票和應收單均應在本系統錄入。

操作流程如下：

（1）在【應收單據錄入】中點擊【增加】按鈕，可錄入應收單據，可以點擊【審核】按鈕對其進行審核。

（2）若用戶不進行批量製單，系統在此提供用戶及時製單功能，總帳系統啓用後，在用戶對應收單據進行了審核後，系統會詢問是否要立即製單。若選擇是，則立即顯示當前應收單據的憑證界面；如果用戶不想立即製單，則可以在「製單處理」功能中集中處理，則選擇否，回到當前應收單據卡片界面，只是該應收單據處於已經審核狀態。若用戶希望批量審核應收單據，則也可在【應收單據審核】處進行批量的手工或自動審核。

（3）審核完成，若用戶收到該筆應收單據所對應的收付款單，可以對其進行核銷勾對。

▶【實例19】

【操作步驟】

1. 以操作員「李平」身份登錄帳套。雙擊桌面的用友「企業應用平臺」圖標，系統彈出「登錄」窗口，操作員項輸入「李平」，密碼為空，帳套選擇「綿陽新意公司2014」，操作日期項輸入「2014-01-20」。展開【財務會計】→【應收款管理】→【應收單據處理】，雙擊【應收單據錄入】，打開「單據類別」對話框，如圖13-83所示。

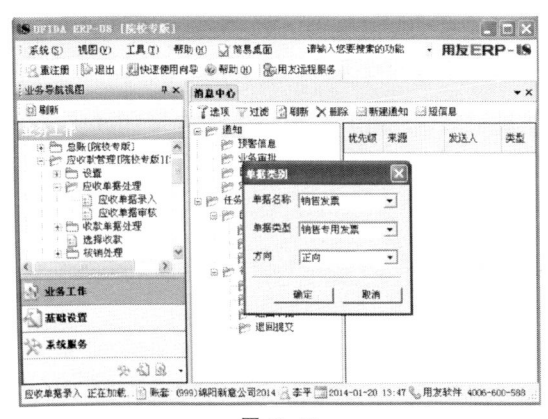

圖 13-83

2. 單擊「確定」按鈕，進入「銷售專用發票」窗口。

3. 單擊「增加」按鈕，系統新增一張專用發票，單據號可以保持默認值，在表頭中，設置正確的日期「2014-01-20」，在「客戶簡稱」欄錄入「01」，或單擊「客戶簡稱」欄參照按鈕，選擇「湖北途優」，在「銷售部門」欄錄入「0301」，或單擊「銷售部門」欄參照按鈕，選擇「銷售一部」，在「業務員」欄錄入「08」，或單擊「業務員」欄參照按鈕，選擇「徐添」。在表體中，選擇「存貨編碼」欄錄入「0201」，或單擊「存貨編碼」欄的參照按鈕，選擇「手機型號I」，在「數量」欄錄入「78」，在「無稅單價」欄錄入「1,600」，如圖13-84所示。

第十三章　模擬數據操作

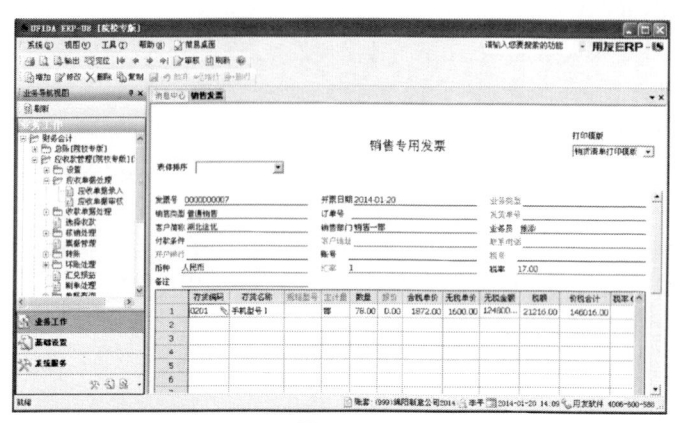

圖 13-84

4. 單擊「保存」按鈕保存單據。

【提示】這里還可以繼續以「李平」操作員身份錄入 1 月 20 日實例 20 的銷售發票單據，然後以「何順」身份登錄批量審核實例 19、實例 20 的單據，最後再以「李平」身份批量製單並生成記帳憑證。

5. 更換操作員，以操作員「何順」身份登錄帳套。展開【財務會計】→【應收款管理】→【應收單據處理】，雙擊【應收單據審核】，系統彈出「應收單過濾條件」窗口。單擊「確定」按鈕，系統列出符合過濾條件的記錄，雙擊需要審核的應收單據的「選擇」項，使其變為「Y」字樣，然後單擊「審核」按鈕則可完成該單據的審核，如圖 13-85 所示。

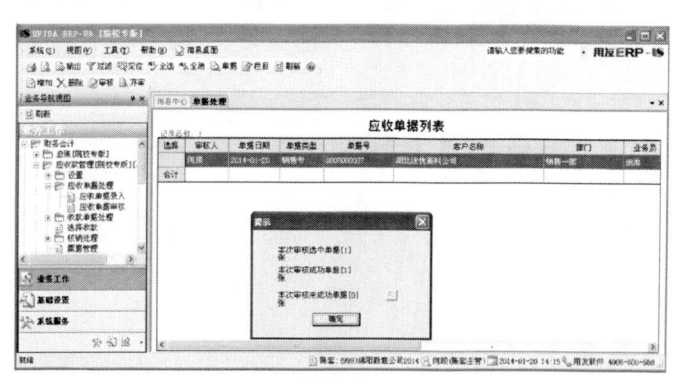

圖 13-85

6. 再次更換操作員，以操作員「李平」身份登錄帳套去製單，展開【財務會計】→【應收款管理】，雙擊【製單處理】，系統彈出「製單查詢」條件過濾窗口。

7. 選擇「發票製單」，然後單擊「確定」按鈕，系統列出符合條件的記錄。在需要製單的記錄的「選擇標志」項目放入選擇標志，然後單擊「製單」按鈕，

584

系統生成一張記帳憑證,單擊憑證上的「保存」按鈕,系統保存該張憑證,如圖 13-86 所示,將傳遞到總帳系統中。

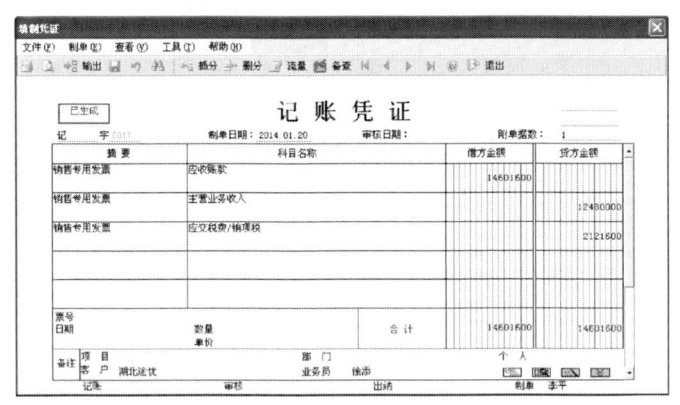

圖 13-86

► 【實例 20】
【操作步驟】
與【實例 19】類似,此處僅做簡單描述。

1. 以操作員「李平」身份登錄帳套,操作日期項輸入「2014-01-20」。展開【財務會計】→【應收款管理】→【應收單據處理】,雙擊【應收單據錄入】,打開「單據類別」對話框,選擇「銷售發票」後單擊「確定」按鈕,進入「銷售專用發票」窗口。

2. 按照圖 13-87 所示錄入銷售專用發票後單擊「保存」按鈕保存單據。

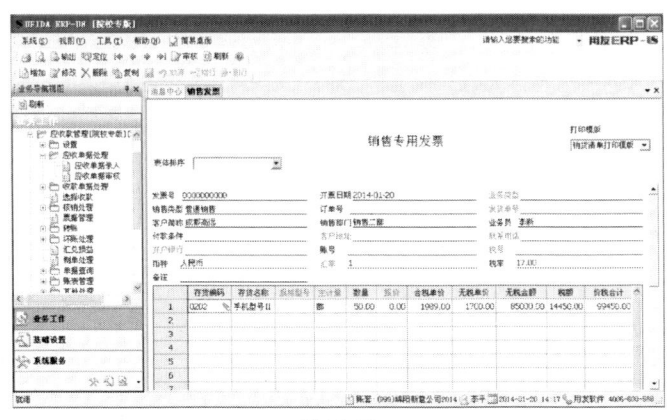

圖 13-87

3. 更換操作員,以操作員「何順」身份登錄帳套。展開【財務會計】→【應收款管理】→【應收單據處理】,雙擊【應收單據審核】,對該單據進行審核。如圖 13-88 所示。

第十三章　模擬數據操作

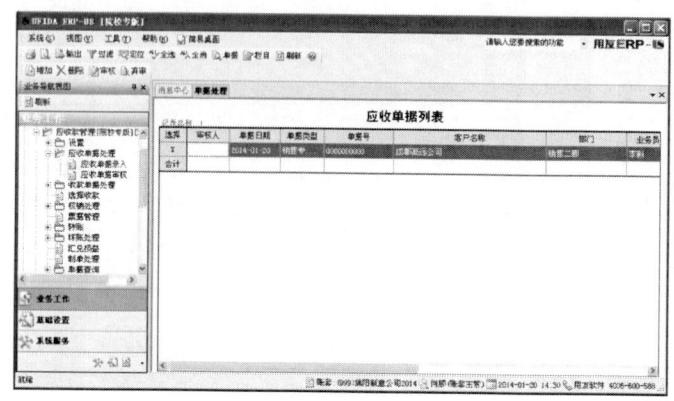

圖 13-88

4. 再次更換操作員，以操作員「李平」身份登錄帳套去製單，展開【財務會計】→【應收款管理】，雙擊【製單處理】，系統彈出「製單查詢」條件過濾窗口。

5. 選擇「發票製單」，然後單擊「確定」按鈕，系統列出符合條件的記錄。在需要製單的記錄的「選擇標誌」項目放入選擇標誌，然後單擊「製單」按鈕，系統生成一張記帳憑證，單擊憑證上的「保存」按鈕，系統保存該張憑證，如圖 13-89 所示，將傳遞到總帳系統中。

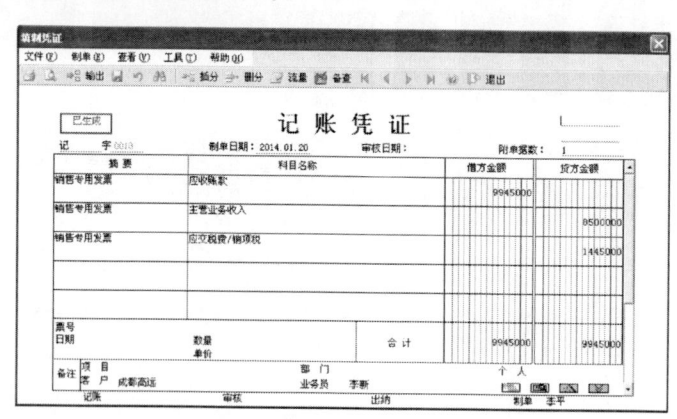

圖 13-89

▶【實例 21】
【操作步驟】
與【實例 18】類似，此處僅做簡單描述。

1. 以操作員「李平」身份登錄帳套，在「登錄」窗口的操作員項輸入「李平」，密碼為空，帳套選擇「綿陽新意公司 2014」，操作日期項輸入「2014-01-20」。

2. 展開【財務會計】→【應收款管理】→【收款單據處理】，雙擊【收款單據錄入】，系統彈出「收款單錄入」窗口。

3. 按照圖 13-90 所示錄入收款單後單擊「保存」按鈕保存。

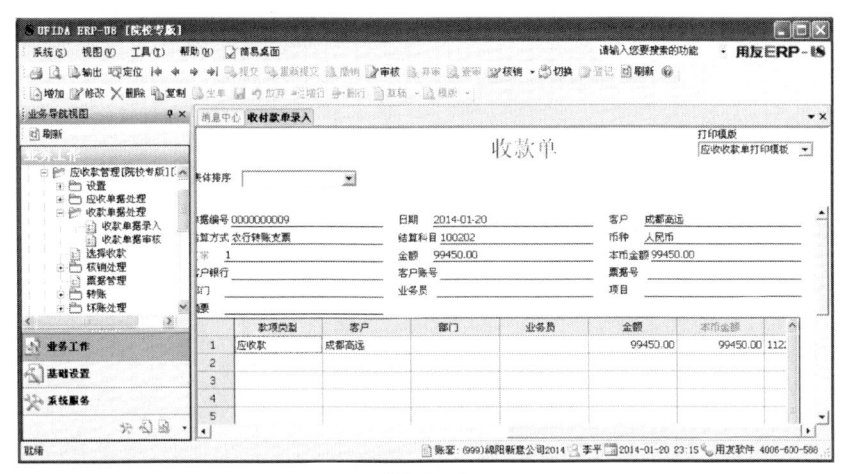

圖 13-90

4. 更換操作員，以操作員「何順」身份登錄帳套。展開【財務會計】→【應收款管理】→【收款單據處理】，雙擊【收款單據審核】，對該單據進行審核，如圖 13-91 所示。

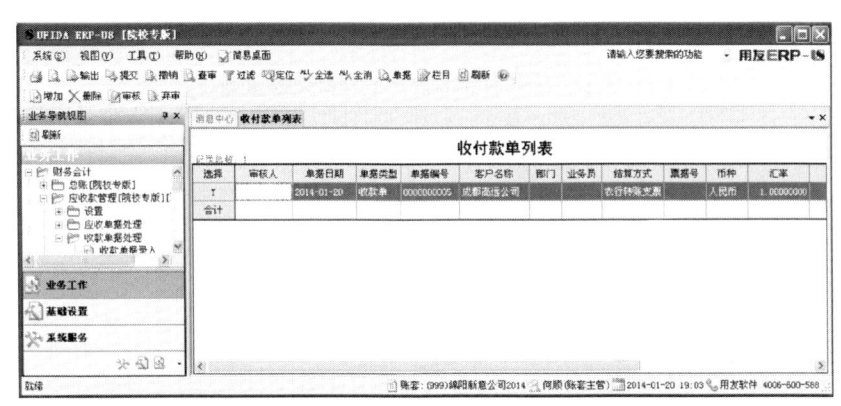

圖 13-91

5. 再次更換操作員，以操作員「李平」身份登錄帳套去製單，展開【財務會計】→【應收款管理】，雙擊【製單處理】，系統彈出「製單查詢」條件過濾窗口，選擇「收付款單製單」，然後單擊「確定」按鈕，系統列出符合條件的記錄。

6. 在需要製單的記錄的「選擇標志」項目放入選擇標志，然後單擊「製單」按鈕，系統生成一張記帳憑證，如圖 13-92 所示。單擊憑證上的「保存」按鈕，系統保存該張憑證，並將其傳遞到總帳系統中。

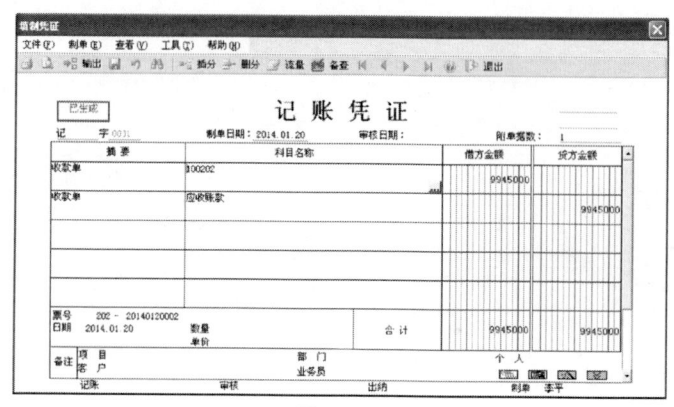

圖 13-92

將【實例20】和【實例21】進行核銷處理。

【操作步驟】

1. 以操作員「何順」的身份登錄帳套，展開【財務會計】→【應收款管理】→【核銷處理】，雙擊【手工核銷】，彈出「核銷條件」窗口，在「客戶」欄選擇「03 成都高遠公司」，單擊「確定」按鈕，系統根據核銷條件，彈出「單據核銷」窗口。

2. 在下方的收款單中，雙擊本次結算項，錄入本次結算的金額，如圖 13-93 所示，然後單擊「保存」按鈕，保存本次核銷結果。

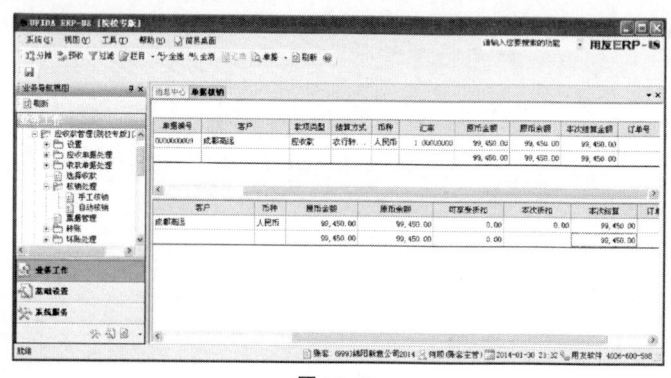

圖 13-93

▶【實例22】

【操作步驟】

1. 以操作員「李平」身份登錄帳套，在「登錄」窗口的操作員項輸入「李平」，密碼為空，帳套選擇「綿陽新意公司 2014」，操作日期項輸入「2014-01-20」。

2. 展開【財務會計】→【應收款管理】→【應收單據處理】，雙擊【應收單據錄入】，系統彈出「單據類別」對話框，點擊「單據名稱」下拉列表選擇「應收單」，如圖 13-94 所示。

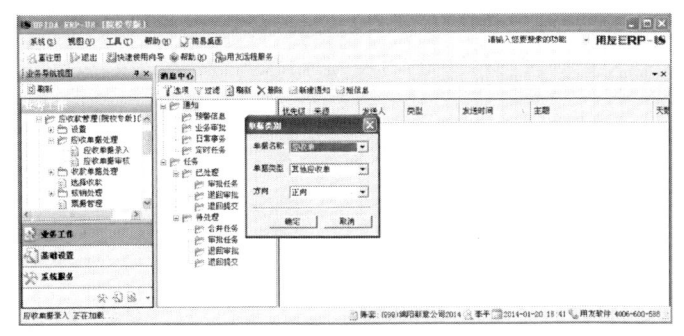

圖 13-94

3. 單擊系統彈出「應收單」窗口。單擊「增加」按鈕，系統新增一張應收單據，單據號可以保持默認值，設置正確的日期「2014-01-20」，在「客戶」欄錄入「01」，或單擊「客戶」欄參照按鈕，選擇「湖北途優」，在「金額」欄錄入「750」，如圖 13-95 所示。單擊「保存」按鈕。

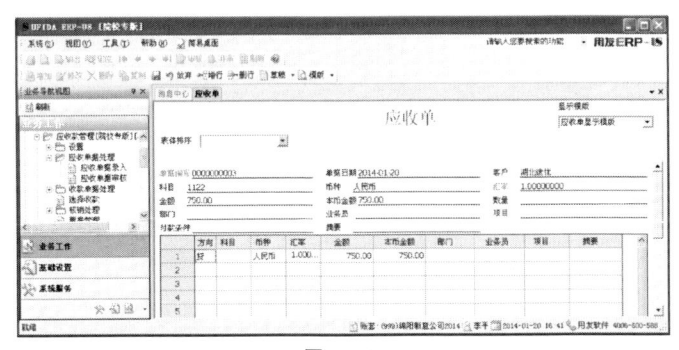

圖 13-95

4. 更換操作員，以操作員「何順」身份登錄帳套。

5. 展開【財務會計】→【應收款管理】→【應收單據處理】，雙擊【應收單據審核】，系統彈出過濾條件窗口，單擊「確定」按鈕，系統列出符合過濾條件的應收單記錄，雙擊需要審核的應收單記錄的「選擇」項，使其變為「Y」字樣，然後單擊「審核」按鈕則可完成該單據的審核，如圖 13-96 所示。

6. 再次更換操作員，以操作員「李平」身份登錄帳套去製單，展開【財務會計】→【應收款管理】，雙擊【製單處理】，系統彈出「製單查詢」條件過濾窗口，選擇「應收單製單」，然後單擊「確定」按鈕，系統列出符合條件的記錄。

7. 在需要製單的記錄的「選擇標志」項目放入選擇標志，然後單擊「製單」按鈕，系統生成一張記帳憑證，如圖 13-97 所示。單擊憑證上的「保存」按鈕，系統保存該張憑證，並將其傳遞到總帳系統中。

589

第十三章　模擬數據操作

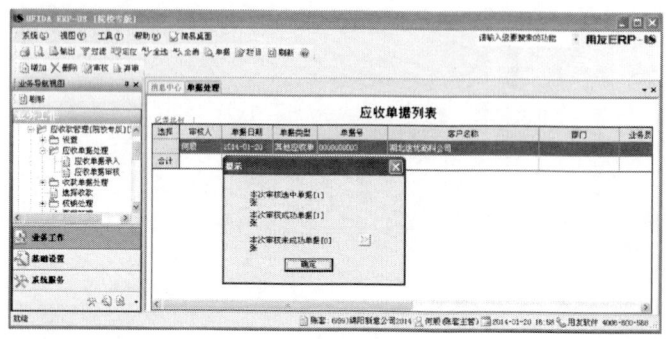

圖 13-96

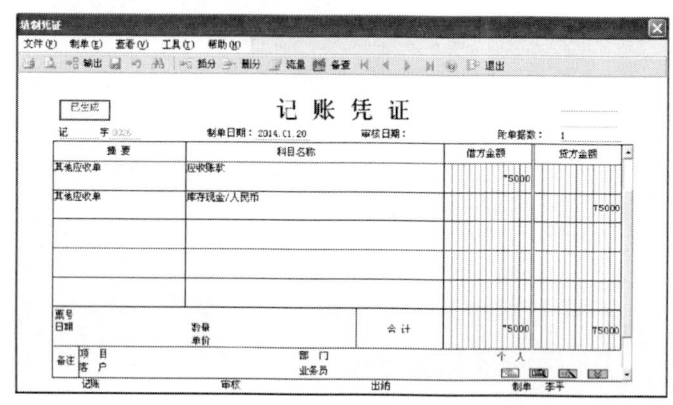

圖 13-97

▶【實例 23】

【操作步驟】

1. 以操作員「李平」身份登錄帳套。雙擊桌面的用友「企業應用平臺」圖標，系統彈出「登錄」窗口，操作員項輸入「李平」，密碼為空，帳套選擇「綿陽新意公司 2014」，操作日期項輸入「2014-01-20」。展開【財務會計】→【應付款管理】→【付款單據處理】，雙擊【付款單據錄入】，打開「付款單」窗口。

2. 單擊「增加」按鈕，系統新增一張收款單，單據號可以保持默認值，在表頭中，設置正確的日期「2014-01-20」，在「供應商」欄錄入「04」，或單擊「供應商」欄參照按鈕，選擇「重慶新科」，在「結算方式」欄錄入「202」，或者單擊「結算方式」欄參照按鈕選擇「農行轉帳支票」，在「金額」欄錄入「8,800」，單擊表體，表體第一行自動顯示出相應內容，如圖 13-98 所示。單擊「保存」按鈕保存單據。

3. 更換操作員，以操作員「何順」身份登錄帳套。展開【財務會計】→【應付款管理】→【付款單據處理】，雙擊【付款單據審核】，系統彈出「應付單過濾條件」窗口。

圖 13-98

4. 單擊「確定」按鈕，系統列出符合過濾條件的收款單記錄，如圖 13-99 所示，雙擊需要審核的應付單據的「選擇」項，使其變為「Y」字樣，然後單擊「審核」按鈕則可完成該單據的審核。

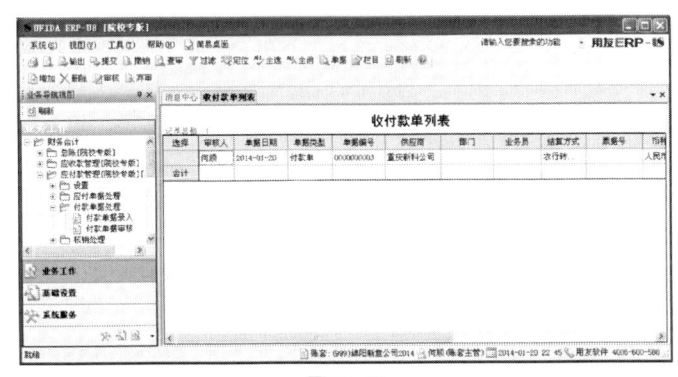

圖 13-99

5. 再次更換操作員，以操作員「李平」身份登錄帳套去製單，展開【財務會計】→【應付款管理】，雙擊【製單處理】，系統彈出「製單查詢」條件過濾窗口。

6. 選擇「收付款單製單」，然後單擊「確定」按鈕，系統列出符合條件的記錄。在需要製單的記錄的「選擇標志」項目放入選擇標志，然後單擊「製單」按鈕，系統生成一張記帳憑證，單擊銀行科目 100202 後，雙擊「票號」，彈出「輔助項」。單擊憑證上的「保存」按鈕，系統保存該張憑證，如圖 13-100 所示。並將其傳遞到總帳系統中，此時可進入總帳系統去查詢到該張憑證，並在總帳系統中對該張憑證進行審核、記帳處理。

將【實例 23】和【期初的應付帳款】進行核銷處理。
【操作步驟】
1. 以操作員「何順」的身份登錄帳套，展開【財務會計】→【應付款管理】→

591

第十三章　模擬數據操作

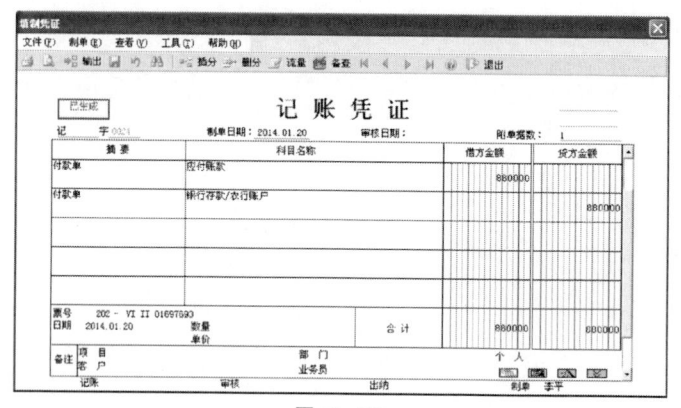

圖 13-100

【核銷處理】，雙擊【手工核銷】，彈出「核銷條件」窗口，在「供應商」欄選擇「04 重慶新科公司」。

2. 單擊「確定」按鈕，系統根據核銷條件，彈出「單據核銷」窗口，在下方的付款單中，雙擊「本次結算」項，錄入本次結算的金額「8,800」，如圖13-101所示。然後單擊「保存」按鈕，保存本次核銷結果。

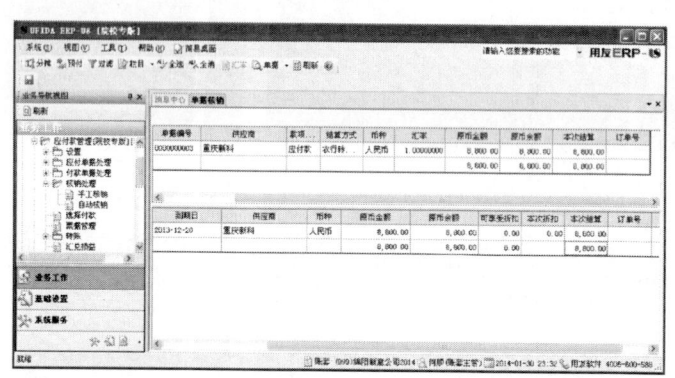

圖 13-101

三、應付款管理實例

► 【實例 24】

此實例錄入採購發票過程與【實例7】類似，錄入付款單過程與【實例6】類似，此處均簡略描述。

【操作步驟】

1. 首先錄入採購發票，以操作員「李平」身份登錄帳套，進入「採購專用發票」窗口。

2. 單擊「增加」按鈕，系統新增一張專用發票，錄入如圖 13-102 所示的內容。單擊「保存」按鈕保存單據。

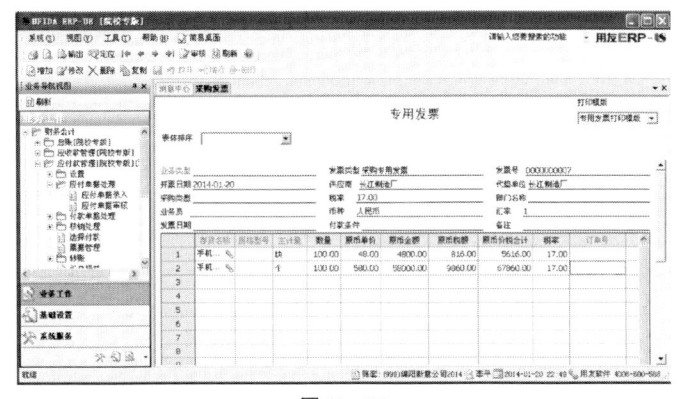

圖 13-102

3. 更換操作員，以操作員「何順」身份登錄帳套進行單據審核，如圖 13-103 所示。

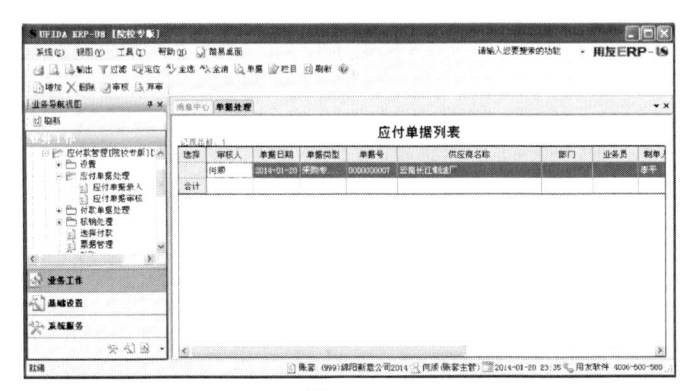

圖 13-103

4. 再次更換操作員，以操作員「李平」身份登錄帳套進行發票製單，如圖 13-104所示。

圖 13-104

5. 然後單擊「製單」按鈕，系統生成一張記帳憑證，單擊憑證上的「保存」按鈕，系統保存該張憑證，如圖 13-105 所示，並將其傳遞到總帳系統中。

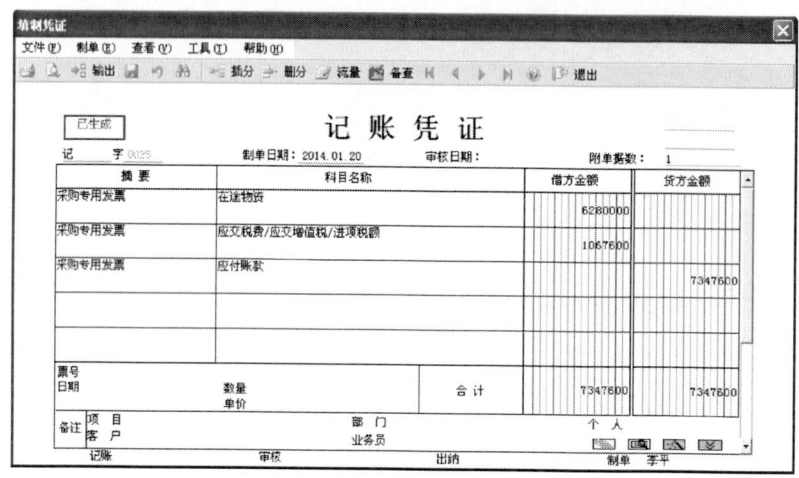

圖 13-105

6. 接下來錄入付款單。展開【財務會計】→【應付款管理】→【付款單據處理】，雙擊【付款單據錄入】，系統彈出「付款單」窗口。單擊「增加」按鈕，系統新增一張付款單據，錄入如圖 13-106 所示的內容。單擊「保存」按鈕保存單據。

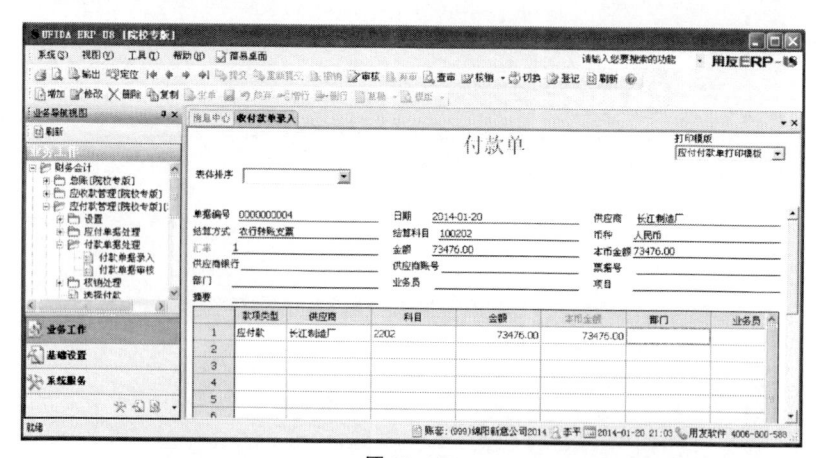

圖 13-106

7. 更換操作員，以操作員「何順」身份登錄帳套進行單據審核，如圖 13-107 所示。

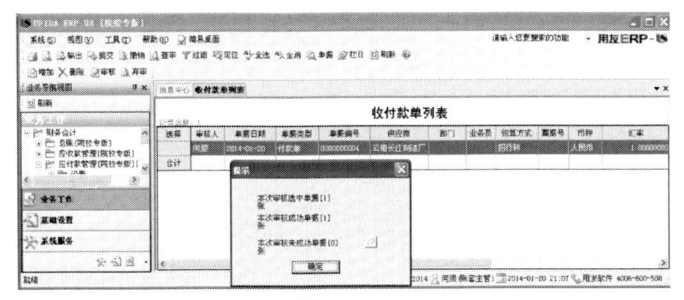

圖 13-107

8. 再次更換操作員，以操作員「李平」身份登錄帳套去製單，把需要製單的記錄的「選擇標志」項目放入選擇標志，如圖 13-108 所示。在需要製單的記錄前雙擊「選擇標志」，選中該條記錄。

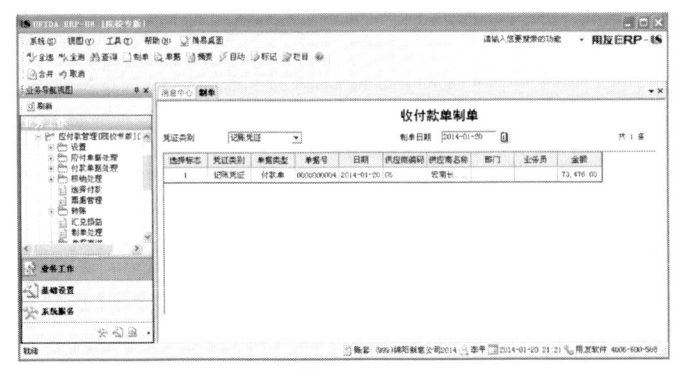

圖 13-108

9. 然後單擊「製單」按鈕，系統生成一張記帳憑證，單擊銀行科目 100202 後，雙擊「票號」，彈出「輔助項」，如圖 13-109 所示。

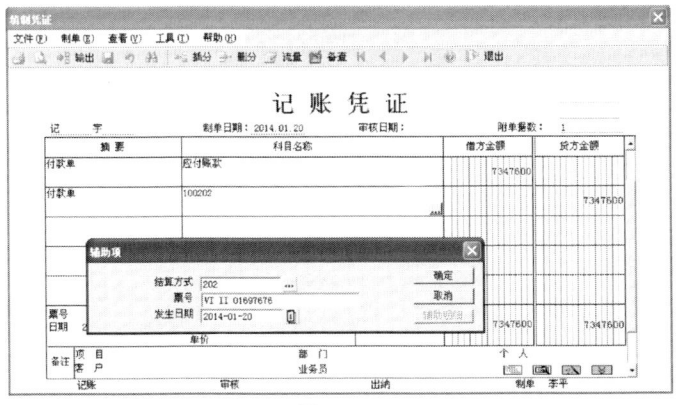

圖 13-109

第十三章 模擬數據操作

10. 單擊憑證上的「保存」按鈕，系統保存該張憑證，如圖 13-110 所示。並將其傳遞到總帳系統中。

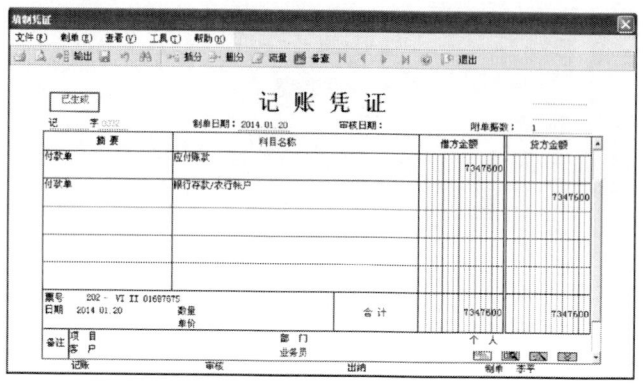

圖 13-110

將【實例 24】中的採購發票和付款單進行核銷處理。
【操作步驟】

1. 以操作員「何順」的身份登錄帳套，展開【財務會計】→【應付款管理】→【核銷處理】，雙擊【手工核銷】，彈出「核銷條件」窗口，在「供應商」欄選擇「06 長江製造廠」。

2. 單擊「確定」按鈕，系統根據核銷條件，彈出「單據核銷」窗口，在下方的付款單中，雙擊「本次結算」項，錄入本次結算的金額「73476」，如圖 13-111 所示。然後單擊「保存」按鈕，保存本次核銷結果。

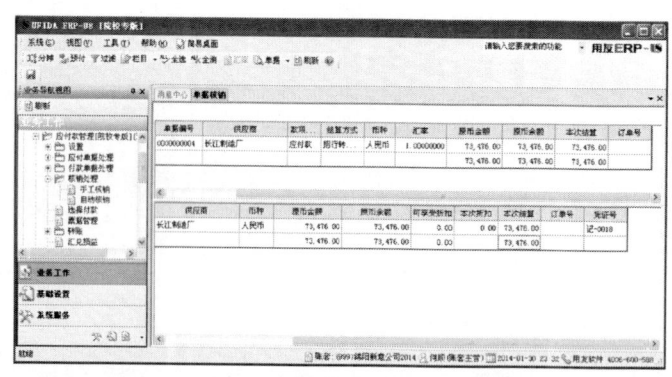

圖 13-111

四、存貨核算實例

▶【實例 25】
【操作步驟】

1. 以操作員「李平」身份登錄帳套。雙擊桌面的用友「企業應用平臺」圖

標,系統彈出「登錄」窗口,操作員項輸入「李平」,密碼為空,帳套選擇「綿陽新意公司2014」,操作日期項輸入「2014-01-20」。展開【供應鏈】→【存貨核算】→【日常業務】,雙擊【採購入庫單】,彈出「採購入庫單」窗口。

2. 單擊「增加」按鈕,系統新增一張採購入庫單,錄入如圖13-112所示的採購入庫單。單擊「保存」按鈕保存單據。

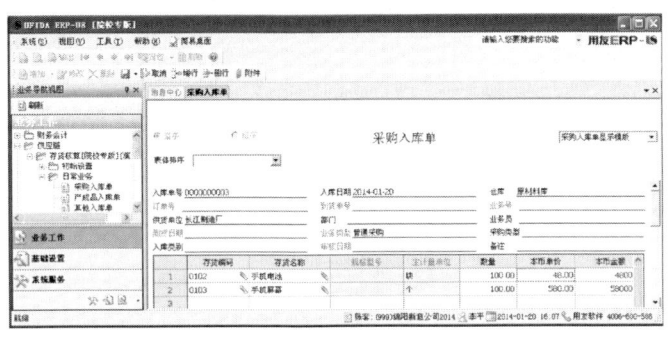

圖 13-112

► 【實例26】
【操作步驟】

1. 以操作員「李平」身份登錄帳套。雙擊桌面的用友「企業應用平臺」圖標,系統彈出「登錄」窗口,操作員項輸入「李平」,密碼為空,帳套選擇「綿陽新意公司2014」,操作日期項輸入「2014-01-10」。展開【供應鏈】→【存貨核算】→【日常業務】,雙擊【產成品入庫單】,彈出「產成品入庫單」窗口。

2. 單擊「增加」按鈕,系統新增一張產成品入庫單,入庫單號可以保持默認值,設置正確的入庫日期「2014-01-20」,錄入如圖13-113所示的單據內容。單擊「保存」按鈕保存單據。

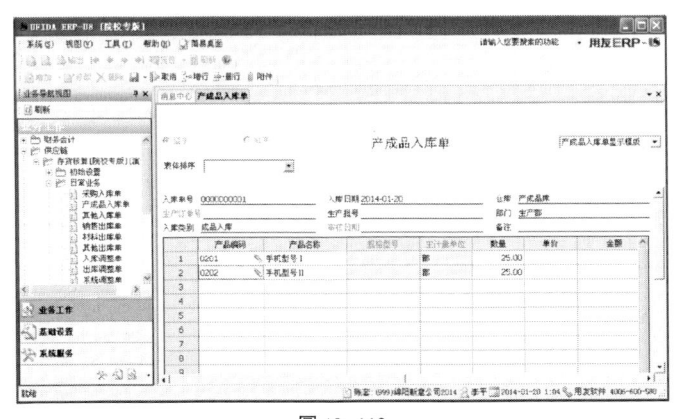

圖 13-113

第十三章 模擬數據操作

► 【實例 27】

【操作步驟】

1. 展開【供應鏈】→【存貨核算】→【日常業務】，雙擊【銷售出庫單】，彈出「銷售出庫單」窗口。

2. 單擊「增加」按鈕，系統新增一張銷售出庫單，入庫單號可以保持默認值，設置正確的入庫日期「2014-01-20」，錄入如圖 13-114 所示的單據內容。單擊「保存」按鈕保存單據。

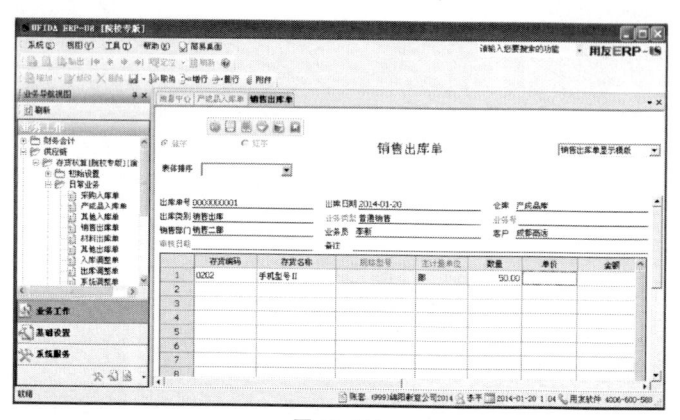

圖 13-114

實驗三　1 月 30 日數據

【實驗準備】

總帳、應收、應付、固定資產、存貨核算系統的 1 月 20 日業務完成，將系統日期修改為「2014 年 1 月 30 日」。

【實驗指導】

一、總帳實例

► 【實例 28】～【實例 30】

憑證錄入方法參照實驗一、實驗二，在此只簡單敘述。

【操作步驟】

以操作員「範薇」身份登錄帳套，錄入 1 月 30 日如圖 13-115、圖 13-116、圖 13-117 所示憑證。

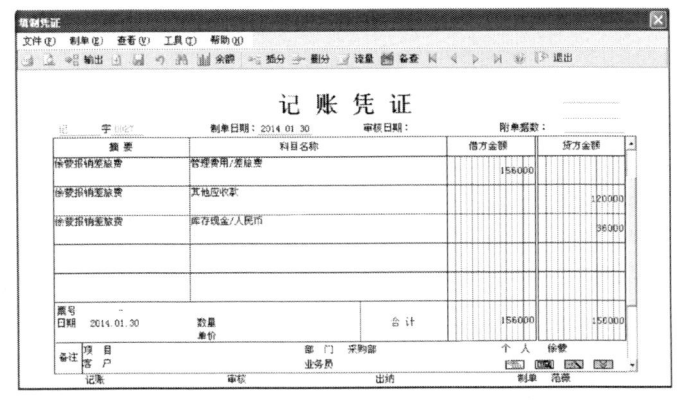

圖 13-115

圖 13-116

圖 13-117

二、應收款管理實例

▶【實例 31】、【實例 32】

銷售發票和收款單的錄入、審核、製單、生成憑證方法參照實驗一、二，在此只簡單敘述。

【操作步驟】

1. 以操作員「李平」身份登錄帳套，錄入實例 31 的銷售發票、收款單和實例 32 的收款單，如圖 13-118、圖 13-119、圖 13-120 所示。

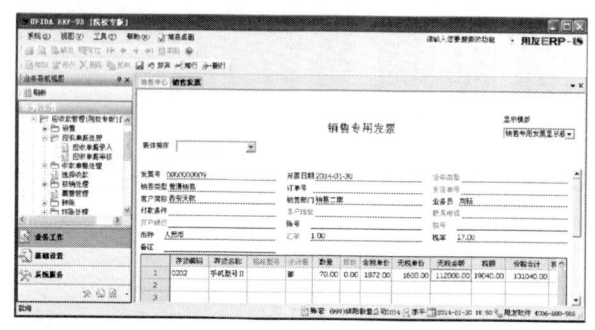

圖 13-118

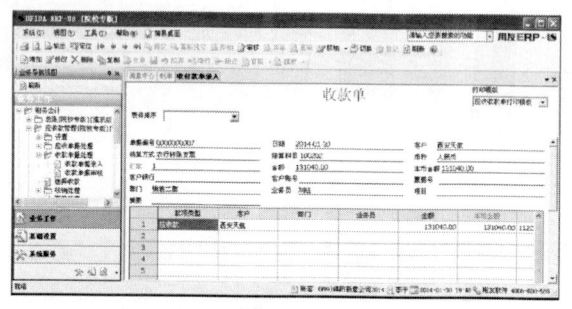

圖 13-119

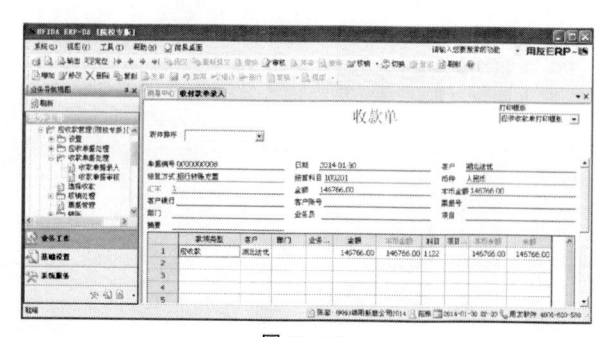

圖 13-120

2. 以操作員「何順」身份登錄帳套，審核銷售發票和收款單，如圖 13-121、圖 13-122、圖 13-123 所示。

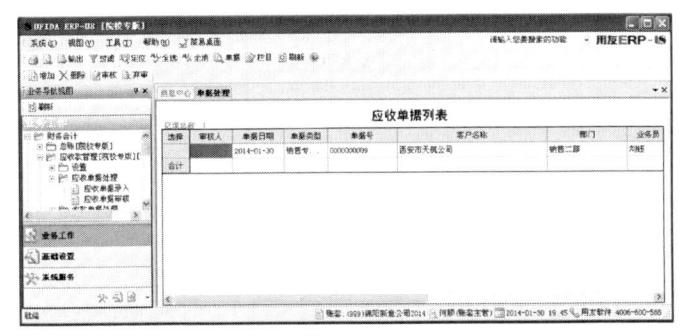

圖 13-121

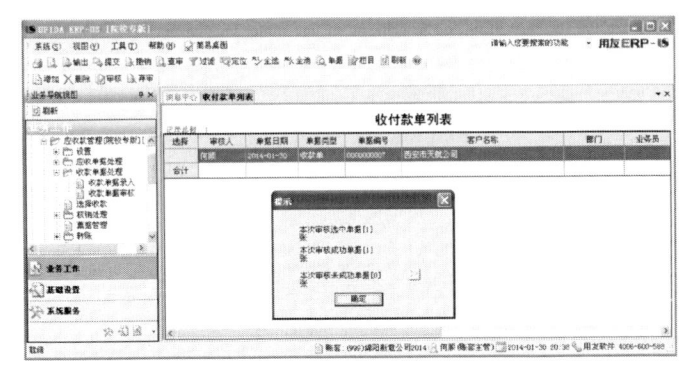

圖 13-122

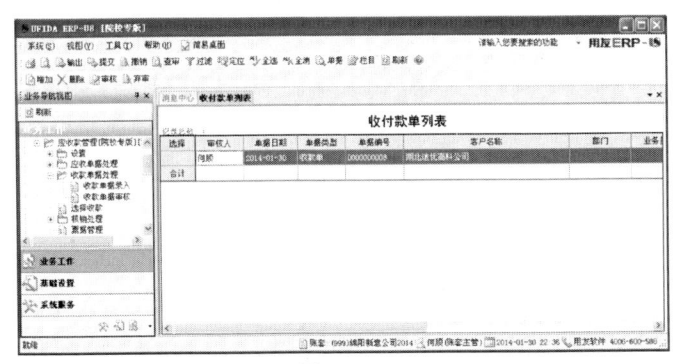

圖 13-123

3. 以操作員「李平」身份登錄帳套，將銷售發票和收款單生成憑證，如圖 13-124、圖 13-125、圖 13-126 所示。

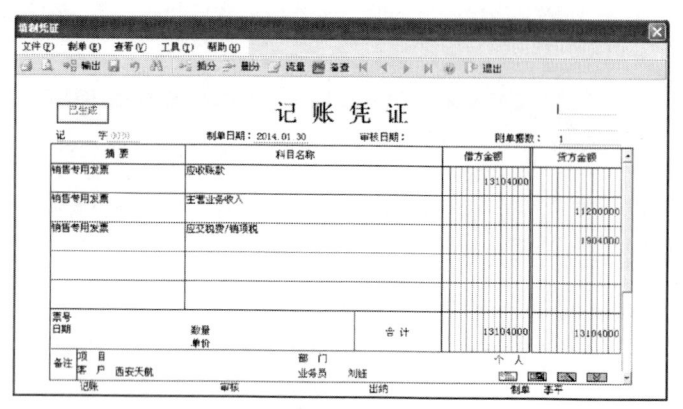

圖 13-124

圖 13-125

圖 13-126

▶核銷處理

核銷方法參照實驗一、實驗二，在此只簡單敘述。

【操作步驟】

1. 以操作員「何順」的身份登錄帳套，對實例 31 的銷售發票和收款單進行核銷處理，如圖 13-127 所示。

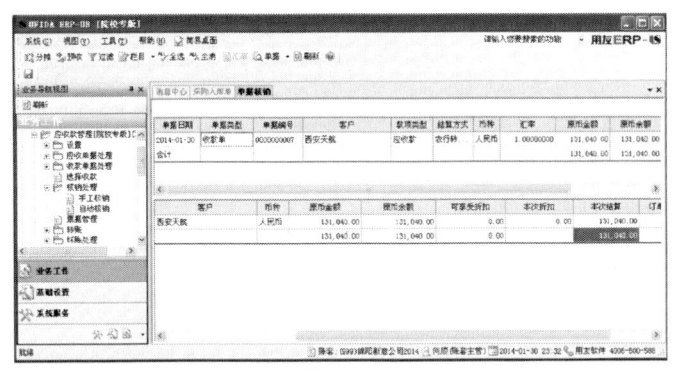

圖 13-127

2. 以操作員「何順」的身份登錄帳套，對實例 32 的收款單與實例 19、實例 22 的銷售發票和應收單進行核銷處理，如圖 13-128 所示。

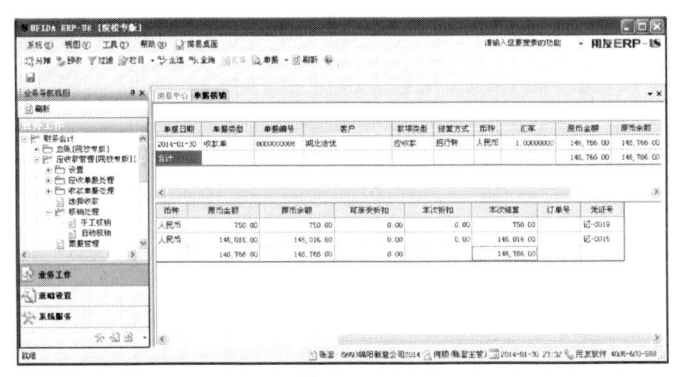

圖 13-128

三、應付款管理實例

▶【實例 33】、【實例 34】

付款單的錄入、審核、製單、生成憑證方法參照實驗一、二，在此只簡單敘述。

【操作步驟】

1. 以操作員「李平」身份登錄帳套，錄入實例 33、34 的付款單，如圖 13-129、圖 13-130 所示。

2. 以操作員「何順」身份登錄帳套，審核付款單，如圖 13-131、圖 13-132 所示。

第十三章　模擬數據操作

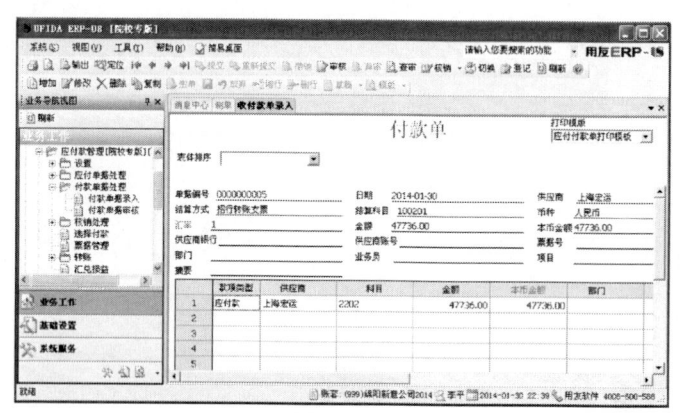

圖 13-129

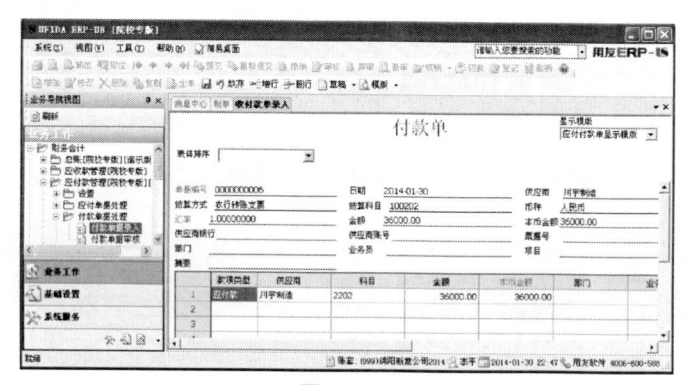

圖 13-130

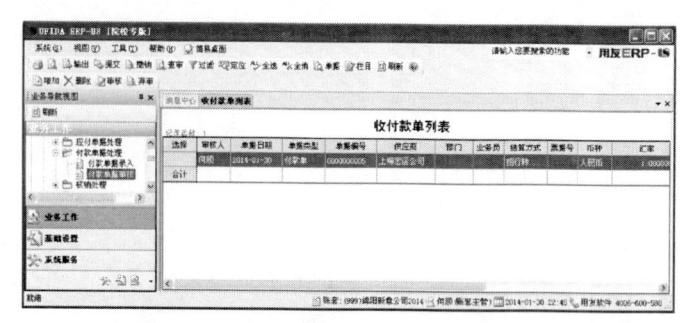

圖 13-131

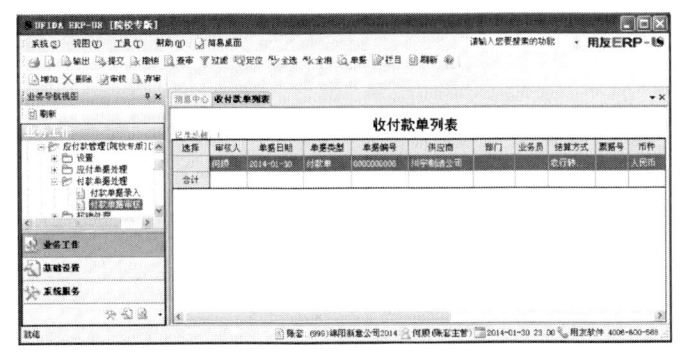

圖 13-132

3. 以操作員「李平」身份登錄帳套，將付款單生成憑證，如圖 13-133、圖 13-134所示。

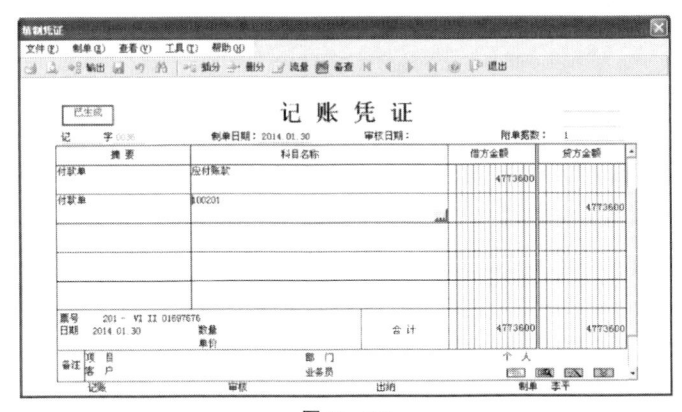

圖 13-133

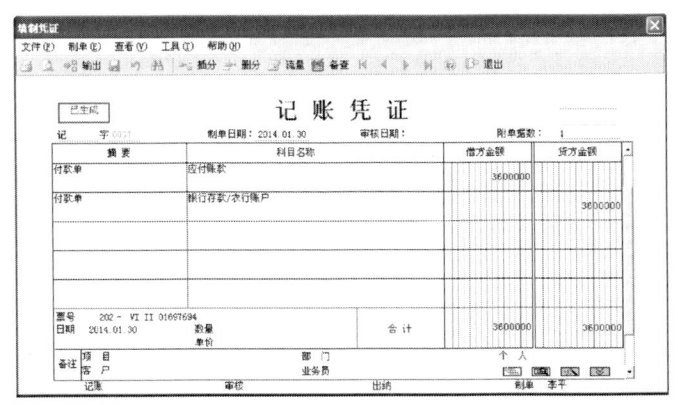

圖 13-134

第十三章　模擬數據操作

▶核銷處理

核銷方法參照實驗一、二，在此只簡單敘述。

【操作步驟】

1. 以操作員「何順」的身份登錄帳套，對實例 7 的採購發票和實例 33 的付款單進行核銷處理，如圖 13-135 所示。

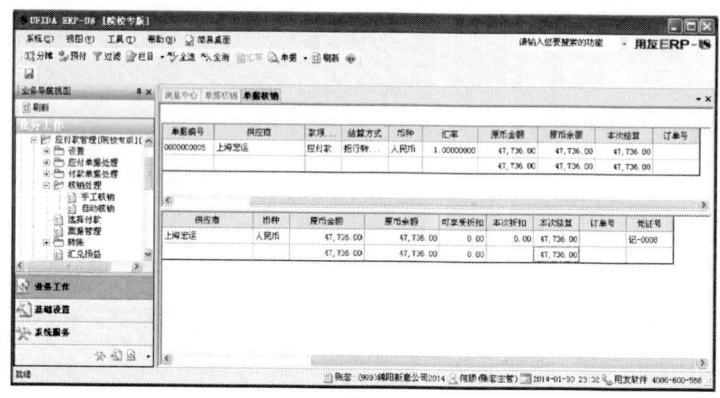

圖 13-135

3. 以操作員「何順」的身份登錄帳套，對實例 32 的收款單與實例 19、實例 22 的銷售發票和應收單進行核銷處理，如圖 13-136 所示。

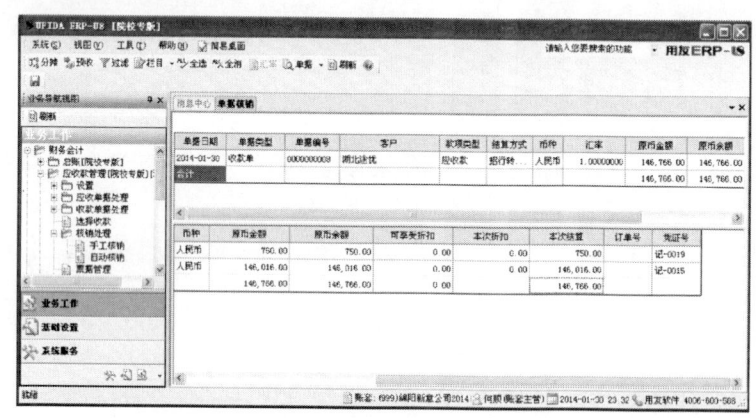

圖 13-136

四、存貨核算實例

▶【實例 35】

【操作步驟】

以操作員「李平」的身份登錄帳套，錄入如圖 13-137 所示的單據內容。單擊「保存」按鈕保存單據。

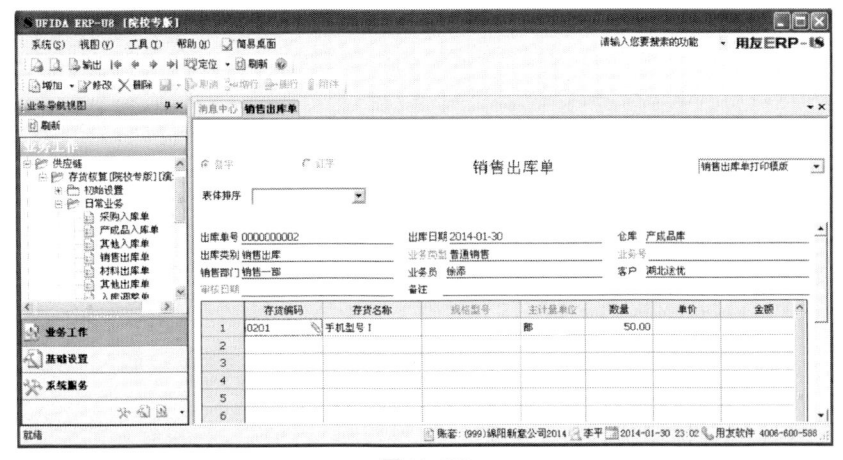

圖 13-137

五、總帳審核憑證

審核憑證是審核員按照財會制度，對製單員填製的記帳憑證進行檢查核對，主要審核記帳憑證是否與原始憑證相符，會計分錄是否正確等、審查認為錯誤或有異議的憑證，應打上出錯標記，同時可寫入出錯原因並交與填製人員修改後，再審核。只有具有審核憑證權限的人才能使用本功能。

【操作步驟】

1. 以操作員「何順」的身份登錄帳套，展開【財務會計】→【總帳】→【憑證】，雙擊【審核憑證】，系統彈出「憑證審核」對話框，如圖 13-138 所示。

圖 13-138

2. 單擊「確定」按鈕，系統彈出「審核憑證」窗口，單擊「審核」菜單，選擇「成批審核憑證」命令，如圖 13-139 所示。

第十三章　模擬數據操作

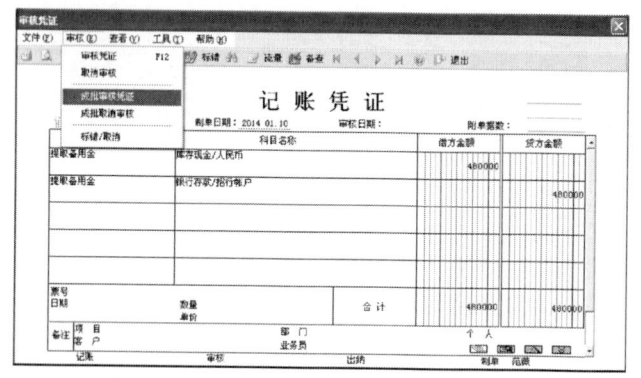

圖 13-139

3. 成批審核憑證完畢後，系統彈出一個對話提示框，提示審核成功的憑證有多少張，如圖 13-140 所示。

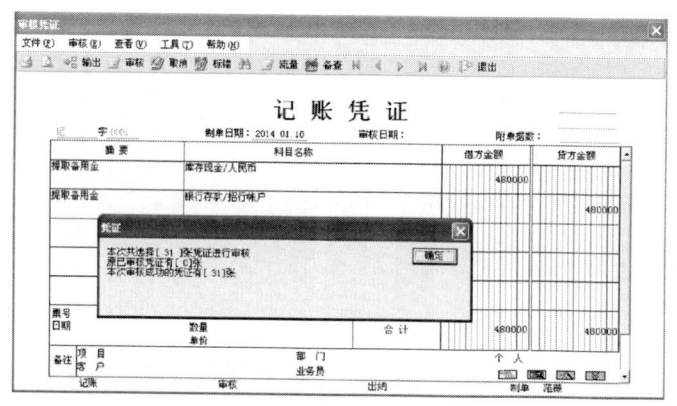

圖 13-140

4. 單擊「確認」按鈕，審核完成，查看已審憑證如圖 13-141 所示。

圖 13-141

【提示】

(1) 審核人和製單人不能是同一個人。

(2) 若想對已審核的憑證取消審核，單擊【取消】取消審核。取消審核簽字只能由審核人自己進行。

(3) 憑證一經審核，就不能被修改、刪除，只有被取消審核簽字後才可以進行修改或刪除。

(4) 作廢憑證不能被審核，也不能被標錯。已標錯的憑證不能被審核，若想審核，需先取消標錯後才能審核。已審核的憑證不能標錯。

(5) 企業可以依據實際需要加入審核後方可執行領導簽字的控制，同時取消審核時領導尚未簽字。可在「選項」中選中「主管簽字以後不可以取消審核和出納簽字」。

六、憑證記帳

記帳是將已審核之後的憑證記錄到具有帳戶基本結構的帳簿中去，也稱為登帳或過帳，是財務業務中重要的一環。記帳憑證經審核簽字後，即可用來登記總帳和明細帳、日記帳、部門帳、往來帳、項目帳以及備查帳等。記帳採用向導方式，記帳過程更加明確。

(一) 記帳

【操作步驟】

1. 以操作員「何順」的身份登錄帳套，展開【財務會計】→【總帳】→【憑證】，雙擊【記帳】，系統彈出「記帳」窗口，如圖 13-142 所示。

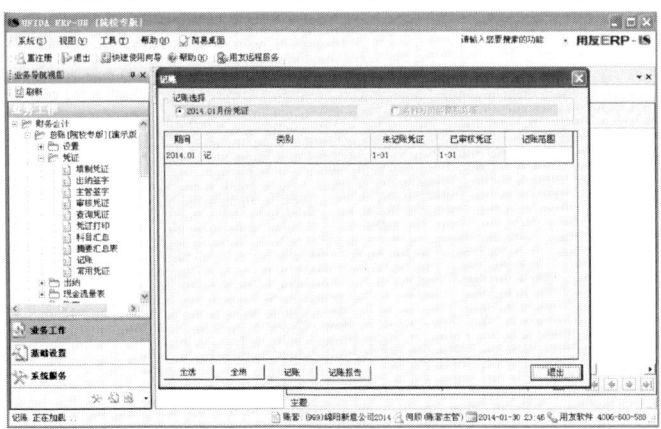

圖 13-142

2. 在「選擇本次記帳範圍」欄中輸入記帳的憑證範圍，範圍之間可用「-」隔開，這裡我們全部記帳，則單擊「全選」按鈕進行全部選擇。

3. 單擊「記帳」按鈕，系統給出期初試算平衡表，如圖 13-143 所示。

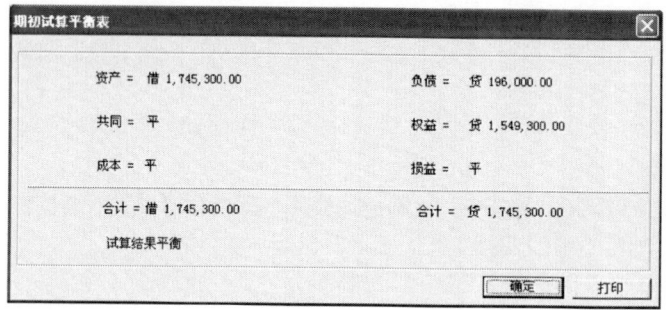

圖 13-143

4. 單擊「確定」按鈕，系統開始記帳，最後提示記帳完成，如圖 13-144 所示。

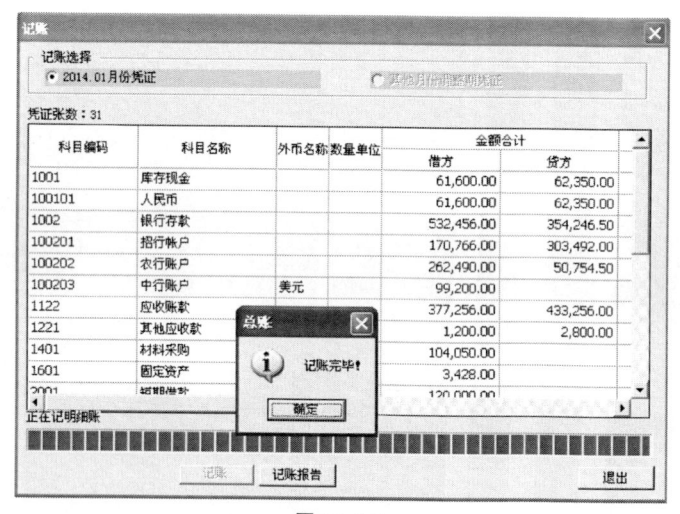

圖 13-144

5. 單擊「確定」按鈕記帳完成。

【提示】

（1）選擇記帳範圍，可輸入連續編號範圍，例如 1-4 表示 1 號至 4 號憑證；也可輸入不連續編號，例如「5，6，9」，表示第 5 號、6 號、9 號憑證為此次要記帳的憑證。

（2）顯示記帳報告，是經過合法性檢驗後的提示信息，例如用戶此次要記帳的憑證中有些憑證沒有審核或未經出納簽字，屬於不能記帳的憑證，可根據提示修改後，再記帳。

（二）恢復記帳前狀態

由於經過記帳的憑證不能取消審核，也不能進行刪除和修改，所以在實際工作中可能會遇到取消記帳的情況（即恢復記帳前狀態），因此系統提供了「恢復記

帳前狀態」的功能。

在實際記帳過程中出現以下情況的，需要「恢復記帳前狀態」：

（1）記帳過程一旦斷電或其他原因造成中斷後，系統將自動調用「恢復記帳前狀態」恢復數據，然後用戶再重新記帳。

（2）在記帳過程中，不得中斷退出。

（3）在第一次記帳時，若期初餘額試算不平衡，系統將不允許記帳。

（4）所選範圍內的憑證如有不平衡憑證，系統將列出錯誤憑證，並重選記帳範圍。

【操作步驟】

1. 打開「期末」菜單，單擊「對帳」選項，系統彈出「對帳」窗口，在此按「Ctrl+H」鍵，系統彈出「恢復記帳前狀態功能已被激活」提示信息，如圖13-145所示。

圖 13-145

2. 單擊「確定」按鈕，此時在「憑證」菜單下同時出現了一個新的菜單「恢復記帳前狀態」（之前都會隱藏）。

3. 打開「憑證」菜單，雙擊「恢復記帳前狀態」選項，系統彈出「恢復記帳前狀態」窗口，如圖13-146所示。

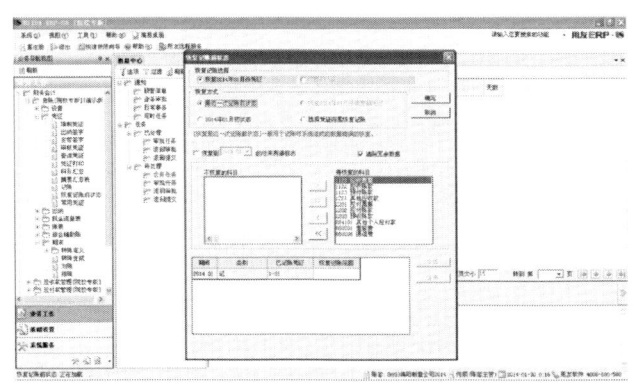

圖 13-146

4. 選擇所需要的恢復方式，單擊「確定」按鈕，出現提示「恢復記帳完畢！」單擊「確定」按鈕退出，如圖 13-147 所示。

圖 13-147

【提示】退出系統再次登錄時，「恢復記帳前狀態」功能會被自動隱藏。

第十四章 期末處理

實驗一 固定資產管理系統期末處理

【實驗準備】

已安裝用友 U8.72 管理軟件，將系統日期修改為「2014 年 1 月 31 日」。以「02 李平」身份注冊登錄進入固定資產管理系統。

【實驗指導】

一、計提折舊

固定資產在使用的過程中，會隨著時間或者工作量的增加產生折舊損耗，固定資產的價值會越來越小，這就是折舊。系統每期計提折舊一次，根據前期的設置，自動計算每項資產的折舊，並產生折舊分配表，然後製作記帳憑證，傳到總帳，並將本期的折舊費登帳。

【操作步驟】

1. 在用友 ERP-U8.72 企業應用平臺中，執行【業務工作】→【財務會計】→【固定資產】→【處理】→【工作量輸入】命令，系統彈出「工作量輸入」窗口。

2. 點擊「修改」按鈕，錄入小汽車的本期工作量，然後保存退出，如圖 14-1 所示。

圖 14-1

第十四章　期末處理

【提示】小汽車的折舊方法為工作量法，所以計提折舊前需要錄入本月工作量。

3. 點擊「計提本月折舊」命令，系統彈出「基本工作量輸入」的提示，如圖14-2所示。

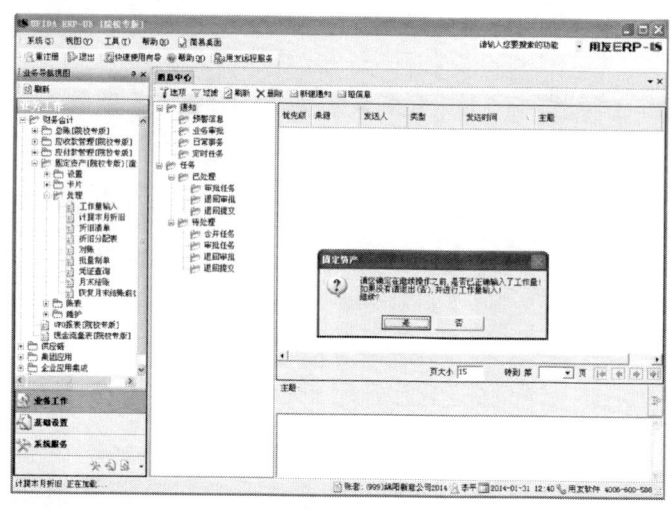

圖14-2

4. 單擊「是」按鈕，系統彈出「是否要查看折舊清單」窗口，如圖14-3所示。

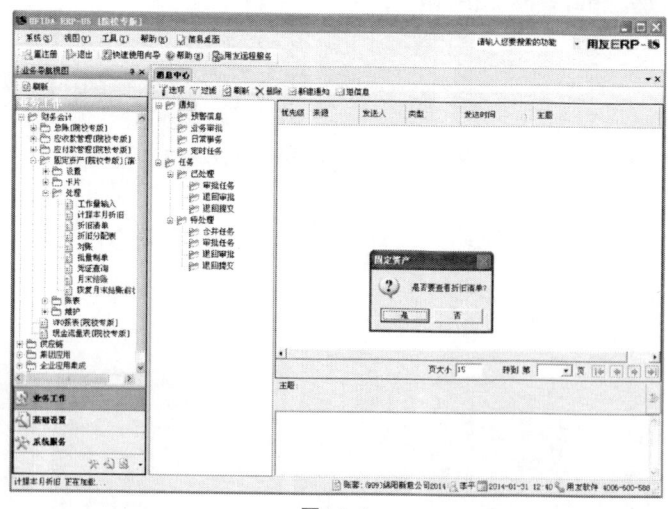

圖14-3

5. 單擊「是」按鈕，系統開始計提折舊，最後提示折舊完成信息，彈出「折舊清單」窗口，如圖14-4所示。

614

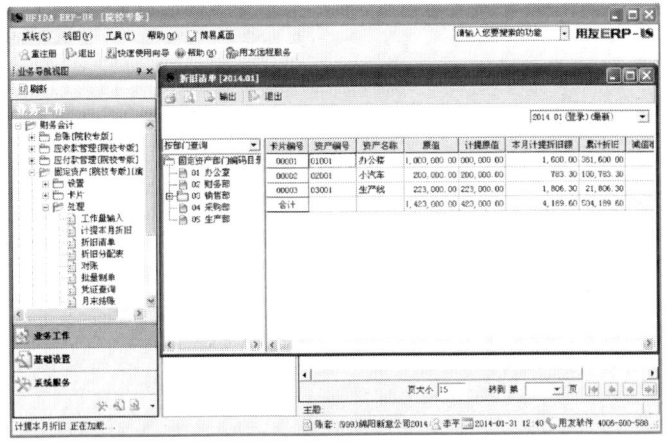

圖 14-4

【提示】
(1) 財務制度規定，當月新增加的固定資產不折舊。
(2) 可以執行【固定資產】→【處理】→【折舊分配表】命令，查看或者修改各部門折舊情況，如圖 14-5 所示。

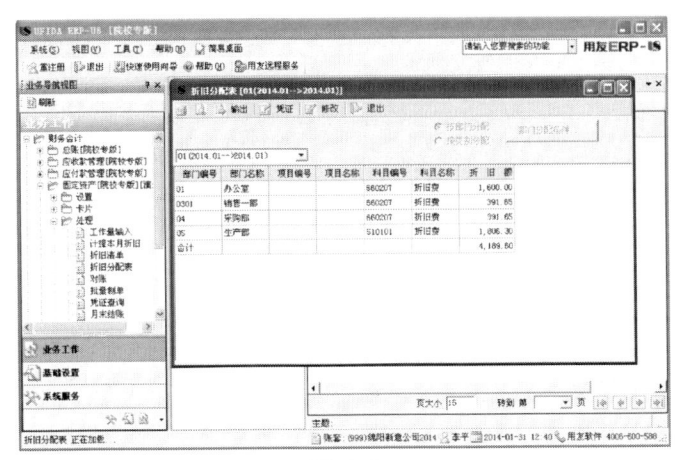

圖 14-5

二、批量製單

【操作步驟】
1. 在用友 ERP-U8.72 企業應用平臺中，執行【業務工作】→【財務會計】→【固定資產】→【處理】→【批量製單】，系統彈出「批量製單」窗口，如圖14-6所示。
2. 雙擊需要製單的記錄的「製單」標記，打上紅色的「Y」標記即可。

第十四章 期末處理

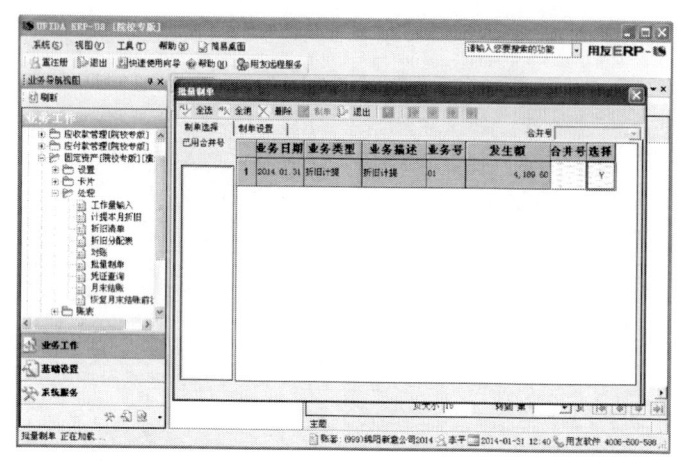

圖 14-6

3. 單擊「製單設置」選項卡，在此設置生成憑證的科目，注意借貸方向，單擊工具欄上的「保存」按鈕保存設置，如圖 14-7 所示。

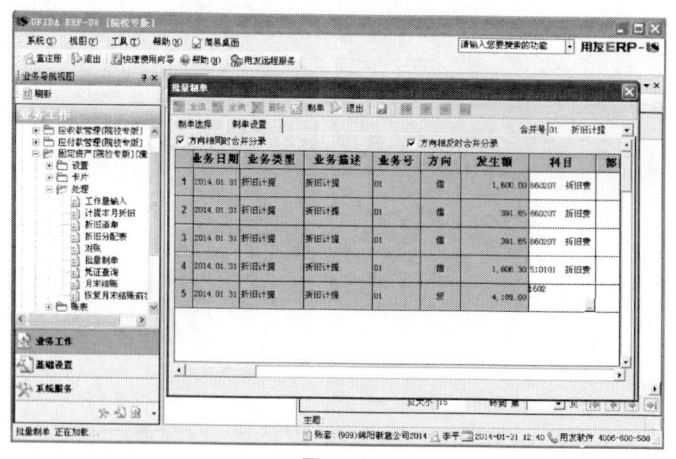

圖 14-7

4. 單擊「製單」按鈕，彈出「填製憑證」窗口，首先設置憑證類別，最後點擊「保存」按鈕，憑證上出現「已生成」字樣，並傳遞到總帳系統去，如圖 14-8 所示。

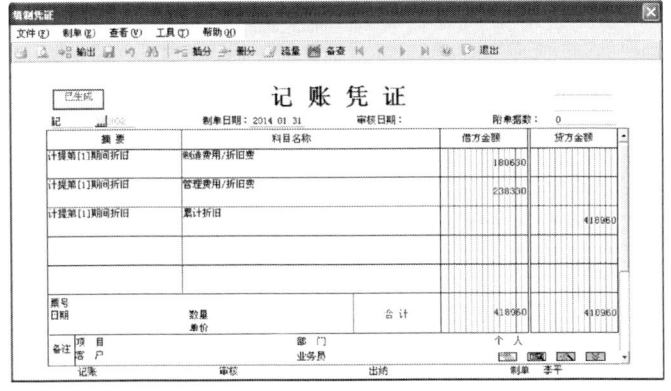

圖 14-8

實驗二　存貨核算系統期末處理

【實驗準備】

已安裝用友 U8.72 管理軟件，將系統日期修改為「2014 年 1 月 31 日」。以「02 李平」身份注冊登錄進入存貨核算系統。

【實驗指導】

一、產成品成本分配

產成品成本分配的主要功能是計算一個月內某種產成品的成本價格，產成品的入庫單在月底的時候由財務來執行產成品的成本分配，獲得單位產成品的入庫成本。

【操作步驟】

1. 在用友 ERP-U8.72 企業應用平臺中，執行【業務工作】→【供應鏈】→【存貨核算】→【業務核算】→【產成品成本分配】，系統彈出「產成品成本分配」窗口，如圖 14-9 所示。

2. 點擊工具欄的「查詢」按鈕，系統彈出「產成品成本分配表查詢」窗口，如圖 14-10 所示。

第十四章 期末處理

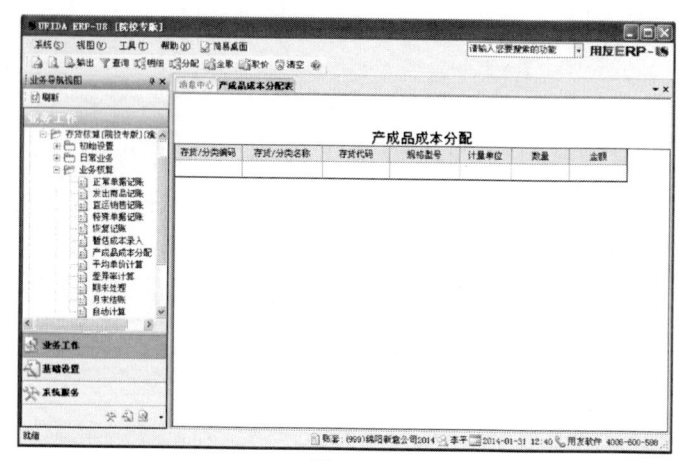

圖 14-9

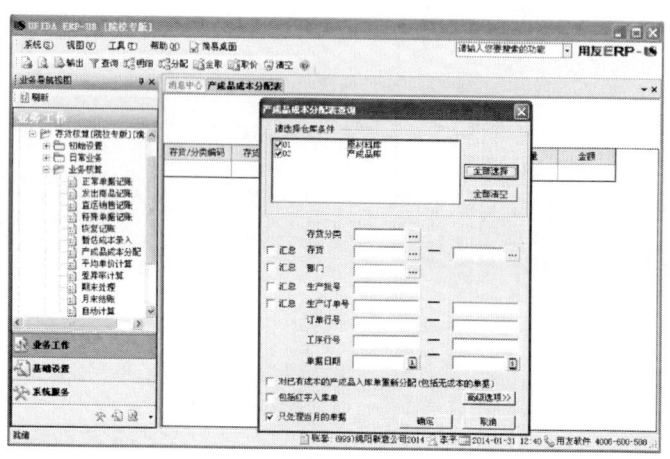

圖 14-10

3. 點擊「全選」按鈕，然後單擊「確定」按鈕，系統彈出所有產成品成本為空的入庫記錄，如圖 14-11 所示。

4. 在「金額」項中輸入手機型號 I 的入庫總額 35,000 元，手機型號 II 的入庫總額 37,500 元，然後點擊工具欄上的「分配」按鈕，完成產成品成本分配，如圖 14-12 所示。

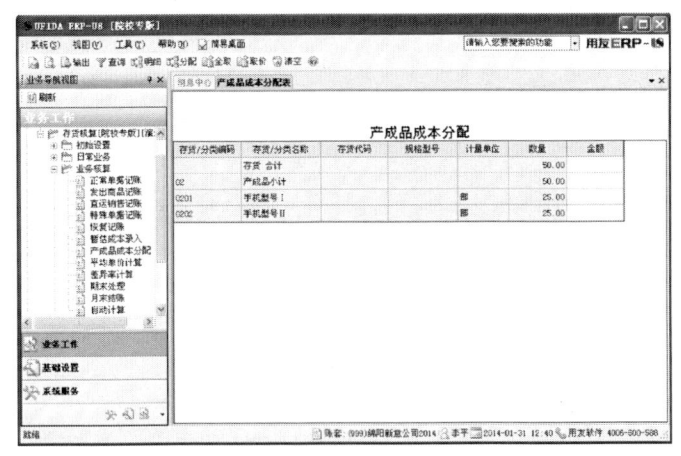

圖 14-11

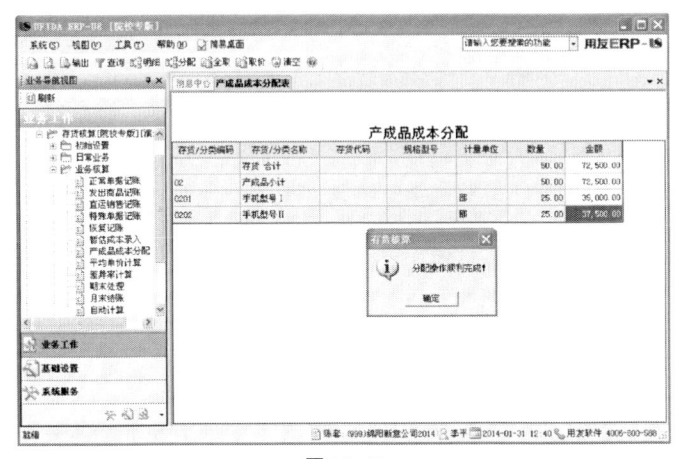

圖 14-12

5. 系統已經將產成品的入庫成本寫入到對應的產成品入庫單中，可以通過查看產成品入庫單驗證，如圖 14-13 所示。

第十四章 期末處理

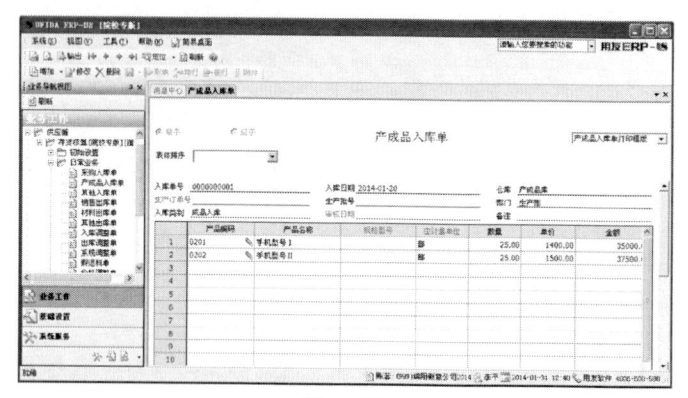

圖 14-13

二、單據記帳

[操作步驟]

1. 在用友 ERP-U8.72 企業應用平臺中，執行【業務工作】→【供應鏈】→【存貨核算】→【業務核算】→【正常單據記帳】，系統彈出「過濾條件選擇」窗口，如圖 14-14 所示。

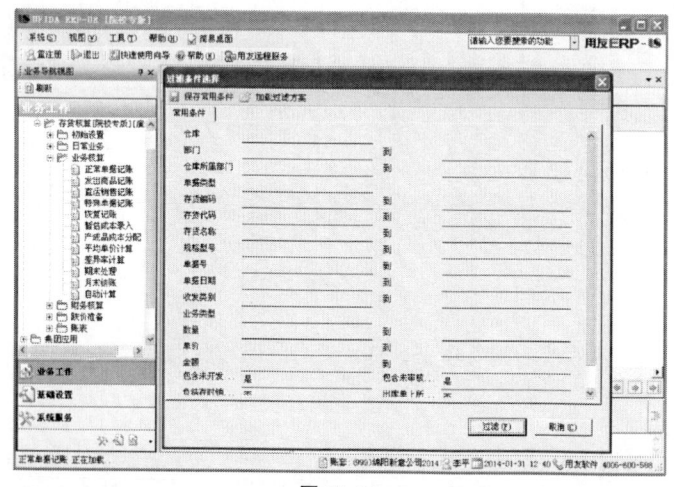

圖 14-14

2. 在該窗口中選擇「倉庫」等條件，然後單擊「過濾」按鈕，系統列出符合條件的記錄，勾選需要記帳的單據，如圖 14-15 所示。

圖 14-15

3. 單擊工具欄上的「記帳」按鈕，進行對勾選的單據記帳。

三、恢復記帳

【操作步驟】

1. 在用友 ERP-U8.72 企業應用平臺中，執行【業務工作】→【供應鏈】→【存貨核算】→【業務核算】→【恢復記帳】，系統彈出「過濾條件選擇」窗口，如圖 14-16 所示。

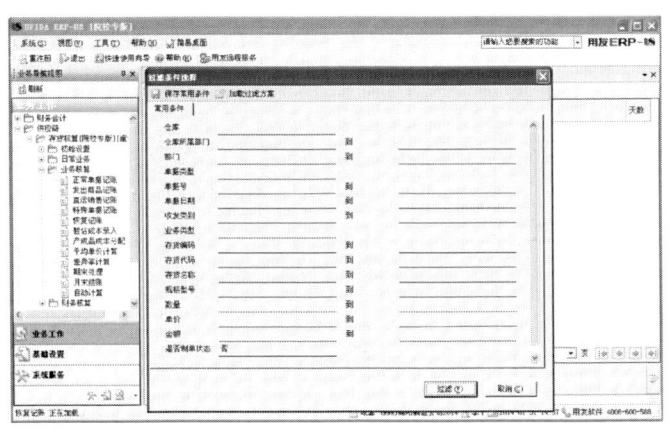

圖 14-16

2. 輸入過濾條件，單擊「確定」按鈕，在列出的記錄上執行恢復記帳操作，如圖 14-17 所示。

第十四章　期末處理

圖 14-17

四、期末處理

【操作步驟】

1. 在用友 ERP-U8.72 企業應用平臺中，執行【業務工作】→【供應鏈】→【存貨核算】→【業務核算】→【期末處理】，系統彈出「期末處理」窗口，點擊「全選」按鈕，如圖 14-18 所示。

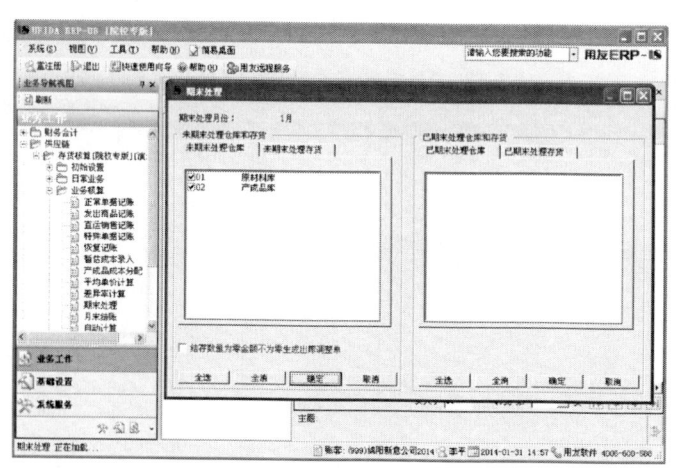

圖 14-18

2. 點擊「確定」按鈕，開始進行期末處理，最後完成期末處理，系統彈出「倉庫平均單價計算表」窗口，如圖 14-19 所示。

3. 點擊工具欄上的「確定」按鈕，確認成本計算表的結果。

【提示】本案例中採用的是全月平均法，通過存貨核算系統的期末處理後，材料出庫單上的出庫成本由系統自動計算出來了，可以查看材料出庫單，如圖 14-20 所示。

圖 14-19

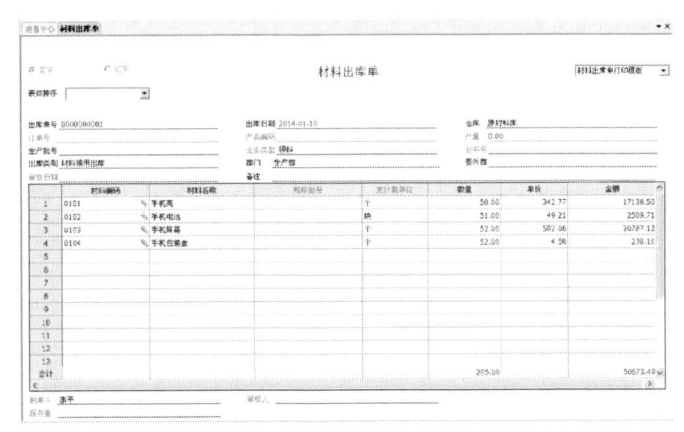

圖 14-20

五、生成憑證

生成憑證用於對本月已經記帳的單據生成憑證,然後傳到總帳系統去,所生成的憑證可以在財務系統中顯示並生成科目總帳。

注意:在做「生成憑證」這一步時,「產成品入庫」這一張憑證暫時先不保存。等實驗三「總帳系統期末處理」中的「製造費用轉生產成本」的憑證生成之後,再生成「產成品入庫單」的憑證。

【操作步驟】

1. 在用友 ERP-U8.72 企業應用平臺中,執行【業務工作】→【供應鏈】→【存貨核算】→【財務核算】→【生成憑證】,系統彈出「生成憑證」窗口,點擊工具欄上的「選擇」按鈕,彈出「查詢條件」窗口,如圖 14-21 所示。

2. 輸入查詢條件,點擊「確定」按鈕,系統彈出「選擇單據」窗口,在此窗口中列出了所有符合條件的未生成憑證的單據,如圖 14-22 所示。

3. 雙擊需要生成憑證的單據記錄,也可以點擊「全選」按鈕選擇所有單據。

4. 點擊工具欄上的「確定」按鈕,系統彈出「生成憑證窗口」,如圖 14-23 所示。

第十四章　期末處理

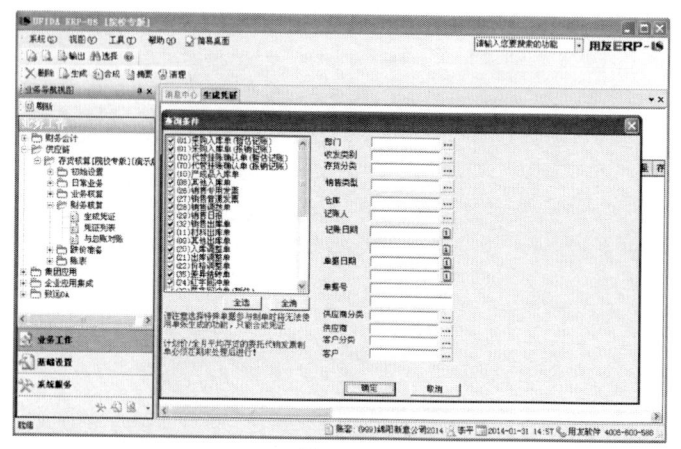

圖 14-21

圖 14-22

圖 14-23

5. 在「生成憑證」窗口中選擇需要生成憑證的憑證類別，點擊工具欄上的「生成」按鈕，系統顯示生成的憑證，點擊「保存」按鈕，產生「已生成」字樣，如圖 14-24 所示。

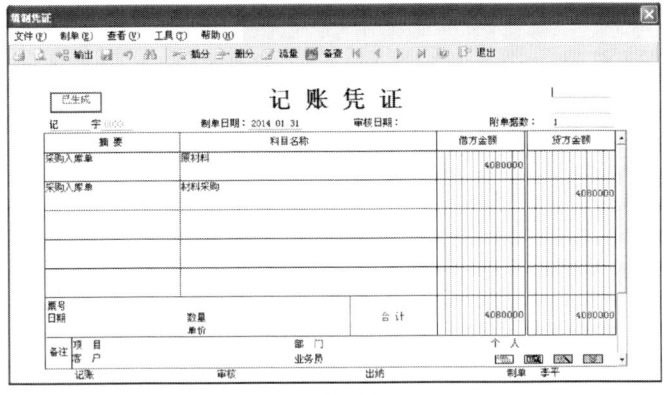

圖 14-24

【提示】在生成憑證之前可以修改憑證類別、借方科目、貸方科目以及金額。憑證生成後直接傳到總帳系統中去。

6. 用戶可以執行【業務工作】→【供應鏈】→【存貨核算】→【財務核算】→【憑證列表】來查詢存貨核算系統的憑證，如圖 14-25 所示。

圖 14-25

實驗三　總帳系統期末處理

【實驗準備】

已安裝用友 U8.72 管理軟件，將系統日期修改為「2014 年 1 月 31 日」。以「01 李新意」身份註冊登錄進入總帳系統。

第十四章 期末處理

【實驗指導】

一、憑證審核

憑證審核是對製單員填製的記帳憑證進行檢查核對，只有具有審核資格的人員才能使用本功能。財務制度中規定製單人和審核人不能是同一人，只有通過審核的憑證才能記帳，審核過程在第十三章中已經介紹，請參考完成所有未審核憑證的審核工作。

二、憑證記帳

記帳是將已經審核之後的憑證記錄到帳薄中去，也稱為登帳或者過帳，是財務業務中非常重要的一環，憑證記帳操作在第十三章中已經介紹，請參考完成對未記帳憑證進行記帳操作。

三、期末轉帳

期末轉帳前應該先對總帳中的所有憑證審核、記帳。總帳系統有多種不同的轉帳方式，自定義轉帳是其中的一種，它用來完成費用分配、費用分攤、稅金計算、各種核算的結轉。下面通過「製造費用轉生產成本」、「期間損益結轉」、「本年利潤結轉」等實例說明自定義轉帳、期間損益結轉、對應結轉等常見的期末結轉方法。注意：轉帳憑證每生成一張，均需對其進行審核、記帳。

（一）製造費用轉生產成本

【操作步驟】

1. 以「02 張平」身份登錄企業應用平臺，執行【業務工作】→【財務會計】→【總帳】→【期末】→【轉帳定義】→【自定義轉帳】，系統彈出「自定義轉帳設置」窗口，點擊「增加」按鈕，設置自定義轉帳如圖 14-26 所示。

圖 14-26

2. 點擊「保存」按鈕，執行【業務工作】→【財務會計】→【總帳】→【期末】→【轉帳生成】，選擇「自定義轉帳」選項，點擊「全選」按鈕，然後點

擊「確定」按鈕，如圖 14-27 所示。

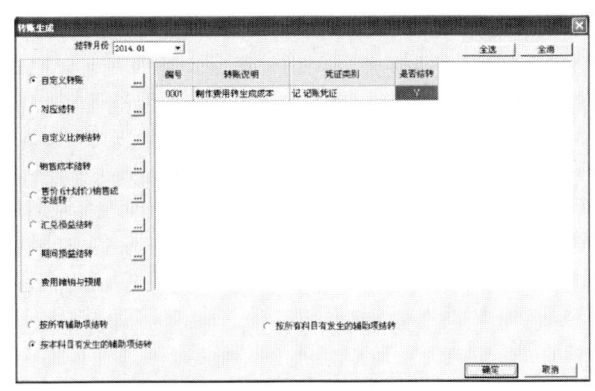

圖 14-27

3. 系統彈出按照自定義設置好的「製造費用轉生成成本」憑證，如圖 14-28 所示。

圖 14-28

提示：「製造費用轉生產成本」的憑證做完後，即可生成「產成品入庫單」的憑證。如圖 14-29 所示。

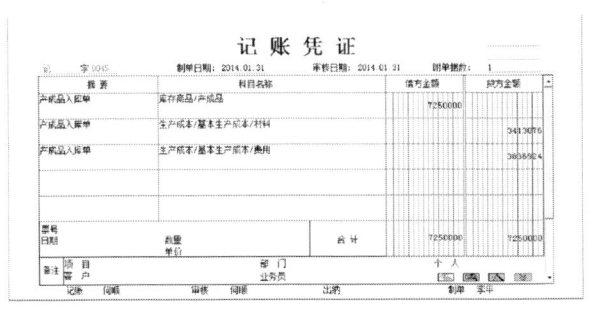

圖 14-29

第十四章　期末處理

（二）計提稅金

與「製造費用轉生產成本」方法類似，採用「自定義轉帳」方式對稅金進行計提（城建稅稅率為7%（市區），教育費附加3%）。生成憑證如圖14-30所示。

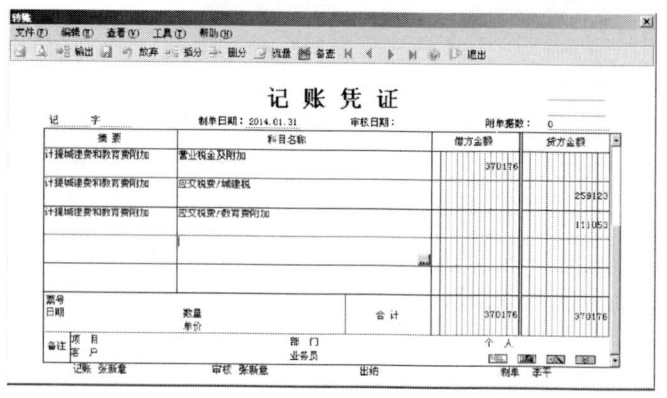

圖 14-30

（三）稅前期間損益結轉

【操作步驟】

1. 執行【業務工作】→【財務會計】→【總帳】→【期末】→【轉帳定義】→【期間損益】，系統彈出「期間損益結轉設置」窗口，憑證類別選擇「記帳憑證」，「本年利潤科目」設置為「4103」，如圖14-31所示。

圖 14-31

2. 點擊「確定」按鈕保存設置。執行【業務工作】→【財務會計】→【總帳】→【期末】→【轉帳生成】，系統彈出「轉帳生成」窗口，選擇「期間損益結轉」，點擊「全選」按鈕，選擇全部結轉，如圖14-32所示。

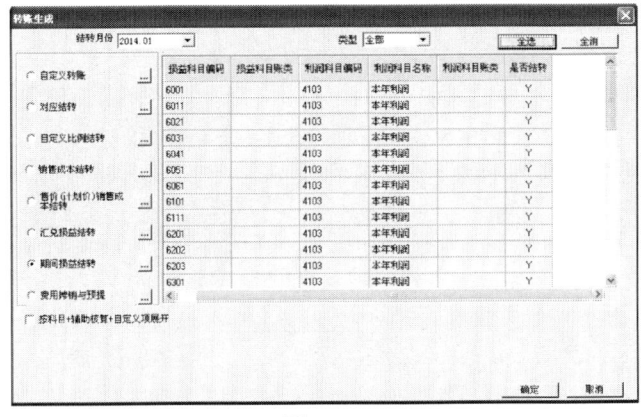

圖 14-32

3. 點擊「確定」按鈕，生成轉帳憑證，如圖 14-33 所示。點擊「保存」按鈕，保存憑證。

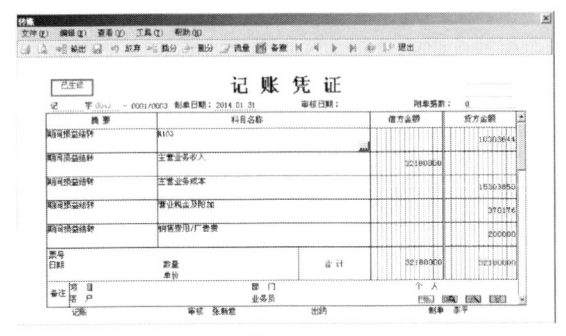

圖 14-33

（四）計提所得稅

與「製造費用轉生產成本」方法類似，採用「自定義轉帳」方式對所得稅稅率按 25% 計提。生成憑證如圖 14-34 所示。

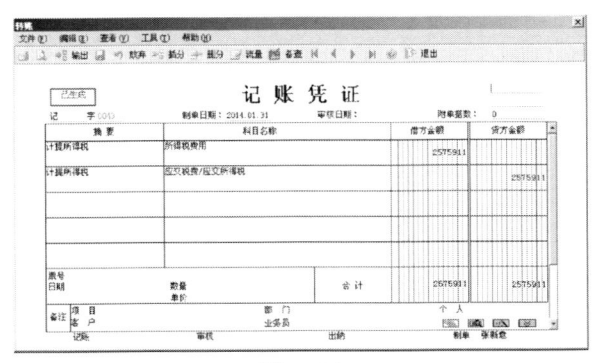

圖 14-34

（五）稅後期間損益結轉

記帳後進行期間損益第二次結轉，稅前結轉一次，是為了求得所得稅的計稅依據；稅後結轉一次，是因為所得稅計提用到了「所得稅費用」這個損益類科目，因此必須結轉到「本年利潤」中。生成憑證如圖14-35所示。

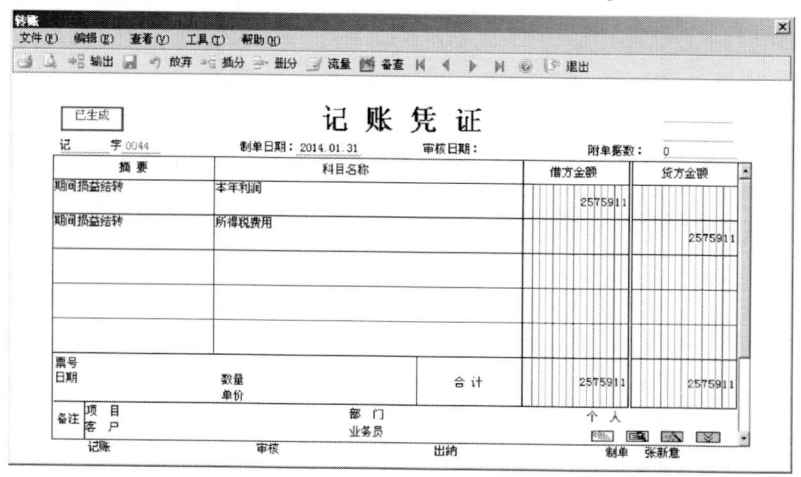

圖 14-35

（六）本年利潤結轉

記帳後結轉本年利潤，執行【業務工作】→【財務會計】→【總帳】→【期末】→【轉帳生成】，系統彈出「轉帳生成」窗口，選擇「對應結轉」，如圖14-36所示。

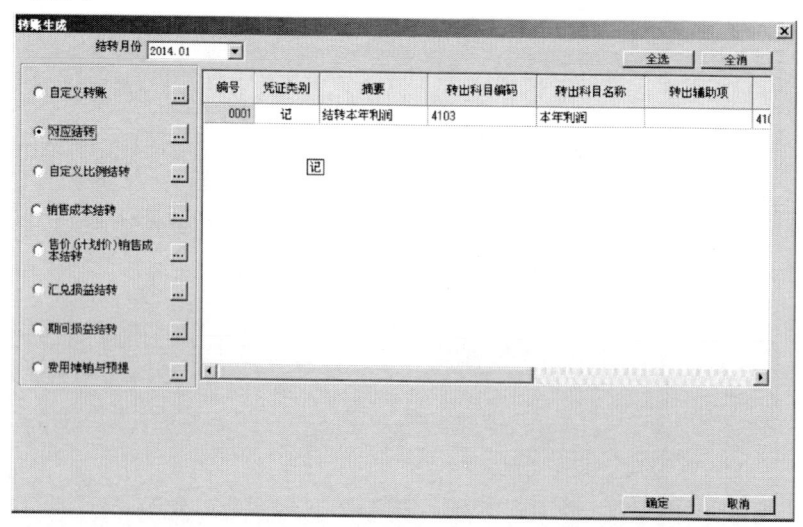

圖 14-36

將本年的收入和支出相抵後結出本年實現的淨利潤，生成憑證如圖14-37

所示。

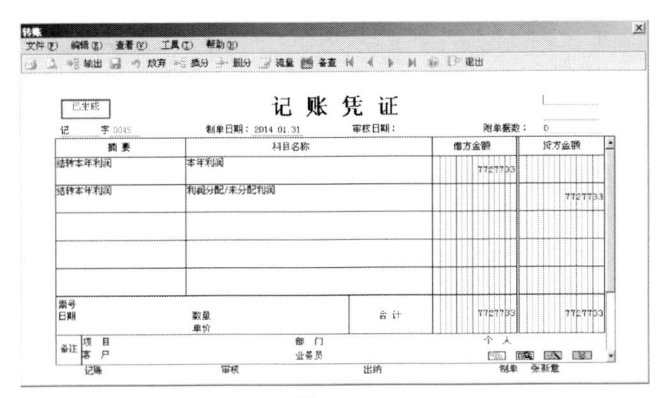

圖 14-37

（七）計提盈餘公積（稅後本年利潤的 10%）

與「製造費用轉生產成本」方法類似，採用「自定義轉帳」方式對本年盈餘公積按 10% 計提，無股利分配，如圖 14-38、圖 14-39 所示。

圖 14-38

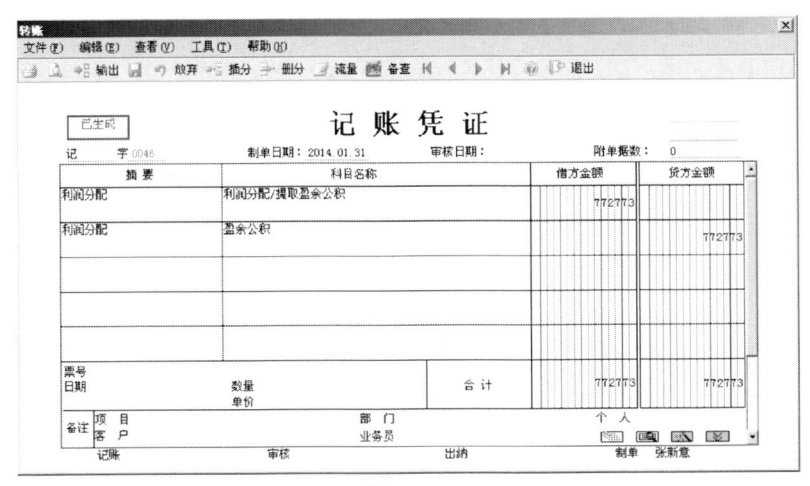

圖 14-39

第十四章 期末處理

（八）未分配利潤結轉

結轉未分配利潤後的憑證如圖 14-40 所示。

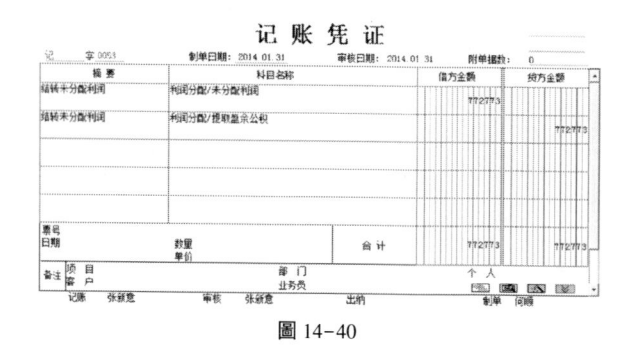

圖 14-40

實驗四　期末結帳

【實驗準備】

已安裝用友 U8.72 管理軟件，將系統日期修改為「2014 年 1 月 31 日」。以「01 李新意」身份註冊登錄進入企業應用平臺。

【實驗指導】

一、應收款月末結帳

【操作步驟】

1. 在用友 ERP-U8.72 企業應用平臺中，執行【業務工作】→【財務會計】→【應收款管理】→【期末處理】→【月末結帳】，系統彈出「月末處理」窗口，如圖 14-41 所示。

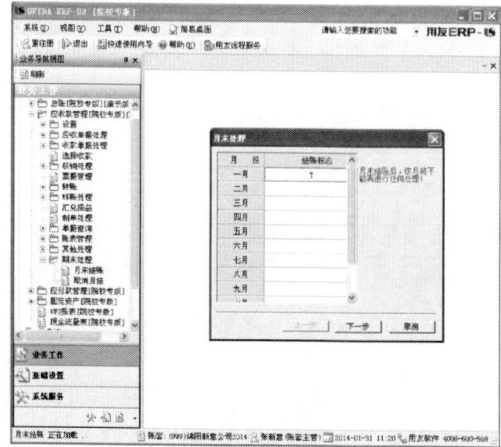

圖 14-41

2. 雙擊需要結帳月的「結帳標示」欄，出現「Y」字後，點擊「下一步」按鈕，系統給出「月末處理」提示窗口，如圖 14-42 所示。

圖 14-42

3. 點擊「完成」按鈕，系統進行應收款月末結帳，成功後彈出「結帳成功」窗口，如圖 14-43 所示。

圖 14-43

二、應付款月末結帳

【操作步驟】

1. 在用友 ERP-U8.72 企業應用平臺中,執行【業務工作】→【財務會計】→【應付款管理】→【期末處理】→【月末結帳】,系統彈出「月末處理」窗口,如圖 14-44 所示。

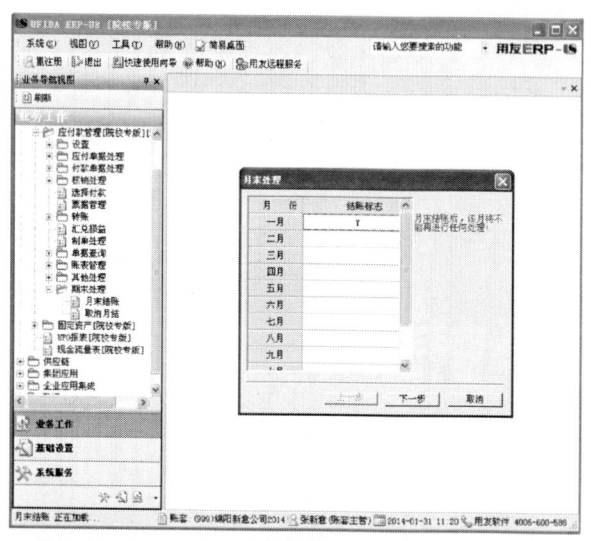

圖 14-44

2. 雙擊需要結帳月的「結帳標示」欄,出現「Y」字後,點擊「下一步」按鈕,系統給出「月末處理」提示窗口,如圖 14-45 所示。

圖 14-45

3. 點擊「完成」按鈕，系統進行應收款月末結帳，成功後彈出「結帳成功」窗口，如圖 14-46 所示。

圖 14-46

三、固定資產月末結帳

固定資產系統生成憑證傳遞到總帳系統後，憑證在總帳中記帳後就可以在固定資產系統中進行對帳，如果平衡的話，月底就可以進行固定資產月末結帳。

【操作步驟】

1. 在用友 ERP-U8.72 企業應用平臺中，執行【業務工作】→【財務會計】→【固定資產】→【處理】→【對帳】，系統彈出「與帳務對帳結果」窗口，如圖 14-47所示。

2. 執行【業務工作】→【財務會計】→【固定資產】→【處理】→【月末結帳】，系統彈出「月末結帳」窗口，如圖 14-48 所示。

第十四章 期末處理

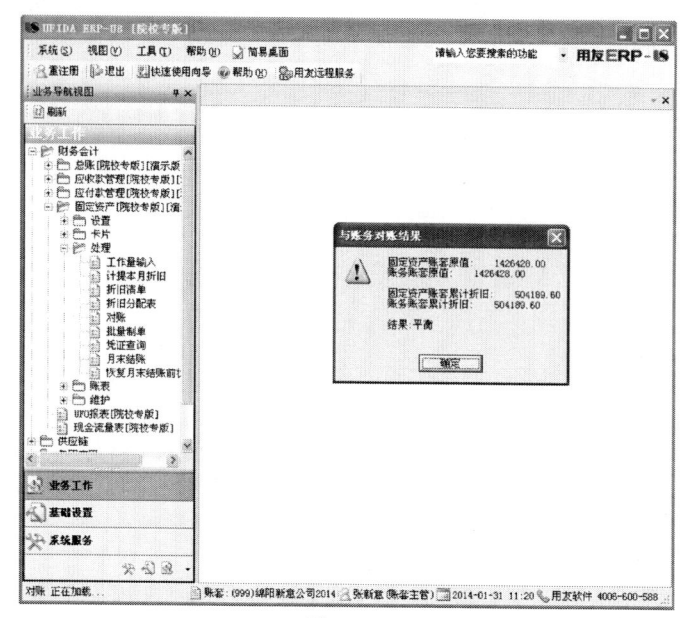

圖 14-47

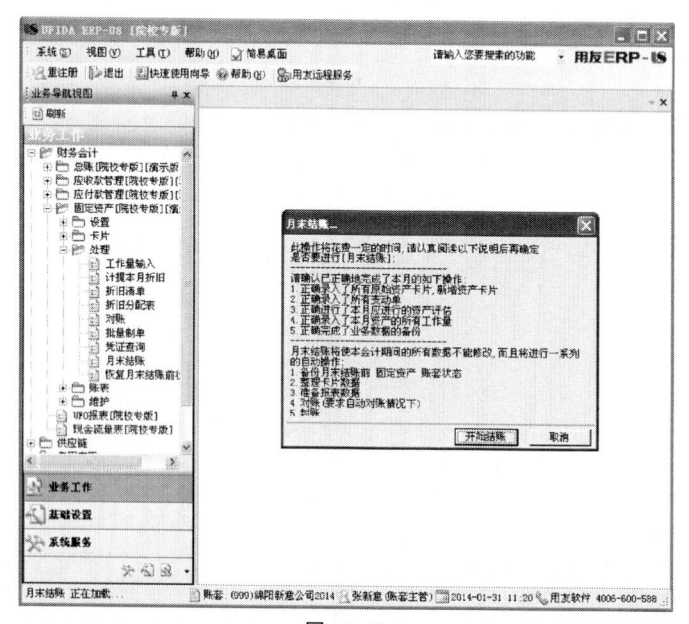

圖 14-48

3. 點擊「開始結帳」按鈕，系統進行結帳工作，結果如圖 14-49 所示。
4. 點擊「確定」按鈕，完成期末結帳。

圖 14-49

四、存貨核算月末結帳

【操作步驟】

1. 在用友 ERP-U8.72 企業應用平臺中，執行【業務工作】→【供應鏈】→【存貨核算】→【業務核算】→【月末結帳】，系統彈出「月末結帳」窗口，如圖 14-50所示。

圖 14-50

2. 選擇「月末結帳」項，點擊「確定」按鈕，完成月末結帳。

五、總帳月末結帳

【操作步驟】

1. 在用友 ERP-U8.72 企業應用平臺中，執行【業務工作】→【財務會計】→【總帳】→【期末】→【結帳】，系統彈出「結帳」窗口，如圖 14-51 所示。

圖 14-51

2. 點擊「下一步」按鈕，系統彈出「核對帳簿」提示窗口，如圖 14-52 所示。

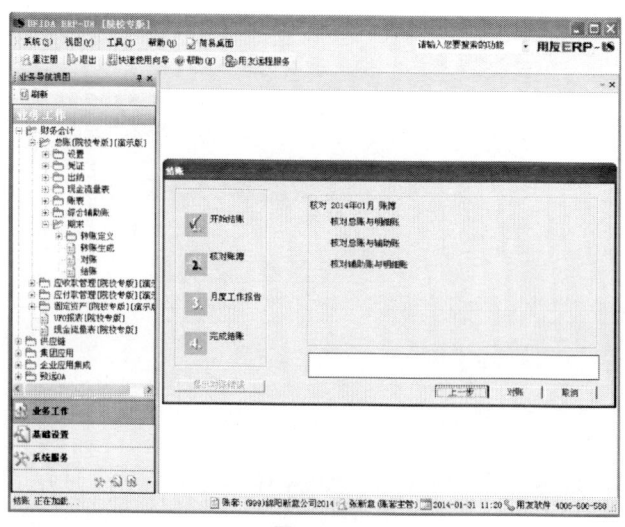

圖 14-52

3. 點擊「下一步」按鈕，完成對帳，如圖 14-53 所示。

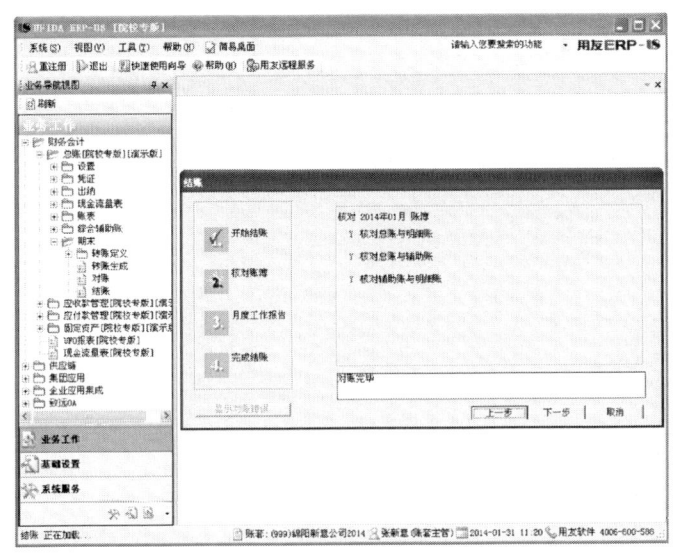

圖 14-53

4. 點擊「下一步」按鈕，系統彈出「月度工作報告」窗口，如圖 14-54 所示。

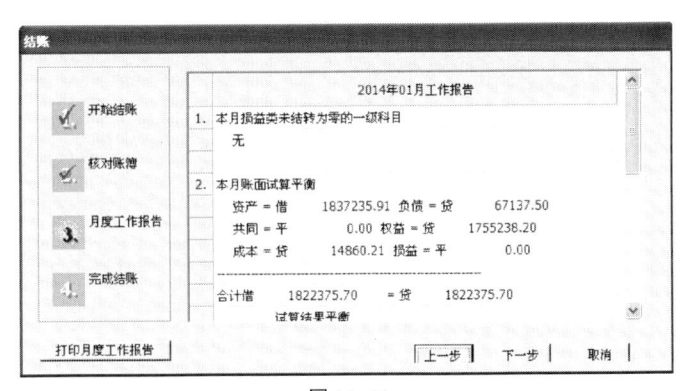

圖 14-54

5. 點擊「下一步」按鈕，系統彈出最後一步界面，如圖 14-55 所示。

第十四章 期末處理

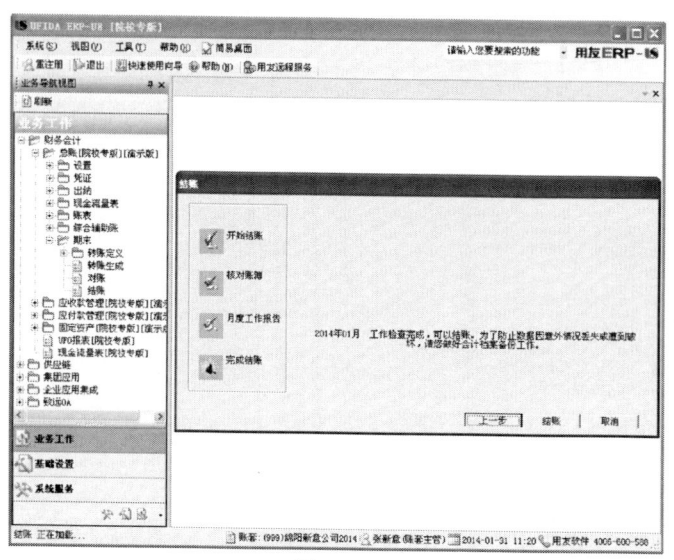

圖 14-55

6. 點擊「結帳」按鈕，完成總帳月末結帳。

【提示】

（1）在開始結帳時，在「1. 開始結帳」中，選擇要取消結帳的月份，按下 Ctrl+Shift+F6 組合鍵可以進行反結帳。

（2）已經結帳月份不能再填製憑證。

（3）如本月還有未記帳憑證時，本月不能結帳。

（4）如果要取消月末結帳，需要先取消總帳的結帳，然後才能取消各功能模塊的結帳。

第十五章　報表系統

用友 UFO 報表是一個開放式的報表編製系統，可以在報表數據的基礎上生成其他相關圖表，以滿足需求。

實驗一　報表模板

【實驗準備】
帳套期末業務處理完畢，將系統日期修改為「2014 年 1 月 31 日」。
【實驗指導】

一、UFO 的主要功能

（一）提供各行業報表模板

UFO 提供了 33 個行業的標準財務報表模板，可輕鬆生成複雜報表；同時，也提供自定義模板的新功能，可以根據本單位的實際需要定制模板。

（二）文件管理功能

UFO 提供了各類文件管理功能，並且能夠進行不同文件格式的轉換，包括文本文件、MDB 文件、EXCEL 文件、LOTUS1-2-3 文件。

UFO 支持多個窗口同時顯示和處理，可同時打開的文件和圖形窗口多達 40 個。

UFO 提供了標準財務數據的「導入」和「導出」功能，可以和其他流行財務軟件交換數據。

（三）格式管理功能

UFO 提供了豐富的格式設計功能，如組合單元、畫表格線（包括斜線）、調整行高列寬、設置字體和顏色、設置顯示比例等，可以製作各種要求的報表。

（四）數據處理功能

UFO 以固定的格式管理大量不同的表頁，能將多達 99,999 張具有相同格式的報表資料統一在一個報表文件中管理，並且在每張表頁之間建立有機的聯繫。UFO 提供了排序、審核、舍位平衡、匯總功能；提供了絕對單元公式和相對單元公式，可以方便、迅速地定義計算公式；提供了種類豐富的函數，可以從帳務、應收、應付、工資、固定資產、銷售、採購、庫存等用友產品中提取數據，生成財務報表。

（五）打印功能

採用「所見即所得」的打印，報表和圖形都可以打印輸出。UFO 提供「打印

預覽」，可以隨時觀看報表或圖形的打印效果。

報表打印時，可以打印格式或數據，可以設置財務表頭和表尾，可以在 0.3 到 3 倍之間縮放打印，可以橫向或縱向打印等。

支持對象的打印及預覽（包括 UFO 生成的圖表對象和插入 UFO 中的嵌入和鏈接對象）。

（六）二次開發功能

UFO 提供批命令和自定義菜單，自動記錄命令窗中輸入的多個命令，可將有規律性的操作過程編製成批命令文件；提供了 Windows 風格的自定義菜單，綜合利用批命令，可以在短時間內開發出本企業的專用系統。

本實驗用資產負債表的例子來說明報表模板的使用方式。

二、建立「資產負債表」

資產負債表是反應企業某一特定日期財務狀況的會計報表，它是根據資產、負債和所有者權益之間的相互關係，按照一定的分類標準和一定的順序，把企業一定日期的資產、負債和所有者權益各項目予以適當排列，並對日常工作中形成的大量數據進行高度濃縮整理後編製而成的。

UFO 將含有數據的報表分為兩大部分來處理，即報表格式設計工作與報表數據處理工作。報表格式設計工作和報表數據處理工作是在不同的狀態下進行的。實現狀態切換的是一個特別重要的按鈕——格式/數據按鈕，點取這個按鈕可以在格式狀態和數據狀態之間切換。

格式狀態：在格式狀態下設計報表的格式，如表尺寸、行高列寬、單元屬性、單元風格、組合單元、關鍵字、可變區等。報表的三類公式，即單元公式（計算公式）、審核公式、舍位平衡公式也在格式狀態下定義。在格式狀態下所做的操作對本報表所有的表頁都發生作用。在格式狀態下不能進行數據的錄入、計算等操作。在格式狀態下時，用戶所看到的是報表的格式，報表的數據全部都隱藏了。

數據狀態：在數據狀態下管理報表的數據，如輸入數據、增加或刪除表頁、審核、舍位平衡、做圖形、匯總、合併報表等。在數據狀態下不能修改報表的格式。在數據狀態下時，用戶看到的是報表的全部內容，包括格式和數據。

【操作步驟】

1. 展開【業務工作】→【財務會計】→【UFO 報表】，在 UFO 報表系統中，單擊「文件」菜單下的「新建」命令，進入報表的「格式」狀態窗口。

2. 執行「格式」菜單下的「報表模板」命令，如圖 15-1 所示。

3. 打開「報表模板」對話框，單擊「您所在行業」欄的下三角按鈕，選擇「2007 年新會計制度科目」，再單擊「財務報表」欄的下三角按鈕，選擇「資產負債表」，如圖 15-2 所示。

4. 單擊「確認」按鈕，系統彈出「模板格式將覆蓋本表格式！是否繼續?」信息提示框。

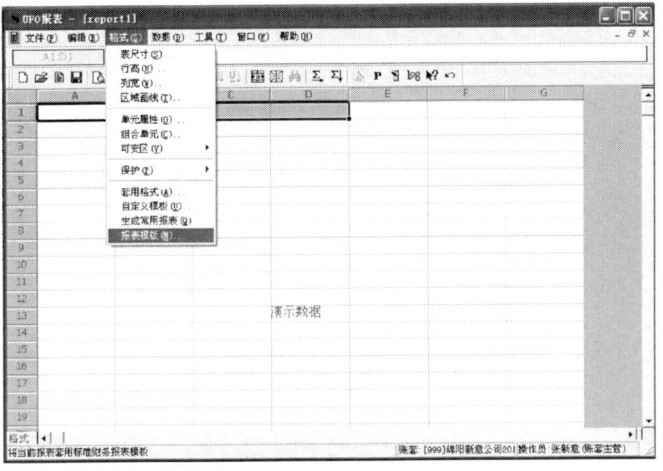

圖 15-1

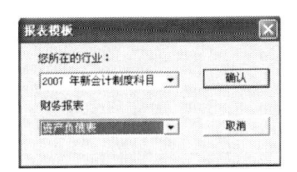

圖 15-2

5. 單擊「確認」按鈕，打開按「2007年新會計制度科目」設置的「資產負債表」模板，如圖 15-3 所示。

圖 15-3

【提示】
（1）在調用報表模板時一定要注意選擇正確的所在行業相應的會計報表，否則不同行業的會計報表其內容不同。
（2）由於企業的實際情況不一樣，模板不可能涵蓋所有企業的業務，因此用戶可以根據需要修改單元格公式。

第十五章 報表系統

（3）下面對如何使用函數向導設置報表公式舉例說明。

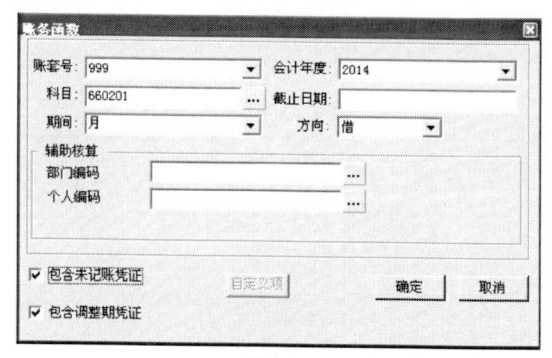

修改公式的時候報表必須以公式的方式顯示。選中需要修改公式的單元格，首先在公式編輯欄清除原公式，然後單擊 fx 或者按「=」彈出定義公式的對話框，然後單擊「函數向導」選中【用友帳務函數】相應的函數（如【發生 FS】），單擊「下一步」按鈕後選擇單擊「參照」按鈕，錄入相應的選項後單擊「確定」按鈕，以圖 15-4 所示為例。最終得出圖 15-5 所示的公式：FS（"660201"，月，"借","999", 2014,"","",y"），代表的含義是帳套號 999、會計年度 2014、包含未記帳憑證的會計科目 660201 的當月借方發生額。

圖 15-4

圖 15-5

三、設置關鍵字

關鍵字是游離於單元之外的特殊數據單元，可以唯一標示一個表頁，用於在大量表頁中快速選擇表頁。

UFO 共提供了以下六種關鍵字，關鍵字的顯示位置在格式狀態下設置，關鍵字的值則在數據狀態下錄入，每個報表可以定義多個關鍵字。

（1）單位名稱：字符型（最大 28 個字符），為該報表表頁編製單位的名稱。

（2）單位編號：字符型（最大 10 個字符），為該報表表頁編製單位的編號。

（3）年：數字型（1980~2099），該報表表頁反應的年度。

（4）季：數字型（1~4），該報表表頁反應的季度。

（5）月：數字型（1~12），該報表表頁反應的月份。

（6）日：數字型（1~31），該報表表頁反應的日期。

除此之外，UFO 有自定義關鍵字功能，可以用於業務函數中。

【操作步驟】

1. 在報表「格式」狀態窗口中，單擊選中 A3 單元，將「編製單位」刪除。

2. 仍選中 A3 單元，執行「數據」菜單下「關鍵字」子菜單下的「設置」命令，打開「設置關鍵字」對話框。

3. 設置關鍵字「單位名稱」，單擊「確定」按鈕，如圖 15-6 所示。

圖 15-6

【提示】關鍵字的顏色可在設置單元格屬性中定義。

四、錄入關鍵字並計算報表數據

【操作步驟】

1. 在報表「格式」狀態窗口中，單擊「數據」按鈕，系統提示「是否確定全表重算」。

2. 單擊「否」按鈕。進入報表的「數據」狀態窗口。

3. 在報表的「數據」狀態窗口中，執行「數據」菜單下「關鍵字」子菜單下的「錄入」命令。打開「錄入關鍵字」對話框，錄入各項關鍵字，如圖 15-7 所示，單擊「確認」按鈕，系統提示「是否重算第一頁？」。

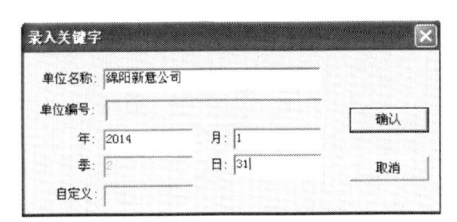

圖 15-7

4. 單擊「是」按鈕，生成資產負債表的數據，如圖 15-8、圖 15-9 所示。

【提示】關鍵字的錄入只能在「數據」狀態下進行。

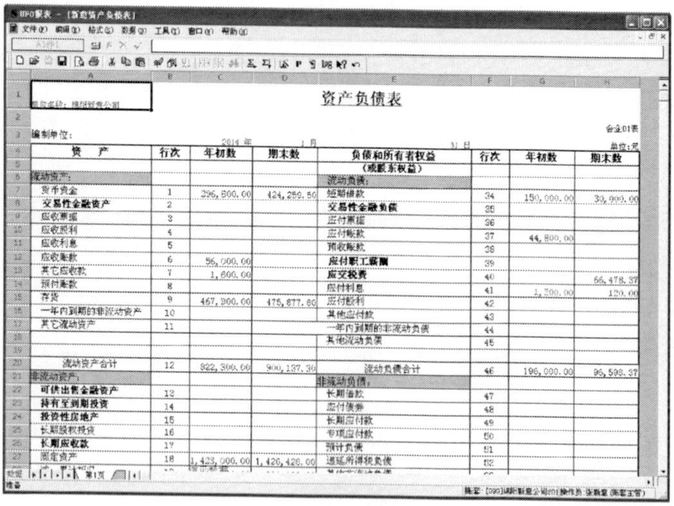

第十五章　報表系統

圖 15-8

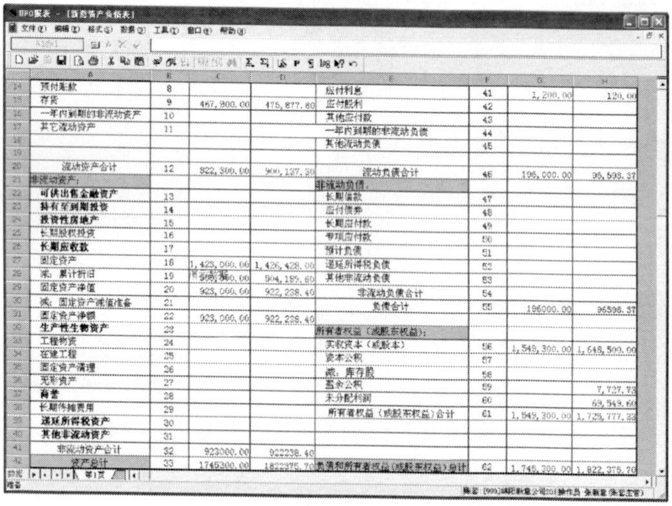

圖 15-9

五、保存資產負債表

執行「文件」菜單下的「保存」命令。

六、打印資產負債表

由於用友演示版本不能直接打印報表，需要轉換成 Excel 格式後進行打印。
【操作步驟】

1. 在 UFO 報表頁面單擊【文件】→【另存為】，彈出「另存為」對話框，單擊「文件類型」的下拉箭頭選擇如圖 15-10 所示類型。

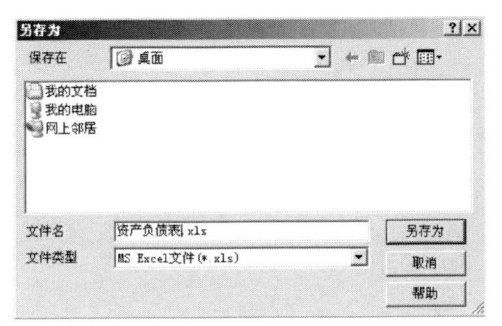

圖 15-10

2. 單擊「另存為」按鈕，系統彈出如圖 15-11 所示對話框提示，單擊「是」，將報表保存為「＊.xls」格式。

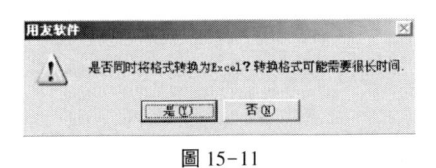

圖 15-11

3. 打開「資產負債表.xls」文件，單擊【文件】→【頁面設置】，彈出如圖 15-12 所示「頁面設置」對話框，將方向設為「橫向」。單擊「確定」按鈕。

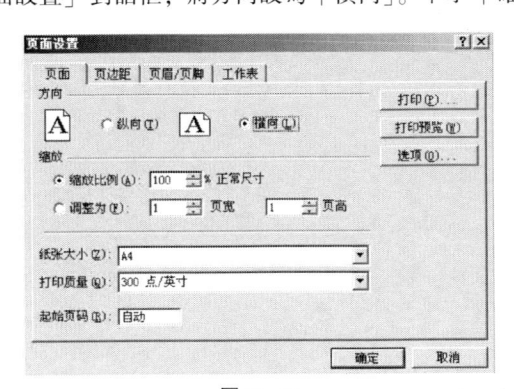

圖 15-12

4. 單擊工具欄中的「打印」按鈕，系統彈出如圖 15-13 所示對話框，單擊「保存」按鈕即可。

5. 保存後的 PDF 文件如圖 15-14 所示。

第十五章　報表系統

圖 15-13

圖 15-14

實驗二　自定義報表

【實驗準備】

帳套期末業務處理完畢，將系統日期修改為「2014 年 1 月 31 日」。

【實驗指導】

用戶在日常操作中除一些常用的報表（如資產負債表、利潤表）外，有時會製作許多無固定格式的管理性報表，本實驗用一張管理費用表的製作來講述這些報表的製作方式和技巧。

設置綿陽新意公司 2014 年管理費用統計表。

【操作步驟】

1. 首先建立好一個相應的報表，如圖 15-15 所示。其中 D16 單元格公式的設置方法如下：首先選中 D16 單元格，單擊 fx 或者按「＝」彈出如圖 15-16 所示對話框，其次單擊「函數向導」選中【用友帳務函數】→【發生（FS）】，單擊「下一步」按鈕，如圖 15-17 所示，接著單擊「參照」按鈕，錄入圖 15-18 所示

相應的選項後單擊「確定」按鈕，最後彈出如圖 15-19 所示對話框。以此類推設置 D17：D23 所示的公式。D24 單元格公式設置方法如圖 15-20、圖 15-21 所示。

圖 15-15

圖 15-16

圖 15-17

第十五章　報表系統

圖 15-18

圖 15-19

圖 15-20

圖 15-21

2. 將「格式」狀態轉到「數據」狀態，然後追加 11 個表頁（總共為 12 個表頁，在取數時，第 1 頁取 2014 年 1 月份的數據，以此類推，第 12 頁取 2014 年 12 月的數據，但是因為我們使用的是用友演示版軟件，所以只能追加 3 個表頁，共 4

個表頁）。如圖 15-22 所示。

圖 15-22

3. 由於每個表頁中只能取當月數據，如果要在一個表頁中同時取不同表頁的數據，則公式設置如下：單元格 B5 是 2014 年 1 月份的差旅發生額，則可以將該單元格設置成 B5＝D16@1，表示 B5 取第 1 頁的單元格 D16 的計算數據，如圖 15-23 所示。單元格 C8 是 2014 年 2 月份的交通費發生額，則可以將該單元格設置成 C8＝D19@2，表示 C8 取第 2 頁的單元格 D19 的計算數據。以此類推，在「格式」狀態下，進行單元格 B5：N13 的單元格公式設置。如圖 15-24 所示。

圖 15-23

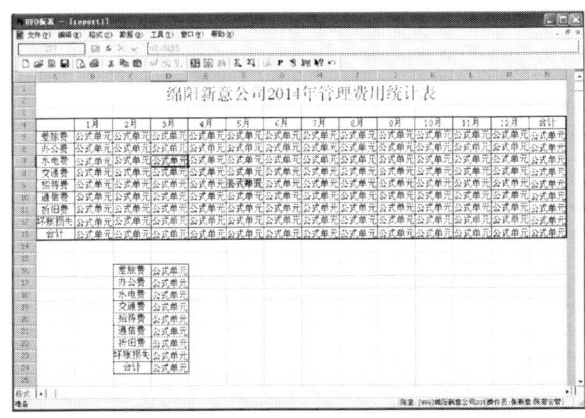

圖 15-24

第十五章　報表系統

4. 進行整表重算後，結果如圖 15-25 所示。

圖 15-25

國家圖書館出版品預行編目(CIP)資料

企業資訊化案例教程：標準財務核算 / 徐鴻匯 等 主編. -- 第二版.
-- 臺北市：崧燁文化，2018.09

面； 公分

ISBN 978-957-681-600-0(平裝)

1.財務管理 2.管理資訊系統

494.7029　　107014518

書　名：企業資訊化案例教程：標準財務核算
作　者：徐鴻匯 等 主編
發行人：黃振庭
出版者：崧燁文化事業有限公司
發行者：崧燁文化事業有限公司
E-mail：sonbookservice@gmail.com
粉絲頁　　　　　　網　址：
地　址：台北市中正區重慶南路一段六十一號八樓815室
8F.-815, No.61, Sec. 1, Chongqing S. Rd., Zhongzheng Dist., Taipei City 100, Taiwan (R.O.C.)
電　話：(02)2370-3310　傳　真：(02) 2370-3210
總經銷：紅螞蟻圖書有限公司
地　址：台北市內湖區舊宗路二段121巷19號
電　話：02-2795-3656　傳真：02-2795-4100　網址：
印　刷：京峯彩色印刷有限公司（京峰數位）

　　本書版權為西南財經大學出版社所有授權崧博出版事業有限公司獨家發行電子書及繁體書繁體版。若有其他相關權利及授權需求請與本公司聯繫。

定價：1100 元
發行日期：2018 年 9 月第二版
◎ 本書以POD印製發行